The ICS Ancient Chinese Text Concordance Series

先秦兩漢古籍逐字索引叢刊

兵書四種

(孫子 尉繚子 吳子 司馬法)

逐字索引

A CONCORDANCE TO THE MILITARISTS (*SUNZI*, *YULIAOZI*, *WUZI*, *SIMAFA*)

香港中文大學中國文化研究所先秦兩漢古籍逐字索引叢刊
兵書四種(孫子、尉繚子、吳子、司馬法)逐字索引

叢刊主編：劉殿爵　陳方正
本書編者：劉殿爵
計劃主任：何志華
顧　　問：張雙慶　黃坤堯　朱國藩
版本顧問：沈　津
校　　對：林　安　葉　勇　黃婉冰
　　　　　張詠梅　趙國基
程式統籌：何玉成
程式設計：何國杰
程式顧問：梁光漢
程式助理：吳作基

本《逐字索引》乃據「先秦兩漢一切傳世文獻電腦化資料庫」編纂而成，而資料庫之建立，有賴　香港大學及理工撥款委員會資助，謹此致謝。

CUHK. ICS.
The Ancient Chinese Text Concordance Series
A Concordance to the Militarists (Sunzi, Yuliaozi, Wuzi,Simafa)

SERIES EDITORS	D.C. Lau	Chen Fong Ching	
EDITOR	D.C. Lau		
PROJECT OFFICER	Ho Che Wah		
CONSULTANTS	Chang Song Hing	Wong Kuan Io	Chu Kwok Fan
TEXT CONSULTANT	Shum Chun		
PROOF-READERS	Lam On	Yip Yung	Wong Yuen Bing
	Cheung Wing Muz	Chiu Kwok Kei	
COMPUTER PROJECT MANAGER	Ho Yuk Shing		
PROGRAMMER	Ho Kwok Kit		
PROGRAMMING CONSULTANT	Leung Kwong Han		
PROGRAMMING ASSISTANT	Ng Chok Ki		

THIS CONCORDANCE IS COMPILED FROM THE ANCIENT CHINESE TEXTS DATABASE, WHICH IS ESTABLISHED WITH A RESEARCH AWARD FROM THE UNIVERSITY AND POLYTECHNIC GRANTS COMMITTEE OF HONG KONG, FOR WHICH WE WISH TO ACKNOWLEDGE OUR GRATITUDE.

香港中文大學中國文化研究所
The Chinese University of Hong Kong
Institute of Chinese Studies

The ICS Ancient Chinese Text Concordance Series

先秦兩漢古籍逐字索引叢刊

兵書四種
(孫子 尉繚子 吳子 司馬法)
逐字索引

A CONCORDANCE TO THE MILITARISTS (SUNZI, YULIAOZI, WUZI, SIMAFA)

叢刊主編：劉殿爵　陳方正
本書編者：劉殿爵

臺灣商務印書館發行
The Commercial Press, Ltd.

兵書四種(孫子、尉繚子、吳子、司馬法)逐字索引
＝A concordance to the Militarists(
Sunzi, Yuliaozi, Wuzi, Simafa)／劉殿爵編
. --初版. --臺北市：臺灣商務，民81
面；　公分. --(香港中文大學中國文化研
究所先秦兩漢古籍逐字索引叢刊)
ISBN 957-05-0594-X(精裝)

1. 兵家 - 索引

592.09021　　　　82004908

香港中文大學中國文化研究所
先秦兩漢古籍逐字索引叢刊
兵書四種(孫子、尉繚子、吳子、司馬法)逐字索引
A Concordance to the Militarists
(Sunzi, Yuliaozi, Wuzi, Simafa)
定價新臺幣 650 元

叢刊主編　劉殿爵　陳方正
本書編者　劉　殿　爵
發 行 人　張　連　生
出 版 者
印 刷 所　臺灣商務印書館股份有限公司
臺北市重慶南路 1 段 37 號
電話：(02)3116118・3115538
傳眞：(02)3710274
郵政劃撥：0000165-1 號
出版事業登記證：局版臺業字第 0836 號

• 1992 年 10 月初版第 1 次印刷
• 1996 年 3 月初版第 3 次印刷
本書經商務印書館(香港)有限公司授權出版

ISBN 957-05-0594-X(精裝)　　b 75623002

目 次

出版說明
Preface
凡例
Guide to the use of the Concordance
漢語拼音檢字表 …… 1
威妥碼—漢語拼音對照表 …… 18
筆畫檢字表 …… 20
通用字表 …… 26
徵引書目 …… 30
誤字改正說明表 …… 31
譌體改正說明表 …… 32
增字、刪字改正說明表 …… 33-35
兵書四種原文 …… 1-52

A 孫子

A1 計篇 …… 1
A2 作戰篇 …… 1
A3 謀攻篇 …… 2
A4 形篇 …… 3
A5 勢篇 …… 4
A6 虛實篇 …… 5
A7 軍爭篇 …… 6
A8 九變篇 …… 7
A9A 行軍篇 …… 8
A9B 武經七書本行軍篇 …… 9
A10 地形篇 …… 10
A11 九地篇 …… 11
A12 火攻篇 …… 13
A13 用間篇 …… 14

B 尉繚子

B1 天官 …… 15

B2 兵談 15
B3 制談 16
B4 戰威 18
B5 攻權 19
B6 守權 21
B7 十二陵 22
B8 武議 22
B9 將理 24
B10 原官 25
B11 治本 25
B12 戰權 26
B13 重刑令 27
B14 伍制令 28
B15 分塞令 28
B16 束伍令 28
B17 經卒令 29
B18 勒卒令 29
B19 將令 30
B20 踵軍令 30
B21 兵教上 31
B22 兵教下 32
B23 兵令上 33
B24 兵令下 34

C 吳子

C1 圖國 36
C2 料敵 37
C3 治兵 39
C4 論將 40
C5 應變 42
C6 勵士 43

D 司馬法

D1 仁本 45

D2　天子之義 …………………………………………………… 46
D3　定爵 ……………………………………………………… 47
D4　嚴位 ……………………………………………………… 49
D5　用眾 ……………………………………………………… 51
逐字索引 ……………………………………………………… 53-258
附錄：
全書用字頻數表 …………………………………………… 259-270
孫子 ……………………………………………………… 259
尉繚子 …………………………………………………… 262
吳子 ……………………………………………………… 266
司馬法 …………………………………………………… 269

出版說明

一九八八年，香港中文大學中國文化研究所獲香港「大學及理工撥款委員會」撥款資助，並得香港中文大學電算機服務中心提供技術支援，建立「漢及以前全部傳世文獻電腦化資料庫」，決定以三年時間，將漢及以前全部傳世文獻共約八百萬字輸入電腦。資料庫建立後， 將陸續編印 《香港中文大學中國文化研究所先秦兩漢古籍逐字索引叢刊》，以便利語言學、文學，及古史學之研究。

《香港中文大學先秦兩漢古籍逐字索引叢刊》之編輯工作，將分兩階段進行，首階段先行處理未有「逐字索引」之古籍，至於已有「逐字索引」者，將於次一階段重新編輯出版，以求達致更高之準確度，與及提供更為詳審之異文校勘紀錄。

「逐字索引」作為學術研究工具書，對治學幫助極大。西方出版界、學術界均極重視索引之編輯工作，早於十三世紀，聖丘休（Hugh of St. Cher）已編成《拉丁文聖經通檢》。

我國蔡耀堂（ 廷幹 ）於民國十一年(1922)編刊《老解老》一書，以武英殿聚珍版《道德經》全文為底本，先正文，後逐字索引，以原書之每字為目，下列所有出現該字之句子，並標出句子所出現之章次，此種表示原句位置之方法，雖未詳細至表示原句之頁次 、行次，然已具備逐字索引之功能。《老解老》 一書為非賣品，今日坊間已不常見，然而蔡氏草創引得之編纂，其功實不可泯滅。 我國大規模編輯引得， 須至一九三零年，美國資助之哈佛燕京學社引得編纂處之成立然後開始。此引得編纂處，由洪業先生主持，費時多年，為中國六十多種傳統文獻，編輯引得，功績斐然。然而漢學資料卷帙浩繁，未編成引得之古籍仍遠較已編成者為多。本計劃希望能利用今日科技之先進產品 —— 電腦，重新整理古代傳世文獻；利用電腦程式，將先秦兩漢近八百萬字傳世文獻，悉數編為「逐字索引」。俾使學者能據以掌握文獻資料，進行更高層次及更具創意之研究工作。

一九三二年，洪業先生著《引得說》，以「引得」對譯 Index，音義兼顧，巧妙工整。Index 原意謂「指點」，引伸而為一種學術工具，日本人譯為「索引」。而洪先生又將西方另一種逐字索引之學術工具 Concordance 譯為「堪靠燈」。Index 與 Concordance 截然不同；前者所重視者乃原書之意義名物，只收重要之字、詞，不收虛字及連繫詞等，故用處有限；後者則就文獻中所見之字，全部收納，大小不遺，故有助於文辭訓詁，語法句式之研究及字書之編纂。洪先生將選索性之 Index 譯作「引得」，將字字可索的 Concordance 譯作「堪靠燈」，足見卓識，然其後於一九三零年間，主持哈佛燕京學社編纂工作，所編成之大部分《引得》，反屬全索之「堪靠燈」，以致名實混淆，實為可惜。今為別於選索之引得(Index)，本計劃將全索之 Concordance 稱為「逐字索引」。

利用電腦編纂古籍逐字索引，本計劃經驗尚淺，是書倘有失誤之處，尚望學者方家不吝指正。

PREFACE

In 1988, the Institute of Chinese Studies of The Chinese University of Hong Kong put forward a proposal for the establishment of a computerized database of the entire body of extant Han and pre-Han traditional Chinese texts. This project received a grant from the UPGC and was given technical support by the Computer Services Centre of The Chinese University of Hong Kong. The project was to be completed in three years.

From such a database, a series of concordances to individual ancient Chinese texts will be compiled and published in printed form. Scholars whether they are interested in Chinese literature, history, philosophy, linguistics, or lexicography, will find in this series of concordances a valuable tool for their research.

The Ancient Chinese Texts Concordance Series is planned in two stages. In the first stage, texts without existing concordances will be dealt with. In the second stage, texts with existing concordances will be redone with a view to greater accuracy and more adequate textual notes.

In the Western tradition, the concordance was looked upon as one of the most useful tools for research. As early as c. 1230, appeared the concordance to the Vulgate, compiled by Hugh of St. Cher.

In China, the first concordance to appear was Laozi Laojielao in the early nineteen twenties. Cai Yaotang who produced it was in all probability unaware of the Western tradition of concordances.

As the Laojielao was not for sale, it had probably a very limited circulation. However, Cai Yaotang's contribution to the compilation of concordances to Chinese texts should not go unmentioned.

The Harvard-Yenching Sinological Concordance Series was begun in the 1930s under the direction of Dr. William Hung. Unfortunately, work on this series was cut short by the Second World War. Although some sixty concordances were published, a far greater number of texts remains to be done. However, with the advent of the computer the establishment of a database of all extant ancient works become a distinct possibility. Once such a database is established, a series of concordances can be compiled to cover the entire field of ancient Chinese studies.

Back in 1932, William Hung in his "What is Index ?" used the term 引得 for "Index" in preference to the Japanese 索引, and the term 堪靠燈 for concordance. However, when he came to compile the Harvard Yenching Sinological Concordance Series, he abandoned the term 堪靠燈 and used the term 引得 for both index and concordance. This was unfortunate as this blurs the difference between a concordance and an index. The former, because of its exhaustive listing of the occurrence of every word, is a far more powerful tool for research than the latter. To underline this difference we decided to use 逐字索引 for concordance.

The Ancient Chinese Texts Concordance Series is compiled from the computerized database. As we intend to extend our work to cover subsequent ages, any ideas and suggestions which may be of help to us in our future work are welcome.

凡　例

一. 正文：

1. 本《逐字索引》所附《孫子》正文據《四部叢刊》影明嘉靖刊本《孫子集註》。《尉繚子》正文據《武經七書》本。《吳子》正文據《四部叢刊》影宋鈔本。《司馬法》正文據《四部叢刊》影宋鈔本。由於傳世刊本，均甚殘闕，今除別本、類書外，並據其他文獻所見之重文，加以校改。校改只供讀者參考，故不論在「正文」及「逐字索引」中，均加上校改符號，以便恢復底本原來面貌。

2. 本《逐字索引》由《孫子》、《尉繚子》、《吳子》、《司馬法》四書合併組成。每書正文篇數前分別加上A、B、C、D，以資區別。《孫子》第九篇《行軍》，《孫子集註》本與《武經七書》本句子次序不同，今並列《孫子集註》本與《武經七書》本《行軍》篇原文，以 A9A、A9B 區別。

3. （　）表示刪字；〔　〕表示增字。除用以表示增刪字外，凡誤字之改正，例如a改正為b字亦以（a）〔b〕方式表示。

例如：所率無不及二十萬之眾（者）　B3/17/7
表示《武經七書》本衍「者」字。讀者翻檢《增字、刪字改正說明表》，即知刪字之依據為《武經七書直解本》（頁 826）。

例如：然不能取者〔何〕　B1/15/11
表示《武經七書》本脫「何」字。讀者翻檢《增字、刪字改正說明表》，即知增字之依據為《群書治要》（頁 648）。

例如：鷙（烏）〔鳥〕之疾　A5/4/18
表示《孫子集註》本作「烏」，乃誤字，今改正為「鳥」。讀者翻檢《誤字改正說明表》，即知改字之依據為《武經七書》本（卷上頁5A）。

4．本《逐字索引》據別本，及其他文獻對校原底本，或改正底本原文，或只標注異文。有關此等文獻之版本名稱，以及本《逐字索引》標注其出處之方法，均列《徵引書目》中。

5．本《逐字索引》所收之字一律劃一用正體，以昭和四十九年大修館書店發行之《大漢和辭典》，及一九八六至一九九零年湖北辭書出版社、四川辭書出版社出版之《漢語大字典》所收之正體為準，遇有異體或譌體，一律代以正體。

例如：（ i ）無所往者　　A11/12/19

《孫子集註》本原作「無所徃也」，據《大漢和辭典》，「往」、「徃」乃異體字，音義無別，今代以正體「往」字。為便讀者了解底本原貌，凡異體之改正，均列《通用字表》中。

（ ii ）於是出旌列（旆）〔旆〕　　C5/43/8

「旆」為譌體，今改作正體「旆」字。凡譌體之改正，均列《譌體改正說明表》中，並申明改字依據。

6．異文校勘：《孫子》以楊炳安《孫子集校》（一九五九年中華書局）為據。《尉繚子》以鍾兆華《尉繚子校注》（一九八二年中州書畫社）為據。《吳子》以李碩之、王式金《吳子淺說》（一九八六年解放軍出版社）所附《吳子校勘記》為據。《司馬法》以田旭東《司馬法淺說》（一九八九年解放軍出版社）所附《司馬法校勘記》為據。

6.1.異文紀錄欄

a．凡正文文字右上方標有數碼者，表示當頁下端有注文

例如：然後十萬之師[8]舉矣　　A2/1/26

當頁注 8 注出「師」字有異文「眾」。

b．數碼前加 ▸ ◂，表示範圍。

例如：▸其下◂[11]攻城　　A3/2/22

當頁注 11 注出「下政」為「其下」二字之異文。

c．異文多於一種者：加 A．B．C．以區別之。

例如：賣食盟[5]津　　B8/23/12

當頁注 5 下注出異文：

A.孟　B.棘

表示兩種不同異文分見不同別本。

d．異文後所加按語，外括〈 〉號。

例如：唯人[1]是保　　A10/11/5

當頁注 1 注出異文後，再加按語：

民〈編者按：今本作「人」者蓋避唐諱改。〉

6.2.讀者欲知異文詳細情況，可參看上述四種校勘記。凡據別本，及其他文獻所紀錄之異文，於標注異文後，均列明出處，包括書名、篇名、頁次，有關所據文獻之版本名稱，及標注其出處之方法，請參《徵引書目》。

6.3.校勘除選錄不同版本所見異文之外，亦選錄其他文獻、類書等引錄所見異文。

二．逐字索引編排：

1．以單字為綱，旁列該字在全文出現之頻數（書末另附《全書用字頻數表》〔附錄一〕，按頻數列出全書單字），下按原文先後列明該字出現在四部兵書之全部例句，句中遇該字則代以「〇」號。

2．全部《逐字索引》按漢語拼音排列；一字多音者，於最常用讀音下列出全部例句。（最常用讀音一般指《辭源》、《漢語大字典》所記首音。）

3．每一例句後加上編號 a/b/c 表明於原文中位置，例如 A1/2/3，「A1」表示《孫子》第1篇、「2」表示頁次、「3」表示行次。

三．檢字表：

備有《漢語拼音檢字表》、《筆畫檢字表》兩種：

1．漢語拼音據《辭源》修訂本（一九七九年至一九八三年北京商務印書館）及《漢語大字典》。一字多音者，按不同讀音在音序中分別列出；例如「說」字有 shuō，shuì，yuè，tuō 四讀，分列四處。聲母、韻母相同之字，按陰平、陽平、上、去四聲先後排列。讀音未詳者，一律置於表末。

2．某字在《逐字索引》所出現之頁數，在《漢語拼音檢字表》中該字任一讀音下皆可檢得。

3．筆畫數目、部首歸類均據《大漢和辭典》、《康熙字典》。畫數相同之字，其先後次序依部首排列。

4．另附《威妥碼 － 漢語拼音對照表》，以方便使用威妥碼拼音之讀者。

Guide to the use of the Concordance

1. TEXT

1.1 The text printed with the concordance is based on the Sibu congkan (SBCK) edition of the Sunzi Jizhu, the Wujing Qishu (WJQS) edition of the Yuliaozi, the Sibu congkan (SBCK) edition of the Wuzi, the Sibu congkan (SBCK) edition of the Simafa. As all extant editions are marred by serious corruptions, besides other editions, parallel texts in other works have been used for collation purposes. As emendations of the text have been incorporated for the reference of the reader, care has been taken to have them clearly marked as such, both in the case of the full text as well as in the concordance, so that the original text can be recovered by ignoring the emendations.

1.2 The four different texts printed with the concordence are distinguished by the prefixes A, B, C, D. A denotes the Sunzi, B denotes the Yuliaozi, C denotes the Wuzi, D denotes the Simafa. In the case of chapter 9 entitled Xingjun, the order of the sentences in SBCK edition is different from that in the WJQS edition. The two editions are printed side by side, the SBCK version is marked A9A while the WJQS version is marked A9B.

1.3 Round brackets signify deletions while square brackets signify additions. This device is also used for emendations. An emendation of character a to character b is indicated by (a) [b] . e.g.,

所率無不及二十萬之眾（者） B3/17/7

The character 者 in the WJQS edition, being an interpolation, is deleted on the authority of the Wujing Qishu Zhijie edition (p.826)

然不能取者〔何〕 B1/15/11

The character 何, missing in the WJQS edition, is added on the authority of the Qunshu Zhiyao (p.648).

A list of all deletions and additions is appended on p. 33, where the authority for each emendation is given.

鷙(烏)〔鳥〕之疾 A5/4/18

The character 烏 in the SBCK edition has been emended to 鳥 on the authority of the WJQS edition. (卷上/5a). A list of all emendations is appended on p.31 where the authority for each is given.

1.4 Where the text has been emended on the authority of other editions or the parallel text found in other works, such emendations are either incorporated into the text or entered as footnotes. For explanations, the reader is referred to the Bibliography on p.30.

1.5 For all concordanced characters only the standard form is used. Variant or incorrect forms have been replaced by the standard forms as given in Morohashi Tetsuji's Dai Kan-Wa jiten, (Tokyo : Taishūkan shōten, 1974), and the Hanyu da zidian (Hubei cishu chubanshe and Sichuan cishu chubanshe 1986-1990) e.g.,

(i)無所往者 A11/12/19

The SBCK edition has 徃 which, being a variant form, has been replaced by the standard form 往 as given in the Dai Kan-Wa jiten. A list of all cases where variant forms have been replaced in this way is appended on p.26.

(ii)於是出旌列(旆)〔旆〕 C5/43/8

The SBCK edition has 旆 which, being an incorrect form, has been replaced by the standard form 旆. A list of all emendations of incorrect forms is appended on p.32.

1.6 The textual notes are based on Yang Bing'an's Sunzi Jijiao (Zhonghua Shuju 1959), Zhong Zhaohua's Yuliaozi Jiaozhu (Zhongzhou Shuhuashe 1982), Lee Shuozhi and Wang Shijin's Wuzi Jiaokanji, included as an appendix in the Wuzi Qianshuo (Jiefangjun chubanshe 1986), and Tian Xudong's Simafa Jiaokanji, included as an appendix in the Simafa Qianshuo (Jiefangjun chubanshe 1989).

1.6.1.a A figure on the upper right hand corner of a character indicates that a variant reading is given in the note to be found at the bottom of the page, e.g., in

然後十萬之師[8]舉矣 A2/1/26

the superscript [8] refers to note 8 at the bottom of the page.

1.6.1.b A range marker ▸ ◂ is added to the figure superscribed to indicate the total number of characters affected, e.g.,

▸其下◂[11]攻城 A3/2/22

This indicates that note 11 concerns the two characters 其下.

1.6.1.c Where there are more than one variant reading, these are indicated by A, B, C, e.g.,

賣食盟[5]津 B8/23/12

Note 5 reads A. 盂 B.棘, showing that for 盟 one version reads 盂, while another version reads 棘.

1.6.1.d A comment on a collation note is marked off by the sign 〈〉, e.g.,

唯人[1]是保 A10/11/5

Note 1 reads: 民〈編者按：今本作「人」者蓋避唐諱改。〉.

1.6.2 For information on variant readings given in the collation notes the reader is referred to Yang's work, Zhong's work, Lee's work and Tian's work , and for further information to Bibliography on p.30 .

1.6.3 Besides readings from other editions, readings from quotations found in encyclopaedias and other works are also included.

2. CONCORDANCE

2.1 In the entries the concordanced character is replaced by the ○ sign.

The entries are arranged according to the order of appearance in the text. The frequency of appearance of the character concerned in the whole text will be shown, and a list of all the concordanced characters in frequency order is appended. (Appendix One)

2.2 The entries are listed according to Hanyupinyin. In the body of the concordance all occurrences of a character with more than one pronunciation are located under its most common pronunciation, that is, the first pronunciation given under the character in the Ciyuan and the Hanyu da zidian.

2.3 Figures in three columns show the location of a character in the text, e.g., A1/2/3,

A1 denotes chapter 1 of the Sunzi.
2 denotes the page.
3 denotes the line.

3. INDEX

A Stroke Index and an Index arranged according to Hanyupinyin are included.

3.1 The pronunciation given in the Ciyuan (The Commercial Press , Beijing, 1979 - 1983) and the Hanyu da zidian is used. Where a character has two or more pronunciations, it can be found under any of these in the index. For example : 說 which has four pronunciations : shuō, shuì, yuè, tuō is to be found under any one of these four entries. Characters with the same pronunciation but different tones are also to be found under the different tones. Characters of which the pronunciation is unknown are relegated to the end of the index.

3.2 In the body of the Concordance all occurrences of a character with more than one pronunciation will be located under its most common pronunciation. A reference to this will be found whichever pronunciation a reader may use to look up the character in the index.

3.3 In the stroke index, characters appear in the same order as in the Dai Kan-Wa jiten and the Kangxi zidian.

3.4 A correspondence table between the Hanyupinyin and the Wade-Giles systems is also provided.

主編者簡介

劉殿爵教授（Prof. D. C. Lau）早歲肄業於香港大學中文系，嗣赴蘇格蘭格拉斯哥大學攻讀西洋哲學，畢業後執教於倫敦大學達二十八年之久，一九七八年應邀回港出任香港中文大學中文系講座教授。劉教授興趣在哲學及語言學，以準確嚴謹的態度翻譯古代典籍，其中《論語》、《孟子》、《老子》三書之英譯，已成海外研究中國哲學必讀之書。

陳方正博士（Dr. Chen Fong Ching），一九六二年哈佛（Harvard）大學物理學學士，一九六四年拔蘭（Brandeis）大學理學碩士，一九六六年獲理學博士，隨後執教於香港中文大學物理系，一九八六年任中國文化研究所所長至今。陳博士一九九零年創辦學術文化雙月刊《二十一世紀》，致力探討中國文化之建設。

漢語拼音檢字表

āi
哀 53

ài
阨(è) 83
愛 53
隘 53

ān
安 53
陰(yīn) 218
鞍 53

àn
按 53
案 53

áo
囂(xiāo) 200

ǎo
拗 53

ào
拗(ǎo) 53

ba
罷(bà) 53

bā
八 53

bá
拔 53
弊(bì) 58

bà
伯(bó) 61
罷 53
霸 53

bái
白 53

bǎi
百 53

bài
拜 54
敗 54

bān
頒(fén) 92

bǎn
反(fǎn) 90
阪 54
板 54

bàn
半 54
辨(biàn) 58

bàng
旁(páng) 142
傍(páng) 142

bāo
枹(fū) 94

bǎo
保 54
堡 55
飽 55
寶 55

bào
抱 55
報 55
暴 55

bēi
卑 55
背(bèi) 55
裨(pí) 142

běi
北 55

bèi
北(běi) 55
拔(bá) 53
背 55
被 56
悖 55
倍 55
備 56

bēn
奔 56
賁(bì) 58

běn
本 56

bèn
奔(bēn) 56

bēng
崩 56
傍(pāng) 142

bī
逼 56

bǐ
比 56
卑(bēi) 55
彼 56
俾 56
啚 56

bì
必 57
服(fú) 93
被(bèi) 56
閉 58
畢 58
賁 58
費(fèi) 91
弊 58
壁 58
蔽 58
避 58
臂 58

biān
邊 58

biǎn
辨(biàn) 58

biàn
便 58
徧 58
辨 58
辯 58
變 58

biāo
飆 59
飈 59

biǎo
表 59

bié
別 59

bīn
賓 59

bìn
賓(bīn) 59

bīng
并(bìng) 60
兵 59

bǐng
柄 60

bìng
并 60
倂 61
柄(bǐng) 60
病 61

bō
發(fā) 88

bó
百(bǎi) 53
伯 61
帛 61
悖(bèi) 55
搏 61
暴(bào) 55
薄 61

bò
薄(bó) 61

bú
樸(pǔ) 143

bǔ
卜 61
捕 61
補 61

bù
不 61
布 66
步 66
怖 66
部 66

cāi
猜 66

cái
才 66
在(zài) 228
材 66
財 67

cǎi
采 67
採 67

cài
采(cǎi) 67
載(zài) 229

cān
參(shēn) 164

cán
殘 67
慚 67

càn
參(shēn) 164
操(cāo) 67

cāng
倉 67
蒼 67

cáng
藏 67

cǎng
蒼(cāng) 67

cāo
操 67

cǎo
草 67

cè
側 67
測 67
策 67

cēn
參(shēn) 164

chā
差 67
捷(jiē) 116

chá
察 67

chà
差(chā) 67

chāi
差(chā) 67

chài
差(chā) 67

chān
漸(jiàn) 113

cháng
長 67
尚(shàng) 162
常 68
場 68
腸 68
嘗 68

chāo
紹(shào) 163
超 68

cháo
朝(zhāo) 234

chē
車 68

chě
尺(chǐ) 71

chè
宅(zhái) 232
徹 68

chén
臣 68
辰 69
沈 69
陳 69
塵 69

chèn
稱(chēng) 69

chēng
稱 69

chéng
成 69
承 70
城 70
乘 70
程 70
盛(shèng) 166
誠 70
徵(zhēng) 239

chèng
稱(chēng) 69

chī
笞 70
離(lí) 127

chí
弛 70
池 70
治(zhì) 249
持 70
馳 70
遲 71

chǐ
尺 71
斥(chì) 71
赤(chì) 71
侈 71
恥 71
移(yí) 212
齒 71

chì
斥 71
赤 71

chōng
充 71
衝 71

chóng
重(zhòng) 251

chǒng
龍(lóng) 133

chóu
籌 71

chǒu
醜 71

chū
出 71

chú
助(zhù) 254
芻 71
除 71
屠(tú) 182
著(zhù) 254
諸(zhū) 253

chǔ
處 72
楚 72
儲 72

chù
畜 72
處(chǔ) 72
詘(qū) 152
觸 72

chuān
川 72

chuán
船 72
傳 72

chuàng
倉(cāng) 67

chuī
吹 72

chuí
垂 72
箠 72

chuì
吹(chuī) 72

chūn
春 72

chún
純 72

chǔn
春(chūn) 72
惷 72

cī
差(chā) 67

cí
子(zǐ) 255
祠 72
茲(zī) 255
慈 72
辭 72

cǐ
此 72

cì
次 73
伺(sì) 177
賜 74

cōng
從(cóng) 74

聰 74
總(zǒng) 255

cóng
從 74

còu
奏(zòu) 256

cù
取(qǔ) 152
卒(zú) 256
戚(qì) 148
數(shù) 174
趨(qū) 152
蹙 74

cuī
衰(shuāi) 174

cuì
卒(zú) 256

cún
存 74

cuō
差(chā) 67

cuò
昔(xī) 196
挫 74
措 74
錯 74

dá
荅 74
答 74
達 74
憚(dàn) 76

dà
大 74

dài
大(dà) 74
代 75
殆 75
怠 75
待 75
帶 75
逮 75
戴 75

dān
丹 75
酖 75
堪(kān) 124
殫 75

dán
但(dàn) 76

dǎn
膽 75

dàn
但 76
憚 76
壇(tán) 180

dāng
當 76

dàng
湯(tāng) 180
當(dāng) 76
蕩 76

dǎo
倒 76
道(dào) 76
導 76
蹈 76
禱 76

dào
倒(dǎo) 76
盜 76
道 76

dé
得 77
德 78

dēng
登 78

děng
等 78

dī
低 78
隄 78

dí
笛 78
條(tiáo) 181
敵 78
適(shì) 172

dì
地 79
弟 81
帝 81
商 81

diàn
田(tián) 181

diāo
彫 81

diǎo
鳥(niǎo) 141

diào
趙(zhào) 234

dié
佚(yì) 217
迭 81
涉(shè) 163
諜 81

dǐng
鼎 81

dìng
定 81

dōng
冬 81
東 81

dòng
動 81

dǒu
斗 81
豆(dòu) 81

dòu
豆 81
投(tóu) 182
鬭 81

dū
都 82

dú
頓(dùn) 82
獨 82

dǔ
堵 82
睹 82
覩 82

dù
土(tǔ) 182
杜 82
度 82
渡 82
塗(tú) 182

duān
端 82

duǎn
短 82

duàn
斷 82

duī
追(zhuī) 254

duì
隊 82
對 82
銳(ruì) 158
懟 82

dūn
純(chún) 72

dùn
沌 82
鈍 82
頓 82
遁 83

duō
多 83

duó
度(dù) 82
奪 83
鐸 83

duò
惰 83

è
阨 83
扼 83
曷(hé) 104
堊 83
惡 83
遏 83
隘(ài) 53

ér
而 83
兒 88

ěr
耳 88
爾 88
餌 88
邇 88

èr
二 88

fā
發 88

fá
乏 88
伐 88
罰 89

fǎ
法 89

fān
反(fǎn) 90
旛 89

fán
凡 89
煩 90
燔 90

fǎn
反 90
返 90

fàn
反(fǎn) 90
犯 90
飯 91

fāng
方 91
放(fàng) 91

fáng
方(fāng) 91
防 91

fǎng
放(fàng) 91

fàng
放 91

fēi
非 91
飛 91

féi
肥 91
賁(bì) 58

fěi
非(fēi) 91

fèi
費 91
廢 92

fēn
分 92
紛 92

fén
賁(bì) 58
焚 92
頒 92
墳 92
轒 92

fèn
分(fēn) 92
忿 92
賁(bì) 58
焚(fén) 92
墳(fén) 92
奮 92

fēng
封 92
風 92
鋒 92

fèng
奉 92
風(fēng) 92

fōu
不(bù) 61

fǒu
不(bù) 61
缶 93
否 93

fū
不(bù) 61
夫 93
膚 93

fú
夫(fū) 93
弗 93
伏 93
服 93
枹 94
符 94
福 94

fǔ
父(fù) 94
附(fù) 94
府 94
斧 94
釜 94
俯 94
輔 94
撫 94

fù
父 94
伏(fú) 93
服(fú) 93
附 94
阜 94
負 94
赴 94
婦 94
報(bào) 55
復 95
富 95
腹 95
賦 95
覆 95

gǎi
改 95

gài
蓋 95

gān
干 95
竿 95

gǎn
秆 95
敢 95

gàn
竿(gān) 95

gāng
扛 95
剛 95

gàng
扛(gāng) 95

gāo
咎(jiù) 120
高 95
膏 96
櫜 96

gào
告 96
膏(gāo) 96
誥 96

gē
戈 96
割 96
歌 96

gé
革 96
假(jiǎ) 112

gě
合(hé) 103
蓋(gài) 95

gè
各 96
浩(hào) 103

gēng
更 96
耕 96

gèng
更(gēng) 96

gōng
工 96
弓 96
公 96
功 96
共(gòng) 97
攻 97
宮 97
恭 97
訟(sòng) 177

gǒng
共(gòng) 97

gòng
共 97
恐(kǒng) 126

gōu
拘(jū) 120
鉤 97
溝 97

gǒu
苟 97

gòu
講(jiǎng) 115

gū
孤 97
家(jiā) 111

gǔ
古 97
谷 98
角(jué) 121
羖 98
骨 98
鼓 98

賈 98
穀 98
轂 98

gù
告(gào) 96
固 98
故 99
顧 100

guǎ
寡 100

guà
挂 100

guāi
乖 100

guài
怪 100

guān
官 100
關 101
觀 101

guǎn
管 101

guàn
貫 101
關(guān) 101
灌 101
觀(guān) 101

guāng
光 101
潢(huáng) 107

guǎng
廣 101

guī
規 101
嵬(wéi) 187
龜 101

歸 101

guǐ
鬼 101
詭 101

guì
貴 101
跪 102
劌 102
蹶(jué) 122

gǔn
卷(juàn) 121

guō
活(huó) 108
郭 102
過(guò) 103
彍 102

guó
國 102

guǒ
果 102
裹 103

guò
過 103

hǎi
海 103

hài
害 103
蓋(gài) 95
駭 103

hān
歛 103

hán
寒 103
韓 103

háng
行(xíng) 202

hàng
行(xíng) 202

háo
毫 103
號 103
豪 103

hǎo
好 103

hào
好(hǎo) 103
浩 103
號(háo) 103

hē
何(hé) 104

hé
禾 103
合 103
何 104
河 104
和 104
曷 104
洽(qià) 148
害(hài) 103
蓋(gài) 95
轄(xiá) 197
闔 104

hè
何(hé) 104
和(hé) 104
渴(kě) 126
褐 104

hēi
黑 104

héng
橫 104
衡 104

hèng
橫(héng) 104

hōng
嚝 104

hóng
降(jiàng) 115
洪 104

hóu
侯 105

hòu
后 105
厚 105
後 105
候 106

hū
乎 106
忽 106
呼 106
武(wǔ) 195
惡(è) 83

hú
狐 106
號(háo) 103

hǔ
虎 106
許(xǔ) 204

hù
戶 106
互 106
扈 106

huá
譁 106

huà
化 106
畫 106

huái
懷 106

huài
壞 106

huān
讙 106

huán
桓 106
環 106
還 107

huǎn
緩 107

huàn
患 107

huāng
皇 107
荒 107

huáng
黃 107
潢 107

huǎng
潢(huáng) 107

huàng
潢(huáng) 107

huī
恢 107
揮 107
麾 107
隳 107

huǐ
悔 107
毀 107

huì
彗 107
惠 107

會 107
薈 107
穢 108
壞(huài) 106

hūn
婚 108

hún
渾 108

hùn
渾(hún) 108

huó
活 108
越(yuè) 227

huǒ
火 108

huò
呼(hū) 106
或 108
貨 108
惑 108
禍 108
獲 108

jī
居(jū) 120
奇(qí) 147
其(qí) 143
基 108
飢 108
朞 108
期(qī) 143
資(zī) 255
箕 108
齊(qí) 147
擊 108
稽 109
激 109
機 109
積 109
雞 109
饑 109

jí
及 109
汲 110
即 110
急 110
革(gé) 96
亟 110
疾 110
級 110
集 110
戢 110
楫 110
極 110
瘠 110
籍 110

jǐ
己 110
紀(jì) 111
戟 110
給 110
濟(jì) 111
蟣 111

jì
吉 111
技 111
忌 111
近(jìn) 118
其(qí) 143
計 111
既 111
紀 111
惎 111
結(jié) 116
跡 111
資(zī) 255
齊(qí) 147
稷 111
濟 111
騎(qí) 147
繼 111
驥 111

jiā
加 111
家 111
挾(xié) 201
茄 112
葭 112

jiǎ
甲 112
夏(xià) 198
假 112
賈(gǔ) 98
暇(xià) 198

jià
假(jiǎ) 112
賈(gǔ) 98

jiān
肩 112
姦 112
咸(xián) 199
兼 112
堅 112
淺(qiǎn) 149
間 112
閒(xián) 199
漸(jiàn) 113
蒹 113
艱 113
鐧 113

jiǎn
前(qián) 149
減 113
齊(qí) 147
踐(jiàn) 113
險(xiǎn) 199
簡 113
簡 113
鐧(jiān) 113

jiàn
見 113
建 113
健 113
間(jiān) 112
閒(xián) 199
漸 113
澗 113
賤 113
踐 113
劍 113
諫 113
鑒 113

jiāng
江 113
將 113
僵 115
彊(qiáng) 150
疆 115

jiǎng
講 115

jiàng
匠 115
降 115
將(jiāng) 113
強(qiáng) 149
彊(qiáng) 150
疆(jiāng) 115

jiāo
交 115
教(jiào) 115
膠 115
驕 115

jiǎo
校(jiào) 115
膠(jiāo) 115

jiào
校 115
教 115
窖 116
醮 116

jie
家(jiā) 111

jiē
皆 116
接 116
揭 116

jié
桀 116
捷 116
接(jiē) 116
渴(kě) 126
結 116
傑 116
詰 117
節 116
竭 117
潔 117

jiě
解 117

jiè
介 117
戒 117
界 117
解(jiě) 117
誡 117
籍(jí) 110

jīn
今 117
金 117
津 117
禁(jìn) 118
襟 117

jǐn
僅 118
盡(jìn) 119
謹 118

jìn
吟(yín) 218
近 118
晉 118
進 118
僅(jǐn) 118
禁 118
盡 119

jīng
旌 119
經 119

精 119
驚 119

jǐng
井 119
警 119

jìng
勁 119
敬 119
境 119
靜 119

jiǒng
窘 120

jiū
究 120
繆(móu) 139

jiǔ
九 120
久 120
酒 120

jiù
咎 120
救 120
就 120

jū
且(qiě) 150
車(chē) 68
居 120
拘 120
沮(jǔ) 120
俱 120

jú
告(gào) 96

jǔ
去(qù) 152
沮 120
拒(jù) 121
舉 121

jù
足(zú) 256
沮(jǔ) 120
具 121
拒 121
俱(jū) 120
距 121
渠(qú) 152
聚 121
鋸 121
據 121
懼 121

juān
捐 121

juǎn
卷(juàn) 121

juàn
卷 121
倦 121
眷 121

juē
祖(zǔ) 257

jué
決 121
角 121
屈(qū) 152
絕 122
厥 122
爵 122
闕(què) 153
蹶 122

jūn
旬(xún) 205
君 122
均 122
軍 122
鈞 124
龜(guī) 101

jùn
俊 124

kāi
開 124

kǎi
豈(qǐ) 147
愷 124

kān
刊 124
堪 124

kāng
糠 124

kàng
抗 124

kǎo
考 124

kě
可 124
渴 126

kè
可(kě) 124
克 126
刻 126
客 126

kōng
空 126

kǒng
空(kōng) 126
恐 126

kòng
空(kōng) 126

kǒu
口 126

kòu
寇 126

kù
庫 126
酷 126

kuài
會(huì) 107

kuān
寬 126

kuāng
皇(huāng) 107

kuáng
狂 126
誑 126

kuàng
兄(xiōng) 204
況 126
皇(huāng) 107
曠 126

kuī
規(guī) 101
窺 126

kuǐ
窺(kuī) 126

kuì
潰 126
歸(guī) 101
饋 126

kūn
卵(luǎn) 134

kǔn
閫 126

kùn
困 126

kuò
會(huì) 107
廓 126

lái
來 126

lài
來(lái) 126
賚 127
厲(lì) 130

láng
狼 127
廊 127

láo
牢 127
勞 127

lǎo
老 127

lào
牢(láo) 127
勞(láo) 127
樂(yuè) 227

lè
仂 127
勒 127
樂(yuè) 227

léi
累(lěi) 127
雷 127
壘(lěi) 127

lěi
累 127
壘 127

lèi
累(lěi) 127
壘(lěi) 127
類 127

lī
裏(lǐ) 128

lí
狸 127
離 127
麗(lì) 130

lǐ
里 128
理 128
裏 128
禮 128

lì
力 128
立 128
吏 129
利 129
栗 130
粒 130
厲 130
歷 130
勵 130
麗 130
離(lí) 127

lián
令(lìng) 132
連 130
廉 130
憐 130
聯 130

liǎn
歛(hān) 103

liàn
練 130

liáng
良 130
粱 130
涼 130
量(liàng) 131
糧 130

liǎng
良(liáng) 130
兩 131
量(liàng) 131

liàng
兩(liǎng) 131
涼(liáng) 130
量 131

liāo
料(liào) 131
勞(láo) 127
繆(móu) 139
繚 131

liào
料 131

liè
列 131
栗(lì) 130
獵 131
鬣 131

lín
林 131
鄰 131
霖 131
臨 131

lǐn
廩 131

lìn
吝 131
臨(lín) 131

líng
令(lìng) 132
囹 131
陵 131
鈴 132
靈 132

lìng
令 132

liú
留 132
流 132

liǔ
留(liú) 132

liù
六(lù) 133
陸(lù) 133

lóng
隆 132
龍 133
聾 133
籠 133

lǒng
龍(lóng) 133
隴 133
籠(lóng) 133

lōu
牢(láo) 127
漏(lòu) 133

lòu
陋 133
漏 133
鏤 133

lú
慮(lǜ) 134
鏤(lòu) 133

lǔ
虜 133
櫓 133

lù
六 133
角(jué) 121
谷(gǔ) 98
陸 133
路 133
祿 133
賂 133
慮(lǜ) 134
戮 133
騄 133
露 133

lǘ
閭 133

lǚ
呂 133
旅 133
縷 134

lǜ
律 134
率(shuài) 175
慮 134
壘(lěi) 127

luǎn
卵 134

luàn
亂 134

lūn
輪(lún) 134

lún
倫 134
輪 134
論(lùn) 134

lùn
論 134

luó
羅 134

luǒ
果(guǒ) 102
累(lěi) 127

luò
路(lù) 133
落 134
樂(yuè) 227
爍(shuò) 175

lüè
略 134
掠 134

ma
么(yāo) 206
麼(mó) 138

má
麻 135
麼(mó) 138

mǎ
馬 135

mái
埋 135

mài
賣 135

mǎn
滿 135

màn
縵 135

máng
盲 135
龍(lóng) 133

máo
毛 135
矛 135
旄 135

mào
冒 135
旄(máo) 135

me
麼(mó) 138

méi
枚 135
某(mǒu) 139
墨(mò) 138

mĕi
每 135
美 135

mèi
每(mĕi) 135

mén
門 135

mèn
滿(mǎn) 135

méng
盟 135
蒙 135

mèng
盟(méng) 135

mí
迷 135
縻 135

mǐ
弭 135

mì
祕 136
密 136

miǎn
免 136
勉 136

miàn
面 136

miǎo
妙(miào) 136

miào
妙 136
廟 136
繆(móu) 139

miè
滅 136

mín
民 136

mǐn
敏 137

míng
名 137
明 137
冥 138
盟(méng) 135
鳴 138

mìng
命 138

miù
繆(móu) 139

mó
么(yāo) 206
莫(mò) 138
無(wú) 192
募(mù) 139
麼 138

mò
末 138
百(bǎi) 53
没 138
沫 138
冒(mào) 135
秣 138
莫 138
墨 138

móu
毋(wú) 191
侔 138
謀 138
繆 139

mǒu
某 139

mǔ
母 139
拇 139
畝 139

mù
木 139
目 139
牧 139
莫(mò) 138
募 139
墓 139
暮 139
繆(móu) 139

ná
南(nán) 139

nà
內(nèi) 140

nǎi
乃 139

nài
奈 139
柰 139
能(néng) 140

nán
男 139
南 139
難 140

nàn
難(nán) 140

náo
撓 140

nèi
內 140

néng
而(ér) 83
能 140

ní
兒(ér) 88
霓 141

nǐ
疑(yí) 212

nì
逆 141
溺 141

nián
年 141

niǎo
鳥 141

niào
溺(nì) 141

niè
孽 141
躡 141

níng
寧 141
疑(yí) 212

nìng
寧(níng) 141

niú
牛 142

nóng
農 142

nòu
耨 142

nú
駑 142

nǔ
弩 142

nù
怒 142

nǚ
女 142

nǜ
女(nǚ) 142
衄 142

nuó
難(nán) 140

pàn
反(fǎn) 90
半(bàn) 54

páng
方(fāng) 91
旁 142
傍 142

páo
炮 142

pào
炮(páo) 142

pèi
沛 142
斾 142
旆 142
轡 142

péng
朋 142

pěng
奉(fèng) 92
捧 142

pī
皮(pí) 142
被(bèi) 56

pí
比(bǐ) 56

皮 142
疲 142
陴 142
裨 142
罷(bà) 53
鼙 142

pǐ
匹 143
否(fǒu) 93

pì
匹(pǐ) 143
俾(bǐ) 56
僻 143
譬 143
闢 143

piān
偏 143
徧(biàn) 58

pián
平(píng) 143
便(biàn) 58
徧(biàn) 58
辯(biàn) 58

piàn
辨(biàn) 58

piāo
漂 143

piào
漂(piāo) 143

piē
蔽(bì) 58

pín
貧 143

pìn
聘 143

píng
平 143
憑 143

pò
迫 143
破 143
霸(bà) 53

pǒu
附(fù) 94
部(bù) 66

pǔ
樸 143

pù
暴(bào) 55

qī
七 143
妻 143
栖 143
期 143
漆 143

qí
其 143
奇 147
祇 147
旂 147
惎(jì) 111
旗 147
齊 147
蟣(jǐ) 111
騎 147
鬐 147

qǐ
乞 147
起 147
豈 147
啓 148
稽(jī) 109

qì
乞(qǐ) 147
妻(qī) 143
泣 148
亟(jí) 110
氣 148
戚 148
揭(jiē) 116
棄 148
器 148

qià
洽 148

qiān
千 148
褰 149
遷 149
謙 149

qián
前 149
健(jiàn) 113
漸(jiàn) 113
潛 149

qiǎn
淺 149
慊 149

qiàn
謙(qiān) 149

qiāng
將(jiāng) 113
慶(qìng) 151

qiáng
強 149
墻 150
彊 150
牆 150

qiǎng
強(qiáng) 149
彊(qiáng) 150

qiāo
墝 150
磽 150

qiáo
招(zhāo) 234
樵 150

qiǎo
巧 150

qiào
削(xuē) 205

qiě
且 150

qiè
妾 150
怯 150
捷(jié) 116
慊(qiǎn) 149
竊 150

qīn
侵 150
親 150

qín
秦 150
禽 150
勤 150
擒 150

qǐn
侵(qīn) 150
寢 150

qìn
親(qīn) 150

qīng
青 151
清 151
傾 151
輕 151
慶(qìng) 151

qíng
情 151
請(qǐng) 151

qǐng
請 151

qìng
請(qǐng) 151
慶 151

qióng
窮 151

qiū
丘 151
秋 151
龜(guī) 101

qiú
囚 151
求 152

qiǔ
糗 152

qū
去(qù) 152
曲 152
屈 152
取(qǔ) 152
詘 152
趨 152
驅 152

qú
渠 152
鉤(gōu) 97
懼(jù) 121
衢 152

qǔ
曲(qū) 152
取 152

qù
去 152

趨(qū) 152

quán
全 153
卷(juàn) 121
泉 153
純(chún) 72
權 153

quǎn
犬 153

quàn
勸 153

quē
屈(qū) 152
闕(què) 153

què
卻 153
雀 153
愨 153
爵(jué) 122
闕 153

qūn
遁(dùn) 83

qún
群 153

rán
然 153

rāng
壤(rǎng) 154

rǎng
壤 154
讓(ràng) 154

ràng
讓 154

ráo
饒 154

rǎo
擾 154

rě
若(ruò) 158

rè
熱 154

rén
人 154
仁 156
任(rèn) 156

rèn
刃 156
仞 156
任 156
韌 156

rì
日 156

róng
戎 157
容 157
訟(sòng) 177
榮 157

róu
柔 157

ròu
肉 157

rú
如 157
儒 158

rǔ
女(nǔ) 142
乳 158
辱 158

rù
入 158

ruì
銳 158

ruò
若 158
弱 159

sà
殺(shā) 160

sài
塞(sè) 160

sān
三 159
參(shēn) 164

sǎn
參(shēn) 164
散(sàn) 160

sàn
散 160

sāng
桑 160
喪(sàng) 160

sàng
喪 160

sāo
騷 160

sǎo
騷(sāo) 160

sào
燥(zào) 229

sè
色 160
塞 160

shā
殺 160

shā
奢(shē) 163

shà
舍(shè) 163

shài
殺(shā) 160

shān
山 161
埏(yán) 206

shàn
善 161
擅 161
壇(tán) 180

shāng
商 161
湯(tāng) 180
傷 161
觴 161

shǎng
上(shàng) 162
賞 161

shàng
上 162
尚 162
賞(shǎng) 161

shāo
燒 163

sháo
招(zhāo) 234

shǎo
少 163

shào
少(shǎo) 163
召(zhào) 234
削(xuē) 205
紹 163
詔(zhào) 234
燒(shāo) 163

shē
奢 163

shé
蛇 163

shě
舍(shè) 163

shè
舍 163
社 163
射 163
涉 163
赦 163
設 163
懾 163

shēn
申 163
伸 164
身 163
信(xìn) 201
參 164
深 164

shén
什(shí) 167
神 164

shěn
沈(chén) 69
審 164

shèn
甚 164
慎 164

shēng
生 164
牲 165
勝 165
聲 166

shěng
省(xǐng) 203
眚 166

shèng
乘(chéng) 70
勝(shēng) 165
盛 166
聖 166

shī
失 166
施 167
屍 167
師 167
蝨 167
濕(tà) 179

shí
十 167
什 167
石 168
食 168
時 168
提(tí) 180
實 168
識 168

shǐ
矢 168
弛(chí) 70
使 169
始 169
施(shī) 167
駛 169

shì
士 169
氏 170
世 170
示 170
市 170
式 170
舍(shè) 163
事 170
是 171
室 171
侍 171
啇(dì) 81
弒 172
視 172
試 172
筮 172
勢 172
誓 172
飾 172
適 172
澤(zé) 231
釋 172

shōu
收 172

shǒu
手 172
守 172
首 173

shòu
受 173
狩 173
授 173
壽 173
獸 173

shū
殳 173
杼(zhù) 254
書 174
菽 174
舒 174
踈 174
銖(zhū) 253
輸 174

shú
孰 174
熟 174

shǔ
黍 174
暑 174
數(shù) 174
屬(zhǔ) 254

shù
戍 174
束 174
杼(zhù) 254
術 174
庶 174
踈(shū) 174
數 174
樹 174

shuā
選(xuǎn) 205

shuāi
衰 174

shuài
帥 175
率 175

shuāng
霜 175
雙 175

shuí
誰 175

shuǐ
水 175

shuì
說(shuō) 175

shǔn
楯 175

shùn
順 175
舜 175

shuō
說 175

shuò
數(shù) 174
爍 175

sī
司 175
私 176
絲 176
廝 176

sǐ
死 176

sì
司(sī) 175
四 176
似 177
伺 177
兕 177
食(shí) 168
肆 177
駟 177

sǒng
從(cóng) 74
縱(zǒng) 255

sòng
訟 177

sú
俗 177

sù
素 177
宿 177
速 177
粟 177
數(shù) 174
樕 177

suàn
筭 177
選(xuǎn) 205

suī
雖 177

suí
綏 178
隨 178

suì
彗(huì) 107
術(shù) 174
隊(duì) 82
歲 178
遂 178
邃 178

sūn
孫 178

sǔn
損 178

suǒ
所 178
索 179

tà
拓(zhí) 248
荅(dā) 74
達(dā) 74
濕 179

tái
能(néng) 140
臺 180

tài
大(dà) 74
太 180
能(néng) 140

tān
貪 180

tán
沈(chén) 69
壇 180

tàn
貪(tān) 180

tāng
湯 180
蕩(dàng) 76

táng
堂 180

tàng
湯(tāng) 180

tāo
挑(tiāo) 181

táo
逃 180

tǎo
討 180

tè
忒 180
慝 180

téng
騰 180

tī
剔 180
梯 180

tí
折(zhé) 234
提 180

tǐ
體 180

tì
弟(dì) 81
涕 180
剔(tī) 180
適(shì) 172

tiān
天 180

tián
田 181

tiǎn
殄 181

tiāo
佻 181
挑 181
條(tiáo) 181

tiáo
佻(tiāo) 181
條 181
脩(xiū) 204

tiǎo
挑(tiāo) 181
窕 181

tiào
窕(tiǎo) 181

tīng
聽 181

tíng
廷 181
亭 181
停 181
霆 181

tōng
通 182

tóng
同 182
重(zhòng) 251
童 182

tōu
偷 182

tóu
投 182
頭 182

tú
徒 182
啚(bǐ) 56
途 182
屠 182
塗 182
圖 182

tǔ
土 182

tù
兔 182

tuán
專(zhuān) 254

tuàn
緣(yuán) 225

tuī
推 182

tuí
弟(dì) 81

tuì
退 182
脫(tuō) 183

tūn
呑 183

tún
屯(zhūn) 254
純(chún) 72

tuō
脫 183
說(shuō) 175

tuó
池(chí) 70

tuǒ
綏(suí) 178

tuò
拓(zhí) 248

wǎ
瓦 183

wà
瓦(wǎ) 183

wài
外 183

wān
貫(guàn) 101
關(guān) 101

wán
完 183

wàn
萬 183

wáng
亡 184
王 184

wǎng
方(fāng) 91
王(wáng) 184
往 184
網 184

wàng
王(wáng) 184
妄 184
忘 185
往(wǎng) 184
盲(máng) 135
望 185

wēi
危 185
委(wěi) 187
威 185
畏(wèi) 187
微 185

wéi
為 185
唯 186
惟 187
圍 187
違 187
嵬 187
維 187
魏(wèi) 188

wěi
尾 187
委 187
唯(wéi) 186
葦 187

wèi
未 187
位 187
味 187
畏 187
尉 188
謂 188
衛 188
魏 188

wēn
溫 188
轀 189

wén
文 189
聞 189

wèn
文(wén) 189
免(miǎn) 136
問 189
聞(wén) 189

wǒ
我 189
果(guǒ) 102

wò
臥 189

wū
於 189
屋 191
烏 191
惡(è) 83
誣 191

wú
亡(wáng) 184
毋 191
吾 191
吳 191
無 192
廡(wǔ) 195

wǔ
五 194
伍 194
武 195
侮 195
務(wù) 196
廡 195

wù
勿 195
物 195
務 196
惡(è) 83
寤 196
鶩 196

xī
西 196
昔 196
栖(qī) 143
息 196
奚 196
悉 196
惜 196
翕 196
稀 196
犀 196
喜(xǐ) 197
膝 196
谿 196
犧 196
攜 196

xí
席 196
習 196
襲 197

xǐ
喜 197

xì
郤(què) 153
氣(qì) 148
細 197
隙 197
謚 197

xiá
甲(jiǎ) 112
狹 197
假(jiǎ) 112
葭(jiā) 112
暇(xià) 198
碬 197
轄 197

xià
下 197
夏 198
假(jiǎ) 112
暇 198

xiān
先 198

xián
咸 199
閒 199
閑 199
嫌 199
銜 199
賢 199
啣 199

xiǎn
省(xǐng) 203
險 199
獮 199
顯 199

xiàn
見(jiàn) 113
限 199
陷 199
縣(xuán) 205

xiāng
相 199
鄉 200

xiáng
降(jiàng) 115
祥 200
詳 200

xiǎng
鄉(xiāng) 200
響 200
饗 200

xiàng
向 200
相(xiāng) 199
象 200
項 200
鄉(xiāng) 200

xiāo
肖(xiào) 201
梟 200
騷(sāo) 160
囂 200
驕(jiāo) 115

xiáo
校(jiào) 115

xiǎo
小 200

xiào
孝 201
肖 201
校(jiào) 115
效 201
笑 201

xiē
曷(hé) 104

xié
邪 201
脅 201
挾 201
攜(xī) 196

xiè
械 201
解(jiě) 117
懈 201
豫(yù) 225
謝 201

xīn
心 201
新 201
親(qīn) 150
薪 201

xìn
信 201

xīng
星 202
腥 202
興 202

xíng
行 202
刑 203
形 203

xǐng
省 203

xìng
行(xíng) 202
姓 203
性 204
幸 204
興(xīng) 202

xiōng
凶 204
兄 204
匈 204
胸 204

xióng
雄 204

xiū
休 204
修 204
脩 204

xiù
宿(sù) 177
繡 204

xū
于(yū) 223
呼(hū) 106
須 204
虛 204

xú
邪(xié) 201
徐 204

xǔ
休(xiū) 204
許 204

xù
序 204
畜(chù) 72
敘 204
蓄 204

xuān
喧 204

xuán
玄 205
旋 205
縣 205
還(huán) 107
懸 205

xuǎn
喧(xuān) 204
選 205

xuàn
旋(xuān) 205
選(xuǎn) 205

xuē
削 205

xué
學 205

xuè
血 205
決(jué) 121
閱(yuè) 227

xūn
旬 205
巡 205
循 205
遁(dùn) 83

xùn
孫(sūn) 178
訊 205
遜 205
選(xuǎn) 205

yā
烏(wū) 191
厭 205
壓 205

yá
牙 205

yà
御(yù) 224

yān
身(shēn) 163
奄(yǎn) 206
殷(yīn) 218
焉 205
淹 205
煙 205
厭(yā) 205
燕(yàn) 206

yán
巡(xún) 205
言 205
炎 206
埏 206
險(xiǎn) 199
顏 206
嚴 206

yǎn
奄 206
偃 206
掩 206
厭(yā) 205

yàn
炎(yán) 206
晏 206
厭(yā) 205
諺 206
燕 206
驗 206

yáng
羊 206
佯 206
湯(tāng) 180
陽 206
揚 206
詳(xiáng) 200

yǎng
養(juàn) 121
養 206

yāo
么 206
祅 206
要 206
腰 207
邀 207

yáo
佻(tiāo) 181
窕(tiǎo) 181
猶(yóu) 220
堯 207
搖 207
踰(yú) 223
餚 207

yǎo
要(yāo) 206

yào
幼(yòu) 223
要(yāo) 206
樂(yuè) 227
藥 207

yē
邪(xié) 201

yě
也 207
冶 210
野 210

yè
夜 211
射(shè) 163
液 211
業 211
謁 211

yī
一 211
伊 212
衣 212
依 212
意(yì) 217
醫 212

yí
夷 212
圯 212
宜 212
怠(dài) 75
施(shī) 167
蛇(shé) 163
焉(yān) 205
移 212
疑 212
儀 212

yǐ
已 212
以 213
矣 216
依(yī) 212
蟻 216

yì
失(shī) 166
衣(yī) 212
亦 216
役 217
佚 217
邑 217
易 217
迭(dié) 81
食(shí) 168
施(shī) 167
疫 217
射(shè) 163
益 217
移(yí) 212
異 217
肆(sì) 177
義 217
意 217
溢 217
厭(yā) 205
億 218
懌 218
澤(zé) 231
翼 218
鎰 218
釋(shì) 172
議 218
翳 218

yīn
因 218
音 218
姻 218
殷 218
陰 218
堙 218
煙(yān) 205
闉 218

yín
吟 218
垠 219
寅 219
淫 219

yǐn
引 219
殷(yīn) 218
飲 219
隱 219

yìn
陰(yīn) 218
飲(yǐn) 219
隱(yǐn) 219

yīng
應 219
嬰 219

yíng
迎 219
盈 219
楹 219
營 219

yǐng
影 219

yìng
迎(yíng) 219
應(yīng) 219

yǒng
勇 219

yòng
用 219

yōu
攸 220
幽 220
憂 220

yóu
由 220

猶 220
遊 220

yǒu
又(yòu) 223
友 220
有 221
幽(yōu) 220
脩(xiū) 204

yòu
又 223
右 223
幼 223
有(yǒu) 221
誘 223

yū
迂 223

yú
于 223
予(yǔ) 224
邪(xié) 201
吾(wú) 191
於(wū) 189
虞 223
愚 223
與(yǔ) 224
踰 223
餘 223

yǔ
予 224
羽 224
雨 224
圄 224
圉 224
語 224
與 224

yù
谷(gǔ) 98
拗(ǎo) 53
或(huò) 108
雨(yǔ) 224
尉(wèi) 188
欲 224
御 224
圉(yǔ) 224
域 224
預 225
遇 225
與(yǔ) 224
語(yǔ) 224
獄 225
諭 225
豫 225
禦 225

yuān
淵 225

yuán
元 225
垣 225
原 225
援 225
圓 225
源 225
緣 225
轅 225

yuǎn
遠 225

yuàn
怨 226
原(yuán) 225
願 226

yuē
曰 226
約 227

yuè
月 227
悅 227
越 227
鉞 227
說(shuō) 175
閱 227
樂 227

yūn
轀(wēn) 189

yún
云 228
均(jūn) 122
芸 228
紜 228
雲 228

yùn
均(jūn) 122
怨(yuàn) 226
溫(wēn) 188
慍 228
運 228

zá
雜 228

zāi
災 228
哉 228

zǎi
宰 228

zài
再 229
在 228
載 229

zāng
藏(cáng) 67

zàng
藏(cáng) 67

zāo
糟 229

zǎo
早 229
蚤 229

zào
造 229
燥 229
譟 229
竈 229

zé
則 229
措(cuò) 74
責 231
賊 231
澤 231
擇 231
賾 231

zè
側(cè) 67

zhà
作(zuò) 258
詐 232

zhāi
啇(dì) 81
齊(qí) 147

zhái
宅 232

zhǎi
窄 232

zhài
責(zé) 231

zhān
占 232
霑 232

zhǎn
斬 232

zhàn
占(zhān) 232
戰 232

zhāng
張 234
章 234
彰 234

zhǎng
長(cháng) 67

zhàng
丈 234
仗 234
杖 234
長(cháng) 67
張(zhāng) 234
障 234

zhāo
招 234
朝 234
著(zhù) 254

zhào
召 234
兆 234
詔 234
趙 234

zhé
折 234
適(shì) 172
轍 234

zhě
者 234
堵(dǔ) 82
赭 239

zhēn
振(zhèn) 239

zhěn
振(zhèn) 239
軫 239

zhèn
振 239
陣 239
酖(dān) 75
陳(chén) 69
震 239

zhēng
正(zhèng) 239
政(zhèng) 239
征 239
爭 239
徵 239

zhěng
承(chéng) 70
整 239

zhèng
正 239
爭(zhēng) 239
政 239
靜(jìng) 119

zhī
氏(shì) 170
之 240
支 240
枝 247
知 247
智(zhì) 250
織 248

zhí
拓 248
直 248
埴 248
執 248
植 248
遲(chí) 71
職 248

zhǐ
止 248
祇(qí) 147
指 249
視(shì) 172
徵(zhēng) 239

zhì
至 249
志 249
治 249
制 249
知(zhī) 247
致 250
秩 250
智 250
置 250
質 250
摯 250
幟 250
遲(chí) 71
織(zhī) 248
職(zhí) 248
識(shí) 168
鷙 250

zhōng
中 250
忠 251
衆(zhòng) 251
終 251
鍾 251

zhǒng
冢 251
種 251
踵 251

zhòng
中(zhōng) 250
重 251
衆 251
種(zhǒng) 251

zhōu
舟 252
州 252
周 252

zhòu
胄 252
紂 252
晝 253

zhū
朱 253
朝(zhāo) 234
誅 253
銖 253
諸 253

zhú
逐 253

zhǔ
主 253
拄 254
柱(zhù) 254
屬 254

zhù
助 254
杼 254
柱 254
除(chú) 71
庶(shù) 174
著 254
築 254

zhuān
專 254

zhuǎn
轉 254

zhuàn
沌(dùn) 82
傳(chuán) 72
轉(zhuǎn) 254

zhuāng
莊 254
裝 254

zhuàng
壯 254

zhuī
追 254

zhuì
隊(duì) 82

zhūn
屯 254
純(chún) 72
頓(dùn) 82
諄 254

zhǔn
純(chūn) 72

zhuō
拙 255

zhuó
灼 255
著(zhù) 254

zī
次(cì) 73
茲 255
資 255
齊(qí) 147
輜 255

zǐ
子 255

zì
自 255
事(shì) 170
瘠(jí) 110

zōng
從(cōng) 74
總(zǒng) 255
縱(zòng) 255

zǒng
從(cōng) 74
縱(zòng) 255
總 255

zòng
從(cōng) 74
縱 255
總(zǒng) 255

zǒu
走 255
奏(zòu) 256

zòu
奏 256

zū
諸(zhū) 253

zú
足 256
卒 256

zǔ
作(zuò) 258
阻 256
俎 257
祖 257
組 257

zuǎn
纂 257

zuì
最 257
罪 257

zūn
尊 257

zǔn
尊(zūn) 257

zuō
作(zuò) 258

zuó
作(zuò) 258

zuǒ
左 257
佐 257

zuò
左(zuǒ) 257
作 258
坐 257
挫(cuò) 74

威妥碼－漢語拼音　對照表

A	
a	a
ai	ai
an	an
ang	ang
ao	ao
C	
cha	zha
chʻa	cha
chai	zhai
chʻai	chai
chan	zhan
chʻan	chan
chang	zhang
chʻang	chang
chao	zhao
chʻao	chao
che	zhe
chʻe	che
chei	zhei
chen	zhen
chʻen	chen
cheng	zheng
chʻeng	cheng
chi	ji
chʻi	qi
chia	jia
chʻia	qia
chiang	jiang
chʻiang	qiang
chiao	jiao
chʻiao	qiao
chieh	jie
chʻieh	qie
chien	jian
chʻien	qian
chih	zhi
chʻih	chi
chin	jin
chʻin	qin
ching	jing
chʻing	qing
chiu	jiu
chʻiu	qiu
chiung	jiong
chʻiung	qiong
cho	zhuo
chʻo	chuo
chou	zhou
chʻou	chou
chu	zhu
chʻu	chu
chua	zhua
chʻua	chua
chuai	zhuai
chʻuai	chuai
chuan	zhuan
chʻuan	chuan
chuang	zhuang
chʻuang	chuang
chui	zhui
chʻui	chui
chun	zhun
chʻun	chun
chung	zhong
chʻung	chong
chü	ju
chʻü	qu
chüan	juan
chʻüan	quan
chüeh	jue
chʻüeh	que
chün	jun
chʻün	qun
E	
e	e
eh	ê
ei	ei
en	en
eng	eng
erh	er
F	
fa	fa
fan	fan
fang	fang
fei	fei
fen	fen
feng	feng
fo	fo
fou	fou
fu	fu
H	
ha	ha
hai	hai
han	han
hang	hang
hao	hao
he	he
hei	hei
hen	hen
heng	heng
ho	he
hou	hou
hsi	xi
hsia	xia
hsiang	xiang
hsiao	xiao
hsieh	xie
hsien	xian
hsin	xin
hsing	xing
hsiu	xiu
hsiung	xiong
hsü	xu
hsüan	xuan
hsüeh	xue
hsün	xun
hu	hu
hua	hua
huai	huai
huan	huan
huang	huang
hui	hui
hun	hun
hung	hong
huo	huo
J	
jan	ran
jang	rang
jao	rao
je	re
jen	ren
jeng	reng
jih	ri
jo	ruo
jou	rou
ju	ru
juan	ruan
jui	rui
jun	run
jung	rong
K	
ka	ga
kʻa	ka
kai	gai
kʻai	kai
kan	gan
kʻan	kan
kang	gang
kʻang	kang
kao	gao
kʻao	kao
ke	ge
kʻe	ke
kei	gei
ken	gen
kʻen	ken
keng	geng
kʻeng	keng
ko	ge
kʻo	ke
kou	gou
kʻou	kou
ku	gu
kʻu	ku
kua	gua
kʻua	kua
kuai	guai
kʻuai	kuai
kuan	guan
kʻuan	kuan
kuang	guang
kʻuang	kuang
kuei	gui
kʻuei	kui
kun	gun
kʻun	kun
kung	gong
kʻung	kong
kuo	guo
kʻuo	kuo
L	
la	la
lai	lai
lan	lan
lang	lang
lao	lao
le	le
lei	lei
leng	leng
li	li
lia	lia
liang	liang
liao	liao
lieh	lie
lien	lian
lin	lin
ling	ling
liu	liu
lo	le
lou	lou
lu	lu
luan	luan

lun	lun	nu	nu	sai	sai	t‘e	te	tsung	zong
lung	long	nuan	nuan	san	san	teng	deng	ts‘ung	cong
luo	luo	nung	nong	sang	sang	t‘eng	teng	tu	du
lü	lü	nü	nü	sao	sao	ti	di	t‘u	tu
lüeh	lüe	nüeh	nüe	se	se	t‘i	ti	tuan	duan
				sen	sen	tiao	diao	t‘uan	tuan
M		O		seng	seng	t‘iao	tiao	tui	dui
ma	ma	o	o	sha	sha	tieh	die	t‘ui	tui
mai	mai	ou	ou	shai	shai	t‘ieh	tie	tun	dun
man	man			shan	shan	tien	dian	t‘un	tun
mang	mang	P		shang	shang	t‘ien	tian	tung	dong
mao	mao	pa	ba	shao	shao	ting	ding	t‘ung	tong
me	me	p‘a	pa	she	she	t‘ing	ting	tzu	zi
mei	mei	pai	bai	shei	shei	tiu	diu	tz‘u	ci
men	men	p‘ai	pai	shen	shen	to	duo		
meng	meng	pan	ban	sheng	sheng	t‘o	tuo	W	
mi	mi	p‘an	pan	shih	shi	tou	dou	wa	wa
miao	miao	pang	bang	shou	shou	t‘ou	tou	wai	wai
mieh	mie	p‘ang	pang	shu	shu	tsa	za	wan	wan
mien	mian	pao	bao	shua	shua	ts‘a	ca	wang	wang
min	min	p‘ao	pao	shuai	shuai	tsai	zai	wei	wei
ming	ming	pei	bei	shuan	shuan	ts‘ai	cai	wen	wen
miu	miu	p‘ei	pei	shuang	shuang	tsan	zan	weng	weng
mo	mo	pen	ben	shui	shui	ts‘an	can	wo	wo
mou	mou	p‘en	pen	shun	shun	tsang	zang	wu	wu
mu	mu	peng	beng	shuo	shuo	ts‘ang	cang		
		p‘eng	peng	so	suo	tsao	zao	Y	
N		pi	bi	sou	sou	ts‘ao	cao	ya	ya
na	na	p‘i	pi	ssu	si	tse	ze	yang	yang
nai	nai	piao	biao	su	su	ts‘e	ce	yao	yao
nan	nan	p‘iao	piao	suan	suan	tsei	zei	yeh	ye
nang	nang	pieh	bie	sui	sui	tsen	zen	yen	yan
nao	nao	p‘ieh	pie	sun	sun	ts‘en	cen	yi	yi
ne	ne	pien	bian	sung	song	tseng	zeng	yin	yin
nei	nei	p‘ien	pian			ts‘eng	ceng	ying	ying
nen	nen	pin	bin	T		tso	zuo	yo	yo
neng	neng	p‘in	pin	ta	da	ts‘o	cuo	yu	you
ni	ni	ping	bing	t‘a	ta	tsou	zou	yung	yong
niang	niang	p‘ing	ping	tai	dai	ts‘ou	cou	yü	yu
niao	niao	po	bo	t‘ai	tai	tsu	zu	yüan	yuan
nieh	nie	p‘o	po	tan	dan	ts‘u	cu	yüeh	yue
nien	nian	p‘ou	pou	t‘an	tan	tsuan	zuan	yün	yun
nin	nin	pu	bu	tang	dang	ts‘uan	cuan		
ning	ning	p‘u	pu	t‘ang	tang	tsui	zui		
niu	niu			tao	dao	ts‘ui	cui		
no	nuo	S		t‘ao	tao	tsun	zun		
nou	nou	sa	sa	te	de	ts‘un	cun		

筆畫檢字表

一畫

一	一	211

二畫

一	七	143
丿	乃	139
乙	九	120
二	二	88
人	人	154
入	入	158
八	八	53
力	力	128
十	十	167
卜	卜	61
又	又	223

三畫

一	上	162
	丈	234
	三	159
	下	197
丿	久	120
	么	206
乙	乞	147
	也	207
二	于	223
亠	亡	184
几	凡	89
刀	刃	156
十	千	148
口	口	126
土	土	182
士	士	169
大	大	74
女	女	142
子	子	255
小	小	200
山	山	161
巛	川	72
工	工	96
己	己	110
	已	212
干	干	95
弓	弓	96
手	才	66

四畫

一	不	61
丨	中	250
丶	丹	75
丿	之	240
亅	予	224
二	井	119
	互	106
	云	228
	五	194
人	今	117
	仂	127
	介	117
	什	167
	仁	156
儿	元	225
入	內	140
八	六	133
	公	96
凵	凶	204
刀	分	92
勹	勿	195
匕	化	106
匚	匹	143
又	反	90
	及	109
	友	220
大	夫	93
	太	180
	天	180
小	少	163
尸	尺	71
屮	屯	254
弓	引	219
心	心	201
戈	戈	96
戶	戶	106
手	手	172
支	支	240
文	文	189
斗	斗	81
方	方	91
日	日	156
曰	曰	226
月	月	227
木	木	139
止	止	248
殳	殳	173
毋	毋	191
比	比	56
毛	毛	135
氏	氏	170
水	水	175
火	火	108
父	父	94
牙	牙	205
牛	牛	142
犬	犬	153
玉	王	184

五畫

一	丘	151
	世	170
	且	150
丶	主	253
丿	乎	106
	乏	88
人	代	75
	令	132
	以	213
	仞	156
	仗	234
儿	充	71
	兄	204
冫	冬	81
凵	出	71
刀	刊	124
力	加	111
	功	96
匕	北	55
十	半	54
卜	占	232
厶	去	152
口	可	124
	古	97
	司	175
	右	223
	召	234
囗	四	176
	囚	151
夕	外	183
大	失	166
工	巧	150
	左	257
巾	布	66
	市	170
干	平	143
幺	幼	223
弓	弗	93
心	必	57
斤	斥	71
木	本	56
	末	138
	未	187
止	正	239
毋	母	139
氏	民	136
犬	犯	90
玄	玄	205
瓦	瓦	183
生	生	164
用	用	219
田	甲	112
	由	220
	申	163
	田	181
白	白	53
皮	皮	142
目	目	139
矛	矛	135
矢	矢	168
石	石	168
示	示	170
禾	禾	103
立	立	128

六畫

亠	交	115
	亦	216
人	伐	88
	伏	93
	伍	194
	任	156
	伊	212
	休	204
儿	光	101
	兆	234
	先	198
入	全	153
八	共	97
冂	再	229
刀	列	131
	刑	203
勹	匈	204
匚	匠	115
卩	危	185
口	吉	111
	名	137
	各	96
	后	105
	吏	129
	合	103
	向	200
	同	182
囗	因	218
土	地	79
	在	228
	圯	212
夕	多	83
大	夷	212
女	好	103
	如	157
	妄	184
子	存	74
宀	安	53
	守	172
	宅	232
巛	州	252
干	并	60
	年	141
弋	式	170
弓	弛	70
戈	成	69
	戌	174
	戎	157
手	扛	95
攴	收	172
日	早	229
	旬	205
曰	曲	152
月	有	221
木	朱	253
欠	次	73
止	此	72
歹	死	176
水	江	113
	池	70
白	百	53
缶	缶	93
羊	羊	206
羽	羽	224
老	老	127
	考	124
而	而	83
耳	耳	88
肉	肉	157
臣	臣	68
自	自	255
至	至	249
舟	舟	252
色	色	160
血	血	205
行	行	202
衣	衣	212
襾	西	196

七畫

人	伯	61
	何	104
	但	76
	低	78
	伸	164
	位	187
	佚	217
	伺	177
	似	177
	佐	257
	作	258
儿	克	126
	免	136
八	兵	59
冫	冶	210
刀	別	59
	利	129
力	助	254
卩	即	110
	卵	134
口	否	93
	告	96
	吹	72
	君	122
	吝	131
	呂	133
	吳	191
	吾	191
	吟	218
	吞	183
囗	困	126
土	均	122
	坐	257
士	壯	254
女	妙	136
子	孝	201
宀	完	183
尸	尾	187
巛	巡	205
广	序	204
廴	廷	181

弓 弟 81
彡 形 203
彳 役 217
心 忌 111
忘 185
忒 180
志 249
戈 戒 117
我 189
手 技 111
扼 83
抗 124
折 234
投 182
攴 改 95
攻 97
攸 220
曰 更 96
木 杜 82
材 66
杖 234
束 174
止 步 66
毋 每 135
水 沌 82
汲 110
沈 69
決 121
求 152
沒 138
沛 142
火 災 228
灼 255
牛 牢 127
犬 狂 126
田 男 139
矢 矣 216
禾 私 176
穴 究 120
肉 肖 201
艮 良 130
見 見 113
角 角 121
言 言 205
谷 谷 98
豆 豆 81
赤 赤 71
走 走 255
足 足 256
身 身 163
車 車 68
辰 辰 69
辵 迂 223
邑 邑 217
邪 201
里 里 128
阜 阪 54
阨 83
防 91

八畫

丿 乖 100
乙 乳 158
亅 事 170
人 來 126
侈 71
併 61
佯 206
依 212
佻 181
使 169
侔 138
儿 兒 88
兔 182
兕 177
入 兩 131
八 具 121
其 143
刀 刻 126
制 249
十 卑 55
卒 256
卩 卷 121
又 受 173
取 152
口 咎 120
呼 106
和 104
命 138
味 187
周 252
囗 囹 131
固 98
土 垂 72
夕 夜 211
大 奉 92
奈 139
奇 147
奄 206
女 姓 203
妻 143
委 187
始 169
妾 150
子 孤 97
宀 官 100
定 81
宜 212
小 尚 162
尸 居 120
屈 152
巾 帛 61
干 幸 204
广 府 94
弓 弩 142
彳 彼 56
征 239
往 184
心 忽 106
忿 92
怪 100
怖 66
怯 150
性 204
忠 251
戈 或 108
戶 所 178
手 拔 53
拘 120
拗 53
拒 121
抱 55
承 70
招 234
拇 139
拓 248
拄 254
拙 255
攴 放 91
政 239
斤 斧 94
方 於 189
日 明 137
昔 196
易 217
月 服 93
朋 142
木 果 102
枚 135
林 131
板 54
東 81
枝 247
杼 254
止 武 195
水 河 104
法 89
況 126
沮 120
沫 138
泣 148
治 249
火 炎 206
爪 爭 239
牛 牧 139
物 195
犬 狐 106
目 盲 135
直 248
矢 知 247
示 社 163
禾 秆 95
穴 空 126
肉 肩 112
肥 91
臣 臥 189
舌 舍 163
艸 芸 228
虍 虎 106
衣 表 59
辵 近 118
返 90
迎 219
釆 采 67
金 金 117
長 長 67
門 門 135
阜 阜 94
附 94
阻 256
雨 雨 224
靑 靑 151
非 非 91

九畫

二 亟 110
亠 亭 181
人 保 54
俊 124
侯 105
便 58
信 201
侮 195
侵 150
俗 177
俎 257
冂 冒 135
冑 252
刀 前 149
削 205
則 229
力 勉 136
勁 119
勇 219
十 南 139
卩 卻 153
厂 厚 105
口 哀 53
咸 199
哉 228
土 城 70
垣 225
垠 219
大 奔 56
奏 256
女 姦 112
威 185
姻 218
宀 客 126
室 171
寸 封 92
尸 屍 167
屋 191
巾 帝 81
帥 175
幺 幽 220
广 度 82
廴 建 113
弓 弭 135
彳 律 134
待 75
後 105
心 急 110
怠 75
恢 107
怒 142
怨 226
恃 171
手 拜 54
挂 100
持 70
按 53
挑 181
指 249
攴 故 99
方 斾 142
施 167
无 既 111
日 春 72
是 171
星 202
曰 曷 104
木 柄 60
枹 94
柔 157
柰 139
某 139
柱 254
歹 殆 75
殄 181
水 洪 104
津 117
活 108
洽 148
泉 153
火 炮 142
為 185
牛 牲 165
犬 狩 173
甘 甚 164
田 界 117
畏 187
疒 疫 217
白 皇 107
皆 116
皿 盈 219
目 省 203
相 199
示 祇 147
祆 206
禾 秒 98
秋 151
竹 竿 95
糸 紀 111
約 227
紂 252
羊 美 135
老 者 234
肉 背 55
至 致 250
艸 苟 97
若 158
襾 要 206
言 計 111
貝 負 94
走 赴 94
車 軍 122
辵 迭 81
迫 143
里 重 251
阜 陏 133
降 115
限 199
面 面 136
革 革 96
音 音 218
風 風 92
飛 飛 91
食 食 168
首 首 173

十畫

丿 乘 70
人 俯 94
倒 76
俱 120
倍 55
俾 56
倉 67

部首	字	頁
	倦	121
	候	106
	倫	134
	修	204
八	兼	112
冖	冥	138
	冢	251
刀	剛	95
	剔	180
厂	原	225
囗	圄	224
土	埋	135
	埏	206
夂	夏	198
大	奚	196
子	孫	178
宀	家	111
	宮	97
	害	103
	容	157
	宰	228
寸	射	163
工	差	67
巾	師	167
	席	196
广	庫	126
弓	弱	159
彳	徒	182
	徐	204
心	悔	107
	恐	126
	恭	97
	悖	55
	恥	71
	悅	227
	息	196
手	挫	74
	捐	121
	捕	61
	挾	201
	振	239
攴	效	201
斗	料	131
方	旅	133
	旄	135
	旁	142
	旆	142
	旂	147
日	晉	118
	晏	206
	時	168
曰	書	174
木	案	53
	校	115
	桓	106
	桀	116
	栗	130
	栖	143
	桑	160
殳	殷	218
气	氣	148
水	海	103
	浩	103
	流	132
	涕	180
	涉	163
火	烏	191
犬	狼	127
	狸	127
	狹	197
田	畜	72
	留	132
	畝	139
疒	疾	110
	病	61
	疲	142
皿	益	217
目	眚	166
石	破	143
示	祕	136
	祠	72
	神	164
	祖	257
禾	秣	138
	秦	150
	秩	250
穴	窄	232
竹	笑	201
糸	級	110
	紛	92
	純	72
	紜	228
	素	177
	索	179
耒	耕	96
肉	能	140
	脅	201
	胸	204
艸	芻	71
	荅	74
	荒	107
	草	67
	茲	255
虫	蚤	229
血	衄	142
衣	被	56
	衰	174
言	訊	205
	討	180
豆	豈	147
貝	財	67
走	起	147
車	軔	156
辰	辱	158
辵	迷	135
	退	182
	逃	180
	逆	141
	追	254
酉	酒	120
金	釜	94
阜	除	71
	陣	239
馬	馬	135
骨	骨	98
高	高	95
鬼	鬼	101
	十一畫	
人	側	67
	健	113
	假	112
	偏	143
	偃	206
	停	181
	偷	182
力	勒	127
	動	81
	務	196
厶	參	164
口	商	81
	啚	56
	商	161
	問	189
	唯	186
	啓	148
囗	國	102
	圉	224
土	堊	83
	基	108
	堅	112
	執	248
	域	224
	堂	180
	埴	248
女	婚	108
	婦	94
子	孰	174
宀	密	136
	寇	126
	寅	219
	宿	177
寸	將	113
	尉	188
	專	254
山	崩	56
巾	常	68
	帶	75
广	庶	174
弓	強	149
	張	234
彐	彗	107
彡	彫	81
彳	得	77
	從	74
	御	224
心	患	107
	惜	196
	惟	187
	情	151
	悉	196
戈	戚	148
戶	扈	106
手	採	67
	掠	134
	捷	116
	措	74
	接	116
	推	182
	掩	206
	授	173
	捧	142
攴	救	120
	敏	137
	敗	54
	教	115
	敘	204
斤	斬	232
方	旌	119
	旋	205
日	晝	253
月	望	185
木	梁	130
	條	181
	梟	200
	梯	180
	械	201
欠	欲	224
殳	殺	160
毛	毫	103
水	涼	130
	液	211
	深	164
	清	151
	淹	205
	淺	149
	淵	225
	淫	219
火	焉	205
犬	猜	66
玄	率	175
玉	理	128
田	略	134
	畢	58
目	眾	251
示	祥	200
禾	移	212
穴	窕	181
立	章	234
竹	符	94
	笳	112
	笞	70
	笛	78
米	粒	130
糸	累	127
	紹	163
	細	197
	組	257
	終	251
羽	習	196
肉	脩	204
	脫	183
舟	船	72
艸	葸	111
	莫	138
	莊	254
虍	處	72
虫	蛇	163
行	術	174
見	規	101
言	訟	177
	許	204
	設	163
貝	貫	101
	貨	108
	貪	180
	責	231
	貧	143
赤	赦	163
辵	連	130
	造	229
	通	182
	速	177
	途	182
	逐	253
邑	郭	102
	部	66
酉	酖	75
里	野	210
門	閉	58
阜	陳	69
	陸	133
	陵	131
	陴	142
	陰	218
	陷	199
隹	雀	153
食	飢	108
鳥	鳥	141
麻	麻	135
	十二畫	
人	備	56
	傑	116
	傍	142
刀	割	96
力	勞	127
	勝	165
厂	厥	122
口	喧	204
	喪	160
	善	161
	喜	197
囗	圍	187
土	堵	82
	報	55
	堡	55
	堪	124
	場	68
	堙	218
	堯	207
大	奢	163
宀	寒	103
	富	95
寸	尊	257
尢	就	120
尸	屠	182
弋	弒	172
彳	復	95
	徧	58
	循	205
心	惡	83
	惠	107
	惑	108
	惰	83
戈	戟	110
手	揮	107
	揭	116
	援	225
	提	180
	揚	206
攴	敢	95
	散	160
日	智	250
曰	最	257
月	朞	108
	朝	234
	期	143

木 棄 148
植 248
歹 殘 67
水 減 113
渴 126
渾 108
渡 82
測 67
渠 152
湯 180
火 焚 92
然 153
無 192
牛 犀 196
犬 猶 220
田 畫 106
異 217
癶 登 78
發 88
皿 盜 76
盛 166
矢 短 82
禾 程 70
稀 196
穴 窘 120
窖 116
立 童 182
竹 策 67
等 78
答 74
米 粟 177
糸 結 116
給 110
絕 122
絲 176
羽 翕 196
舌 舒 174
舛 舜 175
艸 菽 174
虍 虜 133
虛 204
衣 補 61
見 視 172
言 詔 234
詐 232
詘 152
豕 象 200
貝 貴 101
貰 58
費 91
走 超 68
越 227
足 距 121
車 軫 239
辵 逮 75
進 118
邑 都 82
里 量 131
金 鈞 124
鈍 82
門 開 124
間 112
閑 199
閒 199
阜 隄 78
隊 82
隆 132
陽 206
隹 集 110
雄 204
雨 雲 228
頁 須 204
順 175
項 200
黃 黃 107
黍 黍 174
黑 黑 104

十三畫

乙 亂 134
人 傳 72
僅 118
傾 151
傷 161
力 勤 150
勢 172
募 139
囗 圓 225
土 塞 160
塗 182
女 嫌 199
山 嵬 187
广 廊 127
廉 130
彳 微 185
心 愛 53
惷 72
愷 124
慍 228
意 217
慊 149
慎 164
愚 223
戈 戢 110
手 搏 61
搖 207
損 178
攴 敬 119
斤 新 201
日 暑 174
暇 198
曰 會 107
木 極 110
楫 110
楚 72
楹 219
業 211
楯 175
止 歲 178
殳 毀 107
水 溝 97
滅 136
溺 141
源 225
溢 217
溫 188
火 煩 90
煙 205
田 當 76
皿 盟 135
示 禁 118
祿 133
内 禽 150
竹 節 116
筭 177
筵 172
糸 經 119
綏 178
网 置 250
罪 257
羊 義 217
群 153
耳 聘 143
聖 166
聿 肆 177
肉 腹 95
腸 68
腥 202
腰 207
艸 葭 112
落 134
葦 187
萬 183
著 254
虍 號 103
虞 223
衣 裏 128
裨 142
裝 254
角 解 117
言 誠 70
詰 117
詭 101
詳 200
試 172
誅 253
貝 賂 133
賈 98
賊 231
資 255
足 跪 102
路 133
跡 111
跣 174
車 載 229
辰 農 142
辵 過 103
達 74
道 76
逼 56
遁 83
遏 83
遂 178
運 228
違 187
遇 225
遊 220
邑 鄉 200
金 鈴 132
鉤 97
鉞 227
阜 隘 53
隙 197
雨 雷 127
頁 頒 92
頓 82
預 225
食 飯 91
飬 121
飲 219
馬 馳 70
鼎 鼎 81
鼓 鼓 98

十四畫

厂 厭 205
厮 176
口 嘗 68
囗 圖 182
土 境 119
塵 69
基 139
士 壽 173
大 奪 83
宀 察 67
寡 100
寢 150
寤 196
實 168
寧 141
寸 對 82
广 廓 126
彡 彰 234
心 慚 67
慈 72
慇 153
手 搴 149
方 旗 147
木 榮 157
欠 歌 96
水 漸 113
漏 133
滿 135
漆 143
漂 143
爻 爾 88
犬 獄 225
疋 疑 212
皿 盡 119
目 睹 82
石 碬 197
示 禍 108
福 94
禾 稱 69
種 251
立 端 82
竭 117
竹 箠 72
管 101
箕 108
米 精 119
糸 維 187
網 184
网 罰 89
耳 聚 121
聞 189
肉 膏 96
至 臺 180
臼 與 224
艸 蒼 67
蒹 113
蓋 95
蒙 135
蓄 204
衣 褐 104
裹 103
言 誡 117
誥 96
誑 126
語 224
說 175
誘 223
誓 172
誣 191
豕 豪 103
貝 賓 59
走 趙 234
車 輔 94
輕 151
辵 遜 205
遠 225
酉 酷 126
金 銜 199
銖 253
阜 障 234
食 飽 55
飾 172
鳥 鳴 138
麻 麼 138
齊 齊 147

十五畫

人 僵 115
億 218
儀 212
僻 143
刀 劍 113
劇 102
厂 厲 130
土 墳 92
墝 150
墨 138
宀 寬 126
審 164
巾 幟 250
广 廣 101
廢 92
廟 136
廡 195
廾 弊 58
彡 影 219
彳 徹 68
德 78
徵 239
心 憐 130
憚 76
慮 134
憂 220
慶 151
慝 180
戈 戮 133
手 撫 94
擊 108
撓 140
摯 250
攴 敵 78
數 174
日 暴 55
暮 139

部首	字	頁
木	橛	177
	樂	227
水	潔	117
	潰	126
	潢	107
	澗	113
	潛	149
火	熟	174
	熱	154
疒	瘠	110
禾	稽	109
	稷	111
	穀	98
穴	窮	151
糸	練	130
	緩	107
	緣	225
网	罷	53
肉	膠	115
	膚	93
	膝	196
虫	蝨	167
行	衝	71
言	論	134
	誰	175
	請	151
	諄	254
貝	賚	127
	賦	95
	賤	113
	賣	135
	賜	74
	賞	161
	賢	199
	質	250
足	踐	113
車	輪	134
	輜	255
辵	適	172
	遷	149
邑	鄰	131
金	鋒	92
	銳	158
門	閭	133
	閫	126
	閱	227
雨	霆	181
	震	239
革	鞍	53
食	餌	88
	養	206
馬	駟	177
	駛	169
	駑	142
麻	麾	107
齒	齒	71
十六畫		
人	儒	158
口	噉	199
	器	148
土	壁	58
	壇	180
	墻	150
大	奮	92
子	學	205
寸	導	76
广	廩	131
弓	彊	150
心	憑	143
	懈	201
	懌	218
戈	戰	232
手	據	121
	操	67
	擒	150
	擅	161
	擇	231
攴	整	239
木	橫	104
	機	109
	樹	174
	樸	143
	樵	150
止	歷	130
歹	殫	75
水	激	109
	澤	231
火	燔	90
	燕	206
	燒	163
犬	獨	82
示	禦	225
禾	積	109
穴	窺	126
竹	築	254
米	糗	152
糸	縣	205
耒	耨	142
臼	興	202
艸	蕩	76
	蔽	58
行	衡	104
	衛	188
見	覩	82
	親	150
言	諫	113
	諜	81
	謂	188
	謁	211
	諭	225
	諺	206
	謀	138
	諸	253
豕	豫	225
赤	赭	239
足	踰	223
	踵	251
車	輸	174
辛	辨	58
辵	遲	71
	選	205
金	鋸	121
	錯	74
阜	隨	178
	險	199
雨	霖	131
	霑	232
	霓	141
青	靜	119
頁	頭	182
食	餘	223
馬	駭	103
龍	龍	133
龜	龜	101
十七畫		
力	勵	130
土	壓	205
女	嬰	219
心	應	219
欠	歛	103
水	濟	111
	濕	179
火	燥	229
	營	219
爿	牆	150
犬	獲	108
	獰	199
玉	環	106
石	磽	150
米	糠	124
	糟	229
糸	縵	135
	縻	135
	縷	134
	繆	139
	縱	255
	總	255
羽	翼	218
耳	聯	130
	聰	74
	聲	166
肉	臂	58
	膽	75
臣	臨	131
臼	舉	121
艮	艱	113
艸	薄	61
	薈	107
	薪	201
言	講	115
	謝	201
	謙	149
谷	谿	196
貝	賾	231
走	趨	152
足	蹈	76
車	轂	98
	轄	197
	轅	225
	輼	189
辵	還	107
	避	58
	邀	207
酉	醜	71
金	鍾	251
門	闌	218
阜	隱	219
隹	雖	177
雨	霜	175
韋	韓	103
食	餚	207
十八畫		
人	儲	72
口	嚮	104
土	壘	127
弓	彍	102
心	懟	82
戈	戴	75
手	擾	154
斤	斷	82
方	旛	89
止	歸	101
爪	爵	122
犬	獵	131
示	禮	128
禾	穢	108
竹	簡	113
	簡	113
米	糧	130
糸	繚	131
	繡	204
	織	248
耳	職	248
艸	藏	67
虫	蟣	111
衣	襟	117
襾	覆	95
角	觴	161
言	謹	118
足	蹙	74
車	轉	254
辵	邇	88
	邃	178
酉	醫	212
金	鎰	218
門	闔	104
	闕	153
阜	隳	107
隹	雞	109
	雜	228
	雙	175
頁	顏	206
馬	騄	133
	騎	147
鬼	魏	188
十九畫		
土	壞	106
心	懷	106
日	曠	126
木	櫜	96
	櫓	133
火	爍	175
犬	獸	173
田	疆	115
示	禱	76
网	羅	134
艸	藥	207
虫	蟻	216
言	譁	106
	譎	197
	識	168
足	蹶	122
車	轒	92
	轍	234
辛	辭	72
辵	邊	58
酉	醮	116
金	鏤	133
門	關	101
阜	隴	133
隹	離	127
	難	140
頁	類	127
	願	226
馬	騖	196
鹿	麗	130
二十畫		
力	勸	153
口	嚴	206
土	壤	154
子	孽	141
宀	寶	55
心	懸	205
牛	犧	196
竹	籍	110
	籌	71
糸	繼	111
	纂	257
角	觸	72
言	警	119
	譟	229
	議	218
	譬	143
釆	釋	172
金	鐧	113
雨	露	133
馬	騰	180
	騷	160
髟	鬐	147
廿一畫		
口	囂	200
尸	屬	254
心	懼	121
	懾	163
手	攜	196
水	灌	101
穴	竈	229
艸	藝	218
辛	辯	58
金	鐸	83
門	闢	143
雨	霸	53
頁	顧	100
風	飆	59
	飄	59
食	饑	109
	饋	126
	饒	154
馬	驅	152
鼓	鼙	142
廿二畫		
木	權	153
穴	竊	150
竹	籠	133
耳	聾	133
	聽	181
衣	襲	197
車	轡	142
金	鑑	113
音	響	200
食	饗	200
馬	驕	115

廿三畫
言 變 58
頁 顯 199
馬 驚 119
驗 206
骨 體 180

廿四畫
行 衢 152
言 讓 154
雨 靈 132
鬥 鬬 81

廿五畫
見 觀 101
言 讙 106
足 躡 141
髟 鬣 131

廿七畫
馬 驥 111

通用字表

編號	本索引用字	原底本用字	章/頁/行	內文
1	久	乆	A2/1/27	久則鈍兵挫銳
			A2/1/27	久暴師則國用不足
			A2/1/28	未睹巧之久也
			A2/1/28	夫兵久而國利者
			A2/2/12	不貴久
			A3/2/25	毀人之國而非久也
			A9A/8/23	久而不合
			A12/13/17	晝風久
			B4/19/21	〔則〕師雖久而不老
			C2/37/26	楚陳整而不久
			C2/38/1	故整而不久
			C2/38/10	可與持久
			C2/38/16	三曰師既淹久
			C4/41/21	停久不移
			C5/43/15	天久連雨
			D3/48/5	迭戰則久
			D4/50/3	凡戰以力久
			D4/50/3	以固久
			D4/51/12	堪久信也
			D5/52/3	息久亦反其慴
2	鬬	鬭	A5/4/10	鬬眾如鬬寡
			A5/4/21	鬬亂而不可亂也
			A6/6/1	可使無鬬
			B3/16/14	則百人盡鬬
			B3/16/15	則千人盡鬬
			C5/42/24	安行疾鬬
3	嘗	甞	A5/4/15	不可勝嘗也
			B3/16/17	先死者〔亦〕未嘗非多力國士〔也〕
			C1/37/15	武侯嘗謀事〔而當〕
			C1/37/15	昔楚莊王嘗謀事〔而當〕
			C4/41/26	將輕銳以嘗之
4	蹶	蹷	A7/6/24	則蹶上將軍
5	寇	冦	A7/7/22	窮寇勿迫
			A9A/8/21	窮寇也

編號	本索引用字	原底本用字	章/頁/行	內文
6	缶	缻	A9A/8/20	粟馬肉食、軍無懸缶、不返其舍者
7	群	羣	A11/12/15 B5/20/3 C1/37/15 C1/37/16 C1/37/17	若驅群羊 群下者支節也 群臣莫能及 群臣莫能及 而群臣莫及者
8	往	徃	A11/12/19 B12/27/1 B12/27/2 B12/27/8 B12/27/8 B12/27/11 C4/41/8	無所往者 凡我往則彼來 彼來則我往 惡在乎必往有功 敵復啚止我往而敵制勝矣 意往而不疑則從之 輕兵往來
9	鬬	鬭	A11/12/22 B4/18/7 B5/20/3 B17/29/14 B21/32/1	不得已則鬬 氣實則鬬 無足與鬬 鼓行交鬬 戰者必鬬
10	陷	陥	A11/13/1 A11/13/1 B3/16/14 C1/37/4 C5/43/15	陷之死地然後生 夫眾陷於害 陷行亂陳 秦繆置陷陳三萬 馬陷車止
11	囂	嚻	B3/16/22	將已鼓而士卒相囂
12	劍	劒	B3/17/1 B8/24/2 B8/24/2 B23/34/2	一賊仗劍擊於市 左右進劍 一劍之任 坐之兵劍斧
13	弊	獘	B3/17/25 B22/32/19 B22/32/28 B22/33/5 C2/38/1 D5/52/3	由國中之制弊矣 令弊能起之 示之弊以觀其病 救其弊 弊而勞之 不息亦弊
14	恥	耻	B4/18/21 B4/18/22	國必有孝慈廉恥之俗 先廉恥而後刑罰

編號	本索引用字	原底本用字	章/頁/行	內文
14	恥	耻	C1/36/24 C1/36/24	使有恥也 夫人有恥
15	蓋	盖	B4/19/19	暑不張蓋
16	屻	衂	B5/20/2	發攻必屻
17	穀	穀	B5/21/2	五穀未收
18	斗	㪷	B8/23/3 B8/23/3	人食粟一斗 馬食粟三斗
19	鉤	鈎	B9/24/16 D2/47/1	雖鉤矢射之 夏后氏曰鉤車
20	斷	断	B10/25/9	守法稽斷
21	聰	聦	B10/25/12	至聰之聽也
22	俎	爼	B10/25/15	俎豆同制
23	畝	畒	B11/26/4	耕有不終畝
24	敘	叙	B11/26/20 D2/47/7	三曰洪敘 百姓不得其敘
25	胸	胷	B17/29/11	置章於胸
26	胸	匈	B21/31/17	中軍章胸前
27	涼	凉	C1/36/5 C3/40/22	夏日衣之則不涼 夏則涼廡
28	參	叅	C1/36/15	參之天時
29	效	効	C1/37/5	樂以進戰效力、以顯其忠勇者
30	慚	慙	C1/37/18	於是武侯有慚色
31	愨	慤	C2/38/2	燕性愨
32	須	湏	C2/39/1	用兵必須審敵虛實而趨其危
33	卻	却	C3/39/25	前卻有節

編號	本索引用字	原底本用字	章/頁/行	內文
34	凡	凢	C3/39/29 C3/40/20 C4/40/30 D3/48/1 D3/48/21 D4/49/28 D4/50/1	凡行軍之道 凡畜卒騎 凡人論將 凡戰固眾相利 大小、堅柔、參伍、眾寡、凡兩 凡戰之道 凡三軍人戒分日
35	總	緫	C4/40/30	夫總文武者
36	糧	粮	C5/42/19	糧食又多
37	喪	丧	D1/45/7	不加喪
38	鼓	皷	D1/45/12	成列而鼓
39	憑	凴	D1/45/30	憑弱犯寡則眚之
40	法	灋	D2/46/6 D2/47/15 D3/48/24 D3/49/9 D3/49/12 D3/49/16 D3/49/19	必純取法天地 故禮與法 在軍法 是謂戰法 謂之法 二曰法 凡軍使法在己曰專
41	微	㣲	D3/48/13	龜勝微行

徵 引 書 目

編號	書名	標注出處方法	版本
1	銀雀山漢墓竹簡孫子兵法	頁數	文物出版社 1976 年版
2	楊炳安孫子集校	頁數	北京中華書局 1959 年版
3	銀雀山漢墓竹簡尉繚子	頁數	文物 1977年 第2期 p.21 至 27、文物 1977年 第3期 p.30 至 35
4	鍾兆華尉繚子校注	頁數	中州書畫社 1982 年版
5	李碩之、王式金吳子淺說	頁數	解放軍出版社 1986 年版
6	田旭東司馬法淺說	頁數	解放軍出版社 1989 年版
7	武經七書直解	頁數	中國兵書集成影丁氏八千卷樓藏書影明本 解放軍出版社、遼瀋出版社。
8	群書治要	頁數	臺灣商務印書館重印 1937 年版 國學基本叢書本
9	太平御覽	卷頁	北京中華書局 1985 年版
10	北堂書鈔	卷頁	北京中國書店 1989 年版
11	孫詒讓札迻	頁數	北京中華書局 1989 年版
12	荀子	卷/頁（a、b為頁之上下面）	四部叢刊影上海涵芬樓藏黎氏影宋刊本
13	六韜	卷/頁（a、b為頁之上下面）	四部叢刊影宋鈔本
14	武經七書	卷/頁（a、b為頁之上下面）	續古逸叢書影上海涵芬樓影中華學藝社借照東京岩崎氏靜嘉堂藏本

誤字改正說明表

編號	原句 / 位置（章/頁/行）	改正說明
1	故（殺）〔殺〕敵者 A2/2/9	武經七書本卷上/2b
2	鷙（烏）〔鳥〕之疾 A5/4/18	武經七書本卷上/5a
3	案《天官》曰：『背水陳〔者〕為絶（紀）〔地〕 B1/15/9	群書治要p.648
4	以（城）〔地〕稱人 B2/15/18	銀雀山漢基竹簡尉繚子見文物77.2期p.21
5	（車）〔甲〕不暴出而威制天下 B2/15/24	群書治要p.649、銀雀山漢基竹簡尉繚子見文物77.2期p.21
6	見勝則（與）〔興〕 B2/16/1	武經七書直解本p.813
7	先登者未（常）〔嘗〕非多力國士也 B3/16/17	武經七書直解本p.818
8	以弱誅（疆）〔彊〕 B3/16/30	武經七書直解本p.823作「強」，今改作「彊」。
8	以弱誅（疆）〔彊〕 B3/16/30	
9	地、所以（養）〔養〕民也 B4/19/4	群書治要p.650
10	本務〔者〕、兵最急（本者） B4/19/6	鍾兆華尉繚子校注p.22
11	（鬩）〔鬬〕欲齊 B4/19/12	武經七書直解本p.844
12	貴功（養）〔養〕勞 B4/19/16	群書治要p.650
13	已（用）〔周〕已極 B5/20/24	武經七書直解本p.858
14	進不郭（圍）〔圉〕、退不亭障以禦戰 B6/21/8	武經七書直解本p.862
15	勁弩（疆）〔彊〕矢 B6/21/9	武經七書直解本p.862作「強」，今改作「彊」。
16	（分歷）〔厶麼〕毀瘠者并於後 B6/21/24	武經七書直解本p.867
17	（據出）〔出據〕要塞 B6/21/27	武經七書直解本p.867
18	無（因）〔困〕在於豫備 B7/22/7	武經七書直解本p.870
19	所以（外）〔給〕戰守也 B8/22/23	武經七書直解本p.875
20	（殺）〔賞〕一人而萬人喜者 B8/22/26	六韜・龍韜・將威3/19a
21	（殺）〔賞〕之 B8/22/27	六韜・龍韜・將威3/19a
22	人人（之謂）〔謂之〕狂夫也 B8/23/9	武經七書直解本p.881
23	占（城）〔咸〕池 B8/23/17	武經七書直解本p.883
24	援（抱）〔枹〕而鼓忘其身 B8/24/1	武經七書直解本p.890
25	夫能無（移）〔私〕於一人 B9/24/13	武經七書直解本p.895
26	今良民十萬而聯於（囚）〔囹〕圄 B9/24/27	武經七書直解本p.899
27	遊說、（開）〔間〕諜無自入 B10/25/15	武經七書直解本p.906
28	國無（商）〔商〕賈 B10/25/21	武經七書直解本p.907
29	戰（榁）〔權〕在乎道之所極 B12/27/4	武經七書直解本p.921
30	恐者不（守可）〔可守〕 B12/27/11	武經七書直解本p.923
31	高之以廊廟之（諭）〔論〕 B12/27/17	武經七書直解本p.925
32	見非而不（誥）〔詰〕 B17/29/12	武經七書直解本p.940
33	後行（進）〔退〕為辱眾 B17/29/14	武經七書直解本p.941
34	能審此（二）〔三〕者 B23/33/21	銀雀山漢基竹簡尉繚子見文物77.3期p.31

編號	原句 / 位置（章/頁/行）	改正說明
35	（制）〔利〕如干將 B24/35/15	銀雀山漢墓竹簡尉繚子見文物 77.3期p.32
36	外（冶）〔治〕武備 C1/36/9	武經七書本卷上/1b
37	衛枚誓（糗）〔具〕 D4/49/31	孫詒讓札迻p.351
38	既勝（浩）〔若〕否 D4/51/5	武經七書本卷下/2a

譌體改正說明表

編號	原句 / 位置（章/頁/行）	改正說明
1	風（飆）〔飆〕數至 C4/41/21	大漢和辭典
2	於是出旌列（旆）〔旆〕 C5/43/8	大漢和辭典

增字、刪字改正說明表

編號	原句 / 位置（章/頁/行）	改正說明
1	國之大事〔也〕 A1/1/3	銀雀山漢墓竹簡孫子兵法p.29
2	〔高下〕、遠近、險易、廣狹、死生也 A1/1/7	銀雀山漢墓竹簡孫子兵法p.29
3	殺士〔卒〕三分之一 A3/2/23	武經七書本卷上/3a
4	〔令〕素行以教其民 A9A/9/15	武經七書本卷中/6a
5	〔吾聞〕黃帝〔有〕刑德 B1/15/3	群書治要卷37p.648、太平御覽卷301p.1386
6	可以百〔戰百〕勝 B1/15/3	群書治要p.648、太平御覽卷301 p.1386
7	〔其〕有之乎 B1/15/3	群書治要p.648
8	〔不然〕，〔黃帝所謂刑德者〕 B1/15/4	群書治要p.648、太平御覽卷301 p.1386
9	非〔世之所謂刑德也〕 B1/15/4	群書治要p.648
10	〔世之〕所謂〔刑德者〕 B1/15/5	群書治要p.648
11	天官時日陰陽向背〔者〕也 B1/15/5	群書治要p.648、太平御覽卷301 p.1386
12	今有城〔於此〕，〔從其〕東西攻〔之〕不能取，〔從其〕南北攻〔之〕不能取 B1/15/6	群書治要p.648
13	然不能取者〔何〕 B1/15/7	群書治要p.648
14	若〔乃〕城下、池淺、守弱 B1/15/8	群書治要p.648
15	案《天官》曰：『背水陳〔者〕為絕（紀）〔地〕 B1/15/9	群書治要p.648
16	向阪陳〔者〕為廢軍 B1/15/10	群書治要p.648
17	武王〔之〕伐紂〔也〕 B1/15/10	群書治要p.648
18	〔然不得勝者何〕？〔人事不得也〕 B1/15/11	群書治要p.649
19	〔以城〕稱地 B2/15/18	銀雀山漢墓竹簡尉繚子見文物77.2期p.21
20	則〔其〕國〔不得無〕富 B2/15/23	群書治要p.649
21	則〔其〕國〔不得無〕治 B2/15/24	群書治要p.649
22	〔如漏如潰〕 B2/16/8	太平御覽卷270p.1265、北堂書鈔卷117p.445
23	如〔堵〕垣壓之 B2/16/8	太平御覽卷270p.1265。北堂書鈔卷117p.445作「垣堵」，亦有「堵」字
24	如雲〔霓〕覆之 B2/16/8	太平御覽卷270p.1265、北堂書鈔卷117p.445
25	〔兵〕如總木 B2/16/9	武經七書直解本p.816
26	先死者〔亦〕未嘗非多力國士〔也〕 B3/16/17	武經七書直解本p.818
27	所率無不及二十萬之眾（者） B3/17/7	武經七書直解本p.826
28	令者、〔所以〕一眾心也 B4/18/13	群書治要p.649
29	〔雖有〕小過無更 B4/18/16	群書治要p.649

增字、刪字改正說明表

編號	原句 / 位置（章/頁/行）	改正說明
30	〔事所以待眾力也〕。〔不審所動則數變〕，〔數變、則事雖起〕，〔眾不安也〕。〔動事之法〕，〔雖有小過無更〕，〔小難無戚〕。 B4/18/16	群書治要p.649
31	〔古率民者〕 B4/18/18	群書治要p.649
32	未有不信其心而能得其力者〔也〕 B4/18/18	群書治要p.649
33	故國必有禮〔信〕親愛之義 B4/18/21	群書治要p.649
34	先親愛而後律其身〔焉〕 B4/18/22	群書治要p.649
35	民之〔所以〕生 B4/18/27	群書治要p.650
36	民之所〔以〕營 B4/18/27	群書治要p.650
37	飲食之〔糧〕 B4/18/28	群書治要p.650
38	親〔戚同鄉〕 B4/18/29	群書治要p.650
39	〔故兵〕止如堵墻 B4/19/1	太平御覽卷270p.1265
40	故務耕者、〔其〕民不飢 B4/19/4	群書治要p.650、太平御覽卷270 p.1265
41	務守者、〔其〕地不危 B4/19/5	群書治要p.650、太平御覽卷270 p.1265
42	務戰者、〔其〕城不圍 B4/19/5	群書治要p.650、太平御覽卷270 p.1265
43	三者、先王之本務〔也〕 B4/19/5	群書治要p.650、太平御覽卷270 p.1265
44	本務〔者〕、兵最急（本者） B4/19/6	鍾兆華尉繚子校注p.22
45	故先王〔務〕專於兵 B4/19/8	群書治要p.650
46	〔專於兵〕 B4/19/8	群書治要p.650有「尊於兵」三字，此文上句作「專」，今補「專於兵」三字
47	〔其本〕有五焉 B4/19/8	群書治要p.650
48	〔先王〕務此五者 B4/19/10	群書治要p.650
49	〔故〕靜能守其所固 B4/19/10	群書治要p.650
50	〔有登降之〕險，〔將〕必下步，軍井成而〔後〕飲 B4/19/19	群書治要p.650
51	〔軍不畢食〕，〔亦不火食〕。〔飢飽〕、勞佚 、〔寒暑〕必以身同之 B4/19/20	群書治要p.650
52	〔則〕師雖久而不老，〔雖老〕不弊 B4/19/21	群書治要p.650
53	鬬則〔得〕，〔服則〕失 B5/20/19	武經七書直解本p.856
54	合鼓合〔角〕 B5/20/20	武經七書直解本p.857
55	夫守者、不失〔其〕險者也 B6/21/12	武經七書直解本p.864
56	若彼〔城〕堅而救誠 B6/21/22	武經七書直解本p.866
57	〔示之不誠〕則倒敵而待之者也 B6/22/1	武經七書直解本p.867
58	市〔有〕所出而官無主也 B8/23/4	武經七書直解本p.879
59	起兵直使甲冑生蟣〔蝨〕者 B8/23/6	武經七書直解本p.880
60	非出生〔也〕 B8/23/7	武經七書直解本p.880
61	兵不血刃而〔克〕商誅紂 B8/23/14	武經七書直解本p.882
62	是農無不離〔其〕田業 B9/24/26	銀雀山漢墓竹簡尉繚子見文物77.3期p.30

編號	原句 / 位置（章/頁/行）	改正說明
63	賈無不離〔其〕肆宅 B9/24/26	銀雀山漢墓竹簡尉繚子見文物77.3期p.30
64	士大夫無不離〔其〕官府 B9/24/26	銀雀山漢墓竹簡尉繚子見文物77.3期p.30
65	秋冬女練〔於〕布帛 B11/26/1	武經七書直解本p.911
66	〔以〕武為表，〔以〕文為裏；〔以武為外〕，〔以文為內〕 B23/33/20	群書治要p.651
67	〔則〕知〔所以〕勝敗矣 B23/33/21	銀雀山漢墓竹簡尉繚子見文物77.3期p.31、群書治要p.651
68	〔兵用文武也〕，〔如響之應聲也〕，〔如影之隨身也〕 B23/33/22	群書治要p.651
69	〔將有威則生〕，〔無威則死〕；〔有威則勝〕，〔無威則敗〕。〔卒有將則鬬〕，〔無將則北〕；〔有將則死〕，〔無將則辱〕。〔威者、賞罰之謂也〕 B23/33/24	群書治要p.651
70	〔固〕稱將於敵也 B23/33/27	銀雀山漢墓竹簡尉繚子見文物77.3期p.31、群書治要p.651
71	武侯嘗謀事〔而當〕 C1/37/15	荀子・堯問20/25a
72	昔楚莊王嘗謀事〔而當〕 C1/37/15	荀子・堯問20/25b
73	乃作五刑〔以禁民僻〕，〔乃〕興甲兵以討不義 D1/45/18	太平御覽卷636p.2850
74	〔寬而觀其慮〕 D5/51/28	太平御覽卷270p.1262

正　　文

A1《計篇》

孫子曰：兵者，國之大事〔也〕；死生之地，存亡之道，不可不察也。

故經之以‣五事◂[1]，校之以計而[2]索其情：一曰道，二曰天，三曰地，四曰將，五曰法。道者，令民與上同意也，故‣可以與之死，可以與之生，而不畏危◂[3]；天者，陰陽、寒暑、時制也；地者，〔高下〕、遠近、險易、廣狹、死生也；將者，智、信、仁、勇、嚴也；法者，曲制、官道、主用也。凡此五者，將莫不聞；知之者勝，不知者不勝。故校之以計而索其情，曰：主孰有道？將孰有能？天地孰得？法令孰行？兵衆孰強？士卒孰練？賞罰孰明？吾以此知勝負矣。

將聽吾計，用之必勝，留之；將不聽吾計，用之必敗，去之。

計利以聽，乃為之勢，以佐其外。勢者，因利而制權也。

兵者，詭道也。故能而示之不能，用而示之不用，近而示之遠，遠而示之近，利而誘之，亂而取之，實而備之，強而避之，怒而撓之，卑而驕之，佚而勞之，親而離之，‣攻其無備，出其不意◂[4]。此兵家之勝，不可先傳也。

夫未戰而廟筭勝者，得筭多也；未戰而廟筭不勝者，得筭少也。多筭勝，少筭不勝，而況於無筭乎！吾以[5]此觀之，勝負見矣。

A2《作戰篇》

孫子曰：凡用兵之法，馳車千駟，革車千乘，帶甲十萬，千里‣饋糧◂[6]，‣則內外◂[7]之費，賓客之用，膠漆之材，車甲之奉，日費千金，然後十萬之師[8]舉矣。其用戰‣也勝◂[9]，久則鈍兵挫銳，攻城則力屈，久暴師則國用不足。夫鈍兵挫銳，屈力殫貨，則諸侯乘其弊而起，雖有智者，不能善其後矣。故兵聞拙速，未睹巧之久也。夫兵久而國利者，未之有也。故不盡知用兵之害者，則不能盡知用兵之利也。

1. 五《銀雀山簡本孫子兵法》p.29　2. 以《銀雀山簡本孫子兵法》p.29
3. 可與之死，可與之生，而民不畏危　4. 攻其所不備，出其所不意
5. 於　6. 而饋糧《銀雀山簡本孫子兵法》p.33
7. A.內外 B.外內《銀雀山簡本孫子兵法》p.33　8. 眾　9. 也貴勝

善用兵者，役不再籍，糧不三[1]載；取用於國，因糧於敵，故軍食可足也。

國之貧於師者遠輸，遠輸則百姓貧；▸近於師◂[2]者貴賣，貴賣則百姓財竭，財竭則急於丘役。▸力屈財殫◂[3]，中原內虛於家，百姓之費十去其七；公家之費，破車罷馬，甲胄▸矢弩，戟楯蔽櫓◂[4]，丘牛大車，十去其六[5]。

故智將務食於敵，食敵一鍾，當吾二十鍾；萁秆一石，當吾二十石。

故（殺）〔殺〕敵者，怒也；取敵之利者，貨也。▸故車◂[6]戰得車十乘已[7]上，賞其先得者，而更其旌旗。車雜而乘之，卒善而養之，是謂勝敵而益強。

故兵▸貴勝◂[8]，不貴久。

故知兵之將，▸生民◂[9]之司命，國家安危之主也。

A3《謀攻篇》

孫子曰：凡[10]用兵之法，全國為上，破國次之；全軍為上，破軍次之；全旅為上，破旅次之；全卒為上，破卒次之；全伍為上，破伍次之。是故百戰百勝，非善之善者也；不戰而屈人之兵，善之善者也。

故上兵伐謀，其次伐交，其次伐兵，▸其下◂[11]攻城。攻城之法，為不得已。修櫓[12]轒轀，具器械，三月而後成；距闉，又三月而後已。將不勝其忿而蟻附之，殺士〔卒〕三分之一，而城不拔者，此攻之災也。故善用兵者，屈人之兵而非戰也，拔人之城而非攻也，毀[13]人之國而非久也。必以全爭於天下，故兵不頓而利可全，此謀攻之法也。

故用兵之法，十則圍之，五則攻之，倍則分之，敵則能戰之，少則能逃[14]之，不若則能避之。故小敵之堅，大敵之擒也。

---

1. 再　2. 近師　3. 力屈　4. 弓矢，戟楯矛櫓
5. 七　6. 車　7. 以　8. 貴速勝　9. A.民 B.為民
10. 夫　11. 下政　12. 楢
13. 破《銀雀山簡本孫子兵法》p.37　14. 守

夫將者，國之輔也；輔周則國必強，輔隙[1]則國必弱。

故▸君之所以患於軍◂[2]者三：▸不知軍◂[3]之不可以進▸而謂之進◂[4]，▸不知軍◂[5]之不可以退▸而謂之退◂[6]，是謂縻軍。不知三軍之事，而同三軍之▸政者◂[7]，則軍士惑矣；不知三軍之權，而同三軍之任，則軍士疑矣。三軍既惑且疑，則諸侯之難至矣。是謂亂軍引勝。

故知勝有五：知可以▸戰與不可以戰◂[8]者勝，識衆寡之用者勝，上下同欲者勝，以虞待不虞者勝，將能而君不御者勝。此五者，知勝之道也。

故曰：▸知彼知己◂[9]者，百戰不殆；不知彼而知己，一勝一負；▸不知彼，不知己◂[10]，每戰必殆[11]。

A4 《形篇》

孫子曰：昔[12]之善戰者，先為不可勝，以待敵之可勝；不可勝在己，可勝在敵。故善戰者，能為不可勝，不能使敵▸之可勝◂[13]。故曰：勝可知，而不可為。不可勝者、守也，可勝者、攻也。▸守則不足，攻則有餘◂[14]。善守者藏於九地之下，▸善攻者◂[15]動於九天之上，故能自保而全勝也。

見勝不過衆人之所知，非善之善者也；戰勝而天下曰善，非善之善者也，故舉秋毫不為多力，見[16]日月不為明目，聞雷霆不為聰耳。▸古之所謂善戰者，勝於易◂[17]勝者也。故善戰者之勝也，無智名，無勇功，故其戰勝不忒。不忒者，其所措▸必勝◂[18]，勝已敗者也。故善戰者，立於不敗之地，而不失敵之敗也。是故勝兵先勝而後求戰，敗兵先戰而後求勝。善用兵者，修道而保法，▸故能為勝敗之政◂[19]。

---

1. 缺　2. 軍之所以患於君　3. 不知三軍　4. 而進
5. 不知三軍　6. 而退　7. 政　8. 與戰不可以與戰
9. 知己知彼　10. 不知己，不知彼　11. 敗　12. 古
13. A.必可勝 B.之必可勝　14. 守則有餘，攻則不足《銀雀山簡本孫子兵法》p.40
15. 《銀雀山簡本孫子兵法》p.40無「善攻者」三字。
16. 視《銀雀山簡本孫子兵法》p.40　17. 古人所謂善戰者勝，勝易
18. 勝　19. 故能為勝敗正《銀雀山簡本孫子兵法》p.40

兵法：一曰度，二曰量，三曰數，四曰稱，五曰勝。地生度，度生量，量生數，數生稱，稱生勝。

故勝兵若以鎰稱銖，敗兵若以銖稱鎰。

▸勝◂[1]者之▸戰民也◂[2]，若決積水於千仞之谿者，形也。

A5《勢篇》

孫子曰：凡治眾如治寡，分數是也；鬬眾如鬬寡，形名是也；三軍之眾，可使必[3]受敵而無敗者，奇正是也；兵之所加，如以碬[4]投卵者，虛實是也。

凡戰者，以正合，以奇勝。故善出奇者，無窮如天地，不竭如江河[5]。終而復始，日月是也；死而復[6]生，四時是也。聲不過五，五聲之變，不可勝聽也；色不過五，五色之變，不可勝觀也；味不過五，五味之變，不可勝嘗也；戰勢不過奇正，奇正之變，不可勝窮也。▸奇正相生，如循環之無端◂[7]，孰能▸窮之◂[8]？

激水之疾，至於漂石者，勢也；鷙（烏）〔鳥〕之疾，至於毀折者，節也。是故善戰者，其勢險，其節短；勢如彍弩，節如發機。

紛紛紜紜，鬬亂而不可▸亂也◂[9]；渾渾沌沌，形圓而不可▸敗也◂[10]。

亂生於治，怯生於勇，弱生於彊。治亂，數也；勇怯，勢也；彊弱，形也。

故善動敵者，形之，敵必從之；予之，敵必取之。以利動之，以卒[11]待之。

故善戰者，求之於勢，▸不責◂[12]於人，故能擇人而任勢。任勢者，其戰人也，如轉木石。木石之性：安則靜，危則動，方則止，圓則行。故善戰人之勢，如轉圓石於千仞之山者，勢也。

---

1. 稱勝《銀雀山簡本孫子兵法》p.41　　2. 戰
3. 畢《銀雀山簡本孫子兵法》p.47　　4. 段《銀雀山簡本孫子兵法》p.47　　5. 海
6. 更　　7. 奇正環相生，如環之毋端《銀雀山簡本孫子兵法》p.47
8. 窮之哉　　9. 亂　　10. 敗　　11. 本
12. A.不責之 B.弗責《銀雀山簡本孫子兵法》p.47

A6《虛實篇》

孫子曰：凡先處戰地而待敵者、佚，後處戰地而趨戰者、勞。故善戰者，致人而不致於人。

能使敵人自至者，利之也；能使敵人不得至者，害之也。故敵佚能勞之，飽能饑[1]之，安能動之。出其所不[2]趨，趨其所不意。行千里而不勞者，行於無人之地也；攻而必取者，攻其所不守也；守而必固者，守其所不攻也。

故善攻者，敵不知其所守；善守者，敵不知其所攻。

微乎微乎，至於無形；神乎神乎，至於無聲；故能為敵之司命。

進而不可禦者，衝其虛也；退而不可追者，速而不可及也。故我欲戰，敵雖高壘深溝，不得不與我戰者，攻其所必救也；我不欲戰，▸畫地◂[3]而守之，敵不得與我戰者，乖其所之也。

故形人而我無形，則我專而敵分；我專▸為◂[4]一，敵分▸為◂[5]十，是以十攻[6]其一也；則我▸眾而◂[7]敵寡，能以眾擊▸寡者◂[8]，則吾之所與戰者約矣。吾所與戰之地▸不可知，不可知◂[9]，則敵所備者多；敵所備者多，則吾所與戰者寡矣。

故備前則後寡，備後則前寡，備左則右寡，備右則左寡，▸無所不備，則無所不寡◂[10]。寡者，備人者也；眾者，使人備己者也。

故知戰之地，知戰之日，則可千里而會戰；不知戰地，不知戰日，則左不能救右，右不能救左，前不能救後，後不能救前，而況遠者數十里，近者數里乎！

以吾[11]度之，越人之兵雖多，亦奚益於▸勝敗◂[12]哉？

1. 飢　2. 必　3. 雖畫地
4. 而為《銀雀山簡本孫子兵法》p.51
5. 而為《銀雀山簡本孫子兵法》p.51　6. 共　7. 眾
8. 寡　9.《銀雀山簡本孫子兵法》p.52「不可知」三字不重。
10. 無不備者無不寡《銀雀山簡本孫子兵法》p.52　11. 吳　12. 勝

故曰：勝可為[1]也；敵雖眾，可使無鬬。

故策之而知得失之計，作[2]之而知動靜之理，形之而知死生之地，角之而知有餘不足之處。

故形兵之極，至於▸無形；無形◂[3]則深間▸不能窺◂[4]，智者不能謀。

因形而錯[5]勝於眾，眾不能知；人皆知我[6]所以勝之形，而莫知吾所以制勝之形。故其戰勝不復，而應形於無窮。

夫兵形象水，▸水之形◂[7]避高而趨[8]下，▸兵之形避實而擊虛◂[9]。水因地而制流[10]，兵因敵而制勝。▸故兵無常勢，水無常形◂[11]，能因[12]敵變化而取勝者謂之神。

故五行無常[13]勝，四時無常位，日有短長，月有死生。

A7《軍爭篇》

孫子曰：凡用兵之法，將受命於君，合軍聚眾，交和而舍，莫難於軍爭。軍爭之難者，以迂為直，以患為利。故迂其途而誘之以利，後人發，先人至，此知迂直之計者也。

故軍爭為利，軍[14]爭為危。舉軍而爭利則不及，委軍而爭利則輜重捐。是故卷甲▸而趨◂[15]，日夜不處，倍道兼行，百里而爭利，則擒三將軍，勁者先，疲[16]者後，其法十一而至；五十里而爭利，則蹶▸上將軍◂[17]，▸其法半至◂[18]；三十里而爭利，則三分之二至。是故軍無輜重則亡，無糧食則亡，無委積則亡。

---

1. 擅《銀雀山簡本孫子兵法》p.52 2. 候 3. 無形
4. 弗能窺也《銀雀山簡本孫子兵法》p.52〈編者按：「弗」、今本作「不」者蓋避漢諱改。〉
5. A.措 B.作 6. 吾
7. A.水之行 B.水行《銀雀山簡本孫子兵法》p.52
8. A.就 B.走《銀雀山簡本孫子兵法》p.52
9. 兵勝避實擊虛《銀雀山簡本孫子兵法》p.52 10. A.形 B.行
11. 兵無成勢，無恒形《銀雀山簡本孫子兵法》p.52〈編者按：「恒形」、今本作「常形」者蓋避漢諱改。〉 12. A.隨 B.與《銀雀山簡本孫子兵法》p.52
13. 恒《銀雀山簡本孫子兵法》p.52〈編者按：今本作「常」者蓋避漢諱改。〉
14. 眾 15. 趨利 16. 罷
17. 上將《銀雀山簡本孫子兵法》p.60
18. 法以半至《銀雀山簡本孫子兵法》p.60

故不知諸侯之謀者，不能豫交；不知山林險阻沮澤之形者，不能行軍；不用鄉導者，不能得地利。

故兵以詐立、以利動、以分合為變者也。

故其疾如風，其徐如林；侵掠如火，▸不動如山，難知如陰◂[1]，動如雷震[2]。

掠鄉分眾，廓地分利，懸權而動。

先知迂直之計者勝，此軍爭之法也。

《軍政》曰：「言不相聞，故為▸金鼓◂[3]；視不相見，故為▸旌旗◂[4]。」夫金鼓旌旗者，所以一人之耳目也；人既專一，則勇者不得獨進，怯者不得獨退，此用眾之法也。

故夜戰多火鼓，晝戰多旌旗，所以變人之耳目也。

▸故三軍◂[5]可奪氣，將軍可奪心。是故朝氣銳，晝氣惰，暮氣歸。故善用兵者，避其銳氣，擊其惰歸，此治氣者也；以治待亂，以靜待譁，此治心者也；以近待遠，以佚[6]待勞，以飽待饑，此治力者也；▸無邀◂[7]正正之旗，勿[8]擊堂堂之陳[9]，此治變者也。

故用兵之法：高陵勿向，背丘勿逆，佯北勿從[10]，銳卒勿攻，餌兵勿食，歸師勿遏，圍師必闕，窮寇勿迫[11]，此用兵[12]之法也。

A8 《九變篇》

孫子曰：凡用兵之法，將受命於君，合軍聚眾。圮地無舍，衢地▸交合◂[13]，絕地無留，圍地則謀，死地則戰。

塗有所不由，軍有所不擊，城有所不攻，地有所不爭，君命有所不受。

---

1. 難知如陰，不動如山
2. 霆
3. 之鼓鐸
4. 之旌旗
5. 三軍
6. 逸
7. 毋要《銀雀山簡本孫子兵法》p.60
8. 毋《銀雀山簡本孫子兵法》p.60
9. 陣
10. 追
11. 追
12. 眾《銀雀山簡本孫子兵法》p.61
13. 合交

故將通於九變之▸地利◂[1]者，知用兵矣；將不▸通於◂[2]九變之▸利者◂[3]，雖知地形，不能得地之利矣；治兵不知九變之術，雖知五利，不能得人之用矣。

是故智者之慮，必雜於利害；雜於利而務可信也，雜於害[4]而患可解也。

是故屈諸侯者以害，役諸侯者以業，趨諸侯者以利。

故用兵之法，無恃其不來，恃吾▸有以待也◂[5]；無恃其不攻，恃吾▸有所◂[6]不可攻也。

故將有五危：必死可▸殺也◂[7]，必生可▸虜也◂[8]，忿速可▸侮也◂[9]，廉潔可▸辱也◂[10]，愛民可▸煩也◂[11]。凡此五者，將之過也，用兵之災也。覆軍殺將，必以五危，不可不察也。

A9A《行軍篇》

孫子曰：凡處軍相敵，絕山依谷，視生處高，▸戰隆無登◂[12]，此處山之軍也。▸絕水◂[13]必遠水；客絕水而來，勿迎之於水內[14]，令半濟[15]而擊之，利；欲戰者，無附於水而迎客；視生處高，無迎[16]水流，此處水上之軍也。絕斥澤，惟亟去無[17]留。若交軍於斥澤之中，必依水草而背眾樹。旌旗動者，亂也；吏怒者，倦也。▸粟馬肉食、軍無懸缶、不返其舍者◂[18]，窮寇也。諄諄翕翕、徐與▸人言◂[19]者，▸失眾也◂[20]；數[21]賞者，窘也；數罰者，困也；先暴而後畏其眾者，不精之至也。來委謝者，欲休息也。兵怒而相迎，久而不合，又不相去，必謹察之。兵非▸益多也◂[22]，惟[23]無武進，奔走而陳▸兵車◂[24]者，期也；半進半退者，誘也。▸杖而立◂[25]者，飢也；汲而先飲者，渴也；見利而▸不進◂[26]者，勞也。鳥集者，虛也；夜呼者，恐也；軍擾者，將不重也；鳥起者，

1. 利 2. 通 3. 利 4. 善 5. 有能以待之也
6. 之 7. 殺 8. 擄 9. 侮 10. 辱
11. 煩 12. A.戰降無登《銀雀山簡本孫子兵法》p.67 B.戰降無登迎
13. 敵若絕水 14. 汭 15. 渡 16. 逆 17. 勿
18. 殺馬肉食者，軍無糧也；懸缶不返其舍者
19. 言人《銀雀山簡本孫子兵法》p.68
20. 失其眾者也《銀雀山簡本孫子兵法》p.68 21. 屢 22. 貴益多
23. 雖 24. 兵《銀雀山簡本孫子兵法》p.67 25. 倚仗而立
26. 不知進

伏也；獸駭者，覆也。塵高而銳者，車來也；▸卑而◂[1]廣者，徒來也；散而條達者，樵採也；少而往來者，營軍也。辭卑而益備者，進也；辭彊而進驅者，退也。輕車先出居其側者，陳也；無約而請和者，謀也。凡地有絕澗、天井、天牢、天羅、天陷、天隙，必亟去之，勿近也。吾遠之，敵近之；吾迎之，敵背之。軍行[2]有險阻▸潢井葭葦◂[3]山林翳薈者，必謹覆索之，此伏姦之▸所處◂[4]也。敵近而靜者，恃其險也；▸遠◂[5]而挑戰者，欲人之進也；其所居▸易者◂[6]，利也。眾樹[7]動者，來也；眾草多障者，疑也；此處斥澤之軍也。平陸處易，▸而右◂[8]背高，前死後生，此處平陸之軍也。凡此四軍之利，黃帝之所以勝四帝也。

凡軍好高而惡下，貴陽而賤陰，養生▸而處◂[9]實，軍無百疾，是謂必勝。丘陵隄防，必處其陽而右背之，此兵之利，地之助也。

▸上雨水沫至◂[10]，欲涉者，待其定也；足以併力、料敵、取人而已；夫惟無慮而易敵者，必擒於人。卒未親附而罰之，則不服，不服則難用也；卒已▸親附◂[11]而罰不行，則不可用也。故令[12]之以文，齊之以武，是謂必取。〔令〕素行以教其民，則民服；令不素行以教其民，則民不服。令素行者，與眾相得也[13]。

A9B《武經七書本行軍篇》

孫子曰：凡處軍相敵，絕山依谷，視生處高，戰隆無登，此處山之軍也。絕水必遠水；客絕水而來，勿迎之於水內，令半濟而擊之，利；欲戰者，無附於水而迎客；視生處高，無迎水流，此處水上之軍也。絕斥澤，唯亟去無留。若交軍於斥澤之中，必依水草而背眾樹，此處斥澤之軍也。平陸處易，右背高，前死後生，此處平陸之軍也。凡此四軍之利，黃帝之所以勝四帝也。凡軍好高而惡下，貴陽而賤陰，養生處實，軍無百疾，是謂必勝。丘陵隄防，必處其陽而右背之。此兵之利，地之助也。

---

1. 塵卑而　　2. 旁　　3. 蔣潢，并生葭葦　　4. 所
5. 敵遠《銀雀山簡本孫子兵法》p.67
6. 者易《銀雀山簡本孫子兵法》p.67　　7. 木　　8. 右
9. 處　　10. 上雨水，水流至《銀雀山簡本孫子兵法》p.67
11. 槫親《銀雀山簡本孫子兵法》p.68
12. 合《銀雀山簡本孫子兵法》p.68
13. 此篇《孫子集注》本與《武經七書》本句子次序不同，今附《武經七書》本原文，以供參考。

上雨水沫至，欲涉者，待其定也；凡地有絶澗、天井、天牢、天羅、天陷、天隙，必亟去之，勿近也。吾遠之，敵近之；吾迎之，敵背之。軍旁有險阻潢井蒹葭林木翳薈者，必謹覆索之，此伏姦之所也。近而靜者，恃其險也；遠而挑戰者，欲人之進也。其所居易者，利也。衆樹動者，來也；衆草多障者，疑也。鳥起者，伏也；獸駭者，覆也。塵高而銳者，車來也；卑而廣者，徒來也；散而條達者，樵採也；少而往來者，營軍也。辭卑而益備者，進也；辭強而進驅者，退也。輕車先出，居其側者，陳也；無約而請和者，謀也；奔走而陳兵者，期也；半進半退者，誘也。杖而立者，飢也；汲而先飲者，渴也；見利而不進者，勞也。鳥集者，虛也；夜呼者，恐也；軍擾者，將不重也；旌旗動者，亂也；吏怒者，倦也。殺馬肉食者，軍無糧也；懸缻不返其舍者，窮寇也。諄諄諭諭、徐與人言者，失衆也；數賞者，窘也；數罰者，困也；先暴而後畏其衆者，不精之至也。來委謝者，欲休息也。兵怒而相迎，久而不合，又不相去，必謹察之。兵非貴益多，唯無武進，足以併力、料敵、取人而已，夫唯無慮而易敵者，必擒於人。卒未親附而罰之，則不服，不服則難用；卒已親附而罰不行，則不可用。故令之以文，齊之以武，是謂必取。令素行以教其民，則民服；令不素行以教其民，則民不服。令素行者，與衆相得也。

A10《地形篇》

孫子曰：地形有通者，有挂[1]者，有支者，有隘者，有險者，有遠者。我可以往，彼可以來，曰通；通形者，先居高陽，利糧道，以戰則利。可以往，難以返，曰挂；挂形者，敵無備，出而勝之；敵若有備，出而不勝，難以返，不利。我出而不利，彼出而不利；曰支；支形者，敵雖利[2]我，我無出也，引而▸去之◂[3]，令敵半出而擊之，利。隘形者，我先居之，必盈之以待敵；若敵先居之，盈而勿從，不盈而從之。險形者，我先居之，必居高陽以待敵；若敵先居之，引而去之，勿從也。遠形者，勢均，難以挑戰，戰而不利。凡此六者，地之道也，將之至任，不可不察也。

故兵有走者，有弛者，有陷者，有崩者，有亂者，有北者。凡此六者，非▸天之◂[4]災，將之過也。夫勢均，以一擊十，曰走；卒強吏弱，曰弛；吏強卒弱，曰陷；大吏怒而不服，遇敵懟而自戰，將不知其能，曰崩；將弱不嚴，教道不明，吏卒無常，陳兵縱橫，曰亂；將不能料敵，以少合衆，以弱擊強，兵無選鋒，曰北。凡此六者，敗之道也，將之至任，不可不察也。

1. 掛　2. 邀　3. 去　4. 天地之

夫地形者，兵之助也。料敵制勝，計險阨遠近，上將之道也。知此而用戰者必勝，不知此而用戰者必敗。

故戰道必勝，主曰無戰，必戰可也；戰道不勝，主曰必戰，無戰可也。故進不求名，退不避罪，唯人[1]是保，而▸利合◂[2]於主，國之寶也。

視卒如嬰兒，故可與之赴深谿；視卒如愛子，故可與之俱死。▸厚而不能使，愛而不能令◂[3]，亂而不能治，譬若驕子，不可用也。

知吾卒之可以擊，而不知敵之不可擊，勝之半也；知敵之可擊，而不知吾卒之不可以擊，勝之半也；知敵之可擊，知吾卒之可以擊，而不知地形之不可以戰，勝之半也。故知兵者，動而不迷，舉而不窮。故曰：知彼知己，勝乃不殆；▸知天知地◂[4]，勝乃▸不窮◂[5]。

A11《九地篇》

孫子曰：用兵之法：有散地，有輕地，有爭地，有交地，有衢地，有重地，有圮地，有圍地，有死地。諸侯自戰▸其地◂[6]，為散地；入人之地而不深者，為輕地；我得則[7]利、彼得亦利者，為爭地；我可以往、彼可以來者，為交地；諸侯之地三屬，先至而得天下之眾者，為衢地；入人之地深、背城邑多者，為重地；行山林、險阻、沮澤，凡難行之道者，為圮地；所由入者隘，所從歸者迂，彼寡可以擊▸吾之◂[8]眾者，為圍地；疾戰則存，▸不疾◂[9]戰則亡者，為死地。是故散地則▸無戰◂[10]，輕地則無止，爭地則無攻，交地則無絕，衢地則▸合交◂[11]，重地則掠，圮地則行，圍地則謀，死地則戰。

所謂古之善用兵者，能使敵人前後不相及，眾寡不相恃，貴賤不相救，上下不相收，卒離而不集，兵合而不齊。合於利而動，不合於利而止。敢問敵眾▸整而◂[12]將來，待之若何？曰：▸先奪◂[13]其所愛，則聽矣。

兵之情，主速乘人之不及，由不虞之道，攻其所不戒也。

---

1. 民〈編者按：今本作「人」者蓋避唐諱改。〉 2. 利全
3. 愛而不能令，厚而不能使 4. 知地知天 5. 可全 6. 其地者
7. 亦 8. 吾 9. 不 10. 無以戰 11. 交合
12. 而整 13. 先

凡為客之道，深入則專，主人不克，掠於饒[1]野，三軍足食，謹養而勿勞，併[2]氣積力，運兵計謀，為不可測。投之無所往，死且不北；死焉不得？士人盡力。兵士[3]甚陷則不懼，無所往則固，▸深入◂[4]則拘，不得已則鬬，是故其兵不修而戒，不求而得，不約而親，不令而信，禁祥去疑，至死無所之。▸吾士無◂[5]餘財，非惡貨也；無餘命，非惡壽也。令發之日，▸士卒◂[6]坐者涕霑襟，偃臥者涕交頤。投之無所▸往者◂[7]，諸、劌之勇也。

故善用▸兵者◂[8]，譬如率然；率然者，常山之蛇也，擊其首則尾至，擊其尾則首至，擊其中則首尾俱至。敢問▸兵可◂[9]使如率然乎？曰：可。夫吳人與越人相惡也，當其同舟▸而濟◂[10]，遇風，其相救也如左右手。是故方馬埋輪，未足恃也；齊勇若一，政之道也；剛柔皆得，地之理也。故善用兵者，攜手若使一人，不得已也。

將軍之事，靜以幽，正以治，能愚士卒之耳目，使之無知；易其事，革其謀，使人無識；易其居，迂其途，使人不得慮。帥與之期，如登高而去其梯；帥與之深入諸侯之地而發其機，焚舟破釜，若驅群羊，驅而往，驅而來，莫知所之。聚三軍之眾，投之於險，▸此謂◂[11]將軍之事也。九地之變，屈伸[12]之利，人情之理，不可▸不察◂[13]。

凡為客之道，深則專，淺則散。去國越境而師者，絕地也；四達[14]者，衢地也；入深者，重地也；入淺者，輕地也；背固前隘者，圍地也；無所往者，死地也。是故散地吾將一其志，輕地吾將使之屬，爭地吾將趨其後，交地吾將謹其守，衢地吾將固其結，重地吾將繼其食，圮地吾將進其塗，圍地吾將塞其闕，死地吾將示之以不活。故兵之情：圍則禦，不得已則鬬，過則從。

是故不知諸侯之謀者，不能預交；不知山林險阻沮澤之形者，不能行軍；不用鄉導者，不能得地利。▸四五◂[15]者，▸不知一◂[16]，非霸[17]王之兵也。夫霸王之兵，伐大國，則其眾不得聚；威加於敵，則其交不得合。是故不爭天下之交，不養天下之權，信己之私，威加於敵，故其城可拔，其國可隳。施無法[18]之賞，懸無政之令，犯三軍之眾，若使一人。犯之以事，勿告以言；犯之以利，勿告以害。

---

1. 原　2. 并　3. 卒　4. 入深　5. 無
6. 士　7. A.往，B.往，則　8. 兵　9. 可
10. 濟而　11. 此　12. 信　13. 不察也　14. 通
15. A.此三　B.此五　16. 一不知　17. 伯　18. 罰

投之亡地然後存，陷之[1]死地然後生。夫眾陷於害，然後能為勝敗[2]。

故為兵之事，在於▸順詳◂[3]敵之意，并敵一向，千里殺將，▸此謂巧能成事者也◂[4]。

是故政舉之日，夷關折符，無通其使，厲[5]於廊廟之上，以誅其事。敵人開闔[6]，必亟入之；先其所愛，微與之期；踐墨隨敵，以決戰事。是故始如處女，敵人開戶；後如脫兔，敵不及[7]拒。

A12 《火攻篇》

孫子曰：凡▸火攻◂[8]有五：一曰火人，二曰火積，三曰火輜，四曰火庫，五曰火隊。行火必有因，▸煙火◂[9]必素具。發火有時，起火有日。時者，天之燥也；日者，月[10]在箕壁翼軫也，凡此四宿者，風起之日也。

凡火攻，必因五火之變而應之：火發於內，則早[11]應之於外；火發▸兵靜◂[12]者，待而勿攻，極其火力[13]，可從▸而從◂[14]之，不可從而[15]止；火可發於外，無待於內，以時發之；火發上風，無攻下風；晝風久，夜風止。凡軍必▸知有◂[16]五火之變，以數守之。

故以火佐攻者明，以水佐攻者強；水可以絕，不可以奪。夫戰勝攻取而不修其功者、凶，命曰費留[17]。故曰：明主慮之，良將修之。非利不動，非得不用，非危不戰。主不可以怒而興師，將不可以慍而致戰；▸合於利而動，不合於利而止◂[18]。怒可以復喜，慍可以復悅，亡國不可以復存，死者不可以復生。▸故明君◂[19]慎之，良將警之，此安國全軍之道也。

---

1. 於　2. 哉　3. 詳順
4. A.是謂巧能成事 B.是謂巧於成事 C.是故巧能成事　5. 勵　6. 閤
7. 敢　8. 攻火《銀雀山簡本孫子兵法》p.86
9. 因《銀雀山簡本孫子兵法》p.86　10. 宿　11. 軍
12. 而其兵靜　13. 央《銀雀山簡本孫子兵法》p.86　14. 則從
15. 則　16. 知　17. 陷
18. 合乎利而用，不合而止《銀雀山簡本孫子兵法》p.86　19. 故曰：明主

A13《用間篇》

孫子曰：凡興師十萬，出征[1]千里，百姓之費，公家之奉，日費千金，內外騷動，怠於道路，不得操事者七十萬家，相守數年，以爭一日之勝，而愛爵祿百金，不知敵之情者，不仁之至也，非人之將也，非主之佐也，非勝之主也。故明君賢將，所以動而勝人，成功出於眾者，先知也。先知者，不可取於鬼神，不可象於事，不可驗於度，必取於人▸知敵之情者◂[2]也。

故用間有五：有因[3]間，有內間，有反間，有死間，有生間。五間俱起，莫知其道，是謂[4]神紀，人君之寶也。因[5]間者，因其鄉人而用之；內間者，因其官人而用之；反間者，因其敵間而用之；死間者，為誑事於外，令吾間知之，而傳於▸敵間◂[6]也；生間者，反報也。

故三軍之事[7]，▸莫親◂[8]於間，賞莫厚於間，事莫密於間。非聖智不能用間，非仁義不能使間，非微妙不能得間之實。▸微哉，微哉◂[9]，無所不用間也。間事未發而先聞者，間[10]與所告者皆死。

凡軍之所欲擊，城之所欲攻，人之所欲殺，必先知其守將、左右、謁者、門者、舍人之姓名，令吾間必索知之。

必索▸敵人之◂[11]間來間我者，因而利之，導而舍之，故反間可得而用[12]也；因是而知之，故鄉間、內間可得而使也；因是而知之，故死間為誑事，可使告敵；因是而知之，故生間可使如期。五間之事，主必知之，知之▸必在於◂[13]反間，故反間不可不厚也。

昔殷之興也，伊摯在夏；周之興也，呂牙在殷[14]。▸故惟◂[15]明君賢將，能以上智為間者，必成大功。此兵之要，三▸軍之◂[16]所恃而動也。

---

1. A.兵 B.師　2. A.而知敵之情A.之知敵情者　3. 鄉　4. 為
5. 鄉　6. A.敵國 B.敵　7. 親《銀雀山簡本孫子兵法》p.89
8. A.親莫親 B.莫重　9. 密哉，密哉《銀雀山簡本孫子兵法》p.89
10. 聞　11. 敵　12. 使　13. 必在　14. 商
15. 故　16. 軍

B1 《天官》

梁惠王問尉繚子曰：「〔吾聞〕黃帝〔有〕刑德，可以百〔戰百〕勝，〔其〕有之乎？」尉繚子對曰：「〔不然〕，〔黃帝所謂刑德者〕，▸刑以伐之，德以守之◂[1]，非〔世之所謂刑德也〕。〔世之〕所謂〔刑德者〕，天官時日陰陽向背〔者〕也。黃帝者，人事而已矣。▸何者◂[2]？今有城〔於此〕，〔從其〕東西攻〔之〕不能取，〔從其〕南北攻〔之〕不能取，四方豈無順時乘之[3]者邪？然不能取者〔何〕？城高池深，兵器備具，財穀多積，豪士一謀者也。若〔乃〕城下、池淺、守弱，則取之矣。由是觀之，天官時日，不若人事也。▸案《天官》曰◂[4]：『背水陳〔者〕為絕（紀）〔地〕，向阪陳〔者〕為廢軍。』武王〔之〕伐紂〔也〕，▸背濟水、向山阪◂[5]而陳，以▸二萬二千五百◂[6]人擊紂之▸億萬◂[7]而滅商，豈紂不得天官之陳哉！〔然不得勝者何〕？〔人事不得也〕。楚將公子心與齊人戰，時有彗星出，柄在齊。柄所在勝，不可擊。公子心曰：『彗星何知？以彗鬬者，固倒而勝焉。』明日與齊戰，大破之。黃帝曰：『先神先鬼，先稽我智。』謂之天時，人事而已。」

B2 《兵談》

量土地肥墝而立邑建城。〔以城〕稱地，以（城）〔地〕稱人，以人稱粟。三相稱則內[8]可以固守，外可以戰勝。戰勝於外，備主於內。勝備相應[9]，猶合符節，無異故也。

治兵者，若祕於地，若邃於天，生於無。故關[10]之，大不窕，小不恢。明乎禁舍開塞，民流者親之，地不任[11]者任之。夫土廣而任，則〔其〕國〔不得無〕富；民眾而治，則〔其〕國〔不得無〕治。富治者，民[12]不發軔，（車）〔甲〕不▸暴出◂[13]而威制天下。故曰：兵勝於朝廷。不暴甲而勝者，主勝也；陳而勝者，將勝也。

1. 以刑伐之，以德守之《群書治要》卷37p.648
2. 何以言之《治要》p.648、《御覽》卷301p.1386　3. 利《治要》p.648
4. 故按刑德天官之陳曰《治要》p.648
5. 背清水、向山陵《御覽》卷301p.1386
6. 萬二千《治要》p.649、《御覽》卷301p.1386
7. A.億有八萬人《治要》p.649 B.億有八萬《御覽》卷301p.1386
8. 逌〈即古文「退」字〉《銀雀山簡本尉繚子》見《文物》77.2p.21　9. 用
10. 開　11. 治
12. A.兵《治要》p.649 B.車《銀雀山簡本尉繚子》p.21
13. A.出暴 B.出罼《銀雀山簡本尉繚子》p.21〈鍾兆華云：「罼」為「襮」之借字。〉

兵起非可以忿也，見勝則（與）〔興〕，不見勝則止。患在百里之內，不起一日之師；患在千里之內，不起一月之師；患在四海之內，不起一歲之師。

將者上不制於天，下不制於地，中不制於人。寬不可激而怒，清不可事以財。夫心狂、▸目盲、耳聾◂[1]，以三悖率人者難矣。

兵之所及，羊腸亦勝，鋸齒亦勝；緣山亦勝，入谷亦勝；方亦勝，圓亦勝。重者如山如林，如江如河；輕者如炮如燔，〔如漏如潰〕，如〔堵〕垣壓▸之◂[2]，如雲〔霓〕覆▸之◂[3]，令之[4]聚不得以散，散不得以聚；左不得以右，右不得以左。〔兵〕如總木，弩如羊角，人人無不騰陵張膽，絶乎疑慮，堂堂決而去。

B3《制談》

凡兵制必先定。制先定則士不亂，士不亂則刑乃明。金鼓所指，則百人盡鬭；陷行亂陳，則千人盡鬭；覆軍殺將，則萬人齊刃，天下莫能當其戰矣。

古者士有什伍，車有偏列。鼓鳴旗麾，先登者未（常）〔嘗〕非多力國士也，先死者〔亦〕未嘗非多力國士〔也〕。

損敵一人而損我百人，此資敵而傷[5]我甚焉，世將不能禁；征役分軍而逃歸，或臨戰自北，則逃傷甚焉，世將不能禁；殺人於百步之外者，弓矢也；殺人於五十步之內者，矛戟也。將已鼓而士卒相囂，拗矢、折矛、抱[6]戟利後發。戰有此數者，內自敗也，世將不能禁；士失什伍，車失偏列，奇兵捐將而走，大眾亦走，世將不能禁。夫將能禁此四者，則高山陵之，深水絶之，堅陳犯之；不能禁此四者，猶亡舟楫絶江河[7]，不可得也。

民非樂死而惡生也，號令明，法制審，故能使之前。明賞於前，決罰於後，是以發能中利[8]，動則有功。

今[9]百人一卒，千人一司馬，萬人一將，以少誅眾，以弱誅（疆）〔彊〕。試聽臣言其術，足使三軍之眾，誅一人，無失刑，父不敢舍子，子不敢舍父，況國人乎。

1. 耳聾、目盲　2. 人也《御覽》卷270p.1265　3. 人也《御覽》卷270p.1265
4. 人　5. 損　6. 拖　7. 湖　8. 節
9. 令

一▸賊◂[1]仗劍擊於市，萬人無不避之者，臣謂非一人之獨勇，萬人皆不肖也。何則？必死與必生，固[2]不侔也。聽臣之術，足使三軍之眾為一死賊，▸莫當◂[3]其前，▸莫隨◂[4]其後，而能獨出獨入焉。獨出獨入者，王霸之兵也。

有提十萬之眾而天下▸莫當◂[5]者，誰？曰：桓公也。有提七萬之眾而天下▸莫當◂[6]者，誰？曰：吳起也。有提三萬之眾而天下▸莫當◂[7]者，誰？曰：武子也。今天下諸國士，所率無不及二十萬之眾（者），然不能濟功名者，不明乎禁舍開塞也。明其制，一人勝之，則十人亦以勝之也；十人勝之，則百千萬人亦以勝之也。故曰：便吾器用，養吾武勇，發之如鳥擊，如赴千仞之谿。

今國被患[8]者，以重寶[9]出聘，以愛子出質，以地界出割，得天下助卒。名為十萬，其實不過數萬爾。其兵來者，無不謂其將曰：無為天[10]下先戰。其實不可得而戰也。

量吾境內之民，無伍莫能正矣。經制十萬之眾，而王必能使之衣吾衣，食吾食，戰不勝，守不固者，非吾民之罪，內自致也。天下諸國助我戰，猶良驥[11]騄耳之駛[12]，彼駑馬鬐興角逐，何能紹吾氣[13]哉！

吾用天下之用[14]▸為用◂[15]，吾制天下之制為制，修吾號令，明吾▸刑賞◂[16]，使天下非農無所得食，非戰無所得爵，使民揚臂爭出農戰而天下無敵矣。故曰：發號出令，信行國內。

民言有可以勝敵者，毋許其空言，必試其能戰也。

視人之地而有之，分人之民而畜之，必能內有其賢者也。不能內有其賢而欲有天下，必覆軍殺將。如此，雖戰勝而國益弱，得地而國益貧，由▸國中◂[17]之制弊矣。

---

1. A.武 B.夫 C.武夫　2. 故　3. 莫能當《尉繚子直解》本p.824
4. 莫能隨《尉繚子直解》本p.824　5. 莫敢當　6. 莫敢當　7. 莫敢當
8. 害　9. 幣　10. 人　11. 馬　12. 駃
13. 後　14. 兵　15. 以為用　16. 賞罰　17. 中國

B4《戰威》

凡兵有以道勝，有以威勝，有以力勝。講武料敵，使敵之氣失而師散，雖形全而不為之用，此道勝也。審法制，明賞罰，便器用，使民有必戰之心，此威勝也。破軍殺將，乘闉發機，潰眾奪地，成功乃返，此力勝也。王侯知此‣以三勝◂[1]者，畢矣。

夫將卒[2]所以戰者，民也；民之所以戰者，氣也。氣實則鬬，氣奪則走。

‣刑如◂[3]未加，兵未接而所以奪敵‣者五◂[4]：一曰廟勝之論；二曰受命之論；三曰踰垠之論；四曰深溝高壘之論；五曰舉陳加刑之論。此五者，先料敵而後動，是以擊虛奪之也。

善用兵者，能奪人而不奪於人。奪者心之機也。令者、〔所以〕一眾心也。‣眾不審◂[5]則數變，數變、則令雖出，眾不信矣。

故令‣之法◂[6]，〔雖有〕小過無更，小疑無申。〔事所以待眾力也〕。〔不審所動則數變〕，〔數變、則事雖起〕，〔眾不安也〕。〔動事之法〕，〔雖有小過無更〕，〔小難無戚〕。故上無疑令，則眾不二聽；動無疑事，則眾不二志。〔古率民者〕，未有不信其心而能得其力者〔也〕，未有不得其力而能致其死戰者也。

故國必有禮〔信〕親愛之義，則可以飢易飽；國必有孝慈廉恥之俗，則可以死易生。‣古者率民◂[7]，必先禮信而後爵祿，先廉恥而後刑罰，先親愛而後律[8]其身〔焉〕。

故戰者，必本乎率身以勵眾士，如心之使四支也。志不勵，則士不死節；士不死節，‣則眾不戰◂[9]。

勵士之道，民之〔所以〕生，不可不厚也；爵列之等，死喪之親[10]，民之所〔以〕營，不可不顯也。必也因民所生而制之，因民所榮而顯之。田祿之實，飲食之〔糧〕，親〔戚同鄉〕，鄉里相勸，死生相救，‣兵役◂[11]相從，此民之所勵也。

---

1. 所以三勝　2. 之　3. 刑　4. 者五也
5. 不審所出《治要》p.649　6. A.之之決法 B.之之法
7. 古率民者《治要》p.649　8. 託《治要》p.649
9. 雖眾不武《治要》p.650　10. 禮《治要》p.650
11. 丘基《治要》p.650

使什伍如親戚，卒伯如朋友；〔故兵〕止如堵墻，動如風雨；車不結轍，士不旋踵，此本戰之道也。

地、所以（養）〔養〕民也，城、所以守地也，戰、所以守城也。故務耕者、〔其〕民不飢，務守者、〔其〕地不危，務戰者、〔其〕城不圍。三者、先王之本務〔也〕，▸本務〔者〕、兵最急（本者）◂[1]。

故先王〔務〕專於兵，〔專於兵〕，〔其本〕有五焉：委積不多，則士[2]不行；賞祿不厚，則民不勸；武士不選，則衆[3]不強；▸備用不便◂[4]，則力不壯；刑賞[5]不中，則衆[6]不畏。〔先王〕務此五者，〔故〕靜能守其所固[7]，動能成其所欲。

夫以居攻出，則居欲重，陣欲堅，發欲畢，（閼）〔鬭〕欲齊。

王國富民，霸國富士，僅存之國富大夫，亡國富倉府。所謂上滿下漏，患無所救。

故曰：舉賢任能，不時日而事利；明法審令，不卜筮而事[8]吉；貴功[9]（養）〔養〕勞，不禱祠而得福。又曰：天時不如地利，地利不如人和。聖人所貴，人事而已。

夫勤勞之師，▸將不先己◂[10]：暑不張[11]蓋，寒不重衣[12]，〔有登降之〕險，〔將〕必下步，軍井成而〔後〕飲，軍食熟而後飯[13]，軍壘成而後舍，〔軍不畢食〕，〔亦不火食〕。〔飢飽〕、勞佚、〔寒暑〕必以身同之。如此，〔則〕師雖久而不老，〔雖老〕不弊。

B5 《攻權》

兵以靜勝，國[14]以專勝。

1. 而兵最急矣《治要》p.650
2. 事《治要》p.650
3. 士《治要》p.650
4. 器用不備
5. 誅《治要》p.650
6. 士《治要》p.650
7. 有《治要》p.650
8. 獲
9. 政《治要》p.650
10. 將必從己先《治要》p.650
11. 立《治要》p.650
12. 裘《治要》p.650
13. 食《治要》p.650
14. 固《銀雀山簡本尉繚子》p.25

力分者弱，心疑者背。夫力弱故進退不豪，縱敵不禽。將吏士卒，動靜一身。心既疑背，則計決而不動，動決而不禁。異口虛言，將無修容，卒無常試，發攻必衄，是謂疾陵之兵，無足與鬭。將帥者心也，群下者支節也。其心動以誠，則支節必力；其心動以疑，則支節必背。夫將不心制，卒不節動，雖勝，幸勝也，非攻權也。

夫民無兩畏也。畏我侮敵，畏敵侮我。見侮者敗，立威者勝。凡將能[1]其道者，吏畏其將也；吏畏其將者，民畏其吏也；民畏其吏者，敵畏其民也。是故知勝敗之道者，必先知畏侮之權。

夫不愛說其心者，不我用也；不‣嚴畏◂[2]其心者，不我舉也。愛在下順，威在上立；愛故不二，威故不犯。故善將者，愛與威而已。

戰不必勝，不可以言戰；攻不必拔，不可以言攻。不然，雖[3]刑賞[4]不足信也。信在期前，事在未兆。故眾已聚不虛散，兵已出不徒歸。求敵若求亡子，擊敵若救溺人。

分險者無戰心，挑戰者無全氣，鬭戰者無勝兵。凡挾義而戰者，貴從我起；爭私結怨，應不得已。怨結雖起，待之貴後。故爭必當待之，息必當備之。

兵有勝於朝廷，有勝於原野，有勝於市井。鬭則〔得〕，〔服則〕失，幸以不敗，此不意彼驚懼而曲勝之也。曲勝，言非全也。非全勝者無權名。故明主戰攻日，合鼓合〔角〕，節[5]以兵刃，不求勝[6]而勝也。

兵有去備徹[7]威而勝者，以其有法故也。有器用之早定也，其應敵也周，其總率也極。故五人而伍，十人而什，百人而卒，千人而率，萬人而將，已（用）〔周〕已極。其朝死則朝代，暮死則暮代。權敵審將而後舉兵。

故凡集兵，千里者旬日，百里者一日，必集敵境。卒聚將至，深入其地，錯絕其道，栖其大城大邑。使之登城逼危，男女數重，各逼地形而攻要塞。據一城邑而數道絕，從而攻之。敵將帥不能信，吏卒不能和，刑有所不從者，則我敗之矣。敵救未至，而一城已降。

1. 死《銀雀山簡本尉繚子》p.25　2. 威嚴　3. 則　4. 罰
5. 稱　6. 戰　7. 撤

津梁未發，要塞未脩，城險未設，渠答未張，則雖有城、無守矣。遠堡未入，戍客未歸，則雖有人、無人矣。六畜未聚，五穀未收，財用未斂，則雖有資、無資矣。夫城邑空虛而資盡者，我因其虛而攻之。法曰：「獨出獨入，敵不[1]接刃而致之。」此之謂也[2]。

B6　《守權》

　　凡守者，進不郭（圍）〔圉〕、退不亭障以禦戰，非善者也。豪傑雄[3]俊，堅甲利兵，勁弩（疆）〔彊〕矢，盡在郭中。乃收窖廩，毀折而入保。令客氣十百倍，而主之氣不半焉，敵攻者、傷之甚也。然而世將弗能知。

　　夫守者、不失〔其〕險[4]者也。守法：城一丈，十人守之，工食不與焉。出者不守，守者不出。一而當十，十而當百，百而當千，千而當萬。故為城郭者，非妄[5]費於民聚土壤也，誠為守也。

　　千丈之城，則萬人之守[6]。池深而廣，城堅而厚，士民備，薪食給，弩堅矢彊，矛戟稱之，此守法也。

　　攻者不下十餘萬之眾，其有必救之軍者，則有必守之城；無必救之軍者，則無必守之城。

　　若彼〔城〕堅而救誠，則愚夫惷婦無不蔽城盡資血城者。朞年之城，守餘於攻者，救餘於守者。若彼城堅而救不誠，則愚夫惷婦無不守陴而泣下，此人之常情也。遂發其窖廩救撫，則亦不能止矣。必鼓其豪傑雄俊，堅甲利兵，勁弩彊矢并於前，（分歷）〔幺麼〕[7]毀瘠者并於後。

　　十萬之軍[8]頓於城下，救必開之，守必出之。（據出）〔出據〕要塞，但救其後，無絕其糧道，中外相應。

---

1. 敵人不　　　2. 矣　　　　3. 英　　　　4. 隒　　　　5. 特
6. A.之城　B.守之　　　7. 幼口《銀雀山簡本尉繚子》p.27
8. A.兵　B.眾

此救而示之不誠，〔示之不誠〕則倒敵而待之者也。後其壯，前其老，彼敵無前，守不得而止矣。此守權之謂也。

B7 《十二陵》

威在於不變。惠在於因時。機在於應事。戰在於治氣。攻在於意表。守在於外飾。無過在於度數。無（因）〔困〕在於豫備。慎[1]在於畏小。智在於治大。除害在於敢斷。得眾在於下人。

悔在於任疑。孽在於屠戮。偏在於多私。不祥在於惡聞己過。不度在於竭民財。不明在於受間。不實在於輕發。固陋在於離賢。禍在於好利。害在於親小人。亡在於無所守。危在於無號令。

B8 《武議》

凡兵不攻無過之城，不殺無罪之人。夫殺人之父兄，利人之貨財，臣妾人之▸子女◂[2]，此皆盜也。故兵者，所以誅暴亂、禁不義也。兵之所加者，農不離其田業，賈不離其肆宅，士大夫不離其官府，由其武議，在於一人。故兵不血刃而天下親焉。

萬乘農戰，千乘救守，百乘事養。農戰不外索權，救守[3]不外索助，事養不外索資。

夫出不足戰，入不足守者，治之以市。市者，所以（外）〔給〕戰守也。萬乘無千乘之助，必有百乘之市。

凡誅者，所以明武也。殺一人而三軍震者，殺之；（殺）〔賞〕一人而萬人喜[4]者，（殺）〔賞〕之；殺之貴大，賞之貴小。當殺而雖貴重，必殺之，是刑上究也；賞及牛童馬圉者，是賞下流也。夫能刑上究、賞下流，此將之武也。故人主重將。

---

1. 謹　　2. 女子　　3. 存
4. 說《六韜・龍韜・將威》3/19a

夫將提鼓揮枹，臨難決戰，接兵角刃，鼓之而當，則賞功立名；鼓之而不當，則身死國亡。是存[1]亡安危，▸在於◂[2]枹端，奈何無重將也。

夫提鼓揮枹，接兵角刃，君以武事成功者，臣以為非難也。古人曰：無蒙衝而攻，無渠答而守，是為[3]無善之軍。視無見，聽無聞，由國無市也。夫市也者，百貨之官也。市賤賣貴，以限士人。人食粟一斗，馬食粟[4]三斗，人有飢色，馬有瘠形，何也？市〔有〕所出而官無主也。夫提天下之節制，而無百貨之官，無謂其能戰也。

起兵直使甲冑生蟣〔蝨〕者，必為吾所效用也。鷙鳥逐雀，有襲人之懷、入人之室者，非出生〔也〕，後有憚也。

太公望年七十屠牛朝歌，賣食盟[5]津，過七年餘而主不聽，人人（之謂）〔謂之〕狂夫也。及遇文王，則提三萬之眾，一戰而天下定，非武議安得[6]此合也。故曰：良馬有策，遠道可致；賢士有合，大道可明。

武王伐紂，師渡盟津，右旄左鉞，死士三百，戰士三萬；紂之陳億萬，飛廉、惡來身先戟斧，陳開百里。武王不罷士民，兵不血刃而〔克〕商誅紂。無祥異也，人事脩不脩而然也。

今世將考孤虛，占（城）〔咸〕池，合龜兆，視吉凶，觀星辰風雲[7]之變，欲以成勝立功，臣以為難。夫將者、上不制於天，下不制於地，中不制於人。故兵者、凶器也，爭者、逆德也，將者、死官也。故不得已而用之。

無天於上，無地於下，無主於後，無敵於前。一人之兵，如狼如虎，如風如雨，如雷如霆，震震冥冥，天下皆驚。

勝兵似水。夫水、至柔弱者也，然▸所觸◂[8]丘陵，必為之崩，無異也，性專而觸誠也。今以莫邪之利，犀兕之堅，三軍之眾，有所奇正，則天下莫當其戰矣。故曰：舉賢用能，不時日而事利；明法審令，不卜筮而獲吉；貴功養勞，不禱祠而得福。又曰：天時不如地利，地利不如人和。古之聖人，謹人事而已。

1. 興　2. 應在　3. 謂　4. 菽
5. A.孟 B.棘　6. 能　7. 雨　8. 所以觸

吳起與秦戰，舍不平隴畝，樸樕蓋之，以蔽霜露。如此何也？不自高人故也。乞人之死不索尊，竭人之力不責禮。故古者甲[1]冑之士不拜，示人▸無己煩◂[2]也。夫煩人而欲乞其死，竭其力，自古至今，未嘗聞矣。

將受命之日忘其家，張軍宿野忘其親，援（抱）〔枹〕而鼓忘其身。吳起臨戰[3]，左右進劍。起曰：「將專主旗鼓爾！臨難決疑，揮兵指刃，此▸將事◂[4]也；一劍之任，非將事也。」

三軍成行，一舍而後成三舍，三舍之餘，如決川源。望敵在前，因其所長而用之：敵白者堊之，赤者赭之。

吳起與秦戰，未合，一夫不勝其勇，前獲雙首而還，吳起立斬之。軍吏諫曰：「此材士也，不可斬。」起曰：「材士則是矣，非吾令也。」斬之。

B9 《將理》

凡將理官也，萬物之主也，不私於一人。夫能無（移）〔私〕於一人，故萬物至而制之，萬物至而命之。

君子不救囚於五步之外，雖鉤矢射之，弗追也。故善審囚之情，不待箠楚而囚之情可畢矣。

笞人之背，灼人之脅，束人之指而訊囚之情，雖國士、有不勝其酷而自誣矣。

▸今世諺云：千金不死，百金不刑◂[5]。試聽臣之言，行臣之術，雖有堯舜之智，不能關[6]一言；雖有萬金，不能用一銖。

今夫決獄，小圄不下十數，中圄不下百數，大圄不下千數。十人聯百人之事，百人聯千人之事，千人聯萬人之事。所聯之者，親戚▸兄弟◂[7]也，其次婚姻也，其次知識故

1. 介　2. 無己以煩　3. 敵　4. 將軍事
5. 故今世千金不死，百金不胥靡《銀雀山簡本尉繚子》〈見《文物》77.3p.30〉
6. 開　7. 弟兄

人也。是農無不離〔其〕田業，賈無不離〔其〕肆宅，士大夫無不離〔其〕官府。如此關聯良民，皆囚之情也。兵法曰：十萬之師出，日費千金。今[1]良民十萬而聯於（囚）〔囹〕圄，上不能省，臣以為危也。

B10 《原官》

官者，事之所主，為治之本也。制者，職分四民，治之分也。貴爵富祿必稱，尊卑之體也。

好善罰惡，正比法，會計民之具也。均井地，節賦歛，取與之度也。程工人，備器用，匠工[2]之功也。分地塞要，殄怪禁淫之事也。

守法稽斷，臣下之節也。明法稽驗，主上之操也。明主守，等輕重，臣主之權也。明賞賚，嚴誅責，止姦之術也。審開塞，守一道，為政之要也。

下達上通，至聰之聽也。知國有無之數，用其仂也。知彼弱者，強之體也。知彼動者，靜之決也。

官分文武，惟王之二術也。俎豆同制，天子之會也。遊說、（開）〔間〕諜無自入，正議之術也。

諸侯有謹天子之禮，君民[3]繼世，承王之命也。更▸造易◂[4]常，違王明德，故禮得以伐也。

官無事治，上無慶賞，民無獄訟，國無（商）〔商〕賈，▸何王之至◂[5]？▸明舉上達，在王垂聽也◂[6]。

---

1. 舍　　2. 人　　3. 臣　　4. A.號異 B.號易
5. 成王至政也《銀雀山簡本尉繚子》p.31
6. 服奉下迴，成王至德也《銀雀山簡本尉繚子》p.31

B11《治本》

凡治人者何？曰：非五穀無以充腹，非絲麻無以蓋形。故充腹有粒，蓋形有縷。夫在芸[1]耨，妻在機杼，民無二事，則有儲蓄。夫無彫文刻鏤之事，女無繡飾纂組之作。

木器液，金器腥，聖人飲於土，食於土，故埏埴以為器，天下無費。今也金木之性，不寒而衣繡飾；馬牛之性，食草飲水而給菽粟。是治失其本而宜設之制也。

春夏夫出於南畝，秋冬女練〔於〕布帛，則民不困。今短褐不蔽形，糟糠不充腹，失其治也。

古者土無肥磽，人無勤惰，古人何得而今人何失邪？耕有不終畝，織有日斷機，而奈何▸寒飢◂[2]？▸蓋古◂[3]治之行，今治之止也。

▸夫謂◂[4]治者，使民無私也。民無私則天下為一家，而無私耕私織，共寒其寒，共飢其飢。▸故如◂[5]有子十人不加一飯，有子一人不損一飯，焉有喧呼酖酒以敗善類乎？

民相輕佻，則欲心與[6]爭奪之患起矣。橫生於一夫，則民私飯有儲食，私用有儲財。民一[7]犯禁而拘以刑[8]治，烏▸有以◂[9]為人上也。善政執其制，使民無私。為下不敢私，則無為非者矣。

反本緣理，出乎一道，則欲心去，爭奪止，囹圄空；野[10]充粟多，安民懷遠；外無天下之難，內無暴亂之事，治之至也。

蒼蒼之天，莫知其極；帝王之君，誰為法則？往世不可及，來世不可待，求己者也。

所謂天子者四焉：一曰神明，二曰垂光，三曰洪敘，四曰無敵，此天子之事也。

野物不為犧牲，雜學不為通儒。今說者曰：「百里之海不能飲一夫，三尺之泉足以止三軍渴。」臣謂▸欲生◂[11]於無度，邪生於無禁。

---

1. 耘　2. 飢寒　3. 古　4. 夫所謂　5. 如
6. 興　7. 有　8. 形　9. 在其　10. 墅
11. 夫欲生

太上神化，其次因物，其下在於無奪民時，無損民財。夫禁必以武而成，賞必以文而成。

B12 《戰權》

兵法曰[1]：千人而成權，萬人而成武。權先加人者，敵不力交[2]；武先加人者，敵無威接。故兵貴先。勝於此，則勝彼矣；弗勝於此，則弗▸勝彼◂[3]矣。凡我往則彼來，彼來則我往，相為勝敗[4]，此戰之理然也。

夫精誠在乎神明，戰（楹）〔權〕在乎▸道之◂[5]所極：有者無之，無者有之，安所信之。

先王之所傳聞者，任正去詐，存其慈順，決無留刑。故知道者，必先啚[6]不知止之敗，惡在乎必往有功？輕進而求戰，敵復啚[7]止我往[8]而敵制勝矣。故兵法曰：求而從之，見而加之，主人不敢當而陵之，必喪其權。

凡奪者無氣，恐者不（守可）〔可守〕，敗者無人，兵無道也。意往而不疑則從之，奪敵而無敗[9]則加之，明視而高居則威之，兵道極矣。

其言無謹，偷矣[10]；其陵犯無節，被[11]矣；水潰雷擊，三軍亂矣。必安其危，去其患，以智決之。

高之以廊廟之（諭）〔論〕，重之以受命之論，銳之以踰垠之論，則[12]敵國可不戰而服。

B13 《重刑令》

▸將自◂[13]千人以上，有戰而北，守而降，離地逃衆[14]，命曰國賊。身戮家殘，去其籍，發其墳墓，暴其骨於市，男女公於官。自百人已上，有戰而北，守而降，離地逃衆，命曰軍賊。身死家殘，男女公於官。使民內畏重刑，則外輕敵。

1. 者　2. 支　3. 勝於彼　4. 負　5. 道兵道之
6. 圖　7. 圖　8. 生　9. 前　10. 失
11. 破　12. 敗　13. A.軍自 B.夫將自　14. 軍

故先王明制度於前，重威刑於後。刑重則內畏，內畏則外堅矣。

B14 《伍制令》

軍中之制，五人為伍，伍相保也；十人為什，什相保也；五十人為屬，屬相保也；百人為閭，閭相保也。

伍有干令犯禁者，揭之，免於罪；知而弗揭，全伍有誅。什有干令犯禁者，揭之，免於罪；知而弗揭，全什有誅。屬有干令犯禁者，揭之，免於罪；知而弗揭，全屬有誅。閭有干令犯禁者，揭之，免於罪；知而弗揭，全閭有誅。

吏自什長已上至左右將，▸上下皆◂[1]相保也。有干令犯禁者，揭之，免於罪；知而弗揭者，皆與同罪。

夫什伍相結，上下相聯，無有不得之姦，無有不揭之罪。父不得以私其子，兄不得以私其弟，而況國人聚舍同食，烏能以干令相私者哉！

B15 《分塞令》

中軍、左右前後軍，皆有▸地分◂[2]，方之以行垣，而無通其交往。將有分地，帥有分地，伯有分地，皆營其溝域[3]，而明其塞令，使非百人無得通。非其百人而入者，伯誅之；伯不誅，與之同罪。

軍中縱横之道，百有二十步而立一府柱，量人與地。柱道相望，禁行清道。非將吏之▸符節◂[4]，不得通行。采薪之[5]牧者，皆成行伍；不成行伍者，不得通行。吏屬無節，士無伍者，横門誅之。踰分干地者，誅之。故內無干令犯禁，則外無不獲之姦。

B16 《束伍令》

束伍之令曰：五人為伍，共一符，收於將吏之所。亡伍而得伍，當之；得伍而不亡，有賞；亡伍不得伍，身死家殘。亡長得長，當之；得長不亡，有賞；亡長不得長，

1. 皆　2. 分地　3. 洫　4. 屬　5. 芻

身死家殘；復戰得首長，除之。亡將得將，當之，得將不亡，有賞；亡將不得將，坐離地遁逃之法[1]。

戰誅之法曰：什長得誅十人。伯長得誅什長。千人之將得誅百人之長。萬人之將得誅千人之將。左右將軍得誅萬人之將。▸大將軍◂[2]無不得誅。

B17《經卒令》

經卒者，以經令分之為三分焉：左軍蒼旗，卒戴蒼羽；右軍白旗，卒戴白羽；中軍黃旗，卒戴黃羽。卒有五章：前一行蒼章，次二行赤章，次三行黃章，次四行白章，次五行黑章。

次以經卒，亡章者有誅。前一五行，置章於首；次二五行，置章於項；次三五行，置章於胸；次四五行，置章於腹；次五五行，置章於腰。如此，卒無非其吏，吏無非其卒。見非而不（誥）〔詰〕，見亂而不禁，其罪如之。

鼓行交鬬，則前行進為犯難，後行（進）〔退〕為辱眾。踰五行而前[3]者有賞，踰五行而後者有誅。所以知進退先後，吏卒之功也。故曰：鼓之前如雷霆，動如風雨，莫敢當其前，莫敢躡其後，言有[4]經也。

B18《勒卒令》

金、鼓、鈴、旗，四者各有法：鼓之則進，重鼓則擊。金之則止，重金則退。鈴，傳令也。旗、麾之左則左，麾之右則右。奇兵則反是。

一鼓一擊而左，一鼓一擊而右。一步一鼓，步鼓也；十步一鼓，趨鼓也；音不絕，騖鼓也。商，將鼓也；角，帥鼓也；小鼓，伯鼓也。三鼓同，則將、帥、伯，其心一也。奇兵則反是。

鼓失次者有誅，讙[5]譁者有誅，不聽金、鼓、鈴、旗而動者有誅。

1. 罪　2. 大將　3. 進　4. 其　5. 諠

百人而教戰，教成合之千人；千人教成，合之萬人；萬人教成，會[1]之於三軍。三軍之衆，有分有合，為大戰之法，教成試之以閱。

方亦勝，圓亦勝；錯邪[2]亦勝，臨險亦勝。敵在山，緣而從之；敵在淵，没而從之。求敵若[3]求亡子，從之無疑，故能敗敵而制其命。

夫蚤決先敵[4]。若計不先定，慮不蚤決，則進退不定，疑生必敗。故正兵貴先，奇兵貴後；或先或後，制敵者也。世將不知法者，專命而行，先擊▸而勇◂[5]，無不敗者也。

其舉有疑而不疑，其往有信而不信，其致有遲疾而不遲疾，是三者，戰之累也。

B19 《將令》

將軍受命，君必先謀於廟，▸行令◂[6]於廷。君身以斧鉞授將曰：「左、右、中軍，皆有分職，若踰分而上請者死[7]。軍無二令，二令者誅，留令者誅，失令者誅。」

將軍告曰：「出國門之外，期日中，設營表置轅門期之，如過時則坐法。」

將軍入營，即閉門清道，有敢行者誅，有敢高言者誅，有敢不從令者誅。

B20 《踵軍令》

所謂踵軍者，去大軍百里，期於會地，為三日熟食，前軍而行。為戰合之表，合表乃起。踵軍饗[8]士，使為之戰勢，是謂趨戰者也。

興軍者，前踵軍而行，合表乃起。去大軍一倍其道，去踵軍百里，期於會地，為六日熟食，使為戰備。分卒據要害，戰利則追北，按兵而趨之。踵軍遇有還者，誅之。所謂諸將之兵，在四奇之內者勝也。

---

1. 合　2. 斜　3. 如　4. 定　5. 而恃勇
6. 令行　7. 誅　8. 享

兵有什伍，有分有合，豫為之職，守要塞關梁而分居之。戰合表起，即皆會也。大軍為計日之食，起戰具無不及也。令行而起，不如令者有誅。

凡稱分塞者，四境之內，當興軍、踵軍既行，則四境之民，無得行者。奉王之命，授持符節，名為順職之吏；非順職之吏而行者，誅之。戰合表起，順職之吏乃[1]行，用以相參。故▸欲戰◂[2]，先安內也。

B21 《兵教上》

兵之教令，分營居陳，有非令而進退者，加[3]犯教之罪。前行者前行教之，後行者後行教之；左行者左行教之，右行者右行教之。教舉五人，其甲首有賞；弗教，如犯教之罪。羅地者自揭其伍，伍內互揭之，免其罪。

凡伍臨陳，若一人有不進死於敵，則教者如犯法者之罪。凡什保什，若亡一人而九人不盡死於敵，則教者如犯法者之罪。自什已上至於裨將有不若法者，則教者如犯法者之罪。

凡明刑罰，正勸賞，必在乎兵教之法。

將異其旗，卒異其章。左軍章左肩，右軍章右肩，中軍章胸前，書其章曰：「某甲某士。」前後章各五行，尊章置首上，其次差降之。

伍長教其四人，以板為鼓，以瓦為金，以竿為旗。擊鼓而進，低旗則趨，擊金而退；麾而左之，麾而右之；金鼓俱擊而坐。

伍長教成，合之什長；什長教成，合之卒長；卒長教成，合之伯長；伯長教成，合之兵尉；兵尉教成，合之裨將；裨將教成，合之太[4]將；大將教之[5]，陳於中野。置大表，三百步而一。既陳去表，百步而決，百步而趨，百步而鶩。習戰以成其節，▸乃為◂[6]之賞法[7]。

自尉吏而下盡有旗，戰勝得旗者，各視其所得之爵，以明▸賞勸◂[8]之心。

1. 方　2. 欲戰者　3. 如　4. 大　5. 成
6. 為　7. 罰　8. 勸賞

戰勝在乎立威，立威在乎戮力，戮力在乎正罰。正罰者，所以明賞也。

令民背國門之限，決死生之分，教之死而不疑者，有以也。令守者必固，戰者必鬬；姦謀不作，姦民不語；令行無變，兵行無猜；輕者若霆，奮敵若驚；舉功別德，明如白黑。令民從上令，如四支應心也。

前軍絕行亂陳破堅如潰者，有以也。此之謂兵教，所以開封疆，守社稷，除患害，成武德也。

B22《兵教下》

臣聞人君有必勝之道，故能并兼廣大，以一其制度，則威▸加天下◂[1]有十二焉：一曰連刑，謂同罪保伍也；二曰地禁，謂禁止行道，以網外姦也；三曰全車，謂甲首相附，三五相同，以結其聯也；四曰開塞，謂分地以限，各死其職而堅守也；五曰分限，謂左右相禁，前後相待[2]，垣車為固，以逆以止也；六曰號別，謂前列務進，以別其後者，不得爭先登不次也；七曰五章，謂彰明行列，始卒不亂也；八曰全曲，謂曲折相從，皆有分部也；九曰金鼓，謂興有功，致有德也；十曰陳車，謂接連前矛，馬冒其目也；十一曰死士，謂眾軍之中有材力[3]者，乘於戰車，前後縱橫，出奇制敵也；十二曰力卒，謂經旗[4]全曲，不麾不動也。

此十二者教成，犯令不舍。兵弱能強之，主卑能尊之，令弊能起之，民流能親之，人眾能治之，地大能守之。國車[5]不出於閫，組甲不出於櫜而威服天下矣。

兵有五致：為將忘家，踰垠忘親，指敵忘身，必死則生，急勝為下。

百人被刃，陷行亂陳；千人被刃，擒敵殺將；萬人被刃，橫行天下。

武王問太公望曰：「吾欲少閒[6]而極用人之要。」望對曰：「賞如山，罰如谿。太上無過，其次補過，使人無得私語。諸罰而請不罰者死，諸賞而請不賞者死。」伐國必因其變，▸示之財◂[7]以觀其窮，▸示之弊◂[8]以觀其病，上乖者下離。若此之類，是伐之因也。

---

1. 天下　2. 持　3. 智　4. 其　5. 軍
6. 間　7. 示之以財　8. 示之以弊

凡興師必審內外之權，以計▸其去◂[1]。兵有備闕，糧食有餘不足，校所出入之路，然後興師伐亂，必能入之。

地大而城小者，必先收其地；城大而地窄者，必先攻其城；地廣而人寡者，則絕其阨，地狹[2]而人衆者，則築大堙以臨之。無喪其利，無奪其時，寬其政，夷其業，救其弊，則足以施天下。

今戰國相攻，大伐有德，自伍而兩，自兩而師，不一其令。率俾民心不定，徒尚驕侈，謀患辯訟，吏究其事，累且敗也。日暮路遠，還有挫[3]氣；師老將貪，爭掠易敗。

凡將輕、壘卑、衆動，可攻也；將重、壘高、衆懼，可圍也。凡圍必開其小利，使漸夷弱，則節吝有不食者矣。衆夜擊者，驚也；衆避事者，離也。待人之救，期戰而蹙，皆心失而傷氣也。傷氣敗軍，曲謀敗國。

B23 《兵令上》

兵者、凶器也，爭者、逆德也，事必有本，故王者伐暴亂、本仁義焉。戰國則以立威、抗敵、相圖而不能廢兵也。

兵者以武為植，以文為種；〔以〕武為表，〔以〕文為裏；〔以武為外〕，〔以文為內〕；能審此（二）〔三〕者，〔則〕知〔所以〕勝敗矣。文所以視利害、辨安危，武所以犯強敵、力攻守也。〔兵用文武也〕，〔如響之應聲也〕，〔如影之隨身也〕。

專一則勝，離散則敗；陳以密則固，鋒以疏則達。〔將有威則生〕，〔無威則死〕；〔有威則勝〕，〔無威則敗〕。〔卒有將則鬬〕，〔無將則北〕；〔有將則死〕，〔無將則辱〕。〔威者、賞罰之謂也〕。卒畏將甚於敵者勝，卒畏敵甚於將者敗。所以知勝敗者，〔固〕稱將於敵也。敵與將猶權衡焉，▸安靜則治，暴疾則亂◂[4]。

出卒陳兵有常令，行伍疏數有常法，先後之次有適宜。常令者，非追北襲邑攸用也。前後不次則失也，亂先後斬之。

---

1. A.其法 B.其去就　2. 窄　3. 剉
4. 兵以安靜治，以暴疾亂《銀雀山簡本尉繚子》p.31

常陳皆向敵，有內向，有外向；有立陳，有坐陳。夫內向所以顧中也，外向所以備外也；立陳所以行也，坐陳所以止也。立坐之陳，相參進止，將在其中。坐之兵劍斧，立之兵戟弩，將亦居中。

善御敵者，正兵先合，而後扼[1]之，此必勝之術也。陳之斧鉞，飾之旗章，有功必賞，犯令必死，存亡死生，在枹之端。雖天下有善兵者，莫能禦此矣。

矢射[2]未交，長[3]刃未接，前譟者謂之虛，後譟者謂之實，不譟者謂之祕。▸虛實者◂[4]，兵之體也。

B24 《兵令下》

諸去大軍為前禦之備者，邊縣列候[5]，各相去三五里，聞大軍為前禦之備，戰則皆禁行，所以安內也。

內卒出戍，令▸將吏◂[6]授旗鼓戈甲。發日，後將吏及出縣封界者，以坐後戍法。兵戍邊一歲遂亡不候代者，法比亡軍。父母妻子知之，與同罪；弗知，赦之。

卒後將吏而至大將所一日，父母妻子盡同罪。卒逃歸至家▸一日◂[7]，父母妻子弗捕執及不言，亦同罪。

諸戰而亡其將吏者，及將吏棄卒獨北者，盡斬之。前吏棄其卒而北，後吏能斬之而奪其卒者賞。軍無功者戍三歲。

三軍大戰，若大將死，而從吏五百人已上不能死敵者斬；大將左右近卒在陳中者皆斬；餘士卒有軍功者奪一級，無軍功者戍三歲。

戰亡伍人，及伍人戰死不得其屍，同伍盡奪其功；得其屍，罪皆赦。

---

1. 振　2. 弩《銀雀山簡本尉繚子》p.32
3. 兵《銀雀山簡本尉繚子》p.32　4. 虛實秘者　5. 候　6. 將
7. 日

軍之利害，在國之名實。今名在官而實在家，官不得其實，家不得其名。聚卒為軍，有空名而無實，外不足以禦敵，內不足以守國，此軍之所以不給，將之所以奪威也。

臣以謂卒逃歸者，同舍伍人及吏罰入糧為饒，名為軍實。是有一軍之名，而有二實之出，國內空虛，自竭民歲，曷以免奔北之禍乎？

今以法止逃歸，禁亡軍，是兵之一勝也。什伍相聯[1]，及戰鬬則▸卒吏◂[2]相救，是兵之二勝也。將能立威，卒能▸節制◂[3]，號令明信，攻守皆得，是兵之三勝也。

臣聞古之善用兵者，能殺▸卒之半◂[4]，其次殺其十三，其下[5]殺其十一。能殺其半者，威加海內；殺十三者，力加諸侯；殺十一者，令行士卒。故曰：百萬之眾不用命，不如萬人之鬬也；萬人之鬬，不如百人之奮也。

賞如日月，信如四時，令如斧鉞，（制）〔利〕如干將，士卒不用命者，未之有[6]也。

1. 連　2. 吏卒　3. 制節　4. 士卒之半　5. 次
6. 聞

C1《圖國》

吳起儒服以兵機見魏文侯。文侯曰：「寡人不好軍旅之事。」起曰：「臣以見占隱，以往察來，主君何言與心違？今君四時使斬離皮革，掩以朱漆，畫以丹青，爍以犀象。冬日衣之則不溫，夏日衣之則不涼。為長戟二丈四尺，短戟一丈二尺。革車奄戶，縵輪籠轂，觀之於目則不麗，乘之以田則不輕，不識主君安用此也？若以備進戰退守，而不求能用者，譬猶伏雞之搏狸，乳犬之犯虎，雖有鬬心，隨之死矣。昔承桑氏之君，修德廢武，以滅其國。有扈氏之君，恃眾好勇，以喪其社稷。明主鑒茲，必內修文德，外（治）〔治〕武備。故當敵而不進，無逮於義矣；僵屍而哀之，無逮於仁矣。」於是文侯身自布席，夫人捧觴，醮吳起於廟，立為大將，守西河。與諸侯大戰七十六，全勝六十四，餘則鈞解。闢土四面，拓地千里，皆起之功也。

吳子曰：「昔之圖國家者，必先教百姓而親萬民。有四不和：不和於國，不可以出軍；不和於軍，不可以出陳；不和於陳，不可以進戰；不和於戰，不可以決勝。是以有道之主，將用其民，先和而造大事。不敢信其私謀，必告於祖廟，啓於元龜，參之天時，吉乃後舉。民知君之愛其命，惜其死，若此之至，而與之臨難，則士以盡[1]死為榮，退生為辱矣。」

吳子曰：「夫道者，所以反本復始。義者，所以行事立功。謀者，所以違害就利。要者，所以保業守成。若行不合道，舉不合義，而處大居貴，患必及之。是以聖人綏之以道，理之以義，動之以禮，撫之以仁。此四德者，修之則興，廢之則衰。故成湯討桀而夏民喜悅，周武伐紂而殷人不非。舉順天人，故能然矣。」

吳子曰：「凡制國治軍，必教之以禮，勵之以義，使有恥也。夫人有恥，在大足以戰，在小足以守矣。然戰勝易，守勝難。故曰：天下戰國，五勝者禍，四勝者弊，三勝者霸，二勝者王，一勝者帝。是以數勝得天下者稀，以亡者眾。」

吳子曰：「凡兵之所起者有五：一曰爭名，二曰爭利，三曰‣積德惡◂[2]，四曰內亂，五曰因饑。其名又有五：一曰義兵，二曰彊兵，三曰剛兵，四曰暴兵，五曰逆兵。禁暴救亂曰義，恃眾以伐曰彊，因怒興師曰剛，棄禮貪利曰暴，國亂人疲舉事動眾曰逆。五者之數[3]，各有其道，義必以禮服，彊必以謙服，剛必以辭服，暴必以詐服，逆必以權服。」

1. 進　　2. 積惡　　3. 服

武侯問曰：「願聞治兵、料人、固國之道。」

起對曰：「古之明王，必謹君臣之禮，飾上下之儀，安集吏民，順俗而教，簡募良材，以備不虞。昔齊桓募士五萬，以霸諸侯。晉文召為前行四萬，以獲其志。秦繆置陷陳三萬，以服鄰敵。故強國之君，必料其民。民有膽勇氣力者，聚為一卒。樂以進戰效力、以顯其忠勇者，聚為一卒。能踰高超遠、輕足善走者，聚為一卒。王臣失位而欲見功於上者，聚為一卒。棄城去守、欲除其醜者，聚為一卒。此五者，軍之練銳也。有此三千人，內出可以決圍，外入可以屠城矣。」

武侯問曰：「願聞陳必定、守必固、戰必勝之道。」

起對曰：「立見且可，豈直聞乎！君能使賢者居上，不肖者處下，則陳已定矣。民安其田宅，親其有司，則守已固矣。百姓皆是吾君而非鄰國，則戰已勝矣。」

武侯嘗謀事〔而當〕，群臣莫能及，罷朝而有喜色。起進曰：「昔楚莊王嘗謀事〔而當〕，群臣莫能及，退朝而有憂色。申公問曰：『君有憂色，何也？』曰：『寡人聞之，世不絕聖，國不乏賢，能得其師者王，得其友者霸。今寡人不才，而群臣▸莫及者◂[1]，楚國其殆矣。』此楚莊王之所憂，而君說之，臣竊懼矣。」於是武侯有慚色。

C2 《料敵》

武侯謂吳起曰：「今秦脅吾西，楚帶吾南，趙衝吾北，齊臨吾東，燕絕吾後，韓據吾前。六國兵四守，勢甚不便，憂此奈何？」

起對曰：「夫安國家之道，先戒為寶。今君已戒，禍其遠矣。臣請論六國之俗：夫齊陳重而不堅，秦陳散而自鬬，楚陳整而不久，燕陳守而不走，三晉陳治而不用。

「夫齊性剛，其國富，君臣驕奢而簡於細民，其政寬而祿不均，一陳兩心，前重後輕，故重而不堅。擊此之道，必三分之，獵其左右，脅而從之，其陳可壞。秦性強，其地險，其政嚴，其賞罰信，其人不讓，皆有鬬心，故散而自戰。擊此之道，必先示之以利而引去之，士貪於得而離其將，乘乖獵散，設伏投機，其將可取。楚性弱，其地廣，

1. 莫吾逮《荀子・堯問》20/25b

其政騷，其民疲，故整而不久。擊此之道，襲亂其屯，先奪其氣。輕進速退，弊而勞之，勿與戰爭，其軍可敗。燕性愨，其民慎，好勇義，寡詐謀，故守而不走。擊此之道，觸而迫之，陵而遠之，馳而後之，則上疑而下懼，謹我車騎必避之路，其將可虜。三晉者，中國也，其性和，其政平，其民疲於戰，習於兵，輕其將，薄其祿，士無死志，故治而不用。擊此之道，阻陳而壓之，衆來則拒之，去則追之，以倦其師。此其勢也。

「然則一軍之中，必有虎賁之士；力輕扛鼎，足輕戎馬，搴旗斬將，必有能者。若此之等，選而別之，愛而貴之，是謂軍命。其有工用五兵、材力健疾、志在吞敵者，必加其爵列，可以決勝。厚其父母妻子，勸賞畏罰，此堅陳之士，可與持久。能審料此，可以擊倍。」

武侯曰：「善。」

吳子曰：「凡料敵有不卜而與之戰者八：一曰疾風大寒，早興寤遷，刊木濟水，不憚艱難；二曰盛夏炎熱，晏興無間，行驅飢渴，務於取遠；三曰師既淹久，糧食無有，百姓怨怒，祆祥數起，上不能止；四曰軍資既竭，薪芻既寡，天多陰雨，欲掠無所；五曰徒衆不多，水地不利，人馬疾疫，四鄰不至；六曰道遠日暮，士衆勞懼，倦而未食，解甲而息；七曰將薄吏輕，士卒不固，三軍數驚，師徒無助；八曰陳而未定，舍而未畢，行阪涉險，半隱半出。諸如此者，擊之勿疑。

「有不占而避之者六：一曰土地廣大，人民富衆；二曰上愛其下，惠施流布；三曰賞信刑察，發必得時；四曰陳功居列，任賢使能；五曰師徒之衆，兵甲之精；六曰四鄰之助，大國之援。凡此不如敵人，避之勿疑。所謂見可而進，知難而退也。」

武侯問曰：「吾欲觀敵之外以知其內，察其進以知其止，以定勝負，可得聞乎？」

起對曰：「敵人之來，蕩蕩無慮，旌旗煩亂，人馬數顧，一可擊十，必使無措。諸侯大[1]會，君臣未和，溝壘未成，禁令未施，三軍匈匈，欲前不能，欲去不敢，以半擊倍，百戰不殆。」

武侯問敵必可擊之道。

---

1. 未

起對曰：「用兵必須審敵虛實而趨其危。敵人遠來新至、行列未定可擊，既食未設備可擊，奔走可擊，勤勞可擊，未得地利可擊，失時不從可擊，旌旗亂動可擊，涉長道後行未息可擊，涉水半渡可擊，險道狹路可擊，陳數移動可擊，將離士卒可擊，心怖可擊。凡若此者，選銳衝之，分兵繼之，急擊勿疑。」

C3《治兵》

武侯問曰：「進兵之道何先？」

起對曰：「先明四輕、二重、一信。」

曰：「何謂也？」

對曰：「使地輕馬，馬輕車，車輕人，人輕戰。明知▸陰陽◂[1]，則地輕馬。芻秣以時，則馬輕車。膏鐦有餘，則車輕人。鋒銳甲堅，則人輕戰。進有重賞，退有重刑。行之以信。▸令制遠◂[2]，此勝之主也。」

武侯問曰：「兵何以為勝？」

起對曰：「以治為勝。」

又問曰：「不在眾寡？」

對曰：「若法令不明，賞罰不信，金之不止，鼓之不進，雖有百萬，何益於用。所謂治者，居則有禮，動則有威，進不可當，退不可追，前卻有節，左右應麾，雖絕成陳，雖散成行。與之安，與之危，其眾可合而不可離，可用而不可疲，投之所往，天下莫當，名曰父子之兵。」

吳子曰：「凡行軍之道，無犯進止之節，無失飲食之適，無絕人馬之力。此三者，所以任其上令。任其上令，則治之所由生也。若進止不度，飲食不適，馬疲人倦而不解舍，所以不任其上令。上令既廢，以居則亂，以戰則敗。」

1. 險易　　2. 審能達

吳子曰：「凡兵戰之場，立屍之地。必死則生，幸生則死。其善將者，如坐漏船之中，伏燒屋之下，使智者不及謀，勇者不及怒，受敵可也。故曰：用兵之害，猶豫最大；三軍之災，生於狐疑。」

吳子曰：「夫人當[1]死其所不能，敗其所不便。故用兵之法，教戒為先。一人學戰，教成十人。十人學戰，教成百人。百人學戰，教成千人。千人學戰，教成萬人。萬人學戰，教成三軍。以近待遠，以佚待勞，以飽待飢。圓而方之，坐而起之，行而止之，左而右之，前而後之，分而合之，結而解之。每變皆習，乃授其兵。是謂將事。」

吳子曰：「教戰之令，短者持矛戟，長者持弓弩，強者持旌旗，勇者持金鼓，弱者給廝養，智者為謀主。鄉里相比，什伍相保。一鼓整兵，二鼓習陳，三鼓趨食，四鼓嚴辨，五鼓就行。聞鼓聲合，然後舉旗。」

武侯問曰：「三軍進止。豈有道乎？」

起對曰：「無當天竈，無當龍頭。天竈者，大谷之口。龍頭者，大山之端。必左青龍，右白虎，前朱雀，後玄武，招搖在上，從事於下。將戰之時，審候風所從來。風順致呼而從之，風逆堅陳以待之。」

武侯問曰：「凡畜卒[2]騎，豈有方乎？」

起對曰：「夫馬必安其處所，適其水草，節其飢飽。冬則溫燒[3]，夏則涼廡。刻剔毛鬣，謹落四下。戢其耳目，無令驚駭。習其馳逐，閑其進止。人馬相親，然後可使。車騎之具，鞍、勒、銜、轡，必令完堅。凡馬不傷於末，必傷於始；不傷於飢，必傷於飽。日暮道遠，必數上下。寧勞於人，慎無勞馬。常令有餘，備敵覆我。能明此者，橫行天下。」

C4 《論將》

吳子曰：「夫總文武者，軍之將也。兼剛柔者，兵之事也。凡人論將，常[4]觀於

1. 常　2. 車　3. 廄
4. 編者按：「常」、《太平御覽》卷273p.1276引作「恒」，今本作「常」者蓋避漢諱改。

勇。勇之於將，乃數[1]分之一爾。夫勇者必輕合，輕合而不知利，未可也。故將之所慎者五：一曰理，二曰備，三曰果，四曰戒，五曰約。理者，治眾如治寡。備者，出門如見敵。果者，臨敵不懷生。戒者，雖克如始戰。約者，法令省而不煩。受命而不辭，敵破而後言返，將之禮也。故師出之日，有死之榮，無生之辱。」

吳子曰：「凡兵有四機：一曰氣機，二曰地機，三曰事機，四曰力機。三軍之眾，百萬之師，張設輕重，在於一人，是謂氣機。▸路狹道險◂[2]，名山大塞，十夫[3]所守，千夫[4]不過，是謂地機。善行間諜，輕兵往來，分散其眾，使其君臣相怨，上下相咎，是謂事機。車堅管轄，舟利櫓楫，士習戰陳，馬閑馳逐，是謂力機。知此四者，乃可為將。然其威、德、仁、勇，必足以率下安眾，怖敵決疑。施令而下▸不犯◂[5]，所在▸寇不敢◂[6]敵。得之國強，去之國亡。是謂良將。」

吳子曰：「夫▸鼙鼓◂[7]金鐸，所以威耳。▸旌旗麾幟◂[8]，所以威目。禁令刑罰，所以威心。耳威於聲，不可不清。目威於色，不可不明。心威於刑，不可不嚴。三者不立，雖有其國，必敗[9]於敵。故曰：將之所麾，莫不從移；將之所指，莫不前死。」

吳子曰：「凡戰之要，必先占其將而察其才。因形[10]用權，則不勞而功舉[11]。其將愚而信人，可詐而誘；貪而忽名，可貨而賂；輕變無謀，可勞而困。上富而驕，下貧而怨[12]，可離而間。進退多疑，其眾無依，可震而走。士輕其將而有歸志，塞易開險，可邀而取。進道易，退道難，可來而前。進道險，退道易，可薄而擊。居軍下濕，水無所通，霖雨數至，可灌而沈。居軍荒澤，草楚幽穢，風（飆）〔飆〕數至，可焚而滅。停久不移，將士懈怠，其軍不備，可潛而襲。」

武侯問曰：「兩軍相望，不知其將，我欲相之，其術如何？」

起對曰：「令賤而勇者，將輕銳以嘗之。務於北，無務於得，觀敵之來，一坐一起，其政以理，其追北佯為不及，其見利佯為不知，如此將者，名為智將，勿與戰矣。

1. 萬《太平御覽》卷273p.1276　2. 道峽路險《太平御覽》卷273p.1276
3. 人《太平御覽》卷273p.1276　4. 人《太平御覽》卷273p.1276　5. 不敢犯
6. 而寇不敢　7. 鼓鞞《太平御覽》卷270p.1264
8. 旌麾旗章《太平御覽》卷270p.1264
9. 散《太平御覽》卷270p.1264　10. 刑《太平御覽》卷273p.1277
11. 興《太平御覽》卷273p.1277　12. 磔《太平御覽》卷273p.1277

若其眾讙譁，旌旗煩亂，其卒自行自止，其兵或縱或橫，其追北恐不及，見利恐不得，此為愚將，雖眾可獲。」

C5《應變》

武侯問曰：「車堅馬良，將勇兵強，卒遇敵人，亂而失行，則如之何？」

起對曰：「凡戰之法，晝以旌旗旛麾為節，夜以金鼓笳笛為節。麾左而左，麾右而右。鼓之則進，金之則止。二吹而行，再吹而聚，不從令者誅。三軍服威，士卒用命，則戰無彊敵，攻無堅陳矣。」

武侯問曰：「若敵眾我寡，為之奈何？」

起對曰：「避之於易，邀之於阨。故曰：以一擊十，莫善於阨；以十擊百，莫善於險；以千擊萬，莫善於阻。今有少年[1]卒起，擊金鳴鼓於阨路，雖有大眾，莫不驚動。故曰：用眾者務易，用少者務隘。」

武侯問曰：「有師甚眾，既武且勇；背大▸險阻◂[2]，右山左水；深溝高壘，守以彊弩；退如山移，進如風雨，糧食又多。▸難與長守◂[3]。」

▸對曰◂[4]：「大哉問乎！▸非此◂[5]車騎之力，聖人之謀也。能備千乘萬騎，兼之徒步，分為五軍，各軍一衢。夫五軍五衢，敵人必惑，莫之所加。敵人若堅守以固其兵，急行間諜以觀其慮。彼聽吾說，解之而去。不聽吾說，斬使焚書，分為五戰。戰勝勿追，不勝疾歸。如是佯北，安行疾鬬，一結其前，一絶其後。兩軍銜枚，或左或右，而襲其處。五軍交至，必有其力[6]。此擊彊之道也。」

武侯問曰：「敵近而薄我，欲去無路，我眾甚懼，為之奈何？」▸對曰◂[7]：「為此之術，若我眾彼寡，各分而乘之。彼眾我寡，以方從之。從之無息，雖眾可服。」

武侯問曰：「若遇敵於谿谷之間，傍多險阻，彼眾我寡，為之奈何？」

1. 卒　2. 阻險　3. 難與長守。則如之何　4. 起對曰
5. 此非　6. 利　7. 起對曰

起對曰：「‣諸丘陵◂[1]、林谷、深山、大澤，疾行亟去，勿得從容。若高山深谷，卒然相遇，必先鼓譟而乘之。進弓與弩，且射且虜。審察其政，亂則擊之勿疑。」

武侯問曰：「左右高山，地甚狹迫，卒遇敵人，擊之不敢，去之不得，為之奈何？」

起對曰：「此謂谷戰，雖眾不用。募吾材士與敵相當，輕足利兵以為前行，分車列騎隱於四旁，相去數里，無見其兵，敵必堅陳，進退不敢。於是出旌列（旆）〔旆〕，行出山外營之，敵人必懼。車騎挑之，勿令得休。此谷戰之法也。」

武侯問曰：「吾與敵相遇大水之澤，傾輪沒轅，水薄車騎，舟楫不設，進退不得，為之奈何？」起對曰：「此謂水戰，無用車騎，且留其傍。登高四望，必得水情。知其廣狹，盡其淺深，乃可為奇以勝之。敵若絕水，半渡而薄之。」

武侯問曰：「天久連雨，馬陷車止，四面受敵，三軍驚駭，為之奈何？」起對曰：「凡用車者，陰濕則停，陽燥則起；貴高賤下，馳其強車；若進若止，必從其道。敵人若起，必逐其跡。」

武侯問曰：「暴寇卒來，掠吾田野，取吾牛羊，則如之何？」

起對曰：「暴寇之來，必慮其強，善守勿應。彼將暮去，其裝必重，其心必恐，還退務速，必有不屬。追而擊之，其兵可覆。」

吳子曰：「凡攻敵圍城之道，城邑既破，各入其宮。御其祿秩，收其器物。軍之所至，無刊其木、發其屋、取其粟、殺其六畜、燔其積聚，示民無殘心。其有請降，許而安之。」

C6《勵士》

武侯問曰：「嚴刑明賞，足以勝乎？」

1. 遇諸丘陵

起對曰：「嚴明之事，臣不能悉。雖然，非所恃也。夫發號布令而人樂聞，興師動眾而人樂戰，交兵接刃而人樂死。此三者，人主之所恃也。」

武侯曰：「致之奈何？」

對曰：「君舉有功而進饗之，無功而勵之。」

於是武侯設坐廟廷為三行饗士大夫。上功坐前行，餚席兼重器、上牢。次功坐中行，餚席器差減。無功坐後行，餚席無重器。饗畢而出，又頒賜有功者父母妻子於廟門外，亦以功為差。有死事之家，歲被[1]使者勞賜其父母，著不忘於心。行之三年，秦人興師，臨於西河，魏士聞之，不待吏令，介冑而奮擊之者以萬數。

武侯召吳起而謂曰：「子前日之教行矣。」

起對曰：「臣聞人有短長，氣有盛衰。君試發無功者五萬人，臣請率以當之。脫其不勝，取笑於諸侯，失權於天下矣。今使一死賊伏於曠野，千人追之，莫不梟視狼顧。何者？忌其暴起而害己。是以一人投命，足懼千夫。今臣以五萬之眾，而為一死賊，率以討之，固難敵矣。」

於是武侯從之，兼車五百乘，騎三千匹，而破秦五十萬眾，此勵士之功也。

先戰一日，吳起令三軍曰：「諸吏士當從受馳[2]。車騎與徒，若車不得車，騎不得騎，徒不得徒，雖破軍皆無易[3]。」故戰之日，其令不煩而威震天下。

1. 遣　2. 敵　3. 功

D1《仁本》

古者以仁為本，以義治之之謂正，正不獲意則權，權出於戰，不出於中人。是故殺人、安人，殺之可也；攻其國、愛其民，攻之可也；以戰止戰，雖戰可也。故仁見親，義見說，智見恃，勇見身，信見信。內得愛焉，所以守也。外得威焉，所以戰也。

戰道：不違時，不歷民病，所以愛吾民也。不加喪，不因凶，所以愛夫其民也。冬夏不興師，所以兼愛民也。故國雖大，好戰必亡；天下雖安，忘戰必危。天下既平，天下[1]大愷，春蒐秋獮。諸侯春振旅，秋治兵，所以不忘戰也。

古者逐奔不過百步，縱綏不過三舍，是以明其禮也；不窮不能而哀憐傷病，是以明其義[2]也；成列而鼓，是以明其信也；爭義不爭利，是以明其義也；又能舍服，是以明其勇也；知終知始，是以明其智也。六德以時合教，以為民紀之道也，自古之政也。

先王之治，順[3]天之道，設地之宜，官民之德，而正名治物。立國辨職，以爵分祿，諸侯說懷，海外來服，獄弭而兵寢，聖德之治也。

其次，賢王制禮樂法度，乃作五刑〔以禁民僻〕，〔乃〕興甲兵以討不義。巡狩者[4]方會諸侯，考不同。其有失命亂常背德逆天之時，而危有功之君，徧告于諸侯，彰明有罪，乃告于皇天上帝，日月星辰。禱于后土四海神祇、山川冢社。乃造于先王，然後冢宰徵師于諸侯曰：某國為不道，征之。以某年月日師至于某國，會天子正刑。

冢宰與百官布令於軍曰：「入罪人之地，無暴神祇，無行田獵，無毀土功，無燔牆屋，無伐林木，無取六畜禾黍器械；見其老幼，奉歸勿傷，雖遇壯者，不校勿敵，敵若傷之，醫藥歸之。」既誅有罪，王及諸侯修正其國，舉賢立明，正復厥職。

王霸之所以治諸侯者六：以土地形[5]諸侯；以政令平諸侯；以禮信親諸侯；以材力說諸侯；以謀[6]人維諸侯；以兵革服諸侯。同患同利以合諸侯，比小事大以和諸侯。

會之以發禁者九：憑弱犯寡則眚之；賊賢害民則伐之；暴內陵外則壇之；野荒民散

1. 子　2. 仁　3. 從《太平御覽》卷636p.2850　4. 省
5. 列　6. 牧

則削之；負固不服則侵之；賊殺其親則正之；放弒其君則殘之；犯令陵政則杜之；外內亂、禽獸行則滅之。

D2《天子之義》

天子之義，必純取法天地，而觀於先聖。士庶之義，必奉於父母而正於君長。故雖有明君，士不先教，不可用也。

古之教民必立貴賤之倫經，使不相陵；德義不相踰；材技不相掩；勇力不相犯。故力同而意和也。

古者國容不入軍，軍容不入國，故德義不相踰。上貴不伐之士，不伐之士，上之器也。苟不伐，則無求，無求則不爭。國中之聽，必得其情；軍旅之聽，必得其宜；故材技不相掩。從命為士上賞，犯命為士上戮，故勇力不相犯。

既致教其民，然後謹選而使之，事極修則百官給矣，教極省則民興良矣，習貫成則民體俗矣，教化之至也。

古者逐奔不遠，縱綏[1]不及，不遠則難誘，不及則難陷，以禮為固，以仁為勝。既勝之後，其教可復，是以君子貴之也。

有虞氏戒於國中，欲民體其命也。夏后氏誓於軍中，欲民先成其慮也。殷誓於軍門之外，欲民先意以行[2]事也。周將交刃而誓之，以致民志也。夏后氏正其德也，未用兵之刃，故其兵不雜。殷，義也，始用兵之刃矣。周，力也，盡用兵之刃矣。夏賞於朝，貴善也。殷戮於市，威不善也。周賞於朝，戮於市，勸君子，懼小人也。三王彰其德，一也。

兵▸不雜◂[3]則不利，長兵以衛，短兵以守。太長則難犯，太短則不及。太輕則銳[4]，銳[5]則易亂。▸太重則鈍，鈍則不濟◂[6]。

---

1. 綏　2. 待　3. 雜《太平御覽》卷353p.1624
4. 閱《太平御覽》卷353p.1624　5. 閱《太平御覽》卷353p.1624
6. 太犯則不濟《太平御覽》卷353p.1624

戎車，夏后氏曰鉤車，先正也。殷曰寅車，先疾也。周曰元戎，先良也。

旂，夏后氏玄首，人之執也。殷白，天之義也。周黃，地之道也。

章，夏后氏以日月，尚明也。殷以虎，▸白戎◂[1]也。周以龍，尚文也。

師多務威則民詘，少威則民不勝。上使民不得其義，百姓不得其敘，技用不得其利，牛馬不得其任，有司陵之，此謂多威，多威則民詘。上不尊德而任詐慝，不尊道而任勇力，不貴用命而貴犯命，不貴善行而貴暴行，陵之有司，此謂少威，少威則民不勝。軍旅以舒為主，舒則民力足。雖交兵致刃，徒不趨，車不馳，逐奔不踰列，是以不亂。軍旅之固，不失行列之政，不絕人馬之力，遲速不過誡命。

古者，國容不入軍，軍容不入國。軍容入國則民德廢，國容入軍則民德弱，故在國言文而語溫。在朝恭以遜，修己以待人，不召不至，不問不言，難進易退。在軍抗而立，在行遂而果，介者不拜，兵車不式，城上不趨，危事不齒。故禮與法，表裏也，文與武，左右也。

古者，賢王明民之德，盡民之善，故無廢德，無簡民。賞無所生，罰無所試。有虞氏不賞不罰而民可用，至德也。夏賞而不罰，至教也。殷罰而不賞，至威也。周以賞罰，德衰也。賞不踰時，欲民速得為善之利也。罰不遷列，欲民速覩為不善之害也。大捷不賞，上下皆不伐善，上苟不伐善，則不驕矣；下苟不伐善，必亡等矣，上下不伐善若此，讓之至也。大敗不誅，上下皆以不善在己。上苟以不善在己，必悔其過；下苟以不善在己，必遠其罪。上下分惡若此，讓之至也。

古者，戍軍三年不興，覩民之勞也。上下相報若此，和之至也。得意則愷歌，示喜也。偃伯靈臺，荅民之勞，示休也。

D3《定爵》

凡戰定爵位，著功罪，收遊士，申教詔，訊厥眾，求厥技，方慮極物，變嫌推疑，養力索巧，因心之動。

---

1. 尚威

凡戰固眾相利，治亂進止，服正成恥，約法省罰。小罪乃殺，小罪勝，大罪因。

順天、阜財、懌眾、利地、右兵，是謂五慮。順天奉時，阜財因敵，懌眾勉若，利地守隘險阻，右兵弓矢禦[1]、殳矛守、戈戟助。凡五兵▸五當長◂[2]以衛短，短以救長，▸迭戰◂[3]則久，皆戰則強，見物與侔，是謂兩之。

主固勉若，視敵而舉。將心，心也；眾心，心也。馬牛車兵佚飽，力也。教惟豫、戰惟節。將軍，身也；卒，支也；伍，指拇也。

凡戰智[4]也；鬬，勇也；陳，巧也。用其所欲，行其所能，廢其不欲不能，於敵反是。

凡戰有天有財有善。時日不遷，龜勝微行，是謂有天。眾有，有，因生美，是謂有財。人習陳利，極物以豫，是謂有善。人勉及任，是謂樂人，大軍以固，多力以煩，堪物簡治，見物應卒，是謂行豫。輕車輕徒，弓矢固禦，是謂大軍。密靜多內力，是謂固陳。因是進退，是謂多力。上暇人教，是謂煩陳，然有以職，是謂堪物。因是辨物，是謂簡治。

稱眾因地，因敵令陳，攻戰、守進、退止，前後序，車徒因，是謂戰參。不服、不信、不和、怠、疑、厭、懾、▸枝、拄◂[5]、詘、頓、肆、崩、緩，是謂戰患。驕驕、懾懾、吟曠、虞懼、事悔，是謂毀折。大小、堅柔、參伍、眾寡、凡兩，是謂戰權。

凡戰間遠觀邇，因時因財，貴信惡疑，作兵義，作事時，使人惠。見敵靜，見亂暇，見危難無忘其眾。居國惠以信，在軍廣以武，刃上果以敏。居國和，在軍法，刃上察，居國見好，在軍見方，刃上見信。

凡陳行惟疏，戰惟密，兵惟雜。人教厚，靜乃治，威利章。相守義則人勉，慮多成則人服。時中服厥次治，物既章，目乃明；慮既定，心乃強；進退無疑，見敵無謀，聽誅無誰[6]其名，無變其旗。

---

1. 圉《太平御覽》卷353p.1624　2. 當長《太平御覽》卷353p.1624
3. 以戟《太平御覽》卷353p.1624　4. 權　5. 枝柱《司馬法直解》p.540
6. 詛

凡事善則長，因古則行。誓作章人乃強，滅厲祥。滅厲之道：一曰義，被之以信，臨之以強，成基一天下之形，人莫不說，是謂兼用其人。一曰權，成其溢，奪其好，我自其外，使自其內。一曰人，二曰正，三曰辭，四曰巧，五曰火，六曰水，七曰兵，是謂七政。榮、利、恥、死，是謂四守。容色積威，不過改意，凡此道也。

唯仁有親，有仁無信，反敗厥身。人人、正正、辭辭、火火。

凡戰之道，既作其氣，因發其政，假之以色，道之以辭。因懼而戒，因欲而事，蹈敵制地，以職命之，是謂戰法。

凡人之形，由眾之求，試以名行，必善行之。若行不行，身以將之，若行而行，因使勿忘，三乃成章。人生之宜，謂之法。

凡治亂之道，一曰仁，二曰信，三曰直，四曰一，五曰義，六曰變，七曰尊[1]。

立法，一曰受，二曰法，三曰立，四曰疾，五曰御其服，六曰等其色，七曰百官宜無淫服。

凡軍使法在己曰專，與下畏法曰法，軍無小聽，戰無小利，日成行微曰道。

凡戰正不符[2]則事專，不服則法，不相信則一。若怠則動之，若疑則變之，若人不信上則行其不復，自古之政也。

D4 《嚴位》

凡戰之道，位欲嚴，政欲栗，力欲窕，氣欲閑，心欲一。

凡戰之道，等道義，立卒伍，定行列，正縱橫，察名實。立進俯，坐進跪，畏則密，危則坐。遠者視之則不畏，邇者勿視則不散。位下左右，下甲坐，誓徐行之。位逮徒甲，籌以輕重，振馬譟徒甲，畏亦密之。跪坐坐伏則膝行而寬誓之。起譟鼓而進則以鐸止之。銜枚誓（糗）〔具〕，坐膝行而推之。執戮禁顧，譟以先之。若畏太甚，則勿戮殺，示以顏色，告之以所生，循省其職。

1. 專　　2. 行

凡三軍人戒分日，人禁不息，不可以分食，方其疑惑，可師可服。

凡戰以力久，以氣勝；以固久，以危勝；本心固，新氣勝；以甲固，以兵勝。

凡車以密固，徒以坐固，甲以重固，兵以輕勝。

人有勝心，惟敵之視；人有畏心，惟畏[1]之視。兩心交定，兩利若一，兩為之職，惟權視之。

凡戰以輕行輕則危，以重行重則無功，以輕行重則敗，以重行輕則戰，故戰相為輕重。

舍謹甲兵，行陣[2]行列，戰謹進止。

凡戰敬則慊，率則服，上煩輕，上暇重，奏鼓輕，舒鼓重，服膚輕，服美重。

凡馬車堅，甲兵利，輕乃重。

上同無獲，上專多死，上生多疑，上死不勝。

凡人死愛，死怒，死威，死義，死利。凡戰之道，教約人輕死，道約人死正。

凡戰若勝，若否，若天，若人。

凡戰三軍之戒無過三日，一卒之警無過分日，一人之禁無過皆息。

凡大善用本，其次用末，執略守微，本末唯權，戰也。

凡勝[3]三軍一人勝。凡鼓，鼓旌旗，鼓車，鼓馬，鼓徒，鼓兵，鼓首，鼓足，▸鼓兼齊◂[4]。

凡戰既固勿重，重進勿盡，凡盡危。

1. 北　　2. 慎　　3. 戰　　4. 七鼓兼齊

凡戰非陳之難，使人可陳難，非使可陳難，使人可用難，非知之難，行之難。

人方有性，性州異，教成俗，俗州異，道化俗。

凡眾寡，‣既勝（浩）〔若〕否◂[1]，兵不告利，甲不告堅，車不告固，馬不告良，眾不自多，未獲道。

凡戰勝則與眾分善，若將復戰，則重賞罰，若使不勝，取過在己。復戰，則誓以居前，無復先術，勝否勿反，是謂正則。

凡民以仁救，以義戰，以智決，以勇鬬，以信專，以利勸，以功勝。故心中仁，行中義，堪物智也，堪大勇也，堪久信也。讓以和，人以洽，自子[2]以不循，爭賢以為，人說其心、效其力。

凡戰擊其微靜，避其強靜；擊其倦勞，避其閑窕；擊其大懼，避其小懼；自古之政也。

D5《用眾》

凡戰之道，用寡固，用眾治，寡利煩，眾利正。用眾進止，用寡進退。眾以合寡，則遠[3]裹而闕之。若分而迭擊，寡以待眾，若眾疑之，則自用之。擅利則釋旗，迎而反之。敵若眾則相眾而受裹，敵若寡若畏，則避之開之。

凡戰背風背高。右高、左險，歷沛、歷圮。兼舍環龜。

凡戰設而觀其作，視敵而舉，待則循而勿鼓，待眾之作，攻則屯而伺之。

凡戰眾寡以觀其變，〔寬而觀其慮〕，進退以觀其固，危而觀其懼，靜而觀其怠，動而觀其疑，襲而觀其治。擊其疑，加其卒，致其屈，襲其規。因其不避，阻其圖，奪其慮，乘其懼。

凡從奔勿息，敵人或止於路則慮之。

1. 若勝若否　2. 予　3. 追

凡近敵都，必有進路，退必有返慮。

凡戰先則弊，後則懾，息則怠，不息亦弊，息久亦反其懾。書親絶，是謂絶顧之慮。選良次兵，是謂益人之強。棄任節食，是謂開人之意，自古之政也。

逐字索引

哀 āi 2

僵屍而○之 C1/36/9
不窮不能而○憐傷病 D1/45/11

愛 ài 22

○民可煩也 A8/8/12
視卒如○子 A10/11/7
○而不能令 A10/11/7
先奪其所○ A11/11/27
先其所○ A11/13/6
而○爵祿百金 A13/14/4
以○子出質 B3/17/11
故國必有禮〔信〕親○之義 B4/18/21
先親○而後律其身〔焉〕 B4/18/22
夫不○說其心者 B5/20/10
○在下順 B5/20/10
○故不二 B5/20/11
○與威而已 B5/20/11
民知君之○其命 C1/36/16
○而貴之 C2/38/9
二曰上○其下 C2/38/22
攻其國、○其民 D1/45/4
內得○焉 D1/45/5
所以○吾民也 D1/45/7
所以○夫其民也 D1/45/7
所以兼○民也 D1/45/8
凡人死○ D4/50/21

隘 ài 6

有○者 A10/10/19
○形者 A10/10/22
所由入者○ A11/11/21
背固前○者 A11/12/19
用少者務○ C5/42/16
利地守○險阻 D3/48/3

安 ān 25

國家○危之主也 A2/2/14
○則靜 A5/4/28
○能動之 A6/5/7
此○國全軍之道也 A12/13/22
〔眾不○也〕 B4/18/17
是存亡○危 B8/22/31
非武議○得此合也 B8/23/10
○民懷遠 B11/26/14
○所信之 B12/27/4
必○其危 B12/27/14
先○內也 B20/31/3
文所以視利害、辨○危 B23/33/21
○靜則治 B23/33/27
所以○內也 B24/34/14
不識主君○用此也 C1/36/6
○集吏民 C1/37/3
民○其田宅 C1/37/12
夫○國家之道 C2/37/25
與之○ C3/39/26
夫馬必○其處所 C3/40/22
必足以率下○眾 C4/41/10
○行疾鬭 C5/42/24
許而○之 C5/43/25
是故殺人、○人 D1/45/3
天下雖○ D1/45/8

鞍 ān 1

○、勒、銜、轡 C3/40/24

按 àn 1

○兵而趨之 B20/30/25

案 àn 1

○《天官》曰 B1/15/9

拗 ǎo 1

○矢、折矛、抱戟利後發 B3/16/22

八 bā 3

○曰全曲 B22/32/14
凡料敵有不卜而與之戰者○ C2/38/15
○曰陳而未定 C2/38/19

拔 bá 4

而城不○者 A3/2/24
○人之城而非攻也 A3/2/24
故其城可○ A11/12/27
攻不必○ B5/20/13

罷 bà 3

破車○馬 A2/2/4
武王不○士民 B8/23/14
○朝而有喜色 C1/37/15

霸 bà 8

非○王之兵也 A11/12/25
夫○王之兵 A11/12/25
王○之兵也 B3/17/3
○國富士 B4/19/14
三勝者○ C1/36/25
以○諸侯 C1/37/4
得其友者○ C1/37/17
王○之所以治諸侯者六 D1/45/27

白 bái 8

敵○者堊之 B8/24/6
右軍○旗 B17/29/6
卒戴○羽 B17/29/6
次四行○章 B17/29/7
明如○黑 B21/32/2
右○虎 C3/40/17
殷○ D2/47/3
○戎也 D2/47/5

百 bǎi 68

遠輸則○姓貧 A2/2/3
貴賣則○姓財竭 A2/2/3
○姓之費十去其七 A2/2/4
是故○戰○勝 A3/2/19
○戰不殆 A3/3/11,C2/38/30
○里而爭利 A7/6/23
軍無○疾 A9A/9/10,A9B/9/24
○姓之費 A13/14/3
而愛爵祿○金 A13/14/4
可以○〔戰○〕勝 B1/15/3

以二萬二千五○人擊紂之億萬而滅商 B1/15/10
患在○里之內 B2/16/1
則○人盡鬬 B3/16/14
損敵一人而損我○人 B3/16/20
殺人於○步之外者 B3/16/21
今○人一卒 B3/16/30
則○千萬人亦以勝之也 B3/17/8
○人而卒 B5/20/24
○里者一日 B5/20/27
令客氣十○倍 B6/21/9
十而當○ B6/21/13
○而當千 B6/21/13
○乘事養 B8/22/20
必有○乘之市 B8/22/24
○貨之官也 B8/23/2
而無○貨之官 B8/23/4
死士三○ B8/23/13
陳開○里 B8/23/14
○金不刑 B9/24/21
中國不下○數 B9/24/24
十人聯○人之事 B9/24/24
○人聯千人之事 B9/24/24
○里之海不能飲一夫 B11/26/22
自○人已上 B13/27/23
○人為閭 B14/28/4
使非○人無得通 B15/28/19
非其○人而入者 B15/28/19
○有二十步而立一府柱 B15/28/22
千人之將得誅○人之長 B16/29/1
○人而教戰 B18/29/29
去大軍○里 B20/30/21
去踵軍○里 B20/30/24
三○步而一 B21/31/25
○步而決 B21/31/25
○步而趨 B21/31/25
○步而鶩 B21/31/25
○人被刃 B22/32/24
而從吏五○人已上不能死敵者斬 B24/34/25
○萬之衆不用命 B24/35/12
不如○人之奮也 B24/35/13
必先教○姓而親萬民 C1/36/13
○姓皆是吾君而非鄰國 C1/37/13
○姓怨怒 C2/38/17
雖有○萬 C3/39/24
教成○人 C3/40/6
○人學戰 C3/40/6
○萬之師 C4/41/7
以十擊○ C5/42/14
兼車五○乘 C6/44/20
古者逐奔不過○步 D1/45/11
冢宰與○官布令於軍曰 D1/45/23
事極修則○官給矣 D2/46/16
○姓不得其敘 D2/47/7
七曰○官宜無淫服 D3/49/16

拜 bài 2

故古者甲冑之士不○ B8/23/30
介者不○ D2/47/15

敗 bài 42

用之必○ A1/1/12
勝已○者也 A4/3/23
立於不○之地 A4/3/24
而不失敵之○也 A4/3/24
○兵先戰而後求勝 A4/3/24
故能為勝○之政 A4/3/25
○兵若以銖稱鎰 A4/4/4
可使必受敵而無○者 A5/4/10
形圓而不可○也 A5/4/21
亦奚益於勝○哉 A6/5/28
○之道也 A10/10/30
不知此而用戰者必○ A10/11/2
然後能為勝○ A11/13/1
內自○也 B3/16/22
見侮者○ B5/20/6
是故知勝○之道者 B5/20/7
幸以不○ B5/20/19
則我○之矣 B5/20/29
焉有喧呼酖酒以○善類乎 B11/26/8
相為勝○ B12/27/2
必先畵不知止之○ B12/27/7
○者無人 B12/27/11
奪敵而無○則加之 B12/27/12
故能○敵而制其命 B18/30/2
疑生必○ B18/30/4
無不○者也 B18/30/5
累且○也 B22/33/9
爭掠易○ B22/33/9
傷氣○軍 B22/33/13
曲謀○國 B22/33/13
〔則〕知〔所以〕勝○矣 B23/33/21
離散則○ B23/33/24
〔無威則○〕 B23/33/25
卒畏敵甚於將者○ B23/33/26
所以知勝○者 B23/33/27
其軍可○ C2/38/2
以戰則○ C3/39/31
○其所不便 C3/40/5
必○於敵 C4/41/15
大○不誅 D2/47/22
反○厥身 D3/49/6
以輕行重則○ D4/50/10

阪 bǎn 3

向○陳〔者〕為廢軍 B1/15/10
背濟水、向山○而陳 B1/15/10
行○涉險 C2/38/20

板 bǎn 1

以○為鼓 B21/31/20

半 bàn 19

其法○至 A7/6/24
令○濟而擊之 A9A/8/18,A9B/9/21
○進○退者 A9A/8/24,A9B/10/7
令敵○出而擊之 A10/10/22
勝之○也 A10/11/10
A10/11/11,A10/11/11
而主之氣不○焉 B6/21/9
能殺卒之○ B24/35/11
能殺其○者 B24/35/11
○隱○出 C2/38/20
以○擊倍 C2/38/29
涉水○渡可擊 C2/39/3
○渡而薄之 C5/43/13

保 bǎo 13

故能自○而全勝也 A4/3/19
修道而○法 A4/3/25
唯人是○ A10/11/5
毀折而入○ B6/21/9

伍相○也 B14/28/3
什相○也 B14/28/3
屬相○也 B14/28/3
閭相○也 B14/28/4
上下皆相○也 B14/28/10
凡什○什 B21/31/11
謂同罪○伍也 B22/32/11
所以○業守成 C1/36/20
什伍相○ C3/40/11

堡 bǎo 1

遠○未入 B5/21/1

飽 bǎo 8

○能饑之 A6/5/6
以○待饑 A7/7/19
則可以飢易○ B4/18/21
〔飢○〕、勞佚、〔寒暑〕必以身同之 B4/19/21
以○待飢 C3/40/7
節其飢○ C3/40/22
必傷於○ C3/40/24
馬牛車兵佚○ D3/48/7

寶 bǎo 4

國之○也 A10/11/5
人君之○也 A13/14/10
以重○出聘 B3/17/11
先戒為○ C2/37/25

抱 bào 2

拗矢、折矛、○戟利後發 B3/16/22
援（○）〔枹〕而鼓忘其身 B8/24/1

報 bào 2

反○也 A13/14/12
上下相○若此 D2/47/25

暴 bào 20

久○師則國用不足 A2/1/27
先○而後畏其眾者 A9A/8/22
A9B/10/10
（車）〔甲〕不○出而威制天下 B2/15/24
不○甲而勝者 B2/15/25
所以誅○亂、禁不義也 B8/22/17
內無○亂之事 B11/26/15
○其骨於市 B13/27/23
故王者伐○亂、本仁義焉 B23/33/17
○疾則亂 B23/33/27
四曰○兵 C1/36/29
禁○救亂曰義 C1/36/30
棄禮貪利曰○ C1/36/30
○必以詐服 C1/36/31
○寇卒來 C5/43/19
○寇之來 C5/43/21
忌其○起而害己 C6/44/17
無○神祇 D1/45/23
○內陵外則壇之 D1/45/30
不貴善行而貴○行 D2/47/9

卑 bēi 8

○而驕之 A1/1/17
○而廣者 A9A/9/1,A9B/10/5
辭○而益備者 A9A/9/2,A9B/10/6
尊○之體也 B10/25/3
主○能尊之 B22/32/19
凡將輕、壘○、眾動 B22/33/11

北 běi 19

佯○勿從 A7/7/21
有○者 A10/10/27
曰○ A10/10/30
死且不○ A11/12/2
〔從其〕南○攻〔之〕不能取 B1/15/6
或臨戰自○ B3/16/20
有戰而○ B13/27/22,B13/27/23
戰利則追○ B20/30/25
〔無將則○〕 B23/33/25
非追○襲邑攸用也 B23/33/29
及將吏棄卒獨○者 B24/34/22
前吏棄其卒而○ B24/34/22
曷以免奔○之禍乎 B24/35/6
趙衡吾○ C2/37/22
務於○ C4/41/26
其追○佯為不及 C4/41/27
其追○恐不及 C4/42/1
如是佯○ C5/42/24

背 bèi 23

○丘勿逆 A7/7/21
必依水草而○眾樹 A9A/8/20
A9B/9/22
敵○之 A9A/9/4,A9B/10/2
而右○高 A9A/9/7
必處其陽而右○之 A9A/9/11
A9B/9/25
右○高 A9B/9/23
入人之地深、○城邑多者 A11/11/20
○固前隘者 A11/12/19
天官時日陰陽向○〔者〕也 B1/15/5
○水陳〔者〕為絕（紀）〔地〕 B1/15/9
○濟水、向山阪而陳 B1/15/10
心疑者○ B5/20/1
心既疑○ B5/20/1
則支節必○ B5/20/4
笞人之○ B9/24/19
令民○國門之限 B21/32/1
○大險阻 C5/42/18
其有失命亂常○德逆天之時 D1/45/19
凡戰○風○高 D5/51/24

悖 bèi 1

以三○率人者難矣 B2/16/5

倍 bèi 6

○則分之 A3/2/27
○道兼行 A7/6/23
令客氣十百○ B6/21/9
去大軍一○其道 B20/30/24

可以擊○ C2/38/11
以半擊○ C2/38/29

被 bèi 7

今國○患者 B3/17/11
○矣 B12/27/14
百人○刃 B22/32/24
千人○刃 B22/32/24
萬人○刃 B22/32/24
歲○使者勞賜其父母 C6/44/10
○之以信 D3/49/1

備 bèi 38

實而○之 A1/1/17
攻其無○ A1/1/18
則敵所○者多 A6/5/20
敵所○者多 A6/5/20
故○前則後寡 A6/5/22
○後則前寡 A6/5/22
○左則右寡 A6/5/22
○右則左寡 A6/5/22
無所不○ A6/5/22
○人者也 A6/5/23
使人○己者也 A6/5/23
辭卑而益○者 A9A/9/2,A9B/10/6
敵無○ A10/10/21
敵若有○ A10/10/21
兵器○具 B1/15/8
○主於內 B2/15/19
勝○相應 B2/15/19
○用不便 B4/19/9
息必當○之 B5/20/17
兵有去○徹威而勝者 B5/20/23
士民○ B6/21/16
無（因）〔困〕在於豫○ B7/22/7
○器用 B10/25/6
使為戰○ B20/30/25
兵有○闕 B22/33/1
外向所以○外也 B23/34/1
諸去大軍為前禦之○者 B24/34/13
聞大軍為前禦之○ B24/34/13
若以○進戰退守 C1/36/6
外（治）〔治〕武○ C1/36/9
以○不虞 C1/37/4
既食未設○可擊 C2/39/1
○敵覆我 C3/40/25
二曰○ C4/41/2
○者 C4/41/2
其軍不○ C4/41/22
能○千乘萬騎 C5/42/21

奔 bēn 8

○走而陳兵車者 A9A/8/23
○走而陳兵者 A9B/10/7
曷以免○北之禍乎 B24/35/6
○走可擊 C2/39/2
古者逐○不過百步 D1/45/11
古者逐○不遠 D2/46/19
逐○不踰列 D2/47/10
凡從○勿息 D5/51/32

本 běn 16

必○乎率身以勵眾士 B4/18/24
此○戰之道也 B4/19/2
三者、先王之○務〔也〕 B4/19/5
○務〔者〕、兵最急（○者） B4/19/6
〔其○〕有五焉 B4/19/8
為治之○也 B10/25/3
是治失其○而宜設之制也 B11/25/30
反○緣理 B11/26/14
事必有○ B23/33/17
故王者伐暴亂、○仁義焉 B23/33/17
所以反○復始 C1/36/19
古者以仁為○ D1/45/3
○心固 D4/50/3
凡大善用○ D4/50/27
○末唯權 D4/50/27

崩 bēng 4

有○者 A10/10/27
曰○ A10/10/29
必為之○ B8/23/24
不服、不信、不和、怠、疑、厭、懾、枝、拄、詘、頓、肆、○、緩 D3/48/19

逼 bī 2

使之登城○危 B5/20/28
各○地形而攻要塞 B5/20/28

比 bǐ 4

正○法 B10/25/6
法○亡軍 B24/34/17
鄉里相○ C3/40/11
○小事大以和諸侯 D1/45/28

彼 bǐ 25

知○知己者 A3/3/11
不知○而知己 A3/3/11
不知○ A3/3/11
○可以來 A10/10/20
○出而不利 A10/10/21
知○知己 A10/11/12
我得則利、○得亦利者 A11/11/18
我可以往、○可以來者 A11/11/19
○寡可以擊吾之眾者 A11/11/21
○駑馬鬐興角逐 B3/17/15
此不意○驚懼而曲勝之也 B5/20/20
若○〔城〕堅而救誠 B6/21/22
若○城堅而救不誠 B6/21/23
○敵無前 B6/22/1
知○弱者 B10/25/12
知○動者 B10/25/12
則勝○矣 B12/27/1
則弗勝○矣 B12/27/1
凡我往則○來 B12/27/1
○來則我往 B12/27/2
○聽吾說 C5/42/23
若我眾○寡 C5/42/28
○眾我寡 C5/42/28,C5/42/30
○將暮去 C5/43/21

俾 bǐ 1

率○民心不定 B22/33/8

啚 bǐ 2

必先○不知止之敗 B12/27/7

敵復○止我往而敵制勝矣 B12/27/8

必 bì 175

用之○勝 A1/1/12
用之○敗 A1/1/12
○以全爭於天下 A3/2/25
輔周則國○強 A3/3/1
輔隙則國○弱 A3/3/1
每戰○殆 A3/3/12
其所措○勝 A4/3/23
可使○受敵而無敗者 A5/4/10
敵○從之 A5/4/25
敵○取之 A5/4/25
攻而○取者 A6/5/7
守而○固者 A6/5/8
攻其所○救也 A6/5/15
圍師○闕 A7/7/22
○雜於利害 A8/8/4
○死可殺也 A8/8/11
○生可虜也 A8/8/11
○以五危 A8/8/12
絶水○遠水 A9A/8/17,A9B/9/20
○依水草而背眾樹 A9A/8/20 A9B/9/22
○謹察之 A9A/8/23,A9B/10/11
○亟去之 A9A/9/4,A9B/10/2
○謹覆索之 A9A/9/5,A9B/10/3
是謂○勝 A9A/9/10,A9B/9/25
○處其陽而右背之 A9A/9/11 A9B/9/25
○擒於人 A9A/9/14,A9B/10/12
是謂○取 A9A/9/15,A9B/10/14
○盈之以待敵 A10/10/23
○居高陽以待敵 A10/10/24
知此而用戰者○勝 A10/11/1
不知此而用戰者○敗 A10/11/2
故戰道○勝 A10/11/4
○戰可也 A10/11/4
主曰○戰 A10/11/4
○亟入之 A11/13/5
行火○有因 A12/13/12
煙火○素具 A12/13/12
○因五火之變而應之 A12/13/15
凡軍○知有五火之變 A12/13/17
○取於人知敵之情者也 A13/14/6
○先知其守將、左右、謁者、門者、舍人之姓名 A13/14/18
令吾間○索知之 A13/14/19
○索敵人之間來間我者 A13/14/21
主○知之 A13/14/23
知之○在於反間 A13/14/23
○成大功 A13/14/27
凡兵制○先定 B3/16/14
○死與○生 B3/17/2
而王○能使之衣吾衣 B3/17/14
○試其能戰也 B3/17/22
○能內有其賢者也 B3/17/24
○覆軍殺將 B3/17/25
使民有○戰之心 B4/18/4
故國○有禮〔信〕親愛之義 B4/18/21
國○有孝慈廉恥之俗 B4/18/21
○先禮信而後爵祿 B4/18/22
○本乎率身以勵眾士 B4/18/24
○也因民所生而制之 B4/18/28
〔將〕○下步 B4/19/19
〔飢飽〕、勞佚、〔寒暑〕○以身同之 B4/19/21
發攻○衄 B5/20/2
則支節○力 B5/20/3
則支節○背 B5/20/4
○先知畏侮之權 B5/20/8
戰不○勝 B5/20/13
攻不○拔 B5/20/13
故爭○當待之 B5/20/17
息○當備之 B5/20/17
○集敵境 B5/20/27
其有○救之軍者 B6/21/19
則有○守之城 B6/21/19
無○救之軍者 B6/21/19
則無○守之城 B6/21/19
○鼓其豪傑雄俊 B6/21/24
救○開之 B6/21/27
守○出之 B6/21/27
○有百乘之市 B8/22/24
○殺之 B8/22/27
○為吾所效用也 B8/23/6
○為之崩 B8/23/24
貴爵富祿○稱 B10/25/3
夫禁○以武而成 B11/26/25
賞○以文而成 B11/26/25
○先啚不知止之敗 B12/27/7
惡在乎○往有功 B12/27/8
○喪其權 B12/27/9
○安其危 B12/27/14
疑生○敗 B18/30/4
君○先謀於廟 B19/30/12
○在乎兵教之法 B21/31/15
令守者○固 B21/32/1
戰者○鬭 B21/32/1
臣聞人君有○勝之道 B22/32/10
○死則生 B22/32/22,C3/40/1
伐國○因其變 B22/32/27
凡興師○審內外之權 B22/33/1
○能入之 B22/33/2
○先收其地 B22/33/4
○先攻其城 B22/33/4
凡圍○開其小利 B22/33/11
事○有本 B23/33/17
此○勝之術也 B23/34/5
有功○賞 B23/34/5
犯令○死 B23/34/6
○內修文德 C1/36/8
○先教百姓而親萬民 C1/36/13
○告於祖廟 C1/36/15
患○及之 C1/36/20
○教之以禮 C1/36/24
義○以禮服 C1/36/31
彊○以謙服 C1/36/31
剛○以辭服 C1/36/31
暴○以詐服 C1/36/31
逆○以權服 C1/36/31
○謹君臣之禮 C1/37/3
○料其民 C1/37/5
願聞陳○定、守○固、戰○勝之道 C1/37/10
○三分之 C2/37/29
○先示之以利而引去之 C2/37/30
謹我車騎○避之路 C2/38/3
○有虎賁之士 C2/38/8
○有能者 C2/38/8
○加其爵列 C2/38/9
發○得時 C2/38/23
○使無措 C2/38/28
武侯問敵○可擊之道 C2/38/32
用兵○須審敵虛實而趨其危 C2/39/1
○左青龍 C3/40/16

夫馬○安其處所　C3/40/22
○令完堅　C3/40/24
○傷於始　C3/40/24
○傷於飽　C3/40/24
○數上下　C3/40/25
夫勇者○輕合　C4/41/1
○足以率下安衆　C4/41/10
○敗於敵　C4/41/15
○先占其將而察其才　C4/41/17
敵人○惑　C5/42/22
○有其力　C5/42/25
○先鼓譟而乘之　C5/43/2
敵○堅陳　C5/43/8
敵人○懼　C5/43/9
○得水情　C5/43/12
○從其道　C5/43/16
○逐其跡　C5/43/17
○慮其強　C5/43/21
其裝○重　C5/43/21
其心○恐　C5/43/21
○有不屬　C5/43/22
好戰○亡　D1/45/8
忘戰○危　D1/45/8
○純取法天地　D2/46/6
○奉於父母而正於君長　D2/46/6
古之教民○立貴賤之倫經　D2/46/9
○得其情　D2/46/13
○得其宜　D2/46/13
○亡等矣　D2/47/21
○悔其過　D2/47/22
○遠其罪　D2/47/23
○善行之　D3/49/11
○有進路　D5/52/1
退○有返慮　D5/52/1

閉 bì　1

即○門清道　B19/30/17

畢 bì　6

○矣　B4/18/5
發欲○　B4/19/12
〔軍不○食〕　B4/19/20
不待箠楚而囚之情可○矣　B9/24/16
舍而未○　C2/38/19
饗○而出　C6/44/9

賁 bì　1

必有虎○之士　C2/38/8

弊 bì　10

則諸侯乘其○而起　A2/1/28
由國中之制○矣　B3/17/25
〔雖老〕不○　B4/19/21
令○能起之　B22/32/19
示之○以觀其病　B22/32/28
救其○　B22/33/5
四勝者○　C1/36/25
○而勞之　C2/38/1
凡戰先則○　D5/52/3
不息亦○　D5/52/3

蔽 bì　4

輓楯○櫓　A2/2/5
則愚夫惷婦無不○城盡資血城者　B6/21/22
以○霜露　B8/23/29
今短褐不○形　B11/26/1

壁 bì　1

月在箕○翼軫也　A12/13/13

臂 bì　1

使民揚○爭出農戰而天下無敵矣　B3/17/19

避 bì　17

強而○之　A1/1/17
不若則能○之　A3/2/27
水之形○高而趨下　A6/6/11
兵之形○實而擊虛　A6/6/11
○其銳氣　A7/7/17
退不○罪　A10/11/5
萬人無不○之者　B3/17/1
衆○事者　B22/33/12
謹我車騎必○之路　C2/38/3
有不占而○之者六　C2/38/22
○之勿疑　C2/38/24
○之於易　C5/42/14
○其強靜　D4/51/15
○其閑窕　D4/51/15
○其小懼　D4/51/15
則○之開之　D5/51/22
因其不○　D5/51/29

邊 biān　2

○縣列候　B24/34/13
兵戍○一歲遂亡不候代者　B24/34/16

便 biàn　5

○吾器用　B3/17/8
○器用　B4/18/4
備用不○　B4/19/9
勢甚不○　C2/37/23
敗其所不○　C3/40/5

徧 biàn　1

○告于諸侯　D1/45/19

辨 biàn　4

文所以視利害、○安危　B23/33/21
四鼓嚴○　C3/40/11
立國○職　D1/45/15
因是○物　D3/48/16

辯 biàn　1

謀患○訟　B22/33/9

變 biàn　29

五聲之○　A5/4/14
五色之○　A5/4/14
五味之○　A5/4/15
奇正之○　A5/4/15
能因敵○化而取勝者謂之神　A6/6/12
故兵以詐立、以利動、

以分合為○者也 A7/7/4
所以○人之耳目也 A7/7/15
此治○者也 A7/7/19
故將通於九○之地利者 A8/8/1
將不通於九○之利者 A8/8/1
治兵不知九○之術 A8/8/2
九地之○ A11/12/16
必因五火之○而應之 A12/13/15
凡軍必知有五火之○ A12/13/17
衆不審則數○ B4/18/13
數○、則令雖出 B4/18/14
〔不審所動則數○〕 B4/18/16
〔數○、則事雖起〕 B4/18/17
威在於不○ B7/22/6
觀星辰風雲之○ B8/23/17
令行無○ B21/32/2
伐國必因其○ B22/32/27
每○皆習 C3/40/8
輕○無謀 C4/41/18
○嫌推疑 D3/47/30
無○其旗 D3/48/29
六曰○ D3/49/14
若疑則○之 D3/49/21
凡戰衆寡以觀其○ D5/51/28

飆 biāo 1

風（飈）〔○〕數至 C4/41/21

飈 biāo 1

風（○）〔飆〕數至 C4/41/21

表 biǎo 11

攻在於意○ B7/22/6
設營○置轅門期之 B19/30/15
為戰合之○ B20/30/21
合○乃起 B20/30/21, B20/30/24
戰合○起 B20/30/28, B20/31/2
置大○ B21/31/24
既陳去○ B21/31/25
〔以〕武為○ B23/33/20
○裹也 D2/47/15

別 bié 4

舉功○德 B21/32/2
六曰號○ B22/32/13
以○其後者 B22/32/13
選而○之 C2/38/9

賓 bīn 1

○客之用 A2/1/26

兵 bīng 212

○者 A1/1/3, A1/1/16
○衆孰強 A1/1/9
此○家之勝 A1/1/18
凡用○之法 A2/1/25
A3/2/18, A7/6/18, A8/7/26
久則鈍○挫銳 A2/1/27
夫鈍○挫銳 A2/1/27
故○聞拙速 A2/1/28
夫○久而國利者 A2/1/28
故不盡知用○之害者 A2/1/29
則不能盡知用○之利也 A2/1/29
善用○者 A2/2/1
A4/3/25, B4/18/13
故○貴勝 A2/2/12
故知○之將 A2/2/14
不戰而屈人之○ A3/2/20
故上○伐謀 A3/2/22
其次伐○ A3/2/22
故善用○者 A3/2/24
A7/7/17, A11/12/8, A11/12/11
屈人之○而非戰也 A3/2/24
故○不頓而利可全 A3/2/25
故用○之法 A3/2/27
A7/7/21, A8/8/8, C3/40/5
是故勝○先勝而後求戰 A4/3/24
敗○先戰而後求勝 A4/3/24
○法 A4/4/1
故勝○若以鎰稱銖 A4/4/4
敗○若以銖稱鎰 A4/4/4
○之所加 A5/4/11
越人之○雖多 A6/5/28
故形○之極 A6/6/6
夫○形象水 A6/6/11
○之形避實而擊虛 A6/6/11
○因敵而制勝 A6/6/12
故○無常勢 A6/6/12
故○以詐立、以利動、
以分合為變者也 A7/7/4
餌○勿食 A7/7/21
此用○之法也 A7/7/22
知用○矣 A8/8/1
治○不知九變之術 A8/8/2
用○之災也 A8/8/12
○怒而相迎 A9A/8/22, A9B/10/11
○非益多也 A9A/8/23
奔走而陳○車者 A9A/8/23
此○之利 A9A/9/11, A9B/9/25
奔走而陳○者 A9B/10/7
○非貴益多 A9B/10/12
故○有走者 A10/10/27
陳○縱橫 A10/10/29
○無選鋒 A10/10/30
○之助也 A10/11/1
故知○者 A10/11/12
用○之法 A11/11/17
所謂古之善用○者 A11/11/25
○合而不齊 A11/11/26
○之情 A11/11/29
運○計謀 A11/12/2
○士甚陷則不懼 A11/12/2
是故其○不修而戒 A11/12/3
敢問○可使如率然乎 A11/12/9
故○之情 A11/12/21
非霸王之○也 A11/12/25
夫霸王之○ A11/12/25
故為○之事 A11/13/3
火發○靜者 A12/13/15
此○之要 A13/14/27
○器備具 B1/15/8
治○者 B2/15/22
○勝於朝廷 B2/15/25
○起非可以忿也 B2/16/1
○之所及 B2/16/7
〔○〕如總木 B2/16/9
凡○制必先定 B3/16/14
奇○捐將而走 B3/16/23
王霸之○也 B3/17/3
其○來者 B3/17/12
凡○有以道勝 B4/18/3
○未接而所以奪敵者五 B4/18/9
○役相從 B4/18/29

〔故〇〕止如堵墻	B4/19/1
本務〔者〕、〇最急（本者）	B4/19/6
故先王〔務〕專於〇	B4/19/8
〔專於〇〕	B4/19/8
〇以靜勝	B5/19/26
是謂疾陵之〇	B5/20/2
〇已出不徒歸	B5/20/14
鬭戰者無勝〇	B5/20/16
〇有勝於朝廷	B5/20/19
節以〇刃	B5/20/21
〇有去備徹威而勝者	B5/20/23
權敵審將而後舉〇	B5/20/25
故凡集〇	B5/20/27
堅甲利〇	B6/21/8,B6/21/24
凡〇不攻無過之城	B8/22/16
故〇者	B8/22/17
〇之所加者	B8/22/17
故〇不血刃而天下親焉	B8/22/18
接〇角刃	B8/22/30,B8/23/1
起〇直使甲冑生蟣〔蝨〕者	B8/23/6
〇不血刃而〔克〕商誅紂	B8/23/14
故〇者、凶器也	B8/23/18
一人之〇	B8/23/21
勝〇似水	B8/23/24
揮〇指刃	B8/24/2
〇法曰	B9/24/27,B12/26/30
故〇貴先	B12/27/1
故〇法曰	B12/27/8
〇無道也	B12/27/11
〇道極矣	B12/27/12
奇〇則反是	B18/29/21,B18/29/25
故正〇貴先	B18/30/4
奇〇貴後	B18/30/4
按〇而趨之	B20/30/25
所謂諸將之〇	B20/30/25
〇有什伍	B20/30/28
〇之教令	B21/31/7
必在乎〇教之法	B21/31/15
合之〇尉	B21/31/23
〇尉教成	B21/31/24
〇行無猜	B21/32/2
此之謂〇教	B21/32/5
〇弱能強之	B22/32/19
〇有五致	B22/32/22
〇有備闕	B22/33/1
〇者、凶器也	B23/33/17
戰國則以立威、抗敵、相圖而不能廢〇也	B23/33/17
〇者以武為植	B23/33/20
〔〇用文武也〕	B23/33/22
出卒陳〇有常令	B23/33/29
坐之〇劍斧	B23/34/2
立之〇戟弩	B23/34/3
正〇先合	B23/34/5
雖天下有善〇者	B23/34/6
〇之體也	B23/34/9
〇戍邊一歲遂亡不候代者	B24/34/16
是〇之一勝也	B24/35/8
是〇之二勝也	B24/35/8
是〇之三勝也	B24/35/9
臣聞古之善用〇者	B24/35/11
吳起儒服以〇機見魏文侯	C1/36/3
凡〇之所起者有五	C1/36/28
一曰義〇	C1/36/29
二曰彊〇	C1/36/29
三曰剛〇	C1/36/29
四曰暴〇	C1/36/29
五曰逆〇	C1/36/29
願聞治〇、料人、固國之道	C1/37/1
六國〇四守	C2/37/23
習於〇	C2/38/4
其有工用五〇、材力健疾、志在吞敵者	C2/38/9
〇甲之精	C2/38/23
用〇必須審敵虛實而趨其危	C2/39/1
分〇繼之	C2/39/4
進〇之道何先	C3/39/8
〇何以為勝	C3/39/18
名曰父子之〇	C3/39/27
凡〇戰之場	C3/40/1
用〇之害	C3/40/2
乃授其〇	C3/40/8
一鼓整〇	C3/40/11
〇之事也	C4/40/30
凡〇有四機	C4/41/6
輕〇往來	C4/41/8
其〇或縱或橫	C4/42/1
將勇〇強	C5/42/6
敵人若堅守以固其〇	C5/42/22
輕足利〇以為前行	C5/43/7
無見其〇	C5/43/8
其〇可覆	C5/43/22
交〇接刃而人樂死	C6/44/2
秋治〇	D1/45/9
獄弭而〇寢	D1/45/16
〔乃〕興甲〇以討不義	D1/45/18
以〇革服諸侯	D1/45/28
未用〇之刃	D2/46/23
故其〇不雜	D2/46/24
始用〇之刃矣	D2/46/24
盡用〇之刃矣	D2/46/24
〇不雜則不利	D2/46/28
長〇以衛	D2/46/28
短〇以守	D2/46/28
雖交〇致刃	D2/47/10
〇車不式	D2/47/15
順天、阜財、懌眾、利地、右〇	D3/48/3
右〇弓矢禦、殳矛守、戈戟助	D3/48/4
凡五〇五當長以衛短	D3/48/4
馬牛車〇佚飽	D3/48/7
作〇義	D3/48/23
〇惟雜	D3/48/27
七曰〇	D3/49/3
以〇勝	D4/50/3
〇以輕勝	D4/50/5
舍謹甲〇	D4/50/13
甲〇利	D4/50/17
鼓〇	D4/50/29
〇不告利	D4/51/5
選良次〇	D5/52/4

柄 bǐng 2

〇在齊	B1/15/12
〇所在勝	B1/15/12

并 bìng 4

〇敵一向	A11/13/3
勁弩彊矢〇於前	B6/21/24
（分歷）〔厶麼〕毀瘠者〇於後	B6/21/24
故能〇兼廣大	B22/32/10

併 bìng 3

足以○力、料敵、取人而已 A9A/9/13,A9B/10/12
○氣積力 A11/12/1

病 bìng 3

示之弊以觀其○ B22/32/28
不歷民○ D1/45/7
不窮不能而哀憐傷○ D1/45/11

伯 bó 10

卒○如朋友 B4/19/1
○有分地 B15/28/19
○誅之 B15/28/19
○不誅 B15/28/20
○長得誅什長 B16/29/1
○鼓也 B18/29/24
則將、帥、○ B18/29/24
合之○長 B21/31/23
○長教成 B21/31/23
偃○靈臺 D2/47/26

帛 bó 1

秋冬女練〔於〕布○ B11/26/1

搏 bó 1

譬猶伏雞之○狸 C1/36/7

薄 bó 6

○其祿 C2/38/4
七曰將○吏輕 C2/38/19
可○而擊 C4/41/20
敵近而○我 C5/42/27
水○車騎 C5/43/11
半渡而○之 C5/43/13

卜 bǔ 3

不○筮而事吉 B4/19/16
不○筮而獲吉 B8/23/26
凡料敵有不○而與之戰
者八 C2/38/15

捕 bǔ 1

父母妻子弗○執及不言 B24/34/19

補 bǔ 1

其次○過 B22/32/27

不 bù 753

○可○察也 A1/1/3,A8/8/13
A10/10/25,A10/10/31
而○畏危 A1/1/6
將莫○聞 A1/1/8
○知者○勝 A1/1/8
將○聽吾計 A1/1/12
故能而示之○能 A1/1/16
用而示之○用 A1/1/16
出其○意 A1/1/18
○可先傳也 A1/1/18
未戰而廟筭○勝者 A1/1/20
少筭○勝 A1/1/20
久暴師則國用○足 A2/1/27
○能善其後矣 A2/1/28
故○盡知用兵之害者 A2/1/29
則○能盡知用兵之利也 A2/1/29
役○再籍 A2/2/1
糧○三載 A2/2/1
○貴久 A2/2/12
○戰而屈人之兵 A3/2/20
為○得已 A3/2/22
將○勝其忿而蟻附之 A3/2/23
而城○拔者 A3/2/24
故兵○頓而利可全 A3/2/25
○若則能避之 A3/2/27
○知軍之○可以進而謂
之進 A3/3/3
○知軍之○可以退而謂
之退 A3/3/3
○知三軍之事 A3/3/4
○知三軍之權 A3/3/4
知可以戰與○可以戰者勝 A3/3/8
以虞待○虞者勝 A3/3/8
將能而君○御者勝 A3/3/9
百戰○殆 A3/3/11,C2/38/30
○知彼而知己 A3/3/11
○知彼 A3/3/11
○知己 A3/3/11
先為○可勝 A4/3/16
○可勝在己 A4/3/16
能為○可勝 A4/3/17
○能使敵之可勝 A4/3/17
而○可為 A4/3/17
○可勝者、守也 A4/3/17
守則○足 A4/3/18
見勝○過眾人之所知 A4/3/21
故舉秋毫○為多力 A4/3/21
見日月○為明目 A4/3/22
聞雷霆○為聰耳 A4/3/22
故其戰勝○忒 A4/3/23
○忒者 A4/3/23
立於○敗之地 A4/3/24
而○失敵之敗也 A4/3/24
○竭如江河 A5/4/13
聲○過五 A5/4/14
○可勝聽也 A5/4/14
色○過五 A5/4/14
○可勝觀也 A5/4/15
味○過五 A5/4/15
○可勝嘗也 A5/4/15
戰勢○過奇正 A5/4/15
○可勝窮也 A5/4/16
鬬亂而○可亂也 A5/4/21
形圓而○可敗也 A5/4/21
○責於人 A5/4/27
致人而○致於人 A6/5/3
能使敵人○得至者 A6/5/6
出其所○趨 A6/5/7
趨其所○意 A6/5/7
行千里而○勞者 A6/5/7
攻其所○守也 A6/5/8
守其所○攻也 A6/5/8
敵○知其所守 A6/5/10
敵○知其所攻 A6/5/10
進而○可禦者 A6/5/14
退而○可追者 A6/5/14
速而○可及也 A6/5/14
○得○與我戰者 A6/5/15
我○欲戰 A6/5/15
敵○得與我戰者 A6/5/15
吾所與戰之地○可知 A6/5/19
○可知 A6/5/20

無所○備 A6/5/22
則無所○寡 A6/5/22
○知戰地 A6/5/25
○知戰日 A6/5/25
則左○能救右 A6/5/25
右○能救左 A6/5/26
前○能救後 A6/5/26
後○能救前 A6/5/26
角之而知有餘○足之處 A6/6/3
無形則深間○能窺 A6/6/6
智者○能謀 A6/6/6
衆○能知 A6/6/8
故其戰勝○復 A6/6/8
舉軍而爭利則○及 A7/6/22
日夜○處 A7/6/23
故○知諸侯之謀者 A7/7/1
○能豫交 A7/7/1
○知山林險阻沮澤之形者 A7/7/1, A11/12/24
○能行軍 A7/7/1, A11/12/24
○用鄉導者 A7/7/1, A11/12/24
○能得地利 A7/7/2, A11/12/25
○動如山 A7/7/6
言○相聞 A7/7/12
視○相見 A7/7/12
則勇者○得獨進 A7/7/13
怯者○得獨退 A7/7/13
塗有所○由 A8/7/29
軍有所○擊 A8/7/29
城有所○攻 A8/7/29
地有所○爭 A8/7/29
君命有所○受 A8/7/29
將○通於九變之利者 A8/8/1
○能得地之利矣 A8/8/2
治兵○知九變之術 A8/8/2
○能得人之用矣 A8/8/2
無恃其○來 A8/8/8
無恃其○攻 A8/8/8
恃吾有所○可攻也 A8/8/8
粟馬肉食、軍無懸缻、○返其舍者 A9A/8/20
○精之至也 A9A/8/22, A9B/10/11
久而○合 A9A/8/23, A9B/10/11
又○相去 A9A/8/23, A9B/10/11
見利而○進者 A9A/8/24, A9B/10/8
將○重也 A9A/8/25, A9B/10/8
則○服 A9A/9/14, A9B/10/13
○服則難用也 A9A/9/14
卒已親附而罰○行 A9A/9/14, A9B/10/13
則○可用也 A9A/9/15
令○素行以教其民 A9A/9/15, A9B/10/14
則民○服 A9A/9/16, A9B/10/14
懸缻○返其舍者 A9B/10/9
○服則難用 A9B/10/13
則○可用 A9B/10/13
出而○勝 A10/10/21
○利 A10/10/21
我出而○利 A10/10/21
彼出而○利 A10/10/21
○盈而從之 A10/10/23
戰而○利 A10/10/25
大吏怒而○服 A10/10/28
將○知其能 A10/10/29
將弱○嚴 A10/10/29
教道○明 A10/10/29
將○能料敵 A10/10/30
○知此而用戰者必敗 A10/11/2
戰道○勝 A10/11/4
故進○求名 A10/11/4
退○避罪 A10/11/5
厚而○能使 A10/11/7
愛而○能令 A10/11/7
亂而○能治 A10/11/8
○可用也 A10/11/8, D2/46/7
而○知敵之○可擊 A10/11/10
而○知吾卒之○可以擊 A10/11/10
而○知地形之○可以戰 A10/11/11
動而○迷 A10/11/12
舉而○窮 A10/11/12
勝乃○殆 A10/11/12
勝乃○窮 A10/11/12
入人之地而○深者 A11/11/18
○疾戰則亡者 A11/11/22
能使敵人前後○相及 A11/11/25
衆寡○相恃 A11/11/25
貴賤○相救 A11/11/25
上下○相收 A11/11/25
卒離而○集 A11/11/26
兵合而○齊 A11/11/26
○合於利而止 A11/11/26, A12/13/21
主速乘人之○及 A11/11/29
由○虞之道 A11/11/29
攻其所○戒也 A11/11/29
主人○克 A11/12/1
為○可測 A11/12/2
死且○北 A11/12/2
死焉○得 A11/12/2
兵士甚陷則○懼 A11/12/2
○得已則鬭 A11/12/3, A11/12/22
是故其兵○修而戒 A11/12/3
○求而得 A11/12/3
○約而親 A11/12/3
○令而信 A11/12/4
○得已也 A11/12/11
使人○得慮 A11/12/14
○可○察 A11/12/16
死地吾將示之以○活 A11/12/21
是故○知諸侯之謀者 A11/12/24
○能預交 A11/12/24
○知一 A11/12/25
則其衆○得聚 A11/12/26
則其交○得合 A11/12/26
是故○爭天下之交 A11/12/26
○養天下之權 A11/12/26
敵○及拒 A11/13/7
○可從而止 A12/13/16
○可以奪 A12/13/19
夫戰勝攻取而○修其功者、凶 A12/13/19
非利○動 A12/13/20
非得○用 A12/13/20
非危○戰 A12/13/20
主○可以怒而興師 A12/13/21
將○可以慍而致戰 A12/13/21
亡國○可以復存 A12/13/22
死者○可以復生 A12/13/22
○得操事者七十萬家 A13/14/4
○知敵之情者 A13/14/4
○仁之至也 A13/14/5
○可取於鬼神 A13/14/6
○可象於事 A13/14/6
○可驗於度 A13/14/6
非聖智○能用間 A13/14/14
非仁義○能使間 A13/14/14
非微妙○能得間之實 A13/14/15
無所○用間也 A13/14/15
故反間○可○厚也 A13/14/23
〔○然〕 B1/15/4

〔從其〕東西攻〔之〕
○能取 B1/15/6
〔從其〕南北攻〔之〕
○能取 B1/15/6
然○能取者〔何〕 B1/15/7
○若人事也 B1/15/9
豈紂○得天官之陳哉 B1/15/11
〔然○得勝者何〕 B1/15/11
〔人事○得也〕 B1/15/11
○可擊 B1/15/12
大○窕 B2/15/22
小○恢 B2/15/22
地○任者任之 B2/15/23
則〔其〕國〔○得無〕
富 B2/15/23
則〔其〕國〔○得無〕
治 B2/15/24
民○發軔 B2/15/24
（車）〔甲〕○暴出而
威制天下 B2/15/24
○暴甲而勝者 B2/15/25
○見勝則止 B2/16/1
○起一日之師 B2/16/1
○起一月之師 B2/16/2
○起一歲之師 B2/16/2
將者上○制於天 B2/16/4
下○制於地 B2/16/4,B8/23/18
中○制於人 B2/16/4,B8/23/18
寬○可激而怒 B2/16/4
清○可事以財 B2/16/4
令之聚○得以散 B2/16/9
散○得以聚 B2/16/9
左○得以右 B2/16/9
右○得以左 B2/16/9
人人無○騰陵張膽 B2/16/10
制先定則士○亂 B3/16/14
士○亂則刑乃明 B3/16/14
世將○能禁
B3/16/21,B3/16/23,B3/16/23
○能禁此四者 B3/16/24
○可得也 B3/16/25
父○敢舍子 B3/16/31
子○敢舍父 B3/16/31
萬人無○避之者 B3/17/1
萬人皆○肖也 B3/17/1
固○侔也 B3/17/2
所率無○及二十萬之眾
（者） B3/17/7
然○能濟功名者 B3/17/7
○明乎禁舍開塞也 B3/17/7
其實○過數萬爾 B3/17/12
無○謂其將曰 B3/17/12
其實○可得而戰也 B3/17/12
戰○勝 B3/17/14
守○固者 B3/17/15
○能內有其賢而欲有天
下 B3/17/24
雖形全而○為之用 B4/18/3
能奪人而○奪於人 B4/18/13
眾○審則數變 B4/18/13
眾○信矣 B4/18/14
〔○審所動則數變〕 B4/18/16
〔眾○安也〕 B4/18/17
則眾○二聽 B4/18/18
則眾○二志 B4/18/18
未有○信其心而能得其
力者〔也〕 B4/18/18
未有○得其力而能致其
死戰者也 B4/18/19
志○勵 B4/18/24
則士○死節 B4/18/24
士○死節 B4/18/24
則眾○戰 B4/18/25
○可○厚也 B4/18/27
○可○顯也 B4/18/28
車○結轍 B4/19/1
士○旋踵 B4/19/1
故務耕者、〔其〕民○飢 B4/19/4
務守者、〔其〕地○危 B4/19/5
務戰者、〔其〕城○圍 B4/19/5
委積○多 B4/19/8
則士○行 B4/19/8
賞祿○厚 B4/19/8
則民○勸 B4/19/9
武士○選 B4/19/9
則眾○強 B4/19/9
備用○便 B4/19/9
則力○壯 B4/19/9
刑賞○中 B4/19/9
則眾○畏 B4/19/9
○時日而事利 B4/19/16,B8/23/26
○卜筮而事吉 B4/19/16
○禱祠而得福 B4/19/17,B8/23/26
天時○如地利 B4/19/17,B8/23/26
地利○如人和 B4/19/17,B8/23/27
將○先己 B4/19/19
暑○張蓋 B4/19/19
寒○重衣 B4/19/19
〔軍○畢食〕 B4/19/20
〔亦○火食〕 B4/19/20
〔則〕師雖久而○老 B4/19/21
〔雖老〕○弊 B4/19/21
夫力弱故進退○豪 B5/20/1
縱敵○禽 B5/20/1
則計決而○動 B5/20/2
動決而○禁 B5/20/2
夫將○心制 B5/20/4
卒○節動 B5/20/4
夫○愛說其心者 B5/20/10
○我用也 B5/20/10
○嚴畏其心者 B5/20/10
○我舉也 B5/20/10
愛故○二 B5/20/11
威故○犯 B5/20/11
戰○必勝 B5/20/13
○可以言戰 B5/20/13
攻○必拔 B5/20/13
○可以言攻 B5/20/13
○然 B5/20/13
雖刑賞○足信也 B5/20/13
故眾已聚○虛散 B5/20/14
兵已出○徒歸 B5/20/14
應○得已 B5/20/17
幸以○敗 B5/20/19
此○意彼驚懼而曲勝之
也 B5/20/20
○求勝而勝也 B5/20/21
敵將帥○能信 B5/20/29
吏卒○能和 B5/20/29
刑有所○從者 B5/20/29
敵○接刃而致之 B5/21/3
進○郭（圍）〔圉〕、
退○亭障以禦戰 B6/21/8
而主之氣○半焉 B6/21/9
夫守者、○失〔其〕險
者也 B6/21/12
工食○與焉 B6/21/12
出者○守 B6/21/12
守者○出 B6/21/13
攻者○下十餘萬之眾 B6/21/19
則愚夫惷婦無○蔽城盡

資血城者 B6/21/22
若彼城堅而救○誠 B6/21/23
則愚夫惷婦無○守陴而泣下 B6/21/23
則亦○能止矣 B6/21/24
此救而示之○誠 B6/22/1
〔示之○誠〕則倒敵而待之者也 B6/22/1
守○得而止矣 B6/22/2
威在於○變 B7/22/6
○祥在於惡聞己過 B7/22/10
○度在於竭民財 B7/22/10
○明在於受間 B7/22/10
○實在於輕發 B7/22/11
凡兵○攻無過之城 B8/22/16
○殺無罪之人 B8/22/16
所以誅暴亂、禁○義也 B8/22/17
農○離其田業 B8/22/17
賈○離其肆宅 B8/22/17
士大夫○離其官府 B8/22/18
故兵○血刃而天下親焉 B8/22/18
農戰○外索權 B8/22/20
救守○外索助 B8/22/20
事養○外索資 B8/22/20
夫出○足戰 B8/22/23
入○足守者 B8/22/23
鼓之而○當 B8/22/30
過七年餘而主○聽 B8/23/9
武王○罷士民 B8/23/14
兵○血刃而〔克〕商誅紂 B8/23/14
人事脩○脩而然也 B8/23/14
夫將者、上○制於天 B8/23/18
故○得已而用之 B8/23/19
○卜筮而獲吉 B8/23/26
舍○平隴畝 B8/23/29
○自高人故也 B8/23/29
乞人之死○索尊 B8/23/29
竭人之力○責禮 B8/23/30
故古者甲冑之士○拜 B8/23/30
一夫○勝其勇 B8/24/8
○可斬 B8/24/9
○私於一人 B9/24/13
君子○救囚於五步之外 B9/24/16
○待箠楚而囚之情可畢矣 B9/24/16
雖國士、有○勝其酷而自誣矣 B9/24/19
千金○死 B9/24/21
百金○刑 B9/24/21
○能關一言 B9/24/21
○能用一銖 B9/24/22
小圄○下十數 B9/24/24
中圄○下百數 B9/24/24
大圄○下千數 B9/24/24
是農無○離〔其〕田業 B9/24/26
賈無○離〔其〕肆宅 B9/24/26
士大夫無○離〔其〕官府 B9/24/26
上○能省 B9/24/28
○寒而衣繡飾 B11/25/30
則民○困 B11/26/1
今短褐○蔽形 B11/26/1
糟糠○充腹 B11/26/1
耕有○終畝 B11/26/4
故如有子十人○加一飯 B11/26/8
有子一人○損一飯 B11/26/8
為下○敢私 B11/26/11
往世○可及 B11/26/17
來世○可待 B11/26/17
野物○為犧牲 B11/26/22
雜學○為通儒 B11/26/22
百里之海○能飲一夫 B11/26/22
敵○力交 B12/26/30
必先畐○知止之敗 B12/27/7
主人○敢當而陵之 B12/27/9
恐者○（守可）〔可守〕 B12/27/11
意往而○疑則從之 B12/27/11
則敵國可○戰而服 B12/27/17
無有○得之姦 B14/28/13
無有○揭之罪 B14/28/13
父○得以私其子 B14/28/13
兄○得以私其弟 B14/28/13
伯○誅 B15/28/20
○得通行 B15/28/23, B15/28/23
○成行伍者 B15/28/23
則外無○獲之姦 B15/28/24
得伍而○亡 B16/28/28
亡伍○得伍 B16/28/29
得長○亡 B16/28/29
亡長○得長 B16/28/29
得將○亡 B16/28/30
亡將○得將 B16/28/30
大將軍無○得誅 B16/29/2
見非而○（誥）〔詰〕 B17/29/12
見亂而○禁 B17/29/12
音○絶 B18/29/23
○聽金、鼓、鈴、旗而動者有誅 B18/29/27
若計○先定 B18/30/4
慮○蚤決 B18/30/4
則進退○定 B18/30/4
世將○知法者 B18/30/5
無○敗者也 B18/30/5
其舉有疑而○疑 B18/30/8
其往有信而○信 B18/30/8
其致有遲疾而○遲疾 B18/30/8
有敢○從令者誅 B19/30/17
起戰具無○及也 B20/30/29
○如令者有誅 B20/30/29
若一人有○進死於敵 B21/31/11
若亡一人而九人○盡死於敵 B21/31/11
自什已上至於裨將有○若法者 B21/31/12
教之死而○疑者 B21/32/1
姦謀○作 B21/32/2
姦民○語 B21/32/2
○得爭先登○次也 B22/32/14
始卒○亂也 B22/32/14
○麾○動也 B22/32/17
犯令○舍 B22/32/19
國車○出於閫 B22/32/20
組甲○出於櫜而威服天下矣 B22/32/20
諸罰而請○罰者死 B22/32/27
諸賞而請○賞者死 B22/32/27
糧食有餘○足 B22/33/1
○一其令 B22/33/8
率俾民心○定 B22/33/8
則節吝有○食者矣 B22/33/12
戰國則以立威、抗敵、相圖而○能廢兵也 B23/33/17
前後○次則失也 B23/33/30
○諜者謂之祕 B23/34/8
兵戍邊一歲遂亡○候代者 B24/34/16
父母妻子弗捕執及○言 B24/34/19
而從吏五百人已上○能死敵者斬 B24/34/25

及伍人戰死○得其屍	B24/34/28
官○得其實	B24/35/1
家○得其名	B24/35/1
外○足以禦敵	B24/35/2
內○足以守國	B24/35/2
此軍之所以○給	B24/35/2
百萬之衆○用命	B24/35/12
○如萬人之鬬也	B24/35/13
○如百人之奮也	B24/35/13
士卒○用命者	B24/35/15
寡人○好軍旅之事	C1/36/3
冬日衣之則○溫	C1/36/5
夏日衣之則○涼	C1/36/5
觀之於目則○麗	C1/36/6
乘之以田則○輕	C1/36/6
○識主君安用此也	C1/36/6
而○求能用者	C1/36/7
故當敵而○進	C1/36/9
有四○和	C1/36/13
○和於國	C1/36/13
○可以出軍	C1/36/13
○和於軍	C1/36/14
○可以出陳	C1/36/14
○和於陳	C1/36/14
○可以進戰	C1/36/14
○和於戰	C1/36/14
○可以決勝	C1/36/14
○敢信其私謀	C1/36/15
若行○合道	C1/36/20
舉○合義	C1/36/20
周武伐紂而殷人○非	C1/36/22
以備○虞	C1/37/4
○肖者處下	C1/37/12
世○絕聖	C1/37/17
國○乏賢	C1/37/17
今寡人○才	C1/37/17
勢甚○便	C2/37/23
夫齊陳重而○堅	C2/37/25
楚陳整而○久	C2/37/26
燕陳守而○走	C2/37/26
三晉陳治而○用	C2/37/26
其政寬而祿○均	C2/37/28
故重而○堅	C2/37/29
其人○讓	C2/37/30
故整而○久	C2/38/1
故守而○走	C2/38/2
故治而○用	C2/38/5
凡料敵有○卜而與之戰者八	C2/38/15
○憚艱難	C2/38/15
上○能止	C2/38/17
五曰徒衆○多	C2/38/17
水地○利	C2/38/18
四鄰○至	C2/38/18
士卒○固	C2/38/19
有○占而避之者六	C2/38/22
凡此○如敵人	C2/38/24
欲前○能	C2/38/29
欲去○敢	C2/38/29
失時○從可擊	C2/39/2
○在衆寡	C3/39/22
若法令○明	C3/39/24
賞罰○信	C3/39/24
金之○止	C3/39/24
鼓之○進	C3/39/24
進○可當	C3/39/25
退○可追	C3/39/25
其衆可合而○可離	C3/39/26
可用而○可疲	C3/39/26
若進止○度	C3/39/30
飲食○適	C3/39/30
馬疲人倦而○解舍	C3/39/30
所以○任其上令	C3/39/31
使智者○及謀	C3/40/2
勇者○及怒	C3/40/2
夫人當死其所○能	C3/40/5
敗其所○便	C3/40/5
凡馬○傷於末	C3/40/24
○傷於飢	C3/40/24
輕合而○知利	C4/41/1
臨敵○懷生	C4/41/3
法令省而○煩	C4/41/3
受命而○辭	C4/41/3
千夫○過	C4/41/7
施令而下○犯	C4/41/10
所在寇○敢敵	C4/41/10
○可○清	C4/41/14
○可○明	C4/41/14
○可○嚴	C4/41/14
三者○立	C4/41/14
莫○從移	C4/41/15
莫○前死	C4/41/15
則○勞而功舉	C4/41/17
停久○移	C4/41/21
其軍○備	C4/41/22
○知其將	C4/41/24
其追北佯為○及	C4/41/27
其見利佯為○知	C4/41/27
其追北恐○及	C4/42/1
見利恐○得	C4/42/1
○從令者誅	C5/42/9
莫○驚動	C5/42/15
○聽吾說	C5/42/23
○勝疾歸	C5/42/24
擊之○敢	C5/43/4
去之○得	C5/43/4
雖衆○用	C5/43/7
進退○敢	C5/43/8
舟楫○設	C5/43/11
進退○得	C5/43/11
必有○屬	C5/43/22
臣○能悉	C6/44/1
著○忘於心	C6/44/10
○待吏令	C6/44/11
脫其○勝	C6/44/15
莫○梟視狼顧	C6/44/16
若車○得車	C6/44/22
騎○得騎	C6/44/22
徒○得徒	C6/44/23
其令○煩而威震天下	C6/44/23
正○獲意則權	D1/45/3
○出於中人	D1/45/3
○違時	D1/45/7
○歷民病	D1/45/7
○加喪	D1/45/7
○因凶	D1/45/7
冬夏○興師	D1/45/7
所以○忘戰也	D1/45/9
古者逐奔○過百步	D1/45/11
縱綏○過三舍	D1/45/11
○窮○能而哀憐傷病	D1/45/11
爭義○爭利	D1/45/12
〔乃〕興甲兵以討○義	D1/45/18
考○同	D1/45/19
某國為○道	D1/45/21
○校勿敵	D1/45/24
負固○服則侵之	D1/46/1
士○先教	D2/46/7
使○相陵	D2/46/9
德義○相踰	D2/46/9
材技○相掩	D2/46/9

勇力○相犯 D2/46/9
古者國容○入軍 D2/46/12
軍容○入國 D2/46/12,D2/47/13
故德義○相踰 D2/46/12
上貴○伐之士 D2/46/12
○伐之士 D2/46/12
苟○伐 D2/46/13
無求則○爭 D2/46/13
故材技○相掩 D2/46/13
故勇力○相犯 D2/46/14
古者逐奔○遠 D2/46/19
縱綏○及 D2/46/19
○遠則難誘 D2/46/19
○及則難陷 D2/46/19
故其兵○雜 D2/46/24
威○善也 D2/46/25
兵○雜則○利 D2/46/28
太短則○及 D2/46/28
鈍則○濟 D2/46/29
少威則民○勝 D2/47/7,D2/47/9
上使民○得其義 D2/47/7
百姓○得其敘 D2/47/7
技用○得其利 D2/47/7
牛馬○得其任 D2/47/8
上○尊德而任詐慝 D2/47/8
○尊道而任勇力 D2/47/8
○貴用命而貴犯命 D2/47/9
○貴善行而貴暴行 D2/47/9
徒○趨 D2/47/10
車○馳 D2/47/10
逐奔○踰列 D2/47/10
是以○亂 D2/47/10
○失行列之政 D2/47/11
○絕人馬之力 D2/47/11
遲速○過誡命 D2/47/11
國容○入軍 D2/47/13
○召○至 D2/47/14
○問○言 D2/47/14
介者○拜 D2/47/15
兵車○式 D2/47/15
城上○趨 D2/47/15
危事○齒 D2/47/15
有虞氏○賞○罰而民可用 D2/47/18
夏賞而○罰 D2/47/19
殷罰而○賞 D2/47/19
賞○踰時 D2/47/20
罰○遷列 D2/47/20
欲民速覩為○善之害也 D2/47/20
大捷○賞 D2/47/20
上下皆○伐善 D2/47/21
上苟○伐善 D2/47/21
則○驕矣 D2/47/21
下苟○伐善 D2/47/21
上下○伐善若此 D2/47/21
大敗○誅 D2/47/22
上下皆以○善在己 D2/47/22
上苟以○善在己 D2/47/22
下苟以○善在己 D2/47/22
戍軍三年○興 D2/47/25
廢其○欲○能 D3/48/10
時日○遷 D3/48/13
○服、○信、○和、怠、疑、厭、懾、枝、拄、詘、頓、肆、崩、緩 D3/48/19
人莫○說 D3/49/2
○過改意 D3/49/4
若行○行 D3/49/11
凡戰正○符則事專 D3/49/21
○服則法 D3/49/21
○相信則一 D3/49/21
若人○信上則行其○復 D3/49/21
遠者視之則○畏 D4/49/29
邇者勿視則○散 D4/49/29
人禁○息 D4/50/1
○可以分食 D4/50/1
上死○勝 D4/50/19
兵○告利 D4/51/5
甲○告堅 D4/51/5
車○告固 D4/51/5
馬○告良 D4/51/5
眾○自多 D4/51/6
若使○勝 D4/51/8
自子以○循 D4/51/12
因其○避 D5/51/29
○息亦弊 D5/52/3

布 bù 5

秋冬女練〔於〕○帛 B11/26/1
於是文侯身自○席 C1/36/9
惠施流○ C2/38/22
夫發號○令而人樂聞 C6/44/1
冢宰與百官○令於軍曰 D1/45/23

步 bù 14

殺人於百○之外者 B3/16/21
殺人於五十○之內者 B3/16/21
〔將〕必下○ B4/19/19
君子不救囚於五○之外 B9/24/16
百有二十○而立一府柱 B15/28/22
一○一鼓 B18/29/23
○鼓也 B18/29/23
十○一鼓 B18/29/23
三百○而一 B21/31/25
百○而決 B21/31/25
百○而趨 B21/31/25
百○而鶩 B21/31/25
兼之徒○ C5/42/21
古者逐奔不過百○ D1/45/11

怖 bù 2

心○可擊 C2/39/3
○敵決疑 C4/41/10

部 bù 1

皆有分○也 B22/32/15

猜 cāi 1

兵行無○ B21/32/2

才 cái 2

今寡人不○ C1/37/17
必先占其將而察其○ C4/41/17

材 cái 10

膠漆之○ A2/1/26
此○士也 B8/24/8
○士則是矣 B8/24/9
謂眾軍之中有○力者 B22/32/16
簡募良○ C1/37/3
其有工用五兵、○力健疾、志在吞敵者 C2/38/9
募吾○士與敵相當 C5/43/7

以○力說諸侯　D1/45/27
○技不相掩　D2/46/9
故○技不相掩　D2/46/13

財 cái　17

貴賣則百姓○竭　A2/2/3
○竭則急於丘役　A2/2/3
力屈○殫　A2/2/4
吾士無餘○　A11/12/4
○穀多積　B1/15/8
清不可事以○　B2/16/4
○用未歛　B5/21/2
不度在於竭民○　B7/22/10
利人之貨○　B8/22/16
私用有儲○　B11/26/10
無損民○　B11/26/25
示之○以觀其窮　B22/32/28
順天、阜○、懌眾、利地、右兵　D3/48/3
阜○因敵　D3/48/3
凡戰有天有○有善　D3/48/13
是謂有○　D3/48/13
因時因○　D3/48/23

采 cǎi　1

○薪之牧者　B15/28/23

採 cǎi　2

樵○也　A9A/9/1, A9B/10/5

殘 cán　6

身戮家○　B13/27/22
身死家○　B13/27/24
B16/28/29, B16/28/30
示民無○心　C5/43/25
放弒其君則○之　D1/46/1

慚 cán　1

於是武侯有○色　C1/37/18

倉 cāng　1

亡國富○府　B4/19/14

蒼 cāng　5

○○之天　B11/26/17
左軍○旗　B17/29/6
卒戴○羽　B17/29/6
前一行○章　B17/29/7

藏 cáng　1

善守者○於九地之下　A4/3/18

操 cāo　2

不得○事者七十萬家　A13/14/4
主上之○也　B10/25/9

草 cǎo　7

必依水○而背眾樹　A9A/8/20
A9B/9/22
眾○多障者　A9A/9/6, A9B/10/4
食○飲水而給菽粟　B11/25/30
適其水○　C3/40/22
○楚幽穢　C4/41/21

側 cè　2

輕車先出居其○者　A9A/9/2
居其○者　A9B/10/6

策 cè　2

故○之而知得失之計　A6/6/3
良馬有○　B8/23/10

測 cè　1

為不可○　A11/12/2

差 chā　3

其次○降之　B21/31/18
餚席器○減　C6/44/9
亦以功為○　C6/44/10

察 chá　14

不可不○也　A1/1/3, A8/8/13
A10/10/25, A10/10/31
必謹○之　A9A/8/23, A9B/10/11
不可不○　A11/12/16
以往○來　C1/36/4
三曰賞信刑○　C2/38/22
○其進以知其止　C2/38/26
必先占其將而○其才　C4/41/17
審○其政　C5/43/2
刃上○　D3/48/24
○名實　D4/49/28

長 cháng　33

日有短○　A6/6/14
因其所○而用之　B8/24/5
吏自什○已上至左右將　B14/28/10
亡○得○　B16/28/29
得○不亡　B16/28/29
亡○不得○　B16/28/29
復戰得首○　B16/28/30
什○得誅十人　B16/29/1
伯○得誅什○　B16/29/1
千人之將得誅百人之○　B16/29/1
伍○教其四人　B21/31/20
伍○教成　B21/31/23
合之什○　B21/31/23
什○教成　B21/31/23
合之卒○　B21/31/23
卒○教成　B21/31/23
合之伯○　B21/31/23
伯○教成　B21/31/23
○刃未接　B23/34/8
為○戟二丈四尺　C1/36/5
涉○道後行未息可擊　C2/39/2
○者持弓弩　C3/40/10
難與○守　C5/42/19
臣聞人有短○　C6/44/15
必奉於父母而正於君○　D2/46/6
○兵以衛　D2/46/28
太○則難犯　D2/46/28
凡五兵五當○以衛短　D3/48/4
短以救○　D3/48/4

凡事善則○	D3/49/1

常 cháng 17

故兵無○勢	A6/6/12
水無○形	A6/6/12
故五行無○勝	A6/6/14
四時無○位	A6/6/14
吏卒無○	A10/10/29
○山之蛇也	A11/12/8
先登者未（○）〔嘗〕非多力國士也	B3/16/17
卒無○試	B5/20/2
此人之○情也	B6/21/23
更造易○	B10/25/18
出卒陳兵有○令	B23/33/29
行伍疏數有○法	B23/33/29
○令者	B23/33/29
○陳皆向敵	B23/34/1
○令有餘	C3/40/25
○觀於勇	C4/40/30
其有失命亂○背德逆天之時	D1/45/19

場 cháng 1

凡兵戰之○	C3/40/1

腸 cháng 1

羊○亦勝	B2/16/7

嘗 cháng 7

不可勝○也	A5/4/15
先登者未（常）〔○〕非多力國士也	B3/16/17
先死者〔亦〕未○非多力國士〔也〕	B3/16/17
未○聞矣	B8/23/31
武侯○謀事〔而當〕	C1/37/15
昔楚莊王○謀事〔而當〕	C1/37/15
將輕銳以○之	C4/41/26

超 chāo 1

能踰高○遠、輕足善走者	C1/37/6

車 chē 55

馳○千駟	A2/1/25
革○千乘	A2/1/25
○甲之奉	A2/1/26
破○罷馬	A2/2/4
丘牛大○	A2/2/5
故○戰得○十乘已上	A2/2/9
○雜而乘之	A2/2/10
奔走而陳兵○者	A9A/8/23
○來也	A9A/9/1, A9B/10/5
輕○先出居其側者	A9A/9/2
輕○先出	A9B/10/6
（○）〔甲〕不暴出而威制天下	B2/15/24
○有偏列	B3/16/17
○失偏列	B3/16/23
○不結轍	B4/19/1
三曰全○	B22/32/11
垣○為固	B22/32/13
十曰陳○	B22/32/15
乘於戰○	B22/32/16
國○不出於閫	B22/32/20
革○奄戶	C1/36/5
謹我○騎必避之路	C2/38/3
馬輕○	C3/39/14
○輕人	C3/39/14
則馬輕○	C3/39/15
則○輕人	C3/39/15
○騎之具	C3/40/24
○堅管轄	C4/41/9
○堅馬良	C5/42/6
非此○騎之力	C5/42/21
分○列騎隱於四旁	C5/43/7
○騎挑之	C5/43/9
水薄○騎	C5/43/11
無用○騎	C5/43/12
馬陷○止	C5/43/15
凡用○者	C5/43/16
馳其強○	C5/43/16
兼○五百乘	C6/44/20
○騎與徒	C6/44/22
若○不得○	C6/44/22
戎○	D2/47/1
夏后氏曰鉤○	D2/47/1
殷曰寅○	D2/47/1
○不馳	D2/47/10
兵○不式	D2/47/15
馬牛○兵佚飽	D3/48/7
輕○輕徒	D3/48/15
○徒因	D3/48/19
凡○以密固	D4/50/5
凡馬○堅	D4/50/17
鼓○	D4/50/29
○不告固	D4/51/5

徹 chè 1

兵有去備○威而勝者	B5/20/23

臣 chén 30

試聽○言其術	B3/16/30
○謂非一人之獨勇	B3/17/1
聽○之術	B3/17/2
○妾人之子女	B8/22/16
○以為非難也	B8/23/1
○以為難	B8/23/18
試聽○之言	B9/24/21
行○之術	B9/24/21
○以為危也	B9/24/28
○下之節也	B10/25/9
○主之權也	B10/25/9
○謂欲生於無度	B11/26/23
○聞人君有必勝之道	B22/32/10
○以謂卒逃歸者	B24/35/5
○聞古之善用兵者	B24/35/11
○以見占隱	C1/36/3
必謹君○之禮	C1/37/3
王○失位而欲見功於上者	C1/37/6
群○莫能及	C1/37/15, C1/37/16
而群○莫及者	C1/37/17
○竊懼矣	C1/37/18
○請論六國之俗	C2/37/25
君○驕奢而簡於細民	C2/37/28
君○未和	C2/38/29
使其君○相怨	C4/41/8
○不能悉	C6/44/1
○聞人有短長	C6/44/15
○請率以當之	C6/44/15

今○以五萬之眾 C6/44/17

辰 chén 2

觀星○風雲之變 B8/23/17
日月星○ D1/45/20

沈 chén 1

可灌而○ C4/41/21

陳 chén 65

勿擊堂堂之○ A7/7/19
奔走而○兵車者 A9A/8/23
○也 A9A/9/3,A9B/10/6
奔走而○兵者 A9B/10/7
○兵縱橫 A10/10/29
背水○〔者〕為絕（紀）〔地〕 B1/15/9
向阪○〔者〕為廢軍 B1/15/10
背濟水、向山阪而○ B1/15/10
豈紂不得天官之○哉 B1/15/11
○而勝者 B2/15/25
陷行亂○ B3/16/14,B22/32/24
堅○犯之 B3/16/24
五曰舉○加刑之論 B4/18/10
紂之○億萬 B8/23/13
○開百里 B8/23/14
分營居○ B21/31/7
凡伍臨○ B21/31/11
○於中野 B21/31/24
既○去表 B21/31/25
前軍絕行亂○破堅如潰者 B21/32/5
十曰○車 B22/32/15
○以密則固 B23/33/24
出卒○兵有常令 B23/33/29
常○皆向敵 B23/34/1
有立○ B23/34/1
有坐○ B23/34/1
立○所以行也 B23/34/2
坐○所以止也 B23/34/2
立坐之○ B23/34/2
○之斧鉞 B23/34/5
大將左右近卒在○中者皆斬 B24/34/25
不可以出○ C1/36/14
不和於○ C1/36/14
秦繆置陷○三萬 C1/37/4
願聞○必定、守必固、戰必勝之道 C1/37/10
則○已定矣 C1/37/12
夫齊○重而不堅 C2/37/25
秦○散而自鬬 C2/37/26
楚○整而不久 C2/37/26
燕○守而不走 C2/37/26
三晉○治而不用 C2/37/26
一○兩心 C2/37/28
其○可壞 C2/37/29
阻○而壓之 C2/38/5
此堅○之士 C2/38/10
八曰○而未定 C2/38/19
四曰○功居列 C2/38/23
○數移動可擊 C2/39/3
雖絕成○ C3/39/25
二鼓習○ C3/40/11
風逆堅○以待之 C3/40/18
士習戰○ C4/41/9
攻無堅○矣 C5/42/10
敵必堅○ C5/43/8
○ D3/48/10
人習○利 D3/48/14
是謂固○ D3/48/15
是謂煩○ D3/48/16
因敵令○ D3/48/19
凡○行惟疏 D3/48/27
凡戰非○之難 D4/51/1
使人可○難 D4/51/1
非使可○難 D4/51/1

塵 chén 2

○高而銳者 A9A/9/1,A9B/10/5

稱 chēng 14

四曰○ A4/4/1
數生○ A4/4/1
○生勝 A4/4/2
故勝兵若以鎰○銖 A4/4/4
敗兵若以銖○鎰 A4/4/4
〔以城〕○地 B2/15/18
以（城）〔地〕○人 B2/15/18
以人○粟 B2/15/18
三相○則內可以固守 B2/15/18
矛戟○之 B6/21/17
貴爵富祿必○ B10/25/3
凡○分塞者 B20/31/1
〔固〕○將於敵也 B23/33/27
○眾因地 D3/48/19

成 chéng 51

三月而後○ A3/2/23
此謂巧能○事者也 A11/13/3
○功出於眾者 A13/14/6
必○大功 A13/14/27
○功乃返 B4/18/5
動能○其所欲 B4/19/10
軍井○而〔後〕飲 B4/19/20
軍壘○而後舍 B4/19/20
君以武事○功者 B8/23/1
欲以○勝立功 B8/23/17
三軍○行 B8/24/5
一舍而後○三舍 B8/24/5
夫禁必以武而○ B11/26/25
賞必以文而○ B11/26/25
千人而○權 B12/26/30
萬人而○武 B12/26/30
皆○行伍 B15/28/23
不○行伍者 B15/28/23
教○合之千人 B18/29/29
千人教○ B18/29/29
萬人教○ B18/29/29
教○試之以閱 B18/29/30
伍長教○ B21/31/23
什長教○ B21/31/23
卒長教○ B21/31/23
伯長教○ B21/31/23
兵尉教○ B21/31/24
裨將教○ B21/31/24
習戰以○其節 B21/31/25
○武德也 B21/32/6
此十二者教○ B22/32/19
所以保業守○ C1/36/20
故○湯討桀而夏民喜悅 C1/36/21
溝壘未○ C2/38/29
雖絕○陳 C3/39/25
雖散○行 C3/39/26
教○十人 C3/40/6

教○百人 C3/40/6
教○千人 C3/40/6
教○萬人 C3/40/6
教○三軍 C3/40/7
○列而鼓 D1/45/12
習貫○則民體俗矣 D2/46/16
欲民先○其慮也 D2/46/22
服正○恥 D3/48/1
慮多○則人服 D3/48/27
○基一天下之形 D3/49/2
○其溢 D3/49/2
三乃○章 D3/49/12
日○行徹曰道 D3/49/19
教○俗 D4/51/3

承 chéng 2

○王之命也 B10/25/18
昔○桑氏之君 C1/36/7

城 chéng 47

攻○則力屈 A2/1/27
其下攻○ A3/2/22
攻○之法 A3/2/22
而○不拔者 A3/2/24
拔人之○而非攻也 A3/2/24
○有所不攻 A8/7/29
入人之地深、背○邑多者 A11/11/20
故其○可拔 A11/12/27
○之所欲攻 A13/14/18
今有○〔於此〕 B1/15/6
○高池深 B1/15/7
若〔乃〕○下、池淺、守弱 B1/15/8
量土地肥墝而立邑建○ B2/15/18
〔以○〕稱地 B2/15/18
以（○）〔地〕稱人 B2/15/18
○、所以守地也 B4/19/4
戰、所以守○也 B4/19/4
務戰者、〔其〕○不圍 B4/19/5
栖其大○大邑 B5/20/28
使之登○逼危 B5/20/28
據一○邑而數道絕 B5/20/28
而一○已降 B5/20/30
○險未設 B5/21/1
則雖有○、無守矣 B5/21/1
夫○邑空虛而資盡者 B5/21/2
○一丈 B6/21/12
故為○郭者 B6/21/13
千丈之○ B6/21/16
○堅而厚 B6/21/16
則有必守之○ B6/21/19
則無必守之○ B6/21/19
若彼〔○〕堅而救誠 B6/21/22
則愚夫惷婦無不蔽○盡資血○者 B6/21/22
朞年之○ B6/21/22
若彼○堅而救不誠 B6/21/23
十萬之軍頓於○下 B6/21/27
凡兵不攻無過之○ B8/22/16
占（○）〔咸〕池 B8/23/17
地大而○小者 B22/33/4
○大而地窄者 B22/33/4
必先攻其○ B22/33/4
棄○去守、欲除其醜者 C1/37/7
外入可以屠○矣 C1/37/8
凡攻敵圍○之道 C5/43/24
○邑既破 C5/43/24
○上不趨 D2/47/15

乘 chéng 21

革車千○ A2/1/25
則諸侯○其弊而起 A2/1/28
故車戰得車十○已上 A2/2/9
車雜而○之 A2/2/10
主速○人之不及 A11/11/29
四方豈無順時○之者邪 B1/15/7
○闉發機 B4/18/5
萬○農戰 B8/22/20
千○救守 B8/22/20
百○事養 B8/22/20
萬○無千○之助 B8/22/23
必有百○之市 B8/22/24
○於戰車 B22/32/16
○之以田則不輕 C1/36/6
○乖獵散 C2/37/31
能備千○萬騎 C5/42/21
各分而○之 C5/42/28
必先鼓譟而○之 C5/43/2
兼車五百○ C6/44/20
○其懼 D5/51/30

程 chéng 1

○工人 B10/25/6

誠 chéng 8

其心動以○ B5/20/3
○為守也 B6/21/14
若彼〔城〕堅而救○ B6/21/22
若彼城堅而救不○ B6/21/23
此救而示之不○ B6/22/1
〔示之不○〕則倒敵而待之者也 B6/22/1
性專而觸○也 B8/23/24
夫精○在乎神明 B12/27/4

笞 chī 1

○人之背 B9/24/19

弛 chí 2

有○者 A10/10/27
曰○ A10/10/28

池 chí 4

城高○深 B1/15/7
若〔乃〕城下、○淺、守弱 B1/15/8
○深而廣 B6/21/16
占（城）〔咸〕○ B8/23/17

持 chí 6

授○符節 B20/31/2
可與○久 C2/38/10
短者○矛戟 C3/40/10
長者○弓弩 C3/40/10
強者○旌旗 C3/40/10
勇者○金鼓 C3/40/10

馳 chí 7

○車千駟 A2/1/25
○而後之 C2/38/3
習其○逐 C3/40/23

馬閑〇逐 C4/41/9
〇其強車 C5/43/16
諸吏士當從受〇 C6/44/22
車不〇 D2/47/10

遲 chí 3

其致有〇疾而不〇疾 B18/30/8
〇速不過誡命 D2/47/11

尺 chǐ 3

三〇之泉足以止三軍渴 B11/26/22
為長戟二丈四〇 C1/36/5
短戟一丈二〇 C1/36/5

侈 chǐ 1

徒尚驕〇 B22/33/8

恥 chǐ 6

國必有孝慈廉〇之俗 B4/18/21
先廉〇而後刑罰 B4/18/22
使有〇也 C1/36/24
夫人有〇 C1/36/24
服正成〇 D3/48/1
榮、利、〇、死 D3/49/4

齒 chǐ 2

鋸〇亦勝 B2/16/7
危事不〇 D2/47/15

斥 chì 6

絕〇澤 A9A/8/19,A9B/9/22
若交軍於〇澤之中 A9A/8/19
A9B/9/22
此處〇澤之軍也 A9A/9/6
A9B/9/23

赤 chì 2

〇者赭之 B8/24/6
次二行〇章 B17/29/7

充 chōng 4

非五穀無以〇腹 B11/25/26
故〇腹有粒 B11/25/26
糟糠不〇腹 B11/26/1
野〇粟多 B11/26/14

衝 chōng 4

〇其虛也 A6/5/14
無蒙〇而攻 B8/23/1
趙〇吾北 C2/37/22
選銳〇之 C2/39/4

籌 chóu 1

〇以輕重 D4/49/30

醜 chǒu 1

棄城去守、欲除其〇者 C1/37/7

出 chū 57

〇其不意 A1/1/18
故善〇奇者 A5/4/13
〇其所不趨 A6/5/7
輕車先〇居其側者 A9A/9/2
輕車先〇 A9B/10/6
〇而勝之 A10/10/21
〇而不勝 A10/10/21
我〇而不利 A10/10/21
彼〇而不利 A10/10/21
我無〇也 A10/10/22
令敵半〇而擊之 A10/10/22
〇征千里 A13/14/3
成功〇於眾者 A13/14/6
時有彗星〇 B1/15/12
（車）〔甲〕不暴〇而
威制天下 B2/15/24
而能獨〇獨入焉 B3/17/3
獨〇獨入者 B3/17/3
以重寶〇聘 B3/17/11
以愛子〇質 B3/17/11
以地界〇割 B3/17/11
使民揚臂爭〇農戰而天
下無敵矣 B3/17/19
發號〇令 B3/17/19
數變、則令雖〇 B4/18/14
夫以居攻〇 B4/19/12
兵已〇不徒歸 B5/20/14
獨〇獨入 B5/21/3
〇者不守 B6/21/12
守者不〇 B6/21/13
守必〇之 B6/21/27
（據〇）〔〇據〕要塞 B6/21/27
夫〇不足戰 B8/22/23
市〔有〕所〇而官無主也 B8/23/4
非〇生〔也〕 B8/23/7
十萬之師〇 B9/24/27
春夏夫〇於南畝 B11/26/1
〇乎一道 B11/26/14
〇國門之外 B19/30/15
〇奇制敵也 B22/32/16
國車不〇於閫 B22/32/20
組甲不〇於橐而威服天
下矣 B22/32/20
校所〇入之路 B22/33/1
〇卒陳兵有常令 B23/33/29
內卒〇戍 B24/34/16
後將吏及〇縣封界者 B24/34/16
而有二實之〇 B24/35/5
不可以〇軍 C1/36/13
不可以〇陳 C1/36/14
內〇可以決圍 C1/37/8
半隱半〇 C2/38/20
〇門如見敵 C4/41/2
故師〇之日 C4/41/4
於是〇旌列（旆）〔旆〕 C5/43/8
行〇山外營之 C5/43/9
饗畢而〇 C6/44/9
權〇於戰 D1/45/3
不〇於中人 D1/45/3

芻 chú 2

薪〇既寡 C2/38/17
〇秣以時 C3/39/14

除 chú 4

〇害在於敢斷 B7/22/7
〇之 B16/28/30
〇患害 B21/32/5

棄城去守、欲○其醜者 C1/37/7

處 chǔ 30

凡先○戰地而待敵者、佚 A6/5/3
後○戰地而趨戰者、勞 A6/5/3
角之而知有餘不足之○ A6/6/3
日夜不○ A7/6/23
凡○軍相敵 A9A/8/17, A9B/9/20
視生○高 A9A/8/17
A9A/8/19, A9B/9/20, A9B/9/21
此○山之軍也 A9A/8/17, A9B/9/20
此○水上之軍也 A9A/8/19
A9B/9/22
此伏姦之所○也 A9A/9/5
此○斥澤之軍也 A9A/9/6
A9B/9/23
平陸○易 A9A/9/7, A9B/9/23
此○平陸之軍也 A9A/9/7
A9B/9/23
養生而○實 A9A/9/10
必○其陽而右背之 A9A/9/11
A9B/9/25
養生○實 A9B/9/24
是故始如○女 A11/13/6
而○大居貴 C1/36/20
不肖者○下 C1/37/12
夫馬必安其○所 C3/40/22
而襲其○ C5/42/24

楚 chǔ 9

○將公子心與齊人戰 B1/15/12
不待箠○而囚之情可畢矣 B9/24/16
昔○莊王嘗謀事〔而當〕 C1/37/15
○國其殆矣 C1/37/18
此○莊王之所憂 C1/37/18
○帶吾南 C2/37/22
○陳整而不久 C2/37/26
○性弱 C2/37/31
草○幽穢 C4/41/21

儲 chǔ 3

則有○蓄 B11/25/27
則民私飯有○食 B11/26/10
私用有○財 B11/26/10

畜 chù 5

分人之民而○之 B3/17/24
六○未聚 B5/21/2
凡○卒騎 C3/40/20
無刊其木、發其屋、取其粟、殺其六○、燔其積聚 C5/43/25
無取六○禾黍器械 D1/45/24

觸 chù 3

然所○丘陵 B8/23/24
性專而○誠也 B8/23/24
○而迫之 C2/38/3

川 chuān 2

如決○源 B8/24/5
禱于后土四海神祇、山○冢社 D1/45/20

船 chuán 1

如坐漏○之中 C3/40/1

傳 chuán 4

不可先○也 A1/1/18
而○於敵間也 A13/14/11
先王之所○聞者 B12/27/7
○令也 B18/29/21

吹 chuī 2

二○而行 C5/42/9
再○而聚 C5/42/9

垂 chuí 2

在王○聽也 B10/25/22
二曰○光 B11/26/20

箠 chuí 1

不待○楚而囚之情可畢矣 B9/24/16

春 chūn 3

○夏夫出於南畝 B11/26/1
○蒐秋獮 D1/45/9
諸侯○振旅 D1/45/9

純 chún 1

必○取法天地 D2/46/6

惷 chǔn 2

則愚夫○婦無不蔽城盡資血城者 B6/21/22
則愚夫○婦無不守陴而泣下 B6/21/23

祠 cí 2

不禱○而得福 B4/19/17, B8/23/26

慈 cí 2

國必有孝○廉恥之俗 B4/18/21
存其○順 B12/27/7

辭 cí 10

○卑而益備者 A9A/9/2, A9B/10/6
○彊而進驅者 A9A/9/2
○強而進驅者 A9B/10/6
剛必以○服 C1/36/31
受命而不○ C4/41/3
三曰○ D3/49/3
人人、正正、○○、火火 D3/49/6
道之以○ D3/49/8

此 cǐ 119

凡○五者 A1/1/8, A8/8/12
吾以○知勝負矣 A1/1/10
○兵家之勝 A1/1/18

吾以〇觀之 A1/1/21
〇攻之災也 A3/2/24
〇謀攻之法也 A3/2/25
〇五者 A3/3/9,B4/18/10,C1/37/7
〇知迂直之計者也 A7/6/19
〇軍爭之法也 A7/7/10
〇用眾之法也 A7/7/13
〇治氣者也 A7/7/18
〇治心者也 A7/7/18
〇治力者也 A7/7/19
〇治變者也 A7/7/19
〇用兵之法也 A7/7/22
〇處山之軍也 A9A/8/17,A9B/9/20
〇處水上之軍也 A9A/8/19
A9B/9/22
〇伏姦之所處也 A9A/9/5
〇處斥澤之軍也 A9A/9/6
A9B/9/23
〇處平陸之軍也 A9A/9/7
A9B/9/23
凡〇四軍之利 A9A/9/7,A9B/9/23
〇兵之利 A9A/9/11,A9B/9/25
〇伏姦之所也 A9B/10/3
凡〇六者 A10/10/25
A10/10/27,A10/10/30
知〇而用戰者必勝 A10/11/1
不知〇而用戰者必敗 A10/11/2
〇謂將軍之事也 A11/12/16
〇謂巧能成事者也 A11/13/3
凡〇四宿者 A12/13/13
〇安國全軍之道也 A12/13/22
〇兵之要 A13/14/27
今有城〔於〇〕 B1/15/6
〇資敵而傷我甚焉 B3/16/20
戰有〇數者 B3/16/22
夫將能禁〇四者 B3/16/23
不能禁〇四者 B3/16/24
如〇 B3/17/25
B4/19/21,B17/29/11
〇道勝也 B4/18/4
〇威勝也 B4/18/4
〇力勝也 B4/18/5
王侯知〇以三勝者 B4/18/5
〇民之所勵也 B4/18/29
〇本戰之道也 B4/19/2
〔先王〕務〇五者 B4/19/10
〇不意彼驚懼而曲勝之
也 B5/20/20
〇之謂也 B5/21/3
〇守法也 B6/21/17
〇人之常情也 B6/21/23
〇救而示之不誠 B6/22/1
〇守權之謂也 B6/22/2
〇皆盜也 B8/22/17
〇將之武也 B8/22/28
非武議安得〇合也 B8/23/10
如〇何也 B8/23/29
〇將事也 B8/24/2
〇材士也 B8/24/8
如〇關聯良民 B9/24/26
〇天子之事也 B11/26/20
勝於〇 B12/27/1
弗勝於〇 B12/27/1
〇戰之理然也 B12/27/2
〇之謂兵教 B21/32/5
〇十二者教成 B22/32/19
若〇之類 B22/32/28
能審〇(二)〔三〕者 B23/33/21
〇必勝之術也 B23/34/5
莫能禦〇矣 B23/34/6
〇軍之所以不給 B24/35/2
不識主君安用〇也 C1/36/6
若〇之至 C1/36/16
〇四德者 C1/36/21
有〇三千人 C1/37/7
〇楚莊王之所憂 C1/37/18
憂〇奈何 C2/37/23
擊〇之道 C2/37/29,C2/37/30
C2/38/1,C2/38/2,C2/38/5
〇其勢也 C2/38/5
若〇之等 C2/38/8
〇堅陳之士 C2/38/10
能審料〇 C2/38/10
諸如〇者 C2/38/20
凡〇不如敵人 C2/38/24
凡若〇者 C2/39/4
〇勝之主也 C3/39/16
〇三者 C3/39/29,C6/44/2
能明〇者 C3/40/25
知〇四者 C4/41/9
如〇將者 C4/41/27
〇為愚將 C4/42/2
非〇車騎之力 C5/42/21
〇擊彊之道也 C5/42/25
為〇之術 C5/42/27
〇謂谷戰 C5/43/7
〇谷戰之法也 C5/43/9
〇謂水戰 C5/43/12
〇勵士之功也 C6/44/20
〇謂多威 D2/47/8
〇謂少威 D2/47/9
上下不伐善若〇 D2/47/21
上下分惡若〇 D2/47/23
上下相報若〇 D2/47/25
凡〇道也 D3/49/4

次 cì 31

破國〇之 A3/2/18
破軍〇之 A3/2/18
破旅〇之 A3/2/19
破卒〇之 A3/2/19
破伍〇之 A3/2/19
其〇伐交 A3/2/22
其〇伐兵 A3/2/22
其〇婚姻也 B9/24/25
其〇知識故人也 B9/24/25
其〇因物 B11/26/25
〇二行赤章 B17/29/7
〇三行黃章 B17/29/7
〇四行白章 B17/29/7
〇五行黑章 B17/29/7
〇以經卒 B17/29/10
〇二五行 B17/29/10
〇三五行 B17/29/10
〇四五行 B17/29/11
〇五五行 B17/29/11
鼓失〇者有誅 B18/29/27
其〇差降之 B21/31/18
不得爭先登不〇也 B22/32/14
其〇補過 B22/32/27
先後之〇有適宜 B23/33/29
前後不〇則失也 B23/33/30
其〇殺其十三 B24/35/11
〇功坐中行 C6/44/8
其〇 D1/45/18
時中服厥〇治 D3/48/28
其〇用末 D4/50/27
選良〇兵 D5/52/4

賜 cì 2

又頒○有功者父母妻子於廟門外 C6/44/9
歲被使者勞○其父母 C6/44/10

聰 cōng 2

聞雷霆不為○耳 A4/3/22
至○之聽也 B10/25/12

從 cóng 40

敵必○之 A5/4/25
佯北勿○ A7/7/21
盈而勿○ A10/10/23
不盈而○之 A10/10/23
勿○也 A10/10/24
所○歸者迂 A11/11/21
過則○ A11/12/22
可○而○之 A12/13/16
不可○而止 A12/13/16
〔○其〕東西攻〔之〕不能取 B1/15/6
〔○其〕南北攻〔之〕不能取 B1/15/6
兵役相○ B4/18/29
貴○我起 B5/20/16
○而攻之 B5/20/29
刑有所不○者 B5/20/29
求而○之 B12/27/8
意往而不疑則○之 B12/27/11
緣而○之 B18/30/1
没而○之 B18/30/1
○之無疑 B18/30/2
有敢不○令者誅 B19/30/17
令民○上令 B21/32/3
謂曲折相○ B22/32/14
而○吏五百人已上不能死敵者斬 B24/34/25
脅而○之 C2/37/29
失時不○可擊 C2/39/2
○事於下 C3/40/17
審候風所○來 C3/40/17
風順致呼而○之 C3/40/17
莫不○移 C4/41/15
不○令者誅 C5/42/9
以方○之 C5/42/28
○之無息 C5/42/28
勿得○容 C5/43/1
必○其道 C5/43/16
於是武侯○之 C6/44/20
諸吏士當○受馳 C6/44/22
○命為士上賞 D2/46/14
凡○奔勿息 D5/51/32

蹙 cù 1

期戰而○ B22/33/12

存 cún 8

○亡之道 A1/1/3
疾戰則○ A11/11/22
投之亡地然後○ A11/13/1
亡國不可以復○ A12/13/22
僅○之國富大夫 B4/19/14
是○亡安危 B8/22/31
○其慈順 B12/27/7
○亡死生 B23/34/6

挫 cuò 3

久則鈍兵○銳 A2/1/27
夫鈍兵○銳 A2/1/27
還有○氣 B22/33/9

措 cuò 2

其所○必勝 A4/3/23
必使無○ C2/38/28

錯 cuò 3

因形而○勝於眾 A6/6/8
○絕其道 B5/20/27
○邪亦勝 B18/30/1

荅 dá 1

○民之勞 D2/47/26

答 dá 2

渠○未張 B5/21/1
無渠○而守 B8/23/2

達 dá 6

散而條○者 A9A/9/1,A9B/10/5
四○者 A11/12/18
下○上通 B10/25/12
明舉上○ B10/25/21
鋒以疏則○ B23/33/24

大 dà 68

國之○事〔也〕 A1/1/3
丘牛○車 A2/2/5
○敵之擒也 A3/2/28
○吏怒而不服 A10/10/28
伐○國 A11/12/25
必成○功 A13/14/27
○破之 B1/15/13
○不窕 B2/15/22
○眾亦走 B3/16/23
僅存之國富○夫 B4/19/14
栖其○城○邑 B5/20/28
智在於治○ B7/22/7
士○夫不離其官府 B8/22/18
殺之貴○ B8/22/27
○道可明 B8/23/11
○圖不下千數 B9/24/24
士○夫無不離〔其〕官府 B9/24/26
○將軍無不得誅 B16/29/2
為○戰之法 B18/29/30
去○軍百里 B20/30/21
去○軍一倍其道 B20/30/24
○軍為計日之食 B20/30/28
○將教之 B21/31/24
置○表 B21/31/24
故能并兼廣○ B22/32/10
地○能守之 B22/32/20
地○而城小者 B22/33/4
城○而地窄者 B22/33/4
則築○堙以臨之 B22/33/5
○伐有德 B22/33/8
諸去○軍為前禦之備者 B24/34/13

聞○軍為前禦之備 B24/34/13
卒後將吏而至○將所一日 B24/34/19
三軍○戰 B24/34/25
若○將死 B24/34/25
○將左右近卒在陳中者皆斬 B24/34/25
立為○將 C1/36/10
與諸侯○戰七十六 C1/36/10
先和而造○事 C1/36/15
而處○居貴 C1/36/20
在○足以戰 C1/36/24
一曰疾風○寒 C2/38/15
一曰土地廣○ C2/38/22
○國之援 C2/38/24
諸侯○會 C2/38/28
猶豫最○ C3/40/2
○谷之口 C3/40/16
○山之端 C3/40/16
名山○塞 C4/41/7
雖有○眾 C5/42/15
背○險阻 C5/42/18
○哉問乎 C5/42/21
諸丘陵、林谷、深山、○澤 C5/43/1
吾與敵相遇○水之澤 C5/43/11
於是武侯設坐廟廷為三行饗士○夫 C6/44/8
故國雖○ D1/45/8
天下○愷 D1/45/8
比小事○以和諸侯 D1/45/28
○捷不賞 D2/47/20
○敗不誅 D2/47/22
○罪因 D3/48/1
○軍以固 D3/48/14
是謂○軍 D3/48/15
○小、堅柔、參伍、眾寡、凡兩 D3/48/21
凡○善用本 D4/50/27
堪○勇也 D4/51/12
擊其○懼 D4/51/15

代 dài 3

其朝死則朝○ B5/20/25
暮死則暮○ B5/20/25
兵戍邊一歲遂亡不候○者 B24/34/16

怠 dài 6

○於道路 A13/14/4
將士懈○ C4/41/22
不服、不信、不和、○、疑、厭、懾、枝、拄、詘、頓、肆、崩、緩 D3/48/19
若○則動之 D3/49/21
靜而觀其○ D5/51/28
息則○ D5/52/3

待 dài 34

以虞○不虞者勝 A3/3/8
以○敵之可勝 A4/3/16
以卒○之 A5/4/25
凡先處戰地而○敵者、佚 A6/5/3
以治○亂 A7/7/18
以靜○譁 A7/7/18
以近○遠 A7/7/18,C3/40/7
以佚○勞 A7/7/18,C3/40/7
以飽○饑 A7/7/19
恃吾有以○也 A8/8/8
○其定也 A9A/9/13,A9B/10/1
必盈之以○敵 A10/10/23
必居高陽以○敵 A10/10/24
○之若何 A11/11/27
○而勿攻 A12/13/15
無○於內 A12/13/16
〔事所以○眾力也〕 B4/18/16
○之貴後 B5/20/17
故爭必當○之 B5/20/17
〔示之不誠〕則倒敵而○之者也 B6/22/1
不○筮楚而因之情可畢矣 B9/24/16
來世不可○ B11/26/17
前後相○ B22/32/13
○人之救 B22/33/12
以飽○飢 C3/40/7
風逆堅陳以○之 C3/40/18
不○吏令 C6/44/11
修己以○人 D2/47/14
寡以○眾 D5/51/21
○則循而勿鼓 D5/51/26
○眾之作 D5/51/26

殆 dài 5

百戰不○ A3/3/11,C2/38/30
每戰必○ A3/3/12
勝乃不○ A10/11/12
楚國其○矣 C1/37/18

帶 dài 2

○甲十萬 A2/1/25
楚○吾南 C2/37/22

逮 dài 3

無○於義矣 C1/36/9
無○於仁矣 C1/36/9
位○徒甲 D4/49/29

戴 dài 3

卒○蒼羽 B17/29/6
卒○白羽 B17/29/6
卒○黃羽 B17/29/7

丹 dān 1

畫以○青 C1/36/4

酖 dān 1

焉有喧呼○酒以敗善類乎 B11/26/8

殫 dān 2

屈力○貨 A2/1/27
力屈財○ A2/2/4

膽 dǎn 2

人人無不騰陵張○ B2/16/10
民有○勇氣力者 C1/37/5

但 dàn 1

〇救其後 B6/21/27

憚 dàn 2

後有〇也 B8/23/7
不〇艱難 C2/38/15

當 dāng 36

〇吾二十鍾 A2/2/7
〇吾二十石 A2/2/7
〇其同舟而濟 A11/12/9
天下莫能〇其戰矣 B3/16/15
莫〇其前 B3/17/2
有提十萬之眾而天下莫
〇者 B3/17/5
有提七萬之眾而天下莫
〇者 B3/17/5
有提三萬之眾而天下莫
〇者 B3/17/6
故爭必〇待之 B5/20/17
息必〇備之 B5/20/17
一而〇十 B6/21/13
十而〇百 B6/21/13
百而〇千 B6/21/13
千而〇萬 B6/21/13
〇殺而雖貴重 B8/22/27
鼓之而〇 B8/22/30
鼓之而不〇 B8/22/30
則天下莫〇其戰矣 B8/23/25
主人不敢〇而陵之 B12/27/9
〇之 B16/28/28
B16/28/29, B16/28/30
莫敢〇其前 B17/29/15
〇興軍、踵軍既行 B20/31/1
故〇敵而不進 C1/36/9
武侯嘗謀事〔而〇〕 C1/37/15
昔楚莊王嘗謀事〔而〇〕
C1/37/15
進不可〇 C3/39/25
天下莫〇 C3/39/26
夫人〇死其所不能 C3/40/5
無〇天竈 C3/40/16
無〇龍頭 C3/40/16
募吾材士與敵相〇 C5/43/7
臣請率以〇之 C6/44/15
諸吏士〇從受馳 C6/44/22
凡五兵五〇長以衛短 D3/48/4

蕩 dàng 2

〇〇無慮 C2/38/28

倒 dǎo 2

固〇而勝焉 B1/15/13
〔示之不誠〕則〇敵而
待之者也 B6/22/1

導 dǎo 3

不用鄉〇者 A7/7/1, A11/12/24
〇而舍之 A13/14/21

蹈 dǎo 1

〇敵制地 D3/49/8

禱 dǎo 3

不〇祠而得福 B4/19/17, B8/23/26
〇于后土四海神祇、山
川冢社 D1/45/20

盜 dào 1

此皆〇也 B8/22/17

道 dào 97

存亡之〇 A1/1/3
一曰〇 A1/1/5
〇者 A1/1/6
曲制、官〇、主用也 A1/1/8
主孰有〇 A1/1/9
詭〇也 A1/1/16
知勝之〇也 A3/3/9
修〇而保法 A4/3/25
倍〇兼行 A7/6/23
利糧〇 A10/10/20
地之〇也 A10/10/25, D2/47/3
教〇不明 A10/10/29
敗之〇也 A10/10/30
上將之〇也 A10/11/1
故戰〇必勝 A10/11/4
戰〇不勝 A10/11/4
凡難行之〇者 A11/11/21
由不虞之〇 A11/11/29
凡為客之〇 A11/12/1, A11/12/18
政之〇也 A11/12/10
此安國全軍之〇也 A12/13/22
怠於〇路 A13/14/4
莫知其〇 A13/14/9
凡兵有以〇勝 B4/18/3
此〇勝也 B4/18/4
勵士之〇 B4/18/27
此本戰之〇也 B4/19/2
凡將能其〇者 B5/20/6
是故知勝敗之〇者 B5/20/7
錯絕其〇 B5/20/27
據一城邑而數〇絕 B5/20/28
無絕其糧〇 B6/21/28
遠〇可致 B8/23/11
大〇可明 B8/23/11
守一〇 B10/25/10
出乎一〇 B11/26/14
戰（楹）〔權〕在乎〇
之所極 B12/27/4
故知〇者 B12/27/7
兵無〇也 B12/27/11
兵〇極矣 B12/27/12
軍中縱橫之〇 B15/28/22
柱〇相望 B15/28/22
禁行清〇 B15/28/22
即閉門清〇 B19/30/17
去大軍一倍其〇 B20/30/24
臣聞人君有必勝之〇 B22/32/10
謂禁止行〇 B22/32/11
是以有〇之主 C1/36/14
夫〇者 C1/36/19
若行不合〇 C1/36/20
是以聖人綏之以〇 C1/36/20
各有其〇 C1/36/31
願聞治兵、料人、固國
之〇 C1/37/1
願聞陳必定、守必固、
戰必勝之〇 C1/37/10
夫安國家之〇 C2/37/25
擊此之〇 C2/37/29, C2/37/30

	C2/38/1,C2/38/2,C2/38/5
六曰〇遠日暮	C2/38/18
武侯問敵必可擊之〇	C2/38/32
涉長〇後行未息可擊	C2/39/2
險〇狹路可擊	C2/39/3
進兵之〇何先	C3/39/8
凡行軍之〇	C3/39/29
豈有〇乎	C3/40/14
日暮〇遠	C3/40/25
路狹〇險	C4/41/7
進〇易	C4/41/20
退〇難	C4/41/20
進〇險	C4/41/20
退〇易	C4/41/20
此擊彊之〇也	C5/42/25
必從其〇	C5/43/16
凡攻敵圍城之〇	C5/43/24
戰〇	D1/45/7
以為民紀之〇也	D1/45/13
順天之〇	D1/45/15
某國為不〇	D1/45/21
不尊〇而任勇力	D2/47/8
滅厲之〇	D3/49/1
凡此〇也	D3/49/4
凡戰之〇	D3/49/8,D4/49/26, D4/49/28,D4/50/21,D5/51/20
〇之以辭	D3/49/8
凡治亂之〇	D3/49/14
日成行微曰〇	D3/49/19
等〇義	D4/49/28
〇約人死正	D4/50/21
〇化俗	D4/51/3
未獲〇	D4/51/6

得 dé 122

天地孰〇	A1/1/9
〇筭多也	A1/1/20
〇筭少也	A1/1/20
故車戰〇車十乘已上	A2/2/9
賞其先〇者	A2/2/9
為不〇已	A3/2/22
能使敵人不〇至者	A6/5/6
不〇不與我戰者	A6/5/15
敵不〇與我戰者	A6/5/15
故策之而知〇失之計	A6/6/3
不能〇地利	A7/7/2,A11/12/25
則勇者不〇獨進	A7/7/13
怯者不〇獨退	A7/7/13
不能〇地之利矣	A8/8/2
不能〇人之用矣	A8/8/2
與眾相〇也	A9A/9/16,A9B/10/15
我〇則利、彼〇亦利者	A11/11/18
先至而〇天下之眾者	A11/11/19
死焉不〇	A11/12/2
不〇已則鬬	A11/12/3,A11/12/22
不求而〇	A11/12/3
剛柔皆〇	A11/12/11
不〇已也	A11/12/11
使人不〇慮	A11/12/14
則其眾不〇聚	A11/12/26
則其交不〇合	A11/12/26
非〇不用	A12/13/20
不〇操事者七十萬家	A13/14/4
非微妙不能〇間之實	A13/14/15
故反間可〇而用也	A13/14/21
故鄉間、內間可〇而使也	A13/14/22
豈紂不〇天官之陳哉	B1/15/11
〔然不〇勝者何〕	B1/15/11
〔人事不〇也〕	B1/15/11
則〔其〕國〔不〇無〕富	B2/15/23
則〔其〕國〔不〇無〕治	B2/15/24
令之聚不〇以散	B2/16/9
散不〇以聚	B2/16/9
左不〇以右	B2/16/9
右[illegible]	B2/16/9
不可〇[illegible]	B3/16/25
〇天下[illegible]	B3/17/11
其實不可〇[illegible]也	B3/17/12
使天下非農無所〇食	B3/17/18
非戰無所〇爵	B3/17/19
〇地而國益貧	B3/17/25
未有不信其心而能〇其力者〔也〕	B4/18/18
未有不〇其力而能致其死戰者也	B4/18/19
不禱祠而〇福	B4/19/17,B8/23/26
應不〇已	B5/20/17
鬬則〔〇〕	B5/20/19
守不〇而止矣	B6/22/2
〇眾在於下人	B7/22/8
非武議安〇此合也	B8/23/10
故不〇已而用之	B8/23/19
故禮〇以伐也	B10/25/18
古人何〇而今人何失邪	B11/26/4
無有不〇之姦	B14/28/13
父不〇以私其子	B14/28/13
兄不〇以私其弟	B14/28/13
使非百人無〇通	B15/28/19
不〇通行	B15/28/23,B15/28/23
亡伍而〇伍	B16/28/28
〇伍而不亡	B16/28/28
亡伍不〇伍	B16/28/29
亡長〇長	B16/28/29
〇長不亡	B16/28/29
亡長不〇長	B16/28/29
復戰〇首長	B16/28/30
亡將〇將	B16/28/30
〇將不亡	B16/28/30
亡將不〇將	B16/28/30
什長〇誅十人	B16/29/1
伯長〇誅什長	B16/29/1
千人之將〇誅百人之長	B16/29/1
萬人之將〇誅千人之將	B16/29/1
左右將軍〇誅萬人之將	B16/29/2
大將軍無不〇誅	B16/29/2
無〇行者	B20/31/1
戰勝〇旗者	B21/31/28
各視其所〇之爵	B21/31/28
不〇爭先登不次也	B22/32/14
使人無〇私語	B22/32/27
及伍人戰死不〇其屍	B24/34/28
〇其屍	B24/34/28
官不〇其實	B24/35/1
家不〇其名	B24/35/1
攻守皆〇	B24/35/9
是以數勝〇天下者稀	C1/36/26
能〇其師者王	C1/37/17
〇其友者霸	C1/37/17
士貪於〇而離其將	C2/37/31
發必〇時	C2/38/23
可〇聞乎	C2/38/26
未〇地利可擊	C2/39/2
〇之國強	C4/41/11
無務於〇	C4/41/26
見利恐不〇	C4/42/1
勿〇從容	C5/43/1
去之不〇	C5/43/4

勿令○休 C5/43/9
進退不○ C5/43/11
必○水情 C5/43/12
若車不○車 C6/44/22
騎不○騎 C6/44/22
徒不○徒 C6/44/23
內○愛焉 D1/45/5
外○威焉 D1/45/5
必○其情 D2/46/13
必○其宜 D2/46/13
上使民不○其義 D2/47/7
百姓不○其敍 D2/47/7
抜用不○其利 D2/47/7
牛馬不○其任 D2/47/8
欲民速○為善之利也 D2/47/20
○意則愷歌 D2/47/25

德 dé 32

〔吾聞〕黃帝〔有〕刑○ B1/15/3
〔黃帝所謂刑○者〕 B1/15/4
○以守之 B1/15/4
非〔世之所謂刑○也〕 B1/15/4
〔世之〕所謂〔刑○者〕 B1/15/5
爭者、逆○也 B8/23/19, B23/33/17
違王明○ B10/25/18
舉功別○ B21/32/2
成武○也 B21/32/6
致有○也 B22/32/15
大伐有○ B22/33/8
修○廢武 C1/36/8
必內修文○ C1/36/8
此四○者 C1/36/21
三曰積○惡 C1/36/28
然其威、○、仁、勇 C4/41/10
六○以時合教 D1/45/13
官民之○ D1/45/15
聖○之治也 D1/45/16
其有失命亂常背○逆天之時 D1/45/19
○義不相踰 D2/46/9
故○義不相踰 D2/46/12
夏后氏正其○也 D2/46/23
三王彰其○ D2/46/25
上不尊○而任詐慝 D2/47/8
軍容入國則民○廢 D2/47/13
國容入軍則民○弱 D2/47/13
賢王明民之○ D2/47/18
故無廢○ D2/47/18
至○也 D2/47/19
○衰也 D2/47/20

登 dēng 8

戰隆無○ A9A/8/17, A9B/9/20
如○高而去其梯 A11/12/14
先○者未（常）〔嘗〕非多力國士也 B3/16/17
〔有○降之〕險 B4/19/19
使之○城逼危 B5/20/28
不得爭先○不次也 B22/32/14
○高四望 C5/43/12

等 děng 6

爵列之○ B4/18/27
○輕重 B10/25/9
若此之○ C2/38/8
必亡○矣 D2/47/21
六曰○其色 D3/49/16
○道義 D4/49/28

低 dī 1

○旗則趨 B21/31/20

隄 dī 2

丘陵○防 A9A/9/10, A9B/9/25

笛 dí 1

夜以金鼓笳○為節 C5/42/8

敵 dí 182

因糧於○ A2/2/1
故智將務食於○ A2/2/7
食○一鍾 A2/2/7
故（殺）〔殺〕○者 A2/2/9
取○之利者 A2/2/9
是謂勝○而益強 A2/2/10
○則能戰之 A3/2/27
故小○之堅 A3/2/28
大○之擒也 A3/2/28
以待○之可勝 A4/3/16
可勝在○ A4/3/16
不能使○之可勝 A4/3/17
而不失○之敗也 A4/3/24
可使必受○而無敗者 A5/4/10
故善動○者 A5/4/25
○必從之 A5/4/25
○必取之 A5/4/25
凡先處戰地而待○者、佚 A6/5/3
能使○人自至者 A6/5/6
能使○人不得至者 A6/5/6
故○佚能勞之 A6/5/6
○不知其所守 A6/5/10
○不知其所攻 A6/5/10
故能為○之司命 A6/5/12
○雖高壘深溝 A6/5/14
○不得與我戰者 A6/5/15
則我專而○分 A6/5/18
○分為十 A6/5/18
則我眾而○寡 A6/5/19
則○所備者多 A6/5/20
○所備者多 A6/5/20
○雖眾 A6/6/1
兵因○而制勝 A6/6/12
能因○變化而取勝者謂之神 A6/6/12
凡處軍相○ A9A/8/17, A9B/9/20
○近之 A9A/9/4, A9B/10/2
○背之 A9A/9/4, A9B/10/2
○近而靜者 A9A/9/5
足以併力、料○、取人而已 A9A/9/13, A9B/10/12
夫惟無慮而易○者 A9A/9/13
夫唯無慮而易○者 A9B/10/12
○無備 A10/10/21
○若有備 A10/10/21
○雖利我 A10/10/22
令○半出而擊之 A10/10/22
必盈之以待○ A10/10/23
若○先居之 A10/10/23, A10/10/24
必居高陽以待○ A10/10/24
遇○懟而自戰 A10/10/29
將不能料○ A10/10/30
料○制勝 A10/11/1
而不知○之不可擊 A10/11/10

知○之可擊 A10/11/10,A10/11/11
能使○人前後不相及 A11/11/25
敢問○衆整而將來 A11/11/26
威加於○ A11/12/26,A11/12/27
在於順詳○之意 A11/13/3
并○一向 A11/13/3
○人開闔 A11/13/5
踐墨隨○ A11/13/6
○人開戶 A11/13/6
○不及拒 A11/13/7
不知○之情者 A13/14/4
必取於人知○之情者也 A13/14/6
因其○間而用之 A13/14/11
而傳於○間也 A13/14/11
必索○人之間來間我者 A13/14/21
可使告○ A13/14/22
損○一人而損我百人 B3/16/20
此資○而傷我甚焉 B3/16/20
使民揚臂爭出農戰而天下無○矣 B3/17/19
民言有可以勝○者 B3/17/22
講武料○ B4/18/3
使○之氣失而師散 B4/18/3
兵未接而所以奪○者五 B4/18/9
先料○而後動 B4/18/10
縱○不禽 B5/20/1
畏我侮○ B5/20/6
畏○侮我 B5/20/6
○畏其民也 B5/20/7
求○若求亡子 B5/20/14,B18/30/2
擊○若救溺人 B5/20/14
其應○也周 B5/20/23
權○審將而後舉兵 B5/20/25
必集○境 B5/20/27
○將帥不能信 B5/20/29
○救未至 B5/20/29
○不接刃而致之 B5/21/3
○攻者、傷之甚也 B6/21/10
〔示之不誠〕則倒○而待之者也 B6/22/1
彼○無前 B6/22/1
無○於前 B8/23/21
望○在前 B8/24/5
○白者堅之 B8/24/6
四曰無○ B11/26/20
○不力交 B12/26/30
○無威接 B12/26/30
○復啚止我往而○制勝矣 B12/27/8
奪○而無敗則加之 B12/27/12
則○國可不戰而服 B12/27/17
則外輕○ B13/27/24
○在山 B18/30/1
○在淵 B18/30/1
故能敗○而制其命 B18/30/2
夫蚤決先○ B18/30/4
制○者也 B18/30/5
若一人有不進死於○ B21/31/11
若亡一人而九人不盡死於○ B21/31/11
奮○若驚 B21/32/2
出奇制○也 B22/32/16
指○忘身 B22/32/22
擒○殺將 B22/32/24
戰國則以立威、抗○、相圖而不能廢兵也 B23/33/17
武所以犯強○、力攻守也 B23/33/22
卒畏將甚於○者勝 B23/33/26
卒畏○甚於將者敗 B23/33/26
〔固〕稱將於○也 B23/33/27
○與將猶權衡焉 B23/33/27
常陳皆向○ B23/34/1
善御○者 B23/34/5
而從吏五百人已上不能死○者斬 B24/34/25
外不足以禦○ B24/35/2
故當○而不進 C1/36/9
以服鄰○ C1/37/5
其有工用五兵、材力健疾、志在吞○者 C2/38/9
凡料○有不卜而與之戰者八 C2/38/15
凡此不如○人 C2/38/24
吾欲觀○之外以知其內 C2/38/26
○人之來 C2/38/28
武侯問○必可擊之道 C2/38/32
用兵必須審○虛實而趨其危 C2/39/1
○人遠來新至、行列未定可擊 C2/39/1
受○可也 C3/40/2
備○覆我 C3/40/25
出門如見○ C4/41/2
臨○不懷生 C4/41/3
○破而後言返 C4/41/3
怖○決疑 C4/41/10
所在寇不敢○ C4/41/10
必敗於○ C4/41/15
觀○之來 C4/41/26
卒遇○人 C5/42/6,C5/43/4
則戰無彊○ C5/42/10
若○衆我寡 C5/42/12
○人必惑 C5/42/22
○人若堅守以固其兵 C5/42/22
○近而薄我 C5/42/27
若遇○於谿谷之間 C5/42/30
募吾材士與○相當 C5/43/7
○必堅陳 C5/43/8
○人必懼 C5/43/9
吾與○相遇大水之澤 C5/43/11
○若絕水 C5/43/13
四面受○ C5/43/15
○人若起 C5/43/16
凡攻○圍城之道 C5/43/24
固難○矣 C6/44/18
不校勿○ D1/45/24
○若傷之 D1/45/24
阜財因○ D3/48/3
視○而舉 D3/48/7,D5/51/26
於○反是 D3/48/10
因○令陳 D3/48/19
見○靜 D3/48/23
見○無謀 D3/48/28
蹈○制地 D3/49/8
惟○之視 D4/50/7
○若衆則相衆而受裹 D5/51/22
○若寡若畏 D5/51/22
○人或止於路則慮之 D5/51/32
凡近○都 D5/52/1

地 dì 154

死生之○ A1/1/3
三曰○ A1/1/5
○者 A1/1/7
天○孰得 A1/1/9
善守者藏於九○之下 A4/3/18
立於不敗之○ A4/3/24
○生度 A4/4/1
無窮如天○ A5/4/13

凡先處戰〇而待敵者、佚 A6/5/3
後處戰〇而趨戰者、勞 A6/5/3
行於無人之〇也 A6/5/7
畫〇而守之 A6/5/15
吾所與戰之〇不可知 A6/5/19
故知戰之〇 A6/5/25
不知戰〇 A6/5/25
形之而知死生之〇 A6/6/3
水因〇而制流 A6/6/11
不能得〇利 A7/7/2,A11/12/25
廓〇分利 A7/7/8
圮〇無舍 A8/7/26
衢〇交合 A8/7/26
絶〇無留 A8/7/26
圍〇則謀 A8/7/27,A11/11/23
死〇則戰 A8/7/27,A11/11/23
〇有所不爭 A8/7/29
故將通於九變之〇利者 A8/8/1
雖知〇形 A8/8/1
不能得〇之利矣 A8/8/2
凡〇有絶澗、天井、天牢、天
羅、天陷、天隙 A9A/9/3
A9B/10/1
〇之助也 A9A/9/11,A9B/9/25
〇形有通者 A10/10/19
〇之道也 A10/10/25,D2/47/3
夫〇形者 A10/11/1
而不知〇形之不可以戰 A10/11/11
知天知〇 A10/11/12
有散〇 A11/11/17
有輕〇 A11/11/17
有爭〇 A11/11/17
有交〇 A11/11/17
有衢〇 A11/11/17
有重〇 A11/11/17
有圮〇 A11/11/17
有圍〇 A11/11/18
有死〇 A11/11/18
諸侯自戰其〇 A11/11/18
為散〇 A11/11/18
入人之〇而不深者 A11/11/18
為輕〇 A11/11/18
為爭〇 A11/11/19
為交〇 A11/11/19
諸侯之〇三屬 A11/11/19
為衢〇 A11/11/20
入人之〇深、背城邑多
者 A11/11/20
為重〇 A11/11/20
為圮〇 A11/11/21
為圍〇 A11/11/21
為死〇 A11/11/22
是故散〇則無戰 A11/11/22
輕〇則無止 A11/11/22
爭〇則無攻 A11/11/22
交〇則無絶 A11/11/23
衢〇則合交 A11/11/23
重〇則掠 A11/11/23
圮〇則行 A11/11/23
〇之理也 A11/12/11
帥與之深入諸侯之〇而
發其機 A11/12/14
九〇之變 A11/12/16
絶〇也 A11/12/18
衢〇也 A11/12/18
重〇也 A11/12/19
輕〇也 A11/12/19
圍〇也 A11/12/19
死〇也 A11/12/19
是故散〇吾將一其志 A11/12/19
輕〇吾將使之屬 A11/12/20
爭〇吾將趨其後 A11/12/20
交〇吾將謹其守 A11/12/20
衢〇吾將固其結 A11/12/20
重〇吾將繼其食 A11/12/21
圮〇吾將進其塗 A11/12/21
圍〇吾將塞其闕 A11/12/21
死〇吾將示之以不活 A11/12/21
投之亡〇然後存 A11/13/1
陷之死〇然後生 A11/13/1
背水陳〔者〕為絶（紀）
〔〇〕 B1/15/9
量土〇肥墝而立邑建城 B2/15/18
〔以城〕稱〇 B2/15/18
以（城）〔〇〕稱人 B2/15/18
若祕於〇 B2/15/22
〇不任者任之 B2/15/23
下不制於〇 B2/16/4,B8/23/18
以〇界出割 B3/17/11
視人之〇而有之 B3/17/24
得〇而國益貧 B3/17/25
潰衆奪〇 B4/18/5
〇、所以（養）〔養〕
民也 B4/19/4
城、所以守〇也 B4/19/4
務守者、〔其〕〇不危 B4/19/5
天時不如〇利 B4/19/17,B8/23/26
〇利不如人和 B4/19/17,B8/23/27
深入其〇 B5/20/27
各逼〇形而攻要塞 B5/20/28
無〇於下 B8/23/21
均井〇 B10/25/6
分〇塞要 B10/25/7
離〇逃衆 B13/27/22,B13/27/23
皆有〇分 B15/28/18
將有分〇 B15/28/18
帥有分〇 B15/28/18
伯有分〇 B15/28/19
量人與〇 B15/28/22
踰分干〇者 B15/28/24
坐離〇遁逃之法 B16/28/30
期於會〇 B20/30/21,B20/30/24
羅〇者自揭其伍 B21/31/9
二曰〇禁 B22/32/11
謂分〇以限 B22/32/12
〇大能守之 B22/32/20
〇大而城小者 B22/33/4
必先收其〇 B22/33/4
城大而〇窄者 B22/33/4
〇廣而人寡者 B22/33/4
〇狹而人衆者 B22/33/5
拓〇千里 C1/36/11
其〇險 C2/37/29
其〇廣 C2/37/31
水〇不利 C2/38/18
一曰土〇廣大 C2/38/22
未得〇利可擊 C2/39/2
使〇輕馬 C3/39/14
則〇輕馬 C3/39/14
立屍之〇 C3/40/1
二曰〇機 C4/41/6
是謂〇機 C4/41/8
〇甚狹迫 C5/43/4
設〇之宜 D1/45/15
入罪人之〇 D1/45/23
以土〇形諸侯 D1/45/27
必純取法天〇 D2/46/6
順天、阜財、懌衆、利
〇、右兵 D3/48/3
利〇守隘險阻 D3/48/3
稱衆因〇 D3/48/19

蹈敵制○ D3/49/8

弟 dì 2

親戚兄○也 B9/24/25
兄不得以私其○ B14/28/13

帝 dì 11

黃○之所以勝四○也 A9A/9/7, A9B/9/24
〔吾聞〕黃○〔有〕刑德 B1/15/3
〔黃○所謂刑德者〕 B1/15/4
黃○者 B1/15/5
黃○曰 B1/15/13
○王之君 B11/26/17
一勝者○ C1/36/26
乃告于皇天上○ D1/45/20

啇 dì 1

國無（○）〔商〕賈 B10/25/21

彫 diāo 1

夫無○文刻鏤之事 B11/25/27

迭 dié 2

○戰則久 D3/48/5
若分而○擊 D5/51/21

諜 dié 3

遊說、（開）〔間〕○無自入 B10/25/15
善行間○ C4/41/8
急行間○以觀其慮 C5/42/23

鼎 dǐng 1

力輕扛○ C2/38/8

定 dìng 18

待其○也 A9A/9/13,A9B/10/1
凡兵制必先○ B3/16/14
制先○則士不亂 B3/16/14
有器用之早○也 B5/20/23
一戰而天下○ B8/23/10
若計不先○ B18/30/4
則進退不○ B18/30/4
率俾民心不○ B22/33/8
顯聞陳必○、守必固、戰必勝之道 C1/37/10
則陳已○矣 C1/37/12
八曰陳而未○ C2/38/19
以○勝負 C2/38/26
敵人遠來新至、行列未○可擊 C2/39/1
凡戰○爵位 D3/47/30
慮既○ D3/48/28
○行列 D4/49/28
兩心交○ D4/50/7

冬 dōng 4

秋○女練〔於〕布帛 B11/26/1
○日衣之則不溫 C1/36/5
○則溫燒 C3/40/22
○夏不興師 D1/45/7

東 dōng 2

〔從其〕○西攻〔之〕不能取 B1/15/6
齊臨吾○ C2/37/22

動 dòng 49

善攻者○於九天之上 A4/3/18
故善○敵者 A5/4/25
以利○之 A5/4/25
危則○ A5/4/28
安能○之 A6/5/7
作之而知○靜之理 A6/6/3
故兵以詐立、以利○、以分合為變者也 A7/7/4
不○如山 A7/7/6
○如雷震 A7/7/6
懸權而○ A7/7/8
旌旗○者 A9A/8/20,A9B/10/9
衆樹○者 A9A/9/6,A9B/10/4
○而不迷 A10/11/12
合於利而○ A11/11/26,A12/13/21
非利不○ A12/13/20
內外騷○ A13/14/3
所以○而勝人 A13/14/5
三軍之所恃而○也 A13/14/27
○則有功 B3/16/28
先料敵而後○ B4/18/10
〔不審所○則數變〕 B4/18/16
〔○事之法〕 B4/18/17
○無疑事 B4/18/18
○如風雨 B4/19/1,B17/29/15
○能成其所欲 B4/19/10
○靜一身 B5/20/1
則計決而不○ B5/20/2
○決而不禁 B5/20/2
其心○以誠 B5/20/3
其心○以疑 B5/20/3
卒不節○ B5/20/4
知彼○者 B10/25/12
不聽金、鼓、鈴、旗而○者有誅 B18/29/27
不靡不○也 B22/32/17
凡將輕、壘卑、衆○ B22/33/11
○之以禮 C1/36/21
國亂人疲舉事○衆曰逆 C1/36/30
旌旗亂○可擊 C2/39/2
陳數移○可擊 C2/39/3
○則有威 C3/39/25
莫不驚○ C5/42/15
興師○衆而人樂戰 C6/44/1
因心之○ D3/47/31
若怠則○之 D3/49/21
○而觀其疑 D5/51/29

斗 dǒu 2

人食粟一○ B8/23/3
馬食粟三○ B8/23/3

豆 dòu 1

俎○同制 B10/25/15

鬬 dòu 26

○衆如○寡 A5/4/10
○亂而不可亂也 A5/4/21

可使無○ A6/6/1
不得已則○ A11/12/3,A11/12/22
以彗○者 B1/15/13
則百人盡○ B3/16/14
則千人盡○ B3/16/15
氣實則○ B4/18/7
（鬬）〔○〕欲齊 B4/19/12
無足與○ B5/20/3
○戰者無勝兵 B5/20/16
○則〔得〕 B5/20/19
鼓行交○ B17/29/14
戰者必○ B21/32/1
〔卒有將則○〕 B23/33/25
及戰○則卒吏相救 B24/35/8
不如萬人之○也 B24/35/13
萬人之○ B24/35/13
雖有○心 C1/36/7
秦陳散而自○ C2/37/26
皆有○心 C2/37/30
安行疾○ C5/42/24
○ D3/48/10
以勇○ D4/51/11

都 dū 1

凡近敵○ D5/52/1

獨 dú 10

則勇者不得○進 A7/7/13
怯者不得○退 A7/7/13
臣謂非一人之○勇 B3/17/1
而能○出○入焉 B3/17/3
○出○入者 B3/17/3
○出○入 B5/21/3
及將吏棄卒○北者 B24/34/22

堵 dǔ 2

如〔○〕垣壓之 B2/16/8
〔故兵〕止如○墻 B4/19/1

睹 dǔ 1

未○巧之久也 A2/1/28

覩 dǔ 2

欲民速○為不善之害也 D2/47/20
○民之勞也 D2/47/25

杜 dù 1

犯令陵政則○之 D1/46/1

度 dù 13

一曰○ A4/4/1
地生○ A4/4/1
○生量 A4/4/1
以吾○之 A6/5/28
不可驗於○ A13/14/6
無過在於○數 B7/22/7
不○在於竭民財 B7/22/10
取與之○也 B10/25/6
臣謂欲生於無○ B11/26/23
故先王明制○於前 B13/27/26
以一其制○ B22/32/10
若進止不○ C3/39/30
賢王制禮樂法○ D1/45/18

渡 dù 3

師○盟津 B8/23/13
涉水半○可擊 C2/39/3
半○而薄之 C5/43/13

端 duān 4

如循環之無○ A5/4/16
在於枹○ B8/22/31
在枹之○ B23/34/6
大山之○ C3/40/16

短 duǎn 10

其節○ A5/4/19
日有○長 A6/6/14
今○褐不蔽形 B11/26/1
○戟一丈二尺 C1/36/5
○者持矛戟 C3/40/10
臣聞人有○長 C6/44/15
○兵以守 D2/46/28
太○則不及 D2/46/28
凡五兵五當長以衛○ D3/48/4
○以救長 D3/48/4

斷 duàn 3

除害在於敢○ B7/22/7
守法稽○ B10/25/9
織有日○機 B11/26/4

隊 duì 1

五曰火○ A12/13/11

對 duì 26

尉繚子○曰 B1/15/4
望○曰 B22/32/26
起○曰 C1/37/3
C1/37/12,C2/37/25,C2/38/28
C2/39/1,C3/39/10,C3/39/20
C3/40/16,C3/40/22,C4/41/26
C5/42/8,C5/42/14,C5/43/1
C5/43/7,C5/43/12,C5/43/15
C5/43/21,C6/44/1,C6/44/15
○曰 C3/39/14,C3/39/24
C5/42/21,C5/42/27,C6/44/6

懟 duì 1

遇敵○而自戰 A10/10/29

沌 dùn 2

渾渾○○ A5/4/21

鈍 dùn 4

久則○兵挫銳 A2/1/27
夫○兵挫銳 A2/1/27
太重則○ D2/46/29
○則不濟 D2/46/29

頓 dùn 3

故兵不○而利可全 A3/2/25
十萬之軍○於城下 B6/21/27

不服、不信、不和、怠、疑、厭、懾、枝、拄、詘、○、肆、崩、緩　D3/48/19

遁 dùn　1

坐離地○逃之法　B16/28/30

多 duō　34

得筭○也　A1/1/20
○筭勝　A1/1/20
故舉秋毫不為○力　A4/3/21
則敵所備者○　A6/5/20
敵所備者○　A6/5/20
越人之兵雖○　A6/5/28
故夜戰○火鼓　A7/7/15
晝戰○旌旗　A7/7/15
兵非益○也　A9A/8/23
眾草○障者　A9A/9/6,A9B/10/4
兵非貴益○　A9B/10/12
入人之地深、背城邑○者　A11/11/20
財穀○積　B1/15/8
先登者未（常）〔嘗〕非○力國士也　B3/16/17
先死者〔亦〕未嘗非○力國士〔也〕　B3/16/17
委積不○　B4/19/8
偏在於○私　B7/22/10
野充粟○　B11/26/14
天○陰雨　C2/38/17
五曰徒眾不○　C2/38/17
進退○疑　C4/41/19
糧食又○　C5/42/19
傍○險阻　C5/42/30
師○務威則民詘　D2/47/7
此謂○威　D2/47/8
○威則民詘　D2/47/8
○力以煩　D3/48/14
密靜○內力　D3/48/15
是謂○力　D3/48/16
慮○成則人服　D3/48/27
上專○死　D4/50/19
上生○疑　D4/50/19
眾不自○　D4/51/6

奪 duó　24

故三軍可○氣　A7/7/17
將軍可○心　A7/7/17
先○其所愛　A11/11/27
不可以○　A12/13/19
潰眾○地　B4/18/5
氣○則走　B4/18/7
兵未接而所以○敵者五　B4/18/9
是以擊虛○之也　B4/18/10
能○人而不○於人　B4/18/13
○者心之機也　B4/18/13
則欲心與爭○之患起矣　B11/26/10
爭○止　B11/26/14
其下在於無○民時　B11/26/25
凡○者無氣　B12/27/11
○敵而無敗則加之　B12/27/12
無○其時　B22/33/5
後吏能斬之而○其卒者賞　B24/34/22
餘士卒有軍功者○一級　B24/34/26
同伍盡○其功　B24/34/28
將之所以○威也　B24/35/2
先○其氣　C2/38/1
○其好　D3/49/2
○其慮　D5/51/29

鐸 duó　2

夫鼙鼓金○　C4/41/13
起譟鼓而進則以○止之　D4/49/30

惰 duò　3

晝氣○　A7/7/17
擊其○歸　A7/7/18
人無勸○　B11/26/4

扼 è　1

而後○之　B23/34/5

阨 è　5

計險○遠近　A10/11/1
則絶其○　B22/33/4
邀之於○　C5/42/14
莫善於○　C5/42/14
擊金鳴鼓於○路　C5/42/15

堊 è　1

敵白者○之　B8/24/6

惡 è　13

凡軍好高而○下　A9A/9/10
　A9B/9/24
非○貨也　A11/12/4
非○壽也　A11/12/4
夫吳人與越人相○也　A11/12/9
民非樂死而○生也　B3/16/27
不祥在於○聞己過　B7/22/10
飛廉、○來身先戟斧　B8/23/13
好善罰○　B10/25/6
○在乎必往有功　B12/27/8
三曰積德○　C1/36/28
上下分○若此　D2/47/23
貴信○疑　D3/48/23

遏 è　1

歸師勿○　A7/7/21

而 ér　575

校之以計○索其情　A1/1/5
○不畏危　A1/1/6
故校之以計○索其情　A1/1/9
因利○制權也　A1/1/14
故能○示之不能　A1/1/16
用○示之不用　A1/1/16
近○示之遠　A1/1/16
遠○示之近　A1/1/16
利○誘之　A1/1/16
亂○取之　A1/1/17
實○備之　A1/1/17
強○避之　A1/1/17
怒○撓之　A1/1/17
卑○驕之　A1/1/17
佚○勞之　A1/1/17
親○離之　A1/1/17
夫未戰○廟筭勝者　A1/1/20
未戰○廟筭不勝者　A1/1/20

○況於無筭乎 A1/1/21
則諸侯乘其弊○起 A2/1/28
夫兵久○國利者 A2/1/28
○更其旌旗 A2/2/10
車雜○乘之 A2/2/10
卒善○養之 A2/2/10
是謂勝敵○益強 A2/2/10
不戰○屈人之兵 A3/2/20
三月○後成 A3/2/23
又三月○後已 A3/2/23
將不勝其忿○蟻附之 A3/2/23
○城不拔者 A3/2/24
屈人之兵○非戰也 A3/2/24
拔人之城○非攻也 A3/2/24
毀人之國○非久也 A3/2/25
故兵不頓○利可全 A3/2/25
不知軍之不可以進○謂之進 A3/3/3
不知軍之不可以退○謂之退 A3/3/3
○同三軍之政者 A3/3/4
○同三軍之任 A3/3/5
將能○君不御者勝 A3/3/9
不知彼○知己 A3/3/11
○不可為 A4/3/17
故能自保○全勝也 A4/3/19
戰勝○天下曰善 A4/3/21
○不失敵之敗也 A4/3/24
是故勝兵先勝○後求戰 A4/3/24
敗兵先戰○後求勝 A4/3/24
修道○保法 A4/3/25
可使必受敵○無敗者 A5/4/10
終○復始 A5/4/13
死○復生 A5/4/14
鬭亂○不可亂也 A5/4/21
形圓○不可敗也 A5/4/21
故能擇人○任勢 A5/4/27
凡先處戰地○待敵者、佚 A6/5/3
後處戰地○趨戰者、勞 A6/5/3
致人○不致於人 A6/5/3
行千里○不勞者 A6/5/7
攻○必取者 A6/5/7
守○必固者 A6/5/8
進○不可禦者 A6/5/14
退○不可追者 A6/5/14
速○不可及也 A6/5/14
畫地○守之 A6/5/15
故形人○我無形 A6/5/18
則我專○敵分 A6/5/18
則我眾○敵寡 A6/5/19
則可千里○會戰 A6/5/25
○況遠者數十里 A6/5/26
故策之○知得失之計 A6/6/3
作之○知動靜之理 A6/6/3
形之○知死生之地 A6/6/3
角之○知有餘不足之處 A6/6/3
因形○錯勝於眾 A6/6/8
○莫知吾所以制勝之形 A6/6/8
○應形於無窮 A6/6/9
水之形避高○趨下 A6/6/11
兵之形避實○擊虛 A6/6/11
水因地○制流 A6/6/11
兵因敵○制勝 A6/6/12
能因敵變化○取勝者謂之神 A6/6/12
交和○舍 A7/6/18
故迂其途○誘之以利 A7/6/19
舉軍○爭利則不及 A7/6/22
委軍○爭利則輜重捐 A7/6/22
是故卷甲○趨 A7/6/22
百里○爭利 A7/6/23
其法十一○至 A7/6/23
五十里○爭利 A7/6/24
三十里○爭利 A7/6/24
懸權○動 A7/7/8
雜於利○務可信也 A8/8/4
雜於害○患可解也 A8/8/4
客絕水○來 A9A/8/18, A9B/9/21
令半濟○擊之 A9A/8/18, A9B/9/21
無附於水○迎客 A9A/8/18 A9B/9/21
必依水草○背眾樹 A9A/8/20 A9B/9/22
先暴○後畏其眾者 A9A/8/22 A9B/10/10
兵怒○相迎 A9A/8/22, A9B/10/11
久○不合 A9A/8/23, A9B/10/11
奔走○陳兵車者 A9A/8/23
杖○立者 A9A/8/24, A9B/10/7
汲○先飲者 A9A/8/24, A9B/10/7
見利○不進者 A9A/8/24, A9B/10/8
塵高○銳者 A9A/9/1, A9B/10/5
卑○廣者 A9A/9/1, A9B/10/5
散○條達者 A9A/9/1, A9B/10/5
少○往來者 A9A/9/2, A9B/10/5
辭卑○益備者 A9A/9/2, A9B/10/6
辭彊○進驅者 A9A/9/2
無約○請和者 A9A/9/3, A9B/10/6
敵近○靜者 A9A/9/5
遠○挑戰者 A9A/9/5, A9B/10/3
○右背高 A9A/9/7
凡軍好高○惡下 A9A/9/10 A9B/9/24
貴陽○賤陰 A9A/9/10, A9B/9/24
養生○處實 A9A/9/10
必處其陽○右背之 A9A/9/11 A9B/9/25
足以併力、料敵、取人○已 A9A/9/13, A9B/10/12
夫惟無慮○易敵者 A9A/9/13
卒未親附○罰之 A9A/9/14 A9B/10/13
卒已親附○罰不行 A9A/9/14 A9B/10/13
近○靜者 A9B/10/3
辭強○進驅者 A9B/10/6
奔走○陳兵者 A9B/10/7
夫唯無慮○易敵者 A9B/10/12
出○勝之 A10/10/21
出○不勝 A10/10/21
我出○不利 A10/10/21
彼出○不利 A10/10/21
引○去之 A10/10/22, A10/10/24
令敵半出○擊之 A10/10/22
盈○勿從 A10/10/23
不盈○從之 A10/10/23
戰○不利 A10/10/25
大吏怒○不服 A10/10/28
遇敵懟○自戰 A10/10/29
知此○用戰者必勝 A10/11/1
不知此○用戰者必敗 A10/11/2
○利合於主 A10/11/5
厚○不能使 A10/11/7
愛○不能令 A10/11/7
亂○不能治 A10/11/8
○不知敵之不可擊 A10/11/10
○不知吾卒之不可以擊 A10/11/10
○不知地形之不可以戰 A10/11/11
動○不迷 A10/11/12
舉○不窮 A10/11/12
入人之地○不深者 A11/11/18

先至○得天下之衆者 A11/11/19
卒離○不集 A11/11/26
兵合○不齊 A11/11/26
合於利○動 A11/11/26,A12/13/21
不合於利○止 A11/11/26
A12/13/21
敢問敵衆整○將來 A11/11/26
謹養○勿勞 A11/12/1
是故其兵不修○戒 A11/12/3
不求○得 A11/12/3
不約○親 A11/12/3
不令○信 A11/12/4
當其同舟○濟 A11/12/9
如登高○去其梯 A11/12/14
帥與之深入諸侯之地○發其機 A11/12/14
驅○往 A11/12/15
驅○來 A11/12/15
去國越境○師者 A11/12/18
必因五火之變○應之 A12/13/15
待○勿攻 A12/13/15
可從○從之 A12/13/16
不可從○止 A12/13/16
夫戰勝攻取○不修其功者、凶 A12/13/19
主不可以怒○興師 A12/13/21
將不可以慍○致戰 A12/13/21
○愛爵祿百金 A13/14/4
所以動○勝人 A13/14/5
因其鄉人○用之 A13/14/10
因其官人○用之 A13/14/10
因其敵間○用之 A13/14/11
○傳於敵間也 A13/14/11
間事未發○先聞者 A13/14/15
因○利之 A13/14/21
導○舍之 A13/14/21
故反間可得○用也 A13/14/21
因是○知之 A13/14/21
A13/14/22,A13/14/22
故鄉間、內間可得○使也 A13/14/22
三軍之所恃○動也 A13/14/27
人事○已矣 B1/15/6
背濟水、向山阪○陳 B1/15/10
以二萬二千五百人擊紂之億萬○滅商 B1/15/10
固倒○勝焉 B1/15/13
人事○已 B1/15/14,B4/19/17
量土地肥墝○立邑建城 B2/15/18
夫土廣○任 B2/15/23
民衆○治 B2/15/23
（車）〔甲〕不暴出○威制天下 B2/15/24
不暴甲○勝者 B2/15/25
陳○勝者 B2/15/25
寬不可激○怒 B2/16/4
堂堂決○去 B2/16/10
損敵一人○損我百人 B3/16/20
此資敵○傷我甚焉 B3/16/20
征役分軍○逃歸 B3/16/20
將已鼓○士卒相囂 B3/16/22
奇兵捐將○走 B3/16/23
民非樂死○惡生也 B3/16/27
○能獨出獨入焉 B3/17/3
有提十萬之衆○天下莫當者 B3/17/5
有提七萬之衆○天下莫當者 B3/17/5
有提三萬之衆○天下莫當者 B3/17/6
其實不可得○戰也 B3/17/12
○王必能使之衣吾衣 B3/17/14
使民揚臂爭出農戰○天下無敵矣 B3/17/19
視人之地○有之 B3/17/24
分人之民○畜之 B3/17/24
不能內有其賢○欲有天下 B3/17/24
雖戰勝○國益弱 B3/17/25
得地○國益貧 B3/17/25
使敵之氣失○師散 B4/18/3
雖形全○不為之用 B4/18/3
兵未接○所以奪敵者五 B4/18/9
先料敵○後動 B4/18/10
能奪人○不奪於人 B4/18/13
未有不信其心○能得其力者〔也〕 B4/18/18
未有不得其力○能致其死戰者也 B4/18/19
必先禮信○後爵祿 B4/18/22
先廉恥○後刑罰 B4/18/22
先親愛○後律其身〔焉〕 B4/18/22
必也因民所生○制之 B4/18/28
因民所榮○顯之 B4/18/28
不時日○事利 B4/19/16,B8/23/26
不卜筮○事吉 B4/19/16
不禱祠○得福 B4/19/17,B8/23/26
軍井成○〔後〕飲 B4/19/20
軍食熟○後飯 B4/19/20
軍壘成○後舍 B4/19/20
〔則〕師雖久○不老 B4/19/21
則計決○不動 B5/20/2
動決○不禁 B5/20/2
愛與威○已 B5/20/11
凡挾義○戰者 B5/20/16
此不意彼驚懼○曲勝之也 B5/20/20
不求勝○勝也 B5/20/21
兵有去備徹威○勝者 B5/20/23
故五人○伍 B5/20/24
十人○什 B5/20/24
百人○卒 B5/20/24
千人○率 B5/20/24
萬人○將 B5/20/24
權敵審將○後舉兵 B5/20/25
各逼地形○攻要塞 B5/20/28
據一城邑○數道絕 B5/20/28
從○攻之 B5/20/29
○一城已降 B5/20/30
夫城邑空虛○資盡者 B5/21/2
我因其虛○攻之 B5/21/3
敵不接刃○致之 B5/21/3
毀折○入保 B6/21/9
○主之氣不半焉 B6/21/9
然○世將弗能知 B6/21/10
一○當十 B6/21/13
十○當百 B6/21/13
百○當千 B6/21/13
千○當萬 B6/21/13
池深○廣 B6/21/16
城堅○厚 B6/21/16
若彼〔城〕堅○救誠 B6/21/22
若彼城堅○救不誠 B6/21/23
則愚夫惷婦無不守陴○泣下 B6/21/23
此救○示之不誠 B6/22/1
〔示之不誠〕則倒敵○待之者也 B6/22/1
守不得○止矣 B6/22/2
故兵不血刃○天下親焉 B8/22/18

殺一人○三軍震者 B8/22/26
（殺）〔賞〕一人○萬人喜者 B8/22/26
當殺○雖貴重 B8/22/27
鼓之○當 B8/22/30
鼓之○不當 B8/22/30
無蒙衝○攻 B8/23/1
無渠答○守 B8/23/2
市〔有〕所出○官無主也 B8/23/4
○無百貨之官 B8/23/4
過七年餘○主不聽 B8/23/9
一戰○天下定 B8/23/10
兵不血刃○〔克〕商誅紂 B8/23/14
人事脩不脩○然也 B8/23/14
故不得已○用之 B8/23/19
性專○觸誠也 B8/23/24
不卜筮○獲吉 B8/23/26
謹人事○已 B8/23/27
夫煩人○欲乞其死 B8/23/30
援（抱）〔枹〕○鼓忘其身 B8/24/1
一舍○後成三舍 B8/24/5
因其所長○用之 B8/24/5
前獲雙首○還 B8/24/8
故萬物至○制之 B9/24/13
萬物至○命之 B9/24/14
不待箠楚○囚之情可畢矣 B9/24/16
束人之指○訊囚之情 B9/24/19
雖國士、有不勝其酷○自誣矣 B9/24/19
今良民十萬○聯於（囚）〔囹〕圄 B9/24/27
不寒○衣繡飾 B11/25/30
食草飲水○給菽粟 B11/25/30
是治失其本○宜設之制也 B11/25/30
古人何得○今人何失邪 B11/26/4
○柰何寒飢 B11/26/4
○無私耕私織 B11/26/7
民一犯禁○拘以刑治 B11/26/11
夫禁必以武○成 B11/26/25
賞必以文○成 B11/26/25
千人○成權 B12/26/30
萬人○成武 B12/26/30
輕進○求戰 B12/27/8
敵復啚止我往○敵制勝矣 B12/27/8
求○從之 B12/27/8
見○加之 B12/27/9
主人不敢當○陵之 B12/27/9
意往○不疑則從之 B12/27/11
奪敵○無敗則加之 B12/27/12
明視○高居則威之 B12/27/12
則敵國可不戰○服 B12/27/17
有戰○北 B13/27/22,B13/27/23
守○降 B13/27/22,B13/27/23
知○弗揭 B14/28/6
B14/28/7,B14/28/7,B14/28/8
知○弗揭者 B14/28/10
○況國人聚舍同食 B14/28/14
○無通其交往 B15/28/18
○明其塞令 B15/28/19
非其百人○入者 B15/28/19
百有二十步○立一府柱 B15/28/22
亡伍○得伍 B16/28/28
得伍○不亡 B16/28/28
見非○不（諂）〔詰〕 B17/29/12
見亂○不禁 B17/29/12
踰五行○前者有賞 B17/29/14
踰五行○後者有誅 B17/29/14
一鼓一擊○左 B18/29/23
一鼓一擊○右 B18/29/23
不聽金、鼓、鈴、旗○動者有誅 B18/29/27
百人○教戰 B18/29/29
緣○從之 B18/30/1
没○從之 B18/30/1
故能敗敵○制其命 B18/30/2
專命○行 B18/30/5
先擊○勇 B18/30/5
其舉有疑○不疑 B18/30/8
其往有信○不信 B18/30/8
其致有遲疾○不遲疾 B18/30/8
若踰分○上請者死 B19/30/13
前軍○行 B20/30/21
前踵軍○行 B20/30/24
按兵○趨之 B20/30/25
守要塞關梁○分居之 B20/30/28
令行○起 B20/30/29
非順職之吏○行者 B20/31/2
有非令○進退者 B21/31/7
若亡一人○九人不盡死於敵 B21/31/11
擊鼓○進 B21/31/20
擊金○退 B21/31/20
麾○左之 B21/31/21
麾○右之 B21/31/21
金鼓俱擊○坐 B21/31/21
三百步○一 B21/31/25
百步○決 B21/31/25
百步○趨 B21/31/25
百步○鶩 B21/31/25
自尉吏○下盡有旗 B21/31/28
教之死○不疑者 B21/32/1
各死其職○堅守也 B22/32/12
組甲不出於櫜○威服天下矣 B22/32/20
吾欲少閒○極用人之要 B22/32/26
諸罰○請不罰者死 B22/32/27
諸賞○請不賞者死 B22/32/27
地大○城小者 B22/33/4
城大○地窄者 B22/33/4
地廣○人寡者 B22/33/4
地狹○人眾者 B22/33/5
自伍○兩 B22/33/8
自兩○師 B22/33/8
期戰○蹙 B22/33/12
皆心失○傷氣也 B22/33/13
戰國則以立威、抗敵、相圖○不能廢兵也 B23/33/17
○後扼之 B23/34/5
卒後將吏○至大將所一日 B24/34/19
諸戰○亡其將吏者 B24/34/22
前吏棄其卒○北 B24/34/22
後吏能斬之○奪其卒者賞 B24/34/22
○從吏五百人已上不能死敵者斬 B24/34/25
今名在官○實在家 B24/35/1
有空名○無實 B24/35/2
○有二實之出 B24/35/5
○不求能用者 C1/36/7
故當敵○不進 C1/36/9
僵屍○哀之 C1/36/9
必先教百姓○親萬民 C1/36/13
先和○造大事 C1/36/15
○與之臨難 C1/36/16
○處大居貴 C1/36/20

故成湯討桀○夏民喜悅	C1/36/21
周武伐紂○殷人不非	C1/36/22
順俗○教	C1/37/3
王臣失位○欲見功於上者	C1/37/6
百姓皆是吾君○非鄰國	C1/37/13
武侯嘗謀事〔○當〕	C1/37/15
罷朝○有喜色	C1/37/15
昔楚莊王嘗謀事〔○當〕	C1/37/15
退朝○有憂色	C1/37/16
○群臣莫及者	C1/37/17
○君說之	C1/37/18
夫齊陳重○不堅	C2/37/25
秦陳散○自鬭	C2/37/26
楚陳整○不久	C2/37/26
燕陳守○不走	C2/37/26
三晉陳治○不用	C2/37/26
君臣驕奢○簡於細民	C2/37/28
其政寬○祿不均	C2/37/28
故重○不堅	C2/37/29
脅○從之	C2/37/29
故散○自戰	C2/37/30
必先示之以利○引去之	C2/37/30
士貪於得○離其將	C2/37/31
故整○不久	C2/38/1
弊○勞之	C2/38/1
故守○不走	C2/38/2
觸○迫之	C2/38/3
陵○遠之	C2/38/3
馳○後之	C2/38/3
則上疑○下懼	C2/38/3
故治○不用	C2/38/5
阻陳○壓之	C2/38/5
選○別之	C2/38/9
愛○貴之	C2/38/9
凡料敵有不卜○與之戰者八	C2/38/15
倦○未食	C2/38/18
解甲○息	C2/38/19
八曰陳○未定	C2/38/19
舍○未畢	C2/38/19
有不占○避之者六	C2/38/22
所謂見可○進	C2/38/24
知難○退也	C2/38/24
用兵必須審敵虛實○趨其危	C2/39/1
其眾可合○不可離	C3/39/26
可用○不可疲	C3/39/26
馬疲人倦○不解舍	C3/39/30
圓○方之	C3/40/7
坐○起之	C3/40/7
行○止之	C3/40/7
左○右之	C3/40/8
前○後之	C3/40/8
分○合之	C3/40/8
結○解之	C3/40/8
風順致呼○從之	C3/40/17
輕合○不知利	C4/41/1
法令省○不煩	C4/41/3
受命○不辭	C4/41/3
敵破○後言返	C4/41/3
施令○下不犯	C4/41/10
必先占其將○察其才	C4/41/17
則不勞○功舉	C4/41/17
其將愚○信人	C4/41/17
可詐○誘	C4/41/18
貪○忽名	C4/41/18
可貨○賂	C4/41/18
可勞○困	C4/41/18
上富○驕	C4/41/18
下貧○怨	C4/41/18
可離○間	C4/41/19
可震○走	C4/41/19
士輕其將○有歸志	C4/41/19
可邀○取	C4/41/19
可來○前	C4/41/20
可薄○擊	C4/41/20
可灌○沈	C4/41/21
可焚○滅	C4/41/21
可潛○襲	C4/41/22
令賤○勇者	C4/41/26
亂○失行	C5/42/6
麾左○左	C5/42/8
麾右○右	C5/42/8
二吹○行	C5/42/9
再吹○聚	C5/42/9
解之○去	C5/42/23
○襲其處	C5/42/24
敵近○薄我	C5/42/27
各分○乘之	C5/42/28
必先鼓譟○乘之	C5/43/2
半渡○薄之	C5/43/13
追○擊之	C5/43/22
許○安之	C5/43/25
夫發號布令○人樂聞	C6/44/1
興師動眾○人樂戰	C6/44/1
交兵接刃○人樂死	C6/44/2
君舉有功○進饗之	C6/44/6
無功○勵之	C6/44/6
饗畢○出	C6/44/9
介冑○奮擊之者以萬數	C6/44/11
武侯召吳起○謂曰	C6/44/13
忌其暴起○害己	C6/44/17
○為一死賊	C6/44/17
○破秦五十萬眾	C6/44/20
其令不煩○威震天下	C6/44/23
不窮不能○哀憐傷病	D1/45/11
成列○鼓	D1/45/12
○正名治物	D1/45/15
獄弭○兵寢	D1/45/16
○危有功之君	D1/45/19
○觀於先聖	D2/46/6
必奉於父母○正於君長	D2/46/6
故力同○意和也	D2/46/9
然後謹選○使之	D2/46/16
周將交刃○誓之	D2/46/23
上不尊德○任詐慝	D2/47/8
不尊道○任勇力	D2/47/8
不貴用命○貴犯命	D2/47/9
不貴善行○貴暴行	D2/47/9
故在國言文○語溫	D2/47/13
在軍抗○立	D2/47/14
在行遂○果	D2/47/15
有虞氏不賞不罰○民可用	D2/47/18
夏賞○不罰	D2/47/19
殷罰○不賞	D2/47/19
視敵○舉	D3/48/7,D5/51/26
因懼○戒	D3/49/8
因欲○事	D3/49/8
若行○行	D3/49/11
跪坐坐伏則膝行○寬誓之	D4/49/30
起譟鼓○進則以鐸止之	D4/49/30
坐膝行○推之	D4/49/31
則遠裹○闕之	D5/51/21
若分○迭擊	D5/51/21
迎○反之	D5/51/21
敵若眾則相眾○受裹	D5/51/22
凡戰設○觀其作	D5/51/26
待則循○勿鼓	D5/51/26

攻則屯○伺之 D5/51/26
〔寬○觀其慮〕 D5/51/28
危○觀其懼 D5/51/28
靜○觀其怠 D5/51/28
動○觀其疑 D5/51/29
襲○觀其治 D5/51/29

兒 ér 1

視卒如嬰○ A10/11/7

耳 ěr 9

聞雷霆不為聰○ A4/3/22
所以一人之○目也 A7/7/13
所以變人之○目也 A7/7/15
能愚士卒之○目 A11/12/13
夫心狂、目盲、○聾 B2/16/4
猶良驥騄○之駛 B3/17/15
戢其○目 C3/40/23
所以威○ C4/41/13
○威於聲 C4/41/14

爾 ěr 3

其實不過數萬○ B3/17/12
將專主旗鼓○ B8/24/2
乃數分之一○ C4/41/1

餌 ěr 1

○兵勿食 A7/7/21

邇 ěr 2

凡戰間遠觀○ D3/48/23
○者勿視則不散 D4/49/29

二 èr 43

○曰天 A1/1/5
當吾○十鍾 A2/2/7
當吾○十石 A2/2/7
○曰量 A4/4/1
則三分之○至 A7/6/24
○曰火積 A12/13/11
以○萬○千五百人擊紂
　之億萬而滅商 B1/15/10
所率無不及○十萬之眾
　（者） B3/17/7
○曰受命之論 B4/18/9
則眾不○聽 B4/18/18
則眾不○志 B4/18/18
愛故不○ B5/20/11
惟王之○術也 B10/25/15
民無○事 B11/25/27
○曰垂光 B11/26/20
百有○十步而立一府柱 B15/28/22
次○行赤章 B17/29/7
次○五行 B17/29/10
軍無○令 B19/30/13
○令者誅 B19/30/13
則威加天下有十○焉 B22/32/10
○曰地禁 B22/32/11
十○曰力卒 B22/32/16
此十○者教成 B22/32/19
能審此（○）〔三〕者 B23/33/21
而有○實之出 B24/35/5
是兵之○勝也 B24/35/8
為長戟○丈四尺 C1/36/5
短戟一丈○尺 C1/36/5
○勝者王 C1/36/26
○曰爭利 C1/36/28
○曰彊兵 C1/36/29
○曰盛夏炎熱 C2/38/16
○曰上愛其下 C2/38/22
先明四輕、○重、一信 C3/39/10
○鼓習陳 C3/40/11
○曰備 C4/41/2
○曰地機 C4/41/6
○吹而行 C5/42/9
○曰正 D3/49/3
○曰信 D3/49/14
○曰法 D3/49/16

發 fā 30

節如○機 A5/4/19
後人○ A7/6/19
令○之日 A11/12/5
帥與之深入諸侯之地而
　○其機 A11/12/14
○火有時 A12/13/12
火○於內 A12/13/15
火○兵靜者 A12/13/15
火可○於外 A12/13/16
以時○之 A12/13/16
火○上風 A12/13/17
間事未○而先聞者 A13/14/15
民不○軔 B2/15/24
拗矢、折矛、抱戟利後
　○ B3/16/22
是以○能中利 B3/16/27
○之如鳥擊 B3/17/9
○號出令 B3/17/19
乘闉○機 B4/18/5
○欲畢 B4/19/12
○攻必衄 B5/20/2
津梁未○ B5/21/1
遂○其窖廩救撫 B6/21/23
不實在於輕○ B7/22/11
○其墳墓 B13/27/23
○日 B24/34/16
○必得時 C2/38/23
無刊其木、○其屋、取
　其粟、殺其六畜、燔
　其積聚 C5/43/25
夫○號布令而人樂聞 C6/44/1
君試○無功者五萬人 C6/44/15
會之以○禁者九 D1/45/30
因○其政 D3/49/8

乏 fā 1

國不○賢 C1/37/17

伐 fā 24

故上兵○謀 A3/2/22
其次○交 A3/2/22
其次○兵 A3/2/22
○大國 A11/12/25
刑以○之 B1/15/4
武王〔之〕○紂〔也〕 B1/15/10
武王○紂 B8/23/13
故禮得以○也 B10/25/18
○國必因其變 B22/32/27
是○之因也 B22/32/28
然後興師○亂 B22/33/2
大○有德 B22/33/8
故王者○暴亂、本仁義

焉 B23/33/17
周武○紂而殷人不非 C1/36/22
恃衆以○曰彊 C1/36/30
無○林木 D1/45/24
賊賢害民則○之 D1/45/30
上貴不○之士 D2/46/12
不○之士 D2/46/12
苟不○ D2/46/13
上下皆不○善 D2/47/21
上苟不○善 D2/47/21
下苟不○善 D2/47/21
上下不○善若此 D2/47/21

罰 fá 31

賞○孰明 A1/1/10
數○者 A9A/8/22,A9B/10/10
卒未親附而○之 A9A/9/14
A9B/10/13
卒已親附而○不行 A9A/9/14
A9B/10/13
決○於後 B3/16/27
明賞○ B4/18/4
先廉恥而後刑○ B4/18/22
好善○惡 B10/25/6
凡明刑○ B21/31/15
戮力在乎正○ B21/31/30
正○者 B21/31/30
○如谿 B22/32/26
諸○而請不○者死 B22/32/27
〔威者、賞○之謂也〕 B23/33/26
同舍伍人及吏○入糧為
饒 B24/35/5
其賞○信 C2/37/30
勸賞畏○ C2/38/10
賞○不信 C3/39/24
禁令刑○ C4/41/13
○無所試 D2/47/18
有虞氏不賞不○而民可
用 D2/47/18
夏賞而不○ D2/47/19
殷○而不賞 D2/47/19
周以賞○ D2/47/19
○不遷列 D2/47/20
約法省○ D3/48/1
則重賞○ D4/51/8

法 fǎ 72

五曰○ A1/1/5
○者 A1/1/8
○令孰行 A1/1/9
凡用兵之○ A2/1/25
A3/2/18,A7/6/18,A8/7/26
攻城之○ A3/2/22
此謀攻之○也 A3/2/25
故用兵之○ A3/2/27
A7/7/21,A8/8/8,C3/40/5
修道而保○ A4/3/25
兵○ A4/4/1
其○十一而至 A7/6/23
其○半至 A7/6/24
此軍爭之○也 A7/7/10
此用衆之○也 A7/7/13
此用兵之○也 A7/7/22
用兵之○ A11/11/17
施無○之賞 A11/12/27
○制審 B3/16/27
審○制 B4/18/4
故令之○ B4/18/16
〔動事之○〕 B4/18/17
明○審令 B4/19/16,B8/23/26
以其有○故也 B5/20/23
○曰 B5/21/3
守○ B6/21/12
此守○也 B6/21/17
兵○曰 B9/24/27,B12/26/30
正比○ B10/25/6
守○稽斷 B10/25/9
明○稽驗 B10/25/9
誰為○則 B11/26/17
故兵○曰 B12/27/8
坐離地遁逃之○ B16/28/30
戰誅之○曰 B16/29/1
四者各有○ B18/29/20
為大戰之○ B18/29/30
世將不知○者 B18/30/5
如過時則坐○ B19/30/15
則教者如犯○者之罪 B21/31/11
B21/31/12,B21/31/12
自什已上至於裨將有不
若○者 B21/31/12
必在乎兵教之○ B21/31/15
乃為之賞○ B21/31/25
行伍疏數有常○ B23/33/29
以坐後戌○ B24/34/16
○比亡軍 B24/34/17
今以○止逃歸 B24/35/8
若○令不明 C3/39/24
○令省而不煩 C4/41/3
凡戰之○ C5/42/8
此谷戰之○也 C5/43/9
賢王制禮樂○度 D1/45/18
必純取○天地 D2/46/6
故禮與○ D2/47/15
約○省罰 D3/48/1
在軍○ D3/48/24
是謂戰○ D3/49/9
謂之○ D3/49/12
立○ D3/49/16
二曰○ D3/49/16
凡軍使○在己曰專 D3/49/19
與下畏○曰○ D3/49/19
不服則○ D3/49/21

旛 fān 1

晝以旌旗○麾為節 C5/42/8

凡 fán 107

○此五者 A1/1/8,A8/8/12
○用兵之法 A2/1/25
A3/2/18,A7/6/18,A8/7/26
○治衆如治寡 A5/4/10
○戰者 A5/4/13
○先處戰地而待敵者、佚 A6/5/3
○處軍相敵 A9A/8/17,A9B/9/20
○地有絕澗、天井、天牢、天
羅、天陷、天隙 A9A/9/3
A9B/10/1
○此四軍之利 A9A/9/7,A9B/9/23
○軍好高而惡下 A9A/9/10
A9B/9/24
○此六者 A10/10/25
A10/10/27,A10/10/30
○難行之道者 A11/11/21
○為客之道 A11/12/1,A11/12/18
○火攻有五 A12/13/11
○此四宿者 A12/13/13
○火攻 A12/13/15

○軍必知有五火之變 A12/13/17
○興師十萬 A13/14/3
○軍之所欲擊 A13/14/18
○兵制必先定 B3/16/14
○兵有以道勝 B4/18/3
○將能其道者 B5/20/6
○挾義而戰者 B5/20/16
故○集兵 B5/20/27
○守者 B6/21/8
○兵不攻無過之城 B8/22/16
○誅者 B8/22/26
○將理官也 B9/24/13
○治人者何 B11/25/26
○我往則彼來 B12/27/1
○奪者無氣 B12/27/11
○稱分塞者 B20/31/1
○伍臨陳 B21/31/11
○什保什 B21/31/11
○明刑罰 B21/31/15
○興師必審內外之權 B22/33/1
○將輕、壘卑、眾動 B22/33/11
○圍必開其小利 B22/33/11
○制國治軍 C1/36/24
○兵之所起者有五 C1/36/28
○料敵有不卜而與之戰
者八 C2/38/15
○此不如敵人 C2/38/24
○若此者 C2/39/4
○行軍之道 C3/39/29
○兵戰之場 C3/40/1
○畜卒騎 C3/40/20
○馬不傷於末 C3/40/24
○人論將 C4/40/30
○兵有四機 C4/41/6
○戰之要 C4/41/17
○戰之法 C5/42/8
○用車者 C5/43/16
○攻敵圍城之道 C5/43/24
○戰定爵位 D3/47/30
○戰固眾相利 D3/48/1
○五兵五當長以衛短 D3/48/4
○戰智也 D3/48/10
○戰有天有財有善 D3/48/13
大小、堅柔、參伍、眾
寡、○兩 D3/48/21
○戰間遠觀邇 D3/48/23
○陳行惟疏 D3/48/27
○事善則長 D3/49/1
○此道也 D3/49/4
○戰之道 D3/49/8,D4/49/26
D4/49/28,D4/50/21,D5/51/20
○人之形 D3/49/11
○治亂之道 D3/49/14
○軍使法在己曰專 D3/49/19
○戰正不符則事專 D3/49/21
○三軍人戒分日 D4/50/1
○戰以力久 D4/50/3
○車以密固 D4/50/5
○戰以輕行輕則危 D4/50/10
○戰敬則慊 D4/50/15
○馬車堅 D4/50/17
○人死愛 D4/50/21
○戰若勝 D4/50/23
○戰三軍之戒無過三日 D4/50/25
○大善用本 D4/50/27
○勝三軍一人勝 D4/50/29
○鼓 D4/50/29
○戰既固勿重 D4/50/32
○盡危 D4/50/32
○戰非陳之難 D4/51/1
○眾寡 D4/51/5
○戰勝則與眾分善 D4/51/8
○民以仁救 D4/51/11
○戰擊其微靜 D4/51/15
○戰背風背高 D5/51/24
○戰設而觀其作 D5/51/26
○戰眾寡以觀其變 D5/51/28
○從奔勿息 D5/51/32
○近敵都 D5/52/1
○戰先則弊 D5/52/3

煩 fán 11

愛民可○也 A8/8/12
示人無己○也 B8/23/30
夫○人而欲乞其死 B8/23/30
旌旗○亂 C2/38/28,C4/42/1
法令省而不○ C4/41/3
其令不○而威震天下 C6/44/23
多力以○ D3/48/14
是謂○陳 D3/48/16
上○輕 D4/50/15
寡利○ D5/51/20

燔 fán 3

輕者如炮如○ B2/16/8
無刊其木、發其屋、取
其粟、殺其六畜、○
其積聚 C5/43/25
無○牆屋 D1/45/23

反 fǎn 15

有○間 A13/14/9
○間者 A13/14/11
○報也 A13/14/12
故○間可得而用也 A13/14/21
知之必在於○間 A13/14/23
故○間不可不厚也 A13/14/23
○本緣理 B11/26/14
奇兵則○是 B18/29/21,B18/29/25
所以○本復始 C1/36/19
於敵○是 D3/48/10
○敗厥身 D3/49/6
勝否勿○ D4/51/9
迎而○之 D5/51/21
息久亦○其儡 D5/52/3

返 fǎn 7

粟馬肉食、軍無懸缶、
不○其舍者 A9A/8/20
懸缶不○其舍者 A9B/10/9
難以○ A10/10/20,A10/10/21
成功乃○ B4/18/5
敵破而後言○ C4/41/3
退必有○慮 D5/52/1

犯 fàn 32

○三軍之眾 A11/12/27
○之以事 A11/12/28
○之以利 A11/12/28
堅陳○之 B3/16/24
威故不○ B5/20/11
民一○禁而拘以刑治 B11/26/11
其陵○無節 B12/27/14
伍有干令○禁者 B14/28/6
什有干令○禁者 B14/28/6
屬有干令○禁者 B14/28/7

閭有干令○禁者 B14/28/8
有干令○禁者 B14/28/10
故內無干令○禁 B15/28/24
則前行進為○難 B17/29/14
加○教之罪 B21/31/7
如○教之罪 B21/31/8
則教者如○法者之罪 B21/31/11
B21/31/12,B21/31/12
○令不舍 B22/32/19
武所以○強敵、力攻守也 B23/33/22
○令必死 B23/34/6
乳犬之○虎 C1/36/7
無○進止之節 C3/39/29
施令而下不○ C4/41/10
憑弱○寡則眚之 D1/45/30
○令陵政則杜之 D1/46/1
勇力不相○ D2/46/9
○命為士上戮 D2/46/14
故勇力不相○ D2/46/14
太長則難○ D2/46/28
不貴用命而貴○命 D2/47/9

飯 fàn 4

軍食熟而後○ B4/19/20
故如有子十人不加一○ B11/26/8
有子一人不損一○ B11/26/8
則民私○有儲食 B11/26/10

方 fāng 14

○則止 A5/4/28
是故○馬埋輪 A11/12/10
四○豈無順時乘之者邪 B1/15/7
○亦勝 B2/16/7,B18/30/1
○之以行垣 B15/28/18
圓而○之 C3/40/7
豈有○乎 C3/40/20
以○從之 C5/42/28
巡狩者○會諸侯 D1/45/18
○慮極物 D3/47/30
在軍見○ D3/48/25
○其疑惑 D4/50/1
人○有性 D4/51/3

防 fáng 2

丘陵隄○ A9A/9/10,A9B/9/25

放 fàng 1

○弒其君則殘之 D1/46/1

非 fēi 59

○善之善者也 A3/2/19
A4/3/21,A4/3/21
屈人之兵而○戰也 A3/2/24
拔人之城而○攻也 A3/2/24
毀人之國而○久也 A3/2/25
兵○益多也 A9A/8/23
兵○貴益多 A9B/10/12
○天之災 A10/10/27
○惡貨也 A11/12/4
○惡壽也 A11/12/4
○霸王之兵也 A11/12/25
○利不動 A12/13/20
○得不用 A12/13/20
○危不戰 A12/13/20
○人之將也 A13/14/5
○主之佐也 A13/14/5
○勝之主也 A13/14/5
○聖智不能用間 A13/14/14
○仁義不能使間 A13/14/14
○微妙不能得間之實 A13/14/15
○〔世之所謂刑德也〕 B1/15/4
兵起○可以忿也 B2/16/1
先登者未（常）〔嘗〕○多力國士也 B3/16/17
先死者〔亦〕未嘗○多力國士〔也〕 B3/16/17
民○樂死而惡生也 B3/16/27
臣謂○一人之獨勇 B3/17/1
○吾民之罪 B3/17/15
使天下○農無所得食 B3/17/18
○戰無所得爵 B3/17/19
○攻權也 B5/20/4
言○全也 B5/20/20
○全勝者無權名 B5/20/20
○善者也 B6/21/8
○妄費於民聚土壤也 B6/21/13
臣以為○難也 B8/23/1
○出生〔也〕 B8/23/7
○武議安得此合也 B8/23/10
○將事也 B8/24/3
○吾令也 B8/24/9
○五穀無以充腹 B11/25/26
○絲麻無以蓋形 B11/25/26
則無為○者矣 B11/26/12
使○百人無得通 B15/28/19
○其百人而入者 B15/28/19
○將吏之符節 B15/28/22
卒無○其吏 B17/29/11
吏無○其卒 B17/29/11
見○而不（誥）〔詰〕 B17/29/12
○順職之吏而行者 B20/31/2
有○令而進退者 B21/31/7
○追北襲邑攸用也 B23/33/29
周武伐紂而殷人不○ C1/36/22
百姓皆是吾君而○鄰國 C1/37/13
○此車騎之力 C5/42/21
○所恃也 C6/44/1
凡戰○陳之難 D4/51/1
○使可陳難 D4/51/1
○知之難 D4/51/1

飛 fēi 1

○廉、惡來身先戟斧 B8/23/13

肥 féi 2

量土地○墝而立邑建城 B2/15/18
古者土無○磽 B11/26/4

費 fèi 10

則內外之○ A2/1/25
日○千金 A2/1/26
A13/14/3,B9/24/27
百姓之○十去其七 A2/2/4
公家之○ A2/2/4
命曰○留 A12/13/20
百姓之○ A13/14/3
非妄○於民聚土壤也 B6/21/13
天下無○ B11/25/29

廢 fèi 8

向阪陳〔者〕為○軍 B1/15/10
戰國則以立威、抗敵、相圖而不能○兵也 B23/33/17
修德○武 C1/36/8
○之則衰 C1/36/21
上令既○ C3/39/31
軍容入國則民德○ D2/47/13
故無○德 D2/47/18
○其不欲不能 D3/48/10

分 fēn 53

殺士〔卒〕三○之一 A3/2/23
倍則○之 A3/2/27
○數是也 A5/4/10
則我專而敵○ A6/5/18
敵○為十 A6/5/18
則三○之二至 A7/6/24
故兵以詐立、以利動、以○合為變者也 A7/7/4
掠鄉○眾 A7/7/8
廓地○利 A7/7/8
征役○軍而逃歸 B3/16/20
○人之民而畜之 B3/17/24
力○者弱 B5/20/1
○險者無戰心 B5/20/16
（○歷）〔幺麼〕毀瘠者并於後 B6/21/24
職○四民 B10/25/3
治之○也 B10/25/3
○地塞要 B10/25/7
官○文武 B10/25/15
皆有地○ B15/28/18
將有○地 B15/28/18
帥有○地 B15/28/18
伯有○地 B15/28/19
踰○干地者 B15/28/24
以經令○之為三○焉 B17/29/6
有○有合 B18/29/30,B20/30/28
皆有○職 B19/30/13
若踰○而上請者死 B19/30/13
○卒據要害 B20/30/25
守要塞關梁而○居之 B20/30/28
凡稱○塞者 B20/31/1
○營居陳 B21/31/7
決死生之○ B21/32/1
謂○地以限 B22/32/12
五曰○限 B22/32/12
皆有○部也 B22/32/15
必三○之 C2/37/29
○兵繼之 C2/39/4
○而合之 C3/40/8
乃數○之一爾 C4/41/1
○散其眾 C4/41/8
○為五軍 C5/42/22
○為五戰 C5/42/23
各○而乘之 C5/42/28
○車列騎隱於四旁 C5/43/7
以爵○祿 D1/45/15
上下○惡若此 D2/47/23
凡三軍人戒○日 D4/50/1
不可以○食 D4/50/1
一卒之警無過○日 D4/50/25
凡戰勝則與眾○善 D4/51/8
若○而迭擊 D5/51/21

紛 fēn 2

○○紜紜 A5/4/21

焚 fén 3

○舟破釜 A11/12/15
可○而滅 C4/41/21
斬使○書 C5/42/23

頒 fēn 1

又○賜有功者父母妻子於廟門外 C6/44/9

墳 fén 1

發其○墓 B13/27/23

轒 fén 1

修櫓○轀 A3/2/22

忿 fèn 3

將不勝其○而蟻附之 A3/2/23
○速可侮也 A8/8/11
兵起非可以○也 B2/16/1

奮 fèn 3

○敵若驚 B21/32/2
不如百人之○也 B24/35/13
介胄而○擊之者以萬數 C6/44/11

風 fēng 18

故其疾如○ A7/7/6
遇○ A11/12/10
○起之日也 A12/13/13
火發上○ A12/13/17
無攻下○ A12/13/17
晝○久 A12/13/17
夜○止 A12/13/17
動如○雨 B4/19/1,B17/29/15
觀星辰○雲之變 B8/23/17
如○如雨 B8/23/21
一曰疾○大寒 C2/38/15
審候○所從來 C3/40/17
○順致呼而從之 C3/40/17
○逆堅陳以待之 C3/40/18
○（飈）〔飆〕數至 C4/41/21
進如○雨 C5/42/19
凡戰背○背高 D5/51/24

封 fēng 2

所以開○疆 B21/32/5
後將吏及出縣○界者 B24/34/16

鋒 fēng 3

兵無選○ A10/10/30
○以疏則達 B23/33/24
○銳甲堅 C3/39/15

奉 fèng 6

車甲之○ A2/1/26
公家之○ A13/14/3
○王之命 B20/31/1
○歸勿傷 D1/45/24
必○於父母而正於君長 D2/46/6

順天○時 D3/48/3

缶 fǒu 2

粟馬肉食、軍無懸○、不返其舍者 A9A/8/20
懸○不返其舍者 A9B/10/9

否 fǒu 3

若○ D4/50/23
既勝（浩）〔若〕○ D4/51/5
勝○勿反 D4/51/9

夫 fū 74

○未戰而廟筭勝者 A1/1/20
○鈍兵挫銳 A2/1/27
○兵久而國利者 A2/1/28
○將者 A3/3/1
○兵形象水 A6/6/11
○金鼓旌旗者 A7/7/12
○惟無慮而易敵者 A9A/9/13
○唯無慮而易敵者 A9B/10/12
○勢均 A10/10/28
○地形者 A10/11/1
○吳人與越人相惡也 A11/12/9
○霸王之兵 A11/12/25
○眾陷於害 A11/13/1
○戰勝攻取而不修其功者、凶 A12/13/19
○土廣而任 B2/15/23
○心狂、目盲、耳聾 B2/16/4
○將能禁此四者 B3/16/23
○將卒所以戰者 B4/18/7
○以居攻出 B4/19/12
僅存之國富大○ B4/19/14
○勤勞之師 B4/19/19
○力弱故進退不豪 B5/20/1
○將不心制 B5/20/4
○民無兩畏也 B5/20/6
○不愛說其心者 B5/20/10
○城邑空虛而資盡者 B5/21/2
○守者、不失〔其〕險者也 B6/21/12
則愚○惷婦無不蔽城盡資血城者 B6/21/22
則愚○惷婦無不守陴而泣下 B6/21/23
○殺人之父兄 B8/22/16
士大○不離其官府 B8/22/18
○出不足戰 B8/22/23
○能刑上究、賞下流 B8/22/28
○將提鼓揮枹 B8/22/30
○提鼓揮枹 B8/23/1
○市也者 B8/23/2
○提天下之節制 B8/23/4
人人（之謂）〔謂之〕狂○也 B8/23/9
○將者、上不制於天 B8/23/18
○水、至柔弱者也 B8/23/24
○煩人而欲乞其死 B8/23/30
一○不勝其勇 B8/24/8
○能無（移）〔私〕於一人 B9/24/13
今○決獄 B9/24/24
士大○無不離〔其〕官府 B9/24/26
○在芸耨 B11/25/26
○無彫文刻鏤之事 B11/25/27
春夏○出於南畝 B11/26/1
○謂治者 B11/26/7
橫生於一○ B11/26/10
百里之海不能飲一○ B11/26/22
○禁必以武而成 B11/26/25
○精誠在乎神明 B12/27/4
○什伍相結 B14/28/13
○蚤決先敵 B18/30/4
○內向所以顧中也 B23/34/1
○人捧觴 C1/36/10
○道者 C1/36/19
○人有恥 C1/36/24
○安國家之道 C2/37/25
○齊陳重而不堅 C2/37/25
○齊性剛 C2/37/28
○人當死其所不能 C3/40/5
○馬必安其處所 C3/40/22
○總文武者 C4/40/30
○勇者必輕合 C4/41/1
十○所守 C4/41/7
千○不過 C4/41/7
○鼙鼓金鐸 C4/41/13
○五軍五衢 C5/42/22
○發號布令而人樂聞 C6/44/1
於是武侯設坐廟廷為三行饗士大○ C6/44/8
足懼千○ C6/44/17
所以愛○其民也 D1/45/7

膚 fū 1

服○輕 D4/50/15

弗 fú 12

然而世將○能知 B6/21/10
○追也 B9/24/16
○勝於此 B12/27/1
則○勝彼矣 B12/27/1
知而○揭 B14/28/6
B14/28/7,B14/28/7,B14/28/8
知而○揭者 B14/28/10
○教 B21/31/8
○知 B24/34/17
父母妻子○捕執及不言 B24/34/19

伏 fú 9

○也 A9A/9/1,A9B/10/4
此○姦之所處也 A9A/9/5
此○姦之所也 A9B/10/3
譬猶○雞之搏狸 C1/36/7
設○投機 C2/37/31
○燒屋之下 C3/40/2
今使一死賊○於曠野 C6/44/16
跪坐坐○則膝行而寬誓之 D4/49/30

服 fú 36

則不○ A9A/9/14,A9B/10/13
不○則難用也 A9A/9/14
則民○ A9A/9/15,A9B/10/14
則民不○ A9A/9/16,A9B/10/14
不○則難用 A9B/10/13
大吏怒而不○ A10/10/28
〔○則〕失 B5/20/19
則敵國可不戰而○ B12/27/17
組甲不出於櫜而威○天下矣 B22/32/20
吳起儒○以兵機見魏文侯 C1/36/3

義必以禮○ C1/36/31
彊必以謙○ C1/36/31
剛必以辭○ C1/36/31
暴必以詐○ C1/36/31
逆必以權○ C1/36/31
以○鄰敵 C1/37/5
三軍○威 C5/42/9
雖衆可○ C5/42/28
又能舍○ D1/45/12
海外來○ D1/45/16
以兵革○諸侯 D1/45/28
負固不○則侵之 D1/46/1
○正成恥 D3/48/1
不○、不信、不和、怠、疑、厭、懾、枝、拄、詘、頓、肆、崩、緩 D3/48/19
慮多成則人○ D3/48/27
時中○厥次治 D3/48/28
五曰御其○ D3/49/16
七曰百官宜無淫○ D3/49/16
不○則法 D3/49/21
可師可○ D4/50/1
率則○ D4/50/15
○膚輕 D4/50/15
○美重 D4/50/15

枹 fú 5
夫將提鼓揮○ B8/22/30
在於○端 B8/22/31
夫提鼓揮○ B8/23/1
援（抱）〔○〕而鼓忘其身 B8/24/1
在○之端 B23/34/6

符 fú 6
夷關折○ A11/13/5
猶合○節 B2/15/19
非將吏之○節 B15/28/22
共一○ B16/28/28
授持○節 B20/31/2
凡戰正不○則事專 D3/49/21

福 fú 2
不禱祠而得○ B4/19/17,B8/23/26

斧 fǔ 5
飛廉、惡來身先戟○ B8/23/13
君身以○鉞授將曰 B19/30/12
坐之兵劍○ B23/34/2
陳之○鉞 B23/34/5
令如○鉞 B24/35/15

府 fǔ 4
亡國富倉○ B4/19/14
士大夫不離其官○ B8/22/18
士大夫無不離〔其〕官○ B9/24/26
百有二十步而立一○柱 B15/28/22

俯 fǔ 1
立進○ D4/49/28

釜 fǔ 1
焚舟破○ A11/12/15

輔 fǔ 3
國之○也 A3/3/1
○周則國必強 A3/3/1
○隙則國必弱 A3/3/1

撫 fǔ 2
遂發其窖廩救○ B6/21/23
○之以仁 C1/36/21

父 fù 12
○不敢舍子 B3/16/31
子不敢舍○ B3/16/31
夫殺人之○兄 B8/22/16
○不得以私其子 B14/28/13
○母妻子知之 B24/34/17
○母妻子盡同罪 B24/34/19
○母妻子弗捕執及不言 B24/34/19
厚其○母妻子 C2/38/10
名曰○子之兵 C3/39/27
又頒賜有功者○母妻子於廟門外 C6/44/9
歲被使者勞賜其○母 C6/44/10
必奉於○母而正於君長 D2/46/6

阜 fù 2
順天、○財、懌衆、利地、右兵 D3/48/3
○財因敵 D3/48/3

附 fù 8
將不勝其忿而蟻○之 A3/2/23
無○於水而迎客 A9A/8/18
A9B/9/21
卒未親○而罰之 A9A/9/14
A9B/10/13
卒已親○而罰不行 A9A/9/14
A9B/10/13
謂甲首相○ B22/32/11

赴 fù 2
故可與之○深谿 A10/11/7
如○千仞之谿 B3/17/9

負 fù 5
吾以此知勝○矣 A1/1/10
勝○見矣 A1/1/21
一勝一○ A3/3/11
以定勝○ C2/38/26
○固不服則侵之 D1/46/1

婦 fù 2
則愚夫惷○無不蔽城盡資血城者 B6/21/22
則愚夫惷○無不守陴而泣下 B6/21/23

復 fù 16

終而○始 A5/4/13
死而○生 A5/4/14
故其戰勝不○ A6/6/8
怒可以○喜 A12/13/21
慍可以○悅 A12/13/22
亡國不可以○存 A12/13/22
死者不可以○生 A12/13/22
敵○啚止我往而敵制勝矣 B12/27/8
○戰得首長 B16/28/30
所以反本○始 C1/36/19
正○厥職 D1/45/25
其教可○ D2/46/20
若人不信上則行其不○ D3/49/21
若將○戰 D4/51/8
○戰 D4/51/8
無○先術 D4/51/9

富 fù 10

則〔其〕國〔不得無〕○ B2/15/23
○治者 B2/15/24
王國○民 B4/19/14
霸國○士 B4/19/14
僅存之國○大夫 B4/19/14
亡國○倉府 B4/19/14
貴爵○祿必稱 B10/25/3
其國○ C2/37/28
人民○眾 C2/38/22
上○而驕 C4/41/18

腹 fù 4

非五穀無以充○ B11/25/26
故充○有粒 B11/25/26
糟糠不充○ B11/26/1
置章於○ B17/29/11

賦 fù 1

節○歛 B10/25/6

覆 fù 10

○軍殺將 A8/8/12, B3/16/15
○也 A9A/9/1, A9B/10/4
必謹○索之 A9A/9/5, A9B/10/3
如雲〔霓〕○之 B2/16/8
必○軍殺將 B3/17/25
備敵○我 C3/40/25
其兵可○ C5/43/22

改 gǎi 1

不過○意 D3/49/4

蓋 gài 5

暑不張○ B4/19/19
樸樕○之 B8/23/29
非絲麻無以○形 B11/25/26
○形有縷 B11/25/26
○古治之行 B11/26/5

干 gān 9

伍有○令犯禁者 B14/28/6
什有○令犯禁者 B14/28/6
屬有○令犯禁者 B14/28/7
閭有○令犯禁者 B14/28/8
有○令犯禁者 B14/28/10
烏能以○令相私者哉 B14/28/14
踰分○地者 B15/28/24
故內無○令犯禁 B15/28/24
（制）〔利〕如○將 B24/35/15

竿 gān 1

以○為旗 B21/31/20

秆 gǎn 1

萁○一石 A2/2/7

敢 gǎn 17

○問敵眾整而將來 A11/11/26
○問兵可使如率然乎 A11/12/9
父不○舍子 B3/16/31
子不○舍父 B3/16/31
除害在於○斷 B7/22/7
為下不○私 B11/26/11
主人不○當而陵之 B12/27/9
莫○當其前 B17/29/15
莫○躡其後 B17/29/16
有○行者誅 B19/30/17
有○高言者誅 B19/30/17
有○不從令者誅 B19/30/17
不○信其私謀 C1/36/15
欲去不○ C2/38/29
所在寇不○敵 C4/41/10
擊之不○ C5/43/4
進退不○ C5/43/8

扛 gāng 1

力輕○鼎 C2/38/8

剛 gāng 6

○柔皆得 A11/12/11
三曰○兵 C1/36/29
因怒興師曰○ C1/36/30
○必以辭服 C1/36/31
夫齊性○ C2/37/28
兼○柔者 C4/40/30

高 gāo 33

〔○下〕、遠近、險易、廣狹、死生也 A1/1/7
敵雖○壘深溝 A6/5/14
水之形避○而趨下 A6/6/11
○陵勿向 A7/7/21
視生處○ A9A/8/17
A9A/8/19, A9B/9/20, A9B/9/21
塵○而銳者 A9A/9/1, A9B/10/5
而右背○ A9A/9/7
凡軍好○而惡下 A9A/9/10
A9B/9/24
右背○ A9B/9/23
先居○陽 A10/10/20
必居○陽以待敵 A10/10/24
如登○而去其梯 A11/12/14
城○池深 B1/15/7
則○山陵之 B3/16/24

四曰深溝○壘之論 B4/18/10
不自○人故也 B8/23/29
明視而○居則威之 B12/27/12
○之以廊廟之（論）〔論〕 B12/27/17
有敢○言者誅 B19/30/17
將重、壘○、衆懼 B22/33/11
能踰○超遠、輕足善走者 C1/37/6
深溝○壘 C5/42/18
若○山深谷 C5/43/1
左右○山 C5/43/4
登○四望 C5/43/12
貴○賤下 C5/43/16
凡戰背風背○ D5/51/24
右○、左險 D5/51/24

膏 gāo 1

○鐧有餘 C3/39/15

櫜 gāo 1

組甲不出於○而威服天下矣 B22/32/20

告 gào 13

勿○以言 A11/12/28
勿○以害 A11/12/28
間與所○者皆死 A13/14/16
可使○敵 A13/14/22
將軍○曰 B19/30/15
必○於祖廟 C1/36/15
徧○于諸侯 D1/45/19
乃○于皇天上帝 D1/45/20
○之以所生 D4/49/32
兵不○利 D4/51/5
甲不○堅 D4/51/5
車不○固 D4/51/5
馬不○良 D4/51/5

誥 gào 1

見非而不（○）〔誥〕 B17/29/12

戈 gē 2

令將吏授旗鼓○甲 B24/34/16
右兵弓矢禦、殳矛守、○戟助 D3/48/4

割 gē 1

以地界出○ B3/17/11

歌 gē 2

太公望年七十屠牛朝○ B8/23/9
得意則愷○ D2/47/25

革 gé 5

○車千乘 A2/1/25
○其謀 A11/12/13
今君四時使斬離皮○ C1/36/4
○車奄戶 C1/36/5
以兵○服諸侯 D1/45/28

各 gè 10

○逼地形而攻要塞 B5/20/28
四者○有法 B18/29/20
前後章○五行 B21/31/18
○視其所得之爵 B21/31/28
○死其職而堅守也 B22/32/12
○相去三五里 B24/34/13
○有其道 C1/36/31
○軍一衢 C5/42/22
○分而乘之 C5/42/28
○入其宮 C5/43/24

更 gēng 4

而○其旌旗 A2/2/10
〔雖有〕小過無○ B4/18/16
〔雖有小過無○〕 B4/18/17
○造易常 B10/25/18

耕 gēng 3

故務○者、〔其〕民不飢 B4/19/4
○有不終畝 B11/26/4
而無私○私織 B11/26/7

工 gōng 4

○食不與焉 B6/21/12
程○人 B10/25/6
匠○之功也 B10/25/7
其有○用五兵、材力健疾、志在吞敵者 C2/38/9

弓 gōng 5

○矢也 B3/16/21
長者持○弩 C3/40/10
進○與弩 C5/43/2
右兵○矢禦、殳矛守、戈戟助 D3/48/4
○矢固禦 D3/48/15

公 gōng 10

○家之費 A2/2/4
○家之奉 A13/14/3
楚將○子心與齊人戰 B1/15/12
○子心曰 B1/15/12
桓○也 B3/17/5
太○望年七十屠牛朝歌 B8/23/9
男女○於官 B13/27/23,B13/27/24
武王問太○望曰 B22/32/26
申○問曰 C1/37/16

功 gōng 41

無勇○ A4/3/23
夫戰勝攻取而不修其○者、凶 A12/13/19
成○出於衆者 A13/14/6
必成大○ A13/14/27
動則有○ B3/16/28
然不能濟○名者 B3/17/7
成○乃返 B4/18/5
貴○（養）〔養〕勞 B4/19/16
則賞○立名 B8/22/30
君以武事成○者 B8/23/1
欲以成勝立○ B8/23/17
貴○養勞 B8/23/26
匠工之○也 B10/25/7

惡在乎必往有○ B12/27/8
吏卒之○也 B17/29/15
舉○別德 B21/32/2
謂興有○ B22/32/15
有○必賞 B23/34/5
軍無○者戍三歲 B24/34/23
餘士卒有軍○者奪一級 B24/34/26
無軍○者戍三歲 B24/34/26
同伍盡奪其○ B24/34/28
皆起之○也 C1/36/11
所以行事立○ C1/36/19
王臣失位而欲見○於上者 C1/37/6
四曰陳○居列 C2/38/23
則不勞而○舉 C4/41/17
君舉有○而進饗之 C6/44/6
無○而勵之 C6/44/6
上○坐前行 C6/44/8
次○坐中行 C6/44/8
無○坐後行 C6/44/9
又頒賜有○者父母妻子於廟門外 C6/44/9
亦以○為差 C6/44/10
君試發無○者五萬人 C6/44/15
此勵士之○也 C6/44/20
而危有○之君 D1/45/19
無毀土○ D1/45/23
著○罪 D3/47/30
以重行重則無○ D4/50/10
以○勝 D4/51/11

攻 gōng 60

○其無備 A1/1/18
○城則力屈 A2/1/27
其下○城 A3/2/22
○城之法 A3/2/22
此○之災也 A3/2/24
拔人之城而非○也 A3/2/24
此謀○之法也 A3/2/25
五則○之 A3/2/27
可勝者、○也 A4/3/18
○則有餘 A4/3/18
善○者動於九天之上 A4/3/18
○而必取者 A6/5/7
○其所不守也 A6/5/8
守其所不○也 A6/5/8
故善○者 A6/5/10
敵不知其所○ A6/5/10
○其所必救也 A6/5/15
是以十○其一也 A6/5/18
銳卒勿○ A7/7/21
城有所不○ A8/7/29
無恃其不○ A8/8/8
恃吾有所不可○也 A8/8/8
爭地則無○ A11/11/22
○其所不戒也 A11/11/29
凡火○有五 A12/13/11
凡火○ A12/13/15
待而勿○ A12/13/15
無○下風 A12/13/17
故以火佐○者明 A12/13/19
以水佐○者強 A12/13/19
夫戰勝○取而不修其功者、凶 A12/13/19
城之所欲○ A13/14/18
〔從其〕東西○〔之〕不能取 B1/15/6
〔從其〕南北○〔之〕不能取 B1/15/6
夫以居○出 B4/19/12
發○必衄 B5/20/2
非○權也 B5/20/4
○不必拔 B5/20/13
不可以言○ B5/20/13
故明主戰○日 B5/20/20
各遏地形而○要塞 B5/20/28
從而○之 B5/20/29
我因其虛而○之 B5/21/3
敵○者、傷之甚也 B6/21/10
○者不下十餘萬之眾 B6/21/19
守餘於○者 B6/21/22
○在於意表 B7/22/6
凡兵不○無過之城 B8/22/16
無蒙衝而○ B8/23/1
必先○其城 B22/33/4
今戰國相○ B22/33/8
可○也 B22/33/11
武所以犯強敵、力○守也 B23/33/22
○守皆得 B24/35/9
○無堅陳矣 C5/42/10
凡○敵圍城之道 C5/43/24
○其國、愛其民 D1/45/4
○之可也 D1/45/4
○戰、守進、退止 D3/48/19
○則屯而伺之 D5/51/26

恭 gōng 1

在朝○以遜 D2/47/14

宮 gōng 1

各入其○ C5/43/24

共 gòng 3

○寒其寒 B11/26/7
○飢其飢 B11/26/7
○一符 B16/28/28

溝 gōu 5

敵雖高壘深○ A6/5/14
四曰深○高壘之論 B4/18/10
皆營其○域 B15/28/19
○壘未成 C2/38/29
深○高壘 C5/42/18

鉤 gōu 2

雖○矢射之 B9/24/16
夏后氏曰○車 D2/47/1

苟 gǒu 5

○不伐 D2/46/13
上○不伐善 D2/47/21
下○不伐善 D2/47/21
上○以不善在己 D2/47/22
下○以不善在己 D2/47/22

孤 gū 1

今世將考○虛 B8/23/17

古 gǔ 27

○之所謂善戰者 A4/3/22
所謂○之善用兵者 A11/11/25
○者士有什伍 B3/16/17

〔〇率民者〕 B4/18/18
〇者率民 B4/18/22
〇人曰 B8/23/1
〇之聖人 B8/23/27
故〇者甲冑之士不拜 B8/23/30
自〇至今 B8/23/31
〇者土無肥磽 B11/26/4
〇人何得而今人何失邪 B11/26/4
蓋〇治之行 B11/26/5
臣聞〇之善用兵者 B24/35/11
〇之明王 C1/37/3
〇者以仁為本 D1/45/3
〇者逐奔不過百步 D1/45/11
自〇之政也 D1/45/13
D3/49/22,D4/51/15,D5/52/4
〇之教民必立貴賤之倫經 D2/46/9
〇者國容不入軍 D2/46/12
〇者逐奔不遠 D2/46/19
〇者 D2/47/13
D2/47/18,D2/47/25
因〇則行 D3/49/1

谷 gǔ 9

絕山依〇 A9A/8/17,A9B/9/20
入〇亦勝 B2/16/7
大〇之口 C3/40/16
若遇敵於谿〇之間 C5/42/30
諸丘陵、林〇、深山、大澤 C5/43/1
若高山深〇 C5/43/1
此謂〇戰 C5/43/7
此〇戰之法也 C5/43/9

殺 gǔ 1

故(〇)〔殺〕敵者 A2/2/9

骨 gǔ 1

暴其〇於市 B13/27/23

鼓 gǔ 65

故為金〇 A7/7/12
夫金〇旌旗者 A7/7/12
故夜戰多火〇 A7/7/15
金〇所指 B3/16/14
〇鳴旗麾 B3/16/17
將已〇而士卒相囂 B3/16/22
合〇合〔角〕 B5/20/20
必〇其豪傑雄俊 B6/21/24
夫將提〇揮枹 B8/22/30
〇之而當 B8/22/30
〇之而不當 B8/22/30
夫提〇揮枹 B8/23/1
援(抱)〔枹〕而〇忘其身 B8/24/1
將專主旗〇爾 B8/24/2
〇行交鬬 B17/29/14
〇之前如雷霆 B17/29/15
金、〇、鈴、旗 B18/29/20
〇之則進 B18/29/20,C5/42/9
重〇則擊 B18/29/20
一〇一擊而左 B18/29/23
一〇一擊而右 B18/29/23
一步一〇 B18/29/23
步〇也 B18/29/23
十步一〇 B18/29/23
趨〇也 B18/29/23
騖〇也 B18/29/24
將〇也 B18/29/24
帥〇也 B18/29/24
小〇 B18/29/24
伯〇也 B18/29/24
三〇同 B18/29/24
〇失次者有誅 B18/29/27
不聽金、〇、鈴、旗而動者有誅 B18/29/27
以板為〇 B21/31/20
擊〇而進 B21/31/20
金〇俱擊而坐 B21/31/21
九曰金〇 B22/32/15
令將吏授旗〇戈甲 B24/34/16
〇之不進 C3/39/24
勇者持金〇 C3/40/10
一〇整兵 C3/40/11
二〇習陳 C3/40/11
三〇趨食 C3/40/11
四〇嚴辨 C3/40/11
五〇就行 C3/40/12
聞〇聲合 C3/40/12
夫鼙〇金鐸 C4/41/13
夜以金〇笳笛為節 C5/42/8
擊金鳴〇於阨路 C5/42/15
必先〇譟而乘之 C5/43/2
成列而〇 D1/45/12
起譟〇而進則以鐸止之 D4/49/30
奏〇輕 D4/50/15
舒〇重 D4/50/15
凡〇 D4/50/29
〇旌旗 D4/50/29
〇車 D4/50/29
〇馬 D4/50/29
〇徒 D4/50/29
〇兵 D4/50/29
〇首 D4/50/29
〇足 D4/50/29
〇兼齊 D4/50/29
待則循而勿〇 D5/51/26

賈 gǔ 3

〇不離其肆宅 B8/22/17
〇無不離〔其〕肆宅 B9/24/26
國無(商)〔商〕〇 B10/25/21

穀 gǔ 3

財〇多積 B1/15/8
五〇未收 B5/21/2
非五〇無以充腹 B11/25/26

轂 gǔ 1

縵輪籠〇 C1/36/6

固 gù 38

守而必〇者 A6/5/8
無所往則〇 A11/12/3
背〇前隘者 A11/12/19
衢地吾將〇其結 A11/12/20
〇倒而勝焉 B1/15/13
三相稱則內可以〇守 B2/15/18
〇不侔也 B3/17/2
守不〇者 B3/17/15
〔故〕靜能守其所〇 B4/19/10
〇陋在於離賢 B7/22/11
令守者必〇 B21/32/1
垣車為〇 B22/32/13

陳以密則○ B23/33/24
〔○〕稱將於敵也 B23/33/27
願聞治兵、料人、○國
之道 C1/37/1
願聞陳必定、守必○、
戰必勝之道 C1/37/10
則守已○矣 C1/37/13
士卒不○ C2/38/19
敵人若堅守以○其兵 C5/42/22
○難敵矣 C6/44/18
負○不服則侵之 D1/46/1
以禮為○ D2/46/19
軍旅之○ D2/47/11
凡戰○衆相利 D3/48/1
主○勉若 D3/48/7
大軍以○ D3/48/14
弓矢○禦 D3/48/15
是謂○陳 D3/48/15
以○久 D4/50/3
本心○ D4/50/3
以甲○ D4/50/3
凡車以密○ D4/50/5
徒以坐○ D4/50/5
甲以重○ D4/50/5
凡戰既○勿重 D4/50/32
車不告○ D4/51/5
用寡○ D5/51/20
進退以觀其○ D5/51/28

故 gū 191

○經之以五事 A1/1/5
○可以與之死 A1/1/6
○校之以計而索其情 A1/1/9
○能而示之不能 A1/1/16
○兵聞拙速 A2/1/28
○不盡知用兵之害者 A2/1/29
○軍食可足也 A2/2/1
○智將務食於敵 A2/2/7
○（殺）〔殺〕敵者 A2/2/9
○車戰得車十乘已上 A2/2/9
○兵貴勝 A2/2/12
○知兵之將 A2/2/14
是○百戰百勝 A3/2/19
○上兵伐謀 A3/2/22
○善用兵者 A3/2/24
A7/7/17,A11/12/8,A11/12/11
○兵不頓而利可全 A3/2/25
○用兵之法 A3/2/27
A7/7/21,A8/8/8,C3/40/5
○小敵之堅 A3/2/28
○君之所以患於軍者三 A3/3/3
○知勝有五 A3/3/8
○曰 A3/3/11
A4/3/17,A6/6/1,A10/11/12
A12/13/20,B2/15/25,B3/17/8
B3/17/19,B4/19/16,B8/23/10
B8/23/25,B17/29/15
B24/35/12,C1/36/25,C3/40/2
C4/41/15,C5/42/14,C5/42/16
○善戰者 A4/3/16
A4/3/24,A5/4/27,A6/5/3
○能自保而全勝也 A4/3/19
○舉秋毫不為多力 A4/3/21
○善戰者之勝也 A4/3/23
○其戰勝不忒 A4/3/23
是○勝兵先勝而後求戰 A4/3/24
○能為勝敗之政 A4/3/25
○勝兵若以鎰稱銖 A4/4/4
○善出奇者 A5/4/13
是○善戰者 A5/4/18
○善動敵者 A5/4/25
○能擇人而任勢 A5/4/27
○善戰人之勢 A5/4/28
○敵佚能勞之 A6/5/6
○善攻者 A6/5/10
○能為敵之司命 A6/5/12
○我欲戰 A6/5/14
○形人而我無形 A6/5/18
○備前則後寡 A6/5/22
○知戰之地 A6/5/25
○策之而知得失之計 A6/6/3
○形兵之極 A6/6/6
○其戰勝不復 A6/6/8
○兵無常勢 A6/6/12
○五行無常勝 A6/6/14
○迂其途而誘之以利 A7/6/19
○軍爭為利 A7/6/22
是○卷甲而趨 A7/6/22
是○軍無輜重則亡 A7/6/25
○不知諸侯之謀者 A7/7/1
○兵以詐立、以利動、
以分合為變者也 A7/7/4
○其疾如風 A7/7/6
○為金鼓 A7/7/12
○為旌旗 A7/7/12
○夜戰多火鼓 A7/7/15
○三軍可奪氣 A7/7/17
是○朝氣銳 A7/7/17
○將通於九變之地利者 A8/8/1
是○智者之慮 A8/8/4
是○屈諸侯者以害 A8/8/6
○將有五危 A8/8/11
○令之以文 A9A/9/15,A9B/10/13
○兵有走者 A10/10/27
○戰道必勝 A10/11/4
○進不求名 A10/11/4
○可與之赴深谿 A10/11/7
○可與之俱死 A10/11/7
○知兵者 A10/11/12
是○散地則無戰 A11/11/22
是○其兵不修而戒 A11/12/3
是○方馬埋輪 A11/12/10
是○散地吾將一其志 A11/12/19
○兵之情 A11/12/21
是○不知諸侯之謀者 A11/12/24
是○不爭天下之交 A11/12/26
○其城可拔 A11/12/27
○為兵之事 A11/13/3
是○政舉之日 A11/13/5
是○始如處女 A11/13/6
○以火佐攻者明 A12/13/19
○明君慎之 A12/13/22
○明君賢將 A13/14/5
○用間有五 A13/14/9
○三軍之事 A13/14/14
○反間可得而用也 A13/14/21
○鄉間、內間可得而使
也 A13/14/22
○死間為誑事 A13/14/22
○生間可使如期 A13/14/23
○反間不可不厚也 A13/14/23
○惟明君賢將 A13/14/26
無異○也 B2/15/19
○關之 B2/15/22
○能使之前 B3/16/27
○令之法 B4/18/16
○上無疑令 B4/18/18
○國必有禮〔信〕親愛
之義 B4/18/21
○戰者 B4/18/24

〔〇兵〕止如堵墻 B4/19/1
〇務耕者、〔其〕民不飢 B4/19/4
〇先王〔務〕専於兵 B4/19/8
〔〇〕静能守其所固 B4/19/10
夫力弱〇進退不豪 B5/20/1
是〇知勝敗之道者 B5/20/7
愛〇不二 B5/20/11
威〇不犯 B5/20/11
〇善將者 B5/20/11
〇衆已聚不虛散 B5/20/14
〇爭必當待之 B5/20/17
〇明主戰攻日 B5/20/20
以其有法〇也 B5/20/23
〇五人而伍 B5/20/24
〇凡集兵 B5/20/27
〇為城郭者 B6/21/13
〇兵者 B8/22/17
〇兵不血刃而天下親焉 B8/22/18
〇人主重將 B8/22/28
〇兵者、凶器也 B8/23/18
〇不得已而用之 B8/23/19
不自高人〇也 B8/23/29
〇古者甲冑之士不拜 B8/23/30
〇萬物至而制之 B9/24/13
〇善審囚之情 B9/24/16
其次知識〇人也 B9/24/25
〇禮得以伐也 B10/25/18
〇充腹有粒 B11/25/26
〇埏埴以為器 B11/25/29
〇如有子十人不加一飯 B11/26/8
〇兵貴先 B12/27/1
〇知道者 B12/27/7
〇兵法曰 B12/27/8
〇先王明制度於前 B13/27/26
〇內無干令犯禁 B15/28/24
〇能敗敵而制其命 B18/30/2
〇正兵貴先 B18/30/4
〇欲戰 B20/31/3
〇能并兼廣大 B22/32/10
〇王者伐暴亂、本仁義焉 B23/33/17
〇當敵而不進 C1/36/9
〇成湯討桀而夏民喜悅 C1/36/21
〇能然矣 C1/36/22
〇強國之君 C1/37/5
〇重而不堅 C2/37/29
〇散而自戰 C2/37/30
〇整而不久 C2/38/1
〇守而不走 C2/38/2
〇治而不用 C2/38/5
〇將之所愼者五 C4/41/1
〇師出之日 C4/41/4
〇戰之日 C6/44/23
是〇殺人、安人 D1/45/3
〇仁見親 D1/45/4
〇國雖大 D1/45/8
〇雖有明君 D2/46/6
〇力同而意和也 D2/46/9
〇德義不相踰 D2/46/12
〇材技不相掩 D2/46/13
〇勇力不相犯 D2/46/14
〇其兵不雜 D2/46/24
〇在國言文而語溫 D2/47/13
〇禮與法 D2/47/15
〇無廢德 D2/47/18
〇戰相為輕重 D4/50/10
〇心中仁 D4/51/11

顧 gù 5

夫內向所以〇中也 B23/34/1
人馬數〇 C2/38/28
莫不梟視狼〇 C6/44/16
執戮禁〇 D4/49/31
是謂絶〇之慮 D5/52/3

寡 guǎ 36

識衆〇之用者勝 A3/3/8
凡治衆如治〇 A5/4/10
鬭衆如鬭〇 A5/4/10
則我衆而敵〇 A6/5/19
能以衆擊〇者 A6/5/19
則吾所與戰者〇矣 A6/5/20
故備前則後〇 A6/5/22
備後則前〇 A6/5/22
備左則右〇 A6/5/22
備右則左〇 A6/5/22
則無所不〇 A6/5/22
〇者 A6/5/23
彼〇可以擊吾之衆者 A11/11/21
衆〇不相恃 A11/11/25
地廣而人〇者 B22/33/4
〇人不好軍旅之事 C1/36/3
〇人聞之 C1/37/16
今〇人不才 C1/37/17
〇詐謀 C2/38/2
薪芻既〇 C2/38/17
不在衆〇 C3/39/22
治衆如治〇 C4/41/2
若敵衆我〇 C5/42/12
若我衆彼〇 C5/42/28
彼衆我〇 C5/42/28,C5/42/30
憑弱犯〇則眚之 D1/45/30
大小、堅柔、參伍、衆〇、凡兩 D3/48/21
凡衆〇 D4/51/5
用〇固 D5/51/20
〇利煩 D5/51/20
用〇進退 D5/51/20
衆以合〇 D5/51/20
〇以待衆 D5/51/21
敵若〇若畏 D5/51/22
凡戰衆〇以觀其變 D5/51/28

挂 guà 3

有〇者 A10/10/19
曰〇 A10/10/20
〇形者 A10/10/20

乖 guāi 3

〇其所之也 A6/5/16
上〇者下離 B22/32/28
乘〇獵散 C2/37/31

怪 guài 1

殄〇禁淫之事也 B10/25/7

官 guān 24

曲制、〇道、主用也 A1/1/8
因其〇人而用之 A13/14/10
天〇時日陰陽向背〔者〕也 B1/15/5
天〇時日 B1/15/9
案《天〇》曰 B1/15/9
豈紂不得天〇之陳哉 B1/15/11
士大夫不離其〇府 B8/22/18

百貨之○也 B8/23/2
市〔有〕所出而○無主也 B8/23/4
而無百貨之○ B8/23/4
將者、死○也 B8/23/19
凡將理○也 B9/24/13
士大夫無不離〔其〕○府 B9/24/26
○者 B10/25/3
○分文武 B10/25/15
○無事治 B10/25/21
男女公於○ B13/27/23,B13/27/24
今名在○而實在家 B24/35/1
○不得其實 B24/35/1
○民之德 D1/45/15
冢宰與百○布令於軍曰 D1/45/23
事極修則百○給矣 D2/46/16
七曰百○宜無淫服 D3/49/16

關 guān 5

夷○折符 A11/13/5
故○之 B2/15/22
不能○一言 B9/24/21
如此○聯良民 B9/24/26
守要塞○梁而分居之 B20/30/28

觀 guān 21

吾以此○之 A1/1/21
不可勝○也 A5/4/15
由是○之 B1/15/8
○星辰風雲之變 B8/23/17
示之財以○其窮 B22/32/28
示之弊以○其病 B22/32/28
○之於目則不麗 C1/36/6
吾欲○敵之外以知其內 C2/38/26
常○於勇 C4/40/30
○敵之來 C4/41/26
急行間諜以○其慮 C5/42/23
而○於先聖 D2/46/6
凡戰間遠○邇 D3/48/23
凡戰設而○其作 D5/51/26
凡戰眾寡以○其變 D5/51/28
〔寬而○其慮〕 D5/51/28
進退以○其固 D5/51/28
危而○其懼 D5/51/28
靜而○其怠 D5/51/28
動而○其疑 D5/51/29
襲而○其治 D5/51/29

管 guǎn 1

車堅○轄 C4/41/9

貫 guàn 1

習○成則民體俗矣 D2/46/16

灌 guàn 1

可○而沈 C4/41/21

光 guāng 1

二曰垂○ B11/26/20

廣 guǎng 11

〔高下〕、遠近、險易、○狹、死生也 A1/1/7
卑而○者 A9A/9/1,A9B/10/5
夫土○而任 B2/15/23
池深而○ B6/21/16
故能并兼○大 B22/32/10
地○而人寡者 B22/33/4
其地○ C2/37/31
一曰土地○大 C2/38/22
知其○狹 C5/43/12
在軍○以武 D3/48/24

規 guī 1

襲其○ D5/51/29

龜 guī 4

合○兆 B8/23/17
啓於元○ C1/36/15
○勝微行 D3/48/13
兼舍環○ D5/51/24

歸 guī 14

暮氣○ A7/7/17
擊其惰○ A7/7/18
○師勿遏 A7/7/21
所從○者迂 A11/11/21
征役分軍而逃○ B3/16/20
兵已出不徒○ B5/20/14
戍客未○ B5/21/1
卒逃○至家一日 B24/34/19
臣以謂卒逃○者 B24/35/5
今以法止逃○ B24/35/8
士輕其將而有○志 C4/41/19
不勝疾○ C5/42/24
奉○勿傷 D1/45/24
醫藥○之 D1/45/25

鬼 guǐ 2

不可取於○神 A13/14/6
先神先○ B1/15/13

詭 guǐ 1

○道也 A1/1/16

貴 guì 33

近於師者○賣 A2/2/3
○賣則百姓財竭 A2/2/3
故兵○勝 A2/2/12
不○久 A2/2/12
○陽而賤陰 A9A/9/10,A9B/9/24
兵非○益多 A9B/10/12
○賤不相救 A11/11/25
○功（飬）〔養〕勞 B4/19/16
聖人所○ B4/19/17
○從我起 B5/20/16
待之○後 B5/20/17
殺之○大 B8/22/27
賞之○小 B8/22/27
當殺而雖○重 B8/22/27
市賤賣○ B8/23/3
○功養勞 B8/23/26
○爵富祿必稱 B10/25/3
故兵○先 B12/27/1
故正兵○先 B18/30/4
奇兵○後 B18/30/4
而處大居○ C1/36/20
愛而○之 C2/38/9

○高賤下 C5/43/16
古之教民必立○賤之倫經 D2/46/9
上○不伐之士 D2/46/12
是以君子○之也 D2/46/20
○善也 D2/46/25
不○用命而○犯命 D2/47/9
不○善行而○暴行 D2/47/9
○信惡疑 D3/48/23

跪 guì 2

坐進○ D4/49/28
○坐坐伏則膝行而寬誓之 D4/49/30

劌 guì 1

諸、○之勇也 A11/12/5

郭 guō 3

進不○(圍)〔圉〕、退不亭障以禦戰 B6/21/8
盡在○中 B6/21/9
故為城○者 B6/21/13

彍 guō 1

勢如○弩 A5/4/19

國 guó 93

○之大事〔也〕 A1/1/3
久暴師則○用不足 A2/1/27
夫兵久而○利者 A2/1/28
取用於○ A2/2/1
○之貧於師者遠輸 A2/2/3
○家安危之主也 A2/2/14
全○為上 A3/2/18
破○次之 A3/2/18
毀人之○而非久也 A3/2/25
○之輔也 A3/3/1
輔周則○必強 A3/3/1
輔隙則○必弱 A3/3/1
○之寶也 A10/11/5
去○越境而師者 A11/12/18
伐大○ A11/12/25
其○可隳 A11/12/27
亡○不可以復存 A12/13/22
此安○全軍之道也 A12/13/22
則〔其〕○〔不得無〕富 B2/15/23
則〔其〕○〔不得無〕治 B2/15/24
先登者未(常)〔嘗〕非多力○士也 B3/16/17
先死者〔亦〕未嘗非多力○士〔也〕 B3/16/17
況○人乎 B3/16/31
今天下諸○士 B3/17/6
今○被患者 B3/17/11
天下諸○助我戰 B3/17/15
信行○內 B3/17/19
雖戰勝而○益弱 B3/17/25
得地而○益貧 B3/17/25
由○中之制弊矣 B3/17/25
故○必有禮〔信〕親愛之義 B4/18/21
○必有孝慈廉恥之俗 B4/18/21
王○富民 B4/19/14
霸○富士 B4/19/14
僅存之○富大夫 B4/19/14
亡○富倉府 B4/19/14
○以專勝 B5/19/26
則身死○亡 B8/22/30
由○無市也 B8/23/2
雖○士、有不勝其酷而自誣矣 B9/24/19
知○有無之數 B10/25/12
○無(商)〔商〕賈 B10/25/21
則敵○可不戰而服 B12/27/17
命曰○賊 B13/27/22
而況○人聚舍同食 B14/28/14
出○門之外 B19/30/15
令民背○門之限 B21/32/1
○車不出於閫 B22/32/20
伐○必因其變 B22/32/27
今戰○相攻 B22/33/8
曲謀敗○ B22/33/13
戰○則以立威、抗敵、相圖而不能廢兵也 B23/33/17
在○之名實 B24/35/1
內不足以守○ B24/35/2
○內空虛 B24/35/6
以滅其○ C1/36/8
昔之圖○家者 C1/36/13
不和於○ C1/36/13
凡制○治軍 C1/36/24
天下戰○ C1/36/25
○亂人疲舉事動眾曰逆 C1/36/30
願聞治兵、料人、固○之道 C1/37/1
故強○之君 C1/37/5
百姓皆是吾君而非鄰○ C1/37/13
○不乏賢 C1/37/17
楚○其殆矣 C1/37/18
六○兵四守 C2/37/23
夫安○家之道 C2/37/25
臣請論六○之俗 C2/37/25
其○富 C2/37/28
中○也 C2/38/4
大○之援 C2/38/24
得之○強 C4/41/11
去之○亡 C4/41/11
雖有其○ C4/41/15
攻其○、愛其民 D1/45/4
故○雖大 D1/45/8
立○辨職 D1/45/15
某○為不道 D1/45/21
以某年月日師至于某○ D1/45/21
王及諸侯修正其○ D1/45/25
古者○容不入軍 D2/46/12
軍容不入○ D2/46/12,D2/47/13
○中之聽 D2/46/13
有虞氏戒於○中 D2/46/22
○容不入軍 D2/47/13
軍容入○則民德廢 D2/47/13
○容入軍則民德弱 D2/47/13
故在○言文而語溫 D2/47/13
居○惠以信 D3/48/24
居○和 D3/48/24
居○見好 D3/48/25

果 guǒ 4

三曰○ C4/41/2
○者 C4/41/3
在行遂而○ D2/47/15
刃上○以敏 D3/48/24

裹 guǒ 2

則遠○而闕之 D5/51/21
敵若眾則相眾而受○ D5/51/22

過 guò 28

見勝不○眾人之所知 A4/3/21
聲不○五 A5/4/14
色不○五 A5/4/14
味不○五 A5/4/15
戰勢不○奇正 A5/4/15
將之○也 A8/8/12,A10/10/28
○則從 A11/12/22
其實不○數萬爾 B3/17/12
〔雖有〕小○無更 B4/18/16
〔雖有小○無更〕 B4/18/17
無○在於度數 B7/22/7
不祥在於惡聞己○ B7/22/10
凡兵不攻無○之城 B8/22/16
○七年餘而主不聽 B8/23/9
如○時則坐法 B19/30/15
太上無○ B22/32/26
其次補○ B22/32/27
千夫不○ C4/41/7
古者逐奔不○百步 D1/45/11
縱綏不○三舍 D1/45/11
遲速不○誡命 D2/47/11
必悔其○ D2/47/22
不○改意 D3/49/4
凡戰三軍之戒無○三日 D4/50/25
一卒之警無○分日 D4/50/25
一人之禁無○皆息 D4/50/25
取○在己 D4/51/8

海 hǎi 5

患在四○之內 B2/16/2
百里之○不能飲一夫 B11/26/22
威加○內 B24/35/12
○外來服 D1/45/16
禱于后土四○神祇、山川冢社 D1/45/20

害 hài 18

故不盡知用兵之○者 A2/1/29
○之也 A6/5/6
必雜於利○ A8/8/4
雜於○而患可解也 A8/8/4
是故屈諸侯者以○ A8/8/6
勿告以○ A11/12/28
夫眾陷於○ A11/13/1
除○在於敢斷 B7/22/7
○在於親小人 B7/22/11
分卒據要○ B20/30/25
除患○ B21/32/5
文所以視利○、辨安危 B23/33/21
軍之利○ B24/35/1
所以違○就利 C1/36/19
用兵之○ C3/40/2
忌其暴起而○己 C6/44/17
賊賢○民則伐之 D1/45/30
欲民速覩為不善之○也 D2/47/20

駭 hài 4

獸○者 A9A/9/1,A9B/10/4
無令驚○ C3/40/23
三軍驚○ C5/43/15

歛 hān 2

財用未○ B5/21/2
節賦○ B10/25/6

寒 hān 8

陰陽、○暑、時制也 A1/1/6
○不重衣 B4/19/19
〔飢飽〕、勞佚、〔○暑〕必以身同之 B4/19/21
不○而衣繡飾 B11/25/30
而奈何○飢 B11/26/4
共○其○ B11/26/7
一曰疾風大○ C2/38/15

韓 hān 1

○據吾前 C2/37/22

毫 háo 1

故舉秋○不為多力 A4/3/21

號 háo 7

○令明 B3/16/27
修吾○令 B3/17/18
發○出令 B3/17/19
危在於無○令 B7/22/12
六曰○別 B22/32/13
○令明信 B24/35/9
夫發○布令而人樂聞 C6/44/1

豪 háo 4

○士一謀者也 B1/15/8
夫力弱故進退不○ B5/20/1
○傑雄俊 B6/21/8
必鼓其○傑雄俊 B6/21/24

好 hǎo 10

凡軍○高而惡下 A9A/9/10
A9B/9/24
禍在於○利 B7/22/11
○善罰惡 B10/25/6
寡人不○軍旅之事 C1/36/3
恃眾○勇 C1/36/8
○勇義 C2/38/2
○戰必亡 D1/45/8
居國見○ D3/48/25
奪其○ D3/49/2

浩 hào 1

既勝（○）〔若〕否 D4/51/5

禾 hé 1

無取六畜○黍器械 D1/45/24

合 hé 49

以正○ A5/4/13
○軍聚眾 A7/6/18,A8/7/26
故兵以詐立、以利動、以分○為變者也 A7/7/4
衢地交○ A8/7/26
久而不○ A9A/8/23,A9B/10/11
以少○眾 A10/10/30

而利○於主 A10/11/5
衢地則○交 A11/11/23
兵○而不齊 A11/11/26
○於利而動 A11/11/26,A12/13/21
不○於利而止 A11/11/26
A12/13/21
則其交不得○ A11/12/26
猶○符節 B2/15/19
○鼓○〔角〕 B5/20/20
非武議安得此○也 B8/23/10
賢士有○ B8/23/11
○龜兆 B8/23/17
未○ B8/24/8
教成○之千人 B18/29/29
○之萬人 B18/29/29
有分有○ B18/29/30,B20/30/28
為戰○之表 B20/30/21
○表乃起 B20/30/21,B20/30/24
戰○表起 B20/30/28,B20/31/2
○之什長 B21/31/23
○之卒長 B21/31/23
○之伯長 B21/31/23
○之兵尉 B21/31/23
○之裨將 B21/31/24
○之太將 B21/31/24
正兵先○ B23/34/5
若行不○道 C1/36/20
舉不○義 C1/36/20
其眾可○而不可離 C3/39/26
分而○之 C3/40/8
聞鼓聲○ C3/40/12
夫勇者必輕○ C4/41/1
輕○而不知利 C4/41/1
六德以時○教 D1/45/13
同患同利以○諸侯 D1/45/28
眾以○寡 D5/51/20

何 hé 33

待之若○ A11/11/27
○者 B1/15/6,C6/44/17
然不能取者〔○〕 B1/15/7
〔然不得勝者○〕 B1/15/11
彗星○知 B1/15/13
○則 B3/17/1
○能紹吾氣哉 B3/17/16
奈○無重將也 B8/22/31
○也 B8/23/3,C1/37/16
如此○也 B8/23/29
○王之至 B10/25/21
凡治人者○ B11/25/26
古人○得而今人○失邪 B11/26/4
而奈○寒飢 B11/26/4
主君○言與心違 C1/36/4
憂此奈○ C2/37/23
進兵之道○先 C3/39/8
○謂也 C3/39/12
兵○以為勝 C3/39/18
○益於用 C3/39/24
其術如○ C4/41/24
則如之○ C5/42/6,C5/43/19
為之奈○ C5/42/12,C5/42/27
為之奈○ C5/42/30
C5/43/4,C5/43/12,C5/43/15
致之奈○ C6/44/4

河 hé 5

不竭如江○ A5/4/13
如江如○ B2/16/8
猶亡舟楫絕江○ B3/16/24
守西○ C1/36/10
臨於西○ C6/44/11

和 hé 20

交○而舍 A7/6/18
無約而請○者 A9A/9/3,A9B/10/6
地利不如人○ B4/19/17,B8/23/27
吏卒不能○ B5/20/29
有四不○ C1/36/13
不○於國 C1/36/13
不○於軍 C1/36/14
不○於陳 C1/36/14
不○於戰 C1/36/14
先○而造大事 C1/36/15
其性○ C2/38/4
君臣未○ C2/38/29
比小事大以○諸侯 D1/45/28
故力同而意○也 D2/46/9
○之至也 D2/47/25
不服、不信、不○、怠、疑、厭、懾、枝、拄、詘、頓、肆、崩、緩 D3/48/19
居國○ D3/48/24
讓以○ D4/51/12

曷 hé 1

○以免奔北之禍乎 B24/35/6

闔 hé 1

敵人開○ A11/13/5

褐 hè 1

今短○不蔽形 B11/26/1

黑 hēi 2

次五行○章 B17/29/7
明如白○ B21/32/2

橫 héng 9

陳兵縱○ A10/10/29
○生於一夫 B11/26/10
軍中縱○之道 B15/28/22
○門誅之 B15/28/24
前後縱○ B22/32/16
○行天下 B22/32/24,C3/40/25
其兵或縱或○ C4/42/1
正縱○ D4/49/28

衡 héng 1

敵與將猶權○焉 B23/33/27

嚝 hōng 1

驕驕、懾懾、吟○、虞懼、事悔 D3/48/20

洪 hóng 1

三曰○敘 B11/26/20

侯 hóu 62

則諸○乘其弊而起 A2/1/28
則諸○之難至矣 A3/3/5
故不知諸○之謀者 A7/7/1
是故屈諸○者以害 A8/8/6
役諸○者以業 A8/8/6
趨諸○者以利 A8/8/6
諸○自戰其地 A11/11/18
諸○之地三屬 A11/11/19
帥與之深入諸○之地而發其機 A11/12/14
是故不知諸○之謀者 A11/12/24
王○知此以三勝者 B4/18/5
諸○有謹天子之禮 B10/25/18
力加諸○ B24/35/12
吳起儒服以兵機見魏文○ C1/36/3
文○曰 C1/36/3
於是文○身自布席 C1/36/9
與諸○大戰七十六 C1/36/10
武○問曰 C1/37/1
C1/37/10,C2/38/26,C3/39/8
C3/39/18,C3/40/14,C3/40/20
C4/41/24,C5/42/6,C5/42/12
C5/42/18,C5/42/27,C5/42/30
C5/43/4,C5/43/11,C5/43/15
C5/43/19,C6/43/30
以霸諸○ C1/37/4
武○嘗謀事〔而當〕 C1/37/15
於是武○有慚色 C1/37/18
武○謂吳起曰 C2/37/22
武○曰 C2/38/13,C6/44/4
諸○大會 C2/38/28
武○問敵必可擊之道 C2/38/32
於是武○設坐廟廷為三行饗士大夫 C6/44/8
武○召吳起而謂曰 C6/44/13
取笑於諸○ C6/44/16
於是武○從之 C6/44/20
諸○春振旅 D1/45/9
諸○說懷 D1/45/16
巡狩者方會諸○ D1/45/18
徧告于諸○ D1/45/19
然後冢宰徵師于諸○曰 D1/45/20
王及諸○修正其國 D1/45/25
王霸之所以治諸○者六 D1/45/27
以土地形諸○ D1/45/27
以政令平諸○ D1/45/27
以禮信親諸○ D1/45/27
以材力說諸○ D1/45/27
以謀人維諸○ D1/45/28
以兵革服諸○ D1/45/28
同患同利以合諸○ D1/45/28
比小事大以和諸○ D1/45/28

后 hòu 6

禱于○土四海神祇、山川冢社 D1/45/20
夏○氏誓於軍中 D2/46/22
夏○氏正其德也 D2/46/23
夏○氏曰鉤車 D2/47/1
夏○氏玄首 D2/47/3
夏○氏以日月 D2/47/5

厚 hòu 8

○而不能使 A10/11/7
賞莫○於間 A13/14/14
故反間不可不○也 A13/14/23
不可不○也 B4/18/27
賞祿不○ B4/19/8
城堅而○ B6/21/16
○其父母妻子 C2/38/10
人教○ D3/48/27

後 hòu 82

然○十萬之師舉矣 A2/1/26
不能善其○矣 A2/1/28
三月而○成 A3/2/23
又三月而○已 A3/2/23
是故勝兵先勝而○求戰 A4/3/24
敗兵先戰而○求勝 A4/3/24
○處戰地而趨戰者、勞 A6/5/3
故備前則○寡 A6/5/22
備○則前寡 A6/5/22
前不能救○ A6/5/26
○不能救前 A6/5/26
○人發 A7/6/19
疲者○ A7/6/23
先暴而○畏其眾者 A9A/8/22
A9B/10/10
前死○生 A9A/9/7,A9B/9/23
能使敵人前○不相及 A11/11/25
爭地吾將趨其○ A11/12/20
投之亡地然○存 A11/13/1
陷之死地然○生 A11/13/1
然○能為勝敗 A11/13/1
○如脫兔 A11/13/6
拗矢、折矛、抱戟利○發 B3/16/22
決罰於○ B3/16/27
莫隨其○ B3/17/2
先料敵而○動 B4/18/10
必先禮信而○爵祿 B4/18/22
先廉恥而○刑罰 B4/18/22
先親愛而○律其身〔焉〕 B4/18/22
軍井成而〔○〕飲 B4/19/20
軍食熟而○飯 B4/19/20
軍壘成而○舍 B4/19/20
待之貴○ B5/20/17
權敵審將而○舉兵 B5/20/25
（分歷）〔么麼〕毀瘠者并於○ B6/21/24
但救其○ B6/21/27
○其壯 B6/22/1
○有憚也 B8/23/7
無主於○ B8/23/21
一舍而○成三舍 B8/24/5
重威刑於○ B13/27/26
中軍、左右前○軍 B15/28/18
○行（進）〔退〕為辱眾 B17/29/14
踰五行而○者有誅 B17/29/14
所以知進退先○ B17/29/15
莫敢躡其○ B17/29/16
奇兵貴○ B18/30/4
或先或○ B18/30/5
○行者○行教之 B21/31/7
前○章各五行 B21/31/18
前○相待 B22/32/13
以別其○者 B22/32/13
前○縱橫 B22/32/16
然○興師伐亂 B22/33/2
先○之次有適宜 B23/33/29
前○不次則失也 B23/33/30
亂先○斬之 B23/33/30
而○扼之 B23/34/5
○譟者謂之實 B23/34/8

〇將吏及出縣封界者 B24/34/16
以坐〇戍法 B24/34/16
卒〇將吏而至大將所一日 B24/34/19
〇吏能斬之而奪其卒者賞 B24/34/22
吉乃〇舉 C1/36/16
燕絶吾〇 C2/37/22
前重〇輕 C2/37/28
馳而〇之 C2/38/3
涉長道〇行未息可擊 C2/39/2
前而〇之 C3/40/8
然〇舉旗 C3/40/12
〇玄武 C3/40/17
然〇可使 C3/40/23
敵破而〇言返 C4/41/3
一絶其〇 C5/42/24
無功坐〇行 C6/44/9
然〇冢宰徵師于諸侯曰 D1/45/20
然〇謹選而使之 D2/46/16
既勝之〇 D2/46/19
前〇序 D3/48/19
〇則懾 D5/52/3

候 hòu 3

邊縣列〇 B24/34/13
兵戍邊一歲遂亡不〇代者 B24/34/16
審〇風所從來 C3/40/17

乎 hū 29

而況於無筭〇 A1/1/21
微〇微〇 A6/5/12
神〇神〇 A6/5/12
近者數里〇 A6/5/26
敢問兵可使如率然〇 A11/12/9
〔其〕有之〇 B1/15/3
明〇禁舍開塞 B2/15/22
絶〇疑慮 B2/16/10
況國人〇 B3/16/31
不明〇禁舍開塞也 B3/17/7
必本〇率身以勵眾士 B4/18/24
焉有喧呼酖酒以敗善類〇 B11/26/8
出〇一道 B11/26/14
夫精誠在〇神明 B12/27/4
戰（楹）〔權〕在〇道之所極 B12/27/4
惡在〇必往有功 B12/27/8
必在〇兵教之法 B21/31/15
戰勝在〇立威 B21/31/30
立威在〇戮力 B21/31/30
戮力在〇正罰 B21/31/30
曷以免奔北之禍〇 B24/35/6
豈直聞〇 C1/37/12
可得聞〇 C2/38/26
豈有道〇 C3/40/14
豈有方〇 C3/40/20
大哉問〇 C5/42/21
足以勝〇 C6/43/30

呼 hū 4

夜〇者 A9A/8/25，A9B/10/8
焉有喧〇酖酒以敗善類乎 B11/26/8
風順致〇而從之 C3/40/17

忽 hū 1

貪而〇名 C4/41/18

狐 hú 1

生於〇疑 C3/40/3

虎 hǔ 5

如狼如〇 B8/23/21
乳犬之犯〇 C1/36/7
必有〇賁之士 C2/38/8
右白〇 C3/40/17
殷以〇 D2/47/5

互 hù 1

伍內〇揭之 B21/31/9

戶 hù 2

敵人開〇 A11/13/6
革車奄〇 C1/36/5

扈 hù 1

有〇氏之君 C1/36/8

譁 huá 3

以靜待〇 A7/7/18
讙〇者有誅 B18/29/27
若其眾讙〇 C4/42/1

化 huà 4

能因敵變〇而取勝者謂之神 A6/6/12
太上神〇 B11/26/25
教〇之至也 D2/46/17
道〇俗 D4/51/3

畫 huà 2

〇地而守之 A6/5/15
〇以丹青 C1/36/4

懷 huái 4

有襲人之〇、入人之室者 B8/23/6
安民〇遠 B11/26/14
臨敵不〇生 C4/41/3
諸侯說〇 D1/45/16

壞 huài 1

其陳可〇 C2/37/29

讙 huān 2

〇譁者有誅 B18/29/27
若其眾〇譁 C4/42/1

桓 huán 2

〇公也 B3/17/5
昔齊〇募士五萬 C1/37/4

環 huán 2

如循〇之無端 A5/4/16

兼舍○龜 D5/51/24

還 huán 4

前獲雙首而○ B8/24/8
踵軍遇有○者 B20/30/25
○有挫氣 B22/33/9
○退務速 C5/43/21

緩 huǎn 2

縱○不及 D2/46/19
不服、不信、不和、怠、疑、厭、懾、枝、拄、詘、頓、肆、崩、○ D3/48/19

患 huàn 15

故君之所以○於軍者三 A3/3/3
以○為利 A7/6/19
雜於害而○可解也 A8/8/4
○在百里之內 B2/16/1
○在千里之內 B2/16/2
○在四海之內 B2/16/2
今國被○者 B3/17/11
○無所救 B4/19/14
則欲心與爭奪之○起矣 B11/26/10
去其○ B12/27/14
除○害 B21/32/5
謀○辯訟 B22/33/9
○必及之 C1/36/20
同○同利以合諸侯 D1/45/28
是謂戰○ D3/48/20

皇 huāng 1

乃告于○天上帝 D1/45/20

荒 huāng 2

居軍○澤 C4/41/21
野○民散則削之 D1/45/30

黃 huáng 10

○帝之所以勝四帝也 A9A/9/7
A9B/9/24
〔吾聞〕○帝〔有〕刑德 B1/15/3
〔○帝所謂刑德者〕 B1/15/4
○帝者 B1/15/5
○帝曰 B1/15/13
中軍○旗 B17/29/6
卒戴○羽 B17/29/7
次三行○章 B17/29/7
周○ D2/47/3

潢 huáng 2

軍行有險阻○井葭葦山林翳薈者 A9A/9/4
軍旁有險阻○井蒹葭林木翳薈者 A9B/10/2

恢 huī 1

小不○ B2/15/22

揮 huī 3

夫將提鼓○枹 B8/22/30
夫提鼓○枹 B8/23/1
○兵指刃 B8/24/2

麾 huī 12

鼓鳴旗○ B3/16/17
旗、○之左則左 B18/29/21
○之右則右 B18/29/21
○而左之 B21/31/21
○而右之 B21/31/21
不○不動也 B22/32/17
左右應○ C3/39/25
旌旗○幟 C4/41/13
將之所○ C4/41/15
晝以旌旗旛○為節 C5/42/8
○左而左 C5/42/8
○右而右 C5/42/8

隳 huī 1

其國可○ A11/12/27

悔 huǐ 3

○在於任疑 B7/22/10
必○其過 D2/47/22
驕驕、懾懾、吟曠、虞懼、事○ D3/48/20

毀 huǐ 6

○人之國而非久也 A3/2/25
至於○折者 A5/4/18
○折而入保 B6/21/9
（分歷）〔么麼〕○瘠者并於後 B6/21/24
無○土功 D1/45/23
是謂○折 D3/48/21

彗 huì 3

時有○星出 B1/15/12
○星何知 B1/15/13
以○鬬者 B1/15/13

惠 huì 5

梁○王問尉繚子曰 B1/15/3
○在於因時 B7/22/6
○施流布 C2/38/22
使人○ D3/48/23
居國○以信 D3/48/24

會 huì 11

則可千里而○戰 A6/5/25
○計民之具也 B10/25/6
天子之○也 B10/25/15
○之於三軍 B18/29/29
期於○地 B20/30/21,B20/30/24
即皆○也 B20/30/28
諸侯大○ C2/38/28
巡狩者方○諸侯 D1/45/18
○天子正刑 D1/45/21
○之以發禁者九 D1/45/30

薈 huì 2

軍行有險阻潢井葭葦山

林翳○者 A9A/9/4
軍旁有險阻潢井蒹葭林
木翳○者 A9B/10/2

穢 huì 1

草楚幽○ C4/41/21

婚 hūn 1

其次○姻也 B9/24/25

渾 hún 2

○○沌沌 A5/4/21

活 huó 1

死地吾將示之以不○ A11/12/21

火 huǒ 25

侵掠如○ A7/7/6
故夜戰多○鼓 A7/7/15
凡○攻有五 A12/13/11
一曰○人 A12/13/11
二曰○積 A12/13/11
三曰○輜 A12/13/11
四曰○庫 A12/13/11
五曰○隊 A12/13/11
行○必有因 A12/13/12
煙○必素具 A12/13/12
發○有時 A12/13/12
起○有日 A12/13/12
凡○攻 A12/13/15
必因五○之變而應之 A12/13/15
○發於內 A12/13/15
○發兵靜者 A12/13/15
極其○力 A12/13/16
○可發於外 A12/13/16
○發上風 A12/13/17
凡軍必知有五○之變 A12/13/17
故以○佐攻者明 A12/13/19
〔亦不○食〕 B4/19/20
五曰○ D3/49/3
人人、正正、辭辭、○○ D3/49/6

或 huò 8

○臨戰自北 B3/16/20
○先○後 B18/30/5
其兵○縱○橫 C4/42/1
○左○右 C5/42/24
敵人○止於路則慮之 D5/51/32

貨 huò 7

屈力殫○ A2/1/27
○也 A2/2/9
非惡○也 A11/12/4
利人之○財 B8/22/16
百○之官也 B8/23/2
而無百○之官 B8/23/4
可○而賂 C4/41/18

惑 huò 4

則軍士○矣 A3/3/4
三軍既○且疑 A3/3/5
敵人必○ C5/42/22
方其疑○ D4/50/1

禍 huò 4

○在於好利 B7/22/11
曷以免奔北之○乎 B24/35/6
五勝者○ C1/36/25
○其遠矣 C2/37/25

獲 huò 8

不卜筮而○吉 B8/23/26
前○雙首而還 B8/24/8
則外無不○之姦 B15/28/24
以○其志 C1/37/4
雖眾可○ C4/42/2
正不○意則權 D1/45/3
上同無○ D4/50/19
未○道 D4/51/6

基 jī 1

成○一天下之形 D3/49/2

飢 jī 13

○也 A9A/8/24,A9B/10/7
則可以○易飽 B4/18/21
故務耕者、〔其〕民不○ B4/19/4
〔○飽〕、勞佚、〔寒
暑〕必以身同之 B4/19/21
人有○色 B8/23/3
而柰何寒○ B11/26/4
共○其○ B11/26/7
行驅○渴 C2/38/16
以飽待○ C3/40/7
節其○飽 C3/40/22
不傷於○ C3/40/24

朞 jī 1

○年之城 B6/21/22

箕 jī 1

月在○壁翼軫也 A12/13/13

擊 jī 75

能以眾○寡者 A6/5/19
兵之形避實而○虛 A6/6/11
○其惰歸 A7/7/18
勿○堂堂之陳 A7/7/19
軍有所不○ A8/7/29
令半濟而○之 A9A/8/18,A9B/9/21
令敵半出而○之 A10/10/22
以一○十 A10/10/28,C5/42/14
以弱○強 A10/10/30
知吾卒之可以○ A10/11/10
A10/11/11
而不知敵之不可○ A10/11/10
知敵之可○ A10/11/10,A10/11/11
而不知吾卒之不可以○ A10/11/10
彼寡可以○吾之眾者 A11/11/21
○其首則尾至 A11/12/8
○其尾則首至 A11/12/8
○其中則首尾俱至 A11/12/9
凡軍之所欲○ A13/14/18
以二萬二千五百人○紂
之億萬而滅商 B1/15/10
不可○ B1/15/12

一賊仗劍○於市 B3/17/1
發之如鳥○ B3/17/9
是以○虛奪之也 B4/18/10
○敵若救溺人 B5/20/14
水潰雷○ B12/27/14
重鼓則○ B18/29/20
一鼓一○而左 B18/29/23
一鼓一○而右 B18/29/23
先○而勇 B18/30/5
○鼓而進 B21/31/20
○金而退 B21/31/20
金鼓俱○而坐 B21/31/21
眾夜○者 B22/33/12
○此之道 C2/37/29,C2/37/30,C2/38/1,C2/38/2,C2/38/5
可以○倍 C2/38/11
○之勿疑 C2/38/20
一可○十 C2/38/28
以半○倍 C2/38/29
武侯問敵必可○之道 C2/38/32
敵人遠來新至、行列未定可○ C2/39/1
既食未設備可○ C2/39/1
奔走可○ C2/39/2
勤勞可○ C2/39/2
未得地利可○ C2/39/2
失時不從可○ C2/39/2
旌旗亂動可○ C2/39/2
涉長道後行未息可○ C2/39/2
涉水半渡可○ C2/39/3
險道狹路可○ C2/39/3
陳數移動可○ C2/39/3
將離士卒可○ C2/39/3
心怖可○ C2/39/3
急○勿疑 C2/39/4
可薄而○ C4/41/20
以十○百 C5/42/14
以千○萬 C5/42/15
○金鳴鼓於阨路 C5/42/15
此○彊之道也 C5/42/25
亂則○之勿疑 C5/43/2
○之不敢 C5/43/4
追而○之 C5/43/22
介冑而奮○之者以萬數 C6/44/11
凡戰○其微靜 D4/51/15
○其倦勞 D4/51/15
○其大懼 D4/51/15
若分而迭○ D5/51/21
○其疑 D5/51/29

稽 jī 3

先○我智 B1/15/14
守法○斷 B10/25/9
明法○驗 B10/25/9

激 jī 2

○水之疾 A5/4/18
寬不可○而怒 B2/16/4

機 jī 18

節如發○ A5/4/19
帥與之深入諸侯之地而發其○ A11/12/14
乘闉發○ B4/18/5
奪者心之○也 B4/18/13
○在於應事 B7/22/6
妻在○杼 B11/25/27
織有日斷○ B11/26/4
吳起儒服以兵○見魏文侯 C1/36/3
設伏投○ C2/37/31
凡兵有四○ C4/41/6
一曰氣○ C4/41/6
二曰地○ C4/41/6
三曰事○ C4/41/6
四曰力○ C4/41/6
是謂氣○ C4/41/7
是謂地○ C4/41/8
是謂事○ C4/41/8
是謂力○ C4/41/9

積 jī 9

若決○水於千仞之谿者 A4/4/6
無委○則亡 A7/6/25
併氣○力 A11/12/1
二曰火○ A12/13/11
財穀多○ B1/15/8
委○不多 B4/19/8
三曰○德惡 C1/36/28
無刊其木、發其屋、取其粟、殺其六畜、燔其○聚 C5/43/25
容色○威 D3/49/4

雞 jī 1

譬猶伏○之搏狸 C1/36/7

饑 jī 3

飽能○之 A6/5/6
以飽待○ A7/7/19
五曰因○ C1/36/29

及 jí 30

速而不可○也 A6/5/14
舉軍而爭利則不○ A7/6/22
能使敵人前後不相○ A11/11/25
主速乘人之不○ A11/11/29
敵不○拒 A11/13/7
兵之所○ B2/16/7
所率無不○二十萬之眾（者） B3/17/7
賞○牛童馬圉者 B8/22/27
○遇文王 B8/23/10
往世不可○ B11/26/17
起戰具無不○也 B20/30/29
後將吏○出縣封界者 B24/34/16
父母妻子弗捕執○不言 B24/34/19
○將吏棄卒獨北者 B24/34/22
○伍人戰死不得其屍 B24/34/28
同舍伍人○吏罰入糧為饒 B24/35/5
○戰鬬則卒吏相救 B24/35/8
患必○之 C1/36/20
群臣莫能○ C1/37/15,C1/37/16
而群臣莫○者 C1/37/17
使智者不○謀 C3/40/2
勇者不○怒 C3/40/2
其追北佯為不○ C4/41/27
其追北恐不○ C4/42/1
王○諸侯修正其國 D1/45/25
縱緩不○ D2/46/19
不○則難陷 D2/46/19
太短則不○ D2/46/28
人勉○任 D3/48/14

汲 jí 2

○而先飲者 A9A/8/24,A9B/10/7

即 jí 2

○閉門清道 B19/30/17
○皆會也 B20/30/28

亟 jí 6

惟○去無留 A9A/8/19
必○去之 A9A/9/4,A9B/10/2
唯○去無留 A9B/9/22
必○入之 A11/13/5
疾行○去 C5/43/1

急 jí 5

財竭則○於丘役 A2/2/3
本務〔者〕、兵最○（本者） B4/19/6
○勝為下 B22/32/22
○擊勿疑 C2/39/4
○行間諜以觀其慮 C5/42/23

級 jí 1

餘士卒有軍功者奪一○ B24/34/26

疾 jí 19

激水之○ A5/4/18
鷙（烏）〔鳥〕之○ A5/4/18
故其○如風 A7/7/6
軍無百○ A9A/9/10,A9B/9/24
○戰則存 A11/11/22
不○戰則亡者 A11/11/22
是謂○陵之兵 B5/20/2
其致有遲○而不遲○ B18/30/8
暴○則亂 B23/33/27
其有工用五兵、材力健○、志在吞敵者 C2/38/9
一曰○風大寒 C2/38/15
人馬○疫 C2/38/18
不勝○歸 C5/42/24
安行○鬭 C5/42/24
○行亟去 C5/43/1
先○也 D2/47/1
四曰○ D3/49/16

集 jí 6

鳥○者 A9A/8/25,A9B/10/8
卒離而不○ A11/11/26
故凡○兵 B5/20/27
必○敵境 B5/20/27
安○吏民 C1/37/3

楫 jí 3

猶亡舟○絕江河 B3/16/24
舟利櫓○ C4/41/9
舟○不設 C5/43/11

戢 jí 1

○其耳目 C3/40/23

極 jí 12

故形兵之○ A6/6/6
○其火力 A12/13/16
其總率也○ B5/20/23
已（用）〔周〕已○ B5/20/24
莫知其○ B11/26/17
戰（楹）〔權〕在乎道之所○ B12/27/4
兵道○矣 B12/27/12
吾欲少閒而○用人之要 B22/32/26
事○修則百官給矣 D2/46/16
教○省則民興良矣 D2/46/16
方慮○物 D3/47/30
○物以豫 D3/48/14

瘠 jí 2

（分歷）〔厶歷〕毀○者并於後 B6/21/24
馬有○形 B8/23/3

籍 jí 2

役不再○ A2/2/1
去其○ B13/27/22

己 jǐ 18

知彼知○者 A3/3/11
不知彼而知○ A3/3/11
不知○ A3/3/11
不可勝在○ A4/3/16
使人備○者也 A6/5/23
知彼知○ A10/11/12
信○之私 A11/12/26
將不先○ B4/19/19
不祥在於惡聞○過 B7/22/10
示人無○煩也 B8/23/30
求○者也 B11/26/17
忌其暴起而害○ C6/44/17
修○以待人 D2/47/14
上下皆以不善在○ D2/47/22
上苟以不善在○ D2/47/22
下苟以不善在○ D2/47/22
凡軍使法在○曰專 D3/49/19
取過在○ D4/51/8

給 jǐ 6

薪食○ B6/21/16
所以（外）〔○〕戰守也 B8/22/23
食草飲水而○菽粟 B11/25/30
此軍之所以不○ B24/35/2
弱者○廝養 C3/40/10
事極修則百官○矣 D2/46/16

戟 jǐ 10

○楯蔽櫓 A2/2/5
矛○也 B3/16/22
拗矢、折矛、抱○利後發 B3/16/22
矛○稱之 B6/21/17
飛廉、惡來身先○斧 B8/23/13
立之兵○弩 B23/34/3
為長○二丈四尺 C1/36/5
短○一丈二尺 C1/36/5
短者持矛○ C3/40/10
右兵弓矢禦、殳矛守、戈○助 D3/48/4

蟣 jǐ 1

起兵直使甲胄生○〔蝨〕者 B8/23/6

吉 jí 4

不卜筮而事○ B4/19/16
視○凶 B8/23/17
不卜筮而獲○ B8/23/26
○乃後舉 C1/36/16

技 jì 4

材○不相掩 D2/46/9
故材○不相掩 D2/46/13
○用不得其利 D2/47/7
求厭○ D3/47/30

忌 jì 1

○其暴起而害己 C6/44/17

計 jì 15

校之以○而索其情 A1/1/5
故校之以○而索其情 A1/1/9
將聽吾○ A1/1/12
將不聽吾○ A1/1/12
○利以聽 A1/1/14
故策之而知得失之○ A6/6/3
此知迂直之○者也 A7/6/19
先知迂直之○者勝 A7/7/10
○險阨遠近 A10/11/1
運兵○謀 A11/12/2
則○決而不動 B5/20/2
會○民之具也 B10/25/6
若○不先定 B18/30/4
大軍為○日之食 B20/30/28
以○其去 B22/33/1

既 jì 21

三軍○惑且疑 A3/3/5
人○專一 A7/7/13
心○疑背 B5/20/1
當興軍、踵軍○行 B20/31/1
○陳去表 B21/31/25
三曰師○淹久 C2/38/16
四曰軍資○竭 C2/38/17
薪芻○寡 C2/38/17
○食未設備可擊 C2/39/1
上令○廢 C3/39/31
○武且勇 C5/42/18
城邑○破 C5/43/24
天下○平 D1/45/8
○誅有罪 D1/45/25
○致教其民 D2/46/16
○勝之後 D2/46/19
物○章 D3/48/28
慮○定 D3/48/28
○作其氣 D3/49/8
凡戰○固勿重 D4/50/32
○勝（浩）〔若〕否 D4/51/5

紀 jì 3

是謂神○ A13/14/10
背水陳〔者〕為絶（○）〔地〕 B1/15/9
以為民○之道也 D1/45/13

惎 jì 1

○秆一石 A2/2/7

跡 jì 1

必逐其○ C5/43/17

稷 jì 2

守社○ B21/32/5
以喪其社○ C1/36/8

濟 jì 7

令半○而擊之 A9A/8/18,A9B/9/21
當其同舟而○ A11/12/9
背○水、向山阪而陳 B1/15/10
然不能○功名者 B3/17/7
刊木○水 C2/38/15
鈍則不○ D2/46/29

繼 jì 3

重地吾將○其食 A11/12/21
君民○世 B10/25/18
分兵○之 C2/39/4

驥 jì 1

猶良○騄耳之駛 B3/17/15

加 jiā 19

兵之所○ A5/4/11
威○於敵 A11/12/26,A11/12/27
刑如未○ B4/18/9
五曰舉陳○刑之論 B4/18/10
兵之所○者 B8/22/17
故如有子十人不○一飯 B11/26/8
權先○人者 B12/26/30
武先○人者 B12/26/30
見而○之 B12/27/9
奪敵而無敗則○之 B12/27/12
○犯教之罪 B21/31/7
則威○天下有十二焉 B22/32/10
威○海內 B24/35/12
力○諸侯 B24/35/12
必○其爵列 C2/38/9
莫之所○ C5/42/22
不○喪 D1/45/7
○其卒 D5/51/29

家 jiā 19

此兵○之勝 A1/1/18
中原內虛於○ A2/2/4
公○之費 A2/2/4
國○安危之主也 A2/2/14
公○之奉 A13/14/3
不得操事者七十萬○ A13/14/4
將受命之日忘其○ B8/24/1
民無私則天下為一○ B11/26/7
身戮○殘 B13/27/22
身死○殘 B13/27/24
B16/28/29,B16/28/30
為將忘○ B22/32/22
卒逃歸至○一日 B24/34/19
今名在官而實在○ B24/35/1

〇不得其名 B24/35/1
昔之圖國〇者 C1/36/13
夫安國〇之道 C2/37/25
有死事之〇 C6/44/10

茄 jiā 1

夜以金鼓〇笛為節 C5/42/8

葭 jiā 2

軍行有險阻潢井〇葦山林翳薈者 A9A/9/4
軍旁有險阻潢井蒹〇林木翳薈者 A9B/10/2

甲 jiǎ 27

帶〇十萬 A2/1/25
車〇之奉 A2/1/26
〇冑矢弩 A2/2/5
是故卷〇而趨 A7/6/22
（車）〔〇〕不暴出而威制天下 B2/15/24
不暴〇而勝者 B2/15/25
堅〇利兵 B6/21/8,B6/21/24
起兵直使〇冑生蟣〔蝨〕者 B8/23/6
故古者〇冑之士不拜 B8/23/30
其〇首有賞 B21/31/8
某〇某士 B21/31/17
謂〇首相附 B22/32/11
組〇不出於櫜而威服天下矣 B22/32/20
令將吏授旗鼓戈〇 B24/34/16
解〇而息 C2/38/19
兵〇之精 C2/38/23
鋒銳〇堅 C3/39/15
〔乃〕興〇兵以討不義 D1/45/18
下〇坐 D4/49/29
位逮徒〇 D4/49/29
振馬譟徒〇 D4/49/30
以〇固 D4/50/3
〇以重固 D4/50/5
舍謹〇兵 D4/50/13
〇兵利 D4/50/17
〇不告堅 D4/51/5

假 jiǎ 1

〇之以色 D3/49/8

肩 jiān 2

左軍章左〇 B21/31/17
右軍章右〇 B21/31/17

姦 jiān 8

此伏〇之所處也 A9A/9/5
此伏〇之所也 A9B/10/3
止〇之術也 B10/25/10
無有不得之〇 B14/28/13
則外無不獲之〇 B15/28/24
〇謀不作 B21/32/2
〇民不語 B21/32/2
以網外〇也 B22/32/11

兼 jiān 10

倍道〇行 A7/6/23
故能并〇廣大 B22/32/10
〇剛柔者 C4/40/30
〇之徒步 C5/42/21
餚席〇重器、上牢 C6/44/8
〇車五百乘 C6/44/20
所以〇愛民也 D1/45/8
是謂〇用其人 D3/49/2
鼓〇齊 D4/50/29
〇舍環龜 D5/51/24

堅 jiān 27

故小敵之〇 A3/2/28
〇陳犯之 B3/16/24
陣欲〇 B4/19/12
〇甲利兵 B6/21/8,B6/21/24
城〇而厚 B6/21/16
弩〇矢彊 B6/21/16
若彼〔城〕〇而救誠 B6/21/22
若彼城〇而救不誠 B6/21/23
犀兕之〇 B8/23/25
內畏則外〇矣 B13/27/26
前軍絕行亂陳破〇如潰者 B21/32/5
各死其職而〇守也 B22/32/12
夫齊陳重而不〇 C2/37/25
故重而不〇 C2/37/29
此〇陳之士 C2/38/10
鋒銳甲〇 C3/39/15
風逆〇陳以待之 C3/40/18
必令完〇 C3/40/24
車〇管轄 C4/41/9
車〇馬良 C5/42/6
攻無〇陳矣 C5/42/10
敵人若〇守以固其兵 C5/42/22
敵必〇陳 C5/43/8
大小、〇柔、參伍、眾寡、凡兩 D3/48/21
凡馬車〇 D4/50/17
甲不告〇 D4/51/5

間 jiān 45

無形則深〇不能窺 A6/6/6
故用〇有五 A13/14/9
有因〇 A13/14/9
有內〇 A13/14/9
有反〇 A13/14/9
有死〇 A13/14/9
有生〇 A13/14/9
五〇俱起 A13/14/9
因〇者 A13/14/10
內〇者 A13/14/10
反〇者 A13/14/11
因其敵〇而用之 A13/14/11
死〇者 A13/14/11
令吾〇知之 A13/14/11
而傳於敵〇也 A13/14/11
生〇者 A13/14/11
莫親於〇 A13/14/14
賞莫厚於〇 A13/14/14
事莫密於〇 A13/14/14
非聖智不能用〇 A13/14/14
非仁義不能使〇 A13/14/14
非微妙不能得〇之實 A13/14/15
無所不用〇也 A13/14/15
〇事未發而先聞者 A13/14/15
〇與所告者皆死 A13/14/16
令吾〇必索知之 A13/14/19
必索敵人之〇來〇我者 A13/14/21
故反〇可得而用也 A13/14/21

故鄉〇、內〇可得而使也 A13/14/22
故死〇為誑事 A13/14/22
故生〇可使如期 A13/14/23
五〇之事 A13/14/23
知之必在於反〇 A13/14/23
故反〇不可不厚也 A13/14/23
能以上智為〇者 A13/14/26
不明在於受〇 B7/22/10
遊說、（開）〔〇〕諜無自入 B10/25/15
晏興無〇 C2/38/16
音行〇諜 C4/41/8
可離而〇 C4/41/19
急行〇諜以觀其慮 C5/42/23
若遇敵於谿谷之〇 C5/42/30
凡戰〇遠觀邇 D3/48/23

蒹 jiān 1

軍旁有險阻潢井〇葭林木翳薈者 A9B/10/2

艱 jiān 1

不憚〇難 C2/38/15

鐧 jiān 1

膏〇有餘 C3/39/15

減 jiǎn 1

餔席器差〇 C6/44/9

簡 jiǎn 4

〇募良材 C1/37/3
無〇民 D2/47/18
堪物〇治 D3/48/14
是謂〇治 D3/48/16

簡 jiǎn 1

君臣驕奢而〇於細民 C2/37/28

見 jiàn 37

勝負〇矣 A1/1/21
〇勝不過眾人之所知 A4/3/21
〇日月不為明目 A4/3/22
視不相〇 A7/7/12
〇利而不進者 A9A/8/24,A9B/10/8
〇勝則（與）〔興〕 B2/16/1
不〇勝則止 B2/16/1
〇侮者敗 B5/20/6
視無〇 B8/23/2
〇而加之 B12/27/9
〇非而不（誥）〔詰〕 B17/29/12
〇亂而不禁 B17/29/12
吳起儒服以兵機〇魏文侯 C1/36/3
臣以〇占隱 C1/36/3
王臣失位而欲〇功於上者 C1/37/6
立〇且可 C1/37/12
所謂〇可而進 C2/38/24
出門如〇敵 C4/41/2
其〇利佯為不知 C4/41/27
〇利恐不得 C4/42/1
無〇其兵 C5/43/8
故仁〇親 D1/45/4
義〇說 D1/45/5
智〇恃 D1/45/5
勇〇身 D1/45/5
信〇信 D1/45/5
〇其老幼 D1/45/24
〇物與侔 D3/48/5
〇物應卒 D3/48/15
〇敵靜 D3/48/23
〇亂暇 D3/48/23
〇危難無忘其眾 D3/48/24
居國〇好 D3/48/25
在軍〇方 D3/48/25
刃上〇信 D3/48/25
〇敵無謀 D3/48/28

建 jiàn 1

量土地肥墝而立邑〇城 B2/15/18

健 jiàn 1

其有工用五兵、材力〇疾、志在吞敵者 C2/38/9

漸 jiàn 1

使〇夷弱 B22/33/11

劍 jiàn 4

一賊仗〇擊於市 B3/17/1
左右進〇 B8/24/2
一〇之任 B8/24/2
坐之兵〇斧 B23/34/2

踐 jiàn 1

〇墨隨敵 A11/13/6

澗 jiàn 2

凡地有絕〇、天井、天牢、天羅、天陷、天隙 A9A/9/3
A9B/10/1

賤 jiàn 7

貴陽而〇陰 A9A/9/10,A9B/9/24
貴〇不相救 A11/11/25
市〇賣貴 B8/23/3
令〇而勇者 C4/41/26
貴高〇下 C5/43/16
古之教民必立貴〇之倫經 D2/46/9

諫 jiàn 1

軍吏〇曰 B8/24/8

鑒 jiàn 1

明主〇茲 C1/36/8

江 jiāng 3

不竭如〇河 A5/4/13
如〇如河 B2/16/8
猶亡舟楫絕〇河 B3/16/24

將 jiāng 187

四曰〇 A1/1/5

○者 A1/1/7
○莫不聞 A1/1/8
○孰有能 A1/1/9
○聽吾計 A1/1/12
○不聽吾計 A1/1/12
故智○務食於敵 A2/2/7
故知兵之○ A2/2/14
○不勝其忿而蟻附之 A3/2/23
夫○者 A3/3/1
○能而君不御者勝 A3/3/9
○受命於君 A7/6/18,A8/7/26
則擒三○軍 A7/6/23
則蹶上○軍 A7/6/24
○軍可奪心 A7/7/17
故○通於九變之地利者 A8/8/1
○不通於九變之利者 A8/8/1
故○有五危 A8/8/11
○之過也 A8/8/12,A10/10/28
覆軍殺○ A8/8/12,B3/16/15
○不重也 A9A/8/25,A9B/10/8
○之至任 A10/10/25,A10/10/31
○不知其能 A10/10/29
○弱不嚴 A10/10/29
○不能料敵 A10/10/30
上○之道也 A10/11/1
敢問敵眾整而○來 A11/11/26
○軍之事 A11/12/13
此謂○軍之事也 A11/12/16
是故散地吾○一其志 A11/12/19
輕地吾○使之屬 A11/12/20
爭地吾○趨其後 A11/12/20
交地吾○謹其守 A11/12/20
衢地吾○固其結 A11/12/20
重地吾○繼其食 A11/12/21
圮地吾○進其塗 A11/12/21
圍地吾○塞其闕 A11/12/21
死地吾○示之以不活 A11/12/21
千里殺○ A11/13/3
良○修之 A12/13/20
○不可以慍而致戰 A12/13/21
良○警之 A12/13/22
非人之○也 A13/14/5
故明君賢○ A13/14/5
必先知其守○、左右、謁者、門者、舍人之姓名 A13/14/18
故惟明君賢○ A13/14/26

楚○公子心與齊人戰 B1/15/12
○勝也 B2/15/25
○者上不制於天 B2/16/4
世○不能禁 B3/16/20
B3/16/21,B3/16/23,B3/16/23
○已鼓而士卒相囂 B3/16/22
奇兵捐○而走 B3/16/23
夫○能禁此四者 B3/16/23
萬人一○ B3/16/30
無不謂其○曰 B3/17/12
必覆軍殺○ B3/17/25
破軍殺○ B4/18/4
夫○卒所以戰者 B4/18/7
○不先己 B4/19/19
〔○〕必下步 B4/19/19
○吏士卒 B5/20/1
○無修容 B5/20/2
○帥者心也 B5/20/3
夫○不心制 B5/20/4
凡○能其道者 B5/20/6
吏畏其○也 B5/20/6
吏畏其○者 B5/20/7
故善○者 B5/20/11
萬人而○ B5/20/24
權敵審○而後舉兵 B5/20/25
卒聚○至 B5/20/27
敵○帥不能信 B5/20/29
然而世○弗能知 B6/21/10
此○之武也 B8/22/28
故人主重○ B8/22/28
夫○提鼓揮枹 B8/22/30
奈何無重○也 B8/22/31
今世○考孤虛 B8/23/17
夫○者、上不制於天 B8/23/18
○者、死官也 B8/23/19
○受命之日忘其家 B8/24/1
○專主旗鼓爾 B8/24/2
此○事也 B8/24/2
非○事也 B8/24/3
凡○理官也 B9/24/13
○自千人以上 B13/27/22
吏自什長已上至左右○ B14/28/10
○有分地 B15/28/18
非○吏之符節 B15/28/22
收於○吏之所 B16/28/28
亡○得○ B16/28/30
得○不亡 B16/28/30

亡○不得○ B16/28/30
千人之○得誅百人之長 B16/29/1
萬人之○得誅千人之○ B16/29/1
左右○軍得誅萬人之○ B16/29/2
大○軍無不得誅 B16/29/2
○鼓也 B18/29/24
則○、帥、伯 B18/29/24
世○不知法者 B18/30/5
○軍受命 B19/30/12
君身以斧鉞授○曰 B19/30/12
○軍告曰 B19/30/15
○軍入營 B19/30/17
所謂諸○之兵 B20/30/25
自什已上至於裨○有不若法者 B21/31/12
○異其旗 B21/31/17
合之裨○ B21/31/24
裨○教成 B21/31/24
合之太○ B21/31/24
大○教之 B21/31/24
為○忘家 B22/32/22
擒敵殺○ B22/32/24
師老○貪 B22/33/9
凡○輕、壘卑、眾動 B22/33/11
○重、壘高、眾懼 B22/33/11
〔○有威則生〕 B23/33/24
〔卒有○則鬬〕 B23/33/25
〔無○則北〕 B23/33/25
〔有○則死〕 B23/33/25
〔無○則辱〕 B23/33/26
卒畏○甚於敵者勝 B23/33/26
卒畏敵甚於○者敗 B23/33/26
〔固〕稱○於敵也 B23/33/27
敵與○猶權衡焉 B23/33/27
○在其中 B23/34/2
○亦居中 B23/34/3
令○吏授旗鼓戈甲 B24/34/16
後○吏及出縣封界者 B24/34/16
卒後○吏而至大○所一日 B24/34/19
諸戰而亡其○吏者 B24/34/22
及○吏棄卒獨北者 B24/34/22
若大○死 B24/34/25
大○左右近卒在陳中者皆斬 B24/34/25
○之所以奪威也 B24/35/2
○能立威 B24/35/9

（制）〔利〕如干○ B24/35/15
立為大○ C1/36/10
○用其民 C1/36/15
士貪於得而離其○ C2/37/31
其○可取 C2/37/31
其○可虜 C2/38/3
輕其○ C2/38/4
搴旗斬○ C2/38/8
七曰○薄吏輕 C2/38/19
○離士卒可擊 C2/39/3
其善○者 C3/40/1
是謂○事 C3/40/8
○戰之時 C3/40/17
軍之○也 C4/40/30
凡人論○ C4/40/30
勇之於○ C4/41/1
故○之所慎者五 C4/41/1
○之禮也 C4/41/4
乃可為○ C4/41/9
是謂良○ C4/41/11
○之所麾 C4/41/15
○之所指 C4/41/15
必先占其○而察其才 C4/41/17
其○愚而信人 C4/41/17
士輕其○而有歸志 C4/41/19
○士懈怠 C4/41/22
不知其○ C4/41/24
○輕銳以嘗之 C4/41/26
如此○者 C4/41/27
名為智○ C4/41/27
此為愚○ C4/42/2
○勇兵強 C5/42/6
彼○暮去 C5/43/21
周○交刃而誓之 D2/46/23
○心 D3/48/7
○軍 D3/48/8
身以○之 D3/49/11
若○復戰 D4/51/8

僵 jiāng 1

○屍而哀之 C1/36/9

疆 jiāng 3

以弱誅（○）〔彊〕 B3/16/30
勁弩（○）〔彊〕矢 B6/21/9

所以開封○ B21/32/5

講 jiǎng 1

○武料敵 B4/18/3

匠 jiàng 1

○工之功也 B10/25/7

降 jiàng 6

〔有登○之〕險 B4/19/19
而一城已○ B5/20/30
守而○ B13/27/22,B13/27/23
其次差○之 B21/31/18
其有請○ C5/43/25

交 jiāo 24

其次伐○ A3/2/22
○和而舍 A7/6/18
不能豫○ A7/7/1
衢地○合 A8/7/26
若○軍於斥澤之中 A9A/8/19
A9B/9/22
有○地 A11/11/17
為○地 A11/11/19
○地則無絶 A11/11/23
衢地則合○ A11/11/23
偃臥者涕○頤 A11/12/5
○地吾將謹其守 A11/12/20
不能預○ A11/12/24
則其○不得合 A11/12/26
是故不爭天下之○ A11/12/26
敵不力○ B12/26/30
而無通其○往 B15/28/18
鼓行○鬭 B17/29/14
矢射未○ B23/34/8
五軍○至 C5/42/25
○兵接刃而人樂死 C6/44/2
周將○刃而誓之 D2/46/23
雖○兵致刃 D2/47/10
兩心○定 D4/50/7

膠 jiāo 1

○漆之材 A2/1/26

驕 jiāo 8

卑而○之 A1/1/17
譬若○子 A10/11/8
徒尚○侈 B22/33/8
君臣○奢而簡於細民 C2/37/28
上富而○ C4/41/18
則不○矣 D2/47/21
○○、懾懾、吟曠、虞懼、事悔 D3/48/20

校 jiào 4

○之以計而索其情 A1/1/5
故○之以計而索其情 A1/1/9
○所出入之路 B22/33/1
不○勿敵 D1/45/24

教 jiào 59

〔令〕素行以○其民 A9A/9/15
令不素行以○其民 A9A/9/15
A9B/10/14
令素行以○其民 A9B/10/14
○道不明 A10/10/29
百人而○戰 B18/29/29
○成合之千人 B18/29/29
千人○成 B18/29/29
萬人○成 B18/29/29
○成試之以閱 B18/29/30
兵之○令 B21/31/7
加犯○之罪 B21/31/7
前行者前行○之 B21/31/7
後行者後行○之 B21/31/7
左行者左行○之 B21/31/8
右行者右行○之 B21/31/8
○舉五人 B21/31/8
弗○ B21/31/8
如犯○之罪 B21/31/8
則○者如犯法者之罪 B21/31/11
B21/31/12,B21/31/12
必在乎兵○之法 B21/31/15
伍長○其四人 B21/31/20

伍長○成	B21/31/23
什長○成	B21/31/23
卒長○成	B21/31/23
伯長○成	B21/31/23
兵尉○成	B21/31/24
裨將○成	B21/31/24
大將○之	B21/31/24
○之死而不疑者	B21/32/1
此之謂兵○	B21/32/5
此十二者○成	B22/32/19
必先○百姓而親萬民	C1/36/13
必○之以禮	C1/36/24
順俗而○	C1/37/3
○戒為先	C3/40/5
○成十人	C3/40/6
○成百人	C3/40/6
○成千人	C3/40/6
○成萬人	C3/40/6
○成三軍	C3/40/7
○戰之令	C3/40/10
子前日之○行矣	C6/44/13
六德以時合○	D1/45/13
士不先○	D2/46/7
古之○民必立貴賤之倫經	D2/46/9
既致○其民	D2/46/16
○極省則民興良矣	D2/46/16
○化之至也	D2/46/17
其○可復	D2/46/20
至○也	D2/47/19
申○詔	D3/47/30
○惟豫、戰惟節	D3/48/7
上暇人○	D3/48/16
人○厚	D3/48/27
○約人輕死	D4/50/21
○成俗	D4/51/3

窖 jiào　2

乃收○廩	B6/21/9
遂發其○廩救撫	B6/21/23

醮 jiào　1

○吳起於廟	C1/36/10

皆 jiē　30

人○知我所以勝之形	A6/6/8
剛柔○得	A11/12/11
間與所告者○死	A13/14/16
萬人○不肖也	B3/17/1
此○盜也	B8/22/17
天下○驚	B8/23/22
○囚之情也	B9/24/27
上下○相保也	B14/28/10
○與同罪	B14/28/11
○有地分	B15/28/18
○營其溝域	B15/28/19
○成行伍	B15/28/23
○有分職	B19/30/13
即○會也	B20/30/28
○有分部也	B22/32/15
○心失而傷氣也	B22/33/13
常陳○向敵	B23/34/1
戰則○禁行	B24/34/13
大將左右近卒在陳中者○斬	B24/34/25
罪○赦	B24/34/28
攻守○得	B24/35/9
○起之功也	C1/36/11
百姓○是吾君而非鄰國	C1/37/13
○有鬬心	C2/37/30
每變○習	C3/40/8
雖破軍○無易	C6/44/23
上下○不伐善	D2/47/21
上下○以不善在己	D2/47/22
○戰則強	D3/48/5
一人之禁無過○息	D4/50/25

接 jiē　8

兵未○而所以奪敵者五	B4/18/9
敵不○刃而致之	B5/21/3
○兵角刃	B8/22/30,B8/23/1
敵無威○	B12/26/30
謂○連前矛	B22/32/15
長刃未○	B23/34/8
交兵○刃而人樂死	C6/44/2

揭 jiē　13

○之	B14/28/6
	B14/28/6,B14/28/7,B14/28/8
	B14/28/10
知而弗○	B14/28/6
	B14/28/7,B14/28/7,B14/28/8
知而弗○者	B14/28/10
無有不○之罪	B14/28/13
羅地者自○其伍	B21/31/9
伍內互○之	B21/31/9

桀 jié　1

故成湯討○而夏民喜悅	C1/36/21

捷 jié　1

大○不賞	D2/47/20

傑 jié　2

豪○雄俊	B6/21/8
必鼓其豪○雄俊	B6/21/24

結 jié　8

衢地吾將固其○	A11/12/20
車不○轍	B4/19/1
爭私○怨	B5/20/16
怨○雖起	B5/20/17
夫什伍相○	B14/28/13
以○其聯也	B22/32/12
○而解之	C3/40/8
一○其前	C5/42/24

節 jié　28

○也	A5/4/18
其○短	A5/4/19
○如發機	A5/4/19
猶合符○	B2/15/19
則士不死○	B4/18/24
士不死○	B4/18/24
群下者支○也	B5/20/3
則支○必力	B5/20/3
則支○必背	B5/20/4
卒不○動	B5/20/4
○以兵刃	B5/20/21
夫提天下之○制	B8/23/4

○賦斂 B10/25/6
臣下之○也 B10/25/9
其陵犯無○ B12/27/14
非將吏之符○ B15/28/22
吏屬無○ B15/28/23
授持符○ B20/31/2
習戰以成其○ B21/31/25
則○吝有不食者矣 B22/33/12
卒能○制 B24/35/9
前卻有○ C3/39/25
無犯進止之○ C3/39/29
○其飢飽 C3/40/22
晝以旌旗旛麾為○ C5/42/8
夜以金鼓笳笛為○ C5/42/8
教惟豫、戰惟○ D3/48/7
棄任○食 D5/52/4

詰 jié 1

見非而不（詰）〔○〕 B17/29/12

竭 jié 8

貴賣則百姓財○ A2/2/3
財○則急於丘役 A2/2/3
不○如江河 A5/4/13
不度在於○民財 B7/22/10
○人之力不責禮 B8/23/30
○其力 B8/23/31
自○民歲 B24/35/6
四曰軍資既○ C2/38/17

潔 jié 1

廉○可辱也 A8/8/11

解 jiě 6

難於害而患可○也 A8/8/4
餘則鈞○ C1/36/11
○甲而息 C2/38/19
馬疲人倦而不○舍 C3/39/30
結而○之 C3/40/8
○之而去 C5/42/23

介 jiè 2

○冑而奮擊之者以萬數 C6/44/11
○者不拜 D2/47/15

戒 jiè 11

攻其所不○也 A11/11/29
是故其兵不修而○ A11/12/3
先○為寶 C2/37/25
今君已○ C2/37/25
教○為先 C3/40/5
四曰○ C4/41/2
○者 C4/41/3
有虞氏○於國中 D2/46/22
因懼而○ D3/49/8
凡三軍人○分日 D4/50/1
凡戰三軍之○無過三日 D4/50/25

界 jiè 2

以地○出割 B3/17/11
後將吏及出縣封○者 B24/34/16

誡 jiè 1

遲速不過○命 D2/47/11

今 jīn 25

○有城〔於此〕 B1/15/6
○百人一卒 B3/16/30
○天下諸國士 B3/17/6
○國被患者 B3/17/11
○世將考孤虛 B8/23/17
○以莫邪之利 B8/23/25
自古至○ B8/23/31
○世諺云 B9/24/21
○夫決獄 B9/24/24
○良民十萬而聯於（囚）〔囹〕圄 B9/24/27
○也金木之性 B11/25/29
○短褐不蔽形 B11/26/1
古人何得而○人何失邪 B11/26/4
○治之止也 B11/26/5
○說者曰 B11/26/22
○戰國相攻 B22/33/8
○名在官而實在家 B24/35/1
○以法止逃歸 B24/35/8
○君四時使斬離皮革 C1/36/4
○寡人不才 C1/37/17
○秦脅吾西 C2/37/22
○君已戒 C2/37/25
○有少年卒起 C5/42/15
○使一死賊伏於曠野 C6/44/16
○臣以五萬之眾 C6/44/17

金 jīn 26

日費千○ A2/1/26
A13/14/3,B9/24/27
故為○鼓 A7/7/12
夫○鼓旌旗者 A7/7/12
而愛爵祿百○ A13/14/4
○鼓所指 B3/16/14
千○不死 B9/24/21
百○不刑 B9/24/21
雖有萬○ B9/24/22
○器腥 B11/25/29
今也○木之性 B11/25/29
○、鼓、鈴、旗 B18/29/20
○之則止 B18/29/20,C5/42/9
重○則退 B18/29/20
不聽○、鼓、鈴、旗而動者有誅 B18/29/27
以瓦為○ B21/31/20
擊○而退 B21/31/20
○鼓俱擊而坐 B21/31/21
九曰○鼓 B22/32/15
○之不止 C3/39/24
勇者持○鼓 C3/40/10
夫鼙鼓○鐸 C4/41/13
夜以○鼓笳笛為節 C5/42/8
擊○鳴鼓於阨路 C5/42/15

津 jīn 3

○梁未發 B5/21/1
賣食盟○ B8/23/9
師渡盟○ B8/23/13

襟 jīn 1

士卒坐者涕霑○ A11/12/5

僅 jǐn 1

〇存之國富大夫 B4/19/14

謹 jǐn 15

必〇察之 A9A/8/23,A9B/10/11
必〇覆索之 A9A/9/5,A9B/10/3
〇養而勿勞 A11/12/1
交地吾將〇其守 A11/12/20
〇人事而已 B8/23/27
諸侯有〇天子之禮 B10/25/18
其言無〇 B12/27/14
必〇君臣之禮 C1/37/3
〇我車騎必避之路 C2/38/3
〇落四下 C3/40/23
然後〇選而使之 D2/46/16
舍〇甲兵 D4/50/13
戰〇進止 D4/50/13

近 jìn 17

〔高下〕、遠〇、險易、廣狹、死生也 A1/1/7
〇而示之遠 A1/1/16
遠而示之〇 A1/1/16
〇於師者貴賣 A2/2/3
〇者數里乎 A6/5/26
以〇待遠 A7/7/18,C3/40/7
勿〇也 A9A/9/4,A9B/10/2
敵〇之 A9A/9/4,A9B/10/2
敵〇而靜者 A9A/9/5
〇而靜者 A9B/10/3
計險阨遠〇 A10/11/1
大將左右〇卒在陳中者皆斬 B24/34/25
敵〇而薄我 C5/42/27
凡〇敵都 D5/52/1

晉 jìn 3

〇文召為前行四萬 C1/37/4
三〇陳治而不用 C2/37/26
三〇者 C2/38/4

進 jìn 72

不知軍之不可以〇而謂之〇 A3/3/3
〇而不可禦者 A6/5/14
則勇者不得獨〇 A7/7/13
惟無武〇 A9A/8/23
半〇半退者 A9A/8/24,A9B/10/7
見利而不〇者 A9A/8/24,A9B/10/8
〇也 A9A/9/2,A9B/10/6
辭彊而〇驅者 A9A/9/2
欲人之〇也 A9A/9/6,A9B/10/3
辭強而〇驅者 A9B/10/6
唯無武〇 A9B/10/12
故〇不求名 A10/11/4
圮地吾將〇其塗 A11/12/21
夫力弱故〇退不豪 B5/20/1
〇不郭(圍)〔圉〕、退不亭障以禦戰 B6/21/8
左右〇劍 B8/24/2
輕〇而求戰 B12/27/8
則前行〇為犯難 B17/29/14
後行(〇)〔退〕為辱眾 B17/29/14
所以知〇退先後 B17/29/15
鼓之則〇 B18/29/20,C5/42/9
則〇退不定 B18/30/4
有非令而〇退者 B21/31/7
若一人有不〇死於敵 B21/31/11
擊鼓而〇 B21/31/20
謂前列務〇 B22/32/13
相參〇止 B23/34/2
若以備〇戰退守 C1/36/6
故當敵而不〇 C1/36/9
不可以〇戰 C1/36/14
樂以〇戰效力、以顯其忠勇者 C1/37/5
起〇曰 C1/37/15
輕〇速退 C2/38/1
所謂見可而〇 C2/38/24
察其〇以知其止 C2/38/26
〇兵之道何先 C3/39/8
〇有重賞 C3/39/15
鼓之不〇 C3/39/24
〇不可當 C3/39/25
無犯〇止之節 C3/39/29
若〇止不度 C3/39/30
三軍〇止 C3/40/14
閑其〇止 C3/40/23
〇退多疑 C4/41/19
〇道易 C4/41/20
〇道險 C4/41/20
〇如風雨 C5/42/19
〇弓與弩 C5/43/2
〇退不敢 C5/43/8
〇退不得 C5/43/11
若〇若止 C5/43/16
君舉有功而〇饗之 C6/44/6
難〇易退 D2/47/14
治亂〇止 D3/48/1
因是〇退 D3/48/16
攻戰、守〇、退止 D3/48/19
〇退無疑 D3/48/28
立〇俯 D4/49/28
坐〇跪 D4/49/28
起譟鼓而〇則以鐸止之 D4/49/30
戰謹〇止 D4/50/13
重〇勿盡 D4/50/32
用眾〇止 D5/51/20
用寡〇退 D5/51/20
〇退以觀其固 D5/51/28
必有〇路 D5/52/1

禁 jìn 36

〇祥去疑 A11/12/4
明乎〇舍開塞 B2/15/22
世將不能〇 B3/16/20
B3/16/21,B3/16/23,B3/16/23
夫將能〇此四者 B3/16/23
不能〇此四者 B3/16/24
不明乎〇舍開塞也 B3/17/7
動決而不〇 B5/20/2
所以誅暴亂、〇不義也 B8/22/17
殄怪〇淫之事也 B10/25/7
民一犯〇而拘以刑治 B11/26/11
邪生於無〇 B11/26/23
夫〇必以武而成 B11/26/25
伍有干令犯〇者 B14/28/6
什有干令犯〇者 B14/28/6
屬有干令犯〇者 B14/28/7
閭有干令犯〇者 B14/28/8
有干令犯〇者 B14/28/10
〇行清道 B15/28/22

故內無干令犯○　B15/28/24
見亂而不○　B17/29/12
二曰地○　B22/32/11
謂○止行道　B22/32/11
謂左右相○　B22/32/13
戰則皆○行　B24/34/13
○亡軍　B24/35/8
○暴救亂曰義　C1/36/30
○令未施　C2/38/29
○令刑罰　C4/41/13
乃作五刑〔以○民僻〕　D1/45/18
會之以發○者九　D1/45/30
執戮○顧　D4/49/31
人○不息　D4/50/1
一人之○無過皆息　D4/50/25

盡 jìn　19

故不○知用兵之害者　A2/1/29
則不能○知用兵之利也　A2/1/29
士人○力　A11/12/2
則百人○鬬　B3/16/14
則千人○鬬　B3/16/15
夫城邑空虛而資○者　B5/21/2
○在郭中　B6/21/9
則愚夫惷婦無不蔽城○資血城者　B6/21/22
若亡一人而九人不○死於敵　B21/31/11
自尉吏而下○有旗　B21/31/28
父母妻子○同罪　B24/34/19
○斬之　B24/34/22
同伍○奪其功　B24/34/28
則士以○死為榮　C1/36/16
○其淺深　C5/43/13
○用兵之刃矣　D2/46/24
○民之善　D2/47/18
重進勿○　D4/50/32
凡○危　D4/50/32

旌 jīng　14

而更其○旗　A2/2/10
故為○旗　A7/7/12
夫金鼓○旗者　A7/7/12
晝戰多○旗　A7/7/15
○旗動者　A9A/8/20,A9B/10/9
○旗煩亂　C2/38/28,C4/42/1
○旗亂動可擊　C2/39/2
強者持○旗　C3/40/10
○旗麾幟　C4/41/13
晝以○旗旛麾為節　C5/42/8
於是出○列（旆）〔旆〕　C5/43/8
鼓○旗　D4/50/29

經 jīng　8

故○之以五事　A1/1/5
○制十萬之眾　B3/17/14
○卒者　B17/29/6
以○令分之為三分焉　B17/29/6
次以○卒　B17/29/10
言有○也　B17/29/16
謂○旗全曲　B22/32/17
古之教民必立貴賤之倫○　D2/46/9

精 jīng　4

不○之至也　A9A/8/22,A9B/10/11
夫○誠在乎神明　B12/27/4
兵甲之○　C2/38/23

驚 jīng　8

此不意彼○懼而曲勝之也　B5/20/20
天下皆○　B8/23/22
奮敵若○　B21/32/2
○也　B22/33/12
三軍數○　C2/38/19
無令○駭　C3/40/23
莫不○動　C5/42/15
三軍○駭　C5/43/15

井 jǐng　7

凡地有絕澗、天○、天牢、天羅、天陷、天隙　A9A/9/3
A9B/10/1
軍行有險阻潢○葭葦山林翳薈者　A9A/9/4
軍旁有險阻潢○蒹葭林木翳薈者　A9B/10/2
軍○成而〔後〕飲　B4/19/20
有勝於市○　B5/20/19
均○地　B10/25/6

警 jǐng　2

良將○之　A12/13/22
一卒之○無過分日　D4/50/25

勁 jìng　3

○者先　A7/6/23
○弩（彊）〔彊〕矢　B6/21/9
○弩彊矢并於前　B6/21/24

敬 jìng　1

凡戰○則慊　D4/50/15

境 jìng　5

去國越○而師者　A11/12/18
量吾○內之民　B3/17/14
必集敵○　B5/20/27
四○之內　B20/31/1
則四○之民　B20/31/1

靜 jìng　18

安則○　A5/4/28
作之而知動○之理　A6/6/3
以○待譁　A7/7/18
敵近而○者　A9A/9/5
近而○者　A9B/10/3
○以幽　A11/12/13
火發兵○者　A12/13/15
〔故〕○能守其所固　B4/19/10
兵以○勝　B5/19/26
動○一身　B5/20/1
○之決也　B10/25/13
安○則治　B23/33/27
密○多內力　D3/48/15
見敵○　D3/48/23
○乃治　D3/48/27
凡戰擊其微○　D4/51/15
避其強○　D4/51/15
○而觀其怠　D5/51/28

窘 jiǒng 2

○也 A9A/8/22,A9B/10/10

究 jiū 3

是刑上○也 B8/22/27
夫能刑上○、賞下流 B8/22/28
吏○其事 B22/33/9

九 jiǔ 9

善守者藏於○地之下 A4/3/18
善攻者動於○天之上 A4/3/18
故將通於○變之地利者 A8/8/1
將不通於○變之利者 A8/8/1
治兵不知○變之術 A8/8/2
○地之變 A11/12/16
若亡一人而○人不盡死於敵 B21/31/11
○曰金鼓 B22/32/15
會之以發禁者○ D1/45/30

久 jiǔ 21

○則鈍兵挫銳 A2/1/27
○暴師則國用不足 A2/1/27
未睹巧之○也 A2/1/28
夫兵○而國利者 A2/1/28
不貴○ A2/2/12
毀人之國而非○也 A3/2/25
○而不合 A9A/8/23,A9B/10/11
晝風○ A12/13/17
〔則〕師雖○而不老 B4/19/21
楚陳整而不○ C2/37/26
故整而不○ C2/38/1
可與持○ C2/38/10
三曰師既淹○ C2/38/16
停○不移 C4/41/21
天○連雨 C5/43/15
迭戰則○ D3/48/5
凡戰以力○ D4/50/3
以固○ D4/50/3
堪○信也 D4/51/12
息○亦反其儡 D5/52/3

酒 jiǔ 1

焉有喧呼酖○以敗善類乎 B11/26/8

咎 jiù 1

上下相○ C4/41/8

救 jiù 29

攻其所必○也 A6/5/15
則左不能○右 A6/5/25
右不能○左 A6/5/26
前不能○後 A6/5/26
後不能○前 A6/5/26
貴賤不相○ A11/11/25
其相○也如左右手 A11/12/10
死生相○ B4/18/29
患無所○ B4/19/14
擊敵若○溺人 B5/20/14
敵○未至 B5/20/29
其有必○之軍者 B6/21/19
無必○之軍者 B6/21/19
若彼〔城〕堅而○誠 B6/21/22
○餘於守者 B6/21/23
若彼城堅而○不誠 B6/21/23
遂發其窖廩○撫 B6/21/23
○必開之 B6/21/27
但○其後 B6/21/27
此○而示之不誠 B6/22/1
千乘○守 B8/22/20
○守不外索助 B8/22/20
君子不○囚於五步之外 B9/24/16
○其弊 B22/33/5
待人之○ B22/33/12
及戰鬬則卒吏相○ B24/35/8
禁暴○亂曰義 C1/36/30
短以○長 D3/48/4
凡民以仁○ D4/51/11

就 jiù 2

所以違害○利 C1/36/19
五鼓○行 C3/40/12

拘 jū 2

深入則○ A11/12/3
民一犯禁而○以刑治 B11/26/11

居 jū 28

輕車先出○其側者 A9A/9/2
其所○易者 A9A/9/6,A9B/10/3
○其側者 A9B/10/6
先○高陽 A10/10/20
我先○之 A10/10/23,A10/10/23
若敵先○之 A10/10/23,A10/10/24
必○高陽以待敵 A10/10/24
易其○ A11/12/14
夫以○攻出 B4/19/12
則○欲重 B4/19/12
明視而高○則威之 B12/27/12
守要塞關梁而分○之 B20/30/28
分營○陳 B21/31/7
將亦○中 B23/34/3
而處大○貴 C1/36/20
君能使賢者○上 C1/37/12
四曰陳功○列 C2/38/23
○則有禮 C3/39/25
以○則亂 C3/39/31
○軍下濕 C4/41/20
○軍荒澤 C4/41/21
○國惠以信 D3/48/24
○國和 D3/48/24
○國見好 D3/48/25
則誓以○前 D4/51/8

俱 jū 4

故可與之○死 A10/11/7
擊其中則首尾○至 A11/12/9
五間○起 A13/14/9
金鼓○擊而坐 B21/31/21

沮 jǔ 3

不知山林險阻○澤之形者 A7/7/1
A11/12/24
行山林、險阻、○澤 A11/11/20

舉 jǔ 24

然後十萬之師○矣 A2/1/26
故○秋毫不為多力 A4/3/21
○軍而爭利則不及 A7/6/22
○而不窮 A10/11/12
是故政○之日 A11/13/5
五曰○陳加刑之論 B4/18/10
○賢任能 B4/19/16
不我○也 B5/20/10
權敵審將而後○兵 B5/20/25
○賢用能 B8/23/25
明○上達 B10/25/21
其○有疑而不疑 B18/30/8
教○五人 B21/31/8
○功別德 B21/32/2
吉乃後○ C1/36/16
○不合義 C1/36/20
○順天人 C1/36/22
國亂人疲○事動眾曰逆 C1/36/30
然後○旗 C3/40/12
則不勞而功○ C4/41/17
君○有功而進饗之 C6/44/6
○賢立明 D1/45/25
視敵而○ D3/48/7,D5/51/26

具 jù 7

○器械 A3/2/23
煙火必素○ A12/13/12
兵器備○ B1/15/8
會計民之○也 B10/25/6
起戰○無不及也 B20/30/29
車騎之○ C3/40/24
銜枚誓（糗）〔○〕 D4/49/31

拒 jù 2

敵不及○ A11/13/7
眾來則○之 C2/38/5

距 jù 1

○闉 A3/2/23

聚 jù 19

合軍○眾 A7/6/18,A8/7/26
○三軍之眾 A11/12/15
則其眾不得○ A11/12/26
令之○不得以散 B2/16/9
散不得以○ B2/16/9
故眾已○不虛散 B5/20/14
卒○將至 B5/20/27
六畜未○ B5/21/2
非妄費於民○土壤也 B6/21/13
而況國人○舍同食 B14/28/14
○卒為軍 B24/35/1
○為一卒 C1/37/5,C1/37/6
C1/37/6,C1/37/7,C1/37/7
再吹而○ C5/42/9
無刊其木、發其屋、取其粟、殺其六畜、燔其積○ C5/43/25

鋸 jù 1

○齒亦勝 B2/16/7

據 jù 5

○一城邑而數道絕 B5/20/28
（○出）〔出○〕要塞 B6/21/27
分卒○要害 B20/30/25
韓○吾前 C2/37/22

懼 jù 16

兵士甚陷則不○ A11/12/2
此不意彼驚○而曲勝之也 B5/20/20
將重、壘高、眾○ B22/33/11
臣竊○矣 C1/37/18
則上疑而下○ C2/38/3
士眾勞○ C2/38/18
我眾甚○ C5/42/27
敵人必○ C5/43/9
足○千夫 C6/44/17
○小人也 D2/46/25
驕驕、懾懾、吟曠、虞○、事悔 D3/48/20
因○而戒 D3/49/8
擊其大○ D4/51/15
避其小○ D4/51/15
危而觀其○ D5/51/28
乘其○ D5/51/30

捐 juān 2

委軍而爭利則輜重○ A7/6/22
奇兵○將而走 B3/16/23

卷 juǎn 1

是故○甲而趨 A7/6/22

倦 juàn 6

○也 A9A/8/20,A9B/10/9
以○其師 C2/38/5
○而未食 C2/38/18
馬疲人○而不解舍 C3/39/30
擊其○勞 D4/51/15

餋 juàn 2

地、所以（○）〔養〕民也 B4/19/4
貴功（○）〔養〕勞 B4/19/16

角 jué 7

○之而知有餘不足之處 A6/6/3
弩如羊○ B2/16/10
彼驁馬鬐興○逐 B3/17/15
合鼓合〔○〕 B5/20/20
接兵○刃 B8/22/30,B8/23/1
○ B18/29/24

決 jué 22

若○積水於千仞之谿者 A4/4/6
以○戰事 A11/13/6
堂堂○而去 B2/16/10
○罰於後 B3/16/27
則計○而不動 B5/20/2
動○而不禁 B5/20/2
臨難○戰 B8/22/30
臨難○疑 B8/24/2

如〇川源 B8/24/5
今夫〇獄 B9/24/24
靜之〇也 B10/25/13
〇無留刑 B12/27/7
以智〇之 B12/27/15
夫蚤〇先敵 B18/30/4
慮不蚤〇 B18/30/4
百步而〇 B21/31/25
〇死生之分 B21/32/1
不可以〇勝 C1/36/14
內出可以〇圍 C1/37/8
可以〇勝 C2/38/10
怖敵〇疑 C4/41/10
以智〇 D4/51/11

厥 jué 5

正復〇職 D1/45/25
訊〇眾 D3/47/30
求〇技 D3/47/30
時中服〇次治 D3/48/28
反敗〇身 D3/49/6

絕 jué 33

〇地無留 A8/7/26
〇山依谷 A9A/8/17,A9B/9/20
〇水必遠水 A9A/8/17,A9B/9/20
客〇水而來 A9A/8/18,A9B/9/21
〇斥澤 A9A/8/19,A9B/9/22
凡地有〇澗、天井、天牢、天羅、天陷、天隙 A9A/9/3
A9B/10/1
交地則無〇 A11/11/23
〇地也 A11/12/18
水可以〇 A12/13/19
背水陳〔者〕為〇（紀）〔地〕 B1/15/9
〇乎疑慮 B2/16/10
深水〇之 B3/16/24
猶亡舟楫〇江河 B3/16/24
錯〇其道 B5/20/27
據一城邑而數道〇 B5/20/28
無〇其糧道 B6/21/28
音不〇 B18/29/23
前軍〇行亂陳破堅如潰者 B21/32/5
則〇其阨 B22/33/4
世不〇聖 C1/37/17
燕〇吾後 C2/37/22
雖〇成陳 C3/39/25
無〇人馬之力 C3/39/29
一〇其後 C5/42/24
敵若〇水 C5/43/13
不〇人馬之力 D2/47/11
書親〇 D5/52/3
是謂〇顧之慮 D5/52/3

爵 jué 9

而愛〇祿百金 A13/14/4
非戰無所得〇 B3/17/19
必先禮信而後〇祿 B4/18/22
〇列之等 B4/18/27
貴〇富祿必稱 B10/25/3
各視其所得之〇 B21/31/28
必加其〇列 C2/38/9
以〇分祿 D1/45/15
凡戰定〇位 D3/47/30

蹶 jué 1

則〇上將軍 A7/6/24

均 jūn 4

勢〇 A10/10/24
夫勢〇 A10/10/28
〇井地 B10/25/6
其政寬而祿不〇 C2/37/28

君 jūn 40

故〇之所以患於軍者三 A3/3/3
將能而〇不御者勝 A3/3/9
將受命於〇 A7/6/18,A8/7/26
〇命有所不受 A8/7/29
故明〇慎之 A12/13/22
故明〇賢將 A13/14/5
人〇之寶也 A13/14/10
故惟明〇賢將 A13/14/26
〇以武事成功者 B8/23/1
〇子不救囚於五步之外 B9/24/16
〇民繼世 B10/25/18
帝王之〇 B11/26/17
〇必先謀於廟 B19/30/12
〇身以斧鉞授將曰 B19/30/12
臣聞人〇有必勝之道 B22/32/10
主〇何言與心違 C1/36/4
今〇四時使斬離皮革 C1/36/4
不識主〇安用此也 C1/36/6
昔承桑氏之〇 C1/36/7
有扈氏之〇 C1/36/8
民知〇之愛其命 C1/36/16
必謹〇臣之禮 C1/37/3
故強國之〇 C1/37/5
〇能使賢者居上 C1/37/12
百姓皆是吾〇而非鄰國 C1/37/13
〇有憂色 C1/37/16
而〇說之 C1/37/18
今〇已戒 C2/37/25
〇臣驕奢而簡於細民 C2/37/28
〇臣未和 C2/38/29
使其〇臣相怨 C4/41/8
〇舉有功而進饗之 C6/44/6
〇試發無功者五萬人 C6/44/15
而危有功之〇 D1/45/19
放弒其〇則殘之 D1/46/1
必奉於父母而正於〇長 D2/46/6
故雖有明〇 D2/46/6
是以〇子貴之也 D2/46/20
勸〇子 D2/46/25

軍 jūn 197

故〇食可足也 A2/2/1
全〇為上 A3/2/18
破〇次之 A3/2/18
故君之所以患於〇者三 A3/3/3
不知〇之不可以進而謂之進 A3/3/3
不知〇之不可以退而謂之退 A3/3/3
是謂縻〇 A3/3/4
不知三〇之事 A3/3/4
而同三〇之政者 A3/3/4
則〇士惑矣 A3/3/4
不知三〇之權 A3/3/4
而同三〇之任 A3/3/5
則〇士疑矣 A3/3/5
三〇既惑且疑 A3/3/5

是謂亂○引勝	A3/3/5
三○之衆	A5/4/10 B8/23/25,B18/29/29,C4/41/6
合○聚衆	A7/6/18,A8/7/26
莫難於○爭	A7/6/18
○爭之難者	A7/6/18
故○爭為利	A7/6/22
○爭為危	A7/6/22
舉○而爭利則不及	A7/6/22
委○而爭利則輜重捐	A7/6/22
則擒三將○	A7/6/23
則蹶上將○	A7/6/24
是故○無輜重則亡	A7/6/25
不能行○	A7/7/1,A11/12/24
此○爭之法也	A7/7/10
《○政》曰	A7/7/12
故三○可奪氣	A7/7/17
將○可奪心	A7/7/17
○有所不擊	A8/7/29
覆○殺將	A8/8/12,B3/16/15
凡處○相敵	A9A/8/17,A9B/9/20
此處山之○也	A9A/8/17,A9B/9/20
此處水上之○也	A9A/8/19 A9B/9/22
若交○於斥澤之中	A9A/8/19 A9B/9/22
粟馬肉食、○無懸缻、不返其舍者	A9A/8/20
○擾者	A9A/8/25,A9B/10/8
營○也	A9A/9/2,A9B/10/5
○行有險阻潢井葭葦山林翳薈者	A9A/9/4
此處斥澤之○也	A9A/9/6 A9B/9/23
此處平陸之○也	A9A/9/7 A9B/9/23
凡此四○之利	A9A/9/7,A9B/9/23
凡○好高而惡下	A9A/9/10 A9B/9/24
○無百疾	A9A/9/10,A9B/9/24
○旁有險阻潢井蒹葭林木翳薈者	A9B/10/2
○無糧也	A9B/10/9
三○足食	A11/12/1
將○之事	A11/12/13
聚三○之衆	A11/12/15
此謂將○之事也	A11/12/16

犯三○之衆	A11/12/27
凡○必知有五火之變	A12/13/17
此安國全○之道也	A12/13/22
故三○之事	A13/14/14
凡○之所欲擊	A13/14/18
三○之所恃而動也	A13/14/27
向阪陳〔者〕為廢○	B1/15/10
征役分○而逃歸	B3/16/20
足使三○之衆	B3/16/31
足使三○之衆為一死賊	B3/17/2
必覆○殺將	B3/17/25
破○殺將	B4/18/4
○井成而〔後〕飲	B4/19/20
○食熟而後飯	B4/19/20
○壘成而後舍	B4/19/20
〔○不畢食〕	B4/19/20
其有必救之○者	B6/21/19
無必救之○者	B6/21/19
十萬之○頓於城下	B6/21/27
殺一人而三○震者	B8/22/26
是為無善之○	B8/23/2
張○宿野忘其親	B8/24/1
三○成行	B8/24/5
○吏諫曰	B8/24/8
三尺之泉足以止三○渴	B11/26/22
三○亂矣	B12/27/14
命曰○賊	B13/27/24
○中之制	B14/28/3
中○、左右前後○	B15/28/18
○中縱橫之道	B15/28/22
左右將○得誅萬人之將	B16/29/2
大將○無不得誅	B16/29/2
左○蒼旗	B17/29/6
右○白旗	B17/29/6
中○黃旗	B17/29/6
會之於三○	B18/29/29
將○受命	B19/30/12
左、右、中○	B19/30/12
○無二令	B19/30/13
將○告曰	B19/30/15
將○入營	B19/30/17
所謂踵○者	B20/30/21
去大○百里	B20/30/21
前○而行	B20/30/21
踵○饗士	B20/30/22
興○者	B20/30/24
前踵○而行	B20/30/24

去大○一倍其道	B20/30/24
去踵○百里	B20/30/24
踵○遇有還者	B20/30/25
大○為計日之食	B20/30/28
當興○、踵○既行	B20/31/1
左○章左肩	B21/31/17
右○章右肩	B21/31/17
中○章胸前	B21/31/17
前○絶行亂陳破堅如潰者	B21/32/5
謂衆○之中有材力者	B22/32/16
傷氣敗○	B22/33/13
諸去大○為前禦之備者	B24/34/13
聞大○為前禦之備	B24/34/13
法比亡○	B24/34/17
○無功者戍三歲	B24/34/23
三○大戰	B24/34/25
餘士卒有○功者奪一級	B24/34/26
無○功者戍三歲	B24/34/26
○之利害	B24/35/1
聚卒為○	B24/35/1
此○之所以不給	B24/35/2
名為○實	B24/35/5
是有一○之名	B24/35/5
禁亡○	B24/35/8
寡人不好○旅之事	C1/36/3
不可以出○	C1/36/13
不和於○	C1/36/14
凡制國治○	C1/36/24
○之練銳也	C1/37/7
其○可敗	C2/38/2
然則一○之中	C2/38/8
是謂○命	C2/38/9
四曰○資既竭	C2/38/17
三○數驚	C2/38/19
三○匈匈	C2/38/29
凡行○之道	C3/39/29
三○之災	C3/40/3
教成三○	C3/40/7
三○進止	C3/40/14
○之將也	C4/40/30
居○下濕	C4/41/20
居○荒澤	C4/41/21
其○不備	C4/41/22
兩○相望	C4/41/24
三○服威	C5/42/9
分為五○	C5/42/22

各○一衢 C5/42/22
夫五○五衢 C5/42/22
兩○嗬枚 C5/42/24
五○交至 C5/42/25
三○驚駭 C5/43/15
○之所至 C5/43/24
吳起令三○曰 C6/44/22
雖破○皆無易 C6/44/23
冢宰與百官布令於○曰 D1/45/23
古者國容不入○ D2/46/12
○容不入國 D2/46/12,D2/47/13
○旅之聽 D2/46/13
夏后氏誓於○中 D2/46/22
殷誓於○門之外 D2/46/22
○旅以舒為主 D2/47/10
○旅之固 D2/47/11
國容不入○ D2/47/13
○容入國則民德廢 D2/47/13
國容入○則民德弱 D2/47/13
在○抗而立 D2/47/14
戍○三年不興 D2/47/25
將○ D3/48/8
大○以固 D3/48/14
是謂大○ D3/48/15
在○廣以武 D3/48/24
在○法 D3/48/24
在○見方 D3/48/25
凡○使法在己曰專 D3/49/19
○無小聽 D3/49/19
凡三○人戒分日 D4/50/1
凡戰三○之戒無過三日 D4/50/25
凡勝三○一人勝 D4/50/29

鈞 jūn 1

餘則○解 C1/36/11

俊 jùn 2

豪傑雄○ B6/21/8
必鼓其豪傑雄○ B6/21/24

開 kāi 14

敵人○闔 A11/13/5
敵人○戶 A11/13/6
明乎禁舍○塞 B2/15/22
不明乎禁舍○塞也 B3/17/7
救必○之 B6/21/27
陳○百里 B8/23/14
審○塞 B10/25/10
遊說、(○)〔間〕諜
無自入 B10/25/15
所以○封疆 B21/32/5
四曰○塞 B22/32/12
凡圍必○其小利 B22/33/11
塞易○險 C4/41/19
則避之○之 D5/51/22
是謂○人之意 D5/52/4

愷 kǎi 2

天下大○ D1/45/8
得意則○歌 D2/47/25

刊 kān 2

○木濟水 C2/38/15
無○其木、發其屋、取
其粟、殺其六畜、燔
其積聚 C5/43/25

堪 kān 5

○物簡治 D3/48/14
是謂○物 D3/48/16
○物智也 D4/51/12
○大勇也 D4/51/12
○久信也 D4/51/12

糠 kāng 1

糟○不充腹 B11/26/1

抗 kàng 2

戰國則以立威、○敵、
相圖而不能廢兵也 B23/33/17
在軍○而立 D2/47/14

考 kǎo 2

今世將○孤虛 B8/23/17
○不同 D1/45/19

可 kě 191

不○不察也 A1/1/3,A8/8/13
A10/10/25,A10/10/31
故○以與之死 A1/1/6
○以與之生 A1/1/6
不○先傳也 A1/1/18
故軍食○足也 A2/2/1
故兵不頓而利○全 A3/2/25
不知軍之不○以進而謂
之進 A3/3/3
不知軍之不○以退而謂
之退 A3/3/3
知○以戰與不○以戰者勝 A3/3/8
先為不○勝 A4/3/16
以待敵之○勝 A4/3/16
不○勝在己 A4/3/16
○勝在敵 A4/3/16
能為不○勝 A4/3/17
不能使敵之○勝 A4/3/17
勝○知 A4/3/17
而不○為 A4/3/17
不○勝者、守也 A4/3/17
○勝者、攻也 A4/3/18
○使必受敵而無敗者 A5/4/10
不○勝聽也 A5/4/14
不○勝觀也 A5/4/15
不○勝嘗也 A5/4/15
不○勝窮也 A5/4/16
鬭亂而不○亂也 A5/4/21
形圓而不○敗也 A5/4/21
進而不○禦者 A6/5/14
退而不○追者 A6/5/14
速而不○及也 A6/5/14
吾所與戰之地不○知 A6/5/19
不○知 A6/5/20
則○千里而會戰 A6/5/25
勝○為也 A6/6/1
○使無鬭 A6/6/1
故三軍○奪氣 A7/7/17
將軍○奪心 A7/7/17
雜於利而務○信也 A8/8/4
雜於害而患○解也 A8/8/4
恃吾有所不○攻也 A8/8/8
必死○殺也 A8/8/11
必生○虜也 A8/8/11
忿速○侮也 A8/8/11

廉潔〇辱也	A8/8/11
愛民〇煩也	A8/8/12
則不〇用也	A9A/9/15
則不〇用	A9B/10/13
我〇以往	A10/10/19
彼〇以來	A10/10/20
〇以往	A10/10/20
必戰〇也	A10/11/4
無戰〇也	A10/11/4
故〇與之赴深谿	A10/11/7
故〇與之俱死	A10/11/7
不〇用也	A10/11/8,D2/46/7
知吾卒之〇以擊	A10/11/10
	A10/11/11
而不知敵之不〇擊	A10/11/10
知敵之〇擊	A10/11/10,A10/11/11
而不知吾卒之不〇以擊	A10/11/10
而不知地形之不〇以戰	A10/11/11
我〇以往、彼〇以來者	A11/11/19
彼寡〇以擊吾之衆者	A11/11/21
為不〇測	A11/12/2
敢問兵〇使如率然乎	A11/12/9
〇	A11/12/9
不〇不察	A11/12/16
故其城〇拔	A11/12/27
其國〇隳	A11/12/27
〇從而從之	A12/13/16
不〇從而止	A12/13/16
火〇發於外	A12/13/16
水〇以絶	A12/13/19
不〇以奪	A12/13/19
主不〇以怒而興師	A12/13/21
將不〇以慍而致戰	A12/13/21
怒〇以復喜	A12/13/21
慍〇以復悅	A12/13/22
亡國不〇以復存	A12/13/22
死者不〇以復生	A12/13/22
不〇取於鬼神	A13/14/6
不〇象於事	A13/14/6
不〇驗於度	A13/14/6
故反間〇得而用也	A13/14/21
故鄉間、內間〇得而使也	A13/14/22
〇使告敵	A13/14/22
故生間〇使如期	A13/14/23
故反間不〇不厚也	A13/14/23
〇以百〔戰百〕勝	B1/15/3
不〇擊	B1/15/12
三相稱則內〇以固守	B2/15/18
外〇以戰勝	B2/15/19
兵起非〇以忿也	B2/16/1
寬不〇激而怒	B2/16/4
清不〇事以財	B2/16/4
不〇得也	B3/16/25
其實不〇得而戰也	B3/17/12
民言有〇以勝敵者	B3/17/22
則〇以飢易飽	B4/18/21
則〇以死易生	B4/18/21
不〇不厚也	B4/18/27
不〇不顯也	B4/18/28
不〇以言戰	B5/20/13
不〇以言攻	B5/20/13
遠道〇致	B8/23/11
大道〇明	B8/23/11
不〇斬	B8/24/9
不待箠楚而囚之情〇畢矣	B9/24/16
往世不〇及	B11/26/17
來世不〇待	B11/26/17
恐者不（守〇）〔〇守〕	B12/27/11
則敵國〇不戰而服	B12/27/17
〇攻也	B22/33/11
〇圍也	B22/33/11
不〇以出軍	C1/36/13
不〇以出陳	C1/36/14
不〇以進戰	C1/36/14
不〇以決勝	C1/36/14
內出〇以決圍	C1/37/8
外入〇以屠城矣	C1/37/8
立見且〇	C1/37/12
其陳〇壞	C2/37/29
其將〇取	C2/37/31
其軍〇敗	C2/38/2
其將〇虜	C2/38/3
〇以決勝	C2/38/10
〇與持久	C2/38/10
〇以擊倍	C2/38/11
所謂見〇而進	C2/38/24
〇得聞乎	C2/38/26
一〇擊十	C2/38/28
武侯問敵必〇擊之道	C2/38/32
敵人遠來新至、行列未定〇擊	C2/39/1
既食未設備〇擊	C2/39/1
奔走〇擊	C2/39/2
勤勞〇擊	C2/39/2
未得地利〇擊	C2/39/2
失時不從〇擊	C2/39/2
旌旗亂動〇擊	C2/39/2
涉長道後行未息〇擊	C2/39/2
涉水半渡〇擊	C2/39/3
險道狹路〇擊	C2/39/3
陳數移動〇擊	C2/39/3
將離士卒〇擊	C2/39/3
心怖〇擊	C2/39/3
進不〇當	C3/39/25
退不〇追	C3/39/25
其衆〇合而不〇離	C3/39/26
〇用而不〇疲	C3/39/26
受敵〇也	C3/40/2
然後〇使	C3/40/23
未〇也	C4/41/1
乃〇為將	C4/41/9
不〇不清	C4/41/14
不〇不明	C4/41/14
不〇不嚴	C4/41/14
〇詐而誘	C4/41/18
〇貨而路	C4/41/18
〇勞而困	C4/41/18
〇離而間	C4/41/19
〇震而走	C4/41/19
〇邀而取	C4/41/19
〇來而前	C4/41/20
〇薄而擊	C4/41/20
〇灌而沈	C4/41/21
〇焚而滅	C4/41/21
〇潛而襲	C4/41/22
雖衆〇獲	C4/42/2
雖衆〇服	C5/42/28
乃〇為奇以勝之	C5/43/13
其兵〇覆	C5/43/22
殺之〇也	D1/45/4
攻之〇也	D1/45/4
雖戰〇也	D1/45/4
其教〇復	D2/46/20
有虞氏不賞不罰而民〇用	D2/47/18
不〇以分食	D4/50/1
〇師〇服	D4/50/1
使人〇陳難	D4/51/1

非使○陳難 D4/51/1
使人○用難 D4/51/1

渴 kě 4

○也 A9A/8/24,A9B/10/8
三尺之泉足以止三軍○ B11/26/22
行驅飢○ C2/38/16

克 kè 3

主人不○ A11/12/1
兵不血刃而〔○〕商誅紂 B8/23/14
雖○如始戰 C4/41/3

刻 kè 2

夫無彫文○鏤之事 B11/25/27
○剔毛鬣 C3/40/22

客 kè 9

賓○之用 A2/1/26
○絕水而來 A9A/8/18,A9B/9/21
無附於水而迎○ A9A/8/18
A9B/9/21
凡為○之道 A11/12/1,A11/12/18
戍○未歸 B5/21/1
令○氣十百倍 B6/21/9

空 kōng 5

毋許其○言 B3/17/22
夫城邑○虛而資盡者 B5/21/2
囹圄○ B11/26/14
有○名而無實 B24/35/2
國內○虛 B24/35/6

恐 kǒng 6

○也 A9A/8/25,A9B/10/8
○者不（守可）〔可守〕
B12/27/11
其追北○不及 C4/42/1
見利○不得 C4/42/1
其心必○ C5/43/21

口 kǒu 2

巽○虛言 B5/20/2
大谷之○ C3/40/16

寇 kòu 6

窮○勿迫 A7/7/22
窮○也 A9A/8/21,A9B/10/9
所在○不敢敵 C4/41/10
暴○卒來 C5/43/19
暴○之來 C5/43/21

庫 kù 1

四曰火○ A12/13/11

酷 kù 1

雖國士、有不勝其○而自誣矣 B9/24/19

寬 kuān 5

○不可激而怒 B2/16/4
○其政 B22/33/5
其政○而祿不均 C2/37/28
跪坐坐伏則膝行而○誓之 D4/49/30
〔○而觀其慮〕 D5/51/28

狂 kuáng 2

夫心○、目盲、耳聾 B2/16/4
人人（之謂）〔謂之〕○夫也 B8/23/9

誑 kuáng 2

為○事於外 A13/14/11
故死間為○事 A13/14/22

況 kuàng 4

而○於無算乎 A1/1/21
而○遠者數十里 A6/5/26
○國人乎 B3/16/31

而○國人聚舍同食 B14/28/14

曠 kuàng 1

今使一死賊伏於○野 C6/44/16

窺 kuī 1

無形則深間不能○ A6/6/6

潰 kuì 4

〔如漏如○〕 B2/16/8
○眾奪地 B4/18/5
水○雷擊 B12/27/14
前軍絕行亂陳破堅如○者 B21/32/5

饋 kuì 1

千里○糧 A2/1/25

閫 kǔn 1

國車不出於○ B22/32/20

困 kùn 5

○也 A9A/8/22,A9B/10/10
無（因）〔○〕在於豫備 B7/22/7
則民不○ B11/26/1
可勞而○ C4/41/18

廓 kuò 1

○地分利 A7/7/8

來 lái 34

無恃其不○ A8/8/8
客絕水而○ A9A/8/18,A9B/9/21
○委謝者 A9A/8/22,A9B/10/11
車○也 A9A/9/1,A9B/10/5
徒○也 A9A/9/1,A9B/10/5
少而往○者 A9A/9/2,A9B/10/5
○也 A9A/9/6,A9B/10/4
彼可以○ A10/10/20

我可以往、彼可以○者 A11/11/19
敢問敵眾整而將○ A11/11/26
驅而○ A11/12/15
必索敵人之間○間我者 A13/14/21
其兵○者 B3/17/12
飛廉、惡○身先戟斧 B8/23/13
○世不可待 B11/26/17
凡我往則彼○ B12/27/1
彼○則我往 B12/27/2
以往察○ C1/36/4
眾○則拒之 C2/38/5
敵人之○ C2/38/28
敵人遠○新至、行列未定可擊 C2/39/1
審候風所從○ C3/40/17
輕兵往○ C4/41/8
可○而前 C4/41/20
觀敵之○ C4/41/26
暴寇卒○ C5/43/19
暴寇之○ C5/43/21
海外○服 D1/45/16

賚 lài 1

明賞○ B10/25/10

狼 láng 2

如○如虎 B8/23/21
莫不梟視○顧 C6/44/16

廊 láng 2

屬於○廟之上 A11/13/5
高之以○廟之（論）〔論〕 B12/27/17

牢 láo 3

凡地有絕澗、天井、天○、天羅、天陷、天隙 A9A/9/3
A9B/10/1
餔席兼重器、上○ C6/44/8

勞 láo 24

佚而○之 A1/1/17
後處戰地而趨戰者、○ A6/5/3
故敵佚能○之 A6/5/6
行千里而不○者 A6/5/7
以佚待○ A7/7/18,C3/40/7
○也 A9A/8/25,A9B/10/8
謹養而勿○ A11/12/1
貴功（養）〔養〕○ B4/19/16
夫勤○之師 B4/19/19
〔飢飽〕、○佚、〔寒暑〕必以身同之 B4/19/21
貴功養○ B8/23/26
弊而○之 C2/38/1
士眾○懼 C2/38/18
勤○可擊 C2/39/2
寧○於人 C3/40/25
慎無○馬 C3/40/25
則不○而功舉 C4/41/17
可○而困 C4/41/18
歲被使者○賜其父母 C6/44/10
覩民之○也 D2/47/25
荅民之○ D2/47/26
擊其倦○ D4/51/15

老 lǎo 5

〔則〕師雖久而不○ B4/19/21
〔雖○〕不弊 B4/19/21
前其○ B6/22/1
師○將貪 B22/33/9
見其○幼 D1/45/24

仂 lè 1

用其○也 B10/25/12

勒 lè 1

鞍、○、銜、轡 C3/40/24

雷 léi 5

聞○霆不為聰耳 A4/3/22
動如○震 A7/7/6
如○如霆 B8/23/21
水潰○擊 B12/27/14
鼓之前如○霆 B17/29/15

累 lěi 2

戰之○也 B18/30/8
○且敗也 B22/33/9

壘 lěi 7

敵雖高○深溝 A6/5/14
四曰深溝高○之論 B4/18/10
軍○成而後舍 B4/19/20
凡將輕、○卑、眾動 B22/33/11
將重、○高、眾懼 B22/33/11
溝○未成 C2/38/29
深溝高○ C5/42/18

類 lèi 2

焉有喧呼酖酒以敗善○乎 B11/26/8
若此之○ B22/32/28

狸 lí 1

譬猶伏雞之搏○ C1/36/7

離 lí 20

親而○之 A1/1/17
卒○而不集 A11/11/26
固陋在於○賢 B7/22/11
農不○其田業 B8/22/17
賈不○其肆宅 B8/22/17
士大夫不○其官府 B8/22/18
是農無不○〔其〕田業 B9/24/26
賈無不○〔其〕肆宅 B9/24/26
士大夫無不○〔其〕官府 B9/24/26
○地逃眾 B13/27/22,B13/27/23
坐○地遁逃之法 B16/28/30
上乖者下○ B22/32/28
○也 B22/33/12
○散則敗 B23/33/24
今君四時使斬○皮革 C1/36/4
士貪於得而○其將 C2/37/31
將○士卒可擊 C2/39/3
其眾可合而不可○ C3/39/26
可○而間 C4/41/19

里 lǐ 23

千○饋糧 A2/1/25
行千○而不勞者 A6/5/7
則可千○而會戰 A6/5/25
而況遠者數十○ A6/5/26
近者數○乎 A6/5/26
百○而爭利 A7/6/23
五十○而爭利 A7/6/24
三十○而爭利 A7/6/24
千○殺將 A11/13/3
出征千○ A13/14/3
患在百○之內 B2/16/1
患在千○之內 B2/16/2
鄉○相勸 B4/18/29
千○者旬日 B5/20/27
百○者一日 B5/20/27
陳開百○ B8/23/14
百○之海不能飲一夫 B11/26/22
去大軍百○ B20/30/21
去踵軍百○ B20/30/24
各相去三五○ B24/34/13
拓地千○ C1/36/11
鄉○相比 C3/40/11
相去數○ C5/43/8

理 lǐ 10

作之而知動靜之○ A6/6/3
地之○也 A11/12/11
人情之○ A11/12/16
凡將○官也 B9/24/13
反本緣○ B11/26/14
此戰之○然也 B12/27/2
○之以義 C1/36/21
一曰○ C4/41/2
○者 C4/41/2
其政以○ C4/41/27

裏 lǐ 2

〔以〕文為○ B23/33/20
表○也 D2/47/15

禮 lǐ 17

故國必有○〔信〕親愛
之義 B4/18/21
必先○信而後爵祿 B4/18/22
竭人之力不責○ B8/23/30
諸侯有謹天子之○ B10/25/18
故○得以伐也 B10/25/18
動之以○ C1/36/21
必教之以○ C1/36/24
棄○貪利曰暴 C1/36/30
義必以○服 C1/36/31
必謹君臣之○ C1/37/3
居則有○ C3/39/25
將之○也 C4/41/4
是以明其○也 D1/45/11
賢王制○樂法度 D1/45/18
以○信親諸侯 D1/45/27
以○為固 D2/46/19
故○與法 D2/47/15

力 lì 55

攻城則○屈 A2/1/27
屈○殫貨 A2/1/27
○屈財殫 A2/2/4
故舉秋毫不為多○ A4/3/21
此治○者也 A7/7/19
足以併○、料敵、取人而已
A9A/9/13,A9B/10/12
併氣積○ A11/12/1
士人盡○ A11/12/2
極其火○ A12/13/16
先登者未(常)〔嘗〕
非多○國士也 B3/16/17
先死者〔亦〕未嘗非多
○國士〔也〕 B3/16/17
有以○勝 B4/18/3
此○勝也 B4/18/5
〔事所以待眾○也〕 B4/18/16
未有不信其心而能得其
○者〔也〕 B4/18/18
未有不得其○而能致其
死戰者也 B4/18/19
則○不壯 B4/19/9
○分者弱 B5/20/1
夫○弱故進退不豪 B5/20/1
則支節必○ B5/20/3
竭人之○不責禮 B8/23/30
竭其○ B8/23/31
敵不○交 B12/26/30
立威在乎戮○ B21/31/30
戮○在乎正罰 B21/31/30
謂眾軍之中有材○者 B22/32/16
十二曰○卒 B22/32/16
武所以犯強敵、○攻守
也 B23/33/22
○加諸侯 B24/35/12
民有膽勇氣○者 C1/37/5
樂以進戰效○、以顯其
忠勇者 C1/37/5
○輕扛鼎 C2/38/8
其有工用五兵、材○健
疾、志在呑敵者 C2/38/9
無絕人馬之○ C3/39/29
四曰○機 C4/41/6
是謂○機 C4/41/9
非此車騎之○ C5/42/21
必有其○ C5/42/25
以材○說諸侯 D1/45/27
勇○不相犯 D2/46/9
故○同而意和也 D2/46/9
故勇○不相犯 D2/46/14
○也 D2/46/24,D3/48/7
不尊道而任勇○ D2/47/8
舒則民○足 D2/47/10
不絕人馬之○ D2/47/11
養○索巧 D3/47/31
多○以煩 D3/48/14
密靜多內○ D3/48/15
是謂多○ D3/48/16
○欲窕 D4/49/26
凡戰以○久 D4/50/3
人說其心、效其○ D4/51/13

立 lì 32

○於不敗之地 A4/3/24
故兵以詐○、以利動、
以分合為變者也 A7/7/4
杖而○者 A9A/8/24,A9B/10/7
量土地肥墝而○邑建城 B2/15/18
○威者勝 B5/20/6
威在上○ B5/20/10
則賞功○名 B8/22/30
欲以成勝○功 B8/23/17
吳起○斬之 B8/24/8

百有二十步而〇一府柱 B15/28/22
戰勝在乎〇威 B21/31/30
〇威在乎戮力 B21/31/30
戰國則以〇威、抗敵、相圖而不能廢兵也 B23/33/17
有〇陳 B23/34/1
〇陳所以行也 B23/34/2
〇坐之陳 B23/34/2
〇之兵戟弩 B23/34/3
將能〇威 B24/35/9
〇為大將 C1/36/10
所以行事〇功 C1/36/19
〇見且可 C1/37/12
〇屍之地 C3/40/1
三者不〇 C4/41/14
〇國辨職 D1/45/15
舉賢〇明 D1/45/25
古之教民必〇貴賤之倫經 D2/46/9
在軍抗而〇 D2/47/14
〇法 D3/49/16
三曰〇 D3/49/16
〇卒伍 D4/49/28
〇進俯 D4/49/28

吏 lì 39

〇怒者 A9A/8/20,A9B/10/9
卒強〇弱 A10/10/28
〇強卒弱 A10/10/28
大〇怒而不服 A10/10/28
〇卒無常 A10/10/29
將〇士卒 B5/20/1
〇畏其將也 B5/20/6
〇畏其將者 B5/20/7
民畏其〇也 B5/20/7
民畏其〇者 B5/20/7
〇卒不能和 B5/20/29
軍〇諫曰 B8/24/8
〇自什長已上至左右將 B14/28/10
非將〇之符節 B15/28/22
〇屬無節 B15/28/23
收於將〇之所 B16/28/28
卒無非其〇 B17/29/11
〇無非其卒 B17/29/11
〇卒之功也 B17/29/15
名為順職之〇 B20/31/2
非順職之〇而行者 B20/31/2
順職之〇乃行 B20/31/2
自尉〇而下盡有旗 B21/31/28
〇究其事 B22/33/9
令將〇授旗鼓戈甲 B24/34/16
後將〇及出縣封界者 B24/34/16
卒後將〇而至大將所一日 B24/34/19
諸戰而亡其將〇者 B24/34/22
及將〇棄卒獨北者 B24/34/22
前〇棄其卒而北 B24/34/22
後〇能斬之而奪其卒者賞 B24/34/22
而從〇五百人已上不能死敵者斬 B24/34/25
同舍伍人及〇罰入糧為饒 B24/35/5
及戰鬬則卒〇相救 B24/35/8
安集〇民 C1/37/3
七曰將薄〇輕 C2/38/19
不待〇令 C6/44/11
諸〇士當從受馳 C6/44/22

利 lì 107

計〇以聽 A1/1/14
因〇而制權也 A1/1/14
〇而誘之 A1/1/16
夫兵久而國〇者 A2/1/28
則不能盡知用兵之〇也 A2/1/29
取敵之〇者 A2/2/9
故兵不頓而〇可全 A3/2/25
以〇動之 A5/4/25
〇之也 A6/5/6
以患為〇 A7/6/19
故迂其途而誘之以〇 A7/6/19
故軍爭為〇 A7/6/22
舉軍而爭〇則不及 A7/6/22
委軍而爭〇則輜重捐 A7/6/22
百里而爭〇 A7/6/23
五十里而爭〇 A7/6/24
三十里而爭〇 A7/6/24
不能得地〇 A7/7/2,A11/12/25
故兵以詐立、以〇動、以分合為變者也 A7/7/4
廓地分〇 A7/7/8
故將通於九變之地〇者 A8/8/1
將不通於九變之〇者 A8/8/1
不能得地之〇矣 A8/8/2
雖知五〇 A8/8/2
必雜於〇害 A8/8/4
雜於〇而務可信也 A8/8/4
趨諸侯者以〇 A8/8/6
〇 A9A/8/18,A9B/9/21,A10/10/22
見〇而不進者 A9A/8/24,A9B/10/8
〇也 A9A/9/6,A9B/10/4
凡此四軍之〇 A9A/9/7,A9B/9/23
此兵之〇 A9A/9/11,A9B/9/25
〇糧道 A10/10/20
以戰則〇 A10/10/20
不〇 A10/10/21
我出而不〇 A10/10/21
彼出而不〇 A10/10/21
敵雖〇我 A10/10/22
戰而不〇 A10/10/25
而〇合於主 A10/11/5
我得則〇、彼得亦〇者 A11/11/18
合於〇而動 A11/11/26,A12/13/21
不合於〇而止 A11/11/26 A12/13/21
屈伸之〇 A11/12/16
犯之以〇 A11/12/28
非〇不動 A12/13/20
因而〇之 A13/14/21
拗矢、折矛、抱戟〇後發 B3/16/22
是以發能中〇 B3/16/27
不時日而事〇 B4/19/16,B8/23/26
天時不如地〇 B4/19/17,B8/23/26
地〇不如人和 B4/19/17,B8/23/27
堅甲〇兵 B6/21/8,B6/21/24
禍在於好〇 B7/22/11
〇人之貨財 B8/22/16
今以莫邪之〇 B8/23/25
戰〇則追北 B20/30/25
無喪其〇 B22/33/5
凡圍必開其小〇 B22/33/11
文所以視〇害、辨安危 B23/33/21
軍之〇害 B24/35/1
（制）［〇］如干將 B24/35/15
所以違害就〇 C1/36/19
二曰爭〇 C1/36/28
棄禮貪〇曰暴 C1/36/30
必先示之以〇而引去之 C2/37/30
水地不〇 C2/38/18

未得地○可擊 C2/39/2
輕合而不知○ C4/41/1
舟○櫓楫 C4/41/9
其見○佯為不知 C4/41/27
見○恐不得 C4/42/1
輕足○兵以為前行 C5/43/7
爭義不爭○ D1/45/12
同患同○以合諸侯 D1/45/28
兵不雜則不○ D2/46/28
技用不得其○ D2/47/7
欲民速得為善之○也 D2/47/20
凡戰固眾相○ D3/48/1
順天、阜財、懌眾、○
　地、右兵 D3/48/3
○地守隘險阻 D3/48/3
人習陳○ D3/48/14
威○章 D3/48/27
榮、○、恥、死 D3/49/4
戰無小○ D3/49/19
兩○若一 D4/50/7
甲兵○ D4/50/17
死○ D4/50/21
兵不告○ D4/51/5
以○勸 D4/51/11
寡○煩 D5/51/20
眾○正 D5/51/20
擅○則釋旗 D5/51/21

栗 lì 1

政欲○ D4/49/26

粒 lì 1

故充腹有○ B11/25/26

厲 lì 3

○於廊廟之上 A11/13/5
滅○祥 D3/49/1
滅○之道 D3/49/1

歷 lì 4

（分○）〔厶歷〕毀瘠
　者并於後 B6/21/24
不○民病 D1/45/7

○沛、○圮 D5/51/24

勵 lì 7

必本乎率身以○眾士 B4/18/24
志不○ B4/18/24
○士之道 B4/18/27
此民之所○也 B4/18/29
○之以義 C1/36/24
無功而○之 C6/44/6
此○士之功也 C6/44/20

麗 lì 1

觀之於目則不○ C1/36/6

連 lián 3

一曰○刑 B22/32/10
謂接○前矛 B22/32/15
天久○雨 C5/43/15

廉 lián 4

○潔可辱也 A8/8/11
國必有孝慈○恥之俗 B4/18/21
先○恥而後刑罰 B4/18/22
飛○、惡來身先戟斧 B8/23/13

憐 lián 1

不窮不能而哀○傷病 D1/45/11

聯 lián 9

十人○百人之事 B9/24/24
百人○千人之事 B9/24/24
千人○萬人之事 B9/24/25
所○之者 B9/24/25
如此關○良民 B9/24/26
今良民十萬而○於（囚）
　〔囹〕圄 B9/24/27
上下相○ B14/28/13
以結其○也 B22/32/12
什伍相○ B24/35/8

練 liàn 3

士卒孰○ A1/1/10
秋冬女○〔於〕布帛 B11/26/1
軍之○銳也 C1/37/7

良 liáng 13

○將修之 A12/13/20
○將警之 A12/13/22
猶○驥騄耳之駛 B3/17/15
○馬有策 B8/23/10
如此關聯○民 B9/24/26
今○民十萬而聯於（囚）
　〔囹〕圄 B9/24/27
簡募○材 C1/37/3
是謂○將 C4/41/11
車堅馬○ C5/42/6
教極省則民興○矣 D2/46/16
先○也 D2/47/1
馬不告○ D4/51/5
選○次兵 D5/52/4

涼 liáng 2

夏日衣之則不○ C1/36/5
夏則○廡 C3/40/22

梁 liáng 3

○惠王問尉繚子曰 B1/15/3
津○未發 B5/21/1
守要塞關○而分居之 B20/30/28

糧 liáng 12

千里饋○ A2/1/25
○不三載 A2/2/1
因○於敵 A2/2/1
無○食則亡 A7/6/25
軍無○也 A9B/10/9
利○道 A10/10/20
飲食之〔○〕 B4/18/28
無絕其○道 B6/21/28
○食有餘不足 B22/33/1
同舍伍人及吏罰入○為
　饒 B24/35/5

○食無有　C2/38/16
○食又多　C5/42/19

兩 liǎng　11

夫民無○畏也　B5/20/6
自伍而○　B22/33/8
自○而師　B22/33/8
一陳○心　C2/37/28
○軍相望　C4/41/24
○軍啣枚　C5/42/24
是謂○之　D3/48/5
大小、堅柔、參伍、衆寡、凡○　D3/48/21
○心交定　D4/50/7
○利若一　D4/50/7
○為之職　D4/50/7

量 liàng　6

二曰○　A4/4/1
度生○　A4/4/1
○生數　A4/4/1
○土地肥墝而立邑建城　B2/15/18
○吾境內之民　B3/17/14
○人與地　B15/28/22

繚 liáo　2

梁惠王問尉○子曰　B1/15/3
尉○子對曰　B1/15/4

料 liào　10

足以併力、○敵、取人而已　A9A/9/13，A9B/10/12
將不能○敵　A10/10/30
○敵制勝　A10/11/1
講武○敵　B4/18/3
先○敵而後動　B4/18/10
願聞治兵、○人、固國之道　C1/37/1
必○其民　C1/37/5
能審○此　C2/38/10
凡○敵有不卜而與之戰者八　C2/38/15

列 liè　17

車有偏○　B3/16/17
車失偏○　B3/16/23
爵○之等　B4/18/27
謂前○務進　B22/32/13
謂彰明行○　B22/32/14
邊縣○候　B24/34/13
必加其爵○　C2/38/9
四曰陳功居○　C2/38/23
敵人遠來新至、行○未定可擊　C2/39/1
分車○騎隱於四旁　C5/43/7
於是出旌○（斾）〔旆〕　C5/43/8
成○而鼓　D1/45/12
逐奔不踰○　D2/47/10
不失行○之政　D2/47/11
罰不遷○　D2/47/20
定行○　D4/49/28
行陣行○　D4/50/13

獵 liè　3

○其左右　C2/37/29
乘乖○散　C2/37/31
無行田○　D1/45/23

鬣 liè　1

刻剔毛○　C3/40/22

林 lín　9

不知山○險阻沮澤之形者　A7/7/1，A11/12/24
其徐如○　A7/7/6
軍行有險阻潢井葭葦山○翳薈者　A9A/9/4
軍旁有險阻潢井蒹葭○木翳薈者　A9B/10/2
行山○、險阻、沮澤　A11/11/20
重者如山如○　B2/16/7
諸丘陵、○谷、深山、大澤　C5/43/1
無伐○木　D1/45/24

鄰 lín　4

以服○敵　C1/37/5
百姓皆是吾君而非○國　C1/37/13
四○不至　C2/38/18
六曰四○之助　C2/38/23

霖 lín　1

○雨數至　C4/41/21

臨 lín　12

或○戰自北　B3/16/20
○難決戰　B8/22/30
吳起○戰　B8/24/1
○難決疑　B8/24/2
○險亦勝　B18/30/1
凡伍○陳　B21/31/11
則築大堙以○之　B22/33/5
而與之○難　C1/36/16
齊○吾東　C2/37/22
○敵不懷生　C4/41/3
○於西河　C6/44/11
○之以強　D3/49/2

廩 lǐn　2

乃收窖○　B6/21/9
遂發其窖○救撫　B6/21/23

吝 lìn　1

則節○有不食者矣　B22/33/12

囹 líng　2

今良民十萬而聯於（四）〔○〕圄　B9/24/27
○圄空　B11/26/14

陵 líng　16

高○勿向　A7/7/21
丘○隄防　A9A/9/10，A9B/9/25
人人無不騰○張膽　B2/16/10
則高山○之　B3/16/24

是謂疾○之兵 B5/20/2
然所觸丘○ B8/23/24
主人不敢當而○之 B12/27/9
其○犯無節 B12/27/14
○而遠之 C2/38/3
諸丘○、林谷、深山、大澤 C5/43/1
暴內○外則壇之 D1/45/30
犯令○政則杜之 D1/46/1
使不相○ D2/46/9
有司○之 D2/47/8
○之有司 D2/47/9

鈴 líng 3

金、鼓、○、旗 B18/29/20
○ B18/29/20
不聽金、鼓、○、旗而動者有誅 B18/29/27

靈 líng 1

偃伯○臺 D2/47/26

令 lìng 93

○民與上同意也 A1/1/6
法○孰行 A1/1/9
○半濟而擊之 A9A/8/18,A9B/9/21
故○之以文 A9A/9/15,A9B/10/13
〔○〕素行以教其民 A9A/9/15
○不素行以教其民 A9A/9/15
A9B/10/14
○素行者 A9A/9/16,A9B/10/15
○素行以教其民 A9B/10/14
○敵半出而擊之 A10/10/22
愛而不能○ A10/11/7
不○而信 A11/12/4
○發之日 A11/12/5
懸無政之○ A11/12/27
○吾間知之 A13/14/11
○吾間必索知之 A13/14/19
○之聚不得以散 B2/16/9
號○明 B3/16/27
修吾號○ B3/17/18
發號出○ B3/17/19
○者、〔所以〕一眾心也 B4/18/13
數變、則○雖出 B4/18/14
故○之法 B4/18/16
故上無疑○ B4/18/18
明法審○ B4/19/16,B8/23/26
○客氣十百倍 B6/21/9
危在於無號○ B7/22/12
非吾○也 B8/24/9
伍有干○犯禁者 B14/28/6
什有干○犯禁者 B14/28/6
屬有干○犯禁者 B14/28/7
閭有干○犯禁者 B14/28/8
有干○犯禁者 B14/28/10
烏能以干○相私者哉 B14/28/14
而明其塞○ B15/28/19
故內無干○犯禁 B15/28/24
束伍之○曰 B16/28/28
以經○分之為三分焉 B17/29/6
傳○也 B18/29/21
行○於廷 B19/30/12
軍無二○ B19/30/13
二○者誅 B19/30/13
留○者誅 B19/30/13
失○者誅 B19/30/13
有敢不從○者誅 B19/30/17
○行而起 B20/30/29
不如○者有誅 B20/30/29
兵之教○ B21/31/7
有非○而進退者 B21/31/7
○民背國門之限 B21/32/1
○守者必固 B21/32/1
○行無變 B21/32/2
○民從上○ B21/32/3
犯○不舍 B22/32/19
○弊能起之 B22/32/19
不一其○ B22/33/8
出卒陳兵有常○ B23/33/29
常○者 B23/33/29
犯○必死 B23/34/6
○將吏授旗鼓戈甲 B24/34/16
號○明信 B24/35/9
○行士卒 B24/35/12
○如斧鉞 B24/35/15
禁○未施 C2/38/29
○制遠 C3/39/16
若法○不明 C3/39/24
所以任其上○ C3/39/30
任其上○ C3/39/30
所以不任其上○ C3/39/31
上○既廢 C3/39/31
教戰之○ C3/40/10
無○驚駭 C3/40/23
必○完堅 C3/40/24
常○有餘 C3/40/25
法○省而不煩 C4/41/3
施○而下不犯 C4/41/10
禁○刑罰 C4/41/13
○賤而勇者 C4/41/26
不從○者誅 C5/42/9
勿○得休 C5/43/9
夫發號布○而人樂聞 C6/44/1
不待吏○ C6/44/11
吳起○三軍曰 C6/44/22
其○不煩而威震天下 C6/44/23
冢宰與百官布○於軍曰 D1/45/23
以政○平諸侯 D1/45/27
犯○陵政則杜之 D1/46/1
因敵○陳 D3/48/19

流 liú 8

水因地而制○ A6/6/11
無迎水○ A9A/8/19,A9B/9/22
民○者親之 B2/15/23
是賞下○也 B8/22/28
夫能刑上究、賞下○ B8/22/28
民○能親之 B22/32/19
惠施○布 C2/38/22

留 liú 8

○之 A1/1/12
絶地無○ A8/7/26
惟亟去無○ A9A/8/19
唯亟去無○ A9B/9/22
命曰費○ A12/13/20
決無○刑 B12/27/7
○令者誅 B19/30/13
且○其傍 C5/43/12

隆 lóng 2

戰○無登 A9A/8/17,A9B/9/20

龍 lóng　4

無當○頭　C3/40/16
○頭者　C3/40/16
必左青○　C3/40/16
周以○　D2/47/5

籠 lóng　1

緩輪○轂　C1/36/6

聾 lóng　1

夫心狂、目盲、耳○　B2/16/4

隴 lǒng　1

舍不平○畝　B8/23/29

陋 lòu　1

固○在於離賢　B7/22/11

漏 lòu　3

〔如○如潰〕　B2/16/8
所謂上滿下○　B4/19/14
如坐○船之中　C3/40/1

鏤 lòu　1

夫無彫文刻○之事　B11/25/27

虜 lǔ　3

必生可○也　A8/8/11
其將可○　C2/38/3
且射且○　C5/43/2

櫓 lǔ　3

韇楯蔽○　A2/2/5
修○轒轀　A3/2/22
舟利○楫　C4/41/9

六 lù　21

十去其○　A2/2/5
凡此○者　A10/10/25
　A10/10/27,A10/10/30
○畜未聚　B5/21/2
為○日熟食　B20/30/24
○曰號別　B22/32/13
與諸侯大戰七十○　C1/36/10
全勝○十四　C1/36/10
○國兵四守　C2/37/23
臣請論○國之俗　C2/37/25
○曰道遠日暮　C2/38/18
有不占而避之者○　C2/38/22
○曰四鄰之助　C2/38/23
無刊其木、發其屋、取其粟、殺其○畜、燔其積聚　C5/43/25
○德以時合教　D1/45/13
無取○畜禾黍器械　D1/45/24
王霸之所以治諸侯者○　D1/45/27
○曰水　D3/49/3
○曰變　D3/49/14
○曰等其色　D3/49/16

陸 lù　4

平○處易　A9A/9/7,A9B/9/23
此處平○之軍也　A9A/9/7
　A9B/9/23

路 lù　10

怠於道○　A13/14/4
校所出入之○　B22/33/1
日暮○遠　B22/33/9
謹我車騎必避之○　C2/38/3
險道狹○可擊　C2/39/3
○狹道險　C4/41/7
擊金鳴鼓於阨○　C5/42/15
欲去無○　C5/42/27
敵人或止於○則慮之　D5/51/32
必有進○　D5/52/1

祿 lù　9

而愛爵○百金　A13/14/4
必先禮信而後爵○　B4/18/22
田○之實　B4/18/28
賞○不厚　B4/19/8
貴爵富○必稱　B10/25/3
其政寬而○不均　C2/37/28
薄其○　C2/38/4
御其○秩　C5/43/24
以爵分○　D1/45/15

賂 lù　1

可貨而○　C4/41/18

戮 lù　9

孽在於屠○　B7/22/10
身○家殘　B13/27/22
立威在乎○力　B21/31/30
○力在乎正罰　B21/31/30
犯命為士上○　D2/46/14
殷○於市　D2/46/25
○於市　D2/46/25
執○禁顧　D4/49/31
則勿○殺　D4/49/31

騄 lù　1

猶良驥○耳之駛　B3/17/15

露 lù　1

以蔽霜○　B8/23/29

閭 lǘ　4

百人為○　B14/28/4
○相保也　B14/28/4
○有干令犯禁者　B14/28/8
全○有誅　B14/28/8

呂 lǚ　1

○牙在殷　A13/14/26

旅 lǚ　7

全○為上　A3/2/18

破○次之 A3/2/19
寡人不好軍○之事 C1/36/3
諸侯春振○ D1/45/9
軍○之聽 D2/46/13
軍○以舒為主 D2/47/10
軍○之固 D2/47/11

縷 lǚ 1

蓋形有○ B11/25/26

律 lǜ 1

先親愛而後○其身〔焉〕 B4/18/22

慮 lǜ 20

是故智者之○ A8/8/4
夫惟無○而易敵者 A9A/9/13
夫唯無○而易敵者 A9B/10/12
使人不得○ A11/12/14
明主○之 A12/13/20
絕乎疑○ B2/16/10
○不蚤決 B18/30/4
蕩蕩無○ C2/38/28
急行間諜以觀其○ C5/42/23
必○其強 C5/43/21
欲民先成其○也 D2/46/22
方○極物 D3/47/30
是謂五○ D3/48/3
○多成則人服 D3/48/27
○既定 D3/48/28
〔寬而觀其○〕 D5/51/28
奪其○ D5/51/29
敵人或止於路則○之 D5/51/32
退必有返○ D5/52/1
是謂絕顧之○ D5/52/3

卵 luǎn 1

如以碫投○者 A5/4/11

亂 luàn 43

○而取之 A1/1/17
是謂○軍引勝 A3/3/5
鬭○而不可○也 A5/4/21
○生於治 A5/4/23
治○ A5/4/23
以治待○ A7/7/18
○也 A9A/8/20,A9B/10/9
有○者 A10/10/27
曰○ A10/10/30
○而不能治 A10/11/8
制先定則士不○ B3/16/14
士不○則刑乃明 B3/16/14
陷行○陳 B3/16/14,B22/32/24
所以誅暴○、禁不義也 B8/22/17
內無暴○之事 B11/26/15
三軍○矣 B12/27/14
見○而不禁 B17/29/12
前軍絕行○陳破堅如潰者 B21/32/5
始卒不○也 B22/32/14
然後興師伐○ B22/33/2
故王者伐暴○、本仁義焉 B23/33/17
暴疾則○ B23/33/27
○先後斬之 B23/33/30
四曰內○ C1/36/28
禁暴救○曰義 C1/36/30
國○人疲舉事動眾曰逆 C1/36/30
襲○其屯 C2/38/1
旌旗煩○ C2/38/28,C4/42/1
旌旗○動可擊 C2/39/2
以居則○ C3/39/31
○而失行 C5/42/6
○則擊之勿疑 C5/43/2
其有失命○常背德逆天之時 D1/45/19
外內○、禽獸行則滅之 D1/46/1
銳則易○ D2/46/29
是以不○ D2/47/10
治○進止 D3/48/1
見○暇 D3/48/23
凡治○之道 D3/49/14

倫 lún 1

古之教民必立貴賤之○經 D2/46/9

輪 lún 3

是故方馬埋○ A11/12/10
縵○籠轂 C1/36/6
傾○沒轅 C5/43/11

論 lùn 10

一曰廟勝之○ B4/18/9
二曰受命之○ B4/18/9
三曰踰垠之○ B4/18/9
四曰深溝高壘之○ B4/18/10
五曰舉陳加刑之○ B4/18/10
高之以廊廟之（論）〔○〕 B12/27/17
重之以受命之○ B12/27/17
銳之以踰垠之○ B12/27/17
臣請○六國之俗 C2/37/25
凡人○將 C4/40/30

羅 luó 3

凡地有絕澗、天井、天牢、天○、天陷、天隙 A9A/9/3
A9B/10/1
○地者自揭其伍 B21/31/9

落 luò 1

謹○四下 C3/40/23

掠 lüè 7

侵○如火 A7/7/6
○鄉分眾 A7/7/8
重地則○ A11/11/23
○於饒野 A11/12/1
爭○易敗 B22/33/9
欲○無所 C2/38/17
○吾田野 C5/43/19

略 lüè 1

執○守微 D4/50/27

麻 má 1

非絲○無以蓋形 B11/25/26

馬 mǎ 35

破車罷○ A2/2/4
粟○肉食、軍無懸缶、
不返其舍者 A9A/8/20
殺○肉食者 A9B/10/9
是故方○埋輪 A11/12/10
千人一司○ B3/16/30
彼駑○鬐興角逐 B3/17/15
賞及牛童○圉者 B8/22/27
○食粟三斗 B8/23/3
○有瘠形 B8/23/3
良○有策 B8/23/10
○牛之性 B11/25/30
○冒其目也 B22/32/15
足輕戎○ C2/38/8
人○疾疫 C2/38/18
人○數顧 C2/38/28
使地輕○ C3/39/14
○輕車 C3/39/14
則地輕○ C3/39/14
則○輕車 C3/39/15
無絶人○之力 C3/39/29
○疲人倦而不解舍 C3/39/30
夫○必安其處所 C3/40/22
人○相親 C3/40/23
凡○不傷於末 C3/40/24
愼無勞○ C3/40/25
○閑馳逐 C4/41/9
車堅○良 C5/42/6
○陷車止 C5/43/15
牛○不得其任 D2/47/8
不絶人○之力 D2/47/11
○牛車兵佚飽 D3/48/7
振○譟徒甲 D4/49/30
凡○車堅 D4/50/17
鼓○ D4/50/29
○不告良 D4/51/5

埋 mái 1

是故方馬○輪 A11/12/10

賣 mài 4

近於師者貴○ A2/2/3
貴○則百姓財竭 A2/2/3
市賤○貴 B8/23/3
○食盟津 B8/23/9

滿 mǎn 1

所謂上○下漏 B4/19/14

縵 màn 1

○輪籠轂 C1/36/6

盲 máng 1

夫心狂、目○、耳聾 B2/16/4

毛 máo 1

刻剔○鬣 C3/40/22

矛 máo 6

○戟也 B3/16/22
拗矢、折○、抱戟利後
發 B3/16/22
○戟稱之 B6/21/17
謂接連前○ B22/32/15
短者持○戟 C3/40/10
右兵弓矢禦、殳○守、
戈戟助 D3/48/4

旄 máo 1

右○左鉞 B8/23/13

冒 mào 1

馬○其目也 B22/32/15

枚 méi 2

兩軍啣○ C5/42/24
銜○誓(糗)〔具〕 D4/49/31

每 měi 2

○戰必殆 A3/3/12
○變皆習 C3/40/8

美 měi 2

因生○ D3/48/13
服○重 D4/50/15

門 mén 9

必先知其守將、左右、
謁者、○者、舍人之
姓名 A13/14/18
橫○誅之 B15/28/24
出國○之外 B19/30/15
設營表置轅○期之 B19/30/15
即閉○清道 B19/30/17
令民背國○之限 B21/32/1
出○如見敵 C4/41/2
又頒賜有功者父母妻子
於廟○外 C6/44/9
殷誓於軍○之外 D2/46/22

盟 méng 2

賣食○津 B8/23/9
師渡○津 B8/23/13

蒙 méng 1

無○衝而攻 B8/23/1

迷 mí 1

動而不○ A10/11/12

縻 mí 1

是謂○軍 A3/3/4

弭 mǐ 1

獄○而兵寢 D1/45/16

祕 mì 2

若〇於地 B2/15/22
不諜者謂之〇 B23/34/8

密 mì 7

事莫〇於間 A13/14/14
陳以〇則固 B23/33/24
〇靜多內力 D3/48/15
戰惟〇 D3/48/27
畏則〇 D4/49/28
畏亦〇之 D4/49/30
凡車以〇固 D4/50/5

免 miǎn 7

〇於罪 B14/28/6
B14/28/7,B14/28/7,B14/28/8
B14/28/10
〇其罪 B21/31/9
曷以〇奔北之禍乎 B24/35/6

勉 miǎn 4

懌眾〇若 D3/48/3
主固〇若 D3/48/7
人〇及任 D3/48/14
相守義則人〇 D3/48/27

面 miàn 2

闢土四〇 C1/36/11
四〇受敵 C5/43/15

妙 miào 1

非微〇不能得間之實 A13/14/15

廟 miào 10

夫未戰而〇筭勝者 A1/1/20
未戰而〇筭不勝者 A1/1/20
厲於廊〇之上 A11/13/5
一曰〇勝之論 B4/18/9
高之以廊〇之（論）〔論〕 B12/27/17
君必先謀於〇 B19/30/12
醮吳起於〇 C1/36/10
必告於祖〇 C1/36/15
於是武侯設坐〇廷為三行饗士大夫 C6/44/8
又頒賜有功者父母妻子於〇門外 C6/44/9

滅 miè 6

以二萬二千五百人擊紂之億萬而〇商 B1/15/10
以〇其國 C1/36/8
可焚而〇 C4/41/21
外內亂、禽獸行則〇之 D1/46/1
〇厲祥 D3/49/1
〇厲之道 D3/49/1

民 mín 117

令〇與上同意也 A1/1/6
生〇之司命 A2/2/14
勝者之戰〇也 A4/4/6
愛〇可煩也 A8/8/12
〔令〕素行以教其〇 A9A/9/15
則〇服 A9A/9/15,A9B/10/14
令不素行以教其〇 A9A/9/15
A9B/10/14
則〇不服 A9A/9/16,A9B/10/14
令素行以教其〇 A9B/10/14
〇流者親之 B2/15/23
〇眾而治 B2/15/23
〇不發軔 B2/15/24
〇非樂死而惡生也 B3/16/27
量吾境內之〇 B3/17/14
非吾〇之罪 B3/17/15
使〇揚臂爭出農戰而天下無敵矣 B3/17/19
〇言有可以勝敵者 B3/17/22
分人之〇而畜之 B3/17/24
使〇有必戰之心 B4/18/4
〇也 B4/18/7
〇之所以戰者 B4/18/7
〔古率〇者〕 B4/18/18
古者率〇 B4/18/22
〇之〔所以〕生 B4/18/27
〇之所〔以〕營 B4/18/27
必也因〇所生而制之 B4/18/28
因〇所榮而顯之 B4/18/28
此〇之所勵也 B4/18/29
地、所以（養）〔養〕〇也 B4/19/4
故務耕者、〔其〕〇不飢 B4/19/4
則〇不勸 B4/19/9
王國富〇 B4/19/14
夫〇無兩畏也 B5/20/6
〇畏其吏也 B5/20/7
〇畏其吏者 B5/20/7
敵畏其〇也 B5/20/7
非妄費於〇聚土壤也 B6/21/13
士〇備 B6/21/16
不度在於竭〇財 B7/22/10
武王不罷士〇 B8/23/14
如此關聯良〇 B9/24/26
今良〇十萬而聯於（囚）〔圄〕圄 B9/24/27
職分四〇 B10/25/3
會計〇之具也 B10/25/6
君〇繼世 B10/25/18
〇無獄訟 B10/25/21
〇無二事 B11/25/27
則〇不困 B11/26/1
使〇無私也 B11/26/7
〇無私則天下為一家 B11/26/7
〇相輕佻 B11/26/10
則〇私飯有儲食 B11/26/10
〇一犯禁而拘以刑治 B11/26/11
使〇無私 B11/26/11
安〇懷遠 B11/26/14
其下在於無奪〇時 B11/26/25
無損〇財 B11/26/25
使〇內畏重刑 B13/27/24
則四境之〇 B20/31/1
令〇背國門之限 B21/32/1
姦〇不語 B21/32/2
令〇從上令 B21/32/3
〇流能親之 B22/32/19
率俾〇心不定 B22/33/8
自竭〇歲 B24/35/6
必先教百姓而親萬〇 C1/36/13
將用其〇 C1/36/15
〇知君之愛其命 C1/36/16
故成湯討桀而夏〇喜悅 C1/36/21
安集吏〇 C1/37/3

必料其○ C1/37/5
○有膽勇氣力者 C1/37/5
○安其田宅 C1/37/12
君臣驕奢而簡於細○ C2/37/28
其○疲 C2/38/1
其○慎 C2/38/2
其○疲於戰 C2/38/4
人○富衆 C2/38/22
示○無殘心 C5/43/25
攻其國、愛其○ D1/45/4
不歷○病 D1/45/7
所以愛吾○也 D1/45/7
所以愛夫其○也 D1/45/7
所以兼愛○也 D1/45/8
以為○紀之道也 D1/45/13
官○之德 D1/45/15
乃作五刑〔以禁○僻〕 D1/45/18
賊賢害○則伐之 D1/45/30
野荒○散則削之 D1/45/30
古之教○必立貴賤之倫經 D2/46/9
既致教其○ D2/46/16
教極省則○興良矣 D2/46/16
習貫成則○體俗矣 D2/46/16
欲○體其命也 D2/46/22
欲○先成其慮也 D2/46/22
欲○先意以行事也 D2/46/23
以致○志也 D2/46/23
師多務威則○詘 D2/47/7
少威則○不勝 D2/47/7,D2/47/9
上使○不得其義 D2/47/7
多威則○詘 D2/47/8
舒則○力足 D2/47/10
軍容入國則○德廢 D2/47/13
國容入軍則○德弱 D2/47/13
賢王明○之德 D2/47/18
盡○之善 D2/47/18
無簡○ D2/47/18
有虞氏不賞不罰而○可用 D2/47/18
欲○速得為善之利也 D2/47/20
欲○速覩為不善之害也 D2/47/20
覩○之勞也 D2/47/25
荅○之勞 D2/47/26
凡○以仁救 D4/51/11

敏 mǐn 1

刃上果以○ D3/48/24

名 míng 25

無智○ A4/3/23
形○是也 A5/4/10
故進不求○ A10/11/4
必先知其守將、左右、謁者、門者、舍人之姓○ A13/14/18
然不能濟功○者 B3/17/7
○為十萬 B3/17/11
非全勝者無權○ B5/20/20
則賞功立○ B8/22/30
○為順職之吏 B20/31/2
在國之○實 B24/35/1
今○在官而實在家 B24/35/1
家不得其○ B24/35/1
有空○而無實 B24/35/2
○為軍實 B24/35/5
是有一軍之○ B24/35/5
一曰爭○ C1/36/28
其○又有五 C1/36/29
○曰父子之兵 C3/39/27
○山大塞 C4/41/7
貪而忽○ C4/41/18
○為智將 C4/41/27
而正○治物 D1/45/15
聽誅無誰其○ D3/48/28
試以○行 D3/49/11
察○實 D4/49/28

明 míng 60

賞罰孰○ A1/1/10
見日月不為○目 A4/3/22
教道不○ A10/10/29
故以火佐攻者○ A12/13/19
○主慮之 A12/13/20
故○君愼之 A12/13/22
故○君賢將 A13/14/5
故惟○君賢將 A13/14/26
○日與齊戰 B1/15/13
○乎禁舍開塞 B2/15/22
士不亂則刑乃○ B3/16/14
號令○ B3/16/27
○賞於前 B3/16/27
不○乎禁舍開塞也 B3/17/7
○其制 B3/17/7
○吾刑賞 B3/17/18
○賞罰 B4/18/4
○法審令 B4/19/16,B8/23/26
故○主戰攻日 B5/20/20
不○在於受間 B7/22/10
所以○武也 B8/22/26
大道可○ B8/23/11
○法稽驗 B10/25/9
○主守 B10/25/9
○賞賚 B10/25/10
達王○德 B10/25/18
○舉上達 B10/25/21
一曰神○ B11/26/20
夫精誠在乎神○ B12/27/4
○視而高居則威之 B12/27/12
故先王○制度於前 B13/27/26
而○其塞令 B15/28/19
凡○刑罰 B21/31/15
以○賞勸之心 B21/31/28
所以○賞也 B21/31/30
○如白黑 B21/32/2
謂彰○行列 B22/32/14
號令○信 B24/35/9
○主鑒茲 C1/36/8
古之○王 C1/37/3
先○四輕、二重、一信 C3/39/10
○知陰陽 C3/39/14
若法令不○ C3/39/24
能○此者 C3/40/25
不可不○ C4/41/14
嚴刑○賞 C6/43/30
嚴○之事 C6/44/1
是以○其禮也 D1/45/11
是以○其義也 D1/45/11,D1/45/12
是以○其信也 D1/45/12
是以○其勇也 D1/45/12
是以○其智也 D1/45/13
彰○有罪 D1/45/19
舉賢立○ D1/45/25
故雖有○君 D2/46/6
尚○也 D2/47/5
賢王○民之德 D2/47/18
目乃○ D3/48/28

冥 míng 2

震震〇〇 B8/23/22

鳴 míng 2

鼓〇旗麾 B3/16/17
擊金〇鼓於阨路 C5/42/15

命 mìng 33

生民之司〇 A2/2/14
故能為敵之司〇 A6/5/12
將受〇於君 A7/6/18,A8/7/26
君〇有所不受 A8/7/29
無餘〇 A11/12/4
〇曰費留 A12/13/20
二曰受〇之論 B4/18/9
將受〇之日忘其家 B8/24/1
萬物至而〇之 B9/24/14
承王之〇也 B10/25/18
重之以受〇之論 B12/27/17
〇曰國賊 B13/27/22
〇曰軍賊 B13/27/24
故能敗敵而制其〇 B18/30/2
專〇而行 B18/30/5
將軍受〇 B19/30/12
奉王之〇 B20/31/1
百萬之衆不用〇 B24/35/12
士卒不用〇者 B24/35/15
民知君之愛其〇 C1/36/16
是謂軍〇 C2/38/9
受〇而不辭 C4/41/3
士卒用〇 C5/42/9
是以一人投〇 C6/44/17
其有失〇亂常背德逆天之時 D1/45/19
從〇為士上賞 D2/46/14
犯〇為士上戮 D2/46/14
欲民體其〇也 D2/46/22
不貴用〇而貴犯〇 D2/47/9
遲速不過誡〇 D2/47/11
以職〇之 D3/49/9

麼 mó 1

（分歷）〔么〇〕毀瘠

者并於後 B6/21/24

末 mò 3

凡馬不傷於〇 C3/40/24
其次用〇 D4/50/27
本〇唯權 D4/50/27

没 mò 2

〇而從之 B18/30/1
傾輪〇轅 C5/43/11

沫 mò 2

上雨水〇至 A9A/9/13,A9B/10/1

秣 mò 1

芻〇以時 C3/39/14

莫 mò 34

將〇不聞 A1/1/8
而〇知吾所以制勝之形 A6/6/8
〇難於軍爭 A7/6/18
〇知所之 A11/12/15
〇知其道 A13/14/9
〇親於間 A13/14/14
賞〇厚於間 A13/14/14
事〇密於間 A13/14/14
天下〇能當其戰矣 B3/16/15
〇當其前 B3/17/2
〇隨其後 B3/17/2
有提十萬之衆而天下〇當者 B3/17/5
有提七萬之衆而天下〇當者 B3/17/5
有提三萬之衆而天下〇當者 B3/17/6
無伍〇能正矣 B3/17/14
今以〇邪之利 B8/23/25
則天下〇當其戰矣 B8/23/25
〇知其極 B11/26/17
〇敢當其前 B17/29/15
〇敢躡其後 B17/29/16
〇能禦此矣 B23/34/6

群臣〇能及 C1/37/15,C1/37/16
而群臣〇及者 C1/37/17
天下〇當 C3/39/26
〇不從移 C4/41/15
〇不前死 C4/41/15
〇善於阨 C5/42/14
〇善於險 C5/42/14
〇善於阻 C5/42/15
〇不驚動 C5/42/15
〇之所加 C5/42/22
〇不梟視狼顧 C6/44/16
人〇不說 D3/49/2

墨 mò 1

踐〇隨敵 A11/13/6

侔 móu 2

固不〇也 B3/17/2
見物與〇 D3/48/5

謀 móu 27

故上兵伐〇 A3/2/22
此〇攻之法也 A3/2/25
智者不能〇 A6/6/6
故不知諸侯之〇者 A7/7/1
圍地則〇 A8/7/27,A11/11/23
〇也 A9A/9/3,A9B/10/7
運兵計〇 A11/12/2
革其〇 A11/12/13
是故不知諸侯之〇者 A11/12/24
豪士一〇者也 B1/15/8
君必先〇於廟 B19/30/12
姦〇不作 B21/32/2
〇患辯訟 B22/33/9
曲〇敗國 B22/33/13
不敢信其私〇 C1/36/15
〇者 C1/36/19
武侯嘗〇事〔而當〕 C1/37/15
昔楚莊王嘗〇事〔而當〕 C1/37/15
寡詐〇 C2/38/2
使智者不及〇 C3/40/2
智者為〇主 C3/40/11
輕變無〇 C4/41/18

聖人之○也 C5/42/21
以○人維諸侯 D1/45/28
見敵無○ D3/48/28

繆 móu 1

秦○置陷陳三萬 C1/37/4

某 mǒu 5

○甲○士 B21/31/17
○國為不道 D1/45/21
以○年月日師至于○國 D1/45/21

母 mǔ 7

父○妻子知之 B24/34/17
父○妻子盡同罪 B24/34/19
父○妻子弗捕執及不言 B24/34/19
厚其父○妻子 C2/38/10
又頒賜有功者父○妻子於廟門外 C6/44/9
歲被使者勞賜其父○ C6/44/10
必奉於父○而正於君長 D2/46/6

拇 mǔ 1

指○也 D3/48/8

畝 mǔ 3

舍不平隴○ B8/23/29
春夏夫出於南○ B11/26/1
耕有不終○ B11/26/4

木 mù 9

如轉○石 A5/4/27
○石之性 A5/4/28
軍旁有險阻潢井兼葭林○翳薈者 A9B/10/2
〔兵〕如總○ B2/16/9
○器液 B11/25/29
今也金○之性 B11/25/29
刊○濟水 C2/38/15
無刊其○、發其屋、取其粟、殺其六畜、燔其積聚 C5/43/25
無伐林○ D1/45/24

目 mù 11

見日月不為明○ A4/3/22
所以一人之耳○也 A7/7/13
所以變人之耳○也 A7/7/15
能愚士卒之耳○ A11/12/13
夫心狂、○盲、耳聾 B2/16/4
馬冒其○也 B22/32/15
觀之於○則不麗 C1/36/6
戢其耳○ C3/40/23
所以威○ C4/41/13
○威於色 C4/41/14
○乃明 D3/48/28

牧 mù 1

采薪之○者 B15/28/23

募 mù 3

簡○良材 C1/37/3
昔齊桓○士五萬 C1/37/4
○吾材士與敵相當 C5/43/7

墓 mù 1

發其墳○ B13/27/23

暮 mù 7

○氣歸 A7/7/17
○死則○代 B5/20/25
日○路遠 B22/33/9
六曰道遠日○ C2/38/18
日○道遠 C3/40/25
彼將○去 C5/43/21

乃 nǎi 27

○為之勢 A1/1/14
勝○不殆 A10/11/12
勝○不窮 A10/11/12
若〔○〕城下、池淺、守弱 B1/15/8
士不亂則刑○明 B3/16/14
成功○返 B4/18/5
○收窖廩 B6/21/9
合表○起 B20/30/21,B20/30/24
順職之吏○行 B20/31/2
○為之賞法 B21/31/25
吉○後舉 C1/36/16
○授其兵 C3/40/8
○數分之一爾 C4/41/1
○可為將 C4/41/9
○可為奇以勝之 C5/43/13
○作五刑〔以禁民僻〕 D1/45/18
〔○〕興甲兵以討不義 D1/45/18
○告于皇天上帝 D1/45/20
○造于先王 D1/45/20
小罪○殺 D3/48/1
靜○治 D3/48/27
目○明 D3/48/28
心○強 D3/48/28
誓作章人○強 D3/49/1
三○成章 D3/49/12
輕○重 D4/50/17

奈 nài 7

○何無重將也 B8/22/31
憂此○何 C2/37/23
為之○何 C5/42/30
C5/43/4,C5/43/12,C5/43/15
致之○何 C6/44/4

柰 nài 3

而○何寒飢 B11/26/4
為之○何 C5/42/12,C5/42/27

男 nán 3

○女數重 B5/20/28
○女公於官 B13/27/23,B13/27/24

南 nán 3

〔從其〕○北攻〔之〕不能取 B1/15/6
春夏夫出於○畝 B11/26/1
楚帶吾○ C2/37/22

難 nán 36

則諸侯之○至矣 A3/3/5
莫○於軍爭 A7/6/18
軍爭之○者 A7/6/18
○知如陰 A7/7/6
不服則○用也 A9A/9/14
不服則○用 A9B/10/13
○以返 A10/10/20,A10/10/21
○以挑戰 A10/10/24
凡○行之道者 A11/11/21
以三悖率人者○矣 B2/16/5
〔小○無戚〕 B4/18/18
臨○決戰 B8/22/30
臣以為非○也 B8/23/1
臣以為○ B8/23/18
臨○決疑 B8/24/2
外無天下之○ B11/26/14
則前行進為犯○ B17/29/14
而與之臨○ C1/36/16
守勝○ C1/36/25
不憚艱○ C2/38/15
知○而退也 C2/38/24
退道○ C4/41/20
○與長守 C5/42/19
固○敵矣 C6/44/18
不遠則○誘 D2/46/19
不及則○陷 D2/46/19
太長則○犯 D2/46/28
○進易退 D2/47/14
見危○無忘其衆 D3/48/24
凡戰非陳之○ D4/51/1
使人可陳○ D4/51/1
非使可陳○ D4/51/1
使人可用○ D4/51/1
非知之○ D4/51/1
行之○ D4/51/1

撓 náo 1

怒而○之 A1/1/17

內 nèi 49

則○外之費 A2/1/25
中原○虛於家 A2/2/4
勿迎之於水○ A9A/8/18,A9B/9/21
火發於○ A12/13/15
無待於○ A12/13/16
○外騷動 A13/14/3
有○間 A13/14/9
○間者 A13/14/10
故鄉間、○間可得而使也 A13/14/22
三相稱則○可以固守 B2/15/18
備主於○ B2/15/19
患在百里之○ B2/16/1
患在千里之○ B2/16/2
患在四海之○ B2/16/2
殺人於五十步之○者 B3/16/21
○自敗也 B3/16/22
量吾境○之民 B3/17/14
○自致也 B3/17/15
信行國○ B3/17/19
必能○有其賢者也 B3/17/24
不能○有其賢而欲有天下 B3/17/24
○無暴亂之事 B11/26/15
使民○畏重刑 B13/27/24
刑重則○畏 B13/27/26
○畏則外堅矣 B13/27/26
故○無干令犯禁 B15/28/24
在四奇之○者勝也 B20/30/26
四境之○ B20/31/1
先安○也 B20/31/3
伍○互揭之 B21/31/9
凡興師必審○外之權 B22/33/1
〔以文為○〕 B23/33/20
有○向 B23/34/1
夫○向所以顧中也 B23/34/1
所以安○也 B24/34/14
○卒出戍 B24/34/16
○不足以守國 B24/35/2
國○空虛 B24/35/6
威加海○ B24/35/12
必○修文德 C1/36/8
四曰○亂 C1/36/28
○出可以決圍 C1/37/8
吾欲觀敵之外以知其○ C2/38/26
○得愛焉 D1/45/5
暴○陵外則壇之 D1/45/30
外○亂、禽獸行則滅之 D1/46/1
密靜多○力 D3/48/15
使自其○ D3/49/3

能 néng 129

將孰有○ A1/1/9
故○而示之不○ A1/1/16
不○善其後矣 A2/1/28
則不○盡知用兵之利也 A2/1/29
敵則○戰之 A3/2/27
少則○逃之 A3/2/27
不若則○避之 A3/2/27
將○而君不御者勝 A3/3/9
○為不可勝 A4/3/17
不○使敵之可勝 A4/3/17
故○自保而全勝也 A4/3/19
故○為勝敗之政 A4/3/25
孰○窮之 A5/4/16
故○擇人而任勢 A5/4/27
○使敵人自至者 A6/5/6
○使敵人不得至者 A6/5/6
故敵佚○勞之 A6/5/6
飽○饑之 A6/5/6
安○動之 A6/5/7
故○為敵之司命 A6/5/12
○以衆擊寡者 A6/5/19
則左不○救右 A6/5/25
右不○救左 A6/5/26
前不○救後 A6/5/26
後不○救前 A6/5/26
無形則深間不○窺 A6/6/6
智者不○謀 A6/6/6
衆不○知 A6/6/8
○因敵變化而取勝者謂之神 A6/6/12
不○豫交 A7/7/1
不○行軍 A7/7/1,A11/12/24
不○得地利 A7/7/2,A11/12/25
不○得地之利矣 A8/8/2
不○得人之用矣 A8/8/2
將不知其○ A10/10/29
將不○料敵 A10/10/30
厚而不○使 A10/11/7
愛而不○令 A10/11/7
亂而不○治 A10/11/8
○使敵人前後不相及 A11/11/25
○愚士卒之耳目 A11/12/13
不○預交 A11/12/24
然後○為勝敗 A11/13/1
此謂巧○成事者也 A11/13/3

非聖智不○用間 A13/14/14
非仁義不○使間 A13/14/14
非微妙不○得間之實 A13/14/15
○以上智為間者 A13/14/26
〔從其〕東西攻〔之〕
不○取 B1/15/6
〔從其〕南北攻〔之〕
不○取 B1/15/6
然不○取者〔何〕 B1/15/7
天下莫○當其戰矣 B3/16/15
世將不○禁 B3/16/20
B3/16/21,B3/16/23,B3/16/23
夫將○禁此四者 B3/16/23
不○禁此四者 B3/16/24
故○使之前 B3/16/27
是以發○中利 B3/16/27
而○獨出獨入焉 B3/17/3
然不○濟功名者 B3/17/7
無伍莫○正矣 B3/17/14
而王必○使之衣吾衣 B3/17/14
何○紹吾氣哉 B3/17/16
必試其○戰也 B3/17/22
必○內有其賢者也 B3/17/24
不○內有其賢而欲有天
下 B3/17/24
○奪人而不奪於人 B4/18/13
未有不信其心而○得其
力者〔也〕 B4/18/18
未有不得其力而○致其
死戰者也 B4/18/19
〔故〕靜○守其所固 B4/19/10
動○成其所欲 B4/19/10
舉賢任○ B4/19/16
凡將○其道者 B5/20/6
敵將帥不○信 B5/20/29
吏卒不○和 B5/20/29
然而世將弗○知 B6/21/10
則亦不○止矣 B6/21/24
夫○刑上究、賞下流 B8/22/28
無謂其○戰也 B8/23/4
舉賢用○ B8/23/25
夫○無（移）〔私〕於
一人 B9/24/13
不○關一言 B9/24/21
不○用一銖 B9/24/22
上不○省 B9/24/28
百里之海不○飲一夫 B11/26/22
鳥○以干令相私者哉 B14/28/14
故○敗敵而制其命 B18/30/2
故○并兼廣大 B22/32/10
兵弱○強之 B22/32/19
主卑○尊之 B22/32/19
令弊○起之 B22/32/19
民流○親之 B22/32/19
人衆○治之 B22/32/20
地大○守之 B22/32/20
必○入之 B22/33/2
戰國則以立威、抗敵、
相圖而不○廢兵也 B23/33/17
○審此（二）〔三〕者 B23/33/21
莫○禦此矣 B23/34/6
後吏○斬之而奪其卒者
賞 B24/34/22
而從吏五百人已上不○
死敵者斬 B24/34/25
將○立威 B24/35/9
卒○節制 B24/35/9
○殺卒之半 B24/35/11
○殺其半者 B24/35/11
而不求○用者 C1/36/7
故○然矣 C1/36/22
○踰高超遠、輕足善走者 C1/37/6
君○使賢者居上 C1/37/12
群臣莫○及 C1/37/15,C1/37/16
○得其師者王 C1/37/17
必有○者 C2/38/8
○審料此 C2/38/10
上不○止 C2/38/17
任賢使○ C2/38/23
欲前不○ C2/38/29
夫人當死其所不○ C3/40/5
○明此者 C3/40/25
○備千乘萬騎 C5/42/21
臣不○悉 C6/44/1
不窮不○而哀憐傷病 D1/45/11
又○舍服 D1/45/12
行其所○ D3/48/10
廢其不欲不○ D3/48/10

霓 ní 1

如雲〔○〕覆之 B2/16/8

逆 nì 9

背丘勿○ A7/7/21
爭者、○德也 B8/23/19
B23/33/17
以○以止也 B22/32/13
五曰○兵 C1/36/29
國亂人疲舉事動衆曰○ C1/36/30
○必以權服 C1/36/31
風○堅陳以待之 C3/40/18
其有失命亂常背德○天
之時 D1/45/19

溺 nì 1

擊敵若救○人 B5/20/14

年 nián 8

相守數○ A13/14/4
朞○之城 B6/21/22
太公望○七十屠牛朝歌 B8/23/9
過七○餘而主不聽 B8/23/9
今有少○卒起 C5/42/15
行之三○ C6/44/10
以某○月日師至于某國 D1/45/21
戍軍三○不興 D2/47/25

鳥 niǎo 7

鷙（鳥）〔○〕之疾 A5/4/18
○集者 A9A/8/25,A9B/10/8
○起者 A9A/8/25,A9B/10/4
發之如○擊 B3/17/9
鷙○逐雀 B8/23/6

孽 niè 1

○在於屠戮 B7/22/10

躡 niè 1

莫敢○其後 B17/29/16

甯 níng 1

○勞於人 C3/40/25

牛 niú 7

丘○大車 A2/2/5
賞及○童馬圉者 B8/22/27
太公望年七十屠○朝歌 B8/23/9
馬○之性 B11/25/30
取吾○羊 C5/43/19
○馬不得其任 D2/47/8
馬○車兵佚飽 D3/48/7

農 nóng 6

使天下非○無所得食 B3/17/18
使民揚臂爭出○戰而天下無敵矣 B3/17/19
○不離其田業 B8/22/17
萬乘○戰 B8/22/20
○戰不外索權 B8/22/20
是○無不離〔其〕田業 B9/24/26

耨 nòu 1

夫在芸○ B11/25/26

駑 nú 1

彼○馬鬐興角逐 B3/17/15

弩 nǔ 10

甲冑矢○ A2/2/5
勢如彍○ A5/4/19
○如羊角 B2/16/10
勁○（疆）〔彊〕矢 B6/21/9
○堅矢彊 B6/21/16
勁○彊矢并於前 B6/21/24
立之兵戟○ B23/34/3
長者持弓○ C3/40/10
守以彊○ C5/42/18
進弓與○ C5/43/2

怒 nù 14

○而撓之 A1/1/17
○也 A2/2/9
吏○者 A9A/8/20, A9B/10/9
兵○而相迎 A9A/8/22, A9B/10/11
大吏○而不服 A10/10/28
主不可以○而興師 A12/13/21
○可以復喜 A12/13/21
寬不可激而○ B2/16/4
因○興師曰剛 C1/36/30
百姓怨○ C2/38/17
勇者不及○ C3/40/2
死○ D4/50/21

女 nǚ 7

是故始如處○ A11/13/6
男○數重 B5/20/28
臣妾人之子○ B8/22/16
○無繡飾纂組之作 B11/25/27
秋冬○練〔於〕布帛 B11/26/1
男○公於官 B13/27/23, B13/27/24

衄 nǜ 1

發攻必○ B5/20/2

旁 páng 2

軍○有險阻潢井蒹葭林木蘙薈者 A9B/10/2
分車列騎隱於四○ C5/43/7

傍 páng 2

○多險阻 C5/42/30
且留其○ C5/43/12

炮 pāo 1

輕者如○如燔 B2/16/8

沛 pèi 1

歷○、歷圮 D5/51/24

斾 pèi 1

於是出旌列（○）〔旆〕 C5/43/8

旆 pèi 1

於是出旌列（斾）〔○〕 C5/43/8

轡 pèi 1

鞍、勒、銜、○ C3/40/24

朋 péng 1

卒伯如○友 B4/19/1

捧 pěng 1

夫人○觴 C1/36/10

皮 pí 1

今君四時使斬離○革 C1/36/4

疲 pí 6

○者後 A7/6/23
國亂人○舉事動衆曰逆 C1/36/30
其民○ C2/38/1
其民○於戰 C2/38/4
可用而不可○ C3/39/26
馬○人倦而不解舍 C3/39/30

陴 pí 1

則愚夫惷婦無不守○而泣下 B6/21/23

裨 pí 3

自什已上至於○將有不若法者 B21/31/12
合之○將 B21/31/24
○將教成 B21/31/24

鼙 pí 1

夫○鼓金鐸 C4/41/13

匹 pǐ 1

騎三千〇 C6/44/20

僻 pì 1

乃作五刑〔以禁民〇〕 D1/45/18

譬 pì 3

〇若驕子 A10/11/8
〇如率然 A11/12/8
〇猶伏雞之搏狸 C1/36/7

闢 pì 1

〇土四面 C1/36/11

偏 piān 3

車有〇列 B3/16/17
車失〇列 B3/16/23
〇在於多私 B7/22/10

漂 piāo 1

至於〇石者 A5/4/18

貧 pín 4

國之〇於師者遠輸 A2/2/3
遠輸則百姓〇 A2/2/3
得地而國益〇 B3/17/25
下〇而怨 C4/41/18

聘 pìn 1

以重寶出〇 B3/17/11

平 píng 8

〇陸處易 A9A/9/7,A9B/9/23
此處〇陸之軍也 A9A/9/7
A9B/9/23
舍不〇隴畝 B8/23/29
其政〇 C2/38/4
天下既〇 D1/45/8
以政令〇諸侯 D1/45/27

憑 píng 1

〇弱犯寡則眚之 D1/45/30

迫 pò 3

窮寇勿〇 A7/7/22
觸而〇之 C2/38/3
地甚狹〇 C5/43/4

破 pò 14

〇車罷馬 A2/2/4
〇國次之 A3/2/18
〇軍次之 A3/2/18
〇旅次之 A3/2/19
〇卒次之 A3/2/19
〇伍次之 A3/2/19
焚舟〇釜 A11/12/15
大〇之 B1/15/13
〇軍殺將 B4/18/4
前軍絕行亂陳〇堅如潰
者 B21/32/5
敵〇而後言返 C4/41/3
城邑既〇 C5/43/24
而〇秦五十萬眾 C6/44/20
雖〇軍皆無易 C6/44/23

樸 pǔ 1

〇樕蓋之 B8/23/29

七 qī 12

百姓之費十去其〇 A2/2/4
不得操事者〇十萬家 A13/14/4
有提〇萬之眾而天下莫
當者 B3/17/5
太公望年〇十屠牛朝歌 B8/23/9
過〇年餘而主不聽 B8/23/9
〇曰五章 B22/32/14
與諸侯大戰〇十六 C1/36/10
〇曰將薄吏輕 C2/38/19
〇曰兵 D3/49/3
是謂〇政 D3/49/3
〇曰尊 D3/49/14
〇曰百官宜無淫服 D3/49/16

妻 qī 6

〇在機杼 B11/25/27
父母〇子知之 B24/34/17
父母〇子盡同罪 B24/34/19
父母〇子弗捕執及不言 B24/34/19
厚其父母〇子 C2/38/10
又頒賜有功者父母〇子
於廟門外 C6/44/9

栖 qī 1

〇其大城大邑 B5/20/28

期 qī 11

〇也 A9A/8/24,A9B/10/7
帥與之〇 A11/12/14
微與之〇 A11/13/6
故生間可使如〇 A13/14/23
信在〇前 B5/20/13
〇日中 B19/30/15
設營表置轅門〇之 B19/30/15
〇於會地 B20/30/21,B20/30/24
〇戰而蹙 B22/33/12

漆 qī 2

膠〇之材 A2/1/26
掩以朱〇 C1/36/4

其 qí 439

校之以計而索〇情 A1/1/5
故校之以計而索〇情 A1/1/9
以佐〇外 A1/1/14
攻〇無備 A1/1/18
出〇不意 A1/1/18
〇用戰也勝 A2/1/26
則諸侯乘〇弊而起 A2/1/28
不能善〇後矣 A2/1/28
百姓之費十去〇七 A2/2/4
十去〇六 A2/2/5
賞〇先得者 A2/2/9

而更○旌旗	A2/2/10
○次伐交	A3/2/22
○次伐兵	A3/2/22
○下攻城	A3/2/22
將不勝○忿而蟻附之	A3/2/23
故○戰勝不忒	A4/3/23
○所措必勝	A4/3/23
○勢險	A5/4/19
○節短	A5/4/19
○戰人也	A5/4/27
出○所不趨	A6/5/7
趨○所不意	A6/5/7
攻○所不守也	A6/5/8
守○所不攻也	A6/5/8
敵不知○所守	A6/5/10
敵不知○所攻	A6/5/10
衝○虛也	A6/5/14
攻○所必救也	A6/5/15
乖○所之也	A6/5/16
是以十攻○一也	A6/5/18
故○戰勝不復	A6/6/8
故迂○途而誘之以利	A7/6/19
○法十一而至	A7/6/23
○法半至	A7/6/24
故○疾如風	A7/7/6
○徐如林	A7/7/6
避○銳氣	A7/7/17
擊○惰歸	A7/7/18
無恃○不來	A8/8/8
無恃○不攻	A8/8/8
粟馬肉食、軍無懸缶、不返○舍者	A9A/8/20
先暴而後畏○眾者	A9A/8/22 A9B/10/10
輕車先出居○側者	A9A/9/2
恃○險也	A9A/9/5, A9B/10/3
○所居易者	A9A/9/6, A9B/10/3
必處○陽而右背之	A9A/9/11 A9B/9/25
待○定也	A9A/9/13, A9B/10/1
〔令〕素行以教○民	A9A/9/15
令不素行以教○民	A9A/9/15 A9B/10/14
居○側者	A9B/10/6
懸缶不返○舍者	A9B/10/9
令素行以教○民	A9B/10/14
將不知○能	A10/10/29
諸侯自戰○地	A11/11/18
先奪○所愛	A11/11/27
攻○所不戒也	A11/11/29
是故○兵不修而戒	A11/12/3
擊○首則尾至	A11/12/8
擊○尾則首至	A11/12/8
擊○中則首尾俱至	A11/12/9
當○同舟而濟	A11/12/9
○相救也如左右手	A11/12/10
易○事	A11/12/13
革○謀	A11/12/13
易○居	A11/12/14
迂○途	A11/12/14
如登高而去○梯	A11/12/14
帥與之深入諸侯之地而發○機	A11/12/14
是故散地吾將一○志	A11/12/19
爭地吾將趨○後	A11/12/20
交地吾將謹○守	A11/12/20
衢地吾將固○結	A11/12/20
重地吾將繼○食	A11/12/21
圮地吾將進○塗	A11/12/21
圍地吾將塞○闕	A11/12/21
則○眾不得聚	A11/12/26
則○交不得合	A11/12/26
故○城可拔	A11/12/27
○國可隳	A11/12/27
無通○使	A11/13/5
以誅○事	A11/13/5
先○所愛	A11/13/6
極○火力	A12/13/16
夫戰勝攻取而不修○功者、凶	A12/13/19
莫知○道	A13/14/9
因○鄉人而用之	A13/14/10
因○官人而用之	A13/14/10
因○敵間而用之	A13/14/11
必先知○守將、左右、謁者、門者、舍人之姓名	A13/14/18
〔○〕有之乎	B1/15/3
〔從○〕東西攻〔之〕不能取	B1/15/6
〔從○〕南北攻〔之〕不能取	B1/15/6
則〔○〕國〔不得無〕富	B2/15/23
則〔○〕國〔不得無〕治	B2/15/24
天下莫能當○戰矣	B3/16/15
試聽臣言○術	B3/16/30
莫當○前	B3/17/2
莫隨○後	B3/17/2
明○制	B3/17/7
○實不過數萬爾	B3/17/12
○兵來者	B3/17/12
無不謂○將曰	B3/17/12
○實不可得而戰也	B3/17/12
毋許○空言	B3/17/22
必試○能戰也	B3/17/22
必能內有○賢者也	B3/17/24
不能內有○賢而欲有天下	B3/17/24
未有不信○心而能得○力者〔也〕	B4/18/18
未有不得○力而能致○死戰者也	B4/18/19
先親愛而後律○身〔焉〕	B4/18/22
故務耕者、〔○〕民不飢	B4/19/4
務守者、〔○〕地不危	B4/19/5
務戰者、〔○〕城不圍	B4/19/5
〔○本〕有五焉	B4/19/8
〔故〕靜能守○所固	B4/19/10
動能成○所欲	B4/19/10
○心動以誠	B5/20/3
○心動以疑	B5/20/3
凡將能○道者	B5/20/6
吏畏○將也	B5/20/6
吏畏○將者	B5/20/7
民畏○吏也	B5/20/7
民畏○吏者	B5/20/7
敵畏○民也	B5/20/7
夫不愛說○心者	B5/20/10
不嚴畏○心者	B5/20/10
以○有法故也	B5/20/23
○應敵也周	B5/20/23
○總率也極	B5/20/23
○朝死則朝代	B5/20/25
深入○地	B5/20/27
錯絕○道	B5/20/27
棲○大城大邑	B5/20/28
我因○虛而攻之	B5/21/3
夫守者、不失〔○〕險	

者也	B6/21/12
○有必救之軍者	B6/21/19
遂發○窖廩救撫	B6/21/23
必鼓○豪傑雄俊	B6/21/24
但救○後	B6/21/27
無絶○糧道	B6/21/28
後○壯	B6/22/1
前○老	B6/22/1
農不離○田業	B8/22/17
賈不離○肆宅	B8/22/17
士大夫不離○官府	B8/22/18
由○武議	B8/22/18
無謂○能戰也	B8/23/4
則天下莫當○戰矣	B8/23/25
夫煩人而欲乞○死	B8/23/30
竭○力	B8/23/31
將受命之日忘○家	B8/24/1
張軍宿野忘○親	B8/24/1
援（抱）〔枹〕而鼓忘○身	B8/24/1
因○所長而用之	B8/24/5
一夫不勝○勇	B8/24/8
雖國士、有不勝○酷而自誣矣	B9/24/19
○次婚姻也	B9/24/25
○次知識故人也	B9/24/25
是農無不離〔○〕田業	B9/24/26
賈無不離〔○〕肆宅	B9/24/26
士大夫無不離〔○〕官府	B9/24/26
用○仂也	B10/25/12
是治失○本而宜設之制也	B11/25/30
失○治也	B11/26/2
共寒○寒	B11/26/7
共飢○飢	B11/26/7
善政執○制	B11/26/11
莫知○極	B11/26/17
○次因物	B11/26/25
○下在於無奪民時	B11/26/25
存○慈順	B12/27/7
必喪○權	B12/27/9
○言無謹	B12/27/14
○陵犯無節	B12/27/14
必安○危	B12/27/14
去○患	B12/27/14
去○籍	B13/27/22
發○墳墓	B13/27/23
暴○骨於市	B13/27/23
父不得以私○子	B14/28/13
兄不得以私○弟	B14/28/13
而無通○交往	B15/28/18
皆營○溝域	B15/28/19
而明○塞令	B15/28/19
非○百人而入者	B15/28/19
卒無非○吏	B17/29/11
吏無非○卒	B17/29/11
○罪如之	B17/29/12
莫敢當○前	B17/29/15
莫敢躡○後	B17/29/16
○心一也	B18/29/24
故能敗敵而制○命	B18/30/2
○舉有疑而不疑	B18/30/8
○往有信而不信	B18/30/8
○致有遲疾而不遲疾	B18/30/8
去大軍一倍○道	B20/30/24
○甲首有賞	B21/31/8
羅地者自揭○伍	B21/31/9
免○罪	B21/31/9
將異○旗	B21/31/17
卒異○章	B21/31/17
書○章曰	B21/31/17
○次差降之	B21/31/18
伍長教○四人	B21/31/20
習戰以成○節	B21/31/25
各視○所得之爵	B21/31/28
以一○制度	B22/32/10
以結○聯也	B22/32/12
各死○職而堅守也	B22/32/12
以別○後者	B22/32/13
馬冒○目也	B22/32/15
○次補過	B22/32/27
伐國必因○變	B22/32/27
示之財以觀○窮	B22/32/28
示之弊以觀○病	B22/32/28
以計○去	B22/33/1
必先收○地	B22/33/4
必先攻○城	B22/33/4
則絶○阨	B22/33/4
無喪○利	B22/33/5
無奪○時	B22/33/5
寬○政	B22/33/5
夷○業	B22/33/5
救○弊	B22/33/5
不一○令	B22/33/8
吏究○事	B22/33/9
凡圍必開○小利	B22/33/11
將在○中	B23/34/2
諸戰而亡○將吏者	B24/34/22
前吏棄○卒而北	B24/34/22
後吏能斬之而奪○卒者賞	B24/34/22
及伍人戰死不得○屍	B24/34/28
同伍盡奪○功	B24/34/28
得○屍	B24/34/28
官不得○實	B24/35/1
家不得○名	B24/35/1
○次殺○十三	B24/35/11
○下殺○十一	B24/35/11
能殺○半者	B24/35/11
以滅○國	C1/36/8
以喪○社稷	C1/36/8
將用○民	C1/36/15
不敢信○私謀	C1/36/15
民知君之愛○命	C1/36/16
惜○死	C1/36/16
○名又有五	C1/36/29
各有○道	C1/36/31
以獲○志	C1/37/4
必料○民	C1/37/5
樂以進戰效力、以顯○忠勇者	C1/37/5
棄城去守、欲除○醜者	C1/37/7
民安○田宅	C1/37/12
親○有司	C1/37/13
能得○師者王	C1/37/17
得○友者霸	C1/37/17
楚國○殆矣	C1/37/18
禍○遠矣	C2/37/25
○國富	C2/37/28
○政寬而祿不均	C2/37/28
獵○左右	C2/37/29
○陳可壞	C2/37/29
○地險	C2/37/29
○政嚴	C2/37/30
○賞罰信	C2/37/30
○人不讓	C2/37/30
士貪於得而離○將	C2/37/31
○將可取	C2/37/31
○地廣	C2/37/31
○政騷	C2/38/1

○民疲	C2/38/1
襲亂○屯	C2/38/1
先奪○氣	C2/38/1
○軍可敗	C2/38/2
○民慎	C2/38/2
○將可虜	C2/38/3
○性和	C2/38/4
○政平	C2/38/4
○民疲於戰	C2/38/4
輕○將	C2/38/4
薄○祿	C2/38/4
以倦○師	C2/38/5
此○勢也	C2/38/5
○有工用五兵、材力健疾、志在吞敵者	C2/38/9
必加○爵列	C2/38/9
厚○父母妻子	C2/38/10
二曰上愛○下	C2/38/22
吾欲觀敵之外以知○內	C2/38/26
察○進以知○止	C2/38/26
用兵必須審敵虛實而趨○危	C2/39/1
○眾可合而不可離	C3/39/26
所以任○上令	C3/39/30
任○上令	C3/39/30
所以不任○上令	C3/39/31
○善將者	C3/40/1
夫人當死○所不能	C3/40/5
敗○所不便	C3/40/5
乃授○兵	C3/40/8
夫馬必安○處所	C3/40/22
適○水草	C3/40/22
節○飢飽	C3/40/22
戢○耳目	C3/40/23
習○馳逐	C3/40/23
閑○進止	C3/40/23
分散○眾	C4/41/8
使○君臣相怨	C4/41/8
然○威、德、仁、勇	C4/41/10
雖有○國	C4/41/15
必先占○將而察○才	C4/41/17
○將愚而信人	C4/41/17
○眾無依	C4/41/19
士輕○將而有歸志	C4/41/19
○軍不備	C4/41/22
不知○將	C4/41/24
○術如何	C4/41/24

○政以理	C4/41/27
○追北佯為不及	C4/41/27
○見利佯為不知	C4/41/27
若○眾讙譁	C4/42/1
○卒自行自止	C4/42/1
○兵或縱或橫	C4/42/1
○追北恐不及	C4/42/1
敵人若堅守以固○兵	C5/42/22
急行間諜以觀○慮	C5/42/23
一結○前	C5/42/24
一絕○後	C5/42/24
而襲○處	C5/42/24
必有○力	C5/42/25
審察○政	C5/43/2
無見○兵	C5/43/8
且留○傍	C5/43/12
知○廣狹	C5/43/12
盡○淺深	C5/43/13
馳○強車	C5/43/16
必從○道	C5/43/16
必逐○跡	C5/43/17
必慮○強	C5/43/21
○裝必重	C5/43/21
○心必恐	C5/43/21
○兵可覆	C5/43/22
各入○宮	C5/43/24
御○祿秩	C5/43/24
收○器物	C5/43/24
無刊○木、發○屋、取○粟、殺○六畜、燔○積聚	C5/43/25
○有請降	C5/43/25
歲被使者勞賜○父母	C6/44/10
脫○不勝	C6/44/15
忌○暴起而害己	C6/44/17
○令不煩而威震天下	C6/44/23
攻○國、愛○民	D1/45/4
所以愛夫○民也	D1/45/7
是以明○禮也	D1/45/11
是以明○義也	D1/45/11,D1/45/12
是以明○信也	D1/45/12
是以明○勇也	D1/45/12
是以明○智也	D1/45/13
○次	D1/45/18
○有失命亂常背德逆天之時	D1/45/19
見○老幼	D1/45/24

王及諸侯修正○國	D1/45/25
賊殺○親則正之	D1/46/1
放弒○君則殘之	D1/46/1
必得○情	D2/46/13
必得○宜	D2/46/13
既致教○民	D2/46/16
○教可復	D2/46/20
欲民體○命也	D2/46/22
欲民先成○慮也	D2/46/22
夏后氏正○德也	D2/46/23
故○兵不雜	D2/46/24
三王彰○德	D2/46/25
上使民不得○義	D2/47/7
百姓不得○敘	D2/47/7
技用不得○利	D2/47/7
牛馬不得○任	D2/47/8
必悔○過	D2/47/22
必遠○罪	D2/47/23
用○所欲	D3/48/10
行○所能	D3/48/10
廢○不欲不能	D3/48/10
見危難無忘○眾	D3/48/24
聽誅無誰○名	D3/48/28
無變○旗	D3/48/29
是謂兼用○人	D3/49/2
成○溢	D3/49/2
奪○好	D3/49/2
我自○外	D3/49/2
使自○內	D3/49/3
既作○氣	D3/49/8
因發○政	D3/49/8
五曰御○服	D3/49/16
六曰等○色	D3/49/16
若人不信上則行○不復	D3/49/21
循省○職	D4/49/32
方○疑惑	D4/50/1
○次用末	D4/50/27
人說○心、效○力	D4/51/13
凡戰擊○微靜	D4/51/15
避○強靜	D4/51/15
擊○倦勞	D4/51/15
避○閑窕	D4/51/15
擊○大懼	D4/51/15
避○小懼	D4/51/15
凡戰設而觀○作	D5/51/26
凡戰眾寡以觀○變	D5/51/28
〔寬而觀○慮〕	D5/51/28

進退以觀○固 D5/51/28
危而觀○懼 D5/51/28
靜而觀○怠 D5/51/28
動而觀○疑 D5/51/29
襲而觀○治 D5/51/29
擊○疑 D5/51/29
加○卒 D5/51/29
致○屈 D5/51/29
襲○規 D5/51/29
因○不避 D5/51/29
阻○圖 D5/51/29
奪○慮 D5/51/29
乘○懼 D5/51/30
息久亦反○懾 D5/52/3

奇 qí 14

○正是也 A5/4/11
以○勝 A5/4/13
故善出○者 A5/4/13
戰勢不過○正 A5/4/15
○正之變 A5/4/15
○正相生 A5/4/16
○兵捐將而走 B3/16/23
有所○正 B8/23/25
○兵則反是 B18/29/21,B18/29/25
○兵貴後 B18/30/4
在四○之內者勝也 B20/30/26
出○制敵也 B22/32/16
乃可為○以勝之 C5/43/13

祇 qí 2

禱于后土四海神○、山
　川冢社 D1/45/20
無暴神○ D1/45/23

旂 qí 1

○ D2/47/3

旗 qí 34

而更其旗○ A2/2/10
故為旗○ A7/7/12
夫金鼓旗○者 A7/7/12
晝戰多旗○ A7/7/15
無邀正正之○ A7/7/19
旌○動者 A9A/8/20,A9B/10/9
鼓鳴○麾 B3/16/17
將專主○鼓爾 B8/24/2
左軍蒼○ B17/29/6
右軍白○ B17/29/6
中軍黃○ B17/29/6
金、鼓、鈴、○ B18/29/20
○、麾之左則左 B18/29/21
不聽金、鼓、鈴、○而
　動者有誅 B18/29/27
將異其○ B21/31/17
以竿為○ B21/31/20
低○則趨 B21/31/20
自尉吏而下盡有○ B21/31/28
戰勝得○者 B21/31/28
謂經○全曲 B22/32/17
飾之○章 B23/34/5
令將吏授○鼓戈甲 B24/34/16
搴○斬將 C2/38/8
旌○煩亂 C2/38/28,C4/42/1
旌○亂動可擊 C2/39/2
強者持旌○ C3/40/10
然後舉○ C3/40/12
旌○麾幟 C4/41/13
晝以旌○旛麾為節 C5/42/8
無變其○ D3/48/29
鼓旌○ D4/50/29
擅利則釋○ D5/51/21

齊 qí 14

○之以武 A9A/9/15,A9B/10/14
兵合而不○ A11/11/26
○勇若一 A11/12/10
楚將公子心與○人戰 B1/15/12
柄在○ B1/15/12
明日與○戰 B1/15/13
則萬人○刃 B3/16/15
（闕）〔闕〕欲○ B4/19/12
昔○桓募士五萬 C1/37/4
○臨吾東 C2/37/22
夫○陳重而不堅 C2/37/25
夫○性剛 C2/37/28
鼓兼○ D4/50/29

騎 qí 13

謹我車○必避之路 C2/38/3
凡畜卒○ C3/40/20
車○之具 C3/40/24
非此車○之力 C5/42/21
能備千乘萬○ C5/42/21
分車列○隱於四旁 C5/43/7
車○挑之 C5/43/9
水薄車○ C5/43/11
無用車○ C5/43/12
○三千匹 C6/44/20
車○與徒 C6/44/22
○不得○ C6/44/22

鬐 qí 1

彼駑馬○興角逐 B3/17/15

乞 qǐ 2

○人之死不索尊 B8/23/29
夫煩人而欲○其死 B8/23/30

豈 qǐ 5

四方○無順時乘之者邪 B1/15/7
○紂不得天官之陳哉 B1/15/11
○直聞乎 C1/37/12
○有道乎 C3/40/14
○有方乎 C3/40/20

起 qǐ 65

則諸侯乘其弊而○ A2/1/28
鳥○者 A9A/8/25,A9B/10/4
○火有日 A12/13/12
風○之日也 A12/13/13
五間俱○ A13/14/9
兵○非可以忿也 B2/16/1
不○一日之師 B2/16/1
不○一月之師 B2/16/2
不○一歲之師 B2/16/2
吳○也 B3/17/6
〔數變、則事雖○〕 B4/18/17
貴從我○ B5/20/16
怨結雖○ B5/20/17

○兵直使甲冑生蟣〔蝨〕
　者 B8/23/6
吳○與秦戰 B8/23/29,B8/24/8
吳○臨戰 B8/24/1
○曰 B8/24/2,B8/24/9,C1/36/3
吳○立斬之 B8/24/8
則欲心與爭奪之患○矣 B11/26/10
合表乃○ B20/30/21,B20/30/24
戰合表○ B20/30/28,B20/31/2
○戰具無不及也 B20/30/29
令行而○ B20/30/29
令弊能○之 B22/32/19
吳○儒服以兵機見魏文侯 C1/36/3
醮吳○於廟 C1/36/10
皆○之功也 C1/36/11
凡兵之所○者有五 C1/36/28
○對曰 C1/37/3
C1/37/12,C2/37/25,C2/38/28
C2/39/1,C3/39/10,C3/39/20
C3/40/16,C3/40/22,C4/41/26
C5/42/8,C5/42/14,C5/43/1
C5/43/7,C5/43/12,C5/43/15
C5/43/21,C6/44/1,C6/44/15
○進曰 C1/37/15
武侯謂吳○曰 C2/37/22
祆祥數○ C2/38/17
坐而○之 C3/40/7
一坐一○ C4/41/26
今有少年卒○ C5/42/15
陽燥則○ C5/43/16
敵人若○ C5/43/16
武侯召吳○而謂曰 C6/44/13
忌其暴○而害己 C6/44/17
吳○令三軍曰 C6/44/22
○譟鼓而進則以鐸止之 D4/49/30

啟 qǐ 1

○於元龜 C1/36/15

泣 qì 1

則愚夫惷婦無不守陴而
　○下 B6/21/23

氣 qì 29

故三軍可奪○ A7/7/17
是故朝○銳 A7/7/17
晝○惰 A7/7/17
暮○歸 A7/7/17
避其銳○ A7/7/17
此治○者也 A7/7/18
併○積力 A11/12/1
何能紹吾○哉 B3/17/16
使敵之○失而師散 B4/18/3
○也 B4/18/7
○實則鬬 B4/18/7
○奪則走 B4/18/7
挑戰者無全○ B5/20/16
令客○十百倍 B6/21/9
而主之○不半焉 B6/21/9
戰在於治○ B7/22/6
凡奪者無○ B12/27/11
還有挫○ B22/33/9
皆心失而傷○也 B22/33/13
傷○敗軍 B22/33/13
民有膽勇○力者 C1/37/5
先奪其○ C2/38/1
一曰○機 C4/41/6
是謂○機 C4/41/7
○有盛衰 C6/44/15
既作其○ D3/49/8
○欲閑 D4/49/26
以○勝 D4/50/3
新○勝 D4/50/3

戚 qì 4

〔小難無○〕 B4/18/18
親〔○同鄉〕 B4/18/29
使什伍如親○ B4/19/1
親○兄弟也 B9/24/25

棄 qì 5

及將吏○卒獨北者 B24/34/22
前吏○其卒而北 B24/34/22
○禮貪利曰暴 C1/36/30
○城去守、欲除其醜者 C1/37/7
○任節食 D5/52/4

器 qì 17

具○械 A3/2/23
兵○備具 B1/15/8
便吾○用 B3/17/8
便○用 B4/18/4
有○用之早定也 B5/20/23
故兵者、凶○也 B8/23/18
備○用 B10/25/6
木○液 B11/25/29
金○腥 B11/25/29
故埏埴以為○ B11/25/29
兵者、凶○也 B23/33/17
收其○物 C5/43/24
餚席兼重○、上牢 C6/44/8
餚席○差減 C6/44/9
餚席無重○ C6/44/9
無取六畜禾黍○械 D1/45/24
上之○也 D2/46/12

洽 qià 1

人以○ D4/51/12

千 qiān 46

馳車○駟 A2/1/25
革車○乘 A2/1/25
○里饋糧 A2/1/25
日費○金 A2/1/26
A13/14/3,B9/24/27
若決積水於○仞之谿者 A4/4/6
如轉圓石於○仞之山者 A5/4/28
行○里而不勞者 A6/5/7
則可○里而會戰 A6/5/25
○里殺將 A11/13/3
出征○里 A13/14/3
以二萬二○五百人擊紂
　之億萬而滅商 B1/15/10
患在○里之內 B2/16/2
則○人盡鬬 B3/16/15
○人一司馬 B3/16/30
則百○萬人亦以勝之也 B3/17/8
如赴○仞之谿 B3/17/9
○人而率 B5/20/24
○里者旬日 B5/20/27
百而當○ B6/21/13

○而當萬　B6/21/13
○丈之城　B6/21/16
○乘救守　B8/22/20
萬乘無○乘之助　B8/22/23
○金不死　B9/24/21
大圄不下○數　B9/24/24
百人聯○人之事　B9/24/24
○人聯萬人之事　B9/24/25
○人而成權　B12/26/30
將自○人以上　B13/27/22
○人之將得誅百人之長　B16/29/1
萬人之將得誅○人之將　B16/29/1
教成合之○人　B18/29/29
○人教成　B18/29/29
○人被刃　B22/32/24
拓地○里　C1/36/11
有此三○人　C1/37/7
教成○人　C3/40/6
○人學戰　C3/40/6
○夫不過　C4/41/7
以○擊萬　C5/42/15
能備○乘萬騎　C5/42/21
○人追之　C6/44/16
足懼○夫　C6/44/17
騎三○匹　C6/44/20

搴 qiān　1

○旗斬將　C2/38/8

遷 qiān　3

早興寤○　C2/38/15
罰不○列　D2/47/20
時日不○　D3/48/13

謙 qiān　1

彊必以○服　C1/36/31

前 qián　57

故備○則後寡　A6/5/22
備後則○寡　A6/5/22
○不能救後　A6/5/26
後不能救○　A6/5/26
○死後生　A9A/9/7,A9B/9/23
能使敵人○後不相及　A11/11/25
背固○隘者　A11/12/19
故能使之○　B3/16/27
明賞於○　B3/16/27
莫當其○　B3/17/2
信在期○　B5/20/13
勁弩彊矢并於○　B6/21/24
○其老　B6/22/1
彼敵無○　B6/22/1
無敵於○　B8/23/21
望敵在○　B8/24/5
○獲雙首而還　B8/24/8
故先王明制度於○　B13/27/26
中軍、左右○後軍　B15/28/18
○一行蒼章　B17/29/7
○一五行　B17/29/10
則○行進為犯難　B17/29/14
踰五行而○者有賞　B17/29/14
鼓之○如雷霆　B17/29/15
莫敢當其○　B17/29/15
○軍而行　B20/30/21
○踵軍而行　B20/30/24
○行者○行教之　B21/31/7
中軍章胸○　B21/31/17
○後章各五行　B21/31/18
○軍絕行亂陳破堅如潰者　B21/32/5
○後相待　B22/32/13
謂○列務進　B22/32/13
謂接連○矛　B22/32/15
○後縱橫　B22/32/16
○後不次則失也　B23/33/30
○譟者謂之虛　B23/34/8
諸去大軍為○禦之備者　B24/34/13
聞大軍為○禦之備　B24/34/13
○吏棄其卒而北　B24/34/22
晉文召為○行四萬　C1/37/4
韓據吾○　C2/37/22
○重後輕　C2/37/28
欲○不能　C2/38/29
○卻有節　C3/39/25
○而後之　C3/40/8
○朱雀　C3/40/17
莫不○死　C4/41/15
可來而○　C4/41/20
一結其○　C5/42/24
輕足利兵以為○行　C5/43/7
上功坐○行　C6/44/8
子○日之教行矣　C6/44/13
○後序　D3/48/19
則誓以居○　D4/51/8

潛 qián　1

可○而襲　C4/41/22

淺 qiǎn　4

○則散　A11/12/18
入○者　A11/12/19
若〔乃〕城下、池○、守弱　B1/15/8
盡其○深　C5/43/13

慊 qiǎn　1

凡戰敬則○　D4/50/15

強 qiáng　26

兵眾孰○　A1/1/9
○而避之　A1/1/17
是謂勝敵而益○　A2/2/10
輔周則國必○　A3/3/1
辭○而進驅者　A9B/10/6
卒○吏弱　A10/10/28
吏○卒弱　A10/10/28
以弱擊○　A10/10/30
以水佐攻者○　A12/13/19
則眾不○　B4/19/9
○之體也　B10/25/12
兵弱能○之　B22/32/19
武所以犯○敵、力攻守也　B23/33/22
故○國之君　C1/37/5
秦性○　C2/37/29
○者持旌旗　C3/40/10
得之國○　C4/41/11
將勇兵○　C5/42/6
馳其○車　C5/43/16
必慮其○　C5/43/21
皆戰則○　D3/48/5
心乃○　D3/48/28
誓作章人乃○　D3/49/1

臨之以○ D3/49/2
避其○靜 D4/51/15
是謂益人之○ D5/52/4

彊 qiáng 13

弱生於○ A5/4/23
○弱 A5/4/23
辭○而進驅者 A9A/9/2
以弱誅（疆）〔○〕 B3/16/30
勁弩（疆）〔○〕矢 B6/21/9
弩堅矢○ B6/21/16
勁弩○矢并於前 B6/21/24
二曰○兵 C1/36/29
恃眾以伐曰○ C1/36/30
○必以謙服 C1/36/31
則戰無○敵 C5/42/10
守以○弩 C5/42/18
此擊○之道也 C5/42/25

墻 qiáng 1

〔故兵〕止如堵○ B4/19/1

牆 qiáng 1

無燔○屋 D1/45/23

墝 qiāo 1

量土地肥○而立邑建城 B2/15/18

磽 qiāo 1

古者土無肥○ B11/26/4

樵 qiáo 2

○採也 A9A/9/1, A9B/10/5

巧 qiǎo 5

未睹○之久也 A2/1/28
此謂○能成事者也 A11/13/3
養力索○ D3/47/31
○也 D3/48/10
四曰○ D3/49/3

且 qiě 8

三軍既惑○疑 A3/3/5
死○不北 A11/12/2
累○敗也 B22/33/9
立見○可 C1/37/12
既武○勇 C5/42/18
○射○虜 C5/43/2
○留其傍 C5/43/12

妾 qiè 1

臣○人之子女 B8/22/16

怯 qiè 3

○生於勇 A5/4/23
勇○ A5/4/23
○者不得獨退 A7/7/13

竊 qiè 1

臣○懼矣 C1/37/18

侵 qīn 2

○掠如火 A7/7/6
負固不服則○之 D1/46/1

親 qīn 27

○而離之 A1/1/17
卒未○附而罰之 A9A/9/14, A9B/10/13
卒已○附而罰不行 A9A/9/14, A9B/10/13
不約而○ A11/12/3
莫○於間 A13/14/14
民流者○之 B2/15/23
故國必有禮〔信〕○愛之義 B4/18/21
先○愛而後律其身〔焉〕 B4/18/22
死喪之○ B4/18/27
○〔戚同鄉〕 B4/18/29
使什伍如○戚 B4/19/1
害在於○小人 B7/22/11
故兵不血刃而天下○焉 B8/22/18
張軍宿野忘其○ B8/24/1
○戚兄弟也 B9/24/25
民流能○之 B22/32/19
踰垠忘○ B22/32/22
必先教百姓而○萬民 C1/36/13
○其有司 C1/37/13
人馬相○ C3/40/23
故仁見○ D1/45/4
以禮信○諸侯 D1/45/27
賊殺其○則正之 D1/46/1
唯仁有○ D3/49/6
書○絕 D5/52/3

秦 qín 8

吳起與○戰 B8/23/29, B8/24/8
○繆置陷陳三萬 C1/37/4
今○脅吾西 C2/37/22
○陳散而自鬭 C2/37/26
○性強 C2/37/29
○人興師 C6/44/10
而破○五十萬眾 C6/44/20

禽 qín 2

縱敵不○ B5/20/1
外內亂、○獸行則滅之 D1/46/1

勤 qín 3

夫○勞之師 B4/19/19
人無○惰 B11/26/4
○勞可擊 C2/39/2

擒 qín 5

大敵之○也 A3/2/28
則○三將軍 A7/6/23
必○於人 A9A/9/14, A9B/10/12
○敵殺將 B22/32/24

寢 qǐn 1

獄弭而兵○ D1/45/16

青 qīng 2

畫以丹○ C1/36/4
必左○龍 C3/40/16

清 qīng 4

○不可事以財 B2/16/4
禁行○道 B15/28/22
即閉門○道 B19/30/17
不可不○ C4/41/14

傾 qīng 1

○輪沒轅 C5/43/11

輕 qīng 55

○車先出居其側者 A9A/9/2
○車先出 A9B/10/6
有○地 A11/11/17
為○地 A11/11/18
○地則無止 A11/11/22
○地也 A11/12/19
○地吾將使之屬 A11/12/20
○者如炮如燔 B2/16/8
不實在於○發 B7/22/11
等○重 B10/25/9
民相○佻 B11/26/10
○進而求戰 B12/27/8
則外○敵 B13/27/24
○者若霆 B21/32/2
凡將○、壘卑、衆動 B22/33/11
乘之以田則不○ C1/36/6
能踰高超遠、○足善走者 C1/37/6
前重後○ C2/37/28
○進速退 C2/38/1
○其將 C2/38/4
力○扛鼎 C2/38/8
足○戎馬 C2/38/8
七曰將薄吏○ C2/38/19
先明四○、二重、一信 C3/39/10
使地○馬 C3/39/14
馬○車 C3/39/14
車○人 C3/39/14
人○戰 C3/39/14
則地○馬 C3/39/14
則馬○車 C3/39/15
則車○人 C3/39/15
則人○戰 C3/39/15
夫勇者必○合 C4/41/1
○合而不知利 C4/41/1
張設○重 C4/41/7
○兵往來 C4/41/8
○變無謀 C4/41/18
士○其將而有歸志 C4/41/19
將○銳以嘗之 C4/41/26
○足利兵以為前行 C5/43/7
太○則銳 D2/46/28
○車○徒 D3/48/15
籌以○重 D4/49/30
兵以○勝 D4/50/5
凡戰以○行○則危 D4/50/10
以○行重則敗 D4/50/10
以重行○則戰 D4/50/10
故戰相為○重 D4/50/10
上煩○ D4/50/15
奏鼓○ D4/50/15
服膚○ D4/50/15
○乃重 D4/50/17
教約人○死 D4/50/21

情 qíng 14

校之以計而索其○ A1/1/5
故校之以計而索其○ A1/1/9
兵之○ A11/11/29
人○之理 A11/12/16
故兵之○ A11/12/21
不知敵之○者 A13/14/4
必取於人知敵之○者也 A13/14/6
此人之常○也 B6/21/23
故善審囚之○ B9/24/16
不待箠楚而囚之○可畢
　矣 B9/24/16
束人之指而訊囚之○ B9/24/19
皆囚之○也 B9/24/27
必得水○ C5/43/12
必得其○ D2/46/13

請 qǐng 8

無約而○和者 A9A/9/3,A9B/10/6
若踰分而上○者死 B19/30/13
諸罰而○不罰者死 B22/32/27
諸賞而○不賞者死 B22/32/27
臣○論六國之俗 C2/37/25
其有○降 C5/43/25
臣○率以當之 C6/44/15

慶 qìng 1

上無○賞 B10/25/21

窮 qióng 11

無○如天地 A5/4/13
不可勝○也 A5/4/16
孰能○之 A5/4/16
而應形於無○ A6/6/9
○寇勿迫 A7/7/22
○寇也 A9A/8/21,A9B/10/9
舉而不○ A10/11/12
勝乃不○ A10/11/12
示之財以觀其○ B22/32/28
不○不能而哀憐傷病 D1/45/11

丘 qiū 7

財竭則急於○役 A2/2/3
○牛大車 A2/2/5
背○勿逆 A7/7/21
○陵隄防 A9A/9/10,A9B/9/25
然所觸○陵 B8/23/24
諸○陵、林谷、深山、
　大澤 C5/43/1

秋 qiū 4

故舉○毫不為多力 A4/3/21
○冬女練〔於〕布帛 B11/26/1
春蒐○獮 D1/45/9
○治兵 D1/45/9

囚 qiú 6

君子不救○於五步之外 B9/24/16
故善審○之情 B9/24/16
不待箠楚而○之情可畢
　矣 B9/24/16
束人之指而訊○之情 B9/24/19

皆○之情也　B9/24/27
今良民十萬而聯於（○）〔囹〕圄　B9/24/27

求 qiú　18

是故勝兵先勝而後○戰　A4/3/24
敗兵先戰而後○勝　A4/3/24
○之於勢　A5/4/27
故進不○名　A10/11/4
不○而得　A11/12/3
○敵若○亡子　B5/20/14, B18/30/2
不○勝而勝也　B5/20/21
○己者也　B11/26/17
輕進而○戰　B12/27/8
○而從之　B12/27/8
而不○能用者　C1/36/7
則無○　D2/46/13
無○則不爭　D2/46/13
○厥技　D3/47/30
由衆之○　D3/49/11

糗 qiǔ　1

銜枚誓（○）〔具〕　D4/49/31

曲 qū　7

○制、官道、主用也　A1/1/8
此不意彼驚懼而○勝之也　B5/20/20
○勝　B5/20/20
八曰全○　B22/32/14
謂○折相從　B22/32/14
謂經旗全○　B22/32/17
○謀敗國　B22/33/13

屈 qū　8

攻城則力○　A2/1/27
○力殫貨　A2/1/27
力○財殫　A2/2/4
不戰而○人之兵　A3/2/20
○人之兵而非戰也　A3/2/24
是故○諸侯者以害　A8/8/6
○伸之利　A11/12/16
致其○　D5/51/29

詘 qū　3

師多務威則民○　D2/47/7
多威則民○　D2/47/8
不服、不信、不和、怠、疑、厭、懾、枝、拄、○、頓、肆、崩、緩　D3/48/19

趨 qū　16

後處戰地而○戰者、勞　A6/5/3
出其所不○　A6/5/7
○其所不意　A6/5/7
水之形避高而○下　A6/6/11
是故卷甲而○　A7/6/22
○諸侯者以利　A8/8/6
爭地吾將○其後　A11/12/20
○鼓也　B18/29/23
是謂○戰者也　B20/30/22
按兵而○之　B20/30/25
低旗則○　B21/31/20
百步而○　B21/31/25
用兵必須審敵虛實而○其危　C2/39/1
三鼓○食　C3/40/11
徒不○　D2/47/10
城上不○　D2/47/15

驅 qū　6

辭彊而進○者　A9A/9/2
辭強而進○者　A9B/10/6
若○群羊　A11/12/15
○而往　A11/12/15
○而來　A11/12/15
行○飢渴　C2/38/16

渠 qú　2

○答未張　B5/21/1
無○答而守　B8/23/2

衢 qú　8

○地交合　A8/7/26
有○地　A11/11/17
為○地　A11/11/20
○地則合交　A11/11/23
○地也　A11/12/18
○地吾將固其結　A11/12/20
各軍一○　C5/42/22
夫五軍五○　C5/42/22

取 qǔ　27

亂而○之　A1/1/17
○用於國　A2/2/1
○敵之利者　A2/2/9
敵必○之　A5/4/25
攻而必○者　A6/5/7
能因敵變化而○勝者謂之神　A6/6/12
足以併力、料敵、○人而已　A9A/9/13, A9B/10/12
是謂必○　A9A/9/15, A9B/10/14
夫戰勝攻○而不修其功者、凶　A12/13/19
不可○於鬼神　A13/14/6
必○於人知敵之情者也　A13/14/6
〔從其〕東西攻〔之〕不能○　B1/15/6
〔從其〕南北攻〔之〕不能○　B1/15/6
然不能○者〔何〕　B1/15/7
則○之矣　B1/15/8
○與之度也　B10/25/6
其將可○　C2/37/31
務於○遠　C2/38/16
可邀而○　C4/41/19
○吾牛羊　C5/43/19
無刊其木、發其屋、○其粟、殺其六畜、燔其積聚　C5/43/25
○笑於諸侯　C6/44/16
無○六畜禾黍器械　D1/45/24
必純○法天地　D2/46/6
○過在己　D4/51/8

去 qù　38

○之　A1/1/12
百姓之費十○其七　A2/2/4
十○其六　A2/2/5

惟亟○無留　A9A/8/19
又不相○　A9A/8/23，A9B/10/11
必亟○之　A9A/9/4，A9B/10/2
唯亟○無留　A9B/9/22
引而○之　A10/10/22，A10/10/24
禁祥○疑　A11/12/4
如登高而○其梯　A11/12/14
○國越境而師者　A11/12/18
堂堂決而○　B2/16/10
兵有○備徹威而勝者　B5/20/23
則欲心○　B11/26/14
任正○詐　B12/27/7
○其患　B12/27/14
○其籍　B13/27/22
○大軍百里　B20/30/21
○大軍一倍其道　B20/30/24
○踵軍百里　B20/30/24
既陳○表　B21/31/25
以計其○　B22/33/1
諸○大軍為前禦之備者　B24/34/13
各相○三五里　B24/34/13
棄城○守、欲除其醜者　C1/37/7
必先示之以利而引○之　C2/37/30
○則追之　C2/38/5
欲○不敢　C2/38/29
○之國亡　C4/41/11
解之而○　C5/42/23
欲○無路　C5/42/27
疾行亟○　C5/43/1
○之不得　C5/43/4
相○數里　C5/43/8
彼將暮○　C5/43/21

全 quán　21

○國為上　A3/2/18
○軍為上　A3/2/18
○旅為上　A3/2/18
○卒為上　A3/2/19
○伍為上　A3/2/19
必以○爭於天下　A3/2/25
故兵不頓而利可○　A3/2/25
故能自保而○勝也　A4/3/19
此安國○軍之道也　A12/13/22
雖形○而不為之用　B4/18/3
挑戰者無○氣　B5/20/16
言非○也　B5/20/20
非○勝者無權名　B5/20/20
○伍有誅　B14/28/6
○什有誅　B14/28/7
○屬有誅　B14/28/7
○閭有誅　B14/28/8
三曰○車　B22/32/11
八曰○曲　B22/32/14
謂經旗○曲　B22/32/17
○勝六十四　C1/36/10

泉 quán　1

三尺之○足以止三軍渴　B11/26/22

權 quán　26

因利而制○也　A1/1/14
不知三軍之○　A3/3/4
懸○而動　A7/7/8
不養天下之○　A11/12/26
非攻○也　B5/20/4
必先知畏侮之○　B5/20/8
非全勝者無○名　B5/20/20
○敵審將而後舉兵　B5/20/25
此守○之謂也　B6/22/2
農戰不外索○　B8/22/20
臣主之○也　B10/25/9
千人而成○　B12/26/30
○先加人者　B12/26/30
戰（楹）〔○〕在乎道之所極　B12/27/4
必喪其○　B12/27/9
凡興師必審內外之○　B22/33/1
敵與將猶○衡焉　B23/33/27
逆必以○服　C1/36/31
因形用○　C4/41/17
失○於天下矣　C6/44/16
正不獲意則○　D1/45/3
○出於戰　D1/45/3
是謂戰○　D3/48/21
一曰○　D3/49/2
惟○視之　D4/50/8
本末唯○　D4/50/27

犬 quǎn　1

乳○之犯虎　C1/36/7

勸 quàn　7

鄉里相○　B4/18/29
則民不○　B4/19/9
正○賞　B21/31/15
以明賞○之心　B21/31/28
○賞畏罰　C2/38/10
○君子　D2/46/25
以利○　D4/51/11

卻 què　1

前○有節　C3/39/25

雀 què　2

鷙鳥逐○　B8/23/6
前朱○　C3/40/17

愨 què　1

燕性○　C2/38/2

闕 què　5

圍師必○　A7/7/22
圍地吾將塞其○　A11/12/21
（○）〔闕〕欲齊　B4/19/12
兵有備○　B22/33/1
則遠裹而○之　D5/51/21

群 qún　5

若驅○羊　A11/12/15
○下者支節也　B5/20/3
○臣莫能及　C1/37/15，C1/37/16
而○臣莫及者　C1/37/17

然 rán　28

○後十萬之師舉矣　A2/1/26
譬如率○　A11/12/8
率○者　A11/12/8
敢問兵可使如率○乎　A11/12/9
投之亡地○後存　A11/13/1
陷之死地○後生　A11/13/1
○後能為勝敗　A11/13/1

［不○］ B1/15/4
○不能取者［何］ B1/15/7
［○不得勝者何］ B1/15/11
○不能濟功名者 B3/17/7
不○ B5/20/13
○而世將弗能知 B6/21/10
人事脩不脩而○也 B8/23/14
○所觸丘陵 B8/23/24
此戰之理○也 B12/27/2
○後興師伐亂 B22/33/2
故能○矣 C1/36/22
○戰勝易 C1/36/25
○則一軍之中 C2/38/8
○後舉旗 C3/40/12
○後可使 C3/40/23
○其威、德、仁、勇 C4/41/10
卒○相遇 C5/43/2
雖○ C6/44/1
○後冢宰徵師于諸侯曰 D1/45/20
○後謹選而使之 D2/46/16
○有以職 D3/48/16

壤 rǎng 1

非妄費於民聚土○也 B6/21/13

讓 ràng 4

其人不○ C2/37/30
○之至也 D2/47/22,D2/47/23
○以和 D4/51/12

饒 ráo 2

掠於○野 A11/12/1
同舍伍人及吏罰入糧為○ B24/35/5

擾 rǎo 2

軍○者 A9A/8/25,A9B/10/8

熱 rè 1

二曰盛夏炎○ C2/38/16

人 rén 308

不戰而屈○之兵 A3/2/20
屈○之兵而非戰也 A3/2/24
拔○之城而非攻也 A3/2/24
毀○之國而非久也 A3/2/25
見勝不過眾○之所知 A4/3/21
不責於○ A5/4/27
故能擇○而任勢 A5/4/27
其戰○也 A5/4/27
故善戰○之勢 A5/4/28
致○而不致於○ A6/5/3
能使敵○自至者 A6/5/6
能使敵○不得至者 A6/5/6
行於無○之地也 A6/5/7
故形○而我無形 A6/5/18
備○者也 A6/5/23
使○備己者也 A6/5/23
越○之兵雖多 A6/5/28
○皆知我所以勝之形 A6/6/8
後○發 A7/6/19
先○至 A7/6/19
所以一○之耳目也 A7/7/13
○既專一 A7/7/13
所以變○之耳目也 A7/7/15
不能得○之用矣 A8/8/2
諄諄翕翕、徐與○言者 A9A/8/21
欲○之進也 A9A/9/6,A9B/10/3
足以併力、料敵、取○而已 A9A/9/13,A9B/10/12
必擒於○ A9A/9/14,A9B/10/12
諄諄諭諭、徐與○言者 A9B/10/10
唯○是保 A10/11/5
入○之地而不深者 A11/11/18
入○之地深、背城邑多者 A11/11/20
能使敵○前後不相及 A11/11/25
主速乘○之不及 A11/11/29
主○不克 A11/12/1
士○盡力 A11/12/2
夫吳○與越○相惡也 A11/12/9
攜手若使一○ A11/12/11
使○無識 A11/12/13
使○不得慮 A11/12/14
○情之理 A11/12/16
若使一○ A11/12/27
敵○開闔 A11/13/5
敵○開戶 A11/13/6
一曰火○ A12/13/11
非○之將也 A13/14/5
所以動而勝○ A13/14/5
必取於○知敵之情者也 A13/14/6
○君之寶也 A13/14/10
因其鄉○而用之 A13/14/10
因其官○而用之 A13/14/10
○之所欲殺 A13/14/18
必先知其守將、左右、謁者、門者、舍○之姓名 A13/14/18
必索敵○之間來間我者 A13/14/21
○事而已矣 B1/15/6
不若○事也 B1/15/9
以二萬二千五百○擊紂之億萬而滅商 B1/15/10
［○事不得也］ B1/15/11
楚將公子心與齊○戰 B1/15/12
○事而已 B1/15/14,B4/19/17
以（城）［地］稱○ B2/15/18
以○稱粟 B2/15/18
中不制於○ B2/16/4,B8/23/18
以三悖率○者難矣 B2/16/5
○○無不騰陵張膽 B2/16/10
則百○盡鬬 B3/16/14
則千○盡鬬 B3/16/15
則萬○齊刃 B3/16/15
損敵一○而損我百○ B3/16/20
殺○於百步之外者 B3/16/21
殺○於五十步之內者 B3/16/21
今百○一卒 B3/16/30
千○一司馬 B3/16/30
萬○一將 B3/16/30
誅一○ B3/16/31
況國○乎 B3/16/31
萬○無不避之者 B3/17/1
臣謂非一○之獨勇 B3/17/1
萬○皆不肖也 B3/17/1
一○勝之 B3/17/7
則十○亦以勝之也 B3/17/8
十○勝之 B3/17/8
則百千萬○亦以勝之也 B3/17/8
視○之地而有之 B3/17/24
分○之民而畜之 B3/17/24
能奪○而不奪於○ B4/18/13
地利不如○和 B4/19/17,B8/23/27

聖○所貴	B4/19/17
擊敵若救溺○	B5/20/14
故五○而伍	B5/20/24
十○而什	B5/20/24
百○而卒	B5/20/24
千○而率	B5/20/24
萬○而將	B5/20/24
則雖有○、無○矣	B5/21/2
十○守之	B6/21/12
則萬○之守	B6/21/16
此○之常情也	B6/21/23
得眾在於下○	B7/22/8
害在於親小○	B7/22/11
不殺無罪之○	B8/22/16
夫殺○之父兄	B8/22/16
利○之貨財	B8/22/16
臣妾○之子女	B8/22/16
在於一○	B8/22/18,C4/41/7
殺一○而三軍震者	B8/22/26
(殺)〔賞〕一○而萬○喜者	B8/22/26
故○主重將	B8/22/28
古○曰	B8/23/1
以限士○	B8/23/3
○食粟一斗	B8/23/3
○有飢色	B8/23/3
有襲○之懷、入○之室者	B8/23/6
○○(之謂)〔謂之〕狂夫也	B8/23/9
○事脩不脩而然也	B8/23/14
一○之兵	B8/23/21
古之聖○	B8/23/27
謹○事而已	B8/23/27
不自高○故也	B8/23/29
乞○之死不索尊	B8/23/29
竭○之力不責禮	B8/23/30
示○無己煩也	B8/23/30
夫煩○而欲乞其死	B8/23/30
不私於一○	B9/24/13
夫能無(移)〔私〕於一○	B9/24/13
笞○之背	B9/24/19
灼○之脅	B9/24/19
束○之指而訊囚之情	B9/24/19
十○聯百○之事	B9/24/24
百○聯千○之事	B9/24/24
千○聯萬○之事	B9/24/25
其次知識故○也	B9/24/25
程工○	B10/25/6
凡治○者何	B11/25/26
聖○飲於土	B11/25/29
○無勤惰	B11/26/4
古○何得而今○何失邪	B11/26/4
故如有子十○不加一飯	B11/26/8
有子一○不損一飯	B11/26/8
烏有以為○上也	B11/26/11
千○而成權	B12/26/30
萬○而成武	B12/26/30
權先加○者	B12/26/30
武先加○者	B12/26/30
主○不敢當而陵之	B12/27/9
敗者無○	B12/27/11
將自千○以上	B13/27/22
自百○已上	B13/27/23
五○為伍	B14/28/3,B16/28/28
十○為什	B14/28/3
五十○為屬	B14/28/3
百○為閭	B14/28/4
而況國○聚舍同食	B14/28/14
使非百○無得通	B15/28/19
非其百○而入者	B15/28/19
量○與地	B15/28/22
什長得誅十○	B16/29/1
千○之將得誅百○之長	B16/29/1
萬○之將得誅千○之將	B16/29/1
左右將軍得誅萬○之將	B16/29/2
百○而教戰	B18/29/29
教成合之千○	B18/29/29
千○教成	B18/29/29
合之萬○	B18/29/29
萬○教成	B18/29/29
教舉五○	B21/31/8
若一○有不進死於敵	B21/31/11
若亡一○而九○不盡死於敵	B21/31/11
伍長教其四○	B21/31/20
臣聞○君有必勝之道	B22/32/10
○眾能治之	B22/32/20
百○被刃	B22/32/24
千○被刃	B22/32/24
萬○被刃	B22/32/24
吾欲少閒而極用○之要	B22/32/26
使○無得私語	B22/32/27
地廣而○寡者	B22/33/4
地狹而○眾者	B22/33/5
待○之救	B22/33/12
而從吏五百○已上不能死敵者斬	B24/34/25
戰亡伍○	B24/34/28
及伍○戰死不得其屍	B24/34/28
同舍伍○及吏罰入糧為饒	B24/35/5
不如萬○之鬬也	B24/35/13
萬○之鬬	B24/35/13
不如百○之奮也	B24/35/13
寡○不好軍旅之事	C1/36/3
夫○捧觴	C1/36/10
是以聖○綏之以道	C1/36/20
周武伐紂而殷○不非	C1/36/22
舉順天○	C1/36/22
夫○有恥	C1/36/24
國亂○疲舉事動眾曰逆	C1/36/30
願聞治兵、料○、固國之道	C1/37/1
有此三千○	C1/37/7
寡○聞之	C1/37/16
今寡○不才	C1/37/17
其○不讓	C2/37/30
○馬疾疫	C2/38/18
○民富眾	C2/38/22
凡此不如敵○	C2/38/24
敵○之來	C2/38/28
○馬數顧	C2/38/28
敵○遠來新至、行列未定可擊	C2/39/1
車輕○	C3/39/14
○輕戰	C3/39/14
則車輕○	C3/39/15
則○輕戰	C3/39/15
無絕○馬之力	C3/39/29
馬疲○倦而不解舍	C3/39/30
夫○當死其所不能	C3/40/5
一○學戰	C3/40/5
教成十○	C3/40/6
十○學戰	C3/40/6
教成百○	C3/40/6
百○學戰	C3/40/6
教成千○	C3/40/6
千○學戰	C3/40/6
教成萬○	C3/40/6
萬○學戰	C3/40/6

○馬相親 C3/40/23
寧勞於○ C3/40/25
凡○論將 C4/40/30
其將愚而信○ C4/41/17
卒遇敵○ C5/42/6,C5/43/4
聖○之謀也 C5/42/21
敵○必惑 C5/42/22
敵○若堅守以固其兵 C5/42/22
敵○必懼 C5/43/9
敵○若起 C5/43/16
夫發號布令而○樂聞 C6/44/1
興師動衆而○樂戰 C6/44/1
交兵接刃而○樂死 C6/44/2
○主之所恃也 C6/44/2
秦○興師 C6/44/10
臣聞○有短長 C6/44/15
君試發無功者五萬○ C6/44/15
千○追之 C6/44/16
是以一○投命 C6/44/17
不出於中○ D1/45/3
是故殺○、安○ D1/45/3
入罪○之地 D1/45/23
以謀○維諸侯 D1/45/28
懼小○也 D2/46/25
○之執也 D2/47/3
不絕○馬之力 D2/47/11
修己以待○ D2/47/14
○習陳利 D3/48/14
○勉及任 D3/48/14
是謂樂○ D3/48/14
上暇○教 D3/48/16
使○惠 D3/48/23
○教厚 D3/48/27
相守義則○勉 D3/48/27
慮多成則○服 D3/48/27
誓作章○乃強 D3/49/1
○莫不說 D3/49/2
是謂兼用其○ D3/49/2
一曰○ D3/49/3
○○、正正、辭辭、火火 D3/49/6
凡○之形 D3/49/11
○生之宜 D3/49/12
若○不信上則行其不復 D3/49/21
凡三軍○戒分日 D4/50/1
○禁不息 D4/50/1
○有勝心 D4/50/7
○有畏心 D4/50/7
凡○死愛 D4/50/21
教約○輕死 D4/50/21
道約○死正 D4/50/21
若○ D4/50/23
一○之禁無過皆息 D4/50/25
凡勝三軍一○勝 D4/50/29
使○可陳難 D4/51/1
使○可用難 D4/51/1
○方有性 D4/51/3
○以洽 D4/51/12
○說其心、效其力 D4/51/13
敵○或止於路則慮之 D5/51/32
是謂益○之強 D5/52/4
是謂開○之意 D5/52/4

仁 rén 15

智、信、○、勇、嚴也 A1/1/7
不○之至也 A13/14/5
非○義不能使間 A13/14/14
故王者伐暴亂、本○義焉 B23/33/17
無逮於○矣 C1/36/9
撫之以○ C1/36/21
然其威、德、○、勇 C4/41/10
古者以○為本 D1/45/3
故○見親 D1/45/4
以○為勝 D2/46/19
唯○有親 D3/49/6
有○無信 D3/49/6
一曰○ D3/49/14
凡民以○救 D4/51/11
故心中○ D4/51/11

刃 rèn 21

則萬人齊○ B3/16/15
節以兵○ B5/20/21
敵不接○而致之 B5/21/3
故兵不血○而天下親焉 B8/22/18
接兵角○ B8/22/30,B8/23/1
兵不血○而〔克〕商誅紂 B8/23/14
揮兵指○ B8/24/2
百人被○ B22/32/24
千人被○ B22/32/24
萬人被○ B22/32/24
長○未接 B23/34/8
交兵接○而人樂死 C6/44/2
周將交○而誓之 D2/46/23
未用兵之○ D2/46/23
始用兵之○矣 D2/46/24
盡用兵之○矣 D2/46/24
雖交兵致○ D2/47/10
○上果以敏 D3/48/24
○上察 D3/48/24
○上見信 D3/48/25

仞 rèn 3

若決積水於千○之谿者 A4/4/6
如轉圓石於千○之山者 A5/4/28
如赴千○之谿 B3/17/9

任 rèn 21

而同三軍之○ A3/3/5
故能擇人而○勢 A5/4/27
○勢者 A5/4/27
將之至○ A10/10/25,A10/10/31
地不○者○之 B2/15/23
夫土廣而○ B2/15/23
舉賢○能 B4/19/16
悔在於○疑 B7/22/10
一劍之○ B8/24/2
○正去詐 B12/27/7
○賢使能 C2/38/23
所以○其上令 C3/39/30
○其上令 C3/39/30
所以不○其上令 C3/39/31
牛馬不得其○ D2/47/8
上不尊德而○詐慝 D2/47/8
不尊道而○勇力 D2/47/8
人勉及○ D3/48/14
棄○節食 D5/52/4

軔 rèn 1

民不發○ B2/15/24

日 rì 51

○費千金 A2/1/26
 A13/14/3,B9/24/27

見○月不為明目 A4/3/22
○月是也 A5/4/14
知戰之○ A6/5/25
不知戰○ A6/5/25
○有短長 A6/6/14
○夜不處 A7/6/23
令發之○ A11/12/5
是故政舉之○ A11/13/5
起火有○ A12/13/12
○者 A12/13/12
風起之○也 A12/13/13
以爭一○之勝 A13/14/4
天官時○陰陽向背〔者〕也 B1/15/5
天官時○ B1/15/9
明○與齊戰 B1/15/13
不起一○之師 B2/16/1
不時○而事利 B4/19/16,B8/23/26
故明主戰攻○ B5/20/20
千里者旬○ B5/20/27
百里者一○ B5/20/27
將受命之○忘其家 B8/24/1
織有○斷機 B11/26/4
期○中 B19/30/15
為三○熟食 B20/30/21
為六○熟食 B20/30/24
大軍為計○之食 B20/30/28
○暮路遠 B22/33/9
發○ B24/34/16
卒後將吏而至大將所一○ B24/34/19
卒逃歸至家一○ B24/34/19
賞如○月 B24/35/15
冬○衣之則不溫 C1/36/5
夏○衣之則不涼 C1/36/5
六曰道遠○暮 C2/38/18
○暮道遠 C3/40/25
故師出之○ C4/41/4
子前○之教行矣 C6/44/13
先戰一○ C6/44/22
故戰之○ C6/44/23
○月星辰 D1/45/20
以某年月○師至于某國 D1/45/21
夏后氏以○月 D2/47/5
時○不遷 D3/48/13
○成行微曰道 D3/49/19
凡三軍人戒分○ D4/50/1
凡戰三軍之戒無過三○ D4/50/25
一卒之警無過分○ D4/50/25

戎 róng 4

足輕○馬 C2/38/8
○車 D2/47/1
周曰元○ D2/47/1
白○也 D2/47/5

容 róng 9

將無修○ B5/20/2
勿得從○ C5/43/1
古者國○不入軍 D2/46/12
軍○不入國 D2/46/12,D2/47/13
國○不入軍 D2/47/13
軍○入國則民德廢 D2/47/13
國○入軍則民德弱 D2/47/13
○色積威 D3/49/4

榮 róng 4

因民所○而顯之 B4/18/28
則士以盡死為○ C1/36/16
有死之○ C4/41/4
○、利、恥、死 D3/49/4

柔 róu 4

剛○皆得 A11/12/11
夫水、至○弱者也 B8/23/24
兼剛○者 C4/40/30
大小、堅○、參伍、眾寡、凡兩 D3/48/21

肉 ròu 2

粟馬○食、軍無懸缻、不返其舍者 A9A/8/20
殺馬○食者 A9B/10/9

如 rú 97

凡治眾○治寡 A5/4/10
鬬眾○鬬寡 A5/4/10
○以碫投卵者 A5/4/11
無窮○天地 A5/4/13
不竭○江河 A5/4/13
○循環之無端 A5/4/16
勢○彍弩 A5/4/19
節○發機 A5/4/19
○轉木石 A5/4/27
○轉圓石於千仞之山者 A5/4/28
故其疾○風 A7/7/6
其徐○林 A7/7/6
侵掠○火 A7/7/6
不動○山 A7/7/6
難知○陰 A7/7/6
動○雷震 A7/7/6
視卒○嬰兒 A10/11/7
視卒○愛子 A10/11/7
譬○率然 A11/12/8
敢問兵可使○率然乎 A11/12/9
其相救也○左右手 A11/12/10
○登高而去其梯 A11/12/14
是故始○處女 A11/13/6
後○脫兔 A11/13/6
故生間可使○期 A13/14/23
重者○山○林 B2/16/7
○江○河 B2/16/8
輕者○炮○燔 B2/16/8
〔○漏○潰〕 B2/16/8
○〔堵〕垣壓之 B2/16/8
○雲〔霓〕覆之 B2/16/8
〔兵〕○總木 B2/16/9
弩○羊角 B2/16/10
發之○鳥擊 B3/17/9
○赴千仞之谿 B3/17/9
○此 B3/17/25
 B4/19/21,B17/29/11
刑○未加 B4/18/9
○心之使四支也 B4/18/24
使什伍○親戚 B4/19/1
卒伯○朋友 B4/19/1
〔故兵〕止○堵墻 B4/19/1
動○風雨 B4/19/1,B17/29/15
天時不○地利 B4/19/17,B8/23/26
地利不○人和 B4/19/17,B8/23/27
○狼○虎 B8/23/21
○風○雨 B8/23/21
○雷○霆 B8/23/21
○此何也 B8/23/29
○決川源 B8/24/5

〇此關聯良民 B9/24/26
故〇有子十人不加一飯 B11/26/8
其罪〇之 B17/29/12
鼓之前〇雷霆 B17/29/15
〇過時則坐法 B19/30/15
不〇令者有誅 B20/30/29
〇犯教之罪 B21/31/8
則教者〇犯法者之罪 B21/31/11
B21/31/12,B21/31/12
明〇白黑 B21/32/2
〇四支應心也 B21/32/3
前軍絕行亂陳破堅〇潰
者 B21/32/5
賞〇山 B22/32/26
罰〇谿 B22/32/26
〔〇響之應聲也〕 B23/33/22
〔〇影之隨身也〕 B23/33/22
不〇萬人之鬬也 B24/35/13
不〇百人之奮也 B24/35/13
賞〇日月 B24/35/15
信〇四時 B24/35/15
令〇斧鉞 B24/35/15
（制）〔利〕〇干將 B24/35/15
諸〇此者 C2/38/20
凡此不〇敵人 C2/38/24
〇坐漏船之中 C3/40/1
治衆〇治寡 C4/41/2
出門〇見敵 C4/41/2
雖克〇始戰 C4/41/3
其術〇何 C4/41/24
〇此將者 C4/41/27
則〇之何 C5/42/6,C5/43/19
退〇山移 C5/42/19
進〇風雨 C5/42/19
〇是佯北 C5/42/24

儒 rú 2

雜學不為通〇 B11/26/22
吳起〇服以兵機見魏文侯 C1/36/3

乳 rǔ 1

〇犬之犯虎 C1/36/7

辱 rǔ 5

廉潔可〇也 A8/8/11
後行（進）〔退〕為〇
衆 B17/29/14
〔無將則〇〕 B23/33/26
退生為〇矣 C1/36/17
無生之〇 C4/41/4

入 rù 33

〇人之地而不深者 A11/11/18
〇人之地深、背城邑多
者 A11/11/20
所由〇者隘 A11/11/21
深〇則專 A11/12/1
深〇則拘 A11/12/3
帥與之深〇諸侯之地而
發其機 A11/12/14
〇深者 A11/12/18
〇淺者 A11/12/19
必亟〇之 A11/13/5
〇谷亦勝 B2/16/7
而能獨出獨〇焉 B3/17/3
獨出獨〇者 B3/17/3
深〇其地 B5/20/27
遠堡未〇 B5/21/1
獨出獨〇 B5/21/3
毀折而〇保 B6/21/9
〇不足守者 B8/22/23
有襲人之懷、〇人之室者 B8/23/6
遊說、（開）〔間〕諜
無自〇 B10/25/15
非其百人而〇者 B15/28/19
將軍〇營 B19/30/17
校所出〇之路 B22/33/1
必能〇之 B22/33/2
同舍伍人及吏罰〇糧為
饒 B24/35/5
外〇可以屠城矣 C1/37/8
各〇其宮 C5/43/24
〇罪人之地 D1/45/23
古者國容不〇軍 D2/46/12
軍容不〇國 D2/46/12,D2/47/13
國容不〇軍 D2/47/13
軍容〇國則民德廢 D2/47/13
國容〇軍則民德弱 D2/47/13

銳 ruì 14

久則鈍兵挫〇 A2/1/27
夫鈍兵挫〇 A2/1/27
是故朝氣〇 A7/7/17
避其〇氣 A7/7/17
〇卒勿攻 A7/7/21
塵高而〇者 A9A/9/1,A9B/10/5
〇之以踰垠之論 B12/27/17
軍之練〇也 C1/37/7
選〇衝之 C2/39/4
鋒〇甲堅 C3/39/15
將輕〇以嘗之 C4/41/26
太輕則〇 D2/46/28
〇則易亂 D2/46/29

若 ruò 76

不〇則能避之 A3/2/27
故勝兵〇以鎰稱銖 A4/4/4
敗兵〇以銖稱鎰 A4/4/4
〇決積水於千仞之谿者 A4/4/6
〇交軍於斥澤之中 A9A/8/19
A9B/9/22
敵〇有備 A10/10/21
〇敵先居之 A10/10/23,A10/10/24
譬〇驕子 A10/11/8
待之〇何 A11/11/27
齊勇〇一 A11/12/10
攜手〇使一人 A11/12/11
〇驅群羊 A11/12/15
〇使一人 A11/12/27
〇〔乃〕城下、池淺、
守弱 B1/15/8
不〇人事也 B1/15/9
〇祕於地 B2/15/22
〇邃於天 B2/15/22
求敵〇求亡子 B5/20/14,B18/30/2
擊敵〇救溺人 B5/20/14
〇彼〔城〕堅而救誠 B6/21/22
〇彼城堅而救不誠 B6/21/23
〇計不先定 B18/30/4
〇踰分而上請者死 B19/30/13
〇一人有不進死於敵 B21/31/11
〇亡一人而九人不盡死
於敵 B21/31/11
自什已上至於裨將有不

○法者 B21/31/12
輕者○霆 B21/32/2
奮敵○驚 B21/32/2
○此之類 B22/32/28
○大將死 B24/34/25
○以備進戰退守 C1/36/6
○此之至 C1/36/16
○行不合道 C1/36/20
○此之等 C2/38/8
凡○此者 C2/39/4
○法令不明 C3/39/24
○進止不度 C3/39/30
○其衆讙譁 C4/42/1
○敵衆我寡 C5/42/12
敵人○堅守以固其兵 C5/42/22
○我衆彼寡 C5/42/28
○遇敵於谿谷之間 C5/42/30
○高山深谷 C5/43/1
敵○絶水 C5/43/13
○進○止 C5/43/16
敵人○起 C5/43/16
○車不得車 C6/44/22
敵○傷之 D1/45/24
上下不伐善○此 D2/47/21
上下分惡○此 D2/47/23
上下相報○此 D2/47/25
懌衆勉○ D3/48/3
主固勉○ D3/48/7
○行不行 D3/49/11
○行而行 D3/49/11
○怠則動之 D3/49/21
○疑則變之 D3/49/21
○人不信上則行其不復 D3/49/21
○畏太甚 D4/49/31
兩利○一 D4/50/7
凡戰○勝 D4/50/23
○否 D4/50/23
○天 D4/50/23
○人 D4/50/23
既勝（浩）〔○〕否 D4/51/5
○將復戰 D4/51/8
○使不勝 D4/51/8
○分而迭擊 D5/51/21
○衆疑之 D5/51/21
敵○衆則相衆而受裹 D5/51/22
敵○寡○畏 D5/51/22

弱 ruò 20

輔隙則國必○ A3/3/1
○生於彊 A5/4/23
彊○ A5/4/23
卒強吏○ A10/10/28
吏強卒○ A10/10/28
將○不嚴 A10/10/29
以○擊強 A10/10/30
若〔乃〕城下、池淺、守○ B1/15/8
以○誅（疆）〔彊〕 B3/16/30
雖戰勝而國益○ B3/17/25
力分者○ B5/20/1
夫力○故進退不豪 B5/20/1
夫水、至柔○者也 B8/23/24
知彼○者 B10/25/12
兵○能強之 B22/32/19
使漸夷○ B22/33/11
楚性○ C2/37/31
○者給厮養 C3/40/10
憑○犯寡則眚之 D1/45/30
國容入軍則民德○ D2/47/13

三 sān 103

○曰地 A1/1/5
糧不○載 A2/2/1
○月而後成 A3/2/23
又○月而後已 A3/2/23
殺士〔卒〕○分之一 A3/2/23
故君之所以患於軍者○ A3/3/3
不知○軍之事 A3/3/4
而同○軍之政者 A3/3/4
不知○軍之權 A3/3/4
而同○軍之任 A3/3/5
○軍既惑且疑 A3/3/5
○曰數 A4/4/1
○軍之衆 A5/4/10, B8/23/25, B18/29/29, C4/41/6
則擒○將軍 A7/6/23
○十里而爭利 A7/6/24
則○分之二至 A7/6/24
故○軍可奪氣 A7/7/17
諸侯之地○屬 A11/11/19
○軍足食 A11/12/1
聚○軍之衆 A11/12/15
犯○軍之衆 A11/12/27
○曰火輜 A12/13/11
故○軍之事 A13/14/14
○軍之所恃而動也 A13/14/27
○相稱則內可以固守 B2/15/18
以○悖率人者難矣 B2/16/5
足使○軍之衆 B3/16/31
足使○軍之衆為一死賊 B3/17/2
有提○萬之衆而天下莫當者 B3/17/6
王侯知此以○勝者 B4/18/5
○曰踰垠之論 B4/18/9
○者、先王之本務〔也〕 B4/19/5
殺一人而○軍震者 B8/22/26
馬食粟○斗 B8/23/3
則提○萬之衆 B8/23/10
死士○百 B8/23/13
戰士○萬 B8/23/13
○軍成行 B8/24/5
一舍而後成○舍 B8/24/5
○舍之餘 B8/24/5
○曰洪敘 B11/26/20
○尺之泉足以止○軍渴 B11/26/22
○軍亂矣 B12/27/14
以經令分之為○分焉 B17/29/6
次○行黃章 B17/29/7
次○五行 B17/29/10
○鼓同 B18/29/24
會之於○軍 B18/29/29
是○者 B18/30/8
為○日熟食 B20/30/21
○百步而一 B21/31/25
○曰全車 B22/32/11
○五相同 B22/32/12
能審此（二）〔○〕者 B23/33/21
各相去○五里 B24/34/13
軍無功者戍○歲 B24/34/23
○軍大戰 B24/34/25
無軍功者戍○歲 B24/34/26
是兵之○勝也 B24/35/9
其次殺其十○ B24/35/11
殺十○者 B24/35/12
○勝者霸 C1/36/25
○曰積德惡 C1/36/28
○曰剛兵 C1/36/29
秦繆置陷陳○萬 C1/37/4
有此○千人 C1/37/7

○晉陳治而不用 C2/37/26
必○分之 C2/37/29
○晉者 C2/38/4
○曰師既淹久 C2/38/16
○軍數驚 C2/38/19
○曰賞信刑察 C2/38/22
○軍匈匈 C2/38/29
此○者 C3/39/29,C6/44/2
○軍之災 C3/40/3
教成○軍 C3/40/7
○鼓趨食 C3/40/11
○軍進止 C3/40/14
○曰果 C4/41/2
○曰事機 C4/41/6
○者不立 C4/41/14
○軍服威 C5/42/9
○軍驚駭 C5/43/15
於是武侯設坐廟廷為○行饗士大夫 C6/44/8
行之○年 C6/44/10
騎○千匹 C6/44/20
吳起令○軍曰 C6/44/22
縱綏不過○舍 D1/45/11
○王彰其德 D2/46/25
戍軍○年不興 D2/47/25
○曰辭 D3/49/3
○乃成章 D3/49/12
○曰直 D3/49/14
○曰立 D3/49/16
凡○軍人戒分日 D4/50/1
凡戰○軍之戒無過○日 D4/50/25
凡勝○軍一人勝 D4/50/29

散 sàn 19

○而條達者 A9A/9/1,A9B/10/5
有○地 A11/11/17
為○地 A11/11/18
是故○地則無戰 A11/11/22
淺則○ A11/12/18
是故○地吾將一其志 A11/12/19
令之聚不得以○ B2/16/9
○不得以聚 B2/16/9
使敵之氣失而師○ B4/18/3
故眾已聚不虛○ B5/20/14
離○則敗 B23/33/24
秦陳○而自鬬 C2/37/26
故○而自戰 C2/37/30
乘乖獵○ C2/37/31
雖○成行 C3/39/26
分○其眾 C4/41/8
野荒民○則削之 D1/45/30
邇者勿視則不○ D4/49/29

桑 sāng 1

昔承○氏之君 C1/36/7

喪 sàng 5

死○之親 B4/18/27
必○其權 B12/27/9
無○其利 B22/33/5
以○其社稷 C1/36/8
不加○ D1/45/7

騷 sāo 2

內外○動 A13/14/3
其政○ C2/38/1

色 sè 12

○不過五 A5/4/14
五○之變 A5/4/14
人有飢○ B8/23/3
罷朝而有喜○ C1/37/15
退朝而有憂○ C1/37/16
君有憂○ C1/37/16
於是武侯有慚○ C1/37/18
目威於○ C4/41/14
容○積威 D3/49/4
假之以○ D3/49/8
六曰等其○ D3/49/16
示以顏○ D4/49/32

塞 sè 14

圍地吾將○其闕 A11/12/21
明乎禁舍開○ B2/15/22
不明乎禁舍開○也 B3/17/7
各逼地形而攻要○ B5/20/28
要○未修 B5/21/1
（據出）〔出據〕要○ B6/21/27
分地○要 B10/25/7
審開○ B10/25/10
而明其○令 B15/28/19
守要○關梁而分居之 B20/30/28
凡稱分○者 B20/31/1
四曰開○ B22/32/12
名山大○ C4/41/7
○易開險 C4/41/19

殺 shā 34

故（殺）〔○〕敵者 A2/2/9
○士〔卒〕三分之一 A3/2/23
必死可○也 A8/8/11
覆軍○將 A8/8/12,B3/16/15
○馬肉食者 A9B/10/9
千里○將 A11/13/3
人之所欲○ A13/14/18
○人於百步之外者 B3/16/21
○人於五十步之內者 B3/16/21
必覆軍○將 B3/17/25
破軍○將 B4/18/4
不○無罪之人 B8/22/16
夫○人之父兄 B8/22/16
○一人而三軍震者 B8/22/26
○之 B8/22/26
（○）〔賞〕一人而萬人喜者 B8/22/26
（○）〔賞〕之 B8/22/27
○之貴大 B8/22/27
當○而雖貴重 B8/22/27
必○之 B8/22/27
擒敵○將 B22/32/24
能○卒之半 B24/35/11
其次○其十三 B24/35/11
其下○其十一 B24/35/11
能○其半者 B24/35/11
○十三者 B24/35/12
○十一者 B24/35/12
無刊其木、發其屋、取其粟、○其六畜、燔其積聚 C5/43/25
是故○人、安人 D1/45/3
○之可也 D1/45/4
賊○其親則正之 D1/46/1
小罪乃○ D3/48/1
則勿戮○ D4/49/31

山 shān 26
如轉圓石於千仞之○者 A5/4/28
不知○林險阻沮澤之形者 A7/7/1
A11/12/24
不動如○ A7/7/6
絕○依谷 A9A/8/17,A9B/9/20
此處○之軍也 A9A/8/17,A9B/9/20
軍行有險阻潢井葭葦○林翳薈者 A9A/9/4
行○林、險阻、沮澤 A11/11/20
常○之蛇也 A11/12/8
背濟水、向○阪而陳 B1/15/10
緣○亦勝 B2/16/7
重者如○如林 B2/16/7
則高○陵之 B3/16/24
敵在○ B18/30/1
賞如○ B22/32/26
大○之端 C3/40/16
名○大塞 C4/41/7
右○左水 C5/42/18
退如○移 C5/42/19
諸丘陵、林谷、深○、大澤 C5/43/1
若高○深谷 C5/43/1
左右高○ C5/43/4
行出○外營之 C5/43/9
禱于后土四海神祇、○川冢社 D1/45/20

善 shàn 71
不能○其後矣 A2/1/28
○用兵者 A2/2/1
A4/3/25,B4/18/13
卒○而養之 A2/2/10
非○之○者也 A3/2/19
A4/3/21,A4/3/21
○之○者也 A3/2/20
故○用兵者 A3/2/24
A7/7/17,A11/12/8,A11/12/11
昔之○戰者 A4/3/16
故○戰者 A4/3/16
A4/3/24,A5/4/27,A6/5/3
○守者藏於九地之下 A4/3/18
○攻者動於九天之上 A4/3/18
戰勝而天下曰○ A4/3/21
古之所謂○戰者 A4/3/22
故○戰者之勝也 A4/3/23
故○出奇者 A5/4/13
是故○戰者 A5/4/18
故○動敵者 A5/4/25
故○戰人之勢 A5/4/28
故○攻者 A6/5/10
○守者 A6/5/10
所謂古之○用兵者 A11/11/25
故○將者 B5/20/11
非○者也 B6/21/8
是為無○之軍 B8/23/2
故○審囚之情 B9/24/16
好○罰惡 B10/25/6
焉有喧呼酖酒以敗○類乎 B11/26/8
○政執其制 B11/26/11
○御敵者 B23/34/5
雖天下有○兵者 B23/34/6
臣聞古之○用兵者 B24/35/11
能踰高超遠、輕足○走者 C1/37/6
○ C2/38/13
其○將者 C3/40/1
○行間諜 C4/41/8
莫○於阨 C5/42/14
莫○於險 C5/42/14
莫○於阻 C5/42/15
○守勿應 C5/43/21
貴○也 D2/46/25
威不○也 D2/46/25
不貴○行而貴暴行 D2/47/9
盡民之○ D2/47/18
欲民速得為○之利也 D2/47/20
欲民速覩為不○之害也 D2/47/20
上下皆不伐○ D2/47/21
上苟不伐○ D2/47/21
下苟不伐○ D2/47/21
上下不伐○若此 D2/47/21
上下皆以不○在己 D2/47/22
上苟以不○在己 D2/47/22
下苟以不○在己 D2/47/22
凡戰有天有財有○ D3/48/13
是謂有○ D3/48/14
凡事○則長 D3/49/1
必○行之 D3/49/11
凡大○用本 D4/50/27
凡戰勝則與眾分○ D4/51/8

擅 shàn 1
○利則釋旗 D5/51/21

商 shāng 4
以二萬二千五百人擊紂之億萬而滅○ B1/15/10
兵不血刃而〔克〕○誅紂 B8/23/14
國無(商)〔○〕賈 B10/25/21
○ B18/29/24

傷 shāng 12
此資敵而○我甚焉 B3/16/20
則逃○甚焉 B3/16/21
敵攻者、○之甚也 B6/21/10
皆心失而○氣也 B22/33/13
○氣敗軍 B22/33/13
凡馬不○於末 C3/40/24
必○於始 C3/40/24
不○於飢 C3/40/24
必○於飽 C3/40/24
不窮不能而哀憐○病 D1/45/11
奉歸勿○ D1/45/24
敵若○之 D1/45/24

觴 shāng 1
夫人捧○ C1/36/10

賞 shǎng 55
○罰孰明 A1/1/10
○其先得者 A2/2/9
數○者 A9A/8/21,A9B/10/10
施無法之○ A11/12/27
○莫厚於間 A13/14/14
明○於前 B3/16/27
明吾刑○ B3/17/18
明○罰 B4/18/4
○祿不厚 B4/19/8
刑○不中 B4/19/9
雖刑○不足信也 B5/20/13
(殺)〔○〕一人而萬人喜者 B8/22/26

（殺）〔○〕之 B8/22/27
○之貴小 B8/22/27
○及牛童馬圉者 B8/22/27
是○下流也 B8/22/28
夫能刑上究、○下流 B8/22/28
則○功立名 B8/22/30
明○賚 B10/25/10
上無慶○ B10/25/21
○必以文而成 B11/26/25
有○ B16/28/29
B16/28/29,B16/28/30
踰五行而前者有○ B17/29/14
其甲首有○ B21/31/8
正勸○ B21/31/15
乃為之○法 B21/31/25
以明○勸之心 B21/31/28
所以明○也 B21/31/30
○如山 B22/32/26
諸○而請不○者死 B22/32/27
〔威者、○罰之謂也〕 B23/33/26
有功必○ B23/34/5
後吏能斬之而奪其卒者○ B24/34/22
○如日月 B24/35/15
其○罰信 C2/37/30
勸○畏罰 C2/38/10
三曰○信刑察 C2/38/22
進有重○ C3/39/15
○罰不信 C3/39/24
嚴刑明○ C6/43/30
從命為士上○ D2/46/14
夏○於朝 D2/46/24
周○於朝 D2/46/25
○無所生 D2/47/18
有虞氏不○不罰而民可用 D2/47/18
夏○而不罰 D2/47/19
殷罰而不○ D2/47/19
周以○罰 D2/47/19
○不踰時 D2/47/20
大捷不○ D2/47/20
則重○罰 D4/51/8

上 shàng 89

令民與○同意也 A1/1/6
故車戰得車十乘已○ A2/2/9
全國為○ A3/2/18
全軍為○ A3/2/18
全旅為○ A3/2/18
全卒為○ A3/2/19
全伍為○ A3/2/19
故○兵伐謀 A3/2/22
○下同欲者勝 A3/3/8
善攻者動於九天之○ A4/3/18
則蹶○將軍 A7/6/24
此處水○之軍也 A9A/8/19
A9B/9/22
○雨水沫至 A9A/9/13,A9B/10/1
○將之道也 A10/11/1
○下不相收 A11/11/25
厲於廊廟之○ A11/13/5
火發○風 A12/13/17
能以○智為間者 A13/14/26
將者○不制於天 B2/16/4
故○無疑令 B4/18/18
所謂○滿下漏 B4/19/14
威在○立 B5/20/10
是刑○究也 B8/22/27
夫能刑○究、賞下流 B8/22/28
夫將者、○不制於天 B8/23/18
無天於○ B8/23/21
○不能省 B9/24/28
主○之操也 B10/25/9
下達○通 B10/25/12
○無慶賞 B10/25/21
明舉○達 B10/25/21
烏有以為人○也 B11/26/11
太○神化 B11/26/25
將自千人以○ B13/27/22
自百人已○ B13/27/23
吏自什長已○至左右將 B14/28/10
○下皆相保也 B14/28/10
○下相聯 B14/28/13
若踰分而○請者死 B19/30/13
自什已○至於裨將有不若法者 B21/31/12
尊章置首○ B21/31/18
令民從○令 B21/32/3
太○無過 B22/32/26
○乖者下離 B22/32/28
而從吏五百人已○不能死敵者斬 B24/34/25
飾○下之儀 C1/37/3
王臣失位而欲見功於○者 C1/37/6
君能使賢者居○ C1/37/12
則○疑而下懼 C2/38/3
○不能止 C2/38/17
二曰○愛其下 C2/38/22
所以任其○令 C3/39/30
任其○令 C3/39/30
所以不任其○令 C3/39/31
○令既廢 C3/39/31
招搖在○ C3/40/17
必數○下 C3/40/25
○下相咎 C4/41/8
○富而驕 C4/41/18
○功坐前行 C6/44/8
餚席兼重器、○牢 C6/44/8
乃告于皇天○帝 D1/45/20
○貴不伐之士 D2/46/12
○之器也 D2/46/12
從命為士○賞 D2/46/14
犯命為士○戮 D2/46/14
○使民不得其義 D2/47/7
○不尊德而任詐慝 D2/47/8
城○不趨 D2/47/15
○下皆不伐善 D2/47/21
○苟不伐善 D2/47/21
○下不伐善若此 D2/47/21
○下皆以不善在己 D2/47/22
○苟以不善在己 D2/47/22
○下分惡若此 D2/47/23
○下相報若此 D2/47/25
○暇人教 D3/48/16
刃○果以敏 D3/48/24
刃○察 D3/48/24
刃○見信 D3/48/25
若人不信○則行其不復 D3/49/21
○煩輕 D4/50/15
○暇重 D4/50/15
○同無獲 D4/50/19
○專多死 D4/50/19
○生多疑 D4/50/19
○死不勝 D4/50/19

尚 shàng 3

徒○驕侈 B22/33/8
○明也 D2/47/5
○文也 D2/47/5

燒 shāo 2

伏○屋之下 C3/40/2
冬則溫○ C3/40/22

少 shǎo 13

得筭○也 A1/1/20
○筭不勝 A1/1/20
○則能逃之 A3/2/27
○而往來者 A9A/9/2,A9B/10/5
以○合衆 A10/10/30
以○誅衆 B3/16/30
吾欲○閒而極用人之要 B22/32/26
今有○年卒起 C5/42/15
用○者務隘 C5/42/16
○威則民不勝 D2/47/7,D2/47/9
此謂○威 D2/47/9

紹 shào 1

何能○吾氣哉 B3/17/16

奢 shē 1

君臣驕○而簡於細民 C2/37/28

蛇 shé 1

常山之○也 A11/12/8

社 shè 3

守○稷 B21/32/5
以喪其○稷 C1/36/8
禱于后土四海神祇、山川冢○ D1/45/20

舍 shè 24

交和而○ A7/6/18
圮地無○ A8/7/26
粟馬肉食、軍無懸缶、不返其○者 A9A/8/20
懸缶不返其○者 A9B/10/9
必先知其守將、左右、謁者、門者、○人之姓名 A13/14/18
導而○之 A13/14/21
明乎禁○開塞 B2/15/22
父不敢○子 B3/16/31
子不敢○父 B3/16/31
不明乎禁○開塞也 B3/17/7
軍壘成而後○ B4/19/20
○不平隴畝 B8/23/29
一○而後成三○ B8/24/5
三○之餘 B8/24/5
而況國人聚○同食 B14/28/14
犯令不○ B22/32/19
同○伍人及吏罰入糧為饒 B24/35/5
○而未畢 C2/38/19
馬疲人倦而不解○ C3/39/30
縱綏不過三○ D1/45/11
又能○服 D1/45/12
○謹甲兵 D4/50/13
兼○環龜 D5/51/24

涉 shè 5

欲○者 A9A/9/13,A9B/10/1
行阪○險 C2/38/20
○長道後行未息可擊 C2/39/2
○水半渡可擊 C2/39/3

射 shè 3

雖鉤矢○之 B9/24/16
矢○未交 B23/34/8
且○且虜 C5/43/2

赦 shè 2

○之 B24/34/17
罪皆○ B24/34/28

設 shè 10

城險未○ B5/21/1
是治失其本而宜○之制也 B11/25/30
○營表置轅門期之 B19/30/15
○伏投機 C2/37/31
既食未○備可擊 C2/39/1
張○輕重 C4/41/7
舟楫不○ C5/43/11
於是武侯○坐廟廷為三行饗士大夫 C6/44/8
○地之宜 D1/45/15
凡戰○而觀其作 D5/51/26

懾 shè 5

不服、不信、不和、怠、疑、厭、○、枝、拄、詘、頓、肆、崩、緩 D3/48/19
驕驕、○○、吟曠、虞懼、事悔 D3/48/20
後則○ D5/52/3
息久亦反其○ D5/52/3

申 shēn 3

小疑無○ B4/18/16
○公問曰 C1/37/16
○教詔 D3/47/30

身 shēn 19

先親愛而後律其○〔焉〕 B4/18/22
必本乎率○以勵衆士 B4/18/24
〔飢飽〕、勞佚、〔寒暑〕必以○同之 B4/19/21
動靜一○ B5/20/1
則○死國亡 B8/22/30
飛廉、惡來○先戟斧 B8/23/13
援（抱）〔枹〕而鼓忘其○ B8/24/1
○戮家殘 B13/27/22
○死家殘 B13/27/24
B16/28/29,B16/28/30
君○以斧鉞授將曰 B19/30/12
指敵忘○ B22/32/22
〔如影之隨○也〕 B23/33/22
於是文侯○自布席 C1/36/9
勇見○ D1/45/5
○也 D3/48/8
反敗厥○ D3/49/6
○以將之 D3/49/11

伸 shēn	1
屈○之利	A11/12/16

參 shēn	5
用以相○	B20/31/2
相○進止	B23/34/2
○之天時	C1/36/15
是謂戰○	D3/48/19
大小、堅柔、○伍、衆寡、凡兩	D3/48/21

深 shēn	19
敵雖高壘○溝	A6/5/14
無形則○間不能窺	A6/6/6
故可與之赴○谿	A10/11/7
入人之地而不○者	A11/11/18
入人之地○、背城邑多者	A11/11/20
○入則專	A11/12/1
○入則拘	A11/12/3
帥與之○入諸侯之地而發其機	A11/12/14
○則專	A11/12/18
入○者	A11/12/18
城高池○	B1/15/7
○水絕之	B3/16/24
四曰○溝高壘之論	B4/18/10
○入其地	B5/20/27
池○而廣	B6/21/16
○溝高壘	C5/42/18
諸丘陵、林谷、○山、大澤	C5/43/1
若高山○谷	C5/43/1
盡其淺○	C5/43/13

神 shén	11
○乎○乎	A6/5/12
能因敵變化而取勝者謂之○	A6/6/12
不可取於鬼○	A13/14/6
是謂○紀	A13/14/10
先○先鬼	B1/15/13
一曰○明	B11/26/20
太上○化	B11/26/25
夫精誠在乎○明	B12/27/4
禱于后土四海○祇、山川冢社	D1/45/20
無暴○祇	D1/45/23

審 shěn	15
法制○	B3/16/27
○法制	B4/18/4
衆不○則數變	B4/18/13
〔不○所動則數變〕	B4/18/16
明法○令	B4/19/16,B8/23/26
權敵○將而後舉兵	B5/20/25
故善○囚之情	B9/24/16
○開塞	B10/25/10
凡興師必○內外之權	B22/33/1
能○此（二）〔三〕者	B23/33/21
能○料此	C2/38/10
用兵必須○敵虛實而趨其危	C2/39/1
○候風所從來	C3/40/17
○察其政	C5/43/2

甚 shèn	11
兵士○陷則不懼	A11/12/2
此資敵而傷我○焉	B3/16/20
則逃傷○焉	B3/16/21
敵攻者、傷之○也	B6/21/10
卒畏將○於敵者勝	B23/33/26
卒畏敵○於將者敗	B23/33/26
勢○不便	C2/37/23
有師○衆	C5/42/18
我衆○懼	C5/42/27
地○狹迫	C5/43/4
若畏太○	D4/49/31

愼 shèn	5
故明君○之	A12/13/22
○在於畏小	B7/22/7
其民○	C2/38/2
○無勞馬	C3/40/25
故將之所○者五	C4/41/1

生 shēng	59
死○之地	A1/1/3
可以與之○	A1/1/6
〔高下〕、遠近、險易、廣狹、死○也	A1/1/7
○民之司命	A2/2/14
地○度	A4/4/1
度○量	A4/4/1
量○數	A4/4/1
數○稱	A4/4/1
稱○勝	A4/4/2
死而復○	A5/4/14
奇正相○	A5/4/16
亂○於治	A5/4/23
怯○於勇	A5/4/23
弱○於彊	A5/4/23
形之而知死○之地	A6/6/3
月有死○	A6/6/14
必○可虜也	A8/8/11
視○處高	A9A/8/17
	A9A/8/19,A9B/9/20,A9B/9/21
前死後○	A9A/9/7,A9B/9/23
養○而處實	A9A/9/10
養○處實	A9B/9/24
陷之死地然後○	A11/13/1
死者不可以復○	A12/13/22
有○間	A13/14/9
○間者	A13/14/11
故○間可使如期	A13/14/23
○於無	B2/15/22
民非樂死而惡○也	B3/16/27
必死與必○	B3/17/2
則可以死易○	B4/18/21
民之〔所以〕○	B4/18/27
必也因民所○而制之	B4/18/28
死○相救	B4/18/29
起兵直使甲冑○蟣〔蝨〕者	B8/23/6
非出○〔也〕	B8/23/7
橫○於一夫	B11/26/10
臣謂欲○於無度	B11/26/23
邪○於無禁	B11/26/23
疑○必敗	B18/30/4
決死○之分	B21/32/1
必死則○	B22/32/22,C3/40/1
〔將有威則○〕	B23/33/24

存亡死○ B23/34/6
退○為辱矣 C1/36/17
則治之所由○也 C3/39/30
幸○則死 C3/40/1
○於狐疑 C3/40/3
臨敵不懷○ C4/41/3
無○之辱 C4/41/4
賞無所○ D2/47/18
因○美 D3/48/13
人○之宜 D3/49/12
告之以所○ D4/49/32
上○多疑 D4/50/19

牲 shēng 1

野物不為犧○ B11/26/22

勝 shēng 208

知之者○ A1/1/8
不知者不○ A1/1/8
吾以此知○負矣 A1/1/10
用之必○ A1/1/12
此兵家之○ A1/1/18
夫未戰而廟筭○者 A1/1/20
未戰而廟筭不○者 A1/1/20
多筭○ A1/1/20
少筭不○ A1/1/20
○負見矣 A1/1/21
其用戰也○ A2/1/26
是謂○敵而益強 A2/2/10
故兵貴○ A2/2/12
是故百戰百○ A3/2/19
將不○其忿而蟻附之 A3/2/23
是謂亂軍引○ A3/3/5
故知○有五 A3/3/8
知可以戰與不可以戰者○ A3/3/8
識衆寡之用者○ A3/3/8
上下同欲者○ A3/3/8
以虞待不虞者○ A3/3/8
將能而君不御者○ A3/3/9
知○之道也 A3/3/9
一○一負 A3/3/11
先為不可○ A4/3/16
以待敵之可○ A4/3/16
不可○在己 A4/3/16
可○在敵 A4/3/16
能為不可○ A4/3/17
不能使敵之可○ A4/3/17
○可知 A4/3/17
不可○者、守也 A4/3/17
可○者、攻也 A4/3/18
故能自保而全○也 A4/3/19
見○不過衆人之所知 A4/3/21
戰○而天下曰善 A4/3/21
○於易○者也 A4/3/22
故善戰者之○也 A4/3/23
故其戰○不忒 A4/3/23
其所措必○ A4/3/23
○已敗者也 A4/3/23
是故○兵先○而後求戰 A4/3/24
敗兵先戰而後求○ A4/3/24
故能為○敗之政 A4/3/25
五曰○ A4/4/1
稱生○ A4/4/2
故○兵若以鎰稱銖 A4/4/4
○者之戰民也 A4/4/6
以奇○ A5/4/13
不可○聽也 A5/4/14
不可○觀也 A5/4/15
不可○嘗也 A5/4/15
不可○窮也 A5/4/16
亦奚益於○敗哉 A6/5/28
○可為也 A6/6/1
因形而錯○於衆 A6/6/8
人皆知我所以○之形 A6/6/8
而莫知吾所以制○之形 A6/6/8
故其戰○不復 A6/6/8
兵因敵而制○ A6/6/12
能因敵變化而取○者謂之神 A6/6/12
故五行無常○ A6/6/14
先知迂直之計者○ A7/7/10
黃帝之所以○四帝也 A9A/9/7, A9B/9/24
是謂必○ A9A/9/10,A9B/9/25
出而○之 A10/10/21
出而不○ A10/10/21
料敵制○ A10/11/1
知此而用戰者必○ A10/11/1
故戰道必○ A10/11/4
戰道不○ A10/11/4
○之半也 A10/11/10, A10/11/11,A10/11/11
○乃不殆 A10/11/12
○乃不窮 A10/11/12
然後能為○敗 A11/13/1
夫戰○攻取而不修其功者、凶 A12/13/19
以爭一日之○ A13/14/4
非○之主也 A13/14/5
所以動而○人 A13/14/5
可以百〔戰百〕○ B1/15/3
〔然不得○者何〕 B1/15/11
柄所在○ B1/15/12
固倒而○焉 B1/15/13
外可以戰○ B2/15/19
戰○於外 B2/15/19
○備相應 B2/15/19
兵○於朝廷 B2/15/25
不暴甲而○者 B2/15/25
主○也 B2/15/25
陳而○者 B2/15/25
將○也 B2/15/25
見○則（與）〔興〕 B2/16/1
不見○則止 B2/16/1
羊腸亦○ B2/16/7
鋸齒亦○ B2/16/7
緣山亦○ B2/16/7
入谷亦○ B2/16/7
方亦○ B2/16/7,B18/30/1
圓亦○ B2/16/7,B18/30/1
一人○之 B3/17/7
則十人亦以○之也 B3/17/8
十人○之 B3/17/8
則百千萬人亦以○之也 B3/17/8
戰不○ B3/17/14
民言有可以○敵者 B3/17/22
雖戰○而國益弱 B3/17/25
凡兵有以道○ B4/18/3
有以威○ B4/18/3
有以力○ B4/18/3
此道○也 B4/18/4
此威○也 B4/18/4
此力○也 B4/18/5
王侯知此以三○者 B4/18/5
一曰廟○之論 B4/18/9
兵以靜○ B5/19/26
國以專○ B5/19/26
雖○ B5/20/4
幸○也 B5/20/4

立威者○ B5/20/6
是故知○敗之道者 B5/20/7
戰不必○ B5/20/13
鬬戰者無○兵 B5/20/16
兵有○於朝廷 B5/20/19
有○於原野 B5/20/19
有○於市井 B5/20/19
此不意彼驚懼而曲○之也 B5/20/20
曲○ B5/20/20
非全○者無權名 B5/20/20
不求○而○也 B5/20/21
兵有去備徹威而○者 B5/20/23
欲以成○立功 B8/23/17
○兵似水 B8/23/24
一夫不○其勇 B8/24/8
雖國士、有不○其酷而自誣矣 B9/24/19
○於此 B12/27/1
則○彼矣 B12/27/1
弗○於此 B12/27/1
則弗○彼矣 B12/27/1
相為○敗 B12/27/2
敵復啚止我往而敵制○矣 B12/27/8
錯邪亦○ B18/30/1
臨險亦○ B18/30/1
在四奇之內者○也 B20/30/26
戰○得旗者 B21/31/28
戰○在乎立威 B21/31/30
臣聞人君有必○之道 B22/32/10
急○為下 B22/32/22
〔則〕知〔所以〕○敗矣 B23/33/21
專一則○ B23/33/24
〔有威則○〕 B23/33/25
卒畏將甚於敵者○ B23/33/26
所以知○敗者 B23/33/27
此必○之術也 B23/34/5
是兵之一○也 B24/35/8
是兵之二○也 B24/35/8
是兵之三○也 B24/35/9
全○六十四 C1/36/10
不可以決○ C1/36/14
然戰○易 C1/36/25
守○難 C1/36/25
五○者禍 C1/36/25
四○者弊 C1/36/25
三○者霸 C1/36/25
二○者王 C1/36/26
一○者帝 C1/36/26
是以數○得天下者稀 C1/36/26
願聞陳必定、守必固、戰必○之道 C1/37/10
則戰已○矣 C1/37/13
可以決○ C2/38/10
以定○負 C2/38/26
此○之主也 C3/39/16
兵何以為○ C3/39/18
以治為○ C3/39/20
戰○勿追 C5/42/23
不○疾歸 C5/42/24
乃可為奇以○之 C5/43/13
足以○乎 C6/43/30
脫其不○ C6/44/15
以仁為○ D2/46/19
既○之後 D2/46/19
少威則民不○ D2/47/7,D2/47/9
小罪○ D3/48/1
龜○微行 D3/48/13
以氣○ D4/50/3
以危○ D4/50/3
新氣○ D4/50/3
以兵○ D4/50/3
兵以輕○ D4/50/5
人有○心 D4/50/7
上死不○ D4/50/19
凡戰若○ D4/50/23
凡○三軍一人○ D4/50/29
既○（浩）〔若〕否 D4/51/5
凡戰○則與眾分善 D4/51/8
若使不○ D4/51/8
○否勿反 D4/51/9
以功○ D4/51/11

聲 shēng 6

○不過五 A5/4/14
五○之變 A5/4/14
至於無○ A6/5/12
〔如響之應○也〕 B23/33/22
聞鼓○合 C3/40/12
耳威於○ C4/41/14

眚 shěng 1

憑弱犯寡則○之 D1/45/30

盛 shèng 2

二曰○夏炎熱 C2/38/16
氣有○衰 C6/44/15

聖 shèng 9

非○智不能用間 A13/14/14
○人所貴 B4/19/17
古之○人 B8/23/27
○人飲於土 B11/25/29
是以○人綏之以道 C1/36/20
世不絕○ C1/37/17
○人之謀也 C5/42/21
○德之治也 D1/45/16
而觀於先○ D2/46/6

失 shī 24

而不○敵之敗也 A4/3/24
故策之而知得○之計 A6/6/3
○眾也 A9A/8/21,A9B/10/10
士○什伍 B3/16/23
車○偏列 B3/16/23
無○刑 B3/16/31
使敵之氣○而師散 B4/18/3
〔服則〕○ B5/20/19
夫守者、不○〔其〕險者也 B6/21/12
是治○其本而宜設之制也 B11/25/30
○其治也 B11/26/2
古人何得而今人何○邪 B11/26/4
鼓○次者有誅 B18/29/27
○令者誅 B19/30/13
皆心○而傷氣也 B22/33/13
前後不次則○也 B23/33/30
王臣○位而欲見功於上者 C1/37/6
○時不從可擊 C2/39/2
無○飲食之適 C3/39/29
亂而○行 C5/42/6
○權於天下矣 C6/44/16
其有○命亂常背德逆天

之時　D1/45/19
不○行列之政　D2/47/11

施 shī　5

○無法之賞　A11/12/27
則足以○天下　B22/33/6
惠○流布　C2/38/22
禁令未○　C2/38/29
○令而下不犯　C4/41/10

屍 shī　4

及伍人戰死不得其○　B24/34/28
得其○　B24/34/28
僵○而哀之　C1/36/9
立○之地　C3/40/1

師 shī　37

然後十萬之○舉矣　A2/1/26
久暴○則國用不足　A2/1/27
國之貧於○者遠輸　A2/2/3
近於○者貴賣　A2/2/3
歸○勿遏　A7/7/21
圍○必闕　A7/7/22
去國越境而○者　A11/12/18
主不可以怒而興○　A12/13/21
凡興○十萬　A13/14/3
不起一日之○　B2/16/1
不起一月之○　B2/16/2
不起一歲之○　B2/16/2
使敵之氣失而○散　B4/18/3
夫勤勞之○　B4/19/19
〔則〕○雖久而不老　B4/19/21
○渡盟津　B8/23/13
十萬之○出　B9/24/27
凡興○必審內外之權　B22/33/1
然後興○伐亂　B22/33/2
自兩而○　B22/33/8
○老將貪　B22/33/9
因怒興○曰剛　C1/36/30
能得其○者王　C1/37/17
以倦其○　C2/38/5
三曰○既淹久　C2/38/16
○徒無助　C2/38/19
五曰○徒之眾　C2/38/23
故○出之日　C4/41/4
百萬之○　C4/41/7
有○甚眾　C5/42/18
興○動眾而人樂戰　C6/44/1
秦人興○　C6/44/10
冬夏不興○　D1/45/7
然後冢宰徵○于諸侯曰　D1/45/20
以某年月日○至于某國　D1/45/21
○多務威則民詘　D2/47/7
可○可服　D4/50/1

蝨 shī　1

起兵直使甲冑生蟣〔○〕者　B8/23/6

十 shí　60

帶甲○萬　A2/1/25
然後○萬之師舉矣　A2/1/26
百姓之費○去其七　A2/2/4
○去其六　A2/2/5
當吾二○鍾　A2/2/7
當吾二○石　A2/2/7
故車戰得車○乘已上　A2/2/9
○則圍之　A3/2/27
敵分為○　A6/5/18
是以○攻其一也　A6/5/18
而況遠者數○里　A6/5/26
其法○一而至　A7/6/23
五○里而爭利　A7/6/24
三○里而爭利　A7/6/24
以一擊○　A10/10/28,C5/42/14
凡興師○萬　A13/14/3
不得操事者七○萬家　A13/14/4
殺人於五○步之內者　B3/16/21
有提○萬之眾而天下莫當者　B3/17/5
所率無不及二○萬之眾（者）　B3/17/7
則○人亦以勝之也　B3/17/8
○人勝之　B3/17/8
名為○萬　B3/17/11
經制○萬之眾　B3/17/14
○人而什　B5/20/24
令客氣○百倍　B6/21/9
○人守之　B6/21/12
一而當○　B6/21/13
○而當百　B6/21/13
攻者不下○餘萬之眾　B6/21/19
○萬之軍頓於城下　B6/21/27
太公望年七○屠牛朝歌　B8/23/9
小圄不下○數　B9/24/24
○人聯百人之事　B9/24/24
○萬之師出　B9/24/27
今良民○萬而聯於（囚）〔囹〕圄　B9/24/27
故如有子○人不加一飯　B11/26/8
○人為什　B14/28/3
五○人為屬　B14/28/3
百有二○步而立一府柱　B15/28/22
什長得誅○人　B16/29/1
○步一鼓　B18/29/23
則威加天下有○二焉　B22/32/10
○曰陳車　B22/32/15
○一曰死士　B22/32/16
○二曰力卒　B22/32/16
此○二者教成　B22/32/19
其次殺其○三　B24/35/11
其下殺其○一　B24/35/11
殺○三者　B24/35/12
殺○一者　B24/35/12
與諸侯大戰七○六　C1/36/10
全勝六○四　C1/36/10
一可擊○　C2/38/28
教成○人　C3/40/6
○人學戰　C3/40/6
○夫所守　C4/41/7
以○擊百　C5/42/14
而破秦五○萬眾　C6/44/20

什 shí　20

古者士有○伍　B3/16/17
士失○伍　B3/16/23
使○伍如親戚　B4/19/1
十人而○　B5/20/24
十人為○　B14/28/3
○相保也　B14/28/3
○有干令犯禁者　B14/28/6
全○有誅　B14/28/7
吏自○長已上至左右將　B14/28/10
夫○伍相結　B14/28/13
○長得誅十人　B16/29/1

伯長得誅○長 B16/29/1
兵有○伍 B20/30/28
凡○保○ B21/31/11
自○已上至於裨將有不
　若法者 B21/31/12
合之○長 B21/31/23
○長教成 B21/31/23
○伍相聯 B24/35/8
○伍相保 C3/40/11

石 shí 6

萁秆一○ A2/2/7
當吾二十○ A2/2/7
至於漂○者 A5/4/18
如轉木○ A5/4/27
木○之性 A5/4/28
如轉圓○於千仞之山者 A5/4/28

食 shí 39

故軍○可足也 A2/2/1
故智將務○於敵 A2/2/7
○敵一鍾 A2/2/7
無糧○則亡 A7/6/25
餌兵勿○ A7/7/21
粟馬肉○、軍無懸缶、
　不返其舍者 A9A/8/20
殺馬肉○者 A9B/10/9
三軍足○ A11/12/1
重地吾將繼其○ A11/12/21
○吾○ B3/17/14
使天下非農無所得○ B3/17/18
飲○之〔糧〕 B4/18/28
軍○熟而後飯 B4/19/20
〔軍不畢○〕 B4/19/20
〔亦不火○〕 B4/19/20
工○不與焉 B6/21/12
薪○給 B6/21/16
人○粟一斗 B8/23/3
馬○粟三斗 B8/23/3
賣○盟津 B8/23/9
○於土 B11/25/29
○草飲水而給菽粟 B11/25/30
則民私飯有儲○ B11/26/10
而況國人聚舍同○ B14/28/14
為三日熟○ B20/30/21
為六日熟○ B20/30/24
大軍為計日之○ B20/30/28
糧○有餘不足 B22/33/1
則節吝有不○者矣 B22/33/12
糧○無有 C2/38/16
倦而未○ C2/38/18
既○未設備可擊 C2/39/1
無失飲○之適 C3/39/29
飲○不適 C3/39/30
三鼓趨○ C3/40/11
糧○又多 C5/42/19
不可以分○ D4/50/1
棄任節○ D5/52/4

時 shí 35

陰陽、寒暑、○制也 A1/1/6
四○是也 A5/4/14
四○無常位 A6/6/14
發火有○ A12/13/12
○者 A12/13/12
以○發之 A12/13/16
天官○日陰陽向背〔者〕
　也 B1/15/5
四方豈無順○乘之者邪 B1/15/7
天官○日 B1/15/9
○有彗星出 B1/15/12
謂之天○ B1/15/14
不○日而事利 B4/19/16,B8/23/26
天○不如地利 B4/19/17,B8/23/26
惠在於因○ B7/22/6
其下在於無奪民○ B11/26/25
如過○則坐法 B19/30/15
無奪其○ B22/33/5
信如四○ B24/35/15
今君四○使斬離皮革 C1/36/4
參之天○ C1/36/15
發必得○ C2/38/23
失○不從可擊 C2/39/2
芻秣以○ C3/39/14
將戰之○ C3/40/17
不違○ D1/45/7
六德以○合教 D1/45/13
其有失命亂常背德逆天
　之○ D1/45/19
賞不踰○ D2/47/20
順天奉○ D3/48/3
○日不遷 D3/48/13
因○因財 D3/48/23
作事○ D3/48/23
○中服厭次治 D3/48/28

實 shí 21

○而備之 A1/1/17
虛○是也 A5/4/11
兵之形避○而擊虛 A6/6/11
養生而處○ A9A/9/10
養生處○ A9B/9/24
非微妙不能得間之○ A13/14/15
其○不過數萬爾 B3/17/12
其○不可得而戰也 B3/17/12
氣○則鬭 B4/18/7
田祿之○ B4/18/28
不○在於輕發 B7/22/11
後譏者謂之○ B23/34/8
虛○者 B23/34/8
在國之名○ B24/35/1
今名在官而○在家 B24/35/1
官不得其○ B24/35/1
有空名而無○ B24/35/2
名為軍○ B24/35/5
而有二○之出 B24/35/5
用兵必須審敵虛○而趨
　其危 C2/39/1
察名○ D4/49/28

識 shí 4

○眾寡之用者勝 A3/3/8
使人無○ A11/12/13
其次知○故人也 B9/24/25
不○主君安用此也 C1/36/6

矢 shǐ 10

甲冑○弩 A2/2/5
弓○也 B3/16/21
拗○、折矛、抱戟利後
　發 B3/16/22
勁弩（彊）〔彊〕○ B6/21/9
弩堅○彊 B6/21/16
勁弩彊○并於前 B6/21/24
雖鉤○射之 B9/24/16

○射未交 B23/34/8
右兵弓○禦、殳矛守、戈戟助 D3/48/4
弓○固禦 D3/48/15

使 shǐ 63

不能○敵之可勝 A4/3/17
可○必受敵而無敗者 A5/4/10
能○敵人自至者 A6/5/6
能○敵人不得至者 A6/5/6
○人備己者也 A6/5/23
可○無鬬 A6/6/1
厚而不能○ A10/11/7
能○敵人前後不相及 A11/11/25
敢問兵可○如率然乎 A11/12/9
攜手若○一人 A11/12/11
○之無知 A11/12/13
○人無識 A11/12/13
○人不得慮 A11/12/14
輕地吾將○之屬 A11/12/20
若○一人 A11/12/27
無通其○ A11/13/5
非仁義不能○間 A13/14/14
故鄉間、內間可得而○也 A13/14/22
可○告敵 A13/14/22
故生間可○如期 A13/14/23
故能○之前 B3/16/27
足○三軍之衆 B3/16/31
足○三軍之衆為一死賊 B3/17/2
而王必能○之衣吾衣 B3/17/14
○天下非農無所得食 B3/17/18
○民揚臂爭出農戰而天下無敵矣 B3/17/19
○敵之氣失而師散 B4/18/3
○民有必戰之心 B4/18/4
如心之○四支也 B4/18/24
○什伍如親戚 B4/19/1
○之登城逼危 B5/20/28
起兵直○甲胄生蟣〔蝨〕者 B8/23/6
○民無私也 B11/26/7
○民無私 B11/26/11
○民內畏重刑 B13/27/24
○非百人無得通 B15/28/19
○為之戰勢 B20/30/22
○為戰備 B20/30/25
○人無得私語 B22/32/27
○漸夷弱 B22/33/11
今君四時○斬離皮革 C1/36/4
○有恥也 C1/36/24
君能○賢者居上 C1/37/12
任賢○能 C2/38/23
必○無措 C2/38/28
○地輕馬 C3/39/14
○智者不及謀 C3/40/2
然後可○ C3/40/23
○其君臣相怨 C4/41/8
斬○焚書 C5/42/23
歲被○者勞賜其父母 C6/44/10
今○一死賊伏於曠野 C6/44/16
○不相陵 D2/46/9
然後謹選而○之 D2/46/16
上○民不得其義 D2/47/7
○人惠 D3/48/23
○自其內 D3/49/3
因○勿忘 D3/49/11
凡軍○法在己曰專 D3/49/19
○人可陳難 D4/51/1
非○可陳難 D4/51/1
○人可用難 D4/51/1
若○不勝 D4/51/8

始 shǐ 8

終而復○ A5/4/13
是故○如處女 A11/13/6
○卒不亂也 B22/32/14
所以反本復○ C1/36/19
必傷於○ C3/40/24
雖克如○戰 C4/41/3
知終知○ D1/45/13
○用兵之刃矣 D2/46/24

駛 shǐ 1

猶良驥騄耳之○ B3/17/15

士 shì 71

○卒孰練 A1/1/10
殺○〔卒〕三分之一 A3/2/23
則軍○惑矣 A3/3/4
則軍○疑矣 A3/3/5
○人盡力 A11/12/2
兵○甚陷則不懼 A11/12/2
吾○無餘財 A11/12/4
○卒坐者涕霑襟 A11/12/5
能愚○卒之耳目 A11/12/13
豪○一謀者也 B1/15/8
制先定則○不亂 B3/16/14
○不亂則刑乃明 B3/16/14
古者○有什伍 B3/16/17
先登者未（常）〔嘗〕非多力國○也 B3/16/17
先死者〔亦〕未嘗非多力國○〔也〕 B3/16/17
將已鼓而○卒相囂 B3/16/22
○失什伍 B3/16/23
今天下諸國○ B3/17/6
必本乎率身以勵衆○ B4/18/24
則○不死節 B4/18/24
○不死節 B4/18/24
勵○之道 B4/18/27
○不旋踵 B4/19/1
則○不行 B4/19/8
武○不選 B4/19/9
霸國富○ B4/19/14
將吏○卒 B5/20/1
○民備 B6/21/16
○大夫不離其官府 B8/22/18
以限○人 B8/23/3
賢○有合 B8/23/11
死○三百 B8/23/13
戰○三萬 B8/23/13
武王不罷○民 B8/23/14
故古者甲胄之○不拜 B8/23/30
此材○也 B8/24/8
材○則是矣 B8/24/9
雖國○、有不勝其酷而自誣矣 B9/24/19
○大夫無不離〔其〕官府 B9/24/26
○無伍者 B15/28/24
踵軍饗○ B20/30/22
某甲某○ B21/31/17
十一曰死○ B22/32/16
餘○卒有軍功者奪一級 B24/34/26
令行○卒 B24/35/12
○卒不用命者 B24/35/15

則○以盡死為榮 C1/36/16
昔齊桓募○五萬 C1/37/4
○貪於得而離其將 C2/37/31
○無死志 C2/38/4
必有虎賁之○ C2/38/8
此堅陳之○ C2/38/10
○眾勞懼 C2/38/18
○卒不固 C2/38/19
將離○卒可擊 C2/39/3
○習戰陳 C4/41/9
○輕其將而有歸志 C4/41/19
將○懈怠 C4/41/22
○卒用命 C5/42/9
募吾材○與敵相當 C5/43/7
於是武侯設坐廟廷為三
　行饗○大夫 C6/44/8
魏○聞之 C6/44/11
此勵○之功也 C6/44/20
諸吏○當從受馳 C6/44/22
○庶之義 D2/46/6
○不先教 D2/46/7
上貴不伐之○ D2/46/12
不伐之○ D2/46/12
從命為○上賞 D2/46/14
犯命為○上戮 D2/46/14
收遊○ D3/47/30

氏 shì 9

昔承桑○之君 C1/36/7
有扈○之君 C1/36/8
有虞○戒於國中 D2/46/22
夏后○誓於軍中 D2/46/22
夏后○正其德也 D2/46/23
夏后○曰鉤車 D2/47/1
夏后○玄首 D2/47/3
夏后○以日月 D2/47/5
有虞○不賞不罰而民可
　用 D2/47/18

世 shì 14

非〔○之所謂刑德也〕 B1/15/4
〔○之〕所謂〔刑德者〕 B1/15/5
○將不能禁 B3/16/20
　B3/16/21,B3/16/23,B3/16/23
然而○將弗能知 B6/21/10
今○將考孤虛 B8/23/17
今○諺云 B9/24/21
君民繼○ B10/25/18
往○不可及 B11/26/17
來○不可待 B11/26/17
○將不知法者 B18/30/5
○不絕聖 C1/37/17

市 shì 12

一賊仗劍擊於○ B3/17/1
有勝於○井 B5/20/19
治之以○ B8/22/23
○者 B8/22/23
必有百乘之○ B8/22/24
由國無○也 B8/23/2
夫○也者 B8/23/2
○賤賣貴 B8/23/3
○〔有〕所出而官無主也 B8/23/4
暴其骨於○ B13/27/23
殷戮於○ D2/46/25
戮於○ D2/46/25

示 shì 15

故能而○之不能 A1/1/16
用而○之不用 A1/1/16
近而○之遠 A1/1/16
遠而○之近 A1/1/16
死地吾將○之以不活 A11/12/21
此救而○之不誠 B6/22/1
〔○之不誠〕則倒敵而
　待之者也 B6/22/1
○人無己煩也 B8/23/30
○之財以觀其窮 B22/32/28
○之弊以觀其病 B22/32/28
必先○之以利而引去之 C2/37/30
○民無殘心 C5/43/25
○喜也 D2/47/25
○休也 D2/47/26
○以顏色 D4/49/32

式 shì 1

兵車不○ D2/47/15

事 shì 76

國之大○〔也〕 A1/1/3
故經之以五○ A1/1/5
不知三軍之○ A3/3/4
將軍之○ A11/12/13
易其○ A11/12/13
此謂將軍之○也 A11/12/16
犯之以○ A11/12/28
故為兵之○ A11/13/3
此謂巧能成○者也 A11/13/3
以誅其○ A11/13/5
以決戰○ A11/13/6
不得操○者七十萬家 A13/14/4
不可象於○ A13/14/6
為誑○於外 A13/14/11
故三軍之○ A13/14/14
○莫密於間 A13/14/14
間○未發而先聞者 A13/14/15
故死間為誑○ A13/14/22
五間之○ A13/14/23
人○而已矣 B1/15/6
不若人○也 B1/15/9
〔人○不得也〕 B1/15/11
人○而已 B1/15/14,B4/19/17
清不可○以財 B2/16/4
〔○所以待眾力也〕 B4/18/16
〔數變、則○雖起〕 B4/18/17
〔動○之法〕 B4/18/17
動無疑○ B4/18/18
不時日而○利 B4/19/16,B8/23/26
不卜筮而○吉 B4/19/16
○在未兆 B5/20/14
機在於應○ B7/22/6
百乘○養 B8/22/20
○養不外索資 B8/22/20
君以武○成功者 B8/23/1
人○脩不脩而然也 B8/23/14
謹人○而已 B8/23/27
此將○也 B8/24/2
非將○也 B8/24/3
十人聯百人之○ B9/24/24
百人聯千人之○ B9/24/24
千人聯萬人之○ B9/24/25
○之所主 B10/25/3
珍怪禁淫之○也 B10/25/7
官無○治 B10/25/21

民無二○ B11/25/27
夫無彫文刻鏤之○ B11/25/27
內無暴亂之○ B11/26/15
此天子之○也 B11/26/20
吏究其○ B22/33/9
衆避○者 B22/33/12
○必有本 B23/33/17
寡人不好軍旅之○ C1/36/3
先和而造大○ C1/36/15
所以行○立功 C1/36/19
國亂人疲舉○動衆曰逆 C1/36/30
武侯嘗謀○〔而當〕 C1/37/15
昔楚莊王嘗謀○〔而當〕 C1/37/15
是謂將○ C3/40/8
從○於下 C3/40/17
兵之○也 C4/40/30
三曰○機 C4/41/6
是謂○機 C4/41/8
嚴明之○ C6/44/1
有死○之家 C6/44/10
比小○大以和諸侯 D1/45/28
○極修則百官給矣 D2/46/16
欲民先意以行○也 D2/46/23
危○不齒 D2/47/15
驕驕、懾懾、吟曠、虞懼、○悔 D3/48/20
作○時 D3/48/23
凡○善則長 D3/49/1
因欲而○ D3/49/8
凡戰正不符則○專 D3/49/21

恃 shì 14

無○其不來 A8/8/8
○吾有以待也 A8/8/8
無○其不攻 A8/8/8
○吾有所不可攻也 A8/8/8
○其險也 A9A/9/5,A9B/10/3
衆寡不相○ A11/11/25
未足○也 A11/12/10
三軍之所○而動也 A13/14/27
○衆好勇 C1/36/8
○衆以伐曰彊 C1/36/30
非所○也 C6/44/1
人主之所○也 C6/44/2
智見○ D1/45/5

室 shì 1

有襲人之懷、入人之○者 B8/23/6

是 shì 111

○謂勝敵而益強 A2/2/10
○故百戰百勝 A3/2/19
○謂縻軍 A3/3/4
○謂亂軍引勝 A3/3/5
○故勝兵先勝而後求戰 A4/3/24
分數○也 A5/4/10
形名○也 A5/4/10
奇正○也 A5/4/11
虛實○也 A5/4/11
日月○也 A5/4/14
四時○也 A5/4/14
○故善戰者 A5/4/18
○以十攻其一也 A6/5/18
○故卷甲而趨 A7/6/22
○故軍無輜重則亡 A7/6/25
○故朝氣銳 A7/7/17
○故智者之慮 A8/8/4
○故屈諸侯者以害 A8/8/6
○謂必勝 A9A/9/10,A9B/9/25
○謂必取 A9A/9/15,A9B/10/14
唯人○保 A10/11/5
○故散地則無戰 A11/11/22
○故其兵不修而戒 A11/12/3
○故方馬埋輪 A11/12/10
○故散地吾將一其志 A11/12/19
○故不知諸侯之謀者 A11/12/24
○故不爭天下之交 A11/12/26
○故政舉之日 A11/13/5
○故始如處女 A11/13/6
○謂神紀 A13/14/10
因○而知之 A13/14/21
A13/14/22,A13/14/22
由○觀之 B1/15/8
○以發能中利 B3/16/27
○以擊虛奪之也 B4/18/10
○謂疾陵之兵 B5/20/2
○故知勝敗之道者 B5/20/7
○刑上究也 B8/22/27
○賞下流也 B8/22/28
○存亡安危 B8/22/31
○為無善之軍 B8/23/2
材士則○矣 B8/24/9
○農無不離〔其〕田業 B9/24/26
○治失其本而宜設之制也 B11/25/30
奇兵則反○ B18/29/21,B18/29/25
○三者 B18/30/8
○謂趨戰者也 B20/30/22
○伐之因也 B22/32/28
○有一軍之名 B24/35/5
○兵之一勝也 B24/35/8
○兵之二勝也 B24/35/8
○兵之三勝也 B24/35/9
於○文侯身自布席 C1/36/9
○以有道之主 C1/36/14
○以聖人綏之以道 C1/36/20
○以數勝得天下者稀 C1/36/26
百姓皆○吾君而非鄰國 C1/37/13
於○武侯有慚色 C1/37/18
○謂軍命 C2/38/9
○謂將事 C3/40/8
○謂氣機 C4/41/7
○謂地機 C4/41/8
○謂事機 C4/41/8
○謂力機 C4/41/9
○謂良將 C4/41/11
如○佯北 C5/42/24
於○出旌列（旆）〔旆〕 C5/43/8
於○武侯設坐廟廷為三行饗士大夫 C6/44/8
○以一人投命 C6/44/17
於○武侯從之 C6/44/20
○故殺人、安人 D1/45/3
○以明其禮也 D1/45/11
○以明其義也 D1/45/11,D1/45/12
○以明其信也 D1/45/12
○以明其勇也 D1/45/12
○以明其智也 D1/45/13
○以君子貴之也 D2/46/20
○以不亂 D2/47/10
○謂五慮 D3/48/3
○謂兩之 D3/48/5
於敵反○ D3/48/10
○謂有天 D3/48/13
○謂有財 D3/48/13
○謂有善 D3/48/14
○謂樂人 D3/48/14
○謂行豫 D3/48/15

○謂大軍 D3/48/15
○謂固陳 D3/48/15
因○進退 D3/48/16
○謂多力 D3/48/16
○謂煩陳 D3/48/16
○謂堪物 D3/48/16
因○辨物 D3/48/16
○謂簡治 D3/48/16
○謂戰參 D3/48/19
○謂戰患 D3/48/20
○謂毀折 D3/48/21
○謂戰權 D3/48/21
○謂兼用其人 D3/49/2
○謂七政 D3/49/3
○謂四守 D3/49/4
○謂戰法 D3/49/9
○謂正則 D4/51/9
○謂絶顧之慮 D5/52/3
○謂益人之強 D5/52/4
○謂開人之意 D5/52/4

視 shì 21

○不相見 A7/7/12
○生處高 A9A/8/17
A9A/8/19, A9B/9/20, A9B/9/21
○卒如嬰兒 A10/11/7
○卒如愛子 A10/11/7
○人之地而有之 B3/17/24
○無見 B8/23/2
○吉凶 B8/23/17
明○而高居則威之 B12/27/12
各○其所得之爵 B21/31/28
文所以○利害、辨安危 B23/33/21
莫不梟○狼顧 C6/44/16
○敵而舉 D3/48/7, D5/51/26
遠者○之則不畏 D4/49/29
邇者勿○則不散 D4/49/29
惟敵之○ D4/50/7
惟畏之○ D4/50/7
惟權○之 D4/50/8

弑 shì 1

放○其君則殘之 D1/46/1

勢 shì 18

乃為之○ A1/1/14
○者 A1/1/14
戰○不過奇正 A5/4/15
○也 A5/4/18, A5/4/23, A5/4/29
其○險 A5/4/19
○如彍弩 A5/4/19
求之於○ A5/4/27
故能擇人而任○ A5/4/27
任○者 A5/4/27
故善戰人之○ A5/4/28
故兵無常○ A6/6/12
○均 A10/10/24
夫○均 A10/10/28
使為之戰○ B20/30/22
○甚不便 C2/37/23
此其○也 C2/38/5

筮 shì 2

不卜○而事吉 B4/19/16
不卜○而獲吉 B8/23/26

試 shì 8

○聽臣言其術 B3/16/30
必○其能戰也 B3/17/22
卒無常○ B5/20/2
○聽臣之言 B9/24/21
教成○之以閱 B18/29/30
君○發無功者五萬人 C6/44/15
罰無所○ D2/47/18
○以名行 D3/49/11

飾 shì 5

守在於外○ B7/22/6
女無繡○纂組之作 B11/25/27
不寒而衣繡○ B11/25/30
○之旗章 B23/34/5
○上下之儀 C1/37/3

誓 shì 8

夏后氏○於軍中 D2/46/22
殷○於軍門之外 D2/46/22
周將交刃而○之 D2/46/23
○作章人乃強 D3/49/1
○徐行之 D4/49/29
跪坐坐伏則膝行而寬○
之 D4/49/30
銜枚○（糗）〔具〕 D4/49/31
則○以居前 D4/51/8

適 shì 4

先後之次有○宜 B23/33/29
無失飲食之○ C3/39/29
飲食不○ C3/39/30
○其水草 C3/40/22

釋 shì 1

擅利則○旗 D5/51/21

收 shōu 7

上下不相○ A11/11/25
五穀未○ B5/21/2
乃○窖廩 B6/21/9
○於將吏之所 B16/28/28
必先○其地 B22/33/4
○其器物 C5/43/24
○遊士 D3/47/30

手 shǒu 2

其相救也如左右○ A11/12/10
攜○若使一人 A11/12/11

守 shǒu 85

不可勝者、○也 A4/3/17
○則不足 A4/3/18
善○者藏於九地之下 A4/3/18
攻其所不○也 A6/5/8
○而必固者 A6/5/8
○其所不攻也 A6/5/8
敵不知其所○ A6/5/10
善○者 A6/5/10
畫地而○之 A6/5/15
交地吾將謹其○ A11/12/20
以數○之 A12/13/17

相○數年 A13/14/4
必先知其○將、左右、謁者、門者、舍人之姓名 A13/14/18
德以○之 B1/15/4
若〔乃〕城下、池淺、○弱 B1/15/8
三相稱則內可以固○ B2/15/18
○不固者 B3/17/15
城、所以○地也 B4/19/4
戰、所以○城也 B4/19/4
務○者、〔其〕地不危 B4/19/5
〔故〕靜能○其所固 B4/19/10
則雖有城、無○矣 B5/21/1
凡○者 B6/21/8
夫○者、不失〔其〕險者也 B6/21/12
○法 B6/21/12
十人○之 B6/21/12
出者不○ B6/21/12
○者不出 B6/21/13
誠為○也 B6/21/14
則萬人之○ B6/21/16
此○法也 B6/21/17
則有必○之城 B6/21/19
則無必○之城 B6/21/19
○餘於攻者 B6/21/22
救餘於○者 B6/21/23
則愚夫惷婦無不○陴而泣下 B6/21/23
○必出之 B6/21/27
○不得而止矣 B6/22/2
此○權之謂也 B6/22/2
○在於外飾 B7/22/6
亡在於無所○ B7/22/11
千乘救○ B8/22/20
救○不外索助 B8/22/20
入不足○者 B8/22/23
所以（外）〔給〕戰○也 B8/22/23
無渠答而○ B8/23/2
○法稽斷 B10/25/9
明主○ B10/25/9
○一道 B10/25/10
恐者不（○可）〔可○〕 B12/27/11
○而降 B13/27/22, B13/27/23
○要塞關梁而分居之 B20/30/28
令○者必固 B21/32/1
○社稷 B21/32/5
各死其職而堅○也 B22/32/12
地大能○之 B22/32/20
武所以犯強敵、力攻○也 B23/33/22
內不足以○國 B24/35/2
攻○皆得 B24/35/9
若以備進戰退○ C1/36/6
○西河 C1/36/10
所以保業○成 C1/36/20
在小足以○矣 C1/36/25
○勝難 C1/36/25
棄城去○、欲除其醜者 C1/37/7
願聞陳必定、○必固、戰必勝之道 C1/37/10
則○已固矣 C1/37/13
六國兵四○ C2/37/23
燕陳○而不走 C2/37/26
故○而不走 C2/38/2
十夫所○ C4/41/7
○以彊弩 C5/42/18
難與長○ C5/42/19
敵人若堅○以固其兵 C5/42/22
善○勿應 C5/43/21
所以○也 D1/45/5
短兵以○ D2/46/28
利地○隘險阻 D3/48/3
右兵弓矢禦、殳矛○、戈戟助 D3/48/4
攻戰、○進、退止 D3/48/19
相○義則人勉 D3/48/27
是謂四○ D3/49/4
執略○微 D4/50/27

首 shǒu 11

擊其○則尾至 A11/12/8
擊其尾則○至 A11/12/8
擊其中則○尾俱至 A11/12/9
前獲雙○而還 B8/24/8
復戰得○長 B16/28/30
置章於○ B17/29/10
其甲○有賞 B21/31/8
尊章置○上 B21/31/18
謂甲○相附 B22/32/11
夏后氏玄○ D2/47/3
鼓○ D4/50/29

受 shòu 15

可使必○敵而無敗者 A5/4/10
將○命於君 A7/6/18, A8/7/26
君命有所不○ A8/7/29
二曰○命之論 B4/18/9
不明在於○間 B7/22/10
將○命之日忘其家 B8/24/1
重之以○命之論 B12/27/17
將軍○命 B19/30/12
○敵可也 C3/40/2
○命而不辭 C4/41/3
四面○敵 C5/43/15
諸吏士當從○馳 C6/44/22
一曰○ D3/49/16
敵若眾則相眾而○裹 D5/51/22

狩 shòu 1

巡○者方會諸侯 D1/45/18

授 shòu 4

君身以斧鉞○將曰 B19/30/12
○持符節 B20/31/2
令將吏○旗鼓戈甲 B24/34/16
乃○其兵 C3/40/8

壽 shòu 1

非惡○也 A11/12/4

獸 shòu 3

○駭者 A9A/9/1, A9B/10/4
外內亂、禽○行則滅之 D1/46/1

殳 shū 1

右兵弓矢禦、○矛守、戈戟助 D3/48/4

書 shū 3

○其章曰	B21/31/17
斬使焚○	C5/42/23
○親絕	D5/52/3

舒 shū 3

軍旅以○為主	D2/47/10
○則民力足	D2/47/10
○鼓重	D4/50/15

菽 shū 1

食草飲水而給○粟	B11/25/30

疏 shū 3

鋒以○則達	B23/33/24
行伍○數有常法	B23/33/29
凡陳行惟○	D3/48/27

輸 shū 2

國之貧於師者遠○	A2/2/3
遠○則百姓貧	A2/2/3

孰 shú 8

主○有道	A1/1/9
將○有能	A1/1/9
天地○得	A1/1/9
法令○行	A1/1/9
兵眾○強	A1/1/9
士卒○練	A1/1/10
賞罰○明	A1/1/10
○能窮之	A5/4/16

熟 shú 3

軍食○而後飯	B4/19/20
為三日○食	B20/30/21
為六日○食	B20/30/24

黍 shǔ 1

無取六畜禾○器械	D1/45/24

暑 shǔ 3

陰陽、寒○、時制也	A1/1/6
○不張蓋	B4/19/19
〔飢飽〕、勞佚、〔寒○〕必以身同之	B4/19/21

戍 shù 7

○客未歸	B5/21/1
內卒出○	B24/34/16
以坐後○法	B24/34/16
兵○邊一歲遂亡不候代者	B24/34/16
軍無功者○三歲	B24/34/23
無軍功者○三歲	B24/34/26
○軍三年不興	D2/47/25

束 shù 2

○人之指而訊囚之情	B9/24/19
○伍之令曰	B16/28/28

庶 shù 1

士○之義	D2/46/6

術 shù 11

治兵不知九變之○	A8/8/2
試聽臣言其○	B3/16/30
聽臣之○	B3/17/2
行臣之○	B9/24/21
止姦之○也	B10/25/10
惟王之二○也	B10/25/15
正議之○也	B10/25/16
此必勝之○也	B23/34/5
其○如何	C4/41/24
為此之○	C5/42/27
無復先○	D4/51/9

數 shù 39

三曰○	A4/4/1
量生○	A4/4/1
○生稱	A4/4/1
分○是也	A5/4/10
○也	A5/4/23
而況遠者○十里	A6/5/26
近者○里乎	A6/5/26
○賞者	A9A/8/21，A9B/10/10
○罰者	A9A/8/22，A9B/10/10
以○守之	A12/13/17
相守○年	A13/14/4
戰有此○者	B3/16/22
其實不過○萬爾	B3/17/12
眾不審則○變	B4/18/13
○變、則令雖出	B4/18/14
〔不審所動則○變〕	B4/18/16
〔○變、則事雖起〕	B4/18/17
男女○重	B5/20/28
據一城邑而○道絕	B5/20/28
無過在於度○	B7/22/7
小圄不下十○	B9/24/24
中圄不下百○	B9/24/24
大圄不下千○	B9/24/24
知國有無之○	B10/25/12
行伍疏○有常法	B23/33/29
是以○勝得天下者稀	C1/36/26
五者之○	C1/36/31
祆祥○起	C2/38/17
三軍○驚	C2/38/19
人馬○顧	C2/38/28
陳○移動可擊	C2/39/3
必○上下	C3/40/25
乃○分之一爾	C4/41/1
霖雨○至	C4/41/21
風（飆）〔飄〕○至	C4/41/21
相去○里	C5/43/8
介胄而奮擊之者以萬○	C6/44/11

樹 shù 4

必依水草而背眾○	A9A/8/20
	A9B/9/22
眾○動者	A9A/9/6，A9B/10/4

衰 shuāi 3

廢之則○	C1/36/21
氣有盛○	C6/44/15
德○也	D2/47/20

帥 shuài 7

〇與之期 A11/12/14
〇與之深入諸侯之地而發其機 A11/12/14
將〇者心也 B5/20/3
敵將〇不能信 B5/20/29
〇有分地 B15/28/18
〇鼓也 B18/29/24
則將、〇、伯 B18/29/24

率 shuài 15

譬如〇然 A11/12/8
〇然者 A11/12/8
敢問兵可使如〇然乎 A11/12/9
以三悖〇人者難矣 B2/16/5
所〇無不及二十萬之衆（者） B3/17/7
〔古〇民者〕 B4/18/18
古者〇民 B4/18/22
必本乎〇身以勵衆士 B4/18/24
其總〇也極 B5/20/23
千人而〇 B5/20/24
〇俾民心不定 B22/33/8
必足以〇下安衆 C4/41/10
臣請〇以當之 C6/44/15
〇以討之 C6/44/17
〇則服 D4/50/15

霜 shuāng 1

以敵〇露 B8/23/29

雙 shuāng 1

前獲〇首而還 B8/24/8

誰 shuí 5

〇 B3/17/5,B3/17/6,B3/17/6
〇為法則 B11/26/17
聽誅無〇其名 D3/48/28

水 shuǐ 45

若決積〇於千仞之谿者 A4/4/6
激〇之疾 A5/4/18
夫兵形象〇 A6/6/11
〇之形避高而趨下 A6/6/11
〇因地而制流 A6/6/11
〇無常形 A6/6/12
絕〇必遠〇 A9A/8/17,A9B/9/20
客絕〇而來 A9A/8/18,A9B/9/21
勿迎之於〇內 A9A/8/18,A9B/9/21
無附於〇而迎客 A9A/8/18
 A9B/9/21
無迎〇流 A9A/8/19,A9B/9/22
此處〇上之軍也 A9A/8/19
 A9B/9/22
必依〇草而背衆樹 A9A/8/20
 A9B/9/22
上雨〇沫至 A9A/9/13,A9B/10/1
以〇佐攻者強 A12/13/19
〇可以絕 A12/13/19
背〇陳〔者〕為絕（紀）〔地〕 B1/15/9
背濟〇、向山阪而陳 B1/15/10
深〇絕之 B3/16/24
勝兵似〇 B8/23/24
夫〇、至柔弱者也 B8/23/24
食草飲〇而給菽粟 B11/25/30
〇潰雷擊 B12/27/14
刊木濟〇 C2/38/15
〇地不利 C2/38/18
涉〇半渡可擊 C2/39/3
適其〇草 C3/40/22
〇無所通 C4/41/20
右山左〇 C5/42/18
吾與敵相遇大〇之澤 C5/43/11
〇薄車騎 C5/43/11
此謂〇戰 C5/43/12
必得〇情 C5/43/12
敵若絕〇 C5/43/13
六曰〇 D3/49/3

楯 shǔn 1

戟〇蔽櫓 A2/2/5

舜 shùn 1

雖有堯〇之智 B9/24/21

順 shùn 13

在於〇詳敵之意 A11/13/3
四方豈無〇時乘之者邪 B1/15/7
愛在下〇 B5/20/10
存其慈〇 B12/27/7
名為〇職之吏 B20/31/2
非〇職之吏而行者 B20/31/2
〇職之吏乃行 B20/31/2
舉〇天人 C1/36/22
〇俗而教 C1/37/3
風〇致呼而從之 C3/40/17
〇天之道 D1/45/15
〇天、阜財、懌衆、利地、右兵 D3/48/3
〇天奉時 D3/48/3

說 shuō 11

夫不愛〇其心者 B5/20/10
遊〇、（開）〔間〕諜無自入 B10/25/15
今〇者曰 B11/26/22
而君〇之 C1/37/18
彼聽吾〇 C5/42/23
不聽吾〇 C5/42/23
義見〇 D1/45/5
諸侯〇懷 D1/45/16
以材力〇諸侯 D1/45/27
人莫不〇 D3/49/2
人〇其心、效其力 D4/51/13

爍 shuò 1

〇以犀象 C1/36/4

司 sī 6

生民之〇命 A2/2/14
故能為敵之〇命 A6/5/12
千人一〇馬 B3/16/30
親其有〇 C1/37/13
有〇陵之 D2/47/8
陵之有〇 D2/47/9

私 sī 18

信己之〇 A11/12/26
爭〇結怨 B5/20/16
偏在於多〇 B7/22/10
不〇於一人 B9/24/13
夫能無（移）〔〇〕於一人 B9/24/13
使民無〇也 B11/26/7
民無〇則天下為一家 B11/26/7
而無〇耕〇織 B11/26/7
則民〇飯有儲食 B11/26/10
〇用有儲財 B11/26/10
使民無〇 B11/26/11
為下不敢〇 B11/26/11
父不得以〇其子 B14/28/13
兄不得以〇其弟 B14/28/13
烏能以干令相〇者哉 B14/28/14
使人無得〇語 B22/32/27
不敢信其〇謀 C1/36/15

絲 sī 1

非〇麻無以蓋形 B11/25/26

厮 sī 1

弱者給〇養 C3/40/10

死 sǐ 86

〇生之地 A1/1/3
故可以與之〇 A1/1/6
〔高下〕、遠近、險易、廣狹、〇生也 A1/1/7
〇而復生 A5/4/14
形之而知〇生之地 A6/6/3
月有〇生 A6/6/14
〇地則戰 A8/7/27,A11/11/23
必〇可殺也 A8/8/11
前〇後生 A9A/9/7,A9B/9/23
故可與之俱〇 A10/11/7
有〇地 A11/11/18
為〇地 A11/11/22
〇且不北 A11/12/2
〇焉不得 A11/12/2
至〇無所之 A11/12/4
〇地也 A11/12/19
〇地吾將示之以不活 A11/12/21
陷之〇地然後生 A11/13/1
〇者不可以復生 A12/13/22
有〇間 A13/14/9
〇間者 A13/14/11
間與所告者皆〇 A13/14/16
故〇間為誑事 A13/14/22
先〇者〔亦〕未嘗非多力國士〔也〕 B3/16/17
民非樂〇而惡生也 B3/16/27
必〇與必生 B3/17/2
足使三軍之衆為一〇賊 B3/17/2
未有不得其力而能致其〇戰者也 B4/18/19
則可以〇易生 B4/18/21
則士不〇節 B4/18/24
士不〇節 B4/18/24
〇喪之親 B4/18/27
〇生相救 B4/18/29
其朝〇則朝代 B5/20/25
暮〇則暮代 B5/20/25
則身〇國亡 B8/22/30
〇士三百 B8/23/13
將者、〇官也 B8/23/19
乞人之〇不索尊 B8/23/29
夫煩人而欲乞其〇 B8/23/30
千金不〇 B9/24/21
身〇家殘 B13/27/24
B16/28/29,B16/28/30
若踰分而上請者〇 B19/30/13
若一人有不進〇於敵 B21/31/11
若亡一人而九人不盡〇於敵 B21/31/11
決〇生之分 B21/32/1
教之〇而不疑者 B21/32/1
各〇其職而堅守也 B22/32/12
十一曰〇士 B22/32/16
必〇則生 B22/32/22,C3/40/1
諸罰而請不罰者〇 B22/32/27
諸賞而請不賞者〇 B22/32/27
〔無威則〇〕 B23/33/24
〔有將則〇〕 B23/33/25
犯令必〇 B23/34/6
存亡〇生 B23/34/6
若大將〇 B24/34/25
而從吏五百人已上不能〇敵者斬 B24/34/25
及伍人戰〇不得其屍 B24/34/28
隨之〇矣 C1/36/7
惜其〇 C1/36/16
則士以盡〇為榮 C1/36/16
士無〇志 C2/38/4
幸生則〇 C3/40/1
夫人當〇其所不能 C3/40/5
有〇之榮 C4/41/4
莫不前〇 C4/41/15
交兵接刃而人樂〇 C6/44/2
有〇事之家 C6/44/10
今使一〇賊伏於曠野 C6/44/16
而為一〇賊 C6/44/17
榮、利、恥、〇 D3/49/4
上專多〇 D4/50/19
上〇不勝 D4/50/19
凡人〇愛 D4/50/21
〇怒 D4/50/21
〇威 D4/50/21
〇義 D4/50/21
〇利 D4/50/21
教約人輕〇 D4/50/21
道約人〇正 D4/50/21

四 sì 61

〇曰將 A1/1/5
〇曰稱 A4/4/1
〇時是也 A5/4/14
〇時無常位 A6/6/14
凡此〇軍之利 A9A/9/7,A9B/9/23
黃帝之所以勝〇帝也 A9A/9/7
A9B/9/24
〇達者 A11/12/18
〇五者 A11/12/25
〇曰火庫 A12/13/11
凡此〇宿者 A12/13/13
〇方豈無順時乘之者邪 B1/15/7
患在〇海之內 B2/16/2
夫將能禁此〇者 B3/16/23
不能禁此〇者 B3/16/24
〇曰深溝高壘之論 B4/18/10
如心之使〇支也 B4/18/24
職分〇民 B10/25/3
所謂天子者〇焉 B11/26/20
〇曰無敵 B11/26/20

次○行白章 B17/29/7
次○五行 B17/29/11
○者各有法 B18/29/20
在○奇之內者勝也 B20/30/26
○境之內 B20/31/1
則○境之民 B20/31/1
伍長教其○人 B21/31/20
如○支應心也 B21/32/3
○曰開塞 B22/32/12
信如○時 B24/35/15
今君○時使斬離皮革 C1/36/4
為長戟二丈○尺 C1/36/5
全勝六十○ C1/36/10
闢土○面 C1/36/11
有○不和 C1/36/13
此○德者 C1/36/21
○勝者弊 C1/36/25
○曰內亂 C1/36/28
○曰暴兵 C1/36/29
晉文召為前行○萬 C1/37/4
六國兵○守 C2/37/23
○曰軍資既竭 C2/38/17
○鄰不至 C2/38/18
○曰陳功居列 C2/38/23
六曰○鄰之助 C2/38/23
先明○輕、二重、一信 C3/39/10
○鼓嚴辨 C3/40/11
謹落○下 C3/40/23
○曰戒 C4/41/2
凡兵有○機 C4/41/6
○曰力機 C4/41/6
知此○者 C4/41/9
分車列騎隱於○旁 C5/43/7
登高○望 C5/43/12
○面受敵 C5/43/15
禱于后土○海神祇、山川冢社 D1/45/20
○曰巧 D3/49/3
是謂○守 D3/49/4
○曰一 D3/49/14
○曰疾 D3/49/16

似 sì 1

勝兵○水 B8/23/24

伺 sì 1

攻則屯而○之 D5/51/26

兕 sì 1

犀○之堅 B8/23/25

肆 sì 3

賈不離其○宅 B8/22/17
賈無不離〔其〕○宅 B9/24/26
不服、不信、不和、怠、疑、厭、懾、枝、拄、詘、頓、○、崩、緩 D3/48/19

駟 sì 1

馳車千○ A2/1/25

訟 sòng 2

民無獄○ B10/25/21
謀患辯○ B22/33/9

俗 sú 7

國必有孝慈廉恥之○ B4/18/21
順○而教 C1/37/3
臣請論六國之○ C2/37/25
習貫成則民體○矣 D2/46/16
教成○ D4/51/3
○州異 D4/51/3
道化○ D4/51/3

素 sù 7

〔令〕○行以教其民 A9A/9/15
令不○行以教其民 A9A/9/15, A9B/10/14
令○行者 A9A/9/16, A9B/10/15
令○行以教其民 A9B/10/14
煙火必○具 A12/13/12

宿 sù 2

凡此四○者 A12/13/13
張軍○野忘其親 B8/24/1

速 sù 9

故兵聞拙○ A2/1/28
○而不可及也 A6/5/14
忿○可侮也 A8/8/11
主○乘人之不及 A11/11/29
輕進○退 C2/38/1
還退務○ C5/43/21
遲○不過誡命 D2/47/11
欲民○得為善之利也 D2/47/20
欲民○覩為不善之害也 D2/47/20

粟 sù 7

○馬肉食、軍無懸缶、不返其舍者 A9A/8/20
以人稱○ B2/15/18
人食○一斗 B8/23/3
馬食○三斗 B8/23/3
食草飲水而給菽○ B11/25/30
野充○多 B11/26/14
無刊其木、發其屋、取其○、殺其六畜、燔其積聚 C5/43/25

樕 sù 1

樸○蓋之 B8/23/29

筭 suàn 7

夫未戰而廟○勝者 A1/1/20
得○多也 A1/1/20
未戰而廟○不勝者 A1/1/20
得○少也 A1/1/20
多○勝 A1/1/20
少○不勝 A1/1/20
而況於無○乎 A1/1/21

雖 suī 45

○有智者 A2/1/28

敵○高壘深溝 A6/5/14
越人之兵○多 A6/5/28
敵○眾 A6/6/1
○知地形 A8/8/1
○知五利 A8/8/2
敵○利我 A10/10/22
○戰勝而國益弱 B3/17/25
○形全而不為之用 B4/18/3
數變、則令○出 B4/18/14
〔○有〕小過無更 B4/18/16
〔數變、則事○起〕 B4/18/17
〔○有小過無更〕 B4/18/17
〔則〕師○久而不老 B4/19/21
〔○老〕不弊 B4/19/21
○勝 B5/20/4
○刑賞不足信也 B5/20/13
怨結○起 B5/20/17
則○有城、無守矣 B5/21/1
則○有人、無人矣 B5/21/2
則○有資、無資矣 B5/21/2
當殺而○貴重 B8/22/27
○鉤矢射之 B9/24/16
○國士、有不勝其酷而自誣矣 B9/24/19
○有堯舜之智 B9/24/21
○有萬金 B9/24/22
○天下有善兵者 B23/34/6
○有鬬心 C1/36/7
○有百萬 C3/39/24
○絕成陳 C3/39/25
○散成行 C3/39/26
○克如始戰 C4/41/3
○有其國 C4/41/15
○眾可獲 C4/42/2
○有大眾 C5/42/15
○眾可服 C5/42/28
○眾不用 C5/43/7
○然 C6/44/1
○破軍皆無易 C6/44/23
○戰可也 D1/45/4
故國○大 D1/45/8
天下○安 D1/45/8
○遇壯者 D1/45/24
故○有明君 D2/46/6
○交兵致刃 D2/47/10

綏 suí 2

是以聖人○之以道 C1/36/20
縱○不過三舍 D1/45/11

隨 suí 4

踐墨○敵 A11/13/6
莫○其後 B3/17/2
〔如影之○身也〕 B23/33/22
○之死矣 C1/36/7

遂 suì 3

○發其窖廩救撫 B6/21/23
兵戍邊一歲○亡不候代者 B24/34/16
在行○而果 D2/47/15

歲 suì 6

不起一○之師 B2/16/2
兵戍邊一○遂亡不候代者 B24/34/16
軍無功者戍三○ B24/34/23
無軍功者戍三○ B24/34/26
自竭民○ B24/35/6
○被使者勞賜其父母 C6/44/10

邃 suì 1

若○於天 B2/15/22

孫 sūn 14

○子曰 A1/1/3, A2/1/25, A3/2/18, A4/3/16, A5/4/10, A6/5/3, A7/6/18, A8/7/26, A9A/8/17, A9B/9/20, A10/10/19, A11/11/17, A12/13/11, A13/14/3

損 sǔn 4

○敵一人而○我百人 B3/16/20
有子一人不○一飯 B11/26/8
無○民財 B11/26/25

所 suǒ 162

故君之○以患於軍者三 A3/3/3
見勝不過眾人之○知 A4/3/21
古之○謂善戰者 A4/3/22
其○措必勝 A4/3/23
兵之○加 A5/4/11
出其○不趨 A6/5/7
趨其○不意 A6/5/7
攻其○不守也 A6/5/8
守其○不攻也 A6/5/8
敵不知其○守 A6/5/10
敵不知其○攻 A6/5/10
攻其○必救也 A6/5/15
乖其○之也 A6/5/16
則吾之○與戰者約矣 A6/5/19
吾○與戰之地不可知 A6/5/19
則敵○備者多 A6/5/20
敵○備者多 A6/5/20
則吾○與戰者寡矣 A6/5/20
無○不備 A6/5/22
則無○不寡 A6/5/22
人皆知我○以勝之形 A6/6/8
而莫知吾○以制勝之形 A6/6/8
○以一人之耳目也 A7/7/13
○以變人之耳目也 A7/7/15
塗有○不由 A8/7/29
軍有○不擊 A8/7/29
城有○不攻 A8/7/29
地有○不爭 A8/7/29
君命有○不受 A8/7/29
恃吾有○不可攻也 A8/8/8
此伏姦之○處也 A9A/9/5
其○居易者 A9A/9/6, A9B/10/3
黃帝之○以勝四帝也 A9A/9/7, A9B/9/24
此伏姦之○也 A9B/10/3
○由入者隘 A11/11/21
○從歸者迂 A11/11/21
○謂古之善用兵者 A11/11/25
先奪其○愛 A11/11/27
攻其○不戒也 A11/11/29
投之無○往 A11/12/2
無○往則固 A11/12/3
至死無○之 A11/12/4
投之無○往者 A11/12/5
莫知○之 A11/12/15

無○往者 A11/12/19
先其○愛 A11/13/6
○以動而勝人 A13/14/5
無○不用間也 A13/14/15
間與○告者皆死 A13/14/16
凡軍之○欲擊 A13/14/18
城之○欲攻 A13/14/18
人之○欲殺 A13/14/18
三軍之○恃而動也 A13/14/27
〔黃帝○謂刑德者〕 B1/15/4
非〔世之○謂刑德也〕 B1/15/4
〔世之〕○謂〔刑德者〕 B1/15/5
柄○在勝 B1/15/12
兵之○及 B2/16/7
金鼓○指 B3/16/14
○率無不及二十萬之衆（者） B3/17/7
使天下非農無○得食 B3/17/18
非戰無○得爵 B3/17/19
夫將卒○以戰者 B4/18/7
民之○以戰者 B4/18/7
兵未接而○以奪敵者五 B4/18/9
令者，〔○以〕一衆心也 B4/18/13
〔事○以待衆力也〕 B4/18/16
〔不審○動則數變〕 B4/18/16
民之〔○以〕生 B4/18/27
民之○〔以〕營 B4/18/27
必也因民○生而制之 B4/18/28
因民○榮而顯之 B4/18/28
此民之○勵也 B4/18/29
地、○以（養）〔養〕民也 B4/19/4
城、○以守地也 B4/19/4
戰、○以守城也 B4/19/4
〔故〕靜能守其○固 B4/19/10
動能成其○欲 B4/19/10
○謂上滿下漏 B4/19/14
患無○救 B4/19/14
聖人○貴 B4/19/17
刑有○不從者 B5/20/29
亡在於無○守 B7/22/11
○以誅暴亂、禁不義也 B8/22/17
兵之○加者 B8/22/17
○以（外）〔給〕戰守也 B8/22/23
○以明武也 B8/22/26
市〔有〕○出而官無主也 B8/23/4
必為吾○效用也 B8/23/6
然○觸丘陵 B8/23/24
有○奇正 B8/23/25
因其○長而用之 B8/24/5
○聯之者 B9/24/25
事之○主 B10/25/3
○謂天子者四焉 B11/26/20
戰（楹）〔權〕在乎道之○極 B12/27/4
安○信之 B12/27/4
先王之○傳聞者 B12/27/7
收於將吏之○ B16/28/28
○以知進退先後 B17/29/15
○謂踵軍者 B20/30/21
○謂諸將之兵 B20/30/25
各視其○得之爵 B21/31/28
○以明賞也 B21/31/30
○以開封疆 B21/32/5
校○出入之路 B22/33/1
〔則〕知〔○以〕勝敗矣 B23/33/21
文○以視利害、辨安危 B23/33/21
武○以犯強敵、力攻守也 B23/33/22
○以知勝敗者 B23/33/27
夫內向○以顧中也 B23/34/1
外向○以備外也 B23/34/1
立陳○以行也 B23/34/2
坐陳○以止也 B23/34/2
○以安內也 B24/34/14
卒後將吏而至大將○一日 B24/34/19
此軍之○以不給 B24/35/2
將之○以奪威也 B24/35/2
○以反本復始 C1/36/19
○以行事立功 C1/36/19
○以違害就利 C1/36/19
○以保業守成 C1/36/20
凡兵之○起者有五 C1/36/28
此楚莊王之○憂 C1/37/18
欲掠無○ C2/38/17
○謂見可而進 C2/38/24
○謂治者 C3/39/24
投之○往 C3/39/26
○以任其上令 C3/39/30
則治之○由生也 C3/39/30
○以不任其上令 C3/39/31
夫人當死其○不能 C3/40/5
敗其○不便 C3/40/5
審候風○從來 C3/40/17
夫馬必安其處○ C3/40/22
故將之○愼者五 C4/41/1
十夫○守 C4/41/7
○在寇不敢敵 C4/41/10
○以威耳 C4/41/13
○以威目 C4/41/13
○以威心 C4/41/13
將之○麾 C4/41/15
將之○指 C4/41/15
水無○通 C4/41/20
莫之○加 C5/42/22
軍之○至 C5/43/24
非○恃也 C6/44/1
人主之○恃也 C6/44/2
○以守也 D1/45/5
○以戰也 D1/45/5
○以愛吾民也 D1/45/7
○以愛夫其民也 D1/45/7
○以兼愛民也 D1/45/8
○以不忘戰也 D1/45/9
王霸之○以治諸侯者六 D1/45/27
賞無○生 D2/47/18
罰無○試 D2/47/18
用其○欲 D3/48/10
行其○能 D3/48/10
告之以○生 D4/49/32

索 suǒ　11

校之以計而○其情 A1/1/5
故校之以計而○其情 A1/1/9
必謹覆○之 A9A/9/5,A9B/10/3
令吾間必○知之 A13/14/19
必○敵人之間來間我者 A13/14/21
農戰不外○權 B8/22/20
救守不外○助 B8/22/20
事養不外○資 B8/22/20
乞人之死不○尊 B8/23/29
養力○巧 D3/47/31

濕 tà　2

居軍下○ C4/41/20

陰○則停 C5/43/16

臺 tái 1

偃伯靈○ D2/47/26

太 tài 10

○公望年七十屠牛朝歌 B8/23/9
○上神化 B11/26/25
合之○將 B21/31/24
武王問○公望曰 B22/32/26
○上無過 B22/32/26
○長則難犯 D2/46/28
○短則不及 D2/46/28
○輕則銳 D2/46/28
○重則鈍 D2/46/29
若畏○甚 D4/49/31

貪 tān 4

師老將○ B22/33/9
棄禮○利曰暴 C1/36/30
士○於得而離其將 C2/37/31
○而忽名 C4/41/18

壇 tán 1

暴內陵外則○之 D1/45/30

湯 tāng 1

故成○討桀而夏民喜悅 C1/36/21

堂 táng 4

勿擊○○之陳 A7/7/19
○○決而去 B2/16/10

逃 táo 9

少則能○之 A3/2/27
征役分軍而○歸 B3/16/20
則○傷甚焉 B3/16/21
離地○眾 B13/27/22,B13/27/23
坐離地遁○之法 B16/28/30
卒○歸至家一日 B24/34/19
臣以謂卒○歸者 B24/35/5
今以法止○歸 B24/35/8

討 tǎo 3

故成湯○桀而夏民喜悅 C1/36/21
率以○之 C6/44/17
〔乃〕興甲兵以○不義 D1/45/18

忒 tè 2

故其戰勝不○ A4/3/23
不○者 A4/3/23

慝 tè 1

上不尊德而任詐○ D2/47/8

騰 téng 1

人人無不○陵張膽 B2/16/10

剔 tī 1

刻○毛鬣 C3/40/22

梯 tī 1

如登高而去其○ A11/12/14

提 tí 7

有○十萬之眾而天下莫當者 B3/17/5
有○七萬之眾而天下莫當者 B3/17/5
有○三萬之眾而天下莫當者 B3/17/6
夫將○鼓揮枹 B8/22/30
夫○鼓揮枹 B8/23/1
夫○天下之節制 B8/23/4
則○三萬之眾 B8/23/10

體 tǐ 5

尊卑之○也 B10/25/3
強之○也 B10/25/12
兵之○也 B23/34/9
習貫成則民○俗矣 D2/46/16
欲民○其命也 D2/46/22

涕 tì 2

士卒坐者○霑襟 A11/12/5
偃臥者○交頤 A11/12/5

天 tiān 94

二曰○ A1/1/5
○者 A1/1/6
○地孰得 A1/1/9
必以全爭於○下 A3/2/25
善攻者動於九○之上 A4/3/18
戰勝而○下曰善 A4/3/21
無窮如○地 A5/4/13
凡地有絕澗、○井、○牢、○羅、○陷、○隙 A9A/9/3
A9B/10/1
非○之災 A10/10/27
知○知地 A10/11/12
先至而得○下之眾者 A11/11/19
是故不爭○下之交 A11/12/26
不養○下之權 A11/12/26
○之燥也 A12/13/12
○官時日陰陽向背〔者〕也 B1/15/5
○官時日 B1/15/9
案《○官》曰 B1/15/9
豈紂不得○官之陳哉 B1/15/11
謂之○時 B1/15/14
若邃於○ B2/15/22
（車）〔甲〕不暴出而威制○下 B2/15/24
將者上不制於○ B2/16/4
○下莫能當其戰矣 B3/16/15
有提十萬之眾而○下莫當者 B3/17/5
有提七萬之眾而○下莫當者 B3/17/5
有提三萬之眾而○下莫當者 B3/17/6
今○下諸國士 B3/17/6
得○下助卒 B3/17/11
無為○下先戰 B3/17/12

〇下諸國助我戰 B3/17/15
吾用〇下之用為用 B3/17/18
吾制〇下之制為制 B3/17/18
使〇下非農無所得食 B3/17/18
使民揚臂爭出農戰而〇下無敵矣 B3/17/19
不能內有其賢而欲有〇下 B3/17/24
〇時不如地利 B4/19/17,B8/23/26
故兵不血刃而〇下親焉 B8/22/18
夫提〇下之節制 B8/23/4
一戰而〇下定 B8/23/10
夫將者、上不制於〇 B8/23/18
無〇於上 B8/23/21
〇下皆驚 B8/23/22
則〇下莫當其戰矣 B8/23/25
〇子之會也 B10/25/15
諸侯有謹〇子之禮 B10/25/18
〇下無費 B11/25/29
民無私則〇下為一家 B11/26/7
外無〇下之難 B11/26/14
蒼蒼之〇 B11/26/17
所謂〇子者四焉 B11/26/20
此〇子之事也 B11/26/20
則威加〇下有十二焉 B22/32/10
組甲不出於橐而威服〇下矣 B22/32/20
橫行〇下 B22/32/24,C3/40/25
則足以施〇下 B22/33/6
雖〇下有善兵者 B23/34/6
參之〇時 C1/36/15
舉順〇人 C1/36/22
〇下戰國 C1/36/25
是以數勝得〇下者稀 C1/36/26
〇多陰雨 C2/38/17
〇下莫當 C3/39/26
無當〇竈 C3/40/16
〇竈者 C3/40/16
〇久連雨 C5/43/15
失權於〇下矣 C6/44/16
其令不煩而威震〇下 C6/44/23
〇下雖安 D1/45/8
〇下既平 D1/45/8
〇下大愷 D1/45/8
順〇之道 D1/45/15
其有失命亂常背德逆〇之時 D1/45/19
乃告于皇〇上帝 D1/45/20
會〇子正刑 D1/45/21
〇子之義 D2/46/6
必純取法〇地 D2/46/6
〇之義也 D2/47/3
順〇、阜財、懌眾、利地、右兵 D3/48/3
順〇奉時 D3/48/3
凡戰有〇有財有善 D3/48/13
是謂有〇 D3/48/13
成基一〇下之形 D3/49/2
若〇 D4/50/23

田 tián 7

〇祿之實 B4/18/28
農不離其〇業 B8/22/17
是農無不離〔其〕〇業 B9/24/26
乘之以〇則不輕 C1/36/6
民安其〇宅 C1/37/12
掠吾〇野 C5/43/19
無行〇獵 D1/45/23

殄 tiǎn 1

〇怪禁淫之事也 B10/25/7

佻 tiāo 1

民相輕〇 B11/26/10

挑 tiāo 5

遠而〇戰者 A9A/9/5,A9B/10/3
難以〇戰 A10/10/24
〇戰者無全氣 B5/20/16
車騎〇之 C5/43/9

條 tiáo 2

散而〇達者 A9A/9/1,A9B/10/5

窕 tiǎo 3

大不〇 B2/15/22
力欲〇 D4/49/26
避其閑〇 D4/51/15

聽 tīng 20

將〇吾計 A1/1/12
將不〇吾計 A1/1/12
計利以〇 A1/1/14
不可勝〇也 A5/4/14
則〇矣 A11/11/27
試〇臣言其術 B3/16/30
〇臣之術 B3/17/2
則眾不二〇 B4/18/18
〇無聞 B8/23/2
過七年餘而主不〇 B8/23/9
試〇臣之言 B9/24/21
至聽之〇也 B10/25/12
在王垂〇也 B10/25/22
不〇金、鼓、鈴、旗而動者有誅 B18/29/27
彼〇吾說 C5/42/23
不〇吾說 C5/42/23
國中之〇 D2/46/13
軍旅之〇 D2/46/13
〇誅無誰其名 D3/48/28
軍無小〇 D3/49/19

廷 tíng 4

兵勝於朝〇 B2/15/25
兵有勝於朝〇 B5/20/19
行令於〇 B19/30/12
於是武侯設坐廟〇為三行饗士大夫 C6/44/8

亭 tíng 1

進不郭（圉）〔圉〕、退不〇障以禦戰 B6/21/8

停 tíng 2

〇久不移 C4/41/21
陰濕則〇 C5/43/16

霆 tíng 4

聞雷〇不為聰耳 A4/3/22
如雷如〇 B8/23/21
鼓之前如雷〇 B17/29/15

輕者若○ B21/32/2

通 tōng 13

故將○於九變之地利者 A8/8/1
將不○於九變之利者 A8/8/1
地形有○者 A10/10/19
曰○ A10/10/20
○形者 A10/10/20
無○其使 A11/13/5
下達上○ B10/25/12
雜學不為○儒 B11/26/22
而無○其交往 B15/28/18
使非百人無得○ B15/28/19
不得○行 B15/28/23,B15/28/23
水無所○ C4/41/20

同 tóng 24

令民與上○意也 A1/1/6
而○三軍之政者 A3/3/4
而○三軍之任 A3/3/5
上下○欲者勝 A3/3/8
當其○舟而濟 A11/12/9
親〔戚○鄉〕 B4/18/29
〔飢飽〕、勞佚、〔寒暑〕必以身○之 B4/19/21
俎豆○制 B10/25/15
皆與○罪 B14/28/11
而況國人聚舍○食 B14/28/14
與之○罪 B15/28/20
三鼓○ B18/29/24
謂○罪保伍也 B22/32/11
三五相○ B22/32/12
與○罪 B24/34/17
父母妻子盡○罪 B24/34/19
亦○罪 B24/34/20
○伍盡奪其功 B24/34/28
○舍伍人及吏罰入糧為饒 B24/35/5
考不○ D1/45/19
○患○利以合諸侯 D1/45/28
故力○而意和也 D2/46/9
上○無獲 D4/50/19

童 tóng 1

賞及牛○馬圉者 B8/22/27

偷 tōu 1

○矣 B12/27/14

投 tóu 8

如以碬○卵者 A5/4/11
○之無所往 A11/12/2
○之無所往者 A11/12/5
○之於險 A11/12/15
○之亡地然後存 A11/13/1
設伏○機 C2/37/31
○之所往 C3/39/26
是以一人○命 C6/44/17

頭 tóu 2

無當龍○ C3/40/16
龍○者 C3/40/16

徒 tú 18

○來也 A9A/9/1,A9B/10/5
兵已出不○歸 B5/20/14
○尚驕侈 B22/33/8
五曰○眾不多 C2/38/17
師○無助 C2/38/19
五曰師○之眾 C2/38/23
兼之○步 C5/42/21
車騎與○ C6/44/22
○不得○ C6/44/23
○不趨 D2/47/10
輕車輕○ D3/48/15
車○因 D3/48/19
位逮○甲 D4/49/29
振馬譟○甲 D4/49/30
○以坐固 D4/50/5
鼓○ D4/50/29

途 tú 2

故迂其○而誘之以利 A7/6/19
迂其○ A11/12/14

屠 tú 3

孽在於○戮 B7/22/10
太公望年七十○牛朝歌 B8/23/9
外入可以○城矣 C1/37/8

塗 tú 2

○有所不由 A8/7/29
圮地吾將進其○ A11/12/21

圖 tú 3

戰國則以立威、抗敵、相○而不能廢兵也 B23/33/17
昔之○國家者 C1/36/13
阻其○ D5/51/29

土 tǔ 11

量○地肥墝而立邑建城 B2/15/18
夫○廣而任 B2/15/23
非妄費於民聚○壤也 B6/21/13
聖人飲於○ B11/25/29
食於○ B11/25/29
古者○無肥磽 B11/26/4
闢○四面 C1/36/11
一曰○地廣大 C2/38/22
禱于后○四海神祇、山川冢社 D1/45/20
無毀○功 D1/45/23
以○地形諸侯 D1/45/27

兔 tù 1

後如脫○ A11/13/6

推 tuī 2

變嫌○疑 D3/47/30
坐膝行而○之 D4/49/31

退 tuì 38

不知軍之不可以○而謂之○ A3/3/3
○而不可追者 A6/5/14

怯者不得獨○ A7/7/13
半進半○者 A9A/8/24,A9B/10/7
○也 A9A/9/2,A9B/10/6
○不避罪 A10/11/5
夫力弱故進○不豪 B5/20/1
進不郭（圍）〔圉〕、
　○不亭障以禦戰 B6/21/8
後行（進）〔○〕為辱
　衆 B17/29/14
所以知進○先後 B17/29/15
重金則○ B18/29/20
則進○不定 B18/30/4
有非令而進○者 B21/31/7
擊金而○ B21/31/20
若以備進戰○守 C1/36/6
○生為辱矣 C1/36/17
○朝而有憂色 C1/37/16
輕進速○ C2/38/1
知難而○也 C2/38/24
○有重刑 C3/39/15
○不可追 C3/39/25
進○多疑 C4/41/19
○道難 C4/41/20
○道易 C4/41/20
○如山移 C5/42/19
進○不敢 C5/43/8
進○不得 C5/43/11
還○務速 C5/43/21
難進易○ D2/47/14
因是進○ D3/48/16
攻戰、守進、○止 D3/48/19
進○無疑 D3/48/28
用寡進○ D5/51/20
進○以觀其固 D5/51/28
○必有返慮 D5/52/1

呑 tūn 1

其有工用五兵、材力健
　疾、志在○敵者 C2/38/9

脫 tuō 2

後如○兔 A11/13/6
○其不勝 C6/44/15

瓦 wǎ 1

以○為金 B21/31/20

外 wài 39

以佐其○ A1/1/14
則內○之費 A2/1/25
則早應之於○ A12/13/15
火可發於○ A12/13/16
內○騷動 A13/14/3
為誑事於○ A13/14/11
○可以戰勝 B2/15/19
戰勝於○ B2/15/19
殺人於百步之○者 B3/16/21
中○相應 B6/21/28
守在於○飾 B7/22/6
農戰不○索權 B8/22/20
救守不○索助 B8/22/20
事養不○索資 B8/22/20
所以（○）〔給〕戰守
　也 B8/22/23
君子不救囚於五步之○ B9/24/16
○無天下之難 B11/26/14
則○輕敵 B13/27/24
內畏則○堅矣 B13/27/26
則○無不獲之姦 B15/28/24
出國門之○ B19/30/15
以網○姦也 B22/32/11
凡興師必審內○之權 B22/33/1
〔以武為○〕 B23/33/20
有○向 B23/34/1
○向所以備○也 B23/34/1
○不足以禦敵 B24/35/2
○（冶）〔治〕武備 C1/36/9
○入可以屠城矣 C1/37/8
吾欲觀敵之○以知其內 C2/38/26
行出山○營之 C5/43/9
又頒賜有功者父母妻子
　於廟門○ C6/44/9
○得威焉 D1/45/5
海○來服 D1/45/16
暴內陵○則壇之 D1/45/30
○內亂、禽獸行則滅之 D1/46/1
殷誓於軍門之○ D2/46/22
我自其○ D3/49/2

完 wán 1

必令○堅 C3/40/24

萬 wàn 59

帶甲十○ A2/1/25
然後十○之師舉矣 A2/1/26
凡興師十○ A13/14/3
不得操事者七十○家 A13/14/4
以二○二千五百人擊紂
　之億○而滅商 B1/15/10
則○人齊刃 B3/16/15
○人一將 B3/16/30
○人無不避之者 B3/17/1
○人皆不肖也 B3/17/1
有提十○之衆而天下莫
　當者 B3/17/5
有提七○之衆而天下莫
　當者 B3/17/5
有提三○之衆而天下莫
　當者 B3/17/6
所率無不及二十○之衆
　（者） B3/17/7
則百千○人亦以勝之也 B3/17/8
名為十○ B3/17/11
其實不過數○爾 B3/17/12
經制十○之衆 B3/17/14
○人而將 B5/20/24
千而當○ B6/21/13
則○人之守 B6/21/16
攻者不下十餘○之衆 B6/21/19
十○之軍頓於城下 B6/21/27
○乘農戰 B8/22/20
○乘無千乘之助 B8/22/23
（殺）〔賞〕一人而○
　人喜者 B8/22/26
則提三○之衆 B8/23/10
戰士三○ B8/23/13
紂之陳億○ B8/23/13
○物之主也 B9/24/13
故○物至而制之 B9/24/13
○物至而命之 B9/24/14
雖有○金 B9/24/22
千人聯○人之事 B9/24/25
十○之師出 B9/24/27
今良民十○而聯於（囚）

〔圀〕圄 B9/24/27
○人而成武 B12/26/30
○人之將得誅千人之將 B16/29/1
左右將軍得誅○人之將 B16/29/2
合之○人 B18/29/29
○人教成 B18/29/29
○人被刃 B22/32/24
百○之衆不用命 B24/35/12
不如○人之鬬也 B24/35/13
○人之鬬 B24/35/13
必先教百姓而親○民 C1/36/13
昔齊桓募士五○ C1/37/4
晉文召為前行四○ C1/37/4
秦繆置陷陳三○ C1/37/4
雖有百○ C3/39/24
教成○人 C3/40/6
○人學戰 C3/40/6
百○之師 C4/41/7
以千擊○ C5/42/15
能備千乘○騎 C5/42/21
介冑而奮擊之者以○數 C6/44/11
君試發無功者五○人 C6/44/15
今臣以五○之衆 C6/44/17
而破秦五十○衆 C6/44/20

亡 wáng 35

存○之道 A1/1/3
是故軍無輜重則○ A7/6/25
無糧食則○ A7/6/25
無委積則○ A7/6/25
不疾戰則○者 A11/11/22
投之○地然後存 A11/13/1
○國不可以復存 A12/13/22
猶○舟楫絶江河 B3/16/24
○國富倉府 B4/19/14
求敵若求○子 B5/20/14,B18/30/2
○在於無所守 B7/22/11
則身死國○ B8/22/30
是存○安危 B8/22/31
○伍而得伍 B16/28/28
得伍而不○ B16/28/28
○伍不得伍 B16/28/29
○長得長 B16/28/29
得長不○ B16/28/29
○長不得長 B16/28/29
○將得將 B16/28/30
得將不○ B16/28/30
○將不得將 B16/28/30
○章者有誅 B17/29/10
若○一人而九人不盡死
於敵 B21/31/11
存○死生 B23/34/6
兵戍邊一歲遂○不候代
者 B24/34/16
法比○軍 B24/34/17
諸戰而○其將吏者 B24/34/22
戰○伍人 B24/34/28
禁○軍 B24/35/8
以○者衆 C1/36/26
去之國○ C4/41/11
好戰必○ D1/45/8
必○等矣 D2/47/21

王 wāng 38

非霸○之兵也 A11/12/25
夫霸○之兵 A11/12/25
梁惠○問尉繚子曰 B1/15/3
武○〔之〕伐紂〔也〕 B1/15/10
○霸之兵也 B3/17/3
而○必能使之衣吾衣 B3/17/14
○侯知此以三勝者 B4/18/5
三者、先○之本務〔也〕 B4/19/5
故先○〔務〕專於兵 B4/19/8
〔先○〕務此五者 B4/19/10
○國富民 B4/19/14
及遇文○ B8/23/10
武○伐紂 B8/23/13
武○不罷士民 B8/23/14
惟○之二術也 B10/25/15
承○之命也 B10/25/18
違○明德 B10/25/18
何○之至 B10/25/21
在○垂聽也 B10/25/22
帝○之君 B11/26/17
先○之所傳聞者 B12/27/7
故先○明制度於前 B13/27/26
奉○之命 B20/31/1
武○問太公望曰 B22/32/26
故○者伐暴亂、本仁義
焉 B23/33/17
二勝者○ C1/36/26
古之明○ C1/37/3
○臣失位而欲見功於上者 C1/37/6
昔楚莊○嘗謀事〔而當〕
C1/37/15
能得其師者○ C1/37/17
此楚莊○之所憂 C1/37/18
先○之治 D1/45/15
賢○制禮樂法度 D1/45/18
乃造于先○ D1/45/20
○及諸侯修正其國 D1/45/25
○霸之所以治諸侯者六 D1/45/27
三○彰其德 D2/46/25
賢○明民之德 D2/47/18

往 wǎng 21

少而○來者 A9A/9/2,A9B/10/5
我可以○ A10/10/19
可以○ A10/10/20
我可以○、彼可以來者 A11/11/19
投之無所○ A11/12/2
無所○則固 A11/12/3
投之無所○者 A11/12/5
驅而○ A11/12/15
無所○者 A11/12/19
○世不可及 B11/26/17
凡我○則彼來 B12/27/1
彼來則我○ B12/27/2
惡在乎必○有功 B12/27/8
敵復啚止我○而敵制勝
矣 B12/27/8
意○而不疑則從之 B12/27/11
而無通其交○ B15/28/18
其○有信而不信 B18/30/8
以○察來 C1/36/4
投之所○ C3/39/26
輕兵○來 C4/41/8

網 wǎng 1

以○外姦也 B22/32/11

妄 wàng 1

非○費於民聚土壤也 B6/21/13

忘 wàng 11

將受命之日〇其家 B8/24/1
張軍宿野〇其親 B8/24/1
援（抱）〔枹〕而鼓〇其身 B8/24/1
為將〇家 B22/32/22
踰垠〇親 B22/32/22
指敵〇身 B22/32/22
著不〇於心 C6/44/10
〇戰必危 D1/45/8
所以不〇戰也 D1/45/9
見危難無〇其衆 D3/48/24
因使勿〇 D3/49/11

望 wàng 7

太公〇年七十屠牛朝歌 B8/23/9
〇敵在前 B8/24/5
柱道相〇 B15/28/22
武王問太公〇曰 B22/32/26
〇對曰 B22/32/26
兩軍相〇 C4/41/24
登高四〇 C5/43/12

危 wēi 25

而不畏〇 A1/1/6
國家安〇之主也 A2/2/14
〇則動 A5/4/28
軍爭為〇 A7/6/22
故將有五〇 A8/8/11
必以五〇 A8/8/12
非〇不戰 A12/13/20
務守者、〔其〕地不〇 B4/19/5
使之登城逼〇 B5/20/28
〇在於無號令 B7/22/12
是存亡安〇 B8/22/31
臣以為〇也 B9/24/28
必安其〇 B12/27/14
文所以視利害、辨安〇 B23/33/21
用兵必須審敵虛實而趨其〇 C2/39/1
與之〇 C3/39/26
忘戰必〇 D1/45/8
而〇有功之君 D1/45/19
〇事不齒 D2/47/15
見〇難無忘其衆 D3/48/24
〇則坐 D4/49/29
以〇勝 D4/50/3
凡戰以輕行輕則〇 D4/50/10
凡盡〇 D4/50/32
〇而觀其懼 D5/51/28

威 wēi 49

〇加於敵 A11/12/26,A11/12/27
（車）〔甲〕不暴出而〇制天下 B2/15/24
有以〇勝 B4/18/3
此〇勝也 B4/18/4
立〇者勝 B5/20/6
〇在上立 B5/20/10
〇故不犯 B5/20/11
愛與〇而已 B5/20/11
兵有去備徹〇而勝者 B5/20/23
〇在於不變 B7/22/6
敵無〇接 B12/26/30
明視而高居則〇之 B12/27/12
重〇刑於後 B13/27/26
戰勝在乎立〇 B21/31/30
立〇在乎戮力 B21/31/30
則〇加天下有十二焉 B22/32/10
組甲不出於櫜而〇服天下矣 B22/32/20
戰國則以立〇、抗敵、相圖而不能廢兵也 B23/33/17
〔將有〇則生〕 B23/33/24
〔無〇則死〕 B23/33/24
〔有〇則勝〕 B23/33/25
〔無〇則敗〕 B23/33/25
〔〇者、賞罰之謂也〕 B23/33/26
將之所以奪〇也 B24/35/2
將能立〇 B24/35/9
〇加海內 B24/35/12
動則有〇 C3/39/25
然其〇、德、仁、勇 C4/41/10
所以〇耳 C4/41/13
所以〇目 C4/41/13
所以〇心 C4/41/13
耳〇於聲 C4/41/14
目〇於色 C4/41/14
心〇於刑 C4/41/14
三軍服〇 C5/42/9
其令不煩而〇震天下 C6/44/23
外得〇焉 D1/45/5
〇不善也 D2/46/25
師多務〇則民詘 D2/47/7
少〇則民不勝 D2/47/7,D2/47/9
此謂多〇 D2/47/8
多〇則民詘 D2/47/8
此謂少〇 D2/47/9
至〇也 D2/47/19
〇利章 D3/48/27
容色積〇 D3/49/4
死〇 D4/50/21

微 wēi 10

〇乎〇乎 A6/5/12
〇與之期 A11/13/6
非〇妙不能得間之實 A13/14/15
〇哉 A13/14/15,A13/14/15
龜勝〇行 D3/48/13
日成行〇曰道 D3/49/19
執略守〇 D4/50/27
凡戰擊其〇靜 D4/51/15

為 wéi 153

乃〇之勢 A1/1/14
全國〇上 A3/2/18
全軍〇上 A3/2/18
全旅〇上 A3/2/18
全卒〇上 A3/2/19
全伍〇上 A3/2/19
〇不得已 A3/2/22
先〇不可勝 A4/3/16
能〇不可勝 A4/3/17
而不可〇 A4/3/17
故舉秋毫不〇多力 A4/3/21
見日月不〇明目 A4/3/22
聞雷霆不〇聰耳 A4/3/22
故能〇勝敗之政 A4/3/25
故能〇敵之司命 A6/5/12
我專〇一 A6/5/18
敵分〇十 A6/5/18
勝可〇也 A6/6/1
以迂〇直 A7/6/19
以患〇利 A7/6/19
故軍爭〇利 A7/6/22

軍爭○危	A7/6/22
故兵以詐立、以利動、以分合○變者也	A7/7/4
故○金鼓	A7/7/12
故○旌旗	A7/7/12
○散地	A11/11/18
○輕地	A11/11/18
○爭地	A11/11/19
○交地	A11/11/19
○衢地	A11/11/20
○重地	A11/11/20
○圮地	A11/11/21
○圍地	A11/11/21
○死地	A11/11/22
凡○客之道	A11/12/1,A11/12/18
○不可測	A11/12/2
然後能○勝敗	A11/13/1
故○兵之事	A11/13/3
○誑事於外	A13/14/11
故死間○誑事	A13/14/22
能以上智○間者	A13/14/26
背水陳〔者〕○絕（紀）〔地〕	B1/15/9
向阪陳〔者〕○廢軍	B1/15/10
足使三軍之衆○一死賊	B3/17/2
名○十萬	B3/17/11
無○天下先戰	B3/17/12
吾用天下之用○用	B3/17/18
吾制天下之制○制	B3/17/18
雖形全而不○之用	B4/18/3
故○城郭者	B6/21/13
誠○守也	B6/21/14
臣以○非難也	B8/23/1
是○無善之軍	B8/23/2
必○吾所效用也	B8/23/6
臣以○難	B8/23/18
必○之崩	B8/23/24
臣以○危也	B9/24/28
○治之本也	B10/25/3
○政之要也	B10/25/10
故埏埴以○器	B11/25/29
民無私則天下○一家	B11/26/7
烏有以○人上也	B11/26/11
○下不敢私	B11/26/11
則無○非者矣	B11/26/12
誰○法則	B11/26/17
野物不○犧牲	B11/26/22
雜學不○通儒	B11/26/22
相○勝敗	B12/27/2
五人○伍	B14/28/3,B16/28/28
十人○什	B14/28/3
五十人○屬	B14/28/3
百人○閭	B14/28/4
以經令分之○三分焉	B17/29/6
則前行進○犯難	B17/29/14
後行（進）〔退〕○辱衆	B17/29/14
○大戰之法	B18/29/30
○三日熟食	B20/30/21
○戰合之表	B20/30/21
使○之戰勢	B20/30/22
○六日熟食	B20/30/24
使○戰備	B20/30/25
豫○之職	B20/30/28
大軍○計日之食	B20/30/28
名○順職之吏	B20/31/2
以板○鼓	B21/31/20
以瓦○金	B21/31/20
以竿○旗	B21/31/20
乃○之賞法	B21/31/25
垣車○固	B22/32/13
○將忘家	B22/32/22
急勝○下	B22/32/22
兵者以武○植	B23/33/20
以文○種	B23/33/20
〔以〕武○表	B23/33/20
〔以〕文○裏	B23/33/20
〔以武○外〕	B23/33/20
〔以文○內〕	B23/33/20
諸去大軍○前禦之備者	B24/34/13
聞大軍○前禦之備	B24/34/13
聚卒○軍	B24/35/1
同舍伍人及吏罰入糧○饒	B24/35/5
名○軍實	B24/35/5
○長戟二丈四尺	C1/36/5
立○大將	C1/36/10
則士以盡死○榮	C1/36/16
退生○辱矣	C1/36/17
晉文召○前行四萬	C1/37/4
聚○一卒	C1/37/5,C1/37/6,C1/37/6,C1/37/7,C1/37/7
先戒○寶	C2/37/25
兵何以○勝	C3/39/18
以治○勝	C3/39/20
教戒○先	C3/40/5
智者○謀主	C3/40/11
乃可○將	C4/41/9
其追北佯○不及	C4/41/27
其見利佯○不知	C4/41/27
名○智將	C4/41/27
此○愚將	C4/42/2
晝以旌旗旛麾○節	C5/42/8
夜以金鼓笳笛○節	C5/42/8
○之奈何	C5/42/12,C5/42/27
分○五軍	C5/42/22
分○五戰	C5/42/23
○此之術	C5/42/27
○之奈何	C5/42/30,C5/43/4,C5/43/12,C5/43/15
輕足利兵以○前行	C5/43/7
乃可○奇以勝之	C5/43/13
於是武侯設坐廟廷○三行饗士大夫	C6/44/8
亦以功○差	C6/44/10
而○一死賊	C6/44/17
古者以仁○本	D1/45/3
以○民紀之道也	D1/45/13
某國○不道	D1/45/21
從命○士上賞	D2/46/14
犯命○士上戮	D2/46/14
以禮○固	D2/46/19
以仁○勝	D2/46/19
軍旅以舒○主	D2/47/10
欲民速得○善之利也	D2/47/20
欲民速覩○不善之害也	D2/47/20
兩○之職	D4/50/7
故戰相○輕重	D4/50/10
爭賢以○	D4/51/12

唯 wéi 6

○亟去無留	A9B/9/22
○無武進	A9B/10/12
夫○無慮而易敵者	A9B/10/12
○人是保	A10/11/5
○仁有親	D3/49/6
本末○權	D4/50/27

惟 wéi 13

○亟去無留 A9A/8/19
○無武進 A9A/8/23
夫○無慮而易敵者 A9A/9/13
故○明君賢將 A13/14/26
○王之二術也 B10/25/15
教○豫、戰○節 D3/48/7
凡陳行○疏 D3/48/27
戰○密 D3/48/27
兵○雜 D3/48/27
○敵之視 D4/50/7
○畏之視 D4/50/7
○權視之 D4/50/8

圍 wéi 15

十則○之 A3/2/27
○師必闕 A7/7/22
○地則謀 A8/7/27,A11/11/23
有○地 A11/11/18
為○地 A11/11/21
○地也 A11/12/19
○地吾將塞其闕 A11/12/21
○則禦 A11/12/22
務戰者、〔其〕城不○ B4/19/5
進不郭（○）〔圉〕、
退不亭障以禦戰 B6/21/8
可○也 B22/33/11
凡○必開其小利 B22/33/11
內出可以決○ C1/37/8
凡攻敵○城之道 C5/43/24

違 wéi 4

○王明德 B10/25/18
主君何言與心○ C1/36/4
所以○害就利 C1/36/19
不○時 D1/45/7

嵬 wéi 1

春○秋獮 D1/45/9

維 wéi 1

以謀人○諸侯 D1/45/28

尾 wěi 3

擊其首則○至 A11/12/8
擊其○則首至 A11/12/8
擊其中則首○俱至 A11/12/9

委 wěi 5

○軍而爭利則輜重捐 A7/6/22
無○積則亡 A7/6/25
來○謝者 A9A/8/22,A9B/10/11
○積不多 B4/19/8

葦 wěi 1

軍行有險阻潢井葭○山
林翳薈者 A9A/9/4

未 wèi 43

夫○戰而廟筭勝者 A1/1/20
○戰而廟筭不勝者 A1/1/20
○睹巧之久也 A2/1/28
○之有也 A2/1/29,B24/35/15
卒○親附而罰之 A9A/9/14
A9B/10/13
○足恃也 A11/12/10
間事○發而先聞者 A13/14/15
先登者○（常）〔嘗〕
非多力國士也 B3/16/17
先死者〔亦〕○嘗非多
力國士〔也〕 B3/16/17
刑如○加 B4/18/9
兵○接而所以奪敵者五 B4/18/9
○有不信其心而能得其
力者〔也〕 B4/18/18
○有不得其力而能致其
死戰者也 B4/18/19
事在○兆 B5/20/14
敵救○至 B5/20/29
津梁○發 B5/21/1
要塞○脩 B5/21/1
城險○設 B5/21/1
渠答○張 B5/21/1
遠堡○入 B5/21/1
戍客○歸 B5/21/1
六畜○聚 B5/21/2
五穀○收 B5/21/2
財用○歛 B5/21/2
○嘗聞矣 B8/23/31
○合 B8/24/8
矢射○交 B23/34/8
長刃○接 B23/34/8
倦而○食 C2/38/18
八曰陳而○定 C2/38/19
舍而○畢 C2/38/19
君臣○和 C2/38/29
溝壘○成 C2/38/29
禁令○施 C2/38/29
敵人遠來新至、行列○
定可擊 C2/39/1
既食○設備可擊 C2/39/1
○得地利可擊 C2/39/2
涉長道後行○息可擊 C2/39/2
○可也 C4/41/1
○用兵之刃 D2/46/23
○獲道 D4/51/6

位 wèi 6

四時無常○ A6/6/14
王臣失○而欲見功於上者 C1/37/6
凡戰定爵○ D3/47/30
○欲嚴 D4/49/26
○下左右 D4/49/29
○逮徒甲 D4/49/29

味 wèi 2

○不過五 A5/4/15
五○之變 A5/4/15

畏 wèi 29

而不○危 A1/1/6
先暴而後○其眾者 A9A/8/22
A9B/10/10
則眾不○ B4/19/9
夫民無兩○也 B5/20/6
○我侮敵 B5/20/6
○敵侮我 B5/20/6
吏○其將也 B5/20/6
吏○其將者 B5/20/7
民○其吏也 B5/20/7

民〇其吏者 B5/20/7
敵〇其民也 B5/20/7
必先知〇侮之權 B5/20/8
不嚴〇其心者 B5/20/10
愼在於〇小 B7/22/7
使民內〇重刑 B13/27/24
刑重則內〇 B13/27/26
內〇則外堅矣 B13/27/26
卒〇將甚於敵者勝 B23/33/26
卒〇敵甚於將者敗 B23/33/26
勸賞〇罰 C2/38/10
與下〇法曰法 D3/49/19
〇則密 D4/49/28
遠者視之則不〇 D4/49/29
〇亦密之 D4/49/30
若〇太甚 D4/49/31
人有〇心 D4/50/7
惟〇之視 D4/50/7
敵若寡若〇 D5/51/22

尉 wèi 5

梁惠王問〇繚子曰 B1/15/3
〇繚子對曰 B1/15/4
合之兵〇 B21/31/23
兵〇教成 B21/31/24
自〇吏而下盡有旗 B21/31/28

謂 wèi 95

是〇勝敵而益強 A2/2/10
不知軍之不可以進而〇之進 A3/3/3
不知軍之不可以退而〇之退 A3/3/3
是〇縻軍 A3/3/4
是〇亂軍引勝 A3/3/5
古之所〇善戰者 A4/3/22
能因敵變化而取勝者〇之神 A6/6/12
是〇必勝 A9A/9/10, A9B/9/25
是〇必取 A9A/9/15, A9B/10/14
所〇古之善用兵者 A11/11/25
此〇將軍之事也 A11/12/16
此〇巧能成事者也 A11/13/3
是〇神紀 A13/14/10
〔黃帝所〇刑德者〕 B1/15/4
非〔世之所〇刑德也〕 B1/15/4
〔世之〕所〇〔刑德者〕 B1/15/5
〇之天時 B1/15/14
臣〇非一人之獨勇 B3/17/1
無不〇其將曰 B3/17/12
所〇上滿下漏 B4/19/14
是〇疾陵之兵 B5/20/2
此之〇也 B5/21/3
此守權之〇也 B6/22/2
無〇其能戰也 B8/23/4
人人（之〇）〔〇之〕狂夫也 B8/23/9
夫〇治者 B11/26/7
所〇天子者四焉 B11/26/20
臣〇欲生於無度 B11/26/23
所〇踵軍者 B20/30/21
是〇趨戰者也 B20/30/22
所〇諸將之兵 B20/30/25
此之〇兵教 B21/32/5
〇同罪保伍也 B22/32/11
〇禁止行道 B22/32/11
〇甲首相附 B22/32/11
〇分地以限 B22/32/12
〇左右相禁 B22/32/13
〇前列務進 B22/32/13
〇彰明行列 B22/32/14
〇曲折相從 B22/32/14
〇興有功 B22/32/15
〇接連前矛 B22/32/15
〇眾軍之中有材力者 B22/32/16
〇經旗全曲 B22/32/17
〔威者、賞罰之〇也〕 B23/33/26
前譟者〇之虛 B23/34/8
後譟者〇之實 B23/34/8
不譟者〇之祕 B23/34/8
臣以〇卒逃歸者 B24/35/5
武侯〇吳起曰 C2/37/22
是〇軍命 C2/38/9
所〇見可而進 C2/38/24
何〇也 C3/39/12
所〇治者 C3/39/24
是〇將事 C3/40/8
是〇氣機 C4/41/7
是〇地機 C4/41/8
是〇事機 C4/41/8
是〇力機 C4/41/9
是〇良將 C4/41/11
此〇谷戰 C5/43/7
此〇水戰 C5/43/12
武侯召吳起而〇曰 C6/44/13
以義治之之〇正 D1/45/3
此〇多威 D2/47/8
此〇少威 D2/47/9
是〇五慮 D3/48/3
是〇兩之 D3/48/5
是〇有天 D3/48/13
是〇有財 D3/48/13
是〇有善 D3/48/14
是〇樂人 D3/48/14
是〇行豫 D3/48/15
是〇大軍 D3/48/15
是〇固陳 D3/48/15
是〇多力 D3/48/16
是〇煩陳 D3/48/16
是〇堪物 D3/48/16
是〇簡治 D3/48/16
是〇戰參 D3/48/19
是〇戰患 D3/48/20
是〇毀折 D3/48/21
是〇戰權 D3/48/21
是〇兼用其人 D3/49/2
是〇七政 D3/49/3
是〇四守 D3/49/4
是〇戰法 D3/49/9
〇之法 D3/49/12
是〇正則 D4/51/9
是〇絕顧之慮 D5/52/3
是〇益人之強 D5/52/4
是〇開人之意 D5/52/4

衛 wèi 2

長兵以〇 D2/46/28
凡五兵五當長以〇短 D3/48/4

魏 wèi 2

吳起儒服以兵機見〇文侯 C1/36/3
〇士聞之 C6/44/11

溫 wēn 3

冬日衣之則不〇 C1/36/5
冬則〇燒 C3/40/22

故在國言文而語○ D2/47/13

轀 wēn 1

修櫓轒○ A3/2/22

文 wén 20

故令之以○ A9A/9/15,A9B/10/13
及遇○王 B8/23/10
官分○武 B10/25/15
夫無彫○刻鏤之事 B11/25/27
賞必以○而成 B11/26/25
以○為種 B23/33/20
〔以〕○為裏 B23/33/20
〔以○為內〕 B23/33/20
○所以視利害、辨安危 B23/33/21
〔兵用○武也〕 B23/33/22
吳起儒服以兵機見魏○侯 C1/36/3
○侯曰 C1/36/3
必內修○德 C1/36/8
於是○侯身自布席 C1/36/9
晉○召為前行四萬 C1/37/4
夫總○武者 C4/40/30
尚○也 D2/47/5
故在國言○而語溫 D2/47/13
○與武 D2/47/15

聞 wén 22

將莫不○ A1/1/8
故兵○拙速 A2/1/28
○雷霆不為聰耳 A4/3/22
言不相○ A7/7/12
間事未發而先○者 A13/14/15
〔吾○〕黃帝〔有〕刑德 B1/15/3
不祥在於惡○己過 B7/22/10
聽無○ B8/23/2
未嘗○矣 B8/23/31
先王之所傳○者 B12/27/7
臣○人君有必勝之道 B22/32/10
○大軍為前禦之備 B24/34/13
臣○古之善用兵者 B24/35/11
願○治兵、料人、固國之道 C1/37/1
願○陳必定、守必固、戰必勝之道 C1/37/10
豈直○乎 C1/37/12
寡人○之 C1/37/16
可得○乎 C2/38/26
○鼓聲合 C3/40/12
夫發號布令而人樂○ C6/44/1
魏士○之 C6/44/11
臣○人有短長 C6/44/15

問 wèn 27

敢○敵眾整而將來 A11/11/26
敢○兵可使如率然乎 A11/12/9
梁惠王○尉繚子曰 B1/15/3
武王○太公望曰 B22/32/26
武侯○曰 C1/37/1, C1/37/10,C2/38/26,C3/39/8, C3/39/18,C3/40/14,C3/40/20, C4/41/24,C5/42/6,C5/42/12, C5/42/18,C5/42/27,C5/42/30, C5/43/4,C5/43/11,C5/43/15, C5/43/19,C6/43/30
申公○曰 C1/37/16
武侯○敵必可擊之道 C2/38/32
又○曰 C3/39/22
大哉○乎 C5/42/21
不○不言 D2/47/14

我 wǒ 42

故○欲戰 A6/5/14
不得不與○戰者 A6/5/15
○不欲戰 A6/5/15
敵不得與○戰者 A6/5/15
故形人而○無形 A6/5/18
則○專而敵分 A6/5/18
○專為一 A6/5/18
則○眾而敵寡 A6/5/19
人皆知○所以勝之形 A6/6/8
○可以往 A10/10/19
○出而不利 A10/10/21
敵雖利○ A10/10/22
○無出也 A10/10/22
○先居之 A10/10/23,A10/10/23
○得則利、彼得亦利者 A11/11/18
○可以往、彼可以來者 A11/11/19
必索敵人之間來間○者 A13/14/21
先稽○智 B1/15/14
損敵一人而損○百人 B3/16/20
此資敵而傷○甚焉 B3/16/20
天下諸國助○戰 B3/17/15
畏○侮敵 B5/20/6
畏敵侮○ B5/20/6
不○用也 B5/20/10
不○舉也 B5/20/10
責從○起 B5/20/16
則○敗之矣 B5/20/29
○因其虛而攻之 B5/21/3
凡○往則彼來 B12/27/1
彼來則○往 B12/27/2
敵復啚止○往而敵制勝矣 B12/27/8
謹○車騎必避之路 C2/38/3
備敵覆○ C3/40/25
○欲相之 C4/41/24
若敵眾○寡 C5/42/12
敵近而薄○ C5/42/27
○眾甚懼 C5/42/27
若○眾彼寡 C5/42/28
彼眾○寡 C5/42/28,C5/42/30
○自其外 D3/49/2

臥 wò 1

偃○者涕交頤 A11/12/5

於 wū 247

而況○無筭乎 A1/1/21
取用○國 A2/2/1
因糧○敵 A2/2/1
國之貧○師者遠輸 A2/2/3
近○師者貴賣 A2/2/3
財竭則急○丘役 A2/2/3
中原內虛○家 A2/2/4
故智將務食○敵 A2/2/7
必以全爭○天下 A3/2/25
故君之所以患○軍者三 A3/3/3
善守者藏○九地之下 A4/3/18
善攻者動○九天之上 A4/3/18
勝○易勝者也 A4/3/22
立○不敗之地 A4/3/24
若決積水○千仞之谿者 A4/4/6
至○漂石者 A5/4/18
至○毀折者 A5/4/18

亂生○治	A5/4/23
怯生○勇	A5/4/23
弱生○彊	A5/4/23
求之○勢	A5/4/27
不責○人	A5/4/27
如轉圓石○千仞之山者	A5/4/28
致人而不致○人	A6/5/3
行○無人之地也	A6/5/7
至○無形	A6/5/12,A6/6/6
至○無聲	A6/5/12
亦奚益○勝敗哉	A6/5/28
因形而錯勝○衆	A6/6/8
而應形○無窮	A6/6/9
將受命○君	A7/6/18,A8/7/26
莫難○軍爭	A7/6/18
故將通○九變之地利者	A8/8/1
將不通○九變之利者	A8/8/1
必雜○利害	A8/8/4
雜○利而務可信也	A8/8/4
雜○害而患可解也	A8/8/4
勿迎之○水內	A9A/8/18,A9B/9/21
無附○水而迎客	A9A/8/18
	A9B/9/21
若交軍○斥澤之中	A9A/8/19
	A9B/9/22
必擒○人	A9A/9/14,A9B/10/12
而利合○主	A10/11/5
合○利而動	A11/11/26,A12/13/21
不合○利而止	A11/11/26
	A12/13/21
掠○饒野	A11/12/1
投之○險	A11/12/15
威加○敵	A11/12/26,A11/12/27
夫衆陷○害	A11/13/1
在○順詳敵之意	A11/13/3
厲○廊廟之上	A11/13/5
火發○內	A12/13/15
則早應之○外	A12/13/15
火可發○外	A12/13/16
無待○內	A12/13/16
怠○道路	A13/14/4
成功出○衆者	A13/14/6
不可取○鬼神	A13/14/6
不可象○事	A13/14/6
不可驗○度	A13/14/6
必取○人知敵之情者也	A13/14/6
為誑事○外	A13/14/11

而傳○敵間也	A13/14/11
莫親○間	A13/14/14
賞莫厚○間	A13/14/14
事莫密○間	A13/14/14
知之必在○反間	A13/14/23
今有城〔○此〕	B1/15/6
戰勝○外	B2/15/19
備主○內	B2/15/19
若祕○地	B2/15/22
若邃○天	B2/15/22
生○無	B2/15/22
兵勝○朝廷	B2/15/25
將者上不制○天	B2/16/4
下不制○地	B2/16/4,B8/23/18
中不制○人	B2/16/4,B8/23/18
殺人○百步之外者	B3/16/21
殺人○五十步之內者	B3/16/21
明賞○前	B3/16/27
決罰○後	B3/16/27
一賊仗劍擊○市	B3/17/1
能奪人而不奪○人	B4/18/13
故先王〔務〕專○兵	B4/19/8
〔專○兵〕	B4/19/8
兵有勝○朝廷	B5/20/19
有勝○原野	B5/20/19
有勝○市井	B5/20/19
非妄費○民聚土壤也	B6/21/13
守餘○攻者	B6/21/22
救餘○守者	B6/21/23
勁弩彊矢并○前	B6/21/24
(分歷)〔幺麼〕毀瘠	
者并○後	B6/21/24
十萬之軍頓○城下	B6/21/27
威在○不變	B7/22/6
惠在○因時	B7/22/6
機在○應事	B7/22/6
戰在○治氣	B7/22/6
攻在○意表	B7/22/6
守在○外飾	B7/22/6
無過在○度數	B7/22/7
無(因)〔困〕在○豫備	B7/22/7
慎在○畏小	B7/22/7
智在○治大	B7/22/7
除害在○敢斷	B7/22/7
得衆在○下人	B7/22/8
悔在○任疑	B7/22/10
孽在○屠戮	B7/22/10

偏在○多私	B7/22/10
不祥在○惡聞己過	B7/22/10
不度在○竭民財	B7/22/10
不明在○受間	B7/22/10
不實在○輕發	B7/22/11
固陋在○離賢	B7/22/11
禍在○好利	B7/22/11
害在○親小人	B7/22/11
亡在○無所守	B7/22/11
危在○無號令	B7/22/12
在○一人	B8/22/18,C4/41/7
在○枹端	B8/22/31
夫將者、上不制○天	B8/23/18
無天○上	B8/23/21
無地○下	B8/23/21
無主○後	B8/23/21
無敵○前	B8/23/21
不私○一人	B9/24/13
夫能無(移)〔私〕○	
一人	B9/24/13
君子不救囚○五步之外	B9/24/16
今良民十萬而聯○(囚)	
〔囹〕圄	B9/24/27
聖人飲○土	B11/25/29
食○土	B11/25/29
春夏夫出○南畝	B11/26/1
秋冬女練〔○〕布帛	B11/26/1
橫生○一夫	B11/26/10
臣謂欲生○無度	B11/26/23
邪生○無禁	B11/26/23
其下在○無奪民時	B11/26/25
勝○此	B12/27/1
弗勝○此	B12/27/1
暴其骨○市	B13/27/23
男女公○官	B13/27/23,B13/27/24
故先王明制度○前	B13/27/26
重威刑○後	B13/27/26
免○罪	B14/28/6
	B14/28/7,B14/28/7,B14/28/8
	B14/28/10
收○將吏之所	B16/28/28
置章○首	B17/29/10
置章○項	B17/29/10
置章○胸	B17/29/11
置章○腹	B17/29/11
置章○腰	B17/29/11
會之○三軍	B18/29/29

君必先謀○廟 B19/30/12
行令○廷 B19/30/12
期○會地 B20/30/21,B20/30/24
若一人有不進死○敵 B21/31/11
若亡一人而九人不盡死○敵 B21/31/11
自什已上至○裨將有不若法者 B21/31/12
陳○中野 B21/31/24
乘○戰車 B22/32/16
國車不出○閫 B22/32/20
組甲不出○櫜而威服天下矣 B22/32/20
卒畏將甚○敵者勝 B23/33/26
卒畏敵甚○將者敗 B23/33/26
〔固〕稱將○敵也 B23/33/27
觀之○目則不麗 C1/36/6
無逮○義矣 C1/36/9
無逮○仁矣 C1/36/9
○是文侯身自布席 C1/36/9
醮吳起○廟 C1/36/10
不和○國 C1/36/13
不和○軍 C1/36/14
不和○陳 C1/36/14
不和○戰 C1/36/14
必告○祖廟 C1/36/15
啓○元龜 C1/36/15
王臣失位而欲見功○上者 C1/37/6
○是武侯有慚色 C1/37/18
君臣驕奢而簡○細民 C2/37/28
士貪○得而離其將 C2/37/31
其民疲○戰 C2/38/4
習○兵 C2/38/4
務○取遠 C2/38/16
何益○用 C3/39/24
生○狐疑 C3/40/3
從事○下 C3/40/17
凡馬不傷○末 C3/40/24
必傷○始 C3/40/24
不傷○飢 C3/40/24
必傷○飽 C3/40/24
寧勞○人 C3/40/25
常觀○勇 C4/40/30
勇之○將 C4/41/1
耳威○聲 C4/41/14
目威○色 C4/41/14
心威○刑 C4/41/14
必敗○敵 C4/41/15
務○北 C4/41/26
無務○得 C4/41/26
避之○易 C5/42/14
邀之○阨 C5/42/14
莫善○阨 C5/42/14
莫善○險 C5/42/14
莫善○阻 C5/42/15
擊金鳴鼓○阨路 C5/42/15
若遇敵○谿谷之間 C5/42/30
分車列騎隱○四旁 C5/43/7
○是出旌列（旆）〔旆〕 C5/43/8
○是武侯設坐廟廷為三行饗士大夫 C6/44/8
又頒賜有功者父母妻子○廟門外 C6/44/9
著不忘○心 C6/44/10
臨○西河 C6/44/11
取笑○諸侯 C6/44/16
失權○天下矣 C6/44/16
今使一死賊伏○曠野 C6/44/16
○是武侯從之 C6/44/20
權出○戰 D1/45/3
不出○中人 D1/45/3
冢宰與百官布令○軍曰 D1/45/23
而觀○先聖 D2/46/6
必奉○父母而正○君長 D2/46/6
有虞氏戒○國中 D2/46/22
夏后氏誓○軍中 D2/46/22
殷誓○軍門之外 D2/46/22
夏賞○朝 D2/46/24
殷戮○市 D2/46/25
周賞○朝 D2/46/25
戮○市 D2/46/25
○敵反是 D3/48/10
敵人或止○路則慮之 D5/51/32

屋 wū 3

伏燒○之下 C3/40/2
無刊其木、發其○、取其粟、殺其六畜、燔其積聚 C5/43/25
無燔牆○ D1/45/23

烏 wū 3

鷙（○）〔鳥〕之疾 A5/4/18
○有以為人上也 B11/26/11
○能以干令相私者哉 B14/28/14

誣 wū 1

雖國士、有不勝其酷而自○矣 B9/24/19

毋 wú 1

○許其空言 B3/17/22

吳 wú 25

夫○人與越人相惡也 A11/12/9
○起也 B3/17/6
○起與秦戰 B8/23/29,B8/24/8
○起臨戰 B8/24/1
○起立斬之 B8/24/8
○起儒服以兵機見魏文侯 C1/36/3
醮○起於廟 C1/36/10
○子曰 C1/36/13,C1/36/19,C1/36/24,C1/36/28,C2/38/15,C3/39/29,C3/40/1,C3/40/5,C3/40/10,C4/40/30,C4/41/6,C4/41/13,C4/41/17,C5/43/24
武侯謂○起曰 C2/37/22
武侯召○起而謂曰 C6/44/13
○起令三軍曰 C6/44/22

吾 wú 63

○以此知勝負矣 A1/1/10
將聽○計 A1/1/12
將不聽○計 A1/1/12
○以此觀之 A1/1/21
當○二十鍾 A2/2/7
當○二十石 A2/2/7
則○之所與戰者約矣 A6/5/19
○所與戰之地不可知 A6/5/19
則○所與戰者寡矣 A6/5/20
以○度之 A6/5/28
而莫知○所以制勝之形 A6/6/8
恃○有以待也 A8/8/8

恃○有所不可攻也 A8/8/8
○遠之 A9A/9/4,A9B/10/2
○迎之 A9A/9/4,A9B/10/2
知○卒之可以擊 A10/11/10
A10/11/11
而不知○卒之不可以擊 A10/11/10
彼寡可以擊○之衆者 A11/11/21
○士無餘財 A11/12/4
是故散地○將一其志 A11/12/19
輕地○將使之屬 A11/12/20
爭地○將趨其後 A11/12/20
交地○將謹其守 A11/12/20
衢地○將固其結 A11/12/20
重地○將繼其食 A11/12/21
圮地○將進其塗 A11/12/21
圍地○將塞其闕 A11/12/21
死地○將示之以不活 A11/12/21
令○間知之 A13/14/11
令○間必索知之 A13/14/19
〔○聞〕黃帝〔有〕刑德 B1/15/3
便○器用 B3/17/8
養○武勇 B3/17/8
量○境內之民 B3/17/14
而王必能使之衣○衣 B3/17/14
食○食 B3/17/14
非○民之罪 B3/17/15
何能紹○氣哉 B3/17/16
○用天下之用為用 B3/17/18
○制天下之制為制 B3/17/18
修○號令 B3/17/18
明○刑賞 B3/17/18
必為○所效用也 B8/23/6
非○令也 B8/24/9
○欲少間而極用人之要 B22/32/26
百姓皆是○君而非鄰國 C1/37/13
今秦脅○西 C2/37/22
楚帶○南 C2/37/22
趙衝○北 C2/37/22
齊臨○東 C2/37/22
燕絶○後 C2/37/22
韓據○前 C2/37/22
○欲觀敵之外以知其內 C2/38/26
彼聽○說 C5/42/23
不聽○說 C5/42/23
募○材士與敵相當 C5/43/7
○與敵相遇大水之澤 C5/43/11
掠○田野 C5/43/19
取○牛羊 C5/43/19
所以愛○民也 D1/45/7

無 wú 265

攻其○備 A1/1/18
而況於○筭乎 A1/1/21
○智名 A4/3/23
○勇功 A4/3/23
可使必受敵而○敗者 A5/4/10
○窮如天地 A5/4/13
如循環之○端 A5/4/16
行於○人之地也 A6/5/7
至於○形 A6/5/12,A6/6/6
至於○聲 A6/5/12
故形人而我○形 A6/5/18
○所不備 A6/5/22
則○所不寡 A6/5/22
可使○鬭 A6/6/1
○形則深間不能窺 A6/6/6
而應形於○窮 A6/6/9
故兵○常勢 A6/6/12
水○常形 A6/6/12
故五行○常勝 A6/6/14
四時○常位 A6/6/14
是故軍○輜重則亡 A7/6/25
○糧食則亡 A7/6/25
○委積則亡 A7/6/25
○邀正正之旗 A7/7/19
圮地○舍 A8/7/26
絶地○留 A8/7/26
○恃其不來 A8/8/8
○恃其不攻 A8/8/8
戰隆○登 A9A/8/17,A9B/9/20
○附於水而迎客 A9A/8/18
A9B/9/21
○迎水流 A9A/8/19,A9B/9/22
惟亟去○留 A9A/8/19
粟馬肉食、軍○懸缻、不返其舍者 A9A/8/20
惟○武進 A9A/8/23
○約而請和者 A9A/9/3,A9B/10/6
軍○百疾 A9A/9/10,A9B/9/24
夫惟○慮而易敵者 A9A/9/13
唯亟去○留 A9B/9/22
軍○糧也 A9B/10/9
唯○武進 A9B/10/12
夫唯○慮而易敵者 A9B/10/12
敵○備 A10/10/21
我○出也 A10/10/22
吏卒○常 A10/10/29
兵○選鋒 A10/10/30
主曰○戰 A10/11/4
○戰可也 A10/11/4
是故散地則○戰 A11/11/22
輕地則○止 A11/11/22
爭地則○攻 A11/11/22
交地則○絶 A11/11/23
投之○所往 A11/12/2
○所往則固 A11/12/3
至死○所之 A11/12/4
吾士○餘財 A11/12/4
○餘命 A11/12/4
投之○所往者 A11/12/5
使之○知 A11/12/13
使人○識 A11/12/13
○所往者 A11/12/19
施○法之賞 A11/12/27
懸○政之令 A11/12/27
○通其使 A11/13/5
○待於內 A12/13/16
○攻下風 A12/13/17
○所不用間也 A13/14/15
四方豈○順時乘之者邪 B1/15/7
○異故也 B2/15/19
生於○ B2/15/22
則〔其〕國〔不得○〕富 B2/15/23
則〔其〕國〔不得○〕治 B2/15/24
人人○不騰陵張膽 B2/16/10
○失刑 B3/16/31
萬人○不避之者 B3/17/1
所率○不及二十萬之衆（者） B3/17/7
○不謂其將曰 B3/17/12
○為天下先戰 B3/17/12
○伍莫能正矣 B3/17/14
使天下非農○所得食 B3/17/18
非戰○所得爵 B3/17/19
使民揚臂爭出農戰而天下○敵矣 B3/17/19
〔雖有〕小過○更 B4/18/16
小疑○申 B4/18/16

〔雖有小過○更〕	B4/18/17
〔小難○戚〕	B4/18/18
故上○疑令	B4/18/18
動○疑事	B4/18/18
患○所救	B4/19/14
將○修容	B5/20/2
卒○常試	B5/20/2
○足與鬬	B5/20/3
夫民○兩畏也	B5/20/6
分險者○戰心	B5/20/16
挑戰者○全氣	B5/20/16
鬬戰者○勝兵	B5/20/16
非全勝者○權名	B5/20/20
則雖有城、○守矣	B5/21/1
則雖有人、○人矣	B5/21/2
則雖有資、○資矣	B5/21/2
○必救之軍者	B6/21/19
則○必守之城	B6/21/19
則愚夫惷婦○不蔽城盡資血城者	B6/21/22
則愚夫惷婦○不守陴而泣下	B6/21/23
○絕其糧道	B6/21/28
彼敵○前	B6/22/1
○過在於度數	B7/22/7
○（因）〔困〕在於豫備	B7/22/7
亡在於○所守	B7/22/11
危在於○號令	B7/22/12
凡兵不攻○過之城	B8/22/16
不殺○罪之人	B8/22/16
萬乘○千乘之助	B8/22/23
奈何○重將也	B8/22/31
○蒙衝而攻	B8/23/1
○渠答而守	B8/23/2
是為○善之軍	B8/23/2
視○見	B8/23/2
聽○聞	B8/23/2
由國○市也	B8/23/2
市〔有〕所出而官○主也	B8/23/4
而○百貨之官	B8/23/4
○謂其能戰也	B8/23/4
○祥異也	B8/23/14
○天於上	B8/23/21
○地於下	B8/23/21
○主於後	B8/23/21
○敵於前	B8/23/21
○異也	B8/23/24
示人○己煩也	B8/23/30
夫能○（移）〔私〕於一人	B9/24/13
是農○不離〔其〕田業	B9/24/26
賈○不離〔其〕肆宅	B9/24/26
士大夫○不離〔其〕官府	B9/24/26
知國有○之數	B10/25/12
遊說、（開）〔間〕諜○自入	B10/25/15
官○事治	B10/25/21
上○慶賞	B10/25/21
民○獄訟	B10/25/21
國○（商）〔商〕賈	B10/25/21
非五穀○以充腹	B11/25/26
非絲麻○以蓋形	B11/25/26
民○二事	B11/25/27
夫○彫文刻鏤之事	B11/25/27
女○繡飾纂組之作	B11/25/27
天下○費	B11/25/29
古者土○肥磽	B11/26/4
人○勤惰	B11/26/4
使民○私也	B11/26/7
民○私則天下為一家	B11/26/7
而○私耕私織	B11/26/7
使民○私	B11/26/11
則○為非者矣	B11/26/12
外○天下之難	B11/26/14
內○暴亂之事	B11/26/15
四曰○敵	B11/26/20
臣謂欲生於○度	B11/26/23
邪生於○禁	B11/26/23
其下在於○奪民時	B11/26/25
○損民財	B11/26/25
敵○威接	B12/26/30
有者○之	B12/27/4
○者有之	B12/27/4
決○留刑	B12/27/7
凡奪者○氣	B12/27/11
敗者○人	B12/27/11
兵○道也	B12/27/11
奪敵而○敗則加之	B12/27/12
其言○謹	B12/27/14
其陵犯○節	B12/27/14
○有不得之姦	B14/28/13
○有不揭之罪	B14/28/13
而○通其交往	B15/28/18
使非百人○得通	B15/28/19
吏屬○節	B15/28/23
士○伍者	B15/28/24
故內○干令犯禁	B15/28/24
則外○不獲之姦	B15/28/24
大將軍○不得誅	B16/29/2
卒○非其吏	B17/29/11
吏○非其卒	B17/29/11
從之○疑	B18/30/2
○不敗者也	B18/30/5
軍○二令	B19/30/13
起戰具○不及也	B20/30/29
○得行者	B20/31/1
令行○變	B21/32/2
兵行○猜	B21/32/2
太上○過	B22/32/26
使人○得私語	B22/32/27
○喪其利	B22/33/5
○奪其時	B22/33/5
〔○威則死〕	B23/33/24
〔○威則敗〕	B23/33/25
〔○將則北〕	B23/33/25
〔○將則辱〕	B23/33/26
軍○功者戍三歲	B24/34/23
○軍功者戍三歲	B24/34/26
有空名而○實	B24/35/2
○逮於義矣	C1/36/9
○逮於仁矣	C1/36/9
士○死志	C2/38/4
晏興○間	C2/38/16
糧食○有	C2/38/16
欲掠○所	C2/38/17
師徒○助	C2/38/19
蕩蕩○慮	C2/38/28
必使○措	C2/38/28
○犯進止之節	C3/39/29
○失飲食之適	C3/39/29
○絕人馬之力	C3/39/29
○當天竈	C3/40/16
○當龍頭	C3/40/16
○令驚駭	C3/40/23
慎○勞馬	C3/40/25
○生之辱	C4/41/4
輕變○謀	C4/41/18
其眾○依	C4/41/19
水○所通	C4/41/20
○務於得	C4/41/26

則戰○彊敵 C5/42/10
攻○堅陳矣 C5/42/10
欲去○路 C5/42/27
從之○息 C5/42/28
○見其兵 C5/43/8
○用車騎 C5/43/12
○刊其木、發其屋、取其粟、殺其六畜、燔其積聚 C5/43/25
示民○殘心 C5/43/25
○功而勵之 C6/44/6
○功坐後行 C6/44/9
餚席○重器 C6/44/9
君試發○功者五萬人 C6/44/15
雖破軍皆○易 C6/44/23
○暴神祇 D1/45/23
○行田獵 D1/45/23
○毀土功 D1/45/23
○燔牆屋 D1/45/23
○伐林木 D1/45/24
○取六畜禾黍器械 D1/45/24
則○求 D2/46/13
○求則不爭 D2/46/13
故○廢德 D2/47/18
○簡民 D2/47/18
賞○所生 D2/47/18
罰○所試 D2/47/18
見危難○忘其眾 D3/48/24
進退○疑 D3/48/28
見敵○謀 D3/48/28
聽誅○誰其名 D3/48/28
○變其旗 D3/48/29
有仁○信 D3/49/6
七曰百官宜○淫服 D3/49/16
軍○小聽 D3/49/19
戰○小利 D3/49/19
以重行重則○功 D4/50/10
上同○獲 D4/50/19
凡戰三軍之戒○過三日 D4/50/25
一卒之警○過分日 D4/50/25
一人之禁○過皆息 D4/50/25
○復先術 D4/51/9

五 wǔ 89

故經之以○事 A1/1/5
○曰法 A1/1/5
凡此○者 A1/1/8,A8/8/12
○則攻之 A3/2/27
故知勝有○ A3/3/8
此○者 A3/3/9,B4/18/10,C1/37/7
○曰勝 A4/4/1
聲不過○ A5/4/14
○聲之變 A5/4/14
色不過○ A5/4/14
○色之變 A5/4/14
味不過○ A5/4/15
○味之變 A5/4/15
故○行無常勝 A6/6/14
○十里而爭利 A7/6/24
雖知○利 A8/8/2
故將有○危 A8/8/11
必以○危 A8/8/12
四○者 A11/12/25
凡火攻有○ A12/13/11
○曰火隊 A12/13/11
必因○火之變而應之 A12/13/15
凡軍必知有○火之變 A12/13/17
故用間有○ A13/14/9
○間俱起 A13/14/9
○間之事 A13/14/23
以二萬二千○百人擊紂之億萬而滅商 B1/15/10
殺人於○十步之內者 B3/16/21
兵未接而所以奪敵者○ B4/18/9
○曰舉陳加刑之論 B4/18/10
〔其本〕有○焉 B4/19/8
〔先王〕務此○者 B4/19/10
故○人而伍 B5/20/24
○穀未收 B5/21/2
君子不救囚於○步之外 B9/24/16
非○穀無以充腹 B11/25/26
○人為伍 B14/28/3,B16/28/28
○十人為屬 B14/28/3
卒有○章 B17/29/7
次○行黑章 B17/29/7
前一○行 B17/29/10
次二○行 B17/29/10
次三○行 B17/29/10
次四○行 B17/29/11
次○○行 B17/29/11
踰○行而前者有賞 B17/29/14
踰○行而後者有誅 B17/29/14
教舉○人 B21/31/8
前後章各○行 B21/31/18
三○相同 B22/32/12
○曰分限 B22/32/12
七曰○章 B22/32/14
兵有○致 B22/32/22
各相去三○里 B24/34/13
而從吏○百人已上不能死敵者斬 B24/34/25
○勝者禍 C1/36/25
凡兵之所起者有○ C1/36/28
○曰因饑 C1/36/29
其名又有○ C1/36/29
○曰逆兵 C1/36/29
○者之數 C1/36/31
昔齊桓募士○萬 C1/37/4
其有工用○兵、材力健疾、志在吞敵者 C2/38/9
○曰徒眾不多 C2/38/17
○曰師徒之眾 C2/38/23
○鼓就行 C3/40/12
故將之所慎者○ C4/41/1
○曰約 C4/41/2
分為○軍 C5/42/22
夫○軍○衢 C5/42/22
分為○戰 C5/42/23
○軍交至 C5/42/25
君試發無功者○萬人 C6/44/15
今臣以○萬之眾 C6/44/17
兼車○百乘 C6/44/20
而破秦○十萬眾 C6/44/20
乃作○刑〔以禁民僻〕 D1/45/18
是謂○慮 D3/48/3
凡○兵○當長以衛短 D3/48/4
○曰火 D3/49/3
○曰義 D3/49/14
○曰御其服 D3/49/16

伍 wǔ 40

全○為上 A3/2/19
破○次之 A3/2/19
古者士有什○ B3/16/17
士失什○ B3/16/23
無○莫能正矣 B3/17/14
使什○如親戚 B4/19/1
故五人而○ B5/20/24
五人為○ B14/28/3,B16/28/28

○相保也	B14/28/3
○有干令犯禁者	B14/28/6
全○有誅	B14/28/6
夫什○相結	B14/28/13
皆成行○	B15/28/23
不成行○者	B15/28/23
士無○者	B15/28/24
束○之令曰	B16/28/28
亡○而得○	B16/28/28
得○而不亡	B16/28/28
亡○不得○	B16/28/29
兵有什○	B20/30/28
羅地者自揭其○	B21/31/9
○內互揭之	B21/31/9
凡○臨陳	B21/31/11
○長教其四人	B21/31/20
○長教成	B21/31/23
謂同罪保○也	B22/32/11
自○而兩	B22/33/8
行○疏數有常法	B23/33/29
戰亡○人	B24/34/28
及○人戰死不得其屍	B24/34/28
同○盡奪其功	B24/34/28
同舍○人及吏罰入糧為	
饒	B24/35/5
什○相聯	B24/35/8
什○相保	C3/40/11
○	D3/48/8
大小、堅柔、參○、眾	
寡、凡兩	D3/48/21
立卒○	D4/49/28

武 wǔ　62

惟無○進	A9A/8/23
齊之以○	A9A/9/15, A9B/10/14
唯無○進	A9B/10/12
○王〔之〕伐紂〔也〕	B1/15/10
○子也	B3/17/6
養吾○勇	B3/17/8
講○料敵	B4/18/3
○士不選	B4/19/9
由其○議	B8/22/18
所以明○也	B8/22/26
此將之○也	B8/22/28
君以○事成功者	B8/23/1
非○議安得此合也	B8/23/10
○王伐紂	B8/23/13
○王不罷士民	B8/23/14
官分文○	B10/25/15
夫禁必以○而成	B11/26/25
萬人而成○	B12/26/30
○先加人者	B12/26/30
成○德也	B21/32/6
○王問太公望曰	B22/32/26
兵者以○為植	B23/33/20
〔以〕○為表	B23/33/20
〔以○為外〕	B23/33/20
○所以犯強敵、力攻守	
也	B23/33/22
〔兵用文○也〕	B23/33/22
修德廢○	C1/36/8
外（冶）〔治〕○備	C1/36/9
周○伐紂而殷人不非	C1/36/22
○侯問曰	C1/37/1
	C1/37/10, C2/38/26, C3/39/8
	C3/39/18, C3/40/14, C3/40/20
	C4/41/24, C5/42/6, C5/42/12
	C5/42/18, C5/42/27, C5/42/30
	C5/43/4, C5/43/11, C5/43/15
	C5/43/19, C6/43/30
○侯嘗謀事〔而當〕	C1/37/15
於是○侯有慚色	C1/37/18
○侯謂吳起曰	C2/37/22
○侯曰	C2/38/13, C6/44/4
○侯問敵必可擊之道	C2/38/32
後玄○	C3/40/17
夫總文○者	C4/40/30
既○且勇	C5/42/18
於是○侯設坐廟廷為三	
行饗士大夫	C6/44/8
○侯召吳起而謂曰	C6/44/13
於是○侯從之	C6/44/20
文與○	D2/47/15
在軍廣以○	D3/48/24

侮 wǔ　5

忿速可○也	A8/8/11
畏我○敵	B5/20/6
畏敵○我	B5/20/6
見○者敗	B5/20/6
必先知畏○之權	B5/20/8

廡 wǔ　1

夏則涼○	C3/40/22

勿 wù　38

○擊堂堂之陳	A7/7/19
高陵○向	A7/7/21
背丘○逆	A7/7/21
佯北○從	A7/7/21
銳卒○攻	A7/7/21
餌兵○食	A7/7/21
歸師○遏	A7/7/21
窮寇○迫	A7/7/22
○迎之於水內	A9A/8/18, A9B/9/21
○近也	A9A/9/4, A9B/10/2
盈而○從	A10/10/23
○從也	A10/10/24
謹養而○勞	A11/12/1
○告以言	A11/12/28
○告以害	A11/12/28
待而○攻	A12/13/15
○與戰爭	C2/38/2
擊之○疑	C2/38/20
避之○疑	C2/38/24
急擊○疑	C2/39/4
○與戰矣	C4/41/27
戰勝○追	C5/42/23
○得從容	C5/43/1
亂則擊之○疑	C5/43/2
○令得休	C5/43/9
善守○應	C5/43/21
奉歸○傷	D1/45/24
不校○敵	D1/45/24
因使○忘	D3/49/11
邇者○視則不散	D4/49/29
則○戮殺	D4/49/31
凡戰既固○重	D4/50/32
重進○盡	D4/50/32
勝否○反	D4/51/9
待則循而○鼓	D5/51/26
凡從奔○息	D5/51/32

物 wù　16

萬○之主也	B9/24/13
故萬○至而制之	B9/24/13

萬○至而命之 B9/24/14
野○不為犧牲 B11/26/22
其次因○ B11/26/25
收其器○ C5/43/24
而正名治○ D1/45/15
方慮極○ D3/47/30
見○與侔 D3/48/5
極○以豫 D3/48/14
堪○簡治 D3/48/14
見○應卒 D3/48/15
是謂堪○ D3/48/16
因是辨○ D3/48/16
○既章 D3/48/28
堪○智也 D4/51/12

務 wù 17

故智將○食於敵 A2/2/7
雜於利而○可信也 A8/8/4
故○耕者、〔其〕民不飢 B4/19/4
○守者、〔其〕地不危 B4/19/5
○戰者、〔其〕城不圍 B4/19/5
三者、先王之本○〔也〕 B4/19/5
本○〔者〕、兵最急（本者） B4/19/6
故先王〔○〕專於兵 B4/19/8
〔先王〕○此五者 B4/19/10
謂前列○進 B22/32/13
○於取遠 C2/38/16
○於北 C4/41/26
無○於得 C4/41/26
用眾者○易 C5/42/16
用少者○隘 C5/42/16
還退○速 C5/43/21
師多○威則民詘 D2/47/7

寤 wù 1

早興○遷 C2/38/15

鶩 wù 2

○鼓也 B18/29/24
百步而○ B21/31/25

西 xī 4

〔從其〕東○攻〔之〕不能取 B1/15/6
守○河 C1/36/10
今秦脅吾○ C2/37/22
臨於○河 C6/44/11

昔 xī 6

○之善戰者 A4/3/16
○殷之興也 A13/14/26
○承桑氏之君 C1/36/7
○之圖國家者 C1/36/13
○齊桓募士五萬 C1/37/4
○楚莊王嘗謀事〔而當〕 C1/37/15

息 xī 12

欲休○也 A9A/8/22,A9B/10/11
○必當備之 B5/20/17
解甲而○ C2/38/19
涉長道後行未○可擊 C2/39/2
從之無○ C5/42/28
人禁不○ D4/50/1
一人之禁無過皆○ D4/50/25
凡從奔勿○ D5/51/32
○則怠 D5/52/3
不○亦弊 D5/52/3
○久亦反其懾 D5/52/3

奚 xī 1

亦○益於勝敗哉 A6/5/28

悉 xī 1

臣不能○ C6/44/1

惜 xī 1

○其死 C1/36/16

翕 xī 2

諄諄○○、徐與人言者 A9A/8/21

稀 xī 1

是以數勝得天下者○ C1/36/26

犀 xī 2

○兕之堅 B8/23/25
櫟以○象 C1/36/4

膝 xī 2

跪坐坐伏則○行而寬誓之 D4/49/30
坐○行而推之 D4/49/31

谿 xī 5

若決積水於千仞之○者 A4/4/6
故可與之赴深○ A10/11/7
如赴千仞之○ B3/17/9
罰如○ B22/32/26
若遇敵於○谷之間 C5/42/30

犧 xī 1

野物不為○牲 B11/26/22

攜 xī 1

○手若使一人 A11/12/11

席 xí 4

於是文侯身自布○ C1/36/9
餚○兼重器、上牢 C6/44/8
餚○器差減 C6/44/9
餚○無重器 C6/44/9

習 xí 8

○戰以成其節 B21/31/25
○於兵 C2/38/4
每變皆○ C3/40/8
二鼓○陳 C3/40/11
○其馳逐 C3/40/23
士○戰陳 C4/41/9
○貫成則民體俗矣 D2/46/16

人〇陳利 D3/48/14

襲 xí 7

有〇人之懷、入人之室者 B8/23/6
非追北〇邑攸用也 B23/33/29
〇亂其屯 C2/38/1
可潛而〇 C4/41/22
而〇其處 C5/42/24
〇而觀其治 D5/51/29
〇其規 D5/51/29

喜 xǐ 5

怒可以復〇 A12/13/21
（殺）〔賞〕一人而萬人〇者 B8/22/26
故成湯討桀而夏民〇悅 C1/36/21
罷朝而有〇色 C1/37/15
示〇也 D2/47/25

細 xì 1

君臣驕奢而簡於〇民 C2/37/28

隙 xì 3

輔〇則國必弱 A3/3/1
凡地有絕澗、天井、天牢、天羅、天陷、天〇 A9A/9/3
A9B/10/1

謑 xì 2

諄諄〇〇、徐與人言者 A9B/10/10

狹 xiá 6

〔高下〕、遠近、險易、廣〇、死生也 A1/1/7
地〇而人眾者 B22/33/5
險道〇路可擊 C2/39/3
路〇道險 C4/41/7
地甚〇迫 C5/43/4
知其廣〇 C5/43/12

瑕 xiá 1

如以〇投卵者 A5/4/11

轄 xiá 1

車堅管〇 C4/41/9

下 xià 102

〔高〇〕、遠近、險易、廣狹、死生也 A1/1/7
其〇攻城 A3/2/22
必以全爭於天〇 A3/2/25
上〇同欲者勝 A3/3/8
善守者藏於九地之〇 A4/3/18
戰勝而天〇曰善 A4/3/21
水之形避高而趨〇 A6/6/11
凡軍好高而惡〇 A9A/9/10
A9B/9/24
先至而得天〇之眾者 A11/11/19
上〇不相收 A11/11/25
是故不爭天〇之交 A11/12/26
不養天〇之權 A11/12/26
無攻〇風 A12/13/17
若〔乃〕城〇、池淺、守弱 B1/15/8
（車）〔甲〕不暴出而威制天〇 B2/15/24
〇不制於地 B2/16/4,B8/23/18
天〇莫能當其戰矣 B3/16/15
有提十萬之眾而天〇莫當者 B3/17/5
有提七萬之眾而天〇莫當者 B3/17/5
有提三萬之眾而天〇莫當者 B3/17/6
今天〇諸國士 B3/17/6
得天〇助卒 B3/17/11
無為天〇先戰 B3/17/12
天〇諸國助我戰 B3/17/15
吾用天〇之用為用 B3/17/18
吾制天〇之制為制 B3/17/18
使天〇非農無所得食 B3/17/18
使民揚臂爭出農戰而天〇無敵矣 B3/17/19
不能內有其賢而欲有天〇 B3/17/24
所謂上滿〇漏 B4/19/14
〔將〕必〇步 B4/19/19
群〇者支節也 B5/20/3
愛在〇順 B5/20/10
攻者不〇十餘萬之眾 B6/21/19
則愚夫惷婦無不守陴而泣〇 B6/21/23
十萬之軍頓於城〇 B6/21/27
得眾在於〇人 B7/22/8
故兵不血刃而天〇親焉 B8/22/18
是賞〇流也 B8/22/28
夫能刑上究、賞〇流 B8/22/28
夫提天〇之節制 B8/23/4
一戰而天〇定 B8/23/10
無地於〇 B8/23/21
天〇皆驚 B8/23/22
則天〇莫當其戰矣 B8/23/25
小圄不〇十數 B9/24/24
中圄不〇百數 B9/24/24
大圄不〇千數 B9/24/24
臣〇之節也 B10/25/9
〇達上通 B10/25/12
天〇無費 B11/25/29
民無私則天〇為一家 B11/26/7
為〇不敢私 B11/26/11
外無天〇之難 B11/26/14
其〇在於無奪民時 B11/26/25
上〇皆相保也 B14/28/10
上〇相聯 B14/28/13
自尉吏而〇盡有旗 B21/31/28
則威加天〇有十二焉 B22/32/10
組甲不出於櫜而威服天〇矣 B22/32/20
急勝為〇 B22/32/22
橫行天〇 B22/32/24,C3/40/25
上乖者〇離 B22/32/28
則足以施天〇 B22/33/6
雖天〇有善兵者 B23/34/6
其〇殺其十一 B24/35/11
天〇戰國 C1/36/25
是以數勝得天〇者稀 C1/36/26
飾上〇之儀 C1/37/3
不肖者處〇 C1/37/12
則上疑而〇懼 C2/38/3
二曰上愛其〇 C2/38/22
天〇莫當 C3/39/26

伏燒屋之○	C3/40/2
從事於○	C3/40/17
謹落四○	C3/40/23
必數上○	C3/40/25
上○相咎	C4/41/8
必足以率○安眾	C4/41/10
施令而○不犯	C4/41/10
○貧而怨	C4/41/18
居軍○濕	C4/41/20
貴高賤○	C5/43/16
失權於天○矣	C6/44/16
其令不煩而威震天○	C6/44/23
天○雖安	D1/45/8
天○既平	D1/45/8
天○大愷	D1/45/8
上○皆不伐善	D2/47/21
○苟不伐善	D2/47/21
上○不伐善若此	D2/47/21
上○皆以不善在己	D2/47/22
○苟以不善在己	D2/47/22
上○分惡若此	D2/47/23
上○相報若此	D2/47/25
成基一天○之形	D3/49/2
與○畏法曰法	D3/49/19
位○左右	D4/49/29
○甲坐	D4/49/29

夏 xià 14

伊摯在○	A13/14/26
春○夫出於南畝	B11/26/1
○日衣之則不涼	C1/36/5
故成湯討桀而○民喜悅	C1/36/21
二曰盛○炎熱	C2/38/16
○則涼廡	C3/40/22
冬○不興師	D1/45/7
○后氏誓於軍中	D2/46/22
○后氏正其德也	D2/46/23
○賞於朝	D2/46/24
○后氏曰鉤車	D2/47/1
○后氏玄首	D2/47/3
○后氏以日月	D2/47/5
○賞而不罰	D2/47/19

暇 xià 3

上○人教	D3/48/16
見亂○	D3/48/23
上○重	D4/50/15

先 xiān 88

不可○傳也	A1/1/18
賞其○得者	A2/2/9
○為不可勝	A4/3/16
是故勝兵○勝而後求戰	A4/3/24
敗兵○戰而後求勝	A4/3/24
凡○處戰地而待敵者、佚	A6/5/3
○人至	A7/6/19
勁者○	A7/6/23
○知迂直之計者勝	A7/7/10
○暴而後畏其眾者	A9A/8/22
	A9B/10/10
汲而○飲者	A9A/8/24, A9B/10/7
輕車○出居其側者	A9A/9/2
輕車○出	A9B/10/6
○居高陽	A10/10/20
我○居之	A10/10/23, A10/10/23
若敵○居之	A10/10/23, A10/10/24
○至而得天下之眾者	A11/11/19
○奪其所愛	A11/11/27
○其所愛	A11/13/6
○知也	A13/14/6
○知者	A13/14/6
間事未發而○聞者	A13/14/15
必○知其守將、左右、謁者、門者、舍人之姓名	A13/14/18
○神○鬼	B1/15/13
○稽我智	B1/15/14
凡兵制必○定	B3/16/14
制○定則士不亂	B3/16/14
○登者未(常)〔嘗〕非多力國士也	B3/16/17
○死者〔亦〕未嘗非多力國士〔也〕	B3/16/17
無為天下○戰	B3/17/12
○料敵而後動	B4/18/10
必○禮信而後爵祿	B4/18/22
○廉恥而後刑罰	B4/18/22
○親愛而後律其身〔焉〕	B4/18/22
三者、○王之本務〔也〕	B4/19/5
故○王〔務〕專於兵	B4/19/8
〔○王〕務此五者	B4/19/10
將不○己	B4/19/19
必○知畏侮之權	B5/20/8
飛廉、惡來身○戟斧	B8/23/13
權○加人者	B12/26/30
武○加人者	B12/26/30
故兵貴○	B12/27/1
○王之所傳聞者	B12/27/7
必○啚不知止之敗	B12/27/7
故○王明制度於前	B13/27/26
所以知進退○後	B17/29/15
夫蚤決○敵	B18/30/4
若計不○定	B18/30/4
故正兵貴○	B18/30/4
或○或後	B18/30/5
○擊而勇	B18/30/5
君必○謀於廟	B19/30/12
○安內也	B20/31/3
不得爭○登不次也	B22/32/14
必○收其地	B22/33/4
必○攻其城	B22/33/4
○後之次有適宜	B23/33/29
亂○後斬之	B23/33/30
正兵○合	B23/34/5
必○教百姓而親萬民	C1/36/13
○和而造大事	C1/36/15
○戒為寶	C2/37/25
必○示之以利而引去之	C2/37/30
○奪其氣	C2/38/1
進兵之道何○	C3/39/8
○明四輕、二重、一信	C3/39/10
教戒為○	C3/40/5
必○占其將而察其才	C4/41/17
必○鼓譟而乘之	C5/43/2
○戰一日	C6/44/22
○王之治	D1/45/15
乃造于○王	D1/45/20
而觀於○聖	D2/46/6
士不○教	D2/46/7
欲民○成其慮也	D2/46/22
欲民○意以行事也	D2/46/23
○正也	D2/47/1
○疾也	D2/47/1
○良也	D2/47/1
譟以○之	D4/49/31
無復○術	D4/51/9
凡戰○則弊	D5/52/3

咸 xián 1

占（城）〔○〕池 B8/23/17

閒 xián 1

吾欲少○而極用人之要 B22/32/26

閑 xián 4

○其進止 C3/40/23
馬○馳逐 C4/41/9
氣欲○ D4/49/26
避其○窕 D4/51/15

嫌 xián 1

變○推疑 D3/47/30

銜 xián 2

鞍、勒、○、轡 C3/40/24
○枚誓（糗）〔具〕 D4/49/31

賢 xián 16

故明君○將 A13/14/5
故惟明君○將 A13/14/26
必能內有其○者也 B3/17/24
不能內有其○而欲有天下 B3/17/24
舉○任能 B4/19/16
固陋在於離○ B7/22/11
○士有合 B8/23/11
舉○用能 B8/23/25
君能使○者居上 C1/37/12
國不乏○ C1/37/17
任○使能 C2/38/23
○王制禮樂法度 D1/45/18
舉○立明 D1/45/25
賊○害民則伐之 D1/45/30
○王明民之德 D2/47/18
爭○以為 D4/51/12

啣 xián 1

兩軍○枚 C5/42/24

險 xiǎn 29

〔高下〕、遠近、○易、廣狹、死生也 A1/1/7
其勢○ A5/4/19
不知山林○阻沮澤之形者 A7/7/1
A11/12/24
軍行有○阻潢井葭葦山林翳薈者 A9A/9/4
恃其○也 A9A/9/5,A9B/10/3
軍旁有○阻潢井蒹葭林木翳薈者 A9B/10/2
有○者 A10/10/19
○形者 A10/10/23
計○阨遠近 A10/11/1
行山林、○阻、沮澤 A11/11/20
投之於○ A11/12/15
〔有登降之〕○ B4/19/19
分○者無戰心 B5/20/16
城○未設 B5/21/1
夫守者、不失〔其〕○者也 B6/21/12
臨○亦勝 B18/30/1
其地○ C2/37/29
行阪涉○ C2/38/20
○道狹路可擊 C2/39/3
路狹道○ C4/41/7
塞易開○ C4/41/19
進道○ C4/41/20
莫善於○ C5/42/14
背大○阻 C5/42/18
傍多○阻 C5/42/30
利地守隘○阻 D3/48/3
右高、左○ D5/51/24

獮 xiǎn 1

春蒐秋○ D1/45/9

顯 xiǎn 3

不可不○也 B4/18/28
因民所榮而○之 B4/18/28
榮以進戰效力、以○其忠勇者 C1/37/5

限 xiàn 4

以○士人 B8/23/3
令民背國門之○ B21/32/1
謂分地以○ B22/32/12
五曰分○ B22/32/12

陷 xiàn 12

凡地有絕澗、天井、天牢、天羅、天○、天隙 A9A/9/3
A9B/10/1
有○者 A10/10/27
曰○ A10/10/28
兵士甚○則不懼 A11/12/2
○之死地然後生 A11/13/1
夫眾○於害 A11/13/1
○行亂陳 B3/16/14,B22/32/24
秦繆置○陳三萬 C1/37/4
馬○車止 C5/43/15
不及則難○ D2/46/19

相 xiāng 72

奇正○生 A5/4/16
言不○聞 A7/7/12
視不○見 A7/7/12
凡處軍○敵 A9A/8/17,A9B/9/20
兵怒而○迎 A9A/8/22,A9B/10/11
又不○去 A9A/8/23,A9B/10/11
與眾○得也 A9A/9/16,A9B/10/15
能使敵人前後不○及 A11/11/25
眾寡不○恃 A11/11/25
貴賤不○救 A11/11/25
上下不○收 A11/11/25
夫吳人與越人○惡也 A11/12/9
其○救也如左右手 A11/12/10
○守數年 A13/14/4
三○稱則內可以固守 B2/15/18
勝備○應 B2/15/19
將已鼓而士卒○囂 B3/16/22
鄉里○勸 B4/18/29
死生○救 B4/18/29
兵役○從 B4/18/29
中外○應 B6/21/28
民○輕佻 B11/26/10
○為勝敗 B12/27/2

伍○保也 B14/28/3
什○保也 B14/28/3
屬○保也 B14/28/3
閭○保也 B14/28/4
上下皆○保也 B14/28/10
夫什伍○結 B14/28/13
上下○聯 B14/28/13
烏能以干令○私者哉 B14/28/14
枉道○望 B15/28/22
用以○參 B20/31/2
謂甲首○附 B22/32/11
三五○同 B22/32/12
謂左右○禁 B22/32/13
前後○待 B22/32/13
謂曲折○從 B22/32/14
今戰國○攻 B22/33/8
戰國則以立威、抗敵、○圖而不能廢兵也 B23/33/17
○參進止 B23/34/2
各○去三五里 B24/34/13
什伍○聯 B24/35/8
及戰鬬則卒吏○救 B24/35/8
鄉里○比 C3/40/11
什伍○保 C3/40/11
人馬○親 C3/40/23
使其君臣○怨 C4/41/8
上下○咎 C4/41/8
兩軍○望 C4/41/24
我欲○之 C4/41/24
卒然○遇 C5/43/2
募吾材士與敵○當 C5/43/7
○去數里 C5/43/8
吾與敵○遇大水之澤 C5/43/11
使不○陵 D2/46/9
德義不○踰 D2/46/9
材技不○掩 D2/46/9
勇力不○犯 D2/46/9
故德義不○踰 D2/46/12
故材技不○掩 D2/46/13
故勇力不○犯 D2/46/14
上下○報若此 D2/47/25
凡戰固眾○利 D3/48/1
○守義則人勉 D3/48/27
不○信則一 D3/49/21
故戰○為輕重 D4/50/10
敵若眾則○眾而受裹 D5/51/22

鄉 xiāng 8

不用○導者 A7/7/1,A11/12/24
掠○分眾 A7/7/8
因其○人而用之 A13/14/10
故○間、內間可得而使也 A13/14/22
親〔戚同○〕 B4/18/29
○里相勸 B4/18/29
○里相比 C3/40/11

祥 xiáng 5

禁○去疑 A11/12/4
不○在於惡聞己過 B7/22/10
無○異也 B8/23/14
祅○數起 C2/38/17
滅厲○ D3/49/1

詳 xiáng 1

在於順○敵之意 A11/13/3

響 xiǎng 1

〔如○之應聲也〕 B23/33/22

饗 xiǎng 4

踵軍○士 B20/30/22
君舉有功而進○之 C6/44/6
於是武侯設坐廟廷為三行○士大夫 C6/44/8
○畢而出 C6/44/9

向 xiàng 10

高陵勿○ A7/7/21
并敵一○ A11/13/3
天官時日陰陽○背〔者〕也 B1/15/5
○阪陳〔者〕為廢軍 B1/15/10
背濟水、○山阪而陳 B1/15/10
常陳皆○敵 B23/34/1
有內○ B23/34/1
有外○ B23/34/1
夫內○所以顧中也 B23/34/1
外○所以備外也 B23/34/1

象 xiàng 3

夫兵形○水 A6/6/11
不可○於事 A13/14/6
櫟以犀○ C1/36/4

項 xiàng 1

置章於○ B17/29/10

梟 xiāo 1

莫不○視狼顧 C6/44/16

囂 xiāo 1

將已鼓而士卒相○ B3/16/22

小 xiǎo 22

故○敵之堅 A3/2/28
○不恢 B2/15/22
〔雖有〕○過無更 B4/18/16
○疑無申 B4/18/16
〔雖有○過無更〕 B4/18/17
〔○難無戚〕 B4/18/18
慎在於畏○ B7/22/7
害在於親○人 B7/22/11
賞之貴○ B8/22/27
○圄不下十數 B9/24/24
○鼓 B18/29/24
地大而城○者 B22/33/4
凡圍必開其○利 B22/33/11
在○足以守矣 C1/36/25
比○事大以和諸侯 D1/45/28
懼○人也 D2/46/25
○罪乃殺 D3/48/1
○罪勝 D3/48/1
大○、堅柔、參伍、眾寡、凡兩 D3/48/21
軍無○聽 D3/49/19
戰無○利 D3/49/19
避其○懼 D4/51/15

孝 xiào 1

國必有○慈廉恥之俗 B4/18/21

肖 xiào 2

萬人皆不○也 B3/17/1
不○者處下 C1/37/12

效 xiào 3

必為吾所○用也 B8/23/6
樂以進戰○力、以顯其忠勇者 C1/37/5
人說其心、○其力 D4/51/13

笑 xiào 1

取○於諸侯 C6/44/16

邪 xié 5

四方豈無順時乘之者○ B1/15/7
今以莫○之利 B8/23/25
古人何得而今人何失○ B11/26/4
○生於無禁 B11/26/23
錯○亦勝 B18/30/1

挾 xié 1

凡○義而戰者 B5/20/16

脅 xié 3

灼人之○ B9/24/19
今秦○吾西 C2/37/22
○而從之 C2/37/29

械 xiè 2

具器○ A3/2/23
無取六畜禾黍器○ D1/45/24

懈 xiè 1

將士○怠 C4/41/22

謝 xiè 2

來委○者 A9A/8/22,A9B/10/11

心 xīn 49

將軍可奪○ A7/7/17
此治○者也 A7/7/18
楚將公子○與齊人戰 B1/15/12
公子○曰 B1/15/12
夫○狂、目盲、耳聾 B2/16/4
使民有必戰之○ B4/18/4
奪者○之機也 B4/18/13
令者、〔所以〕一眾○也 B4/18/13
未有不信其○而能得其力者〔也〕 B4/18/18
如○之使四支也 B4/18/24
○疑者背 B5/20/1
○既疑背 B5/20/1
將帥者○也 B5/20/3
其○動以誠 B5/20/3
其○動以疑 B5/20/3
夫將不○制 B5/20/4
夫不愛說其○者 B5/20/10
不嚴畏其○者 B5/20/10
分險者無戰○ B5/20/16
則欲○與爭奪之患起矣 B11/26/10
則欲○去 B11/26/14
其○一也 B18/29/24
以明賞勸之○ B21/31/28
如四支應○也 B21/32/3
率俾民○不定 B22/33/8
皆○失而傷氣也 B22/33/13
主君何言與○違 C1/36/4
雖有鬬○ C1/36/7
一陳兩○ C2/37/28
皆有鬬○ C2/37/30
○怖可擊 C2/39/3
所以威○ C4/41/13
○威於刑 C4/41/14
其○必恐 C5/43/21
示民無殘○ C5/43/25
著不忘於○ C6/44/10
因○之動 D3/47/31
將○ D3/48/7
○也 D3/48/7,D3/48/7
眾○ D3/48/7
○乃強 D3/48/28
○欲一 D4/49/26
本○固 D4/50/3
人有勝○ D4/50/7
人有畏○ D4/50/7
兩○交定 D4/50/7
故○中仁 D4/51/11
人說其○、效其力 D4/51/13

新 xīn 2

敵人遠來○至、行列未定可擊 C2/39/1
○氣勝 D4/50/3

薪 xīn 3

○食給 B6/21/16
采○之牧者 B15/28/23
○芻既寡 C2/38/17

信 xìn 39

智、○、仁、勇、嚴也 A1/1/7
雜於利而務可○也 A8/8/4
不令而○ A11/12/4
○己之私 A11/12/26
○行國內 B3/17/19
眾不○矣 B4/18/14
未有不○其心而能得其力者〔也〕 B4/18/18
故國必有禮〔○〕親愛之義 B4/18/21
必先禮○而後爵祿 B4/18/22
雖刑賞不足○也 B5/20/13
○在期前 B5/20/13
敵將帥不能○ B5/20/29
安所○之 B12/27/4
其往有○而不○ B18/30/8
號令明○ B24/35/9
○如四時 B24/35/15
不敢○其私謀 C1/36/15
其賞罰○ C2/37/30
三曰賞○刑察 C2/38/22
先明四輕、二重、一○ C3/39/10
行之以○ C3/39/15

賞罰不○ C3/39/24
其將愚而○人 C4/41/17
○見○ D1/45/5
是以明其○也 D1/45/12
以禮○親諸侯 D1/45/27
不服、不○、不和、怠、疑、厭、慴、枝、拄、詘、頓、肆、崩、緩 D3/48/19
貴○惡疑 D3/48/23
居國惠以○ D3/48/24
刃上見○ D3/48/25
被之以○ D3/49/1
有仁無○ D3/49/6
二曰○ D3/49/14
不相○則一 D3/49/21
若人不○上則行其不復 D3/49/21
以○專 D4/51/11
堪久○也 D4/51/12

星 xīng 4

時有彗○出 B1/15/12
彗○何知 B1/15/13
觀○辰風雲之變 B8/23/17
日月○辰 D1/45/20

腥 xīng 1

金器○ B11/25/29

興 xīng 21

主不可以怒而○師 A12/13/21
凡○師十萬 A13/14/3
昔殷之○也 A13/14/26
周之○也 A13/14/26
見勝則(與)〔○〕 B2/16/1
彼駑馬鬐○角逐 B3/17/15
○軍者 B20/30/24
當○軍、踵軍既行 B20/31/1
謂○有功 B22/32/15
凡○師必審內外之權 B22/33/1
然後○師伐亂 B22/33/2
修之則○ C1/36/21
因怒○師曰剛 C1/36/30
早○寤遷 C2/38/15
晏○無間 C2/38/16
○師動眾而人樂戰 C6/44/1
秦人○師 C6/44/10
冬夏不○師 D1/45/7
〔乃〕○甲兵以討不義 D1/45/18
教極省則民○良矣 D2/46/16
戍軍三年不○ D2/47/25

行 xíng 138

法令孰○ A1/1/9
圓則○ A5/4/28
○千里而不勞者 A6/5/7
○於無人之地也 A6/5/7
故五○無常勝 A6/6/14
倍道兼○ A7/6/23
不能○軍 A7/7/1, A11/12/24
軍○有險阻潢井葭葦山林蘙薈者 A9A/9/4
卒已親附而罰不○ A9A/9/14, A9B/10/13
〔令〕素○以教其民 A9A/9/15
令不素○以教其民 A9A/9/15
令素○者 A9A/9/16, A9B/10/15
令素○以教其民 A9B/10/14
○山林、險阻、沮澤 A11/11/20
凡難○之道者 A11/11/21
圮地則○ A11/11/23
○火必有因 A12/13/12
陷○亂陳 B3/16/14, B22/32/24
信○國內 B3/17/19
則士不○ B4/19/8
三軍成○ B8/24/5
○臣之術 B9/24/21
蓋古治之○ B11/26/5
方之以○垣 B15/28/18
禁○清道 B15/28/22
不得通○ B15/28/23, B15/28/23
皆成○伍 B15/28/23
不成○伍者 B15/28/23
前一○蒼章 B17/29/7
次二○赤章 B17/29/7
次三○黃章 B17/29/7
次四○白章 B17/29/7
次五○黑章 B17/29/7
前一五○ B17/29/10
次二五○ B17/29/10
次三五○ B17/29/10
次四五○ B17/29/11
次五五○ B17/29/11
鼓○交鬬 B17/29/14
則前○進為犯難 B17/29/14
後○(進)〔退〕為辱眾 B17/29/14
踰五○而前者有賞 B17/29/14
踰五○而後者有誅 B17/29/14
專命而○ B18/30/5
○令於廷 B19/30/12
有敢○者誅 B19/30/17
前軍而○ B20/30/21
前踵軍而○ B20/30/24
令○而起 B20/30/29
當興軍、踵軍既○ B20/31/1
無得○者 B20/31/1
非順職之吏而○者 B20/31/2
順職之吏乃○ B20/31/2
前○者前○教之 B21/31/7
後○者後○教之 B21/31/7
左○者左○教之 B21/31/8
右○者右○教之 B21/31/8
前後章各五○ B21/31/18
令○無變 B21/32/2
兵○無猜 B21/32/2
前軍絶○亂陳破堅如潰者 B21/32/5
謂禁止○道 B22/32/11
謂彰明○列 B22/32/14
橫○天下 B22/32/24, C3/40/25
○伍疏數有常法 B23/33/29
立陳所以○也 B23/34/2
戰則皆禁○ B24/34/13
令○士卒 B24/35/12
所以○事立功 C1/36/19
若○不合道 C1/36/20
晉文召為前○四萬 C1/37/4
○驅飢渴 C2/38/16
○阪涉險 C2/38/20
敵人遠來新至、○列未定可擊 C2/39/1
涉長道後○未息可擊 C2/39/2
○之以信 C3/39/15
雖散成○ C3/39/26
凡○軍之道 C3/39/29

〇而止之 C3/40/7
五鼓就〇 C3/40/12
善〇間諜 C4/41/8
其卒自〇自止 C4/42/1
亂而失〇 C5/42/6
二吹而〇 C5/42/9
急〇間諜以觀其慮 C5/42/23
安〇疾鬬 C5/42/24
疾〇亟去 C5/43/1
輕足利兵以為前〇 C5/43/7
〇出山外營之 C5/43/9
於是武侯設坐廟廷為三
〇饗士大夫 C6/44/8
上功坐前〇 C6/44/8
次功坐中〇 C6/44/8
無功坐後〇 C6/44/9
〇之三年 C6/44/10
子前日之教〇矣 C6/44/13
無〇田獵 D1/45/23
外內亂、禽獸〇則滅之 D1/46/1
欲民先意以〇事也 D2/46/23
不貴善〇而貴暴〇 D2/47/9
不失〇列之政 D2/47/11
在〇遂而果 D2/47/15
〇其所能 D3/48/10
龜勝微〇 D3/48/13
是謂〇豫 D3/48/15
凡陳〇惟疏 D3/48/27
因古則〇 D3/49/1
試以名〇 D3/49/11
必善〇之 D3/49/11
若〇不〇 D3/49/11
若〇而〇 D3/49/11
日成〇微曰道 D3/49/19
若人不信上則〇其不復 D3/49/21
定〇列 D4/49/28
誓徐〇之 D4/49/29
跪坐坐伏則膝〇而寬誓
之 D4/49/30
坐膝〇而推之 D4/49/31
凡戰以輕〇輕則危 D4/50/10
以重〇重則無功 D4/50/10
以輕〇重則敗 D4/50/10
以重〇輕則戰 D4/50/10
〇陣〇列 D4/50/13
〇之難 D4/51/1
〇中義 D4/51/11

刑 xíng 31

〔吾聞〕黃帝〔有〕〇德 B1/15/3
〔黃帝所謂〇德者〕 B1/15/4
〇以伐之 B1/15/4
非〔世之所謂〇德也〕 B1/15/4
〔世之〕所謂〔〇德者〕 B1/15/5
士不亂則〇乃明 B3/16/14
無失〇 B3/16/31
明吾〇賞 B3/17/18
〇如未加 B4/18/9
五曰舉陳加〇之論 B4/18/10
先廉恥而後〇罰 B4/18/22
〇賞不中 B4/19/9
雖〇賞不足信也 B5/20/13
〇有所不從者 B5/20/29
是〇上究也 B8/22/27
夫能〇上究、賞下流 B8/22/28
百金不〇 B9/24/21
民一犯禁而拘以〇治 B11/26/11
決無留〇 B12/27/7
使民內畏重〇 B13/27/24
重威〇於後 B13/27/26
〇重則內畏 B13/27/26
凡明〇罰 B21/31/15
一曰連〇 B22/32/10
三曰賞信〇察 C2/38/22
退有重〇 C3/39/15
禁令〇罰 C4/41/13
心威於〇 C4/41/14
嚴〇明賞 C6/43/30
乃作五〇〔以禁民僻〕 D1/45/18
會天子正〇 D1/45/21

形 xíng 42

〇也 A4/4/6,A5/4/23
〇名是也 A5/4/10
〇圓而不可敗也 A5/4/21
〇之 A5/4/25
至於無〇 A6/5/12,A6/6/6
故〇人而我無〇 A6/5/18
〇之而知死生之地 A6/6/3
故〇兵之極 A6/6/6
無〇則深間不能窺 A6/6/6
因〇而錯勝於眾 A6/6/8
人皆知我所以勝之〇 A6/6/8
而莫知吾所以制勝之〇 A6/6/8
而應〇於無窮 A6/6/9
夫兵〇象水 A6/6/11
水之〇避高而趨下 A6/6/11
兵之〇避實而擊虛 A6/6/11
水無常〇 A6/6/12
不知山林險阻沮澤之〇者 A7/7/1
A11/12/24
雖知地〇 A8/8/1
地〇有通者 A10/10/19
通〇者 A10/10/20
挂〇者 A10/10/20
支〇者 A10/10/22
隘〇者 A10/10/22
險〇者 A10/10/23
遠〇者 A10/10/24
夫地〇者 A10/11/1
而不知地〇之不可以戰 A10/11/11
雖〇全而不為之用 B4/18/3
各逼地〇而攻要塞 B5/20/28
馬有瘠〇 B8/23/3
非絲麻無以蓋〇 B11/25/26
蓋〇有縷 B11/25/26
今短褐不蔽〇 B11/26/1
因〇用權 C4/41/17
以土地〇諸侯 D1/45/27
成基一天下之〇 D3/49/2
凡人之〇 D3/49/11

省 xǐng 5

上不能〇 B9/24/28
法令〇而不煩 C4/41/3
教極〇則民興良矣 D2/46/16
約法〇罰 D3/48/1
循〇其職 D4/49/32

姓 xìng 9

遠輸則百〇貧 A2/2/3
貴賣則百〇財竭 A2/2/3
百〇之費十去其七 A2/2/4
百〇之費 A13/14/3
必先知其守將、左右、
謁者、門者、舍人之
〇名 A13/14/18
必先教百〇而親萬民 C1/36/13

百○皆是吾君而非鄰國 C1/37/13
百○怨怒 C2/38/17
百○不得其敘 D2/47/7

性 xìng 11

木石之○ A5/4/28
○專而觸誠也 B8/23/24
今也金木之○ B11/25/29
馬牛之○ B11/25/30
夫齊○剛 C2/37/28
秦○強 C2/37/29
楚○弱 C2/37/31
燕○慤 C2/38/2
其○和 C2/38/4
人方有○ D4/51/3
○州異 D4/51/3

幸 xìng 3

○勝也 B5/20/4
○以不敗 B5/20/19
○生則死 C3/40/1

凶 xiōng 5

夫戰勝攻取而不修其功
者、○ A12/13/19
視吉○ B8/23/17
故兵者、○器也 B8/23/18
兵者、○器也 B23/33/17
不因○ D1/45/7

兄 xiōng 3

夫殺人之父○ B8/22/16
親戚○弟也 B9/24/25
○不得以私其弟 B14/28/13

匈 xiōng 2

三軍○○ C2/38/29

胸 xiōng 2

置章於○ B17/29/11
中軍章○前 B21/31/17

雄 xiónɡ 2

豪傑○俊 B6/21/8
必鼓其豪傑○俊 B6/21/24

休 xiū 4

欲○息也 A9A/8/22,A9B/10/11
勿令得○ C5/43/9
示○也 D2/47/26

修 xiū 13

○櫓轒轀 A3/2/22
○道而保法 A4/3/25
是故其兵不○而戒 A11/12/3
夫戰勝攻取而不○其功
者、凶 A12/13/19
良將○之 A12/13/20
○吾號令 B3/17/18
將無○容 B5/20/2
○德廢武 C1/36/8
必內○文德 C1/36/8
○之則興 C1/36/21
王及諸侯○正其國 D1/45/25
事極○則百官給矣 D2/46/16
○己以待人 D2/47/14

脩 xiū 3

要塞未○ B5/21/1
人事○不○而然也 B8/23/14

繡 xiù 2

女無○飾纂組之作 B11/25/27
不寒而衣○飾 B11/25/30

虛 xū 16

中原內○於家 A2/2/4
○實是也 A5/4/11
衝其○也 A6/5/14
兵之形避實而擊○ A6/6/11
○也 A9A/8/25,A9B/10/8
是以擊○奪之也 B4/18/10
異口○言 B5/20/2
故眾已聚不○散 B5/20/14
夫城邑空○而資盡者 B5/21/2
我因其○而攻之 B5/21/3
今世將考孤○ B8/23/17
前譟者謂之○ B23/34/8
○實者 B23/34/8
國內空○ B24/35/6
用兵必須審敵○實而趨
其危 C2/39/1

須 xū 1

用兵必○審敵虛實而趨
其危 C2/39/1

徐 xú 4

其○如林 A7/7/6
諄諄翕翕、○與人言者 A9A/8/21
諄諄諭諭、○與人言者 A9B/10/10
誓○行之 D4/49/29

許 xǔ 2

毋○其空言 B3/17/22
○而安之 C5/43/25

序 xù 1

前後○ D3/48/19

敘 xù 2

三曰洪○ B11/26/20
百姓不得其○ D2/47/7

蓄 xù 1

則有儲○ B11/25/27

喧 xuān 1

焉有○呼酖酒以敗善類
乎 B11/26/8

玄 xuān 2

後○武 C3/40/17
夏后氏○首 D2/47/3

旋 xuán 1

士不○踵 B4/19/1

縣 xuán 2

邊○列候 B24/34/13
後將吏及出○封界者 B24/34/16

懸 xuán 4

○權而動 A7/7/8
粟馬肉食、軍無○缶、不返其舍者 A9A/8/20
○缶不返其舍者 A9B/10/9
○無政之令 A11/12/27

選 xuǎn 6

兵無○鋒 A10/10/30
武士不○ B4/19/9
○而別之 C2/38/9
○銳衝之 C2/39/4
然後謹○而使之 D2/46/16
○艮次兵 D5/52/4

削 xuē 1

野荒民散則○之 D1/45/30

學 xué 6

雜○不為通儒 B11/26/22
一人○戰 C3/40/5
十人○戰 C3/40/6
百人○戰 C3/40/6
千人○戰 C3/40/6
萬人○戰 C3/40/6

血 xuè 3

則愚夫惷婦無不蔽城盡資○城者 B6/21/22
故兵不○刃而天下親焉 B8/22/18
兵不○刃而〔克〕商誅紂 B8/23/14

旬 xún 1

千里者○日 B5/20/27

巡 xún 1

○狩者方會諸侯 D1/45/18

循 xún 4

如○環之無端 A5/4/16
○省其職 D4/49/32
自子以不○ D4/51/12
待則○而勿鼓 D5/51/26

訊 xùn 2

束人之指而○囚之情 B9/24/19
○厥衆 D3/47/30

遜 xùn 1

在朝恭以○ D2/47/14

厭 yā 1

不服、不信、不和、怠、疑、○、懾、枝、拄、詘、頓、肆、崩、緩 D3/48/19

壓 yā 2

如〔堵〕垣○之 B2/16/8
阻陳而○之 C2/38/5

牙 yá 1

呂○在殷 A13/14/26

焉 yān 18

死○不得 A11/12/2
固倒而勝○ B1/15/13
此資敵而傷我甚○ B3/16/20
則逃傷甚○ B3/16/21
而能獨出獨入○ B3/17/3
先親愛而後律其身〔○〕 B4/18/22
〔其本〕有五○ B4/19/8
而主之氣不半○ B6/21/9
工食不與○ B6/21/12
故兵不血刃而天下親○ B8/22/18
○有喧呼酖酒以敗善類乎 B11/26/8
所謂天子者四○ B11/26/20
以經令分之為三分○ B17/29/6
則威加天下有十二○ B22/32/10
故王者伐暴亂、本仁義○ B23/33/17
敵與將猶權衡○ B23/33/27
內得愛○ D1/45/5
外得威○ D1/45/5

淹 yān 1

三曰師既○久 C2/38/16

煙 yān 1

○火必素具 A12/13/12

言 yán 21

○不相聞 A7/7/12
諄諄翕翕、徐與人○者 A9A/8/21
諄諄諭諭、徐與人○者 A9B/10/10
勿告以○ A11/12/28
試聽臣○其術 B3/16/30
民○有可以勝敵者 B3/17/22
毋許其空○ B3/17/22
異口虛○ B5/20/2
不可以○戰 B5/20/13
不可以○攻 B5/20/13
○非全也 B5/20/20
試聽臣之○ B9/24/21
不能關一○ B9/24/21

其○無謹 B12/27/14
○有經也 B17/29/16
有敢高○者誅 B19/30/17
父母妻子弗捕執及不○ B24/34/19
主君何○與心違 C1/36/4
敵破而後○返 C4/41/3
故在國○文而語溫 D2/47/13
不問不○ D2/47/14

炎 yán 1

二曰盛夏○熱 C2/38/16

埏 yán 1

故○埴以為器 B11/25/29

顏 yán 1

示以○色 D4/49/32

嚴 yán 10

智、信、仁、勇、○也 A1/1/7
將弱不○ A10/10/29
不○畏其心者 B5/20/10
○誅責 B10/25/10
其政○ C2/37/30
四鼓○辨 C3/40/11
不可不○ C4/41/14
○刑明賞 C6/43/30
○明之事 C6/44/1
位欲○ D4/49/26

奄 yǎn 1

革車○戶 C1/36/5

偃 yǎn 2

○臥者涕交頤 A11/12/5
○伯靈臺 D2/47/26

掩 yǎn 3

○以朱漆 C1/36/4
材技不相○ D2/46/9
故材技不相○ D2/46/13

晏 yàn 1

○興無間 C2/38/16

諺 yàn 1

今世○云 B9/24/21

燕 yàn 3

○絕吾後 C2/37/22
○陳守而不走 C2/37/26
○性慤 C2/38/2

驗 yàn 2

不可○於度 A13/14/6
明法稽○ B10/25/9

羊 yáng 4

若驅群○ A11/12/15
○腸亦勝 B2/16/7
弩如○角 B2/16/10
取吾牛○ C5/43/19

佯 yáng 4

○北勿從 A7/7/21
其追北○為不及 C4/41/27
其見利○為不知 C4/41/27
如是○北 C5/42/24

陽 yáng 10

陰○、寒暑、時制也 A1/1/6
貴○而賤陰 A9A/9/10，A9B/9/24
必處其○而右背之 A9A/9/11
A9B/9/25
先居高○ A10/10/20
必居高○以待敵 A10/10/24
天官時日陰○向背〔者〕
也 B1/15/5
明知陰○ C3/39/14
○燥則起 C5/43/16

揚 yáng 1

使民○臂爭出農戰而天
下無敵矣 B3/17/19

養 yǎng 13

卒善而○之 A2/2/10
○生而處實 A9A/9/10
○生處實 A9B/9/24
謹○而勿勞 A11/12/1
不○天下之權 A11/12/26
○吾武勇 B3/17/8
地、所以（養）〔○〕
民也 B4/19/4
貴功（養）〔○〕勞 B4/19/16
百乘事○ B8/22/20
事○不外索資 B8/22/20
貴功○勞 B8/23/26
弱者給厮○ C3/40/10
○力索巧 D3/47/31

么 yāo 1

（分歷）〔○麼〕毀瘠
者并於後 B6/21/24

要 yāo 11

此兵之○ A13/14/27
各逼地形而攻○塞 B5/20/28
○塞未脩 B5/21/1
（據出）〔出據〕○塞 B6/21/27
分地塞○ B10/25/7
為政之○也 B10/25/10
分卒據○害 B20/30/25
守○塞關梁而分居之 B20/30/28
吾欲少閒而極用人之○ B22/32/26
○者 C1/36/20
凡戰之○ C4/41/17

祅 yāo 1

○祥數起 C2/38/17

腰 yāo 1

置章於○ B17/29/11

邀 yāo 3

無○正正之旗 A7/7/19
可○而取 C4/41/19
○之於阨 C5/42/14

堯 yáo 1

雖有○舜之智 B9/24/21

搖 yáo 1

招○在上 C3/40/17

餚 yáo 3

○席兼重器、上牢 C6/44/8
○席器差減 C6/44/9
○席無重器 C6/44/9

藥 yào 1

醫○歸之 D1/45/25

也 yě 562

國之大事〔○〕 A1/1/3
不可不察○ A1/1/3,A8/8/13,A10/10/25,A10/10/31
令民與上同意○ A1/1/6
陰陽、寒暑、時制○ A1/1/6
〔高下〕、遠近、險易、廣狹、死生○ A1/1/7
智、信、仁、勇、嚴○ A1/1/7
曲制、官道、主用○ A1/1/8
因利而制權○ A1/1/14
詭道○ A1/1/16
不可先傳○ A1/1/18
得筭多○ A1/1/20
得筭少○ A1/1/20
其用戰○勝 A2/1/26
未睹巧之久○ A2/1/28
未之有○ A2/1/29,B24/35/15
則不能盡知用兵之利○ A2/1/29
故軍食可足○ A2/2/1
怒○ A2/2/9
貨○ A2/2/9
國家安危之主○ A2/2/14
非善之善者○ A3/2/19,A4/3/21,A4/3/21
善之善者○ A3/2/20
此攻之災○ A3/2/24
屈人之兵而非戰○ A3/2/24
拔人之城而非攻○ A3/2/24
毀人之國而非久○ A3/2/25
此謀攻之法○ A3/2/25
大敵之擒○ A3/2/28
國之輔○ A3/3/1
知勝之道○ A3/3/9
不可勝者、守○ A4/3/17
可勝者、攻○ A4/3/18
故能自保而全勝○ A4/3/19
勝於易勝者○ A4/3/22
故善戰者之勝○ A4/3/23
勝已敗者○ A4/3/23
而不失敵之敗○ A4/3/24
勝者之戰民○ A4/4/6
形○ A4/4/6,A5/4/23
分數是○ A5/4/10
形名是○ A5/4/10
奇正是○ A5/4/11
虛實是○ A5/4/11
日月是○ A5/4/14
四時是○ A5/4/14
不可勝聽○ A5/4/14
不可勝觀○ A5/4/15
不可勝嘗○ A5/4/15
不可勝窮○ A5/4/16
勢○ A5/4/18,A5/4/23,A5/4/29
節○ A5/4/18
鬬亂而不可亂○ A5/4/21
形圓而不可敗○ A5/4/21
數○ A5/4/23
其戰人○ A5/4/27
利之○ A6/5/6
害之○ A6/5/6
行於無人之地○ A6/5/7
攻其所不守○ A6/5/8
守其所不攻○ A6/5/8
衝其虛○ A6/5/14
速而不可及○ A6/5/14
攻其所必救○ A6/5/15
乖其所之○ A6/5/16
是以十攻其一○ A6/5/18
備人者○ A6/5/23
使人備己者○ A6/5/23
勝可為○ A6/6/1
此知迂直之計者○ A7/6/19
故兵以詐立、以利動、以分合為變者○ A7/7/4
此軍爭之法○ A7/7/10
所以一人之耳目○ A7/7/13
此用眾之法○ A7/7/13
所以變人之耳目○ A7/7/15
此治氣者○ A7/7/18
此治心者○ A7/7/18
此治力者○ A7/7/19
此治變者○ A7/7/19
此用兵之法○ A7/7/22
雜於利而務可信○ A8/8/4
雜於害而患可解○ A8/8/4
恃吾有以待○ A8/8/8
恃吾有所不可攻○ A8/8/8
必死可殺○ A8/8/11
必生可虜○ A8/8/11
忿速可侮○ A8/8/11
廉潔可辱○ A8/8/11
愛民可煩○ A8/8/12
將之過○ A8/8/12,A10/10/28
用兵之災○ A8/8/12
此處山之軍○ A9A/8/17,A9B/9/20
此處水上之軍○ A9A/8/19,A9B/9/22
亂○ A9A/8/20,A9B/10/9
倦○ A9A/8/20,A9B/10/9
窮寇○ A9A/8/21,A9B/10/9
失眾○ A9A/8/21,A9B/10/10
窘○ A9A/8/22,A9B/10/10
困○ A9A/8/22,A9B/10/10
不精之至○ A9A/8/22,A9B/10/11
欲休息○ A9A/8/22,A9B/10/11
兵非益多○ A9A/8/23
期○ A9A/8/24,A9B/10/7
誘○ A9A/8/24,A9B/10/7
飢○ A9A/8/24,A9B/10/7
渴○ A9A/8/24,A9B/10/8
勞○ A9A/8/25,A9B/10/8

虛○ A9A/8/25,A9B/10/8
恐○ A9A/8/25,A9B/10/8
將不重○ A9A/8/25,A9B/10/8
伏○ A9A/9/1,A9B/10/4
覆○ A9A/9/1,A9B/10/4
車來○ A9A/9/1,A9B/10/5
徒來○ A9A/9/1,A9B/10/5
樵採○ A9A/9/1,A9B/10/5
營軍○ A9A/9/2,A9B/10/5
進○ A9A/9/2,A9B/10/6
退○ A9A/9/2,A9B/10/6
陳○ A9A/9/3,A9B/10/6
謀○ A9A/9/3,A9B/10/7
勿近○ A9A/9/4,A9B/10/2
此伏姦之所處○ A9A/9/5
恃其險○ A9A/9/5,A9B/10/3
欲人之進○ A9A/9/6,A9B/10/3
利○ A9A/9/6,A9B/10/4
來○ A9A/9/6,A9B/10/4
疑○ A9A/9/6,A9B/10/4
此處斥澤之軍○ A9A/9/6
A9B/9/23
此處平陸之軍○ A9A/9/7
A9B/9/23
黃帝之所以勝四帝○ A9A/9/7
A9B/9/24
地之助○ A9A/9/11,A9B/9/25
待其定○ A9A/9/13,A9B/10/1
不服則難用○ A9A/9/14
則不可用○ A9A/9/15
與衆相得○ A9A/9/16,A9B/10/15
此伏姦之所○ A9B/10/3
軍無糧○ A9B/10/9
我無出○ A10/10/22
勿從○ A10/10/24
地之道○ A10/10/25,D2/47/3
敗之道○ A10/10/30
兵之助○ A10/11/1
上將之道○ A10/11/1
必戰可○ A10/11/4
無戰可○ A10/11/4
國之寶○ A10/11/5
不可用○ A10/11/8,D2/46/7
勝之半○ A10/11/10
A10/11/11,A10/11/11
攻其所不戒○ A11/11/29
非惡貨○ A11/12/4

非惡壽○ A11/12/4
諸、劌之勇○ A11/12/5
常山之蛇○ A11/12/8
夫吳人與越人相惡○ A11/12/9
其相救○如左右手 A11/12/10
未足恃○ A11/12/10
政之道○ A11/12/10
地之理○ A11/12/11
不得已○ A11/12/11
此謂將軍之事○ A11/12/16
絕地○ A11/12/18
衢地○ A11/12/18
重地○ A11/12/19
輕地○ A11/12/19
圍地○ A11/12/19
死地○ A11/12/19
非霸王之兵○ A11/12/25
此謂巧能成事者○ A11/13/3
天之燥○ A12/13/12
月在箕壁翼軫○ A12/13/13
風起之日○ A12/13/13
此安國全軍之道○ A12/13/22
不仁之至○ A13/14/5
非人之將○ A13/14/5
非主之佐○ A13/14/5
非勝之主○ A13/14/5
先知○ A13/14/6
必取於人知敵之情者○ A13/14/6
人君之寶○ A13/14/10
而傳於敵間○ A13/14/11
反報○ A13/14/12
無所不用間○ A13/14/15
故反間可得而用○ A13/14/21
故鄉間、內間可得而使
○ A13/14/22
故反間不可不厚○ A13/14/23
昔殷之興○ A13/14/26
周之興○ A13/14/26
三軍之所恃而動○ A13/14/27
非〔世之所謂刑德○〕 B1/15/4
天官時日陰陽向背〔者〕
○ B1/15/5
豪士一謀者○ B1/15/8
不若人事○ B1/15/9
武王〔之〕伐紂〔○〕 B1/15/10
〔人事不得○〕 B1/15/11
無異故○ B2/15/19

主勝○ B2/15/25
將勝○ B2/15/25
兵起非可以忿○ B2/16/1
先登者未（常）〔嘗〕
非多力國士○ B3/16/17
先死者〔亦〕未嘗非多
力國士〔○〕 B3/16/17
弓矢○ B3/16/21
矛戟○ B3/16/22
內自敗○ B3/16/22
不可得○ B3/16/25
民非樂死而惡生○ B3/16/27
萬人皆不肖○ B3/17/1
固不侔○ B3/17/2
王霸之兵○ B3/17/3
桓公○ B3/17/5
吳起○ B3/17/6
武子○ B3/17/6
不明乎禁舍開塞○ B3/17/7
則十人亦以勝之○ B3/17/8
則百千萬人亦以勝之○ B3/17/8
其實不可得而戰○ B3/17/12
內自致○ B3/17/15
必試其能戰○ B3/17/22
必能內有其賢者○ B3/17/24
此道勝○ B4/18/4
此威勝○ B4/18/4
此力勝○ B4/18/5
民○ B4/18/7
氣○ B4/18/7
是以擊虛奪之○ B4/18/10
奪者心之機○ B4/18/13
令者、〔所以〕一衆心
○ B4/18/13
〔事所以待衆力○〕 B4/18/16
〔衆不安○〕 B4/18/17
未有不信其心而能得其
力者〔○〕 B4/18/18
未有不得其力而能致其
死戰者○ B4/18/19
如心之使四支○ B4/18/24
不可不厚○ B4/18/27
不可不顯○ B4/18/28
必○因民所生而制之 B4/18/28
此民之所勵○ B4/18/29
此本戰之道○ B4/19/2
地、所以（養）〔養〕

民○ B4/19/4
城、所以守地○ B4/19/4
戰、所以守城○ B4/19/4
三者、先王之本務〔○〕 B4/19/5
將帥者心○ B5/20/3
群下者支節○ B5/20/3
幸勝○ B5/20/4
非攻權○ B5/20/4
夫民無兩畏○ B5/20/6
吏畏其將○ B5/20/6
民畏其吏○ B5/20/7
敵畏其民○ B5/20/7
不我用○ B5/20/10
不我舉○ B5/20/10
雖刑賞不足信○ B5/20/13
此不意彼驚懼而曲勝之○ B5/20/20
言非全○ B5/20/20
不求勝而勝○ B5/20/21
以其有法故○ B5/20/23
有器用之早定○ B5/20/23
其應敵○周 B5/20/23
其總率○極 B5/20/23
此之謂○ B5/21/3
非善者○ B6/21/8
敵攻者、傷之甚○ B6/21/10
夫守者、不失〔其〕險者○ B6/21/12
非妄費於民聚土壤○ B6/21/13
誠為守○ B6/21/14
此守法○ B6/21/17
此人之常情○ B6/21/23
〔示之不誠〕則倒敵而待之者○ B6/22/1
此守權之謂○ B6/22/2
此皆盜○ B8/22/17
所以誅暴亂、禁不義○ B8/22/17
所以（外）〔給〕戰守○ B8/22/23
所以明武○ B8/22/26
是刑上究○ B8/22/27
是賞下流○ B8/22/28
此將之武○ B8/22/28
奈何無重將○ B8/22/31
臣以為非難○ B8/23/1
由國無市○ B8/23/2
夫市○者 B8/23/2
百貨之官○ B8/23/2
何○ B8/23/3,C1/37/16
市〔有〕所出而官無主○ B8/23/4
無謂其能戰○ B8/23/4
必為吾所效用○ B8/23/6
非出生〔○〕 B8/23/7
後有憚○ B8/23/7
人人（之謂）〔謂之〕狂夫○ B8/23/9
非武議安得此合○ B8/23/10
無祥異○ B8/23/14
人事脩不脩而然○ B8/23/14
故兵者、凶器○ B8/23/18
爭者、逆德○ B8/23/19
B23/33/17
將者、死官○ B8/23/19
夫水、至柔弱者○ B8/23/24
無異○ B8/23/24
性專而觸誠○ B8/23/24
如此何○ B8/23/29
不自高人故○ B8/23/29
示人無己煩○ B8/23/30
此將事○ B8/24/2
非將事○ B8/24/3
此材士○ B8/24/8
非吾令○ B8/24/9
凡將理官○ B9/24/13
萬物之主○ B9/24/13
弗追○ B9/24/16
親戚兄弟○ B9/24/25
其次婚姻○ B9/24/25
其次知識故人○ B9/24/25
皆囚之情○ B9/24/27
臣以為危○ B9/24/28
為治之本○ B10/25/3
治之分○ B10/25/3
尊卑之體○ B10/25/3
會計民之具○ B10/25/6
取與之度○ B10/25/6
匠工之功○ B10/25/7
珍怪禁淫之事○ B10/25/7
臣下之節○ B10/25/9
主上之操○ B10/25/9
臣主之權○ B10/25/9
止姦之術○ B10/25/10
為政之要○ B10/25/10
至聰之聽○ B10/25/12
用其仂○ B10/25/12
強之體○ B10/25/12
靜之決○ B10/25/13
惟王之二術○ B10/25/15
天子之會○ B10/25/15
正議之術○ B10/25/16
承王之命○ B10/25/18
故禮得以伐○ B10/25/18
在王垂聽○ B10/25/22
今○金木之性 B11/25/29
是治失其本而宜設之制○ B11/25/30
失其治○ B11/26/2
今治之止○ B11/26/5
使民無私○ B11/26/7
烏有以為人上○ B11/26/11
治之至○ B11/26/15
求己者○ B11/26/17
此天子之事○ B11/26/20
此戰之理然○ B12/27/2
兵無道○ B12/27/11
伍相保○ B14/28/3
什相保○ B14/28/3
屬相保○ B14/28/3
閭相保○ B14/28/4
上下皆相保○ B14/28/10
吏卒之功○ B17/29/15
言有經○ B17/29/16
傳令○ B18/29/21
步鼓○ B18/29/23
趨鼓○ B18/29/23
鶩鼓○ B18/29/24
將鼓○ B18/29/24
帥鼓○ B18/29/24
伯鼓○ B18/29/24
其心一○ B18/29/24
制敵者○ B18/30/5
無不敗者○ B18/30/5
戰之累○ B18/30/8
是謂趨戰者○ B20/30/22
在四奇之內者勝○ B20/30/26
即皆會○ B20/30/28
起戰具無不及○ B20/30/29
先安內○ B20/31/3
所以明賞○ B21/31/30
有以○ B21/32/1,B21/32/5
如四支應心○ B21/32/3

成武德○ B21/32/6
謂同罪保伍○ B22/32/11
以網外姦○ B22/32/11
以結其聯○ B22/32/12
各死其職而堅守○ B22/32/12
以逆以止○ B22/32/13
不得爭先登不次○ B22/32/14
始卒不亂○ B22/32/14
皆有分部○ B22/32/15
致有德○ B22/32/15
馬冒其目○ B22/32/15
出奇制敵○ B22/32/16
不麾不動○ B22/32/17
是伐之因○ B22/32/28
累且敗○ B22/33/9
可攻○ B22/33/11
可圍○ B22/33/11
驚○ B22/33/12
離○ B22/33/12
皆心失而傷氣○ B22/33/13
兵者、凶器○ B23/33/17
戰國則以立威、抗敵、相圖而不能廢兵○ B23/33/17
武所以犯強敵、力攻守○ B23/33/22
〔兵用文武○〕 B23/33/22
〔如響之應聲○〕 B23/33/22
〔如影之隨身○〕 B23/33/22
〔威者、賞罰之謂○〕 B23/33/26
〔固〕稱將於敵○ B23/33/27
非追北襲邑攸用○ B23/33/29
前後不次則失○ B23/33/30
夫內向所以顧中○ B23/34/1
外向所以備外○ B23/34/1
立陳所以行○ B23/34/2
坐陳所以止○ B23/34/2
此必勝之術○ B23/34/5
兵之體○ B23/34/9
所以安內○ B24/34/14
將之所以奪威○ B24/35/2
是兵之一勝○ B24/35/8
是兵之二勝○ B24/35/8
是兵之三勝○ B24/35/9
不如萬人之鬬○ B24/35/13
不如百人之奮○ B24/35/13
不識主君安用此○ C1/36/6
皆起之功○ C1/36/11
使有恥○ C1/36/24
軍之練銳○ C1/37/7
中國○ C2/38/4
此其勢○ C2/38/5
知難而退○ C2/38/24
何謂○ C3/39/12
此勝之主○ C3/39/16
則治之所由生○ C3/39/30
受敵可○ C3/40/2
軍之將○ C4/40/30
兵之事○ C4/40/30
未可○ C4/41/1
將之禮○ C4/41/4
聖人之謀○ C5/42/21
此擊彊之道○ C5/42/25
此谷戰之法○ C5/43/9
非所恃○ C6/44/1
人主之所恃○ C6/44/2
此勵士之功○ C6/44/20
殺之可○ D1/45/4
攻之可○ D1/45/4
雖戰可○ D1/45/4
所以守○ D1/45/5
所以戰○ D1/45/5
所以愛吾民○ D1/45/7
所以愛夫其民○ D1/45/7
所以兼愛民○ D1/45/8
所以不忘戰○ D1/45/9
是以明其禮○ D1/45/11
是以明其義○ D1/45/11,D1/45/12
是以明其信○ D1/45/12
是以明其勇○ D1/45/12
是以明其智○ D1/45/13
以為民紀之道○ D1/45/13
自古之政○ D1/45/13
D3/49/22,D4/51/15,D5/52/4
聖德之治○ D1/45/16
故力同而意和○ D2/46/9
上之器○ D2/46/12
教化之至○ D2/46/17
是以君子貴之○ D2/46/20
欲民體其命○ D2/46/22
欲民先成其慮○ D2/46/22
欲民先意以行事○ D2/46/23
以致民志○ D2/46/23
夏后氏正其德○ D2/46/23
義○ D2/46/24
力○ D2/46/24,D3/48/7
貴善○ D2/46/25
威不善○ D2/46/25
懼小人○ D2/46/25
一○ D2/46/26
先正○ D2/47/1
先疾○ D2/47/1
先良○ D2/47/1
人之執○ D2/47/3
天之義○ D2/47/3
尚明○ D2/47/5
白戎○ D2/47/5
尚文○ D2/47/5
表裏○ D2/47/15
左右○ D2/47/16
至德○ D2/47/19
至教○ D2/47/19
至威○ D2/47/19
德衰○ D2/47/20
欲民速得為善之利○ D2/47/20
欲民速覩為不善之害○ D2/47/20
讓之至○ D2/47/22,D2/47/23
覩民之勞○ D2/47/25
和之至○ D2/47/25
示喜○ D2/47/25
示休○ D2/47/26
心○ D3/48/7,D3/48/7
身○ D3/48/8
支○ D3/48/8
指拇○ D3/48/8
凡戰智○ D3/48/10
勇○ D3/48/10
巧○ D3/48/10
凡此道○ D3/49/4
戰○ D4/50/27
堪物智○ D4/51/12
堪大勇○ D4/51/12
堪久信○ D4/51/12

冶 yě 1

外（○）〔治〕武備 C1/36/9

野 yě 9

掠於饒○ A11/12/1
有勝於原○ B5/20/19

張軍宿〇忘其親　B8/24/1
〇充眾多　B11/26/14
〇物不為犧牲　B11/26/22
陳於中〇　B21/31/24
掠吾田〇　C5/43/19
今使一死賊伏於曠〇　C6/44/16
〇荒民散則削之　D1/45/30

夜 yè　7

日〇不處　A7/6/23
故〇戰多火鼓　A7/7/15
〇呼者　A9A/8/25,A9B/10/8
〇風止　A12/13/17
眾〇擊者　B22/33/12
〇以金鼓笳笛為節　C5/42/8

液 yè　1

木器〇　B11/25/29

業 yè　5

役諸侯者以〇　A8/8/6
農不離其田〇　B8/22/17
是農無不離〔其〕田〇　B9/24/26
夷其〇　B22/33/5
所以保〇守成　C1/36/20

謁 yè　1

必先知其守將、左右、〇者、門者、舍人之姓名　A13/14/18

一 yī　139

〇曰道　A1/1/5
食敵〇鍾　A2/2/7
萁秆〇石　A2/2/7
殺士〔卒〕三分之〇　A3/2/23
〇勝〇負　A3/3/11
〇曰度　A4/4/1
我專為〇　A6/5/18
是以十攻其〇也　A6/5/18
其法十〇而至　A7/6/23
所以〇人之耳目也　A7/7/13
人既專〇　A7/7/13
以〇擊十　A10/10/28,C5/42/14
齊勇若〇　A11/12/10
攜手若使〇人　A11/12/11
是故散地吾將〇其志　A11/12/19
不知〇　A11/12/25
若使〇人　A11/12/27
并敵〇向　A11/13/3
〇曰火人　A12/13/11
以爭〇日之勝　A13/14/4
豪士〇謀者也　B1/15/8
不起〇日之師　B2/16/1
不起〇月之師　B2/16/2
不起〇歲之師　B2/16/2
損敵〇人而損我百人　B3/16/20
今百人〇卒　B3/16/30
千人〇司馬　B3/16/30
萬人〇將　B3/16/30
誅〇人　B3/16/31
〇賊仗劍擊於市　B3/17/1
臣謂非〇人之獨勇　B3/17/1
足使三軍之眾為〇死賊　B3/17/2
〇人勝之　B3/17/7
〇曰廟勝之論　B4/18/9
令者、〔所以〕〇眾心也　B4/18/13
動靜〇身　B5/20/1
百里者〇日　B5/20/27
據〇城邑而數道絕　B5/20/28
而〇城已降　B5/20/30
城〇丈　B6/21/12
〇而當十　B6/21/13
在於〇人　B8/22/18,C4/41/7
殺〇人而三軍震者　B8/22/26
（殺）〔賞〕〇人而萬人喜者　B8/22/26
人食粟〇斗　B8/23/3
〇戰而天下定　B8/23/10
〇人之兵　B8/23/21
〇劍之任　B8/24/2
〇舍而後成三舍　B8/24/5
〇夫不勝其勇　B8/24/8
不私於〇人　B9/24/13
夫能無（移）〔私〕於〇人　B9/24/13
不能關〇言　B9/24/21
不能用〇銖　B9/24/22
守〇道　B10/25/10
民無私則天下為〇家　B11/26/7
故如有子十人不加〇飯　B11/26/8
有子〇人不損〇飯　B11/26/8
橫生於〇夫　B11/26/10
民〇犯禁而拘以刑治　B11/26/11
出乎〇道　B11/26/14
〇曰神明　B11/26/20
百里之海不能飲〇夫　B11/26/22
百有二十步而立〇府柱　B15/28/22
共〇符　B16/28/28
前〇行蒼章　B17/29/7
前〇五行　B17/29/10
〇鼓〇擊而左　B18/29/23
〇鼓〇擊而右　B18/29/23
〇步〇鼓　B18/29/23
十步〇鼓　B18/29/23
其心〇也　B18/29/24
去大軍〇倍其道　B20/30/24
若〇人有不進死於敵　B21/31/11
若亡〇人而九人不盡死於敵　B21/31/11
三百步而〇　B21/31/25
以〇其制度　B22/32/10
〇曰連刑　B22/32/10
十〇曰死士　B22/32/16
不〇其令　B22/33/8
專〇則勝　B23/33/24
兵戍邊〇歲遂亡不候代者　B24/34/16
卒後將吏而至大將所〇日　B24/34/19
卒逃歸至家〇日　B24/34/19
餘士卒有軍功者奪〇級　B24/34/26
是有〇軍之名　B24/35/5
是兵之〇勝也　B24/35/8
其下殺其十〇　B24/35/11
殺十〇者　B24/35/12
短戟〇丈二尺　C1/36/5
〇勝者帝　C1/36/26
〇曰爭名　C1/36/28
〇曰義兵　C1/36/29
聚為〇卒　C1/37/5,C1/37/6,C1/37/6,C1/37/7,C1/37/7
〇陳兩心　C2/37/28
然則〇軍之中　C2/38/8
〇曰疾風大寒　C2/38/15

〇曰土地廣大 C2/38/22
〇可擊十 C2/38/28
先明四輕、二重、〇信 C3/39/10
〇人學戰 C3/40/5
〇鼓整兵 C3/40/11
乃數分之〇爾 C4/41/1
〇曰理 C4/41/2
〇曰氣機 C4/41/6
〇坐〇起 C4/41/26
各軍〇衢 C5/42/22
〇結其前 C5/42/24
〇絕其後 C5/42/24
今使〇死賊伏於曠野 C6/44/16
是以〇人投命 C6/44/17
而為〇死賊 C6/44/17
先戰〇日 C6/44/22
〇也 D2/46/26
〇曰義 D3/49/1
成基〇天下之形 D3/49/2
〇曰權 D3/49/2
〇曰人 D3/49/3
〇曰仁 D3/49/14
四曰〇 D3/49/14
〇曰受 D3/49/16
不相信則〇 D3/49/21
心欲〇 D4/49/26
兩利若〇 D4/50/7
〇卒之警無過分日 D4/50/25
〇人之禁無過皆息 D4/50/25
凡勝三軍〇人勝 D4/50/29

伊 yī 1

〇摯在夏 A13/14/26

衣 yī 6

而王必能使之〇吾〇 B3/17/14
寒不重〇 B4/19/19
不寒而〇繡飾 B11/25/30
冬日〇之則不溫 C1/36/5
夏日〇之則不涼 C1/36/5

依 yī 5

絕山〇谷 A9A/8/17,A9B/9/20
必〇水草而背眾樹 A9A/8/20
A9B/9/22
其眾無〇 C4/41/19

醫 yī 1

〇藥歸之 D1/45/25

夷 yí 3

〇關折符 A11/13/5
〇其業 B22/33/5
使漸〇弱 B22/33/11

圯 yí 6

〇地無舍 A8/7/26
有〇地 A11/11/17
為〇地 A11/11/21
〇地則行 A11/11/23
〇地吾將進其塗 A11/12/21
歷沛、歷〇 D5/51/24

宜 yí 6

是治失其本而〇設之制也 B11/25/30
先後之次有適〇 B23/33/29
設地之〇 D1/45/15
必得其〇 D2/46/13
人生之〇 D3/49/12
七曰百官〇無淫服 D3/49/16

移 yí 5

夫能無（〇）〔私〕於一人 B9/24/13
陳數〇動可擊 C2/39/3
莫不從〇 C4/41/15
停久不〇 C4/41/21
退如山〇 C5/42/19

疑 yí 38

則軍士〇矣 A3/3/5
三軍既惑且〇 A3/3/5
〇也 A9A/9/6,A9B/10/4
禁祥去〇 A11/12/4
絕乎〇慮 B2/16/10
小〇無申 B4/18/16
故上無〇令 B4/18/18
動無〇事 B4/18/18
心〇者背 B5/20/1
心既〇背 B5/20/1
其心動以〇 B5/20/3
悔在於任〇 B7/22/10
臨難決〇 B8/24/2
意往而不〇則從之 B12/27/11
從之無〇 B18/30/2
〇生必敗 B18/30/4
其舉有〇而不〇 B18/30/8
教之死而不〇者 B21/32/1
則上〇而下懼 C2/38/3
擊之勿〇 C2/38/20
避之勿〇 C2/38/24
急擊勿〇 C2/39/4
生於狐〇 C3/40/3
怖敵決〇 C4/41/10
進退多〇 C4/41/19
亂則擊之勿〇 C5/43/2
變嫌推〇 D3/47/30
不服、不信、不和、怠、〇、厭、懾、枝、拄、詘、頓、肆、崩、緩 D3/48/19
責信惡〇 D3/48/23
進退無〇 D3/48/28
若〇則變之 D3/49/21
方其〇惑 D4/50/1
上生多〇 D4/50/19
若眾〇之 D5/51/21
動而觀其〇 D5/51/29
擊其〇 D5/51/29

儀 yí 1

飾上下之〇 C1/37/3

已 yǐ 32

故車戰得車十乘〇上 A2/2/9
為不得〇 A3/2/22
又三月而後〇 A3/2/23
勝〇敗者也 A4/3/23
足以併力、料敵、取人而〇

A9A/9/13, A9B/10/12
卒○親附而罰不行 A9A/9/14
A9B/10/13
不得○則鬬 A11/12/3, A11/12/22
不得○也 A11/12/11
人事而○矣 B1/15/6
人事而○ B1/15/14, B4/19/17
將○鼓而士卒相囂 B3/16/22
愛與威而○ B5/20/11
故眾○聚不虛散 B5/20/14
兵○出不徒歸 B5/20/14
應不得○ B5/20/17
○（用）〔周〕○極 B5/20/24
而一城○降 B5/20/30
故不得○而用之 B8/23/19
謹人事而○ B8/23/27
自百人○上 B13/27/23
吏自什長○上至左右將 B14/28/10
自什○上至於裨將有不
若法者 B21/31/12
而從吏五百人○上不能
死敵者斬 B24/34/25
則陳○定矣 C1/37/12
則守○固矣 C1/37/13
則戰○勝矣 C1/37/13
今君○戒 C2/37/25

以 yǐ 432

故經之○五事 A1/1/5
校之○計而索其情 A1/1/5
故可○與之死 A1/1/6
可○與之生 A1/1/6
故校之○計而索其情 A1/1/9
吾○此知勝負矣 A1/1/10
計利○聽 A1/1/14
○佐其外 A1/1/14
吾○此觀之 A1/1/21
必○全爭於天下 A3/2/25
故君之所○患於軍者三 A3/3/3
不知軍之不可○進而謂
之進 A3/3/3
不知軍之不可○退而謂
之退 A3/3/3
知可○戰與不可○戰者勝 A3/3/8
○虞待不虞者勝 A3/3/8
○待敵之可勝 A4/3/16
故勝兵若○鎰稱銖 A4/4/4
敗兵若○銖稱鎰 A4/4/4
如○碫投卵者 A5/4/11
○正合 A5/4/13
○奇勝 A5/4/13
○利動之 A5/4/25
○卒待之 A5/4/25
是○十攻其一也 A6/5/18
能○眾擊寡者 A6/5/19
○吾度之 A6/5/28
人皆知我所○勝之形 A6/6/8
而莫知吾所○制勝之形 A6/6/8
○迂為直 A7/6/19
○患為利 A7/6/19
故迂其途而誘之○利 A7/6/19
故兵○詐立、○利動、
○分合為變者也 A7/7/4
所○一人之耳目也 A7/7/13
所○變人之耳目也 A7/7/15
○治待亂 A7/7/18
○靜待譁 A7/7/18
○近待遠 A7/7/18, C3/40/7
○佚待勞 A7/7/18, C3/40/7
○飽待饑 A7/7/19
是故屈諸侯者○害 A8/8/6
役諸侯者○業 A8/8/6
趨諸侯者○利 A8/8/6
恃吾有○待也 A8/8/8
必○五危 A8/8/12
黃帝之所○勝四帝也 A9A/9/7
A9B/9/24
足○併力、料敵、取人而已
A9A/9/13, A9B/10/12
故令之○文 A9A/9/15, A9B/10/13
齊之○武 A9A/9/15, A9B/10/14
〔令〕素行○教其民 A9A/9/15
令不素行○教其民 A9A/9/15
A9B/10/14
令素行○教其民 A9B/10/14
我可○往 A10/10/19
彼可○來 A10/10/20
○戰則利 A10/10/20
可○往 A10/10/20
難○返 A10/10/20, A10/10/21
必盈之○待敵 A10/10/23
必居高陽○待敵 A10/10/24
難○挑戰 A10/10/24
○一擊十 A10/10/28, C5/42/14
○少合眾 A10/10/30
○弱擊強 A10/10/30
知吾卒之可○擊 A10/11/10
A10/11/11
而不知吾卒之不可○擊 A10/11/10
而不知地形之不可○戰 A10/11/11
我可○往、彼可○來者 A11/11/19
彼寡可○擊吾之眾者 A11/11/21
靜○幽 A11/12/13
正○治 A11/12/13
死地吾將示之○不活 A11/12/21
犯之○事 A11/12/28
勿告○言 A11/12/28
犯之○利 A11/12/28
勿告○害 A11/12/28
○誅其事 A11/13/5
○決戰事 A11/13/6
○時發之 A12/13/16
○數守之 A12/13/17
故○火佐攻者明 A12/13/19
○水佐攻者強 A12/13/19
水可○絕 A12/13/19
不可○奪 A12/13/19
主不可○怒而興師 A12/13/21
將不可○慍而致戰 A12/13/21
怒可○復喜 A12/13/21
慍可○復悅 A12/13/22
亡國不可○復存 A12/13/22
死者不可○復生 A12/13/22
○爭一日之勝 A13/14/4
所○動而勝人 A13/14/5
能○上智為間者 A13/14/26
可○百〔戰百〕勝 B1/15/3
刑○伐之 B1/15/4
德○守之 B1/15/4
○二萬二千五百人擊紂
之億萬而滅商 B1/15/10
○彗鬬者 B1/15/13
〔○城〕稱地 B2/15/18
○（城）〔地〕稱人 B2/15/18
○人稱粟 B2/15/18
三相稱則內可○固守 B2/15/18
外可○戰勝 B2/15/19
兵起非可○忿也 B2/16/1
清不可事○財 B2/16/4
○三悖率人者難矣 B2/16/5

令之聚不得○散	B2/16/9
散不得○聚	B2/16/9
左不得○右	B2/16/9
右不得○左	B2/16/9
是○發能中利	B3/16/27
○少誅眾	B3/16/30
○弱誅（疆）〔彊〕	B3/16/30
則十人亦○勝之也	B3/17/8
則百千萬人亦○勝之也	B3/17/8
○重寶出聘	B3/17/11
○愛子出質	B3/17/11
○地界出割	B3/17/11
民言有可○勝敵者	B3/17/22
凡兵有○道勝	B4/18/3
有○威勝	B4/18/3
有○力勝	B4/18/3
王侯知此○三勝者	B4/18/5
夫將卒所○戰者	B4/18/7
民之所○戰者	B4/18/7
兵未接而所○奪敵者五	B4/18/9
是○擊虛奪之也	B4/18/10
令者、〔所○〕一眾心也	B4/18/13
〔事所○待眾力也〕	B4/18/16
則可○飢易飽	B4/18/21
則可○死易生	B4/18/21
必本乎率身○勵眾士	B4/18/24
民之〔所○〕生	B4/18/27
民之所〔○〕營	B4/18/27
地、所○（養）〔養〕民也	B4/19/4
城、所○守地也	B4/19/4
戰、所○守城也	B4/19/4
夫○居攻出	B4/19/12
〔飢飽〕、勞佚、〔寒暑〕必○身同之	B4/19/21
兵○靜勝	B5/19/26
國○專勝	B5/19/26
其心動○誠	B5/20/3
其心動○疑	B5/20/3
不可○言戰	B5/20/13
不可○言攻	B5/20/13
幸○不敗	B5/20/19
節○兵刃	B5/20/21
○其有法故也	B5/20/23
進不郭（圉）〔圉〕、退不亭障○禦戰	B6/21/8
所○誅暴亂、禁不義也	B8/22/17
治之○市	B8/22/23
所○（外）〔給〕戰守也	B8/22/23
所○明武也	B8/22/26
君○武事成功者	B8/23/1
臣○為非難也	B8/23/1
○限士人	B8/23/3
欲○成勝立功	B8/23/17
臣○為難	B8/23/18
今○莫邪之利	B8/23/25
○蔽霜露	B8/23/29
臣○為危也	B9/24/28
故禮得○伐也	B10/25/18
非五穀無○充腹	B11/25/26
非絲麻無○蓋形	B11/25/26
故埏埴○為器	B11/25/29
焉有喧呼酖酒○敗善類乎	B11/26/8
民一犯禁而拘○刑治	B11/26/11
烏有○為人上也	B11/26/11
三尺之泉足○止三軍渴	B11/26/22
夫禁必○武而成	B11/26/25
賞必○文而成	B11/26/25
○智決之	B12/27/15
高之○廊廟之（論）〔論〕	B12/27/17
重之○受命之論	B12/27/17
銳之○踰垠之論	B12/27/17
將自千人○上	B13/27/22
父不得○私其子	B14/28/13
兄不得○私其弟	B14/28/13
烏能○干令相私者哉	B14/28/14
方之○行垣	B15/28/18
○經令分之為三分焉	B17/29/6
次○經卒	B17/29/10
所○知進退先後	B17/29/15
教成試之○閱	B18/29/30
君身○斧鉞授將曰	B19/30/12
用○相參	B20/31/2
○板為鼓	B21/31/20
○瓦為金	B21/31/20
○竿為旗	B21/31/20
習戰○成其節	B21/31/25
○明賞勸之心	B21/31/28
所○明賞也	B21/31/30
有○也	B21/32/1,B21/32/5
所○開封疆	B21/32/5
○一其制度	B22/32/10
○網外姦也	B22/32/11
○結其聯也	B22/32/12
謂分地○限	B22/32/12
○逆○止也	B22/32/13
○別其後者	B22/32/13
示之財○觀其窮	B22/32/28
示之弊○觀其病	B22/32/28
○計其去	B22/33/1
則築大堙○臨之	B22/33/5
則足○施天下	B22/33/6
戰國則○立威、抗敵、相圖而不能廢兵也	B23/33/17
兵者○武為植	B23/33/20
○文為種	B23/33/20
〔○〕武為表	B23/33/20
〔○〕文為裏	B23/33/20
〔○武為外〕	B23/33/20
〔○文為內〕	B23/33/20
〔則〕知〔所○〕勝敗矣	B23/33/21
文所○視利害、辨安危	B23/33/21
武所○犯強敵、力攻守也	B23/33/22
陳○密則固	B23/33/24
鋒○疏則達	B23/33/24
所○知勝敗者	B23/33/27
夫內向所○顧中也	B23/34/1
外向所○備外也	B23/34/1
立陳所○行也	B23/34/2
坐陳所○止也	B23/34/2
所○安內也	B24/34/14
○坐後戍法	B24/34/16
外不足○禦敵	B24/35/2
內不足○守國	B24/35/2
此軍之所○不給	B24/35/2
將之所○奪威也	B24/35/2
臣○謂卒逃歸者	B24/35/5
曷○免奔北之禍乎	B24/35/6
今○法止逃歸	B24/35/8
吳起儒服○兵機見魏文侯	C1/36/3
臣○見占隱	C1/36/3
○往察來	C1/36/4
掩○朱漆	C1/36/4
畫○丹青	C1/36/4
爍○犀象	C1/36/4

乘之○田則不輕	C1/36/6
若○備進戰退守	C1/36/6
○滅其國	C1/36/8
○喪其社稷	C1/36/8
不可○出軍	C1/36/13
不可○出陳	C1/36/14
不可○進戰	C1/36/14
不可○決勝	C1/36/14
是○有道之主	C1/36/14
則士○盡死為榮	C1/36/16
所○反本復始	C1/36/19
所○行事立功	C1/36/19
所○違害就利	C1/36/19
所○保業守成	C1/36/20
是○聖人綏之○道	C1/36/20
理之○義	C1/36/21
動之○禮	C1/36/21
撫之○仁	C1/36/21
必教之○禮	C1/36/24
勵之○義	C1/36/24
在大足○戰	C1/36/24
在小足○守矣	C1/36/25
是○數勝得天下者稀	C1/36/26
○亡者眾	C1/36/26
恃眾○伐曰彊	C1/36/30
義必○禮服	C1/36/31
彊必○謙服	C1/36/31
剛必○辭服	C1/36/31
暴必○詐服	C1/36/31
逆必○權服	C1/36/31
○備不虞	C1/37/4
○霸諸侯	C1/37/4
○獲其志	C1/37/4
○服鄰敵	C1/37/5
樂○進戰效力、○顯其忠勇者	C1/37/5
內出可○決圍	C1/37/8
外入可○屠城矣	C1/37/8
必先示之○利而引去之	C2/37/30
○倦其師	C2/38/5
可○決勝	C2/38/10
可○擊倍	C2/38/11
吾欲觀敵之外○知其內	C2/38/26
察其進○知其止	C2/38/26
○定勝負	C2/38/26
○半擊倍	C2/38/29
芻秣○時	C3/39/14
行之○信	C3/39/15
兵何○為勝	C3/39/18
○治為勝	C3/39/20
所○任其上令	C3/39/30
所○不任其上令	C3/39/31
○居則亂	C3/39/31
○戰則敗	C3/39/31
○飽待飢	C3/40/7
風逆堅陳○待之	C3/40/18
必足○率下安眾	C4/41/10
所○威耳	C4/41/13
所○威目	C4/41/13
所○威心	C4/41/13
將輕銳○嘗之	C4/41/26
其政○理	C4/41/27
晝○旌旗旛麾為節	C5/42/8
夜○金鼓笳笛為節	C5/42/8
○十擊百	C5/42/14
○千擊萬	C5/42/15
守○彊弩	C5/42/18
敵人若堅守○固其兵	C5/42/22
急行間諜○觀其慮	C5/42/23
○方從之	C5/42/28
輕足利兵○為前行	C5/43/7
乃可為奇○勝之	C5/43/13
足○勝乎	C6/43/30
亦○功為差	C6/44/10
介冑而奮擊之者○萬數	C6/44/11
臣請率○當之	C6/44/15
是○一人投命	C6/44/17
今臣○五萬之眾	C6/44/17
率○討之	C6/44/17
古者○仁為本	D1/45/3
○義治之之謂正	D1/45/3
○戰止戰	D1/45/4
所○守也	D1/45/5
所○戰也	D1/45/5
所○愛吾民也	D1/45/7
所○愛夫其民也	D1/45/7
所○兼愛民也	D1/45/8
所○不忘戰也	D1/45/9
是○明其禮也	D1/45/11
是○明其義也	D1/45/11,D1/45/12
是○明其信也	D1/45/12
是○明其勇也	D1/45/12
是○明其智也	D1/45/13
六德○時合教	D1/45/13
○為民紀之道也	D1/45/13
○爵分祿	D1/45/15
乃作五刑〔○禁民僻〕	D1/45/18
〔乃〕興甲兵○討不義	D1/45/18
○某年月日師至于某國	D1/45/21
王霸之所○治諸侯者六	D1/45/27
○土地形諸侯	D1/45/27
○政令平諸侯	D1/45/27
○禮信親諸侯	D1/45/27
○材力說諸侯	D1/45/27
○謀人維諸侯	D1/45/28
○兵革服諸侯	D1/45/28
同患同利○合諸侯	D1/45/28
比小事大○和諸侯	D1/45/28
會之○發禁者九	D1/45/30
○禮為固	D2/46/19
○仁為勝	D2/46/19
是○君子貴之也	D2/46/20
欲民先意○行事也	D2/46/23
○致民志也	D2/46/23
長兵○衛	D2/46/28
短兵○守	D2/46/28
夏后氏○日月	D2/47/5
殷○虎	D2/47/5
周○龍	D2/47/5
軍旅○舒為主	D2/47/10
是○不亂	D2/47/10
在朝恭○遜	D2/47/14
修己○待人	D2/47/14
周○賞罰	D2/47/19
上下皆○不善在己	D2/47/22
上苟○不善在己	D2/47/22
下苟○不善在己	D2/47/22
凡五兵五當長○衛短	D3/48/4
短○救長	D3/48/4
極物○豫	D3/48/14
大軍○固	D3/48/14
多力○煩	D3/48/14
然有○職	D3/48/16
居國惠○信	D3/48/24
在軍廣○武	D3/48/24
刃上果○敏	D3/48/24
被之○信	D3/49/1
臨之○強	D3/49/2
假之○色	D3/49/8
道之○辭	D3/49/8
○職命之	D3/49/9

試○名行	D3/49/11
身○將之	D3/49/11
籌○輕重	D4/49/30
起譟鼓而進則○鐸止之	D4/49/30
譟○先之	D4/49/31
示○顏色	D4/49/32
告之○所生	D4/49/32
不可○分食	D4/50/1
凡戰○力久	D4/50/3
○氣勝	D4/50/3
○固久	D4/50/3
○危勝	D4/50/3
○甲固	D4/50/3
○兵勝	D4/50/3
凡車○密固	D4/50/5
徒○坐固	D4/50/5
甲○重固	D4/50/5
兵○輕勝	D4/50/5
凡戰○輕行輕則危	D4/50/10
○重行重則無功	D4/50/10
○輕行重則敗	D4/50/10
○重行輕則戰	D4/50/10
則誓○居前	D4/51/8
凡民○仁救	D4/51/11
○義戰	D4/51/11
○智決	D4/51/11
○勇鬬	D4/51/11
○信專	D4/51/11
○利勸	D4/51/11
○功勝	D4/51/11
讓○和	D4/51/12
人○洽	D4/51/12
自子○不循	D4/51/12
爭賢○為	D4/51/12
眾○合寡	D5/51/20
寡○待眾	D5/51/21
凡戰眾寡○觀其變	D5/51/28
進退○觀其固	D5/51/28

矣 yǐ 72

吾以此知勝負○	A1/1/10
勝負見○	A1/1/21
然後十萬之師舉○	A2/1/26
不能善其後○	A2/1/28
則軍士惑○	A3/3/4
則軍士疑○	A3/3/5
則諸侯之難至○	A3/3/5
則吾之所與戰者約○	A6/5/19
則吾所與戰者寡○	A6/5/20
知用兵○	A8/8/1
不能得地之利○	A8/8/2
不能得人之用○	A8/8/2
則聽○	A11/11/27
人事而已○	B1/15/6
則取之○	B1/15/8
以三悖率人者難○	B2/16/5
天下莫能當其戰○	B3/16/15
無伍莫能正○	B3/17/14
使民揚臂爭出農戰而天下無敵○	B3/17/19
由國中之制弊○	B3/17/25
畢○	B4/18/5
眾不信○	B4/18/14
則我敗之○	B5/20/29
則雖有城、無守○	B5/21/1
則雖有人、無人○	B5/21/2
則雖有資、無資○	B5/21/2
則亦不能止○	B6/21/24
守不得而止○	B6/22/2
則天下莫當其戰○	B8/23/25
未嘗聞○	B8/23/31
材士則是○	B8/24/9
不待箠楚而囚之情可畢○	B9/24/16
雖國士、有不勝其酷而自誣○	B9/24/19
則欲心與爭奪之患起○	B11/26/10
則無為非者○	B11/26/12
則勝彼○	B12/27/1
則弗勝彼○	B12/27/1
敵復啚止我往而敵制勝○	B12/27/8
兵道極○	B12/27/12
偷○	B12/27/14
被○	B12/27/14
三軍亂○	B12/27/14
內畏則外堅○	B13/27/26
組甲不出於橐而威服天下○	B22/32/20
則節吝有不食者○	B22/33/12
〔則〕知〔所以〕勝敗○	B23/33/21
莫能禦此○	B23/34/6
隨之死○	C1/36/7
無逮於義○	C1/36/9
無逮於仁○	C1/36/9
退生為辱○	C1/36/17
故能然○	C1/36/22
在小足以守○	C1/36/25
外入可以屠城○	C1/37/8
則陳已定○	C1/37/12
則守已固○	C1/37/13
則戰已勝○	C1/37/13
楚國其殆○	C1/37/18
臣竊懼○	C1/37/18
禍其遠○	C2/37/25
勿與戰○	C4/41/27
攻無堅陳○	C5/42/10
子前日之教行○	C6/44/13
失權於天下○	C6/44/16
固難敵○	C6/44/18
事極修則百官給○	D2/46/16
教極省則民興良○	D2/46/16
習貫成則民體俗○	D2/46/16
始用兵之刃○	D2/46/24
盡用兵之刃○	D2/46/24
則不驕○	D2/47/21
必亡等○	D2/47/21

蟻 yǐ 1

將不勝其忿而○附之	A3/2/23

亦 yì 24

○奚益於勝敗哉	A6/5/28
我得則利、彼得○利者	A11/11/18
羊腸○勝	B2/16/7
鋸齒○勝	B2/16/7
緣山○勝	B2/16/7
入谷○勝	B2/16/7
方○勝	B2/16/7,B18/30/1
圓○勝	B2/16/7,B18/30/1
先死者〔○〕未嘗非多力國士〔也〕	B3/16/17
大眾○走	B3/16/23
則十人○以勝之也	B3/17/8
則百千萬人○以勝之也	B3/17/8
〔○不火食〕	B4/19/20
則○不能止矣	B6/21/24

錯邪○勝 B18/30/1
臨險○勝 B18/30/1
將○居中 B23/34/3
○同罪 B24/34/20
○以功為差 C6/44/10
畏○密之 D4/49/30
不息○弊 D5/52/3
息久○反其懾 D5/52/3

役 yì 5

○不再籍 A2/2/1
財竭則急於丘○ A2/2/3
○諸侯者以業 A8/8/6
征○分軍而逃歸 B3/16/20
兵○相從 B4/18/29

佚 yì 7

○而勞之 A1/1/17
凡先處戰地而待敵者、○ A6/5/3
故敵○能勞之 A6/5/6
以○待勞 A7/7/18,C3/40/7
〔飢飽〕、勞○、〔寒暑〕必以身同之 B4/19/21
馬牛車兵○飽 D3/48/7

邑 yì 7

入人之地深、背城○多者 A11/11/20
量土地肥墝而立○建城 B2/15/18
栖其大城大○ B5/20/28
據一城○而數道絕 B5/20/28
夫城○空虛而資盡者 B5/21/2
非追北襲○攸用也 B23/33/29
城○既破 C5/43/24

易 yì 23

〔高下〕、遠近、險○、廣狹、死生也 A1/1/7
勝於○勝者也 A4/3/22
其所居○者 A9A/9/6,A9B/10/3
平陸處○ A9A/9/7,A9B/9/23
夫惟無慮而○敵者 A9A/9/13
夫唯無慮而○敵者 A9B/10/12
○其事 A11/12/13
○其居 A11/12/14
則可以飢○飽 B4/18/21
則可以死○生 B4/18/21
更造○常 B10/25/18
爭掠○敗 B22/33/9
然戰勝○ C1/36/25
塞○開險 C4/41/19
進道○ C4/41/20
退道○ C4/41/20
避之於○ C5/42/14
用眾者務○ C5/42/16
雖破軍皆無○ C6/44/23
銳則○亂 D2/46/29
難進○退 D2/47/14

疫 yì 1

人馬疾○ C2/38/18

益 yì 10

是謂勝敵而○強 A2/2/10
亦奚○於勝敗哉 A6/5/28
兵非○多也 A9A/8/23
辭卑而○備者 A9A/9/2,A9B/10/6
兵非貴○多 A9B/10/12
雖戰勝而國○弱 B3/17/25
得地而國○貧 B3/17/25
何○於用 C3/39/24
是謂○人之強 D5/52/4

異 yì 8

無○故也 B2/15/19
○口虛言 B5/20/2
無祥○也 B8/23/14
無○也 B8/23/24
將○其旗 B21/31/17
卒○其章 B21/31/17
性州○ D4/51/3
俗州○ D4/51/3

溢 yì 1

成其○ D3/49/2

義 yì 35

非仁○不能使間 A13/14/14
故國必有禮〔信〕親愛之○ B4/18/21
凡挾○而戰者 B5/20/16
所以誅暴亂、禁不○也 B8/22/17
故王者伐暴亂、本仁○焉 B23/33/17
無逮於○矣 C1/36/9
○者 C1/36/19
舉不合○ C1/36/20
理之以○ C1/36/21
勵之以○ C1/36/24
一曰○兵 C1/36/29
禁暴救亂曰○ C1/36/30
○必以禮服 C1/36/31
好勇○ C2/38/2
以○治之之謂正 D1/45/3
○見說 D1/45/5
是以明其○也 D1/45/11,D1/45/12
爭○不爭利 D1/45/12
〔乃〕興甲兵以討不○ D1/45/18
天子之○ D2/46/6
士庶之○ D2/46/6
德○不相踰 D2/46/9
故德○不相踰 D2/46/12
○也 D2/46/24
天之○也 D2/47/3
上使民不得其○ D2/47/7
作兵○ D3/48/23
相守○則人勉 D3/48/27
一曰○ D3/49/1
五曰○ D3/49/14
等道○ D4/49/28
死○ D4/50/21
以○戰 D4/51/11
行中○ D4/51/11

意 yì 13

令民與上同○也 A1/1/6
出其不○ A1/1/18
趨其所不○ A6/5/7
在於順詳敵之○ A11/13/3
此不○彼驚懼而曲勝之也 B5/20/20

攻在於○表 B7/22/6
○往而不疑則從之 B12/27/11
正不獲○則權 D1/45/3
故力同而○和也 D2/46/9
欲民先○以行事也 D2/46/23
得○則愷歌 D2/47/25
不過改○ D3/49/4
是謂開人之○ D5/52/4

億 yì 2

以二萬二千五百人擊紂之○萬而滅商 B1/15/10
紂之陳○萬 B8/23/13

懌 yì 2

順天、阜財、○眾、利地、右兵 D3/48/3
○眾勉若 D3/48/3

翼 yì 1

月在箕壁○軫也 A12/13/13

鎰 yì 2

故勝兵若以○稱銖 A4/4/4
敗兵若以銖稱○ A4/4/4

議 yì 3

由其武○ B8/22/18
非武○安得此合也 B8/23/10
正○之術也 B10/25/16

䕭 yì 2

軍行有險阻潢井葭葦山林○薈者 A9A/9/4
軍旁有險阻潢井蒹葭林木○薈者 A9B/10/2

因 yīn 47

○利而制權也 A1/1/14
○糧於敵 A2/2/1
○形而錯勝於眾 A6/6/8
水○地而制流 A6/6/11
兵○敵而制勝 A6/6/12
能○敵變化而取勝者謂之神 A6/6/12
行火必有○ A12/13/12
必○五火之變而應之 A12/13/15
有○間 A13/14/9
○間者 A13/14/10
○其鄉人而用之 A13/14/10
○其官人而用之 A13/14/10
○其敵間而用之 A13/14/11
○而利之 A13/14/21
○是而知之 A13/14/21
A13/14/22,A13/14/22
必也○民所生而制之 B4/18/28
○民所榮而顯之 B4/18/28
我○其虛而攻之 B5/21/3
惠在於○時 B7/22/6
無（○）〔困〕在於豫備 B7/22/7
○其所長而用之 B8/24/5
其次○物 B11/26/25
伐國必○其變 B22/32/27
是伐之○也 B22/32/28
五曰○饑 C1/36/29
○怒興師曰剛 C1/36/30
○形用權 C4/41/17
不○凶 D1/45/7
○心之動 D3/47/31
大罪○ D3/48/1
阜財○敵 D3/48/3
○生美 D3/48/13
○是進退 D3/48/16
○是辨物 D3/48/16
稱眾○地 D3/48/19
○敵令陳 D3/48/19
車徒○ D3/48/19
○時○財 D3/48/23
○古則行 D3/49/1
○發其政 D3/49/8
○懼而戒 D3/49/8
○欲而事 D3/49/8
○使勿忘 D3/49/11
○其不避 D5/51/29

音 yīn 1

○不絕 B18/29/23

姻 yīn 1

其次婚○也 B9/24/25

殷 yīn 10

昔○之興也 A13/14/26
呂牙在○ A13/14/26
周武伐紂而○人不非 C1/36/22
○誓於軍門之外 D2/46/22
○ D2/46/24
○戮於市 D2/46/25
○曰寅車 D2/47/1
○白 D2/47/3
○以虎 D2/47/5
○罰而不賞 D2/47/19

陰 yīn 8

○陽、寒暑、時制也 A1/1/6
難知如○ A7/7/6
貴陽而賤○ A9A/9/10,A9B/9/24
天官時日○陽向背〔者〕也 B1/15/5
天多○雨 C2/38/17
明知○陽 C3/39/14
○濕則停 C5/43/16

堙 yīn 1

則築大○以臨之 B22/33/5

闉 yīn 2

距○ A3/2/23
乘○發機 B4/18/5

吟 yín 1

驕驕、懾懾、○曠、虞懼、事悔 D3/48/20

垠 yín 3

三曰踰○之論 B4/18/9
銳之以踰○之論 B12/27/17
踰○忘親 B22/32/22

寅 yín 1

殷曰○車 D2/47/1

淫 yín 2

殄怪禁○之事也 B10/25/7
七曰百官宜無○服 D3/49/16

引 yǐn 4

是謂亂軍○勝 A3/3/5
○而去之 A10/10/22,A10/10/24
必先示之以利而○去之 C2/37/30

飲 yǐn 9

汲而先○者 A9A/8/24,A9B/10/7
○食之〔糧〕 B4/18/28
軍井成而〔後〕○ B4/19/20
聖人○於土 B11/25/29
食草○水而給菽粟 B11/25/30
百里之海不能○一夫 B11/26/22
無失○食之適 C3/39/29
○食不適 C3/39/30

隱 yǐn 3

臣以見占○ C1/36/3
半○半出 C2/38/20
分車列騎○於四旁 C5/43/7

應 yīng 13

而○形於無窮 A6/6/9
必因五火之變而○之 A12/13/15
則早○之於外 A12/13/15
勝備相○ B2/15/19
○不得已 B5/20/17
其○敵也周 B5/20/23
中外相○ B6/21/28
機在於○事 B7/22/6
如四支○心也 B21/32/3
〔如響之○聲也〕 B23/33/22
左右○麾 C3/39/25
善守勿○ C5/43/21
見物○卒 D3/48/15

嬰 yīng 1

視卒如○兒 A10/11/7

迎 yíng 11

勿○之於水內 A9A/8/18,A9B/9/21
無附於水而○客 A9A/8/18
A9B/9/21
無○水流 A9A/8/19,A9B/9/22
兵怒而相○ A9A/8/22,A9B/10/11
吾○之 A9A/9/4,A9B/10/2
○而反之 D5/51/21

盈 yíng 3

必○之以待敵 A10/10/23
○而勿從 A10/10/23
不○而從之 A10/10/23

楹 yíng 1

戰（○）〔權〕在乎道之所極 B12/27/4

營 yíng 8

○軍也 A9A/9/2,A9B/10/5
民之所〔以〕○ B4/18/27
皆○其溝域 B15/28/19
設○表置轅門期之 B19/30/15
將軍入○ B19/30/17
分○居陳 B21/31/7
行出山外○之 C5/43/9

影 yǐng 1

〔如○之隨身也〕 B23/33/22

勇 yǒng 32

智、信、仁、○、嚴也 A1/1/7
無○功 A4/3/23
怯生於○ A5/4/23
○怯 A5/4/23
則○者不得獨進 A7/7/13
諸、劌之○也 A11/12/5
齊○若一 A11/12/10
臣謂非一人之獨○ B3/17/1
養吾武○ B3/17/8
一夫不勝其○ B8/24/8
先擊而○ B18/30/5
恃眾好○ C1/36/8
民有膽○氣力者 C1/37/5
樂以進戰效力、以顯其忠○者 C1/37/5
好○義 C2/38/2
○者不及怒 C3/40/2
○者持金鼓 C3/40/10
常觀於○ C4/40/30
○之於將 C4/41/1
夫○者必輕合 C4/41/1
然其威、德、仁、○ C4/41/10
令賤而○者 C4/41/26
將○兵強 C5/42/6
既武且○ C5/42/18
○見身 D1/45/5
是以明其○也 D1/45/12
○力不相犯 D2/46/9
故○力不相犯 D2/46/14
不尊道而任○力 D2/47/8
○也 D3/48/10
以○鬬 D4/51/11
堪大○也 D4/51/12

用 yòng 111

曲制、官道、主○也 A1/1/8
○之必勝 A1/1/12
○之必敗 A1/1/12
○而示之不○ A1/1/16
凡○兵之法 A2/1/25
A3/2/18,A7/6/18,A8/7/26
賓客之○ A2/1/26
其○戰也勝 A2/1/26
久暴師則國○不足 A2/1/27

故不盡知〇兵之害者 A2/1/29
則不能盡知〇兵之利也 A2/1/29
善〇兵者 A2/2/1
A4/3/25,B4/18/13
取〇於國 A2/2/1
故善〇兵者 A3/2/24
A7/7/17,A11/12/8,A11/12/11
故〇兵之法 A3/2/27
A7/7/21,A8/8/8,C3/40/5
識眾寡之〇者勝 A3/3/8
不〇鄉導者 A7/7/1,A11/12/24
此〇眾之法也 A7/7/13
此〇兵之法也 A7/7/22
知〇兵矣 A8/8/1
不能得人之〇矣 A8/8/2
〇兵之災也 A8/8/12
不服則難〇也 A9A/9/14
則不可〇也 A9A/9/15
不服則難〇 A9B/10/13
則不可〇 A9B/10/13
知此而〇戰者必勝 A10/11/1
不知此而〇戰者必敗 A10/11/2
不可〇也 A10/11/8,D2/46/7
〇兵之法 A11/11/17
所謂古之善〇兵者 A11/11/25
非得不〇 A12/13/20
故〇間有五 A13/14/9
因其鄉人而〇之 A13/14/10
因其官人而〇之 A13/14/10
因其敵間而〇之 A13/14/11
非聖智不能〇間 A13/14/14
無所不〇間也 A13/14/15
故反間可得而〇也 A13/14/21
便吾器〇 B3/17/8
吾〇天下之〇為〇 B3/17/18
雖形全而不為之〇 B4/18/3
便器〇 B4/18/4
備〇不便 B4/19/9
不我〇也 B5/20/10
有器〇之早定也 B5/20/23
已(〇)〔周〕已極 B5/20/24
財〇未歛 B5/21/2
必為吾所效〇也 B8/23/6
故不得已而〇之 B8/23/19
舉賢〇能 B8/23/25
因其所長而〇之 B8/24/5
不能〇一銖 B9/24/22
備器〇 B10/25/6
〇其仂也 B10/25/12
私〇有儲財 B11/26/10
〇以相參 B20/31/2
吾欲少閒而極〇人之要 B22/32/26
〔兵〇文武也〕 B23/33/22
非追北襲邑攸〇也 B23/33/29
臣聞古之善〇兵者 B24/35/11
百萬之眾不〇命 B24/35/12
士卒不〇命者 B24/35/15
不識主君安〇此也 C1/36/6
而不求能〇者 C1/36/7
將〇其民 C1/36/15
三晉陳治而不〇 C2/37/26
故治而不〇 C2/38/5
其有工〇五兵、材力健疾、志在吞敵者 C2/38/9
〇兵必須審敵虛實而趨其危 C2/39/1
何益於〇 C3/39/24
可〇而不可疲 C3/39/26
〇兵之害 C3/40/2
因形〇權 C4/41/17
士卒〇命 C5/42/9
〇眾者務易 C5/42/16
〇少者務隘 C5/42/16
雖眾不〇 C5/43/7
無〇車騎 C5/43/12
凡〇車者 C5/43/16
未〇兵之刃 D2/46/23
始〇兵之刃矣 D2/46/24
盡〇兵之刃矣 D2/46/24
技〇不得其利 D2/47/7
不貴〇命而貴犯命 D2/47/9
有虞氏不賞不罰而民可〇 D2/47/18
〇其所欲 D3/48/10
是謂兼〇其人 D3/49/2
凡大善〇本 D4/50/27
其次〇末 D4/50/27
使人可〇難 D4/51/1
〇寡固 D5/51/20
〇眾治 D5/51/20
〇眾進止 D5/51/20
〇寡進退 D5/51/20
則自〇之 D5/51/21

攸 yōu 1
非追北襲邑〇用也 B23/33/29

幽 yōu 2
靜以〇 A11/12/13
草楚〇穢 C4/41/21

憂 yōu 4
退朝而有〇色 C1/37/16
君有〇色 C1/37/16
此楚莊王之所〇 C1/37/18
〇此奈何 C2/37/23

由 yóu 9
塗有所不〇 A8/7/29
所〇入者隘 A11/11/21
〇不虞之道 A11/11/29
〇是觀之 B1/15/8
〇國中之制弊矣 B3/17/25
〇其武議 B8/22/18
〇國無市也 B8/23/2
則治之所〇生也 C3/39/30
〇眾之求 D3/49/11

猶 yóu 6
〇合符節 B2/15/19
〇亡舟楫絕江河 B3/16/24
〇良驥騄耳之駛 B3/17/15
敵與將〇權衡焉 B23/33/27
譬〇伏雞之搏狸 C1/36/7
〇豫最大 C3/40/2

遊 yóu 2
〇說、(開)〔間〕諜無自入 B10/25/15
收〇士 D3/47/30

友 yǒu 2
卒伯如朋〇 B4/19/1
得其〇者霸 C1/37/17

有 yǒu 277

主孰〇道 A1/1/9
將孰〇能 A1/1/9
雖〇智者 A2/1/28
未之〇也 A2/1/29,B24/35/15
故知勝〇五 A3/3/8
攻則〇餘 A4/3/18
角之而知〇餘不足之處 A6/6/3
日〇短長 A6/6/14
月〇死生 A6/6/14
塗〇所不由 A8/7/29
軍〇所不擊 A8/7/29
城〇所不攻 A8/7/29
地〇所不爭 A8/7/29
君命〇所不受 A8/7/29
恃吾〇以待也 A8/8/8
恃吾〇所不可攻也 A8/8/8
故將〇五危 A8/8/11
凡地〇絕澗、天井、天牢、天羅、天陷、天隙 A9A/9/3
A9B/10/1
軍行〇險阻潢井葭葦山林翳薈者 A9A/9/4
軍旁〇險阻潢井蒹葭林木翳薈者 A9B/10/2
地形〇通者 A10/10/19
〇挂者 A10/10/19
〇支者 A10/10/19
〇隘者 A10/10/19
〇險者 A10/10/19
〇遠者 A10/10/19
敵若〇備 A10/10/21
故兵〇走者 A10/10/27
〇弛者 A10/10/27
〇陷者 A10/10/27
〇崩者 A10/10/27
〇亂者 A10/10/27
〇北者 A10/10/27
〇散地 A11/11/17
〇輕地 A11/11/17
〇爭地 A11/11/17
〇交地 A11/11/17
〇衢地 A11/11/17
〇重地 A11/11/17
〇圮地 A11/11/17
〇圍地 A11/11/18
〇死地 A11/11/18
凡火攻〇五 A12/13/11
行火必〇因 A12/13/12
發火〇時 A12/13/12
起火〇日 A12/13/12
凡軍必知〇五火之變 A12/13/17
故用間〇五 A13/14/9
〇因間 A13/14/9
〇內間 A13/14/9
〇反間 A13/14/9
〇死間 A13/14/9
〇生間 A13/14/9
〔吾聞〕黃帝〔〇〕刑德 B1/15/3
〔其〕〇之乎 B1/15/3
今〇城〔於此〕 B1/15/6
時〇彗星出 B1/15/12
古者士〇什伍 B3/16/17
車〇偏列 B3/16/17
戰〇此數者 B3/16/22
動則〇功 B3/16/28
〇提十萬之眾而天下莫當者 B3/17/5
〇提七萬之眾而天下莫當者 B3/17/5
〇提三萬之眾而天下莫當者 B3/17/6
民言〇可以勝敵者 B3/17/22
視人之地而〇之 B3/17/24
必能內〇其賢者也 B3/17/24
不能內〇其賢而欲〇天下 B3/17/24
凡兵〇以道勝 B4/18/3
〇以威勝 B4/18/3
〇以力勝 B4/18/3
使民〇必戰之心 B4/18/4
〔雖〇〕小過無更 B4/18/16
〔雖〇小過無更〕 B4/18/17
未〇不信其心而能得其力者〔也〕 B4/18/18
未〇不得其力而能致其死戰者也 B4/18/19
故國必〇禮〔信〕親愛之義 B4/18/21
國必〇孝慈廉恥之俗 B4/18/21
〔其本〕〇五焉 B4/19/8
〔〇登降之〕險 B4/19/19
兵〇勝於朝廷 B5/20/19
〇勝於原野 B5/20/19
〇勝於市井 B5/20/19
兵〇去備徹威而勝者 B5/20/23
以其〇法故也 B5/20/23
〇器用之早定也 B5/20/23
刑〇所不從者 B5/20/29
則雖〇城、無守矣 B5/21/1
則雖〇人、無人矣 B5/21/2
則雖〇資、無資矣 B5/21/2
其〇必救之軍者 B6/21/19
則〇必守之城 B6/21/19
必〇百乘之市 B8/22/24
人〇飢色 B8/23/3
馬〇瘠形 B8/23/3
市〔〇〕所出而官無主也 B8/23/4
〇襲人之懷、入人之室者 B8/23/6
後〇憚也 B8/23/7
良馬〇策 B8/23/10
賢士〇合 B8/23/11
〇所奇正 B8/23/25
雖國士、〇不勝其酷而自誣矣 B9/24/19
雖〇堯舜之智 B9/24/21
雖〇萬金 B9/24/22
知國〇無之數 B10/25/12
諸侯〇謹天子之禮 B10/25/18
故充腹〇粒 B11/25/26
蓋形〇縷 B11/25/26
則〇儲蓄 B11/25/27
耕〇不終畝 B11/26/4
織〇日斷機 B11/26/4
故如〇子十人不加一飯 B11/26/8
〇子一人不損一飯 B11/26/8
焉〇喧呼酖酒以敗善類乎 B11/26/8
則民私飯〇儲食 B11/26/10
私用〇儲財 B11/26/10
烏〇以為人上也 B11/26/11
〇者無之 B12/27/4
無者〇之 B12/27/4
惡在乎必往〇功 B12/27/8
〇戰而北 B13/27/22,B13/27/23
伍〇干令犯禁者 B14/28/6
全伍〇誅 B14/28/6
什〇干令犯禁者 B14/28/6
全什〇誅 B14/28/7
屬〇干令犯禁者 B14/28/7

全屬○誅 B14/28/7
閭○干令犯禁者 B14/28/8
全閭○誅 B14/28/8
○干令犯禁者 B14/28/10
無○不得之姦 B14/28/13
無○不揭之罪 B14/28/13
皆○地分 B15/28/18
將○分地 B15/28/18
帥○分地 B15/28/18
伯○分地 B15/28/19
百○二十步而立一府柱 B15/28/22
○賞 B16/28/29
B16/28/29,B16/28/30
卒○五章 B17/29/7
亡章者○誅 B17/29/10
踰五行而前者○賞 B17/29/14
踰五行而後者○誅 B17/29/14
言○經也 B17/29/16
四者各○法 B18/29/20
鼓失次者○誅 B18/29/27
讙譁者○誅 B18/29/27
不聽金、鼓、鈴、旗而
動者○誅 B18/29/27
○分○合 B18/29/30,B20/30/28
其舉○疑而不疑 B18/30/8
其往○信而不信 B18/30/8
其致○遲疾而不遲疾 B18/30/8
皆○分職 B19/30/13
○敢行者誅 B19/30/17
○敢高言者誅 B19/30/17
○敢不從令者誅 B19/30/17
踵軍遇○還者 B20/30/25
兵○什伍 B20/30/28
不如令者○誅 B20/30/29
○非令而進退者 B21/31/7
其甲首○賞 B21/31/8
若一人○不進死於敵 B21/31/11
自什已上至於裨將○不
若法者 B21/31/12
自尉吏而下盡○旗 B21/31/28
○以也 B21/32/1,B21/32/5
臣聞人君○必勝之道 B22/32/10
則威加天下○十二焉 B22/32/10
皆○分部也 B22/32/15
謂興○功 B22/32/15
致○德也 B22/32/15
謂眾軍之中○材力者 B22/32/16

兵○五致 B22/32/22
兵○備鬬 B22/33/1
糧食○餘不足 B22/33/1
大伐○德 B22/33/8
還○挫氣 B22/33/9
則節吝○不食者矣 B22/33/12
事必○本 B23/33/17
〔將○威則生〕 B23/33/24
〔○威則勝〕 B23/33/25
〔卒○將則鬬〕 B23/33/25
〔○將則死〕 B23/33/25
出卒陳兵○常令 B23/33/29
行伍疏數○常法 B23/33/29
先後之次○適宜 B23/33/29
○內向 B23/34/1
○外向 B23/34/1
○立陳 B23/34/1
○坐陳 B23/34/1
○功必賞 B23/34/5
雖天下○善兵者 B23/34/6
餘士卒○軍功者奪一級 B24/34/26
○空名而無實 B24/35/2
是○一軍之名 B24/35/5
而○二實之出 B24/35/5
雖○鬬心 C1/36/7
○扈氏之君 C1/36/8
○四不和 C1/36/13
是以○道之主 C1/36/14
使○恥也 C1/36/24
夫人○恥 C1/36/24
凡兵之所起者○五 C1/36/28
其名又○五 C1/36/29
各○其道 C1/36/31
民○膽勇氣力者 C1/37/5
○此三千人 C1/37/7
親其○司 C1/37/13
罷朝而○喜色 C1/37/15
退朝而○憂色 C1/37/16
君○憂色 C1/37/16
於是武侯○慚色 C1/37/18
皆○鬬心 C2/37/30
必○虎賁之士 C2/38/8
必○能者 C2/38/8
其○工用五兵、材力健
疾、志在吞敵者 C2/38/9
凡料敵○不卜而與之戰
者八 C2/38/15

糧食無○ C2/38/16
○不占而避之者六 C2/38/22
膏鐦○餘 C3/39/15
進○重賞 C3/39/15
退○重刑 C3/39/15
雖○百萬 C3/39/24
居則○禮 C3/39/25
動則○威 C3/39/25
前卻○節 C3/39/25
豈○道乎 C3/40/14
豈○方乎 C3/40/20
常令○餘 C3/40/25
○死之榮 C4/41/4
凡兵○四機 C4/41/6
雖○其國 C4/41/15
士輕其將而○歸志 C4/41/19
今○少年卒起 C5/42/15
雖○大眾 C5/42/15
○師甚眾 C5/42/18
必○其力 C5/42/25
必○不屬 C5/43/22
其○請降 C5/43/25
君舉○功而進饗之 C6/44/6
又頒賜○功者父母妻子
於廟門外 C6/44/9
○死事之家 C6/44/10
臣聞人○短長 C6/44/15
氣○盛衰 C6/44/15
其○失命亂常背德逆天
之時 D1/45/19
而危○功之君 D1/45/19
彰明○罪 D1/45/19
既誅○罪 D1/45/25
故雖○明君 D2/46/6
○虞氏戒於國中 D2/46/22
○司陵之 D2/47/8
陵之○司 D2/47/9
○虞氏不賞不罰而民可
用 D2/47/18
凡戰○天○財○善 D3/48/13
是謂○天 D3/48/13
眾○ D3/48/13
○ D3/48/13
是謂○財 D3/48/13
是謂○善 D3/48/14
然○以職 D3/48/16
唯仁○親 D3/49/6

〇仁無信 D3/49/6
人〇勝心 D4/50/7
人〇畏心 D4/50/7
人方〇性 D4/51/3
必〇進路 D5/52/1
退必〇返慮 D5/52/1

又 yòu 10

〇三月而後已 A3/2/23
〇不相去 A9A/8/23,A9B/10/11
〇曰 B4/19/17,B8/23/26
其名〇有五 C1/36/29
〇問曰 C3/39/22
糧食〇多 C5/42/19
〇頒賜有功者父母妻子於廟門外 C6/44/9
〇能舍服 D1/45/12

右 yòu 43

備左則〇寡 A6/5/22
備〇則左寡 A6/5/22
則左不能救〇 A6/5/25
〇不能救左 A6/5/26
而〇背高 A9A/9/7
必處其陽而〇背之 A9A/9/11
A9B/9/25
〇背高 A9B/9/23
其相救也如左〇手 A11/12/10
必先知其守將、左〇、謁者、門者、舍人之姓名 A13/14/18
左不得以〇 B2/16/9
〇不得以左 B2/16/9
〇旋左鉞 B8/23/13
左〇進劍 B8/24/2
吏自什長已上至左〇將 B14/28/10
中軍、左〇前後軍 B15/28/18
左〇將軍得誅萬人之將 B16/29/2
〇軍白旗 B17/29/6
麾之〇則〇 B18/29/21
一鼓一擊而〇 B18/29/23
左、〇、中軍 B19/30/12
〇行者〇行教之 B21/31/8
〇軍章〇肩 B21/31/17
麾而〇之 B21/31/21
謂左〇相禁 B22/32/13
大將左〇近卒在陳中者皆斬 B24/34/25
獵其左〇 C2/37/29
左〇應麾 C3/39/25
左而〇之 C3/40/8
〇白虎 C3/40/17
麾〇而〇 C5/42/8
〇山左水 C5/42/18
或左或〇 C5/42/24
左〇高山 C5/43/4
左〇也 D2/47/16
順天、阜財、懌眾、利地、〇兵 D3/48/3
〇兵弓矢禦、殳矛守、戈戟助 D3/48/4
位下左〇 D4/49/29
〇高、左險 D5/51/24

幼 yòu 1

見其老〇 D1/45/24

誘 yòu 6

利而〇之 A1/1/16
故迂其途而〇之以利 A7/6/19
〇也 A9A/8/24,A9B/10/7
可詐而〇 C4/41/18
不遠則難〇 D2/46/19

迂 yū 6

以〇為直 A7/6/19
故〇其途而誘之以利 A7/6/19
此知〇直之計者也 A7/6/19
先知〇直之計者勝 A7/7/10
所從歸者〇 A11/11/21
〇其途 A11/12/14

于 yú 6

徧告〇諸侯 D1/45/19
乃告〇皇天上帝 D1/45/20
禱〇后土四海神祇、山川冢社 D1/45/20
乃造〇先王 D1/45/20
然後冢宰徵師〇諸侯曰 D1/45/20
以某年月日師至〇某國 D1/45/21

虞 yú 7

以〇待不〇者勝 A3/3/8
由不〇之道 A11/11/29
以備不〇 C1/37/4
有〇氏戒於國中 D2/46/22
有〇氏不賞不罰而民可用 D2/47/18
驕驕、懾懾、吟曠、〇懼、事悔 D3/48/20

愚 yú 5

能〇士卒之耳目 A11/12/13
則〇夫惷婦無不蔽城盡資血城者 B6/21/22
則〇夫惷婦無不守陴而泣下 B6/21/23
其將〇而信人 C4/41/17
此為〇將 C4/42/2

餘 yú 14

攻則有〇 A4/3/18
角之而知有〇不足之處 A6/6/3
吾士無〇財 A11/12/4
無〇命 A11/12/4
攻者不下十〇萬之眾 B6/21/19
守〇於攻者 B6/21/22
救〇於守者 B6/21/23
過七年〇而主不聽 B8/23/9
三舍之〇 B8/24/5
糧食有〇不足 B22/33/1
〇士卒有軍功者奪一級 B24/34/26
〇則鈞解 C1/36/11
膏鐧有〇 C3/39/15
常令有〇 C3/40/25

踰 yú 12

三曰〇垠之論 B4/18/9
銳之以〇垠之論 B12/27/17
〇分千地者 B15/28/24
〇五行而前者有賞 B17/29/14

○五行而後者有誅 B17/29/14
若○分而上請者死 B19/30/13
○垠忘親 B22/32/22
能○高超遠、輕足善走者 C1/37/6
德義不相○ D2/46/9
故德義不相○ D2/46/12
逐奔不○列 D2/47/10
賞不○時 D2/47/20

予 yǔ 1

○之 A5/4/25

羽 yǔ 3

卒戴蒼○ B17/29/6
卒戴白○ B17/29/6
卒戴黃○ B17/29/7

雨 yǔ 9

上○水沫至 A9A/9/13, A9B/10/1
動如風○ B4/19/1, B17/29/15
如風如○ B8/23/21
天多陰○ C2/38/17
霖○數至 C4/41/21
進如風○ C5/42/19
天久連○ C5/43/15

圄 yǔ 5

小○不下十數 B9/24/24
中○不下百數 B9/24/24
大○不下千數 B9/24/24
今良民十萬而聯於(囚)
〔囹〕○ B9/24/27
囹○空 B11/26/14

圉 yǔ 2

進不郭(圍)〔○〕、
退不亭障以禦戰 B6/21/8
賞及牛童馬○者 B8/22/27

與 yǔ 56

令民○上同意也 A1/1/6
故可以○之死 A1/1/6
可以○之生 A1/1/6
知可以戰○不可以戰者勝 A3/3/8
不得不○我戰者 A6/5/15
敵不得○我戰者 A6/5/15
則吾之所○戰者約矣 A6/5/19
吾所○戰之地不可知 A6/5/19
則吾所○戰者寡矣 A6/5/20
諄諄翕翕、徐○人言者 A9A/8/21
○眾相得也 A9A/9/16, A9B/10/15
諄諄諭諭、徐○人言者 A9B/10/10
故可○之赴深谿 A10/11/7
故可○之俱死 A10/11/7
夫吳人○越人相惡也 A11/12/9
帥○之期 A11/12/14
帥○之深入諸侯之地而
發其機 A11/12/14
微○之期 A11/13/6
間○所告者皆死 A13/14/16
楚將公子心○齊人戰 B1/15/12
明日○齊戰 B1/15/13
見勝則(○)〔興〕 B2/16/1
必死○必生 B3/17/2
無足○鬬 B5/20/3
愛○威而已 B5/20/11
工食不○焉 B6/21/12
吳起○秦戰 B8/23/29, B8/24/8
取○之度也 B10/25/6
則欲心○爭奪之患起矣 B11/26/10
皆○同罪 B14/28/11
○之同罪 B15/28/20
量人○地 B15/28/22
敵○將猶權衡焉 B23/33/27
○同罪 B24/34/17
主君何言○心違 C1/36/4
○諸侯大戰七十六 C1/36/10
而○之臨難 C1/36/16
勿○戰爭 C2/38/2
可○持久 C2/38/10
凡料敵有不卜而○之戰
者八 C2/38/15
○之安 C3/39/26
○之危 C3/39/26
勿○戰矣 C4/41/27
難○長守 C5/42/19
進弓○弩 C5/43/2
募吾材士○敵相當 C5/43/7
吾○敵相遇大水之澤 C5/43/11
車騎○徒 C6/44/22
冢宰○百官布令於軍曰 D1/45/23
故禮○法 D2/47/15
文○武 D2/47/15
見物○侔 D3/48/5
○下畏法曰法 D3/49/19
凡戰勝則○眾分善 D4/51/8

語 yǔ 3

姦民不○ B21/32/2
使人無得私○ B22/32/27
故在國言文而○溫 D2/47/13

域 yù 1

皆營其溝○ B15/28/19

御 yù 4

將能而君不○者勝 A3/3/9
善○敵者 B23/34/5
○其祿秩 C5/43/24
五曰○其服 D3/49/16

欲 yù 48

上下同○者勝 A3/3/8
故我○戰 A6/5/14
我不○戰 A6/5/15
○戰者 A9A/8/18, A9B/9/21
○休息也 A9A/8/22, A9B/10/11
○人之進也 A9A/9/6, A9B/10/3
○涉者 A9A/9/13, A9B/10/1
凡軍之所○擊 A13/14/18
城之所○攻 A13/14/18
人之所○殺 A13/14/18
不能內有其賢而○有天
下 B3/17/24
動能成其所○ B4/19/10
則居○重 B4/19/12
陣○堅 B4/19/12
發○畢 B4/19/12
(鬪)〔鬬〕○齊 B4/19/12
○以成勝立功 B8/23/17
夫煩人而○乞其死 B8/23/30

則○心與爭奪之患起矣 B11/26/10
則○心去 B11/26/14
臣謂○生於無度 B11/26/23
故○戰 B20/31/3
吾○少閒而極用人之要 B22/32/26
王臣失位而○見功於上者 C1/37/6
棄城去守、○除其醜者 C1/37/7
○掠無所 C2/38/17
吾○觀敵之外以知其內 C2/38/26
○前不能 C2/38/29
○去不敢 C2/38/29
我○相之 C4/41/24
○去無路 C5/42/27
○民體其命也 D2/46/22
○民先成其慮也 D2/46/22
○民先意以行事也 D2/46/23
○民速得為善之利也 D2/47/20
○民速覩為不善之害也 D2/47/20
用其所○ D3/48/10
廢其不○不能 D3/48/10
因○而事 D3/49/8
位○嚴 D4/49/26
政○栗 D4/49/26
力○窕 D4/49/26
氣○閑 D4/49/26
心○一 D4/49/26

預 yù 1

不能○交 A11/12/24

遇 yù 10

○敵懟而自戰 A10/10/29
○風 A11/12/10
及○文王 B8/23/10
踵軍○有還者 B20/30/25
卒○敵人 C5/42/6,C5/43/4
若○敵於谿谷之間 C5/42/30
卒然相○ C5/43/2
吾與敵相○大水之澤 C5/43/11
雖○壯者 D1/45/24

獄 yù 3

今夫決○ B9/24/24
民無○訟 B10/25/21

○弭而兵寢 D1/45/16

豫 yù 7

不能○交 A7/7/1
無（因）〔困〕在於○備 B7/22/7
○為之職 B20/30/28
猶○最大 C3/40/2
教惟○、戰惟節 D3/48/7
極物以○ D3/48/14
是謂行○ D3/48/15

諭 yù 1

高之以廊廟之（○）
〔論〕 B12/27/17

禦 yù 9

進而不可○者 A6/5/14
圍則○ A11/12/22
進不郭（圍）〔圉〕、
退不亭障以○戰 B6/21/8
莫能○此矣 B23/34/6
諸去大軍為前○之備者 B24/34/13
聞大軍為前○之備 B24/34/13
外不足以○敵 B24/35/2
右兵弓矢○、殳矛守、
戈戟助 D3/48/4
弓矢固○ D3/48/15

淵 yuān 1

敵在○ B18/30/1

元 yuán 2

啓於○龜 C1/36/15
周曰○戎 D2/47/1

垣 yuán 3

如〔堵〕○壓之 B2/16/8
方之以行○ B15/28/18
○車為固 B22/32/13

原 yuán 2

中○內虛於家 A2/2/4
有勝於○野 B5/20/19

援 yuán 2

○（抱）〔枹〕而鼓忘
其身 B8/24/1
大國之○ C2/38/24

圓 yuán 6

形○而不可敗也 A5/4/21
○則行 A5/4/28
如轉○石於千仞之山者 A5/4/28
○亦勝 B2/16/7,B18/30/1
○而方之 C3/40/7

源 yuán 1

如決川○ B8/24/5

緣 yuán 3

○山亦勝 B2/16/7
反本○理 B11/26/14
○而從之 B18/30/1

轅 yuán 2

設營表置○門期之 B19/30/15
傾輪沒○ C5/43/11

遠 yuǎn 35

〔高下〕、○近、險易
、廣狹、死生也 A1/1/7
近而示之○ A1/1/16
○而示之近 A1/1/16
國之貧於師者○輸 A2/2/3
○輸則百姓貧 A2/2/3
而況○者數十里 A6/5/26
以近待○ A7/7/18,C3/40/7
絕水必○水 A9A/8/17,A9B/9/20
吾○之 A9A/9/4,A9B/10/2
○而挑戰者 A9A/9/5,A9B/10/3

有○者 A10/10/19
○形者 A10/10/24
計險阨○近 A10/11/1
○堡未入 B5/21/1
○道可致 B8/23/11
安民懷○ B11/26/14
日暮路○ B22/33/9
能踰高超○、輕足善走者 C1/37/6
禍其○矣 C2/37/25
陵而○之 C2/38/3
務於取○ C2/38/16
六曰道○日暮 C2/38/18
敵人○來新至、行列未定可擊 C2/39/1
令制○ C3/39/16
日暮道○ C3/40/25
古者逐奔不○ D2/46/19
不○則難誘 D2/46/19
必○其罪 D2/47/23
凡戰間○觀邇 D3/48/23
○者視之則不畏 D4/49/29
則○裹而闕之 D5/51/21

怨 yuàn 5

爭私結○ B5/20/16
○結雖起 B5/20/17
百姓○怒 C2/38/17
使其君臣相○ C4/41/8
下貧而○ C4/41/18

願 yuàn 2

○聞治兵、料人、固國之道 C1/37/1
○聞陳必定、守必固、戰必勝之道 C1/37/10

曰 yuē 253

孫子○ A1/1/3
A2/1/25,A3/2/18,A4/3/16
A5/4/10,A6/5/3,A7/6/18
A8/7/26,A9A/8/17,A9B/9/20
A10/10/19,A11/11/17
A12/13/11,A13/14/3
一○道 A1/1/5
二○天 A1/1/5
三○地 A1/1/5
四○將 A1/1/5
五○法 A1/1/5
○ A1/1/9
A11/11/27,A11/12/9,B3/17/5
B3/17/6,B3/17/6,B11/25/26
C1/37/16,C3/39/12
故○ A3/3/11
A4/3/17,A6/6/1,A10/11/12
A12/13/20,B2/15/25,B3/17/8
B3/17/19,B4/19/16,B8/23/10
B8/23/25,B17/29/15
B24/35/12,C1/36/25,C3/40/2
C4/41/15,C5/42/14,C5/42/16
戰勝而天下○善 A4/3/21
一○度 A4/4/1
二○量 A4/4/1
三○數 A4/4/1
四○稱 A4/4/1
五○勝 A4/4/1
《軍政》○ A7/7/12
○通 A10/10/20
○挂 A10/10/20
○支 A10/10/22
○走 A10/10/28
○弛 A10/10/28
○陷 A10/10/28
○崩 A10/10/29
○亂 A10/10/30
○北 A10/10/30
主○無戰 A10/11/4
主○必戰 A10/11/4
一○火人 A12/13/11
二○火積 A12/13/11
三○火輜 A12/13/11
四○火庫 A12/13/11
五○火隊 A12/13/11
命○費留 A12/13/20
梁惠王問尉繚子○ B1/15/3
尉繚子對○ B1/15/4
案《天官》○ B1/15/9
公子心○ B1/15/12
黃帝○ B1/15/13
無不謂其將○ B3/17/12
一○廟勝之論 B4/18/9
二○受命之論 B4/18/9
三○踰垠之論 B4/18/9
四○深溝高壘之論 B4/18/10
五○舉陳加刑之論 B4/18/10
又○ B4/19/17,B8/23/26
法○ B5/21/3
古人○ B8/23/1
起○ B8/24/2,B8/24/9,C1/36/3
軍吏諫○ B8/24/8
兵法○ B9/24/27,B12/26/30
一○神明 B11/26/20
二○垂光 B11/26/20
三○洪敘 B11/26/20
四○無敵 B11/26/20
今說者○ B11/26/22
故兵法○ B12/27/8
命○國賊 B13/27/22
命○軍賊 B13/27/24
束伍之令○ B16/28/28
戰誅之法○ B16/29/1
君身以斧鉞授將○ B19/30/12
將軍告○ B19/30/15
書其章○ B21/31/17
一○連刑 B22/32/10
二○地禁 B22/32/11
三○全車 B22/32/11
四○開塞 B22/32/12
五○分限 B22/32/12
六○號別 B22/32/13
七○五章 B22/32/14
八○全曲 B22/32/14
九○金鼓 B22/32/15
十○陳車 B22/32/15
十一○死士 B22/32/16
十二○力卒 B22/32/16
武王問太公望○ B22/32/26
望對○ B22/32/26
文侯○ C1/36/3
吳子○ C1/36/13,C1/36/19
C1/36/24,C1/36/28,C2/38/15
C3/39/29,C3/40/1,C3/40/5
C3/40/10,C4/40/30,C4/41/6
C4/41/13,C4/41/17,C5/43/24
一○爭名 C1/36/28
二○爭利 C1/36/28
三○積德惡 C1/36/28
四○內亂 C1/36/28
五○因饑 C1/36/29

一○義兵 C1/36/29
二○彊兵 C1/36/29
三○剛兵 C1/36/29
四○暴兵 C1/36/29
五○逆兵 C1/36/29
禁暴救亂○義 C1/36/30
恃眾以伐○彊 C1/36/30
因怒興師○剛 C1/36/30
棄禮貪利○暴 C1/36/30
國亂人疲舉事動眾○逆 C1/36/30
武侯問○ C1/37/1
C1/37/10,C2/38/26,C3/39/8
C3/39/18,C3/40/14,C3/40/20
C4/41/24,C5/42/6,C5/42/12
C5/42/18,C5/42/27,C5/42/30
C5/43/4,C5/43/11,C5/43/15
C5/43/19,C6/43/30
起對○ C1/37/3
C1/37/12,C2/37/25,C2/38/28
C2/39/1,C3/39/10,C3/39/20
C3/40/16,C3/40/22,C4/41/26
C5/42/8,C5/42/14,C5/43/1
C5/43/7,C5/43/12,C5/43/15
C5/43/21,C6/44/1,C6/44/15
起進○ C1/37/15
申公問○ C1/37/16
武侯謂吳起○ C2/37/22
武侯○ C2/38/13,C6/44/4
一○疾風大寒 C2/38/15
二○盛夏炎熱 C2/38/16
三○師既淹久 C2/38/16
四○軍資既竭 C2/38/17
五○徒眾不多 C2/38/17
六○道遠日暮 C2/38/18
七○將薄吏輕 C2/38/19
八○陳而未定 C2/38/19
一○土地廣大 C2/38/22
二○上愛其下 C2/38/22
三○賞信刑察 C2/38/22
四○陳功居列 C2/38/23
五○師徒之眾 C2/38/23
六○四鄰之助 C2/38/23
對○ C3/39/14,C3/39/24
C5/42/21,C5/42/27,C6/44/6
又問○ C3/39/22
名○父子之兵 C3/39/27
一○理 C4/41/2
二○備 C4/41/2
三○果 C4/41/2
四○戒 C4/41/2
五○約 C4/41/2
一○氣機 C4/41/6
二○地機 C4/41/6
三○事機 C4/41/6
四○力機 C4/41/6
武侯召吳起而謂○ C6/44/13
吳起令三軍○ C6/44/22
然後冢宰徵師于諸侯○ D1/45/20
冢宰與百官布令於軍○ D1/45/23
夏后氏○鉤車 D2/47/1
殷○寅車 D2/47/1
周○元戎 D2/47/1
一○義 D3/49/1
一○權 D3/49/2
一○人 D3/49/3
二○正 D3/49/3
三○辭 D3/49/3
四○巧 D3/49/3
五○火 D3/49/3
六○水 D3/49/3
七○兵 D3/49/3
一○仁 D3/49/14
二○信 D3/49/14
三○直 D3/49/14
四○一 D3/49/14
五○義 D3/49/14
六○變 D3/49/14
七○尊 D3/49/14
一○受 D3/49/16
二○法 D3/49/16
三○立 D3/49/16
四○疾 D3/49/16
五○御其服 D3/49/16
六○等其色 D3/49/16
七○百官宜無淫服 D3/49/16
凡軍使法在己○專 D3/49/19
與下畏法○法 D3/49/19
日成行微○道 D3/49/19

約 yuē 9

則吾之所與戰者○矣 A6/5/19
無○而請和者 A9A/9/3,A9B/10/6
不○而親 A11/12/3
五曰○ C4/41/2
○者 C4/41/3
○法省罰 D3/48/1
教○人輕死 D4/50/21
道○人死正 D4/50/21

月 yuè 11

三○而後成 A3/2/23
又三○而後已 A3/2/23
見日○不為明目 A4/3/22
日○是也 A5/4/14
○有死生 A6/6/14
○在箕壁翼軫也 A12/13/13
不起一○之師 B2/16/2
賞如日○ B24/35/15
日○星辰 D1/45/20
以某年○日師至于某國 D1/45/21
夏后氏以日○ D2/47/5

悅 yuè 2

慍可以復○ A12/13/22
故成湯討桀而夏民喜○ C1/36/21

越 yuè 3

○人之兵雖多 A6/5/28
夫吳人與○人相惡也 A11/12/9
去國○境而師者 A11/12/18

鉞 yuè 4

右旄左○ B8/23/13
君身以斧○授將曰 B19/30/12
陳之斧○ B23/34/5
令如斧○ B24/35/15

閱 yuè 1

教成試之以○ B18/29/30

樂 yuè 7

民非○死而惡生也 B3/16/27
○以進戰效力、以顯其忠勇者 C1/37/5

夫發號布令而人○聞 C6/44/1
興師動眾而人○戰 C6/44/1
交兵接刃而人○死 C6/44/2
賢王制禮○法度 D1/45/18
是謂○人 D3/48/14

云 yún 1

今世諺○ B9/24/21

芸 yún 1

夫在○耨 B11/25/26

紜 yún 2

紛紛○○ A5/4/21

雲 yún 2

如○〔霓〕覆之 B2/16/8
觀星辰風○之變 B8/23/17

運 yùn 1

○兵計謀 A11/12/2

慍 yùn 2

將不可以○而致戰 A12/13/21
○可以復悅 A12/13/22

雜 zá 8

車○而乘之 A2/2/10
必○於利害 A8/8/4
○於利而務可信也 A8/8/4
○於害而患可解也 A8/8/4
○學不為通儒 B11/26/22
故其兵不○ D2/46/24
兵不○則不利 D2/46/28
兵惟○ D3/48/27

災 zāi 4

此攻之○也 A3/2/24
用兵之○也 A8/8/12
非天之○ A10/10/27
三軍之○ C3/40/3

哉 zāi 7

亦奚益於勝敗○ A6/5/28
微○ A13/14/15,A13/14/15
豈紂不得天官之陳○ B1/15/11
何能紹吾氣○ B3/17/16
烏能以干令相私者○ B14/28/14
大○問乎 C5/42/21

宰 zǎi 2

然後冢○徵師于諸侯曰 D1/45/20
冢○與百官布令於軍曰 D1/45/23

在 zài 83

不可勝○己 A4/3/16
可勝○敵 A4/3/16
○於順詳敵之意 A11/13/3
月○箕壁翼軫也 A12/13/13
知之必○於反間 A13/14/23
伊摯○夏 A13/14/26
呂牙○殷 A13/14/26
柄○齊 B1/15/12
柄所○勝 B1/15/12
患○百里之內 B2/16/1
患○千里之內 B2/16/2
患○四海之內 B2/16/2
愛○下順 B5/20/10
威○上立 B5/20/10
信○期前 B5/20/13
事○未兆 B5/20/14
盡○郭中 B6/21/9
威○於不變 B7/22/6
惠○於因時 B7/22/6
機○於應事 B7/22/6
戰○於治氣 B7/22/6
攻○於意表 B7/22/6
守○於外飾 B7/22/6
無過○於度數 B7/22/7
無（因）〔困〕○於豫備 B7/22/7
慎○於畏小 B7/22/7
智○於治大 B7/22/7
除害○於敢斷 B7/22/7
得眾○於下人 B7/22/8
悔○於任疑 B7/22/10
孽○於屠戮 B7/22/10
偏○於多私 B7/22/10
不祥○於惡聞己過 B7/22/10
不度○於竭民財 B7/22/10
不明○於受間 B7/22/10
不實○於輕發 B7/22/11
固陋○於離賢 B7/22/11
禍○於好利 B7/22/11
害○於親小人 B7/22/11
亡○於無所守 B7/22/11
危○於無號令 B7/22/12
○於一人 B8/22/18,C4/41/7
○於枹端 B8/22/31
望敵○前 B8/24/5
○王垂聽也 B10/25/22
夫○芸耨 B11/25/26
妻○機杼 B11/25/27
其下○於無奪民時 B11/26/25
夫精誠○乎神明 B12/27/4
戰（楹）〔權〕○乎道之所極 B12/27/4
惡○乎必往有功 B12/27/8
敵○山 B18/30/1
敵○淵 B18/30/1
○四奇之內者勝也 B20/30/26
必○乎兵教之法 B21/31/15
戰勝○乎立威 B21/31/30
立威○乎戮力 B21/31/30
戮力○乎正罰 B21/31/30
將○其中 B23/34/2
○枹之端 B23/34/6
大將左右近卒○陳中者皆斬 B24/34/25
○國之名實 B24/35/1
今名○官而實○家 B24/35/1
○大足以戰 C1/36/24
○小足以守矣 C1/36/25
其有工用五兵、材力健疾、志○呑敵者 C2/38/9
不○眾寡 C3/39/22
招搖○上 C3/40/17
所○寇不敢敵 C4/41/10
故○國言文而語溫 D2/47/13
○朝恭以遜 D2/47/14
○軍抗而立 D2/47/14

○行遂而果 D2/47/15
上下皆以不善○己 D2/47/22
上苟以不善○己 D2/47/22
下苟以不善○己 D2/47/22
○軍廣以武 D3/48/24
○軍法 D3/48/24
○軍見方 D3/48/25
凡軍使法○己曰專 D3/49/19
取過○己 D4/51/8

再 zài 2

役不○籍 A2/2/1
○吹而聚 C5/42/9

載 zài 1

糧不三○ A2/2/1

糟 zāo 1

○糠不充腹 B11/26/1

早 zǎo 3

則○應之於外 A12/13/15
有器用之○定也 B5/20/23
○興寤遷 C2/38/15

蚤 zǎo 2

夫○決先敵 B18/30/4
慮不○決 B18/30/4

造 zào 3

更○易常 B10/25/18
先和而○大事 C1/36/15
乃○于先王 D1/45/20

燥 zào 2

天之○也 A12/13/12
陽○則起 C5/43/16

譟 zào 7

前○者謂之虛 B23/34/8
後○者謂之實 B23/34/8
不○者謂之祕 B23/34/8
必先鼓○而乘之 C5/43/2
振馬○徒甲 D4/49/30
起○鼓而進則以鐸止之 D4/49/30
○以先之 D4/49/31

竈 zào 2

無當天○ C3/40/16
天○者 C3/40/16

則 zé 322

○內外之費 A2/1/25
久○鈍兵挫銳 A2/1/27
攻城○力屈 A2/1/27
久暴師○國用不足 A2/1/27
○諸侯乘其弊而起 A2/1/28
○不能盡知用兵之利也 A2/1/29
遠輸○百姓貧 A2/2/3
貴賣○百姓財竭 A2/2/3
財竭○急於丘役 A2/2/3
十○圍之 A3/2/27
五○攻之 A3/2/27
倍○分之 A3/2/27
敵○能戰之 A3/2/27
少○能逃之 A3/2/27
不若○能避之 A3/2/27
輔周○國必強 A3/3/1
輔隙○國必弱 A3/3/1
○軍士惑矣 A3/3/4
○軍士疑矣 A3/3/5
○諸侯之難至矣 A3/3/5
守○不足 A4/3/18
攻○有餘 A4/3/18
安○靜 A5/4/28
危○動 A5/4/28
方○止 A5/4/28
圓○行 A5/4/28
○我專而敵分 A6/5/18
○我眾而敵寡 A6/5/19
○吾之所與戰者約矣 A6/5/19
○敵所備者多 A6/5/20
○吾所與戰者寡矣 A6/5/20
故備前○後寡 A6/5/22
備後○前寡 A6/5/22
備左○右寡 A6/5/22
備右○左寡 A6/5/22
○無所不寡 A6/5/22
○可千里而會戰 A6/5/25
○左不能救右 A6/5/25
無形○深間不能窺 A6/6/6
舉軍而爭利○不及 A7/6/22
委軍而爭利○輜重捐 A7/6/22
○擒三將軍 A7/6/23
○蹶上將軍 A7/6/24
○三分之二至 A7/6/24
是故軍無輜重○亡 A7/6/25
無糧食○亡 A7/6/25
無委積○亡 A7/6/25
○勇者不得獨進 A7/7/13
圍地○謀 A8/7/27, A11/11/23
死地○戰 A8/7/27, A11/11/23
○不服 A9A/9/14, A9B/10/13
不服○難用也 A9A/9/14
○不可用也 A9A/9/15
○民服 A9A/9/15, A9B/10/14
○民不服 A9A/9/16, A9B/10/14
不服○難用 A9B/10/13
○不可用 A9B/10/13
以戰○利 A10/10/20
我得○利、彼得亦利者 A11/11/18
疾戰○存 A11/11/22
不疾戰○亡者 A11/11/22
是故散地○無戰 A11/11/22
輕地○無止 A11/11/22
爭地○無攻 A11/11/22
交地○無絕 A11/11/23
衢地○合交 A11/11/23
重地○掠 A11/11/23
圮地○行 A11/11/23
○聽矣 A11/11/27
深入○專 A11/12/1
兵士甚陷○不懼 A11/12/2
無所往○固 A11/12/3
深入○拘 A11/12/3
不得已○鬬 A11/12/3, A11/12/22
擊其首○尾至 A11/12/8
擊其尾○首至 A11/12/8
擊其中○首尾俱至 A11/12/9

深○專 A11/12/18
淺○散 A11/12/18
圍○禦 A11/12/22
過○從 A11/12/22
○其衆不得聚 A11/12/26
○其交不得合 A11/12/26
○早應之於外 A12/13/15
○取之矣 B1/15/8
三相稱○內可以固守 B2/15/18
○〔其〕國〔不得無〕富 B2/15/23
○〔其〕國〔不得無〕治 B2/15/24
見勝○（與）〔興〕 B2/16/1
不見勝○止 B2/16/1
制先定○士不亂 B3/16/14
士不亂○刑乃明 B3/16/14
○百人盡鬬 B3/16/14
○千人盡鬬 B3/16/15
○萬人齊刃 B3/16/15
○逃傷甚焉 B3/16/21
○高山陵之 B3/16/24
動○有功 B3/16/28
何○ B3/17/1
○十人亦以勝之也 B3/17/8
○百千萬人亦以勝之也 B3/17/8
氣實○鬬 B4/18/7
氣奪○走 B4/18/7
衆不審○數變 B4/18/13
數變、○令雖出 B4/18/14
〔不審所動○數變〕 B4/18/16
〔數變、○事雖起〕 B4/18/17
○衆不二聽 B4/18/18
○衆不二志 B4/18/18
○可以飢易飽 B4/18/21
○可以死易生 B4/18/21
○士不死節 B4/18/24
○衆不戰 B4/18/25
○士不行 B4/19/8
○民不勸 B4/19/9
○衆不強 B4/19/9
○力不壯 B4/19/9
○衆不畏 B4/19/9
○居欲重 B4/19/12
〔○〕師雖久而不老 B4/19/21
○計決而不動 B5/20/2
○支節必力 B5/20/3
○支節必背 B5/20/4
鬬○〔得〕 B5/20/19
〔服○〕失 B5/20/19
其朝死○朝代 B5/20/25
暮死○暮代 B5/20/25
○我敗之矣 B5/20/29
○雖有城、無守矣 B5/21/1
○雖有人、無人矣 B5/21/2
○雖有資、無資矣 B5/21/2
○萬人之守 B6/21/16
○有必守之城 B6/21/19
○無必守之城 B6/21/19
○愚夫惷婦無不蔽城盡資血城者 B6/21/22
○愚夫惷婦無不守陴而泣下 B6/21/23
○亦不能止矣 B6/21/24
〔示之不誠〕○倒敵而待之者也 B6/22/1
○賞功立名 B8/22/30
○身死國亡 B8/22/30
○提三萬之衆 B8/23/10
○天下莫當其戰矣 B8/23/25
材士○是矣 B8/24/9
○有儲蓄 B11/25/27
○民不困 B11/26/1
民無私○天下為一家 B11/26/7
○欲心與爭奪之患起矣 B11/26/10
○民私飯有儲食 B11/26/10
○無為非者矣 B11/26/12
○欲心去 B11/26/14
誰為法○ B11/26/17
○勝彼矣 B12/27/1
○弗勝彼矣 B12/27/1
凡我往○彼來 B12/27/1
彼來○我往 B12/27/2
意往而不疑○從之 B12/27/11
奪敵而無敗○加之 B12/27/12
明視而高居○威之 B12/27/12
○敵國可不戰而服 B12/27/17
○外輕敵 B13/27/24
刑重○內畏 B13/27/26
內畏○外堅矣 B13/27/26
○外無不獲之姦 B15/28/24
○前行進為犯難 B17/29/14
鼓之○進 B18/29/20,C5/42/9
重鼓○擊 B18/29/20
金之○止 B18/29/20,C5/42/9
重金○退 B18/29/20
旗、麾之左○左 B18/29/21
麾之右○右 B18/29/21
奇兵○反是 B18/29/21,B18/29/25
○將、帥、伯 B18/29/24
○進退不定 B18/30/4
如過時○坐法 B19/30/15
戰利○追北 B20/30/25
○四境之民 B20/31/1
○教者如犯法者之罪 B21/31/11
B21/31/12,B21/31/12
低旗○趨 B21/31/20
○威加天下有十二焉 B22/32/10
必死○生 B22/32/22,C3/40/1
○絕其阸 B22/33/4
○築大堙以臨之 B22/33/5
○足以施天下 B22/33/6
○節吝有不食者矣 B22/33/12
戰國○以立威、抗敵、相圖而不能廢兵也 B23/33/17
〔○〕知〔所以〕勝敗矣 B23/33/21
專一○勝 B23/33/24
離散○敗 B23/33/24
陳以密○固 B23/33/24
鋒以疏○達 B23/33/24
〔將有威○生〕 B23/33/24
〔無威○死〕 B23/33/24
〔有威○勝〕 B23/33/25
〔無威○敗〕 B23/33/25
〔卒有將○鬬〕 B23/33/25
〔無將○北〕 B23/33/25
〔有將○死〕 B23/33/25
〔無將○辱〕 B23/33/26
安靜○治 B23/33/27
暴疾○亂 B23/33/27
前後不次○失也 B23/33/30
戰○皆禁行 B24/34/13
及戰鬬○卒吏相救 B24/35/8
冬日衣之○不溫 C1/36/5
夏日衣之○不涼 C1/36/5
觀之於目○不麗 C1/36/6
乘之以田○不輕 C1/36/6
餘○鈞解 C1/36/11
○士以盡死為榮 C1/36/16
修之○興 C1/36/21

廢之○衰　C1/36/21
○陳已定矣　C1/37/12
○守已固矣　C1/37/13
○戰已勝矣　C1/37/13
○上疑而下懼　C2/38/3
眾來○拒之　C2/38/5
去○追之　C2/38/5
然○一軍之中　C2/38/8
○地輕馬　C3/39/14
○馬輕車　C3/39/15
○車輕人　C3/39/15
○人輕戰　C3/39/15
居○有禮　C3/39/25
動○有威　C3/39/25
○治之所由生也　C3/39/30
以居○亂　C3/39/31
以戰○敗　C3/39/31
幸生○死　C3/40/1
冬○溫燒　C3/40/22
夏○涼廡　C3/40/22
○不勞而功舉　C4/41/17
○如之何　C5/42/6,C5/43/19
○戰無彊敵　C5/42/10
亂○擊之勿疑　C5/43/2
陰濕○停　C5/43/16
陽燥○起　C5/43/16
正不獲意○權　D1/45/3
憑弱犯寡○眚之　D1/45/30
賊賢害民○伐之　D1/45/30
暴內陵外○壇之　D1/45/30
野荒民散○削之　D1/45/30
負固不服○侵之　D1/46/1
賊殺其親○正之　D1/46/1
放弒其君○殘之　D1/46/1
犯令陵政○杜之　D1/46/1
外內亂、禽獸行○滅之　D1/46/1
○無求　D2/46/13
無求○不爭　D2/46/13
事極修○百官給矣　D2/46/16
教極省○民興良矣　D2/46/16
習貫成○民體俗矣　D2/46/16
不遠○難誘　D2/46/19
不及○難陷　D2/46/19
兵不雜○不利　D2/46/28
太長○難犯　D2/46/28
太短○不及　D2/46/28
太輕○銳　D2/46/28
銳○易亂　D2/46/29
太重○鈍　D2/46/29
鈍○不濟　D2/46/29
師多務威○民詘　D2/47/7
少威○民不勝　D2/47/7,D2/47/9
多威○民詘　D2/47/8
舒○民力足　D2/47/10
軍容入國○民德廢　D2/47/13
國容入軍○民德弱　D2/47/13
○不驕矣　D2/47/21
得意○愷歌　D2/47/25
迭戰○久　D3/48/5
皆戰○強　D3/48/5
相守義○人勉　D3/48/27
慮多成○人服　D3/48/27
凡事善○長　D3/49/1
因古○行　D3/49/1
凡戰正不符○事專　D3/49/21
不服○法　D3/49/21
不相信○一　D3/49/21
若怠○動之　D3/49/21
若疑○變之　D3/49/21
若人不信上○行其不復　D3/49/21
畏○密　D4/49/28
危○坐　D4/49/29
遠者視之○不畏　D4/49/29
邇者勿視○不散　D4/49/29
跪坐坐伏○膝行而寬誓之　D4/49/30
起譟鼓而進○以鐸止之　D4/49/30
○勿戮殺　D4/49/31
凡戰以輕行輕○危　D4/50/10
以重行重○無功　D4/50/10
以輕行重○敗　D4/50/10
以重行輕○戰　D4/50/10
凡戰敬○慊　D4/50/15
率○服　D4/50/15
凡戰勝○與眾分善　D4/51/8
○重賞罰　D4/51/8
○誓以居前　D4/51/8
是謂正○　D4/51/9
○遠褁而闕之　D5/51/21
○自用之　D5/51/21
擅利○釋旗　D5/51/21
敵若眾○相眾而受褁　D5/51/22
○避之開之　D5/51/22
待○循而勿鼓　D5/51/26
攻○屯而伺之　D5/51/26
敵人或止於路○慮之　D5/51/32
凡戰先○弊　D5/52/3
後○懾　D5/52/3
息○怠　D5/52/3

責 zé　3

不○於人　A5/4/27
竭人之力不○禮　B8/23/30
嚴誅○　B10/25/10

賊 zé　8

一○仗劍擊於市　B3/17/1
足使三軍之眾為一死○　B3/17/2
命曰國○　B13/27/22
命曰軍○　B13/27/24
今使一死○伏於曠野　C6/44/16
而為一死○　C6/44/17
○賢害民則伐之　D1/45/30
○殺其親則正之　D1/46/1

擇 zé　1

故能○人而任勢　A5/4/27

澤 zé　12

不知山林險阻沮○之形者　A7/7/1
　A11/12/24
絕斥○　A9A/8/19,A9B/9/22
若交軍於斥○之中　A9A/8/19
　A9B/9/22
此處斥○之軍也　A9A/9/6
　A9B/9/23
行山林、險阻、沮○　A11/11/20
居軍荒○　C4/41/21
諸丘陵、林谷、深山、大○　C5/43/1
吾與敵相遇大水之○　C5/43/11

賾 zé　1

偃臥者涕交○　A11/12/5

詐 zhà 6

故兵以○立、以利動、以分合為變者也 A7/7/4
任正去○ B12/27/7
暴必以○服 C1/36/31
寡○謀 C2/38/2
可○而誘 C4/41/18
上不尊德而任○慝 D2/47/8

宅 zhái 3

賈不離其肆○ B8/22/17
賈無不離〔其〕肆○ B9/24/26
民安其田○ C1/37/12

窄 zhǎi 1

城大而地○者 B22/33/4

占 zhān 4

○(城)〔咸〕池 B8/23/17
臣以見○隱 C1/36/3
有不○而避之者六 C2/38/22
必先○其將而察其才 C4/41/17

霑 zhān 1

士卒坐者涕○襟 A11/12/5

斬 zhǎn 11

吳起立○之 B8/24/8
不可○ B8/24/9
○之 B8/24/9
亂先後○之 B23/33/30
盡○之 B24/34/22
後吏能○之而奪其卒者賞 B24/34/22
而從吏五百人已上不能死敵者○ B24/34/25
大將左右近卒在陳中者皆○ B24/34/25
今君四時使○離皮革 C1/36/4
搴旗○將 C2/38/8
○使焚書 C5/42/23

戰 zhàn 246

夫未○而廟筭勝者 A1/1/20
未○而廟筭不勝者 A1/1/20
其用○也勝 A2/1/26
故車○得車十乘已上 A2/2/9
是故百○百勝 A3/2/19
不○而屈人之兵 A3/2/20
屈人之兵而非○也 A3/2/24
敵則能○之 A3/2/27
知可以○與不可以○者勝 A3/3/8
百○不殆 A3/3/11, C2/38/30
每○必殆 A3/3/12
昔之善○者 A4/3/16
故善○者 A4/3/16, A4/3/24, A5/4/27, A6/5/3
○勝而天下曰善 A4/3/21
古之所謂善○者 A4/3/22
故善○者之勝也 A4/3/23
故其○勝不忒 A4/3/23
是故勝兵先勝而後求○ A4/3/24
敗兵先○而後求勝 A4/3/24
勝者之○民也 A4/4/6
凡○者 A5/4/13
○勢不過奇正 A5/4/15
是故善○者 A5/4/18
其○人也 A5/4/27
故善○人之勢 A5/4/28
凡先處○地而待敵者、佚 A6/5/3
後處○地而趨○者、勞 A6/5/3
故我欲○ A6/5/14
不得不與我○者 A6/5/15
我不欲○ A6/5/15
敵不得與我○者 A6/5/15
則吾之所與○者約矣 A6/5/19
吾所與○之地不可知 A6/5/19
則吾所與○者寡矣 A6/5/20
故知○之地 A6/5/25
知○之日 A6/5/25
則可千里而會○ A6/5/25
不知○地 A6/5/25
不知○日 A6/5/25
故其○勝不復 A6/6/8
故夜○多火鼓 A7/7/15
晝○多旌旗 A7/7/15
死地則○ A8/7/27, A11/11/23
○隆無登 A9A/8/17, A9B/9/20
欲○者 A9A/8/18, A9B/9/21
遠而挑○者 A9A/9/5, A9B/10/3
以○則利 A10/10/20
難以挑○ A10/10/24
○而不利 A10/10/25
遇敵懟而自○ A10/10/29
知此而用○者必勝 A10/11/1
不知此而用○者必敗 A10/11/2
故○道必勝 A10/11/4
主曰無○ A10/11/4
必○可也 A10/11/4
○道不勝 A10/11/4
主曰必○ A10/11/4
無○可也 A10/11/4
而不知地形之不可以○ A10/11/11
諸侯自○其地 A11/11/18
疾○則存 A11/11/22
不疾○則亡者 A11/11/22
是故散地則無○ A11/11/22
以決○事 A11/13/6
夫○勝攻取而不修其功者、凶 A12/13/19
非危不○ A12/13/20
將不可以慍而致○ A12/13/21
可以百〔○百〕勝 B1/15/3
楚將公子心與齊人○ B1/15/12
明日與齊○ B1/15/13
外可以○勝 B2/15/19
○勝於外 B2/15/19
天下莫能當其○矣 B3/16/15
或臨○自北 B3/16/20
○有此數者 B3/16/22
無為天下先○ B3/17/12
其實不可得而○也 B3/17/12
○不勝 B3/17/14
天下諸國助我○ B3/17/15
非○無所得爵 B3/17/19
使民揚臂爭出農○而天下無敵矣 B3/17/19
必試其能○也 B3/17/22
雖○勝而國益弱 B3/17/25
使民有必○之心 B4/18/4
夫將卒所以○者 B4/18/7
民之所以○者 B4/18/7
未有不得其力而能致其死○者也 B4/18/19
故○者 B4/18/24

則衆不○	B4/18/25
此本○之道也	B4/19/2
○、所以守城也	B4/19/4
務○者、〔其〕城不圍	B4/19/5
○不必勝	B5/20/13
不可以言○	B5/20/13
分險者無○心	B5/20/16
挑○者無全氣	B5/20/16
鬭○者無勝兵	B5/20/16
凡挾義而○者	B5/20/16
故明主○攻日	B5/20/20
進不郭（圉）〔圍〕、退不亭障以禦○	B6/21/8
○在於治氣	B7/22/6
萬乘農○	B8/22/20
農○不外索權	B8/22/20
夫出不足○	B8/22/23
所以（外）〔給〕○守也	B8/22/23
臨難決○	B8/22/30
無謂其能○也	B8/23/4
一○而天下定	B8/23/10
○士三萬	B8/23/13
則天下莫當其○矣	B8/23/25
吳起與秦○	B8/23/29,B8/24/8
吳起臨○	B8/24/1
此○之理然也	B12/27/2
○（楹）〔權〕在乎道之所極	B12/27/4
輕進而求○	B12/27/8
則敵國可不○而服	B12/27/17
有○而北	B13/27/22,B13/27/23
復○得首長	B16/28/30
○誅之法曰	B16/29/1
百人而教○	B18/29/29
為大○之法	B18/29/30
○之累也	B18/30/8
為○合之表	B20/30/21
使為之○勢	B20/30/22
是謂趨○者也	B20/30/22
使為○備	B20/30/25
○利則追北	B20/30/25
○合表起	B20/30/28,B20/31/2
起○具無不及也	B20/30/29
故欲○	B20/31/3
習○以成其節	B21/31/25
○勝得旗者	B21/31/28
○勝在乎立威	B21/31/30
○者必鬭	B21/32/1
乘於○車	B22/32/16
今○國相攻	B22/33/8
期○而蹙	B22/33/12
○國則以立威、抗敵、相圖而不能廢兵也	B23/33/17
○則皆禁行	B24/34/13
諸○而亡其將吏者	B24/34/22
三軍大○	B24/34/25
○亡伍人	B24/34/28
及伍人○死不得其屍	B24/34/28
及○鬭則卒吏相救	B24/35/8
若以備進○退守	C1/36/6
與諸侯大○七十六	C1/36/10
不可以進○	C1/36/14
不和於○	C1/36/14
在大足以○	C1/36/24
然○勝易	C1/36/25
天下○國	C1/36/25
樂以進○效力、以顯其忠勇者	C1/37/5
願聞陳必定、守必固、○必勝之道	C1/37/10
則○已勝矣	C1/37/13
故散而自○	C2/37/30
勿與○爭	C2/38/2
其民疲於○	C2/38/4
凡料敵有不卜而與之○者八	C2/38/15
人輕○	C3/39/14
則人輕○	C3/39/15
以○則敗	C3/39/31
凡兵○之場	C3/40/1
一人學○	C3/40/5
十人學○	C3/40/6
百人學○	C3/40/6
千人學○	C3/40/6
萬人學○	C3/40/6
教○之令	C3/40/10
將○之時	C3/40/17
雖克如始○	C4/41/3
士習○陳	C4/41/9
凡○之要	C4/41/17
勿與○矣	C4/41/27
凡○之法	C5/42/8
則○無彊敵	C5/42/10
分為五○	C5/42/23
○勝勿追	C5/42/23
此謂谷○	C5/43/7
此谷○之法也	C5/43/9
此謂水○	C5/43/12
興師動衆而人樂○	C6/44/1
先○一日	C6/44/22
故○之日	C6/44/23
權出於○	D1/45/3
以○止○	D1/45/4
雖○可也	D1/45/4
所以○也	D1/45/5
○道	D1/45/7
好○必亡	D1/45/8
忘○必危	D1/45/8
所以不忘○也	D1/45/9
凡○定爵位	D3/47/30
凡○固衆相利	D3/48/1
迭○則久	D3/48/5
皆○則強	D3/48/5
教惟豫、○惟節	D3/48/7
凡○智也	D3/48/10
凡○有天有財有善	D3/48/13
攻○、守進、退止	D3/48/19
是謂○參	D3/48/19
是謂○患	D3/48/20
是謂○權	D3/48/21
凡○間遠觀邇	D3/48/23
○惟密	D3/48/27
凡○之道	D3/49/8,D4/49/26,D4/49/28,D4/50/21,D5/51/20
是謂○法	D3/49/9
○無小利	D3/49/19
凡○正不符則事專	D3/49/21
凡○以力久	D4/50/3
凡○以輕行輕則危	D4/50/10
以重行輕則○	D4/50/10
故○相為輕重	D4/50/10
○謹進止	D4/50/13
凡○敬則慊	D4/50/15
凡○若勝	D4/50/23
凡○三軍之戒無過三日	D4/50/25
○也	D4/50/27
凡○既固勿重	D4/50/32
凡○非陳之難	D4/51/1
凡○勝則與衆分善	D4/51/8
若將復○	D4/51/8

復〇 D4/51/8
以義〇 D4/51/11
凡〇擊其微靜 D4/51/15
凡〇背風背高 D5/51/24
凡〇設而觀其作 D5/51/26
凡〇衆寡以觀其變 D5/51/28
凡〇先則弊 D5/52/3

張 zhāng 5

人人無不騰陵〇膽 B2/16/10
暑不〇蓋 B4/19/19
渠答未〇 B5/21/1
〇軍宿野忘其親 B8/24/1
〇設輕重 C4/41/7

章 zhāng 26

卒有五〇 B17/29/7
前一行蒼〇 B17/29/7
次二行赤〇 B17/29/7
次三行黃〇 B17/29/7
次四行白〇 B17/29/7
次五行黑〇 B17/29/7
亡〇者有誅 B17/29/10
置〇於首 B17/29/10
置〇於項 B17/29/10
置〇於胸 B17/29/11
置〇於腹 B17/29/11
置〇於腰 B17/29/11
卒異其〇 B21/31/17
左軍〇左肩 B21/31/17
右軍〇右肩 B21/31/17
中軍〇胸前 B21/31/17
書其〇曰 B21/31/17
前後〇各五行 B21/31/18
尊〇置首上 B21/31/18
七曰五〇 B22/32/14
飾之旗〇 B23/34/5
〇 D2/47/5
威利〇 D3/48/27
物既〇 D3/48/28
誓作〇人乃強 D3/49/1
三乃成〇 D3/49/12

彰 zhāng 3

謂〇明行列 B22/32/14
〇明有罪 D1/45/19
三王〇其德 D2/46/25

丈 zhàng 4

城一〇 B6/21/12
千〇之城 B6/21/16
為長戟二〇四尺 C1/36/5
短戟一〇二尺 C1/36/5

仗 zhàng 1

一賊〇劍擊於市 B3/17/1

杖 zhàng 2

〇而立者 A9A/8/24, A9B/10/7

障 zhàng 3

衆草多〇者 A9A/9/6, A9B/10/4
進不郭(圉)〔圍〕、
　退不亭〇以禦戰 B6/21/8

招 zhāo 1

〇搖在上 C3/40/17

朝 zhāo 11

是故〇氣銳 A7/7/17
兵勝於〇廷 B2/15/25
兵有勝於〇廷 B5/20/19
其〇死則〇代 B5/20/25
太公望年七十屠牛〇歌 B8/23/9
罷〇而有喜色 C1/37/15
退〇而有憂色 C1/37/16
夏賞於〇 D2/46/24
周賞於〇 D2/46/25
在〇恭以遜 D2/47/14

召 zhào 3

晉文〇為前行四萬 C1/37/4
武侯〇吳起而謂曰 C6/44/13
不〇不至 D2/47/14

兆 zhào 2

事在未〇 B5/20/14
合龜〇 B8/23/17

詔 zhào 1

申教〇 D3/47/30

趙 zhào 1

〇衝吾北 C2/37/22

折 zhē 6

至於毀〇者 A5/4/18
夷關〇符 A11/13/5
拗矢、〇矛、抱戟利後
　發 B3/16/22
毀〇而入保 B6/21/9
謂曲〇相從 B22/32/14
是謂毀〇 D3/48/21

轍 zhé 1

車不結〇 B4/19/1

者 zhě 598

兵〇 A1/1/3, A1/1/16
道〇 A1/1/6
天〇 A1/1/6
地〇 A1/1/7
將〇 A1/1/7
法〇 A1/1/8
凡此五〇 A1/1/8, A8/8/12
知之〇勝 A1/1/8
不知〇不勝 A1/1/8
勢〇 A1/1/14
夫未戰而廟筭勝〇 A1/1/20
未戰而廟筭不勝〇 A1/1/20
雖有智〇 A2/1/28
夫兵久而國利〇 A2/1/28
故不盡知用兵之害〇 A2/1/29

善用兵○ A2/2/1
A4/3/25,B4/18/13
國之貧於師○遠輸 A2/2/3
近於師○貴賣 A2/2/3
故(殺)〔殺〕敵○ A2/2/9
取敵之利○ A2/2/9
賞其先得○ A2/2/9
非善之善○也 A3/2/19
A4/3/21,A4/3/21
善之善○也 A3/2/20
而城不拔○ A3/2/24
故善用兵○ A3/2/24
A7/7/17,A11/12/8,A11/12/11
夫將○ A3/3/1
故君之所以患於軍○三 A3/3/3
而同三軍之政○ A3/3/4
知可以戰與不可以戰○勝 A3/3/8
識眾寡之用○勝 A3/3/8
上下同欲○勝 A3/3/8
以虞待不虞○勝 A3/3/8
將能而君不御○勝 A3/3/9
此五○ A3/3/9,B4/18/10,C1/37/7
知彼知己○ A3/3/11
昔之善戰○ A4/3/16
故善戰○ A4/3/16
A4/3/24,A5/4/27,A6/5/3
不可勝○、守也 A4/3/17
可勝○、攻也 A4/3/18
善守○藏於九地之下 A4/3/18
善攻○動於九天之上 A4/3/18
古之所謂善戰○ A4/3/22
勝於易勝○也 A4/3/22
故善戰○之勝也 A4/3/23
不忒○ A4/3/23
勝已敗○也 A4/3/23
勝○之戰民也 A4/4/6
若決積水於千仞之谿○ A4/4/6
可使必受敵而無敗○ A5/4/10
如以碬投卵○ A5/4/11
凡戰○ A5/4/13
故善出奇○ A5/4/13
至於漂石○ A5/4/18
至於毀折○ A5/4/18
是故善戰○ A5/4/18
故善動敵○ A5/4/25
任勢○ A5/4/27
如轉圓石於千仞之山○ A5/4/28
凡先處戰地而待敵○、佚 A6/5/3
後處戰地而趨戰○、勞 A6/5/3
能使敵人自至○ A6/5/6
能使敵人不得至○ A6/5/6
行千里而不勞○ A6/5/7
攻而必取○ A6/5/7
守而必固○ A6/5/8
故善攻○ A6/5/10
善守○ A6/5/10
進而不可禦○ A6/5/14
退而不可追○ A6/5/14
不得不與我戰○ A6/5/15
敵不得與我戰○ A6/5/15
能以眾擊寡○ A6/5/19
則吾之所與戰○約矣 A6/5/19
則敵所備○多 A6/5/20
敵所備○多 A6/5/20
則吾所與戰○寡矣 A6/5/20
寡○ A6/5/23
備人○也 A6/5/23
眾○ A6/5/23
使人備己○也 A6/5/23
而況遠○數十里 A6/5/26
近○數里乎 A6/5/26
智○不能謀 A6/6/6
能因敵變化而取勝○謂
之神 A6/6/12
軍爭之難○ A7/6/18
此知迂直之計○也 A7/6/19
勁○先 A7/6/23
疲○後 A7/6/23
故不知諸侯之謀○ A7/7/1
不知山林險阻沮澤之形○ A7/7/1
A11/12/24
不用鄉導○ A7/7/1,A11/12/24
故兵以詐立、以利動、
以分合為變○也 A7/7/4
先知迂直之計○勝 A7/7/10
夫金鼓旌旗○ A7/7/12
則勇○不得獨進 A7/7/13
怯○不得獨退 A7/7/13
此治氣○也 A7/7/18
此治心○也 A7/7/18
此治力○也 A7/7/19
此治變○也 A7/7/19
故將通於九變之地利○ A8/8/1
將不通於九變之利○ A8/8/1
是故智○之慮 A8/8/4
是故屈諸侯○以害 A8/8/6
役諸侯○以業 A8/8/6
趨諸侯○以利 A8/8/6
欲戰○ A9A/8/18,A9B/9/21
旌旗動○ A9A/8/20,A9B/10/9
吏怒○ A9A/8/20,A9B/10/9
粟馬肉食、軍無懸缻、
不返其舍○ A9A/8/20
諄諄翕翕、徐與人言○ A9A/8/21
數賞○ A9A/8/21,A9B/10/10
數罰○ A9A/8/22,A9B/10/10
先暴而後畏其眾○ A9A/8/22
A9B/10/10
來委謝○ A9A/8/22,A9B/10/11
奔走而陳兵車○ A9A/8/23
半進半退○ A9A/8/24,A9B/10/7
杖而立○ A9A/8/24,A9B/10/7
汲而先飲○ A9A/8/24,A9B/10/7
見利而不進○ A9A/8/24,A9B/10/8
鳥集○ A9A/8/25,A9B/10/8
夜呼○ A9A/8/25,A9B/10/8
軍擾○ A9A/8/25,A9B/10/8
鳥起○ A9A/8/25,A9B/10/4
獸駭○ A9A/9/1,A9B/10/4
塵高而銳○ A9A/9/1,A9B/10/5
卑而廣○ A9A/9/1,A9B/10/5
散而條達○ A9A/9/1,A9B/10/5
少而往來○ A9A/9/2,A9B/10/5
辭卑而益備○ A9A/9/2,A9B/10/6
辭彊而進驅○ A9A/9/2
輕車先出居其側○ A9A/9/2
無約而請和○ A9A/9/3,A9B/10/6
軍行有險阻潢井葭葦山
林翳薈○ A9A/9/4
敵近而靜○ A9A/9/5
遠而挑戰○ A9A/9/5,A9B/10/3
其所居易○ A9A/9/6,A9B/10/3
眾樹動○ A9A/9/6,A9B/10/4
眾草多障○ A9A/9/6,A9B/10/4
欲涉○ A9A/9/13,A9B/10/1
夫惟無慮而易敵○ A9A/9/13
令素行○ A9A/9/16,A9B/10/15
軍旁有險阻潢井蒹葭林
木翳薈○ A9B/10/2
近而靜○ A9B/10/3
辭強而進驅○ A9B/10/6

居其側○ A9B/10/6
奔走而陳兵○ A9B/10/7
殺馬肉食○ A9B/10/9
懸缶不返其舍○ A9B/10/9
諄諄諭諭、徐與人言○ A9B/10/10
夫唯無慮而易敵○ A9B/10/12
地形有通○ A10/10/19
有挂○ A10/10/19
有支○ A10/10/19
有隘○ A10/10/19
有險○ A10/10/19
有遠○ A10/10/19
通形○ A10/10/20
挂形○ A10/10/20
支形○ A10/10/22
隘形○ A10/10/22
險形○ A10/10/23
遠形○ A10/10/24
凡此六○ A10/10/25
A10/10/27,A10/10/30
故兵有走○ A10/10/27
有弛○ A10/10/27
有陷○ A10/10/27
有崩○ A10/10/27
有亂○ A10/10/27
有北○ A10/10/27
夫地形○ A10/11/1
知此而用戰○必勝 A10/11/1
不知此而用戰○必敗 A10/11/2
故知兵○ A10/11/12
入人之地而不深○ A11/11/18
我得則利、彼得亦利○ A11/11/18
我可以往、彼可以來○ A11/11/19
先至而得天下之眾○ A11/11/19
入人之地深、背城邑多○ A11/11/20
凡難行之道○ A11/11/21
所由入○隘 A11/11/21
所從歸○迂 A11/11/21
彼寡可以擊吾之眾○ A11/11/21
不疾戰則亡○ A11/11/22
所謂古之善用兵○ A11/11/25
士卒坐○涕霑襟 A11/12/5
偃臥○涕交頤 A11/12/5
投之無所往○ A11/12/5
率然○ A11/12/8
去國越境而師○ A11/12/18
四達○ A11/12/18
入深○ A11/12/18
入淺○ A11/12/19
背固前隘○ A11/12/19
無所往○ A11/12/19
是故不知諸侯之謀○ A11/12/24
四五○ A11/12/25
此謂巧能成事○也 A11/13/3
時○ A12/13/12
日○ A12/13/12
凡此四宿○ A12/13/13
火發兵靜○ A12/13/15
故以火佐攻○明 A12/13/19
以水佐攻○強 A12/13/19
夫戰勝攻取而不修其功○、凶 A12/13/19
死○不可以復生 A12/13/22
不得操事○七十萬家 A13/14/4
不知敵之情○ A13/14/4
成功出於眾○ A13/14/6
先知○ A13/14/6
必取於人知敵之情○也 A13/14/6
因間○ A13/14/10
內間○ A13/14/10
反間○ A13/14/11
死間○ A13/14/11
生間○ A13/14/11
間事未發而先聞○ A13/14/15
間與所告○皆死 A13/14/16
必先知其守將、左右、謁○、門○、舍人之姓名 A13/14/18
必索敵人之間來間我○ A13/14/21
能以上智為間○ A13/14/26
〔黃帝所謂刑德○〕 B1/15/4
〔世之〕所謂〔刑德○〕 B1/15/5
天官時日陰陽向背〔○〕也 B1/15/5
黃帝○ B1/15/5
何○ B1/15/6,C6/44/17
四方豈無順時乘之○邪 B1/15/7
然不能取○〔何〕 B1/15/7
豪士一謀○也 B1/15/8
背水陳〔○〕為絕（紀）〔地〕 B1/15/9
向阪陳〔○〕為廢軍 B1/15/10
〔然不得勝○何〕 B1/15/11
以彗鬪○ B1/15/13
治兵○ B2/15/22
民流○親之 B2/15/23
地不任○任之 B2/15/23
富治○ B2/15/24
不暴甲而勝○ B2/15/25
陳而勝○ B2/15/25
將○上不制於天 B2/16/4
以三悖率人○難矣 B2/16/5
重○如山如林 B2/16/7
輕○如炮如燔 B2/16/8
古○士有什伍 B3/16/17
先登○未（常）〔嘗〕非多力國士也 B3/16/17
先死○〔亦〕未嘗非多力國士〔也〕 B3/16/17
殺人於百步之外○ B3/16/21
殺人於五十步之內○ B3/16/21
戰有此數○ B3/16/22
夫將能禁此四○ B3/16/23
不能禁此四○ B3/16/24
萬人無不避之○ B3/17/1
獨出獨入○ B3/17/3
有提十萬之眾而天下莫當○ B3/17/5
有提七萬之眾而天下莫當○ B3/17/5
有提三萬之眾而天下莫當○ B3/17/6
所率無不及二十萬之眾（○） B3/17/7
然不能濟功名○ B3/17/7
今國被患○ B3/17/11
其兵來○ B3/17/12
守不固○ B3/17/15
民言有可以勝敵○ B3/17/22
必能內有其賢○也 B3/17/24
王侯知此以三勝○ B4/18/5
夫將卒所以戰○ B4/18/7
民之所以戰○ B4/18/7
兵未接而所以奪敵○五 B4/18/9
奪○心之機也 B4/18/13
令○、〔所以〕一眾心也 B4/18/13
〔古率民○〕 B4/18/18
未有不信其心而能得其力○〔也〕 B4/18/18

未有不得其力而能致其死戰○也	B4/18/19
古○率民	B4/18/22
故戰○	B4/18/24
故務耕○、〔其〕民不飢	B4/19/4
務守○、〔其〕地不危	B4/19/5
務戰○、〔其〕城不圍	B4/19/5
三○、先王之本務〔也〕	B4/19/5
本務〔○〕、兵最急（本○）	B4/19/6
〔先王〕務此五○	B4/19/10
力分○弱	B5/20/1
心疑○背	B5/20/1
將帥○心也	B5/20/3
群下○支節也	B5/20/3
見侮○敗	B5/20/6
立威○勝	B5/20/6
凡將能其道○	B5/20/6
吏畏其將○	B5/20/7
民畏其吏○	B5/20/7
是故知勝敗之道○	B5/20/7
夫不愛說其心○	B5/20/10
不嚴畏其心○	B5/20/10
故善將○	B5/20/11
分險○無戰心	B5/20/16
挑戰○無全氣	B5/20/16
鬬戰○無勝兵	B5/20/16
凡挾義而戰○	B5/20/16
非全勝○無權名	B5/20/20
兵有去備徹威而勝○	B5/20/23
千里○旬日	B5/20/27
百里○一日	B5/20/27
刑有所不從○	B5/20/29
夫城邑空虛而資盡○	B5/21/2
凡守○	B6/21/8
非善○也	B6/21/8
敵攻○、傷之甚也	B6/21/10
夫守○、不失〔其〕險○也	B6/21/12
出○不守	B6/21/12
守○不出	B6/21/13
故為城郭○	B6/21/13
攻○不下十餘萬之眾	B6/21/19
其有必救之軍○	B6/21/19
無必救之軍○	B6/21/19
則愚夫惷婦無不蔽城盡資血城○	B6/21/22
守餘於攻○	B6/21/22
救餘於守○	B6/21/23
（分歷）〔厶麼〕毀瘠○并於後	B6/21/24
〔示之不誠〕則倒敵而待之○也	B6/22/1
故兵○	B8/22/17
兵之所加○	B8/22/17
入不足守○	B8/22/23
市○	B8/22/23
凡誅○	B8/22/26
殺一人而三軍震○	B8/22/26
（殺）〔賞〕一人而萬人喜○	B8/22/26
賞及牛童馬圉○	B8/22/27
君以武事成功○	B8/23/1
夫市也○	B8/23/2
起兵直使甲胄生蟣〔蝨〕○	B8/23/6
有襲人之懷、入人之室○	B8/23/6
夫將○、上不制於天	B8/23/18
故兵○、凶器也	B8/23/18
爭○、逆德也	B8/23/19
	B23/33/17
將○、死官也	B8/23/19
夫水、至柔弱○也	B8/23/24
故古○甲冑之士不拜	B8/23/30
敵白○堊之	B8/24/6
赤○赭之	B8/24/6
所聯之○	B9/24/25
官○	B10/25/3
制○	B10/25/3
知彼弱○	B10/25/12
知彼動○	B10/25/12
凡治人○何	B11/25/26
古○土無肥磽	B11/26/4
夫謂治○	B11/26/7
則無為非○矣	B11/26/12
求己○也	B11/26/17
所謂天子○四焉	B11/26/20
今說○曰	B11/26/22
權先加人○	B12/26/30
武先加人○	B12/26/30
有○無之	B12/27/4
無○有之	B12/27/4
先王之所傳聞○	B12/27/7
故知道○	B12/27/7
凡奪○無氣	B12/27/11
恐○不（守可）〔可守〕	B12/27/11
敗○無人	B12/27/11
伍有干令犯禁○	B14/28/6
什有干令犯禁○	B14/28/6
屬有干令犯禁○	B14/28/7
閭有干令犯禁○	B14/28/8
有干令犯禁○	B14/28/10
知而弗揭○	B14/28/10
烏能以干令相私○哉	B14/28/14
非其百人而入○	B15/28/19
采薪之牧○	B15/28/23
不成行伍○	B15/28/23
士無伍○	B15/28/24
踰分干地○	B15/28/24
經卒○	B17/29/6
亡章○有誅	B17/29/10
踰五行而前○有賞	B17/29/14
踰五行而後○有誅	B17/29/14
四○各有法	B18/29/20
鼓失次○有誅	B18/29/27
讙譁○有誅	B18/29/27
不聽金、鼓、鈴、旗而動○有誅	B18/29/27
制敵○也	B18/30/5
世將不知法○	B18/30/5
無不敗○也	B18/30/5
是三○	B18/30/8
若踰分而上請○死	B19/30/13
二令○誅	B19/30/13
留令○誅	B19/30/13
失令○誅	B19/30/13
有敢行○誅	B19/30/17
有敢高言○誅	B19/30/17
有敢不從令○誅	B19/30/17
所謂踵軍○	B20/30/21
是謂趨戰○也	B20/30/22
興軍○	B20/30/24
踵軍遇有還○	B20/30/25
在四奇之內○勝也	B20/30/26
不如令○有誅	B20/30/29
凡稱分塞○	B20/31/1
無得行○	B20/31/1
非順職之吏而行○	B20/31/2
有非令而進退○	B21/31/7
前行○前行教之	B21/31/7

後行○後行教之 B21/31/7
左行○左行教之 B21/31/8
右行○右行教之 B21/31/8
羅地○自揭其伍 B21/31/9
則教○如犯法○之罪 B21/31/11
B21/31/12,B21/31/12
自什已上至於裨將有不若法○ B21/31/12
戰勝得旗○ B21/31/28
正罰○ B21/31/30
教之死而不疑○ B21/32/1
令守○必固 B21/32/1
戰○必鬭 B21/32/1
輕○若霆 B21/32/2
前軍絶行亂陳破堅如潰○ B21/32/5
以別其後○ B22/32/13
謂眾軍之中有材力○ B22/32/16
此十二○教成 B22/32/19
諸罰而請不罰○死 B22/32/27
諸賞而請不賞○死 B22/32/27
上乖○下離 B22/32/28
地大而城小○ B22/33/4
城大而地窄○ B22/33/4
地廣而人寡○ B22/33/4
地狹而人眾○ B22/33/5
則節吝有不食○矣 B22/33/12
眾夜擊○ B22/33/12
眾避事○ B22/33/12
兵○、凶器也 B23/33/17
故王○伐暴亂、本仁義焉 B23/33/17
兵○以武為植 B23/33/20
能審此（二）〔三〕○ B23/33/21
〔威○、賞罰之謂也〕 B23/33/26
卒畏將甚於敵○勝 B23/33/26
卒畏敵甚於將○敗 B23/33/26
所以知勝敗○ B23/33/27
常令○ B23/33/29
善御敵○ B23/34/5
雖天下有善兵○ B23/34/6
前譟○謂之虛 B23/34/8
後譟○謂之實 B23/34/8
不譟○謂之祕 B23/34/8
虛實○ B23/34/8
諸去大軍為前禦之備○ B24/34/13
後將吏及出縣封界○ B24/34/16
兵戍邊一歲遂亡不候代○ B24/34/16
諸戰而亡其將吏○ B24/34/22
及將吏棄卒獨北○ B24/34/22
後吏能斬之而奪其卒○賞 B24/34/22
軍無功○戍三歲 B24/34/23
而從吏五百人已上不能死敵○斬 B24/34/25
大將左右近卒在陳中○皆斬 B24/34/25
餘士卒有軍功○奪一級 B24/34/26
無軍功○戍三歲 B24/34/26
臣以謂卒逃歸○ B24/35/5
臣聞古之善用兵○ B24/35/11
能殺其半○ B24/35/11
殺十三○ B24/35/12
殺十一○ B24/35/12
士卒不用命○ B24/35/15
而不求能用○ C1/36/7
昔之圖國家○ C1/36/13
夫道○ C1/36/19
義○ C1/36/19
謀○ C1/36/19
要○ C1/36/20
此四德○ C1/36/21
五勝○禍 C1/36/25
四勝○弊 C1/36/25
三勝○霸 C1/36/25
二勝○王 C1/36/26
一勝○帝 C1/36/26
是以數勝得天下○稀 C1/36/26
以亡○眾 C1/36/26
凡兵之所起○有五 C1/36/28
五○之數 C1/36/31
民有膽勇氣力○ C1/37/5
樂以進戰效力、以顯其忠勇○ C1/37/5
能踰高超遠、輕足善走○ C1/37/6
王臣失位而欲見功於上○ C1/37/6
棄城去守、欲除其醜○ C1/37/7
君能使賢○居上 C1/37/12
不肖○處下 C1/37/12
能得其師○王 C1/37/17
得其友○霸 C1/37/17
而群臣莫及○ C1/37/17
三晉○ C2/38/4
必有能○ C2/38/8
其有工用五兵、材力健疾、志在吞敵○ C2/38/9
凡料敵有不卜而與之戰○八 C2/38/15
諸如此○ C2/38/20
有不占而避之○六 C2/38/22
凡若此○ C2/39/4
所謂治○ C3/39/24
此三○ C3/39/29,C6/44/2
其善將○ C3/40/1
使智○不及謀 C3/40/2
勇○不及怒 C3/40/2
短○持矛戟 C3/40/10
長○持弓弩 C3/40/10
強○持旌旗 C3/40/10
勇○持金鼓 C3/40/10
弱○給厮養 C3/40/10
智○為謀主 C3/40/11
天竈○ C3/40/16
龍頭○ C3/40/16
能明此○ C3/40/25
夫總文武○ C4/40/30
兼剛柔○ C4/40/30
夫勇○必輕合 C4/41/1
故將之所慎○五 C4/41/1
理○ C4/41/2
備○ C4/41/2
果○ C4/41/3
戒○ C4/41/3
約○ C4/41/3
知此四○ C4/41/9
三○不立 C4/41/14
令賤而勇○ C4/41/26
如此將○ C4/41/27
不從令○誅 C5/42/9
用眾○務易 C5/42/16
用少○務隘 C5/42/16
凡用車○ C5/43/16
又頒賜有功○父母妻子於廟門外 C6/44/9
歲被使○勞賜其父母 C6/44/10
介冑而奮擊之○以萬數 C6/44/11
君試發無功○五萬人 C6/44/15
古○以仁為本 D1/45/3
古○逐奔不過百步 D1/45/11
巡狩○方會諸侯 D1/45/18

雖遇壯○ D1/45/24
王霸之所以治諸侯○六 D1/45/27
會之以發禁○九 D1/45/30
古○國容不入軍 D2/46/12
古○逐奔不遠 D2/46/19
古○ D2/47/13
D2/47/18,D2/47/25
介○不拜 D2/47/15
遠○視之則不畏 D4/49/29
邇○勿視則不散 D4/49/29

赭 zhě 1

赤者○之 B8/24/6

軫 zhěn 1

月在箕壁翼○也 A12/13/13

陣 zhèn 2

○欲堅 B4/19/12
行○行列 D4/50/13

振 zhèn 2

諸侯春○旅 D1/45/9
○馬譟徒甲 D4/49/30

震 zhèn 6

動如雷○ A7/7/6
殺一人而三軍○者 B8/22/26
○○冥冥 B8/23/22
可○而走 C4/41/19
其令不煩而威○天下 C6/44/23

爭 zhēng 34

必以全○於天下 A3/2/25
莫難於軍○ A7/6/18
軍○之難者 A7/6/18
故軍○為利 A7/6/22
軍○為危 A7/6/22
舉軍而○利則不及 A7/6/22
委軍而○利則輜重捐 A7/6/22
百里而○利 A7/6/23
五十里而○利 A7/6/24
三十里而○利 A7/6/24
此軍○之法也 A7/7/10
地有所不○ A8/7/29
有○地 A11/11/17
為○地 A11/11/19
○地則無攻 A11/11/22
○地吾將趨其後 A11/12/20
是故不○天下之交 A11/12/26
以○一日之勝 A13/14/4
使民揚臂○出農戰而天下無敵矣 B3/17/19
○私結怨 B5/20/16
故○必當待之 B5/20/17
○者、逆德也 B8/23/19
B23/33/17
則欲心與○奪之患起矣 B11/26/10
○奪止 B11/26/14
不得○先登不次也 B22/32/14
○掠易敗 B22/33/9
一曰○名 C1/36/28
二曰○利 C1/36/28
勿與戰○ C2/38/2
○義不○利 D1/45/12
無求則不○ D2/46/13
○賢以為 D4/51/12

征 zhēng 3

出○千里 A13/14/3
○役分軍而逃歸 B3/16/20
○之 D1/45/21

徵 zhēng 1

然後冢宰○師于諸侯曰 D1/45/20

整 zhěng 4

敢問敵眾○而將來 A11/11/26
楚陳○而不久 C2/37/26
故○而不久 C2/38/1
一鼓○兵 C3/40/11

正 zhèng 37

奇○是也 A5/4/11
以○合 A5/4/13
戰勢不過奇○ A5/4/15
奇○之變 A5/4/15
奇○相生 A5/4/16
無邀○○之旗 A7/7/19
○以治 A11/12/13
無伍莫能○矣 B3/17/14
有所奇○ B8/23/25
○比法 B10/25/6
○議之術也 B10/25/16
任○去詐 B12/27/7
故○兵貴先 B18/30/4
○勸賞 B21/31/15
戮力在乎○罰 B21/31/30
○罰者 B21/31/30
○兵先合 B23/34/5
以義治之之謂○ D1/45/3
○不獲意則權 D1/45/3
而○名治物 D1/45/15
會天子○刑 D1/45/21
王及諸侯修○其國 D1/45/25
○復厥職 D1/45/25
賊殺其親則○之 D1/46/1
必奉於父母而○於君長 D2/46/6
夏后氏○其德也 D2/46/23
先○也 D2/47/1
服○成恥 D3/48/1
二曰○ D3/49/3
人人、○○、辭辭、火火 D3/49/6
凡戰○不符則事專 D3/49/21
○縱横 D4/49/28
道約人死○ D4/50/21
是謂○則 D4/51/9
眾利○ D5/51/20

政 zhèng 25

而同三軍之○者 A3/3/4
故能為勝敗之○ A4/3/25
《軍○》曰 A7/7/12
○之道也 A11/12/10
懸無○之令 A11/12/27
是故○舉之日 A11/13/5
為○之要也 B10/25/10
善○執其制 B11/26/11
寬其○ B22/33/5
其○寬而祿不均 C2/37/28

其○嚴 C2/37/30
其○騷 C2/38/1
其○平 C2/38/4
其○以理 C4/41/27
審察其○ C5/43/2
自古之○也 D1/45/13
D3/49/22,D4/51/15,D5/52/4
以○令平諸侯 D1/45/27
犯令陵○則杜之 D1/46/1
不失行列之○ D2/47/11
是謂七○ D3/49/3
因發其○ D3/49/8
○欲栗 D4/49/26

支 zhī 9

有○者 A10/10/19
曰○ A10/10/22
○形者 A10/10/22
如心之使四○也 B4/18/24
群下者○節也 B5/20/3
則○節必力 B5/20/3
則○節必背 B5/20/4
如四○應心也 B21/32/3
○也 D3/48/8

之 zhī 1076

國○大事〔也〕 A1/1/3
死生○地 A1/1/3
存亡○道 A1/1/3
故經○以五事 A1/1/5
校○以計而索其情 A1/1/5
故可以與○死 A1/1/6
可以與○生 A1/1/6
知○者勝 A1/1/8
故校○以計而索其情 A1/1/9
用○必勝 A1/1/12
留○ A1/1/12
用○必敗 A1/1/12
去○ A1/1/12
乃為○勢 A1/1/14
故能而示○不能 A1/1/16
用而示○不用 A1/1/16
近而示○遠 A1/1/16
遠而示○近 A1/1/16
利而誘○ A1/1/16
亂而取○ A1/1/17
實而備○ A1/1/17
強而避○ A1/1/17
怒而撓○ A1/1/17
卑而驕○ A1/1/17
佚而勞○ A1/1/17
親而離○ A1/1/17
此兵家○勝 A1/1/18
吾以此觀○ A1/1/21
凡用兵○法 A2/1/25
A3/2/18,A7/6/18,A8/7/26
則內外○費 A2/1/25
賓客○用 A2/1/26
膠漆○材 A2/1/26
車甲○奉 A2/1/26
然後十萬○師舉矣 A2/1/26
未睹巧○久也 A2/1/28
未○有也 A2/1/29,B24/35/15
故不盡知用兵○害者 A2/1/29
則不能盡知用兵○利也 A2/1/29
國○貧於師者遠輸 A2/2/3
百姓○費十去其七 A2/2/4
公家○費 A2/2/4
取敵○利者 A2/2/9
車雜而乘○ A2/2/10
卒善而養○ A2/2/10
故知兵○將 A2/2/14
生民○司命 A2/2/14
國家安危○主也 A2/2/14
破國次○ A3/2/18
破軍次○ A3/2/18
破旅次○ A3/2/19
破卒次○ A3/2/19
破伍次○ A3/2/19
非善○善者也 A3/2/19
A4/3/21,A4/3/21
不戰而屈人○兵 A3/2/20
善○善者也 A3/2/20
攻城○法 A3/2/22
將不勝其忿而蟻附○ A3/2/23
殺士〔卒〕三分○一 A3/2/23
此攻○災也 A3/2/24
屈人○兵而非戰也 A3/2/24
拔人○城而非攻也 A3/2/24
毀人○國而非久也 A3/2/25
此謀攻○法也 A3/2/25
故用兵○法 A3/2/27
A7/7/21,A8/8/8,C3/40/5
十則圍○ A3/2/27
五則攻○ A3/2/27
倍則分○ A3/2/27
敵則能戰○ A3/2/27
少則能逃○ A3/2/27
不若則能避○ A3/2/27
故小敵○堅 A3/2/28
大敵○擒也 A3/2/28
國○輔也 A3/3/1
故君○所以患於軍者三 A3/3/3
不知軍○不可以進而謂○進 A3/3/3
不知軍○不可以退而謂○退 A3/3/3
不知三軍○事 A3/3/4
而同三軍○政者 A3/3/4
不知三軍○權 A3/3/4
而同三軍○任 A3/3/5
則諸侯○難至矣 A3/3/5
識眾寡○用者勝 A3/3/8
知勝○道也 A3/3/9
昔○善戰者 A4/3/16
以待敵○可勝 A4/3/16
不能使敵○可勝 A4/3/17
善守者藏於九地○下 A4/3/18
善攻者動於九天○上 A4/3/18
見勝不過眾人○所知 A4/3/21
古○所謂善戰者 A4/3/22
故善戰者○勝也 A4/3/23
立於不敗○地 A4/3/24
而不失敵○敗也 A4/3/24
故能為勝敗○政 A4/3/25
勝者○戰民也 A4/4/6
若決積水於千仞○谿者 A4/4/6
三軍○眾 A5/4/10
B8/23/25,B18/29/29,C4/41/6
兵○所加 A5/4/11
五聲○變 A5/4/14
五色○變 A5/4/14
五味○變 A5/4/15
奇正○變 A5/4/15
如循環○無端 A5/4/16
孰能窮○ A5/4/16
激水○疾 A5/4/18
鷙(鳥)〔鳥〕○疾 A5/4/18
形○ A5/4/25

敵必從○ A5/4/25
予○ A5/4/25
敵必取○ A5/4/25
以利動○ A5/4/25
以卒待○ A5/4/25
求○於勢 A5/4/27
木石○性 A5/4/28
故善戰人○勢 A5/4/28
如轉圓石於千仞○山者 A5/4/28
利○也 A6/5/6
害○也 A6/5/6
故敵佚能勞○ A6/5/6
飽能饑○ A6/5/6
安能動○ A6/5/7
行於無人○地也 A6/5/7
故能為敵○司命 A6/5/12
畫地而守○ A6/5/15
乖其所○也 A6/5/16
則吾○所與戰者約矣 A6/5/19
吾所與戰○地不可知 A6/5/19
故知戰○地 A6/5/25
知戰○日 A6/5/25
以吾度○ A6/5/28
越人○兵雖多 A6/5/28
故策○而知得失○計 A6/6/3
作○而知動靜○理 A6/6/3
形○而知死生○地 A6/6/3
角○而知有餘不足○處 A6/6/3
故形兵○極 A6/6/6
人皆知我所以勝○形 A6/6/8
而莫知吾所以制勝○形 A6/6/8
水○形避高而趨下 A6/6/11
兵○形避實而擊虛 A6/6/11
能因敵變化而取勝者謂○神 A6/6/12
軍爭○難者 A7/6/18
故迂其途而誘○以利 A7/6/19
此知迂直○計者也 A7/6/19
則三分○二至 A7/6/24
故不知諸侯○謀者 A7/7/1
不知山林險阻沮澤○形者 A7/7/1,A11/12/24
先知迂直○計者勝 A7/7/10
此軍爭○法也 A7/7/10
所以一人○耳目也 A7/7/13
此用衆○法也 A7/7/13
所以變人○耳目也 A7/7/15

無邀正正○旗 A7/7/19
勿擊堂堂○陳 A7/7/19
此用兵○法也 A7/7/22
故將通於九變○地利者 A8/8/1
將不通於九變○利者 A8/8/1
不能得地○利矣 A8/8/2
治兵不知九變○術 A8/8/2
不能得人○用矣 A8/8/2
是故智者○慮 A8/8/4
將○過也 A8/8/12,A10/10/28
用兵○災也 A8/8/12
此處山○軍也 A9A/8/17,A9B/9/20
勿迎○於水內 A9A/8/18,A9B/9/21
令半濟而擊○ A9A/8/18,A9B/9/21
此處水上○軍也 A9A/8/19,A9B/9/22
若交軍於斥澤○中 A9A/8/19,A9B/9/22
不精○至也 A9A/8/22,A9B/10/11
必謹察○ A9A/8/23,A9B/10/11
必亟去○ A9A/9/4,A9B/10/2
吾遠○ A9A/9/4,A9B/10/2
敵近○ A9A/9/4,A9B/10/2
吾迎○ A9A/9/4,A9B/10/2
敵背○ A9A/9/4,A9B/10/2
必謹覆索○ A9A/9/5,A9B/10/3
此伏姦○所處也 A9A/9/5
欲人○進也 A9A/9/6,A9B/10/3
此處斥澤○軍也 A9A/9/6,A9B/9/23
此處平陸○軍也 A9A/9/7,A9B/9/23
凡此四軍○利 A9A/9/7,A9B/9/23
黃帝○所以勝四帝也 A9A/9/7,A9B/9/24
必處其陽而右背○ A9A/9/11,A9B/9/25
此兵○利 A9A/9/11,A9B/9/25
地○助也 A9A/9/11,A9B/9/25
卒未親附而罰○ A9A/9/14,A9B/10/13
故令○以文 A9A/9/15,A9B/10/13
齊○以武 A9A/9/15,A9B/10/14
此伏姦○所也 A9B/10/3
出而勝○ A10/10/21
引而去○ A10/10/22,A10/10/24
令敵半出而擊○ A10/10/22

我先居○ A10/10/23,A10/10/23
必盈○以待敵 A10/10/23
若敵先居○ A10/10/23,A10/10/24
不盈而從○ A10/10/23
地○道也 A10/10/25,D2/47/3
將○至任 A10/10/25,A10/10/31
非天○災 A10/10/27
敗○道也 A10/10/30
兵○助也 A10/11/1
上將○道也 A10/11/1
國○寶也 A10/11/5
故可與○赴深谿 A10/11/7
故可與○俱死 A10/11/7
知吾卒○可以擊 A10/11/10,A10/11/11
而不知敵○不可擊 A10/11/10
勝○半也 A10/11/10,A10/11/11,A10/11/11
知敵○可擊 A10/11/10,A10/11/11
而不知吾卒○不可以擊 A10/11/10
而不知地形○不可以戰 A10/11/11
用兵○法 A11/11/17
入人○地而不深者 A11/11/18
諸侯○地三屬 A11/11/19
先至而得天下○衆者 A11/11/19
入人○地深、背城邑多者 A11/11/20
凡難行○道者 A11/11/21
彼寡可以擊吾○衆者 A11/11/21
所謂古○善用兵者 A11/11/25
待○若何 A11/11/27
兵○情 A11/11/29
主速乘人○不及 A11/11/29
由不虞○道 A11/11/29
凡為客○道 A11/12/1,A11/12/18
投○無所往 A11/12/2
至死無所○ A11/12/4
令發○日 A11/12/5
投○無所往者 A11/12/5
諸、劌○勇也 A11/12/5
常山○蛇也 A11/12/8
政○道也 A11/12/10
地○理也 A11/12/11
將軍○事 A11/12/13
能愚士卒○耳目 A11/12/13
使○無知 A11/12/13
帥與○期 A11/12/14

帥與〇深入諸侯〇地而發其機	A11/12/14
莫知所〇	A11/12/15
聚三軍〇眾	A11/12/15
投〇於險	A11/12/15
此謂將軍〇事也	A11/12/16
九地〇變	A11/12/16
屈伸〇利	A11/12/16
人情〇理	A11/12/16
輕地吾將使〇屬	A11/12/20
死地吾將示〇以不活	A11/12/21
故兵〇情	A11/12/21
是故不知諸侯〇謀者	A11/12/24
非霸王〇兵也	A11/12/25
夫霸王〇兵	A11/12/25
是故不爭天下〇交	A11/12/26
不養天下〇權	A11/12/26
信己〇私	A11/12/26
施無法〇賞	A11/12/27
懸無政〇令	A11/12/27
犯三軍〇眾	A11/12/27
犯〇以事	A11/12/28
犯〇以利	A11/12/28
投〇亡地然後存	A11/13/1
陷〇死地然後生	A11/13/1
故為兵〇事	A11/13/3
在於順詳敵〇意	A11/13/3
是故政舉〇日	A11/13/5
厲於廊廟〇上	A11/13/5
必亟入〇	A11/13/5
微與〇期	A11/13/6
天〇燥也	A12/13/12
風起〇日也	A12/13/13
必因五火〇變而應〇	A12/13/15
則早應〇於外	A12/13/15
可從而從〇	A12/13/16
以時發〇	A12/13/16
凡軍必知有五火〇變	A12/13/17
以數守〇	A12/13/17
明主慮〇	A12/13/20
良將修〇	A12/13/20
故明君慎〇	A12/13/22
良將警〇	A12/13/22
此安國全軍〇道也	A12/13/22
百姓〇費	A13/14/3
公家〇奉	A13/14/3
以爭一日〇勝	A13/14/4

不知敵〇情者	A13/14/4
不仁〇至也	A13/14/5
非人〇將也	A13/14/5
非主〇佐也	A13/14/5
非勝〇主也	A13/14/5
必取於人知敵〇情者也	A13/14/6
人君〇寶也	A13/14/10
因其鄉人而用〇	A13/14/10
因其官人而用〇	A13/14/10
因其敵間而用〇	A13/14/11
令吾間知〇	A13/14/11
故三軍〇事	A13/14/14
非微妙不能得間〇實	A13/14/15
凡軍〇所欲擊	A13/14/18
城〇所欲攻	A13/14/18
人〇所欲殺	A13/14/18
必先知其守將、左右、謁者、門者、舍人〇姓名	A13/14/18
令吾間必索知〇	A13/14/19
必索敵人〇間來間我者	A13/14/21
因而利〇	A13/14/21
導而舍〇	A13/14/21
因是而知〇	A13/14/21
	A13/14/22,A13/14/22
五間〇事	A13/14/23
主必知〇	A13/14/23
知〇必在於反間	A13/14/23
昔殷〇興也	A13/14/26
周〇興也	A13/14/26
此兵〇要	A13/14/27
三軍〇所恃而動也	A13/14/27
〔其〕有〇乎	B1/15/3
刑以伐〇	B1/15/4
德以守〇	B1/15/4
非〔世〇所謂刑德也〕	B1/15/4
〔世〇〕所謂〔刑德者〕	B1/15/5
〔從其〕東西攻〔〇〕不能取	B1/15/6
〔從其〕南北攻〔〇〕不能取	B1/15/6
四方豈無順時乘〇者邪	B1/15/7
則取〇矣	B1/15/8
由是觀〇	B1/15/8
武王〔〇〕伐紂〔也〕	B1/15/10
以二萬二千五百人擊紂〇億萬而滅商	B1/15/10

豈紂不得天官〇陳哉	B1/15/11
大破〇	B1/15/13
謂〇天時	B1/15/14
故關〇	B2/15/22
民流者親〇	B2/15/23
地不任者任〇	B2/15/23
患在百里〇內	B2/16/1
不起一日〇師	B2/16/1
患在千里〇內	B2/16/2
不起一月〇師	B2/16/2
患在四海〇內	B2/16/2
不起一歲〇師	B2/16/2
兵〇所及	B2/16/7
如〔堵〕垣壓〇	B2/16/8
如雲〔霓〕覆〇	B2/16/8
令〇聚不得以散	B2/16/9
殺人於百步〇外者	B3/16/21
殺人於五十步〇內者	B3/16/21
則高山陵〇	B3/16/24
深水絕〇	B3/16/24
堅陳犯〇	B3/16/24
故能使〇前	B3/16/27
足使三軍〇眾	B3/16/31
萬人無不避〇者	B3/17/1
臣謂非一人〇獨勇	B3/17/1
聽臣〇術	B3/17/2
足使三軍〇眾為一死賊	B3/17/2
王霸〇兵也	B3/17/3
有提十萬〇眾而天下莫當者	B3/17/5
有提七萬〇眾而天下莫當者	B3/17/5
有提三萬〇眾而天下莫當者	B3/17/6
所率無不及二十萬〇眾（者）	B3/17/7
一人勝〇	B3/17/7
則十人亦以勝〇也	B3/17/8
十人勝〇	B3/17/8
則百千萬人亦以勝〇也	B3/17/8
發〇如鳥擊	B3/17/9
如赴千仞〇谿	B3/17/9
量吾境內〇民	B3/17/14
經制十萬〇眾	B3/17/14
而王必能使〇衣吾衣	B3/17/14
非吾民〇罪	B3/17/15
猶良驥騄耳〇駛	B3/17/15

吾用天下〇用為用	B3/17/18
吾制天下〇制為制	B3/17/18
視人〇地而有〇	B3/17/24
分人〇民而畜〇	B3/17/24
由國中〇制弊矣	B3/17/25
使敵〇氣失而師散	B4/18/3
雖形全而不為〇用	B4/18/3
使民有必戰〇心	B4/18/4
民〇所以戰者	B4/18/7
一曰廟勝〇論	B4/18/9
二曰受命〇論	B4/18/9
三曰踰垠〇論	B4/18/9
四曰深溝高壘〇論	B4/18/10
五曰舉陳加刑〇論	B4/18/10
是以擊虛奪〇也	B4/18/10
奪者心〇機也	B4/18/13
故令〇法	B4/18/16
〔動事〇法〕	B4/18/17
故國必有禮〔信〕親愛〇義	B4/18/21
國必有孝慈廉恥〇俗	B4/18/21
如心〇使四支也	B4/18/24
勵士〇道	B4/18/27
民〇〔所以〕生	B4/18/27
爵列〇等	B4/18/27
死喪〇親	B4/18/27
民〇所〔以〕營	B4/18/27
必也因民所生而制〇	B4/18/28
因民所榮而顯〇	B4/18/28
田祿〇實	B4/18/28
飲食〇〔糧〕	B4/18/28
此民〇所勵也	B4/18/29
此本戰〇道也	B4/19/2
三者、先王〇本務〔也〕	B4/19/5
僅存〇國富大夫	B4/19/14
夫勤勞〇師	B4/19/19
〔有登降〇〕險	B4/19/19
〔飢飽〕、勞佚、〔寒暑〕必以身同〇	B4/19/21
是謂疾陵〇兵	B5/20/2
是故知勝敗〇道者	B5/20/7
必先知畏侮〇權	B5/20/8
待〇貴後	B5/20/17
故爭必當待〇	B5/20/17
息必當備〇	B5/20/17
此不意彼驚懼而曲勝〇也	B5/20/20
有器用〇早定也	B5/20/23
使〇登城逼危	B5/20/28
從而攻〇	B5/20/29
則我敗〇矣	B5/20/29
我因其虛而攻〇	B5/21/3
敵不接刃而致〇	B5/21/3
此〇謂也	B5/21/3
而主〇氣不半焉	B6/21/9
敵攻者、傷〇甚也	B6/21/10
十人守〇	B6/21/12
千丈〇城	B6/21/16
則萬人〇守	B6/21/16
矛戟稱〇	B6/21/17
攻者不下十餘萬〇眾	B6/21/19
其有必救〇軍者	B6/21/19
則有必守〇城	B6/21/19
無必救〇軍者	B6/21/19
則無必守〇城	B6/21/19
朞年〇城	B6/21/22
此人〇常情也	B6/21/23
十萬〇軍頓於城下	B6/21/27
救必開〇	B6/21/27
守必出〇	B6/21/27
此救而示〇不誠	B6/22/1
〔示〇不誠〕則倒敵而待〇者也	B6/22/1
此守權〇謂也	B6/22/2
凡兵不攻無過〇城	B8/22/16
不殺無罪〇人	B8/22/16
夫殺人〇父兄	B8/22/16
利人〇貨財	B8/22/16
臣妾人〇子女	B8/22/16
兵〇所加者	B8/22/17
治〇以市	B8/22/23
萬乘無千乘〇助	B8/22/23
必有百乘〇市	B8/22/24
殺〇	B8/22/26
（殺）〔賞〕〇	B8/22/27
殺〇貴大	B8/22/27
賞〇貴小	B8/22/27
必殺〇	B8/22/27
此將〇武也	B8/22/28
鼓〇而當	B8/22/30
鼓〇而不當	B8/22/30
是為無善〇軍	B8/23/2
百貨〇官也	B8/23/2
夫提天下〇節制	B8/23/4
而無百貨〇官	B8/23/4
有襲人〇懷、入人〇室者	B8/23/6
人人（〇謂）〔謂〇〕狂夫也	B8/23/9
則提三萬〇眾	B8/23/10
紂〇陳億萬	B8/23/13
觀星辰風雲〇變	B8/23/17
故不得已而用〇	B8/23/19
一人〇兵	B8/23/21
必為〇崩	B8/23/24
今以莫邪〇利	B8/23/25
犀兕〇堅	B8/23/25
古〇聖人	B8/23/27
樸樕蓋〇	B8/23/29
乞人〇死不索尊	B8/23/29
竭人〇力不責禮	B8/23/30
故古者甲冑〇士不拜	B8/23/30
將受命〇日忘其家	B8/24/1
一劍〇任	B8/24/2
三舍〇餘	B8/24/5
因其所長而用〇	B8/24/5
敵白者堊〇	B8/24/6
赤者赭〇	B8/24/6
吳起立斬〇	B8/24/8
斬〇	B8/24/9
萬物〇主也	B9/24/13
故萬物至而制〇	B9/24/13
萬物至而命〇	B9/24/14
君子不救囚於五步〇外	B9/24/16
雖鉤矢射〇	B9/24/16
故善審囚〇情	B9/24/16
不待箠楚而囚〇情可畢矣	B9/24/16
笞人〇背	B9/24/19
灼人〇脅	B9/24/19
束人〇指而訊囚〇情	B9/24/19
試聽臣〇言	B9/24/21
行臣〇術	B9/24/21
雖有堯舜〇智	B9/24/21
十人聯百人〇事	B9/24/24
百人聯千人〇事	B9/24/24
千人聯萬人〇事	B9/24/25
所聯〇者	B9/24/25
皆因〇情也	B9/24/27
十萬〇師出	B9/24/27
事〇所主	B10/25/3
為治〇本也	B10/25/3

治○分也	B10/25/3
尊卑○體也	B10/25/3
會計民○具也	B10/25/6
取與○度也	B10/25/6
匠工○功也	B10/25/7
珍怪禁淫○事也	B10/25/7
臣下○節也	B10/25/9
主上○操也	B10/25/9
臣主○權也	B10/25/9
止姦○術也	B10/25/10
為政○要也	B10/25/10
至聽○聽也	B10/25/12
知國有無○數	B10/25/12
強○體也	B10/25/12
靜○決也	B10/25/13
惟王○二術也	B10/25/15
天子○會也	B10/25/15
正議○術也	B10/25/16
諸侯有謹天子○禮	B10/25/18
承王○命也	B10/25/18
何王○至	B10/25/21
夫無彫文刻鏤○事	B11/25/27
女無繡飾纂組○作	B11/25/27
今也金木○性	B11/25/29
馬牛○性	B11/25/30
是治失其本而宜設○制也	B11/25/30
蓋古治○行	B11/26/5
今治○止也	B11/26/5
則欲心與爭奪○患起矣	B11/26/10
外無天下○難	B11/26/14
內無暴亂○事	B11/26/15
治○至也	B11/26/15
蒼蒼○天	B11/26/17
帝王○君	B11/26/17
此天子○事也	B11/26/20
百里○海不能飲一夫	B11/26/22
三尺○泉足以止三軍渴	B11/26/22
此戰○理然也	B12/27/2
戰（楹）〔權〕在乎道○所極	B12/27/4
有者無○	B12/27/4
無者有○	B12/27/4
安所信○	B12/27/4
先王○所傳聞者	B12/27/7
必先畐不知止○敗	B12/27/7
求而從○	B12/27/8
見而加○	B12/27/9
主人不敢當而陵○	B12/27/9
意往而不疑則從○	B12/27/11
奪敵而無敗則加○	B12/27/12
明視而高居則威○	B12/27/12
以智決○	B12/27/15
高○以廊廟○（論）〔論〕	B12/27/17
重○以受命○論	B12/27/17
銳○以踰垠○論	B12/27/17
軍中○制	B14/28/3
揭○	B14/28/6
	B14/28/6,B14/28/7,B14/28/8
	B14/28/10
無有不得○姦	B14/28/13
無有不揭○罪	B14/28/13
方○以行垣	B15/28/18
伯誅○	B15/28/19
與○同罪	B15/28/20
軍中縱橫○道	B15/28/22
非將吏○符節	B15/28/22
采薪○牧者	B15/28/23
橫門誅○	B15/28/24
誅○	B15/28/24
	B20/30/25,B20/31/2
則外無不獲○姦	B15/28/24
束伍○令曰	B16/28/28
收於將吏○所	B16/28/28
當○	B16/28/28
	B16/28/29,B16/28/30
除○	B16/28/30
坐離地遁逃○法	B16/28/30
戰誅○法曰	B16/29/1
千人○將得誅百人○長	B16/29/1
萬人○將得誅千人○將	B16/29/1
左右將軍得誅萬人○將	B16/29/2
以經令分○為三分焉	B17/29/6
其罪如○	B17/29/12
吏卒○功也	B17/29/15
鼓○前如雷霆	B17/29/15
鼓○則進	B18/29/20,C5/42/9
金○則止	B18/29/20,C5/42/9
旗、麾○左則左	B18/29/21
麾○右則右	B18/29/21
教成合○千人	B18/29/29
合○萬人	B18/29/29
會○於三軍	B18/29/29
為大戰○法	B18/29/30
教成試○以閱	B18/29/30
緣而從○	B18/30/1
沒而從○	B18/30/1
從○無疑	B18/30/2
戰○累也	B18/30/8
出國門○外	B19/30/15
設營表置轅門期○	B19/30/15
為戰合○表	B20/30/21
使為○戰勢	B20/30/22
按兵而趨○	B20/30/25
所謂諸將○兵	B20/30/25
在四奇○內者勝也	B20/30/26
豫為○職	B20/30/28
守要塞關梁而分居○	B20/30/28
大軍為計日○食	B20/30/28
四境○內	B20/31/1
則四境○民	B20/31/1
奉王○命	B20/31/1
名為順職○吏	B20/31/2
非順職○吏而行者	B20/31/2
順職○吏乃行	B20/31/2
兵○教令	B21/31/7
加犯教○罪	B21/31/7
前行者前行教○	B21/31/7
後行者後行教○	B21/31/7
左行者左行教○	B21/31/8
右行者右行教○	B21/31/8
如犯教○罪	B21/31/8
伍內互揭○	B21/31/9
則教者如犯法者○罪	B21/31/11
	B21/31/12,B21/31/12
必在乎兵教○法	B21/31/15
其次差降○	B21/31/18
麾而左○	B21/31/21
麾而右○	B21/31/21
合○什長	B21/31/23
合○卒長	B21/31/23
合○伯長	B21/31/23
合○兵尉	B21/31/23
合○裨將	B21/31/24
合○太將	B21/31/24
大將教○	B21/31/24
乃為○賞法	B21/31/25
各視其所得○爵	B21/31/28
以明賞勸○心	B21/31/28
令民背國門○限	B21/32/1

決死生○分	B21/32/1
教○死而不疑者	B21/32/1
此○謂兵教	B21/32/5
臣聞人君有必勝○道	B22/32/10
謂衆軍○中有材力者	B22/32/16
兵弱能強○	B22/32/19
主卑能尊○	B22/32/19
令弊能起○	B22/32/19
民流能親○	B22/32/19
人衆能治○	B22/32/20
地大能守○	B22/32/20
吾欲少閒而極用人○要	B22/32/26
示○財以觀其窮	B22/32/28
示○弊以觀其病	B22/32/28
若此○類	B22/32/28
是伐○因也	B22/32/28
凡興師必審內外○權	B22/33/1
校所出入○路	B22/33/1
必能入○	B22/33/2
則築大堙以臨○	B22/33/5
待人○救	B22/33/12
〔如響○應聲也〕	B23/33/22
〔如影○隨身也〕	B23/33/22
〔威者、賞罰○謂也〕	B23/33/26
先後○次有適宜	B23/33/29
亂先後斬○	B23/33/30
立坐○陳	B23/34/2
坐○兵劍斧	B23/34/2
立○兵戟弩	B23/34/3
而後扼○	B23/34/5
此必勝○術也	B23/34/5
陳○斧鉞	B23/34/5
飾○旗章	B23/34/5
在枹○端	B23/34/6
前譟者謂○虛	B23/34/8
後譟者謂○實	B23/34/8
不譟者謂○祕	B23/34/8
兵○體也	B23/34/9
諸去大軍為前禦○備者	B24/34/13
聞大軍為前禦○備	B24/34/13
父母妻子知○	B24/34/17
赦○	B24/34/17
盡斬○	B24/34/22
後吏能斬○而奪其卒者賞	B24/34/22
軍○利害	B24/35/1
在國○名實	B24/35/1

此軍○所以不給	B24/35/2
將○所以奪威也	B24/35/2
是有一軍○名	B24/35/5
而有二實○出	B24/35/5
曷以免奔北○禍乎	B24/35/6
是兵○一勝也	B24/35/8
是兵○二勝也	B24/35/8
是兵○三勝也	B24/35/9
臣聞古○善用兵者	B24/35/11
能殺卒○半	B24/35/11
百萬○衆不用命	B24/35/12
不如萬人○鬬也	B24/35/13
萬人○鬬	B24/35/13
不如百人○奮也	B24/35/13
寡人不好軍旅○事	C1/36/3
冬日衣○則不溫	C1/36/5
夏日衣○則不涼	C1/36/5
觀○於目則不麗	C1/36/6
乘○以田則不輕	C1/36/6
譬猶伏雞○搏狸	C1/36/7
乳犬○犯虎	C1/36/7
隨○死矣	C1/36/7
昔承桑氏○君	C1/36/7
有扈氏○君	C1/36/8
僵屍而哀○	C1/36/9
皆起○功也	C1/36/11
昔○圖國家者	C1/36/13
是以有道○主	C1/36/14
參○天時	C1/36/15
民知君○愛其命	C1/36/16
若此○至	C1/36/16
而與○臨難	C1/36/16
患必及○	C1/36/20
是以聖人綏○以道	C1/36/20
理○以義	C1/36/21
動○以禮	C1/36/21
撫○以仁	C1/36/21
修○則興	C1/36/21
廢○則衰	C1/36/21
必教○以禮	C1/36/24
勵○以義	C1/36/24
凡兵○所起者有五	C1/36/28
五者○數	C1/36/31
願聞治兵、料人、固國○道	C1/37/1
古○明王	C1/37/3
必謹君臣○禮	C1/37/3

飾上下○儀	C1/37/3
故強國○君	C1/37/5
軍○練銳也	C1/37/7
願聞陳必定、守必固、戰必勝○道	C1/37/10
寡人聞○	C1/37/16
此楚莊王○所憂	C1/37/18
而君說○	C1/37/18
夫安國家○道	C2/37/25
臣請論六國○俗	C2/37/25
擊此○道	C2/37/29, C2/37/30, C2/38/1, C2/38/2, C2/38/5
必三分○	C2/37/29
脅而從○	C2/37/29
必先示○以利而引去○	C2/37/30
弊而勞○	C2/38/1
觸而迫○	C2/38/3
陵而遠○	C2/38/3
馳而後○	C2/38/3
謹我車騎必避○路	C2/38/3
阻陳而壓○	C2/38/5
衆來則拒○	C2/38/5
去則追○	C2/38/5
然則一軍○中	C2/38/8
必有虎賁○士	C2/38/8
若此○等	C2/38/8
選而別○	C2/38/9
愛而貴○	C2/38/9
此堅陳○士	C2/38/10
凡料敵有不卜而與○戰者八	C2/38/15
擊○勿疑	C2/38/20
有不占而避○者六	C2/38/22
五曰師徒○衆	C2/38/23
兵甲○精	C2/38/23
六曰四鄰○助	C2/38/23
大國○援	C2/38/24
避○勿疑	C2/38/24
吾欲觀敵○外以知其內	C2/38/26
敵人○來	C2/38/28
武侯問敵必可擊○道	C2/38/32
選銳衝○	C2/39/4
分兵繼○	C2/39/4
進兵○道何先	C3/39/8
行○以信	C3/39/15
此勝○主也	C3/39/16
金○不止	C3/39/24

鼓○不進 C3/39/24
與○安 C3/39/26
與○危 C3/39/26
投○所往 C3/39/26
名曰父子○兵 C3/39/27
凡行軍○道 C3/39/29
無犯進止○節 C3/39/29
無失飲食○適 C3/39/29
無絶人馬○力 C3/39/29
則治○所由生也 C3/39/30
凡兵戰○場 C3/40/1
立屍○地 C3/40/1
如坐漏船○中 C3/40/1
伏燒屋○下 C3/40/2
用兵○害 C3/40/2
三軍○災 C3/40/3
圓而方○ C3/40/7
坐而起○ C3/40/7
行而止○ C3/40/7
左而右○ C3/40/8
前而後○ C3/40/8
分而合○ C3/40/8
結而解○ C3/40/8
教戰○令 C3/40/10
大谷○口 C3/40/16
大山○端 C3/40/16
將戰○時 C3/40/17
風順致呼而從○ C3/40/17
風逆堅陳以待○ C3/40/18
車騎○具 C3/40/24
軍○將也 C4/40/30
兵○事也 C4/40/30
勇○於將 C4/41/1
乃數分○一爾 C4/41/1
故將○所慎者五 C4/41/1
將○禮也 C4/41/4
故師出○日 C4/41/4
有死○榮 C4/41/4
無生○辱 C4/41/4
百萬○師 C4/41/7
得○國強 C4/41/11
去○國亡 C4/41/11
將○所麾 C4/41/15
將○所指 C4/41/15
凡戰○要 C4/41/17
我欲相○ C4/41/24
將輕銳以嘗○ C4/41/26
觀敵○來 C4/41/26
則如○何 C5/42/6,C5/43/19
凡戰○法 C5/42/8
為○奈何 C5/42/12,C5/42/27
避○於易 C5/42/14
邀○於阨 C5/42/14
非此車騎○力 C5/42/21
聖人○謀也 C5/42/21
兼○徒步 C5/42/21
莫○所加 C5/42/22
解○而去 C5/42/23
此擊彊○道也 C5/42/25
為此○術 C5/42/27
各分而乘○ C5/42/28
以方從○ C5/42/28
從○無息 C5/42/28
若遇敵於谿谷○間 C5/42/30
為○奈何 C5/42/30
C5/43/4,C5/43/12,C5/43/15
必先鼓譟而乘○ C5/43/2
亂則擊○勿疑 C5/43/2
擊○不敢 C5/43/4
去○不得 C5/43/4
行出山外營○ C5/43/9
車騎挑○ C5/43/9
此谷戰○法也 C5/43/9
吾與敵相遇大水○澤 C5/43/11
乃可為奇以勝○ C5/43/13
半渡而薄○ C5/43/13
暴寇○來 C5/43/21
追而擊○ C5/43/22
凡攻敵圍城○道 C5/43/24
軍○所至 C5/43/24
許而安○ C5/43/25
嚴明○事 C6/44/1
人主○所恃也 C6/44/2
致○奈何 C6/44/4
君舉有功而進饗○ C6/44/6
無功而勵○ C6/44/6
有死事○家 C6/44/10
行○三年 C6/44/10
魏士聞○ C6/44/11
介冑而奮擊○者以萬數 C6/44/11
子前日○教行矣 C6/44/13
臣請率以當○ C6/44/15
千人追○ C6/44/16
今臣以五萬○眾 C6/44/17
率以討○ C6/44/17
於是武侯從○ C6/44/20
此勵士○功也 C6/44/20
故戰○日 C6/44/23
以義治○○謂正 D1/45/3
殺○可也 D1/45/4
攻○可也 D1/45/4
以為民紀○道也 D1/45/13
自古○政也 D1/45/13
D3/49/22,D4/51/15,D5/52/4
先王○治 D1/45/15
順天○道 D1/45/15
設地○宜 D1/45/15
官民○德 D1/45/15
聖德○治也 D1/45/16
其有失命亂常背德逆天
○時 D1/45/19
而危有功○君 D1/45/19
征○ D1/45/21
入罪人○地 D1/45/23
敵若傷○ D1/45/24
醫藥歸○ D1/45/25
王霸○所以治諸侯者六 D1/45/27
會○以發禁者九 D1/45/30
憑弱犯寡則眚○ D1/45/30
賊賢害民則伐○ D1/45/30
暴內陵外則壇○ D1/45/30
野荒民散則削○ D1/45/30
負固不服則侵○ D1/46/1
賊殺其親則正○ D1/46/1
放弒其君則殘○ D1/46/1
犯令陵政則杜○ D1/46/1
外內亂、禽獸行則滅○ D1/46/1
天子○義 D2/46/6
士庶○義 D2/46/6
古○教民必立貴賤○倫經 D2/46/9
上貴不伐○士 D2/46/12
不伐○士 D2/46/12
上○器也 D2/46/12
國中○聽 D2/46/13
軍旅○聽 D2/46/13
然後謹選而使○ D2/46/16
教化○至也 D2/46/17
既勝○後 D2/46/19
是以君子貴○也 D2/46/20
殷誓於軍門○外 D2/46/22
周將交刃而誓○ D2/46/23

未用兵○刃 D2/46/23
始用兵○刃矣 D2/46/24
盡用兵○刃矣 D2/46/24
人○執也 D2/47/3
天○義也 D2/47/3
有司陵○ D2/47/8
陵○有司 D2/47/9
軍旅○固 D2/47/11
不失行列○政 D2/47/11
不絕人馬○力 D2/47/11
賢王明民○德 D2/47/18
盡民○善 D2/47/18
欲民速得為善○利也 D2/47/20
欲民速覩為不善○害也 D2/47/20
讓○至也 D2/47/22,D2/47/23
覩民○勞也 D2/47/25
和○至也 D2/47/25
荅民○勞 D2/47/26
因心○動 D3/47/31
是謂兩○ D3/48/5
滅厲○道 D3/49/1
被○以信 D3/49/1
臨○以強 D3/49/2
成基一天下○形 D3/49/2
凡戰○道 D3/49/8,D4/49/26,D4/49/28,D4/50/21,D5/51/20
假○以色 D3/49/8
道○以辭 D3/49/8
以職命○ D3/49/9
凡人○形 D3/49/11
由眾○求 D3/49/11
必善行○ D3/49/11
身以將○ D3/49/11
人生○宜 D3/49/12
謂○法 D3/49/12
凡治亂○道 D3/49/14
若怠則動○ D3/49/21
若疑則變○ D3/49/21
遠者視○則不畏 D4/49/29
誓徐行○ D4/49/29
畏亦密○ D4/49/30
跪坐坐伏則膝行而寬誓○ D4/49/30
起譟鼓而進則以鐸止○ D4/49/30
坐膝行而推○ D4/49/31
譟以先○ D4/49/31
告○以所生 D4/49/32
惟敵○視 D4/50/7
惟畏○視 D4/50/7
兩為○職 D4/50/7
惟權視○ D4/50/8
凡戰三軍○戒無過三日 D4/50/25
一卒○警無過分日 D4/50/25
一人○禁無過皆息 D4/50/25
凡戰非陳○難 D4/51/1
非知○難 D4/51/1
行○難 D4/51/1
則遠裹而闕○ D5/51/21
若眾疑○ D5/51/21
則自用○ D5/51/21
迎而反○ D5/51/21
則避○開○ D5/51/22
待眾○作 D5/51/26
攻則屯而伺○ D5/51/26
敵人或止於路則慮○ D5/51/32
是謂絕顧○慮 D5/52/3
是謂益人○強 D5/52/4
是謂開人○意 D5/52/4

枝 zhī 1

不服、不信、不和、怠、疑、厭、懾、○、拄、詘、頓、肆、崩、緩 D3/48/19

知 zhī 115

○之者勝 A1/1/8
不○者不勝 A1/1/8
吾以此○勝負矣 A1/1/10
故不盡○用兵之害者 A2/1/29
則不能盡○用兵之利也 A2/1/29
故○兵之將 A2/2/14
不○軍之不可以進而謂之進 A3/3/3
不○軍之不可以退而謂之退 A3/3/3
不○三軍之事 A3/3/4
不○三軍之權 A3/3/4
故○勝有五 A3/3/8
○可以戰與不可以戰者勝 A3/3/8
○勝之道也 A3/3/9
○彼○己者 A3/3/11
不○彼而○己 A3/3/11
不○彼 A3/3/11
不○己 A3/3/11
勝可○ A4/3/17
見勝不過眾人之所○ A4/3/21
敵不○其所守 A6/5/10
敵不○其所攻 A6/5/10
吾所與戰之地不可○ A6/5/19
不可○ A6/5/20
故○戰之地 A6/5/25
○戰之日 A6/5/25
不○戰地 A6/5/25
不○戰日 A6/5/25
故策之而○得失之計 A6/6/3
作之而○動靜之理 A6/6/3
形之而○死生之地 A6/6/3
角之而○有餘不足之處 A6/6/3
眾不能○ A6/6/8
人皆○我所以勝之形 A6/6/8
而莫○吾所以制勝之形 A6/6/8
此○迂直之計者也 A7/6/19
故不○諸侯之謀者 A7/7/1
不○山林險阻沮澤之形者 A7/7/1,A11/12/24
難○如陰 A7/7/6
先○迂直之計者勝 A7/7/10
○用兵矣 A8/8/1
雖○地形 A8/8/1
治兵不○九變之術 A8/8/2
雖○五利 A8/8/2
將不○其能 A10/10/29
○此而用戰者必勝 A10/11/1
不○此而用戰者必敗 A10/11/2
○吾卒之可以擊 A10/11/10,A10/11/11
而不○敵之不可擊 A10/11/10
○敵之可擊 A10/11/10,A10/11/11
而不○吾卒之不可以擊 A10/11/10
而不○地形之不可以戰 A10/11/11
故○兵者 A10/11/12
○彼○己 A10/11/12
○天○地 A10/11/12
使之無○ A11/12/13
莫○所之 A11/12/15
是故不○諸侯之謀者 A11/12/24
不○一 A11/12/25
凡軍必○有五火之變 A12/13/17

不○敵之情者 A13/14/4
先○也 A13/14/6
先○者 A13/14/6
必取於人○敵之情者也 A13/14/6
莫○其道 A13/14/9
令吾間○之 A13/14/11
必先○其守將、左右、
謁者、門者、舍人之
姓名 A13/14/18
令吾間必索○之 A13/14/19
因是而○之 A13/14/21
A13/14/22,A13/14/22
主必○之 A13/14/23
○之必在於反間 A13/14/23
彗星何○ B1/15/13
王侯○此以三勝者 B4/18/5
是故○勝敗之道者 B5/20/7
必先○畏侮之權 B5/20/8
然而世將弗能○ B6/21/10
其次○識故人也 B9/24/25
○國有無之數 B10/25/12
○彼弱者 B10/25/12
○彼動者 B10/25/12
莫○其極 B11/26/17
故○道者 B12/27/7
必先畜不○止之敗 B12/27/7
○而弗揭 B14/28/6
B14/28/7,B14/28/7,B14/28/8
○而弗揭者 B14/28/10
所以○進退先後 B17/29/15
世將不○法者 B18/30/5
〔則〕○〔所以〕勝敗
矣 B23/33/21
所以○勝敗者 B23/33/27
父母妻子○之 B24/34/17
弗○ B24/34/17
民○君之愛其命 C1/36/16
○難而退也 C2/38/24
吾欲觀敵之外以○其內 C2/38/26
察其進以○其止 C2/38/26
明○陰陽 C3/39/14
輕合而不○利 C4/41/1
○此四者 C4/41/9
不○其將 C4/41/24
其見利佯為不○ C4/41/27
○其廣狹 C5/43/12
○終○始 D1/45/13
非○之難 D4/51/1

織 zhī 2

○有日斷機 B11/26/4
而無私耕私○ B11/26/7

拓 zhí 1

○地千里 C1/36/11

直 zhí 6

以迂為○ A7/6/19
此知迂○之計者也 A7/6/19
先知迂○之計者勝 A7/7/10
起兵○使甲冑生蟣〔蝨〕
者 B8/23/6
豈○聞乎 C1/37/12
三曰○ D3/49/14

執 zhí 5

善政○其制 B11/26/11
父母妻子弗捕○及不言 B24/34/19
人之○也 D2/47/3
○戮禁顧 D4/49/31
○略守微 D4/50/27

埴 zhí 1

故埏○以為器 B11/25/29

植 zhí 1

兵者以武為○ B23/33/20

職 zhí 13

○分四民 B10/25/3
皆有分○ B19/30/13
豫為之○ B20/30/28
名為順○之吏 B20/31/2
非順○之吏而行者 B20/31/2
順○之吏乃行 B20/31/2
各死其○而堅守也 B22/32/12
立國辨○ D1/45/15
正復厥○ D1/45/25
然有以○ D3/48/16
以○命之 D3/49/9
循省其○ D4/49/32
兩為之○ D4/50/7

止 zhǐ 41

方則○ A5/4/28
輕地則無○ A11/11/22
不合於利而○ A11/11/26
A12/13/21
不可從而○ A12/13/16
夜風○ A12/13/17
不見勝則○ B2/16/1
〔故兵〕○如堵墻 B4/19/1
則亦不能○矣 B6/21/24
守不得而○矣 B6/22/2
○姦之術也 B10/25/10
今治之○也 B11/26/5
爭奪○ B11/26/14
三尺之泉足以○三軍渴 B11/26/22
必先畜不知○之敗 B12/27/7
敵復畜○我往而敵制勝
矣 B12/27/8
金之則○ B18/29/20,C5/42/9
謂禁○行道 B22/32/11
以逆以○也 B22/32/13
坐陳所以○也 B23/34/2
相參進○ B23/34/2
今以法○逃歸 B24/35/8
上不能○ C2/38/17
察其進以知其○ C2/38/26
金之不○ C3/39/24
無犯進○之節 C3/39/29
若進○不度 C3/39/30
行而○之 C3/40/7
三軍進○ C3/40/14
閑其進○ C3/40/23
其卒自行自○ C4/42/1
馬陷車○ C5/43/15
若進若○ C5/43/16
以戰○戰 D1/45/4
治亂進○ D3/48/1
攻戰、守進、退○ D3/48/19
起譟鼓而進則以鐸○之 D4/49/30
戰謹進○ D4/50/13

用衆進〇 D5/51/20
敵人或〇於路則慮之 D5/51/32

指 zhǐ 6

金鼓所〇 B3/16/14
揮兵〇刃 B8/24/2
束人之〇而訊囚之情 B9/24/19
〇敵忘身 B22/32/22
將之所〇 C4/41/15
〇拇也 D3/48/8

至 zhì 53

則諸侯之難〇矣 A3/3/5
〇於漂石者 A5/4/18
〇於毀折者 A5/4/18
能使敵人自〇者 A6/5/6
能使敵人不得〇者 A6/5/6
〇於無形 A6/5/12,A6/6/6
〇於無聲 A6/5/12
先人〇 A7/6/19
其法十一而〇 A7/6/23
其法半〇 A7/6/24
則三分之二〇 A7/6/24
不精之〇也 A9A/8/22,A9B/10/11
上雨水沫〇 A9A/9/13,A9B/10/1
將之〇任 A10/10/25,A10/10/31
先〇而得天下之衆者 A11/11/19
〇死無所之 A11/12/4
擊其首則尾〇 A11/12/8
擊其尾則首〇 A11/12/8
擊其中則首尾俱〇 A11/12/9
不仁之〇也 A13/14/5
卒聚將〇 B5/20/27
敵救未〇 B5/20/29
夫水、〇柔弱者也 B8/23/24
自古〇今 B8/23/31
故萬物〇而制之 B9/24/13
萬物〇而命之 B9/24/14
〇聽之聽也 B10/25/12
何王之〇 B10/25/21
治之〇也 B11/26/15
吏自什長已上〇左右將 B14/28/10
自什已上〇於裨將有不若法者 B21/31/12
卒後將吏而〇大將所一日 B24/34/19
卒逃歸〇家一日 B24/34/19
若此之〇 C1/36/16
四鄰不〇 C2/38/18
敵人遠來新〇、行列未定可擊 C2/39/1
霖雨數〇 C4/41/21
風（飈）〔飆〕數〇 C4/41/21
五軍交〇 C5/42/25
軍之所〇 C5/43/24
以某年月日師〇于某國 D1/45/21
教化之〇也 D2/46/17
不召不〇 D2/47/14
〇德也 D2/47/19
〇教也 D2/47/19
〇威也 D2/47/19
讓之〇也 D2/47/22,D2/47/23
和之〇也 D2/47/25

志 zhì 8

是故散地吾將一其〇 A11/12/19
則衆不二〇 B4/18/18
〇不勵 B4/18/24
以獲其〇 C1/37/4
士無死〇 C2/38/4
其有工用五兵、材力健疾、〇在吞敵者 C2/38/9
士輕其將而有歸〇 C4/41/19
以致民〇也 D2/46/23

制 zhì 45

陰陽、寒暑、時〇也 A1/1/6
曲〇、官道、主用也 A1/1/8
因利而〇權也 A1/1/14
而莫知吾所以〇勝之形 A6/6/8
水因地而〇流 A6/6/11
兵因敵而〇勝 A6/6/12
料敵〇勝 A10/11/1
（車）〔甲〕不暴出而威〇天下 B2/15/24
將者上不〇於天 B2/16/4
下不〇於地 B2/16/4,B8/23/18
中不〇於人 B2/16/4,B8/23/18
凡兵〇必先定 B3/16/14
〇先定則士不亂 B3/16/14
法〇審 B3/16/27
明其〇 B3/17/7
經〇十萬之衆 B3/17/14
吾〇天下之〇為〇 B3/17/18
由國中之〇弊矣 B3/17/25
審法〇 B4/18/4
必也因民所生而〇之 B4/18/28
夫將不心〇 B5/20/4
夫提天下之節〇 B8/23/4
夫將者、上不〇於天 B8/23/18
故萬物至而〇之 B9/24/13
〇者 B10/25/3
俎豆同〇 B10/25/15
是治失其本而宜設之〇也 B11/25/30
善政執其〇 B11/26/11
敵復啚止我往而敵〇勝矣 B12/27/8
故先王明〇度於前 B13/27/26
軍中之〇 B14/28/3
故能敗敵而〇其命 B18/30/2
〇敵者也 B18/30/5
以一其〇度 B22/32/10
出奇〇敵也 B22/32/16
卒能節〇 B24/35/9
（〇）〔利〕如干將 B24/35/15
凡〇國治軍 C1/36/24
令〇遠 C3/39/16
賢王〇禮樂法度 D1/45/18
蹈敵〇地 D3/49/8

治 zhì 56

凡〇衆如〇寡 A5/4/10
亂生於〇 A5/4/23
〇亂 A5/4/23
此〇氣者也 A7/7/18
以〇待亂 A7/7/18
此〇心者也 A7/7/18
此〇力者也 A7/7/19
此〇變者也 A7/7/19
〇兵不知九變之術 A8/8/2
亂而不能〇 A10/11/8
正以〇 A11/12/13
〇兵者 B2/15/22
民衆而〇 B2/15/23
則〔其〕國〔不得無〕

○ B2/15/24
富○者 B2/15/24
戰在於○氣 B7/22/6
智在於○大 B7/22/7
○之以市 B8/22/23
為○之本也 B10/25/3
○之分也 B10/25/3
官無事○ B10/25/21
凡○人者何 B11/25/26
是○失其本而宜設之制也 B11/25/30
失其○也 B11/26/2
蓋古○之行 B11/26/5
今○之止也 B11/26/5
夫謂○者 B11/26/7
民一犯禁而拘以刑○ B11/26/11
○之至也 B11/26/15
人眾能○之 B22/32/20
安靜則○ B23/33/27
外（治）〔○〕武備 C1/36/9
凡制國○軍 C1/36/24
願聞○兵、料人、固國之道 C1/37/1
三晉陳○而不用 C2/37/26
故○而不用 C2/38/5
以○為勝 C3/39/20
所謂○者 C3/39/24
則○之所由生也 C3/39/30
○眾如○寡 C4/41/2
以義○之之謂正 D1/45/3
秋○兵 D1/45/9
先王之○ D1/45/15
而正名○物 D1/45/15
聖德之○也 D1/45/16
王霸之所以○諸侯者六 D1/45/27
○亂進止 D3/48/1
堪物簡○ D3/48/14
是謂簡○ D3/48/16
靜乃○ D3/48/27
時中服厥次○ D3/48/28
凡○亂之道 D3/49/14
用眾○ D5/51/20
襲而觀其○ D5/51/29

致 zhì 16

○人而不○於人 A6/5/3
將不可以慍而○戰 A12/13/21
內自○也 B3/17/15
未有不得其力而能○其死戰者也 B4/18/19
敵不接刃而○之 B5/21/3
遠道可○ B8/23/11
其○有遲疾而不遲疾 B18/30/8
○有德也 B22/32/15
兵有五○ B22/32/22
風順○呼而從之 C3/40/17
○之奈何 C6/44/4
既○教其民 D2/46/16
以○民志也 D2/46/23
雖交兵○刃 D2/47/10
○其屈 D5/51/29

秩 zhì 1

御其祿○ C5/43/24

智 zhì 20

○、信、仁、勇、嚴也 A1/1/7
雖有○者 A2/1/28
故○將務食於敵 A2/2/7
無○名 A4/3/23
○者不能謀 A6/6/6
是故○者之慮 A8/8/4
非聖○不能用間 A13/14/14
能以上○為間者 A13/14/26
先稽我○ B1/15/14
○在於治大 B7/22/7
雖有堯舜之○ B9/24/21
以○決之 B12/27/15
使○者不及謀 C3/40/2
○者為謀主 C3/40/11
名為○將 C4/41/27
○見恃 D1/45/5
是以明其○也 D1/45/13
凡戰○也 D3/48/10
以○決 D4/51/11
堪物○也 D4/51/12

置 zhì 9

○章於首 B17/29/10
○章於項 B17/29/10
○章於胸 B17/29/11
○章於腹 B17/29/11
○章於腰 B17/29/11
設營表○轅門期之 B19/30/15
尊章○首上 B21/31/18
○大表 B21/31/24
秦繆○陷陳三萬 C1/37/4

摯 zhì 1

伊○在夏 A13/14/26

幟 zhì 1

旌旗麾○ C4/41/13

質 zhì 1

以愛子出○ B3/17/11

鷙 zhì 2

○（烏）〔鳥〕之疾 A5/4/18
○鳥逐雀 B8/23/6

中 zhōng 36

○原內虛於家 A2/2/4
若交軍於斥澤之○ A9A/8/19
A9B/9/22
擊其○則首尾俱至 A11/12/9
○不制於人 B2/16/4,B8/23/18
是以發能○利 B3/16/27
由國○之制弊矣 B3/17/25
刑賞不○ B4/19/9
盡在郭○ B6/21/9
○外相應 B6/21/28
○圍不下百數 B9/24/24
軍○之制 B14/28/3
○軍、左右前後軍 B15/28/18
軍○縱横之道 B15/28/22
○軍黃旗 B17/29/6
左、右、○軍 B19/30/12
期日○ B19/30/15
○軍章胸前 B21/31/17
陳於○野 B21/31/24
謂眾軍之○有材力者 B22/32/16

夫內向所以顧○也　B23/34/1
將在其○　B23/34/2
將亦居○　B23/34/3
大將左右近卒在陳○者皆斬　B24/34/25
○國也　C2/38/4
然則一軍之○　C2/38/8
如坐漏船之○　C3/40/1
次功坐○行　C6/44/8
不出於○人　D1/45/3
國○之聽　D2/46/13
有虞氏戒於國○　D2/46/22
夏后氏誓於軍○　D2/46/22
時○服厥次治　D3/48/28
故心○仁　D4/51/11
行○義　D4/51/11

忠 zhōng　1

樂以進戰效力、以顯其○勇者　C1/37/5

終 zhōng　3

○而復始　A5/4/13
耕有不○畝　B11/26/4
知○知始　D1/45/13

鍾 zhōng　2

食敵一○　A2/2/7
當吾二十○　A2/2/7

冢 zhǒng　3

禱于后土四海神祇、山川○社　D1/45/20
然後○宰徵師于諸侯曰　D1/45/20
○宰與百官布令於軍曰　D1/45/23

種 zhǒng　1

以文為○　B23/33/20

踵 zhǒng　7

士不旋○　B4/19/1
所謂○軍者　B20/30/21
○軍饗士　B20/30/22
前○軍而行　B20/30/24
去○軍百里　B20/30/24
○軍遇有還者　B20/30/25
當興軍、○軍既行　B20/31/1

重 zhòng　50

委軍而爭利則輜○捐　A7/6/22
是故軍無輜○則亡　A7/6/25
將不○也　A9A/8/25,A9B/10/8
有○地　A11/11/17
為○地　A11/11/20
○地則掠　A11/11/23
○地也　A11/12/19
○地吾將繼其食　A11/12/21
○者如山如林　B2/16/7
以○寶出聘　B3/17/11
則居欲○　B4/19/12
寒不○衣　B4/19/19
男女數○　B5/20/28
當殺而雖貴○　B8/22/27
故人主○將　B8/22/28
奈何無○將也　B8/22/31
等輕○　B10/25/9
○之以受命之論　B12/27/17
使民內畏○刑　B13/27/24
○威刑於後　B13/27/26
刑○則內畏　B13/27/26
○鼓則擊　B18/29/20
○金則退　B18/29/20
將○、壘高、眾懼　B22/33/11
夫齊陳○而不堅　C2/37/25
前○後輕　C2/37/28
故○而不堅　C2/37/29
先明四輕、二○、一信　C3/39/10
進有○賞　C3/39/15
退有○刑　C3/39/15
張設輕○　C4/41/7
其裝必○　C5/43/21
餚席兼○器、上牢　C6/44/8
餚席無○器　C6/44/9
太○則鈍　D2/46/29
籌以輕○　D4/49/30
甲以○固　D4/50/5
以○行○則無功　D4/50/10
以輕行○則敗　D4/50/10
以○行輕則戰　D4/50/10
故戰相為輕○　D4/50/10
上暇○　D4/50/15
舒鼓○　D4/50/15
服美○　D4/50/15
輕乃○　D4/50/17
凡戰既固勿○　D4/50/32
○進勿盡　D4/50/32
則○賞罰　D4/51/8

眾 zhòng　131

兵○孰強　A1/1/9
識○寡之用者勝　A3/3/8
見勝不過○人之所知　A4/3/21
凡治○如治寡　A5/4/10
鬬○如鬬寡　A5/4/10
三軍之○　A5/4/10
B8/23/25,B18/29/29,C4/41/6
則我○而敵寡　A6/5/19
能以○擊寡者　A6/5/19
○者　A6/5/23
敵雖○　A6/6/1
因形而錯勝於○　A6/6/8
○不能知　A6/6/8
合軍聚○　A7/6/18,A8/7/26
掠鄉分○　A7/7/8
此用○之法也　A7/7/13
必依水草而背○樹　A9A/8/20
A9B/9/22
失○也　A9A/8/21,A9B/10/10
先暴而後畏其○者　A9A/8/22
A9B/10/10
○樹動者　A9A/9/6,A9B/10/4
○草多障者　A9A/9/6,A9B/10/4
與○相得也　A9A/9/16,A9B/10/15
以少合○　A10/10/30
先至而得天下之○者　A11/11/19
彼寡可以擊吾之○者　A11/11/21
○寡不相恃　A11/11/25
敢問敵○整而將來　A11/11/26
聚三軍之○　A11/12/15
則其○不得聚　A11/12/26
犯三軍之○　A11/12/27
夫○陷於害　A11/13/1
成功出於○者　A13/14/6

民○而治 B2/15/23
大○亦走 B3/16/23
以少誅○ B3/16/30
足使三軍之○ B3/16/31
足使三軍之○為一死賊 B3/17/2
有提十萬之○而天下莫當者 B3/17/5
有提七萬之○而天下莫當者 B3/17/5
有提三萬之○而天下莫當者 B3/17/6
所率無不及二十萬之○（者） B3/17/7
經制十萬之○ B3/17/14
潰○奪地 B4/18/5
令者、〔所以〕一○心也 B4/18/13
○不審則數變 B4/18/13
○不信矣 B4/18/14
〔事所以待○力也〕 B4/18/16
〔○不安也〕 B4/18/17
則○不二聽 B4/18/18
則○不二志 B4/18/18
必本乎率身以勵○士 B4/18/24
則○不戰 B4/18/25
則○不強 B4/19/9
則○不畏 B4/19/9
故○已聚不虛散 B5/20/14
攻者不下十餘萬之○ B6/21/19
得○在於下人 B7/22/8
則提三萬之○ B8/23/10
離地逃○ B13/27/22,B13/27/23
後行（進）〔退〕為辱○ B17/29/14
謂○軍之中有材力者 B22/32/16
人○能治之 B22/32/20
地狹而人○者 B22/33/5
凡將輕、壘卑、○動 B22/33/11
將重、壘高、○懼 B22/33/11
○夜擊者 B22/33/12
○避事者 B22/33/12
百萬之○不用命 B24/35/12
恃○好勇 C1/36/8
以亡者○ C1/36/26
恃○以伐曰彊 C1/36/30
國亂人疲舉事動○曰逆 C1/36/30
○來則拒之 C2/38/5
五曰徒○不多 C2/38/17
士○勞懼 C2/38/18
人民富○ C2/38/22
五曰師徒之○ C2/38/23
不在○寡 C3/39/22
其○可合而不可離 C3/39/26
治○如治寡 C4/41/2
分散其○ C4/41/8
必足以率下安○ C4/41/10
其○無依 C4/41/19
若其○讙譁 C4/42/1
雖○可獲 C4/42/2
若敵○我寡 C5/42/12
雖有大○ C5/42/15
用○者務易 C5/42/16
有師甚○ C5/42/18
我○甚懼 C5/42/27
若我○彼寡 C5/42/28
彼○我寡 C5/42/28,C5/42/30
雖○可服 C5/42/28
雖○不用 C5/43/7
興師動○而人樂戰 C6/44/1
今臣以五萬之○ C6/44/17
而破秦五十萬○ C6/44/20
訊厥○ D3/47/30
凡戰固○相利 D3/48/1
順天、阜財、懌○、利地、右兵 D3/48/3
懌○勉若 D3/48/3
○心 D3/48/7
○有 D3/48/13
稱○因地 D3/48/19
大小、堅柔、參伍、○寡、凡兩 D3/48/21
見危難無忘其○ D3/48/24
由○之求 D3/49/11
凡○寡 D4/51/5
○不自多 D4/51/6
凡戰勝則與○分善 D4/51/8
用○治 D5/51/20
○利正 D5/51/20
用○進止 D5/51/20
○以合寡 D5/51/20
寡以待○ D5/51/21
若○疑之 D5/51/21
敵若○則相○而受裹 D5/51/22
待○之作 D5/51/26
凡戰○寡以觀其變 D5/51/28

州 zhōu 2

性○異 D4/51/3
俗○異 D4/51/3

舟 zhōu 5

當其同○而濟 A11/12/9
焚○破釜 A11/12/15
猶亡○楫絕江河 B3/16/24
○利櫓楫 C4/41/9
○楫不設 C5/43/11

周 zhōu 12

輔○則國必強 A3/3/1
○之興也 A13/14/26
其應敵也○ B5/20/23
已（用）〔○〕已極 B5/20/24
○武伐紂而殷人不非 C1/36/22
○將交刃而誓之 D2/46/23
○ D2/46/24
○賞於朝 D2/46/25
○曰元戎 D2/47/1
○黃 D2/47/3
○以龍 D2/47/5
○以賞罰 D2/47/19

紂 zhòu 7

武王〔之〕伐○〔也〕 B1/15/10
以二萬二千五百人擊○之億萬而滅商 B1/15/10
豈○不得天官之陳哉 B1/15/11
武王伐○ B8/23/13
○之陳億萬 B8/23/13
兵不血刃而〔克〕商誅○ B8/23/14
周武伐○而殷人不非 C1/36/22

胄 zhòu 4

甲○矢弩 A2/2/5
起兵直使甲○生蟣〔蝨〕者 B8/23/6

故古者甲○之士不拜 B8/23/30
介○而奮擊之者以萬數 C6/44/11

晝 zhòu 4

○戰多旌旗 A7/7/15
○氣惰 A7/7/17
○風久 A12/13/17
○以旌旗旛麾為節 C5/42/8

朱 zhū 2

掩以○漆 C1/36/4
前○雀 C3/40/17

誅 zhū 41

以○其事 A11/13/5
以少○眾 B3/16/30
以弱○（彊）〔彊〕 B3/16/30
○一人 B3/16/31
所以○暴亂、禁不義也 B8/22/17
凡○者 B8/22/26
兵不血刃而〔克〕商○紂 B8/23/14
嚴○責 B10/25/10
全伍有○ B14/28/6
全什有○ B14/28/7
全屬有○ B14/28/7
全閭有○ B14/28/8
伯○之 B15/28/19
伯不○ B15/28/20
橫門○之 B15/28/24
○之 B15/28/24, B20/30/25, B20/31/2
戰○之法曰 B16/29/1
什長得○十人 B16/29/1
伯長得○什長 B16/29/1
千人之將得○百人之長 B16/29/1
萬人之將得○千人之將 B16/29/1
左右將軍得○萬人之將 B16/29/2
大將軍無不得○ B16/29/2
亡章者有○ B17/29/10
踰五行而後者有○ B17/29/14
鼓失次者有○ B18/29/27
讙譁者有○ B18/29/27
不聽金、鼓、鈴、旗而動者有○ B18/29/27
二令者○ B19/30/13
留令者○ B19/30/13
失令者○ B19/30/13
有敢行者○ B19/30/17
有敢高言者○ B19/30/17
有敢不從令者○ B19/30/17
不如令者有○ B20/30/29
不從令者○ C5/42/9
既○有罪 D1/45/25
大敗不○ D2/47/22
聽○無誰其名 D3/48/28

銖 zhū 3

故勝兵若以鎰稱○ A4/4/4
敗兵若以○稱鎰 A4/4/4
不能用一○ B9/24/22

諸 zhū 42

則○侯乘其弊而起 A2/1/28
則○侯之難至矣 A3/3/5
故不知○侯之謀者 A7/7/1
是故屈○侯者以害 A8/8/6
役○侯者以業 A8/8/6
趨○侯者以利 A8/8/6
○侯自戰其地 A11/11/18
○侯之地三屬 A11/11/19
○、劌之勇也 A11/12/5
帥與之深入○侯之地而發其機 A11/12/14
是故不知○侯之謀者 A11/12/24
今天下○國士 B3/17/6
天下○國助我戰 B3/17/15
○侯有謹天子之禮 B10/25/18
所謂○將之兵 B20/30/25
○罰而請不罰者死 B22/32/27
○賞而請不賞者死 B22/32/27
○去大軍為前禦之備者 B24/34/13
○戰而亡其將吏者 B24/34/22
力加○侯 B24/35/12
與○侯大戰七十六 C1/36/10
以霸○侯 C1/37/4
○如此者 C2/38/20
○侯大會 C2/38/28
○丘陵、林谷、深山、大澤 C5/43/1
取笑於○侯 C6/44/16
○吏士當從受馳 C6/44/22
○侯春振旅 D1/45/9
○侯說懷 D1/45/16
巡狩者方會○侯 D1/45/18
偏告于○侯 D1/45/19
然後冢宰徵師于○侯曰 D1/45/20
王及○侯修正其國 D1/45/25
王霸之所以治○侯者六 D1/45/27
以土地形○侯 D1/45/27
以政令平○侯 D1/45/27
以禮信親○侯 D1/45/27
以材力說○侯 D1/45/27
以謀人維○侯 D1/45/28
以兵革服○侯 D1/45/28
同患同利以合○侯 D1/45/28
比小事大以和○侯 D1/45/28

逐 zhú 8

彼驚馬髻興角○ B3/17/15
鷙鳥○雀 B8/23/6
習其馳○ C3/40/23
馬閑馳○ C4/41/9
必○其跡 C5/43/17
古者○奔不過百步 D1/45/11
古者○奔不遠 D2/46/19
○奔不踰列 D2/47/10

主 zhǔ 38

曲制、官道、○用也 A1/1/8
○孰有道 A1/1/9
國家安危之○也 A2/2/14
○曰無戰 A10/11/4
○曰必戰 A10/11/4
而利合於○ A10/11/5
○速乘人之不及 A11/11/29
○人不克 A11/12/1
明○慮之 A12/13/20
○不可以怒而興師 A12/13/21
非○之佐也 A13/14/5
非勝之○也 A13/14/5
○必知之 A13/14/23
備○於內 B2/15/19
○勝也 B2/15/25

故明○戰攻日 B5/20/20
而○之氣不半焉 B6/21/9
故人○重將 B8/22/28
市〔有〕所出而官無○也 B8/23/4
過七年餘而○不聽 B8/23/9
無○於後 B8/23/21
將專○旗鼓爾 B8/24/2
萬物之○也 B9/24/13
事之所○ B10/25/3
○上之操也 B10/25/9
明○守 B10/25/9
臣○之權也 B10/25/9
○人不敢當而陵之 B12/27/9
○卑能尊之 B22/32/19
○君何言與心違 C1/36/4
不識○君安用此也 C1/36/6
明○鑒茲 C1/36/8
是以有道之○ C1/36/14
此勝之○也 C3/39/16
智者為謀○ C3/40/11
人○之所恃也 C6/44/2
軍旅以舒為○ D2/47/10
○固勉若 D3/48/7

拄 zhǔ 1

不服、不信、不和、怠、疑、厭、懾、枝、○、詘、頓、肆、崩、緩 D3/48/19

屬 zhǔ 8

諸侯之地三○ A11/11/19
輕地吾將使之○ A11/12/20
五十人為○ B14/28/3
○相保也 B14/28/3
○有干令犯禁者 B14/28/7
全○有誅 B14/28/7
吏○無節 B15/28/23
必有不○ C5/43/22

助 zhù 10

地之○也 A9A/9/11,A9B/9/25
兵之○也 A10/11/1
得天下○卒 B3/17/11
天下諸國○我戰 B3/17/15
救守不外索○ B8/22/20
萬乘無千乘之○ B8/22/23
師徒無○ C2/38/19
六曰四鄰之○ C2/38/23
右兵弓矢禦、殳矛守、戈戟○ D3/48/4

杼 zhù 1

妻在機○ B11/25/27

柱 zhù 2

百有二十步而立一府○ B15/28/22
○道相望 B15/28/22

著 zhù 2

○不忘於心 C6/44/10
○功罪 D3/47/30

築 zhù 1

則○大堙以臨之 B22/33/5

專 zhuān 16

則我○而敵分 A6/5/18
我○為一 A6/5/18
人既○一 A7/7/13
深入則○ A11/12/1
深則○ A11/12/18
故先王〔務〕○於兵 B4/19/8
〔○於兵〕 B4/19/8
國以○勝 B5/19/26
性○而觸誠也 B8/23/24
將○主旗鼓爾 B8/24/2
○命而行 B18/30/5
○一則勝 B23/33/24
凡軍使法在己曰○ D3/49/19
凡戰正不符則事○ D3/49/21
上○多死 D4/50/19
以信○ D4/51/11

轉 zhuǎn 2

如○木石 A5/4/27
如○圓石於千仞之山者 A5/4/28

莊 zhuāng 2

昔楚○王嘗謀事〔而當〕 C1/37/15
此楚○王之所憂 C1/37/18

裝 zhuāng 1

其○必重 C5/43/21

壯 zhuàng 3

則力不○ B4/19/9
後其○ B6/22/1
雖遇○者 D1/45/24

追 zhuī 11

退而不可○者 A6/5/14
弗○也 B9/24/16
戰利則○北 B20/30/25
非○北襲邑攸用也 B23/33/29
去則○之 C2/38/5
退不可○ C3/39/25
其○北佯為不及 C4/41/27
其○北恐不及 C4/42/1
戰勝勿○ C5/42/23
○而擊之 C5/43/22
千人○之 C6/44/16

屯 zhūn 2

襲亂其○ C2/38/1
攻則○而伺之 D5/51/26

諄 zhūn 4

○○翕翕、徐與人言者 A9A/8/21
○○諭諭、徐與人言者 A9B/10/10

拙 zhuō 1

故兵聞○速 A2/1/28

灼 zhuō 1

○人之脅 B9/24/19

茲 zī 1

明主鑒○ C1/36/8

資 zī 7

此○敵而傷我甚焉 B3/16/20
則雖有○、無○矣 B5/21/2
夫城邑空虛而○盡者 B5/21/2
則愚夫惷婦無不蔽城盡○血城者 B6/21/22
事養不外索○ B8/22/20
四曰軍○既竭 C2/38/17

輜 zī 3

委軍而爭利則○重捐 A7/6/22
是故軍無○重則亡 A7/6/25
三曰火○ A12/13/11

子 zǐ 61

孫○曰 A1/1/3
A2/1/25,A3/2/18,A4/3/16
A5/4/10,A6/5/3,A7/6/18
A8/7/26,A9A/8/17,A9B/9/20
A10/10/19,A11/11/17
A12/13/11,A13/14/3
視卒如愛○ A10/11/7
譬若驕○ A10/11/8
梁惠王問尉繚○曰 B1/15/3
尉繚○對曰 B1/15/4
楚將公○心與齊人戰 B1/15/12
公○心曰 B1/15/12
父不敢舍○ B3/16/31
○不敢舍父 B3/16/31
武○也 B3/17/6
以愛○出質 B3/17/11
求敵若求亡○ B5/20/14,B18/30/2
臣妾人之○女 B8/22/16
君○不救囚於五步之外 B9/24/16
天○之會也 B10/25/15
諸侯有謹天○之禮 B10/25/18
故如有○十人不加一飯 B11/26/8
有○一人不損一飯 B11/26/8
所謂天○者四焉 B11/26/20
此天○之事也 B11/26/20
父不得以私其○ B14/28/13
父母妻○知之 B24/34/17
父母妻○盡同罪 B24/34/19
父母妻○弗捕執及不言 B24/34/19
吳○曰 C1/36/13,C1/36/19
C1/36/24,C1/36/28,C2/38/15
C3/39/29,C3/40/1,C3/40/5
C3/40/10,C4/40/30,C4/41/6
C4/41/13,C4/41/17,C5/43/24
厚其父母妻○ C2/38/10
名曰父○之兵 C3/39/27
又頒賜有功者父母妻○於廟門外 C6/44/9
○前日之教行矣 C6/44/13
會天○正刑 D1/45/21
天○之義 D2/46/6
是以君○貴之也 D2/46/20
勸君○ D2/46/25
自○以不循 D4/51/12

自 zì 34

故能○保而全勝也 A4/3/19
能使敵人○至者 A6/5/6
遇敵懟而○戰 A10/10/29
諸侯○戰其地 A11/11/18
或臨戰○北 B3/16/20
內○敗也 B3/16/22
內○致也 B3/17/15
不○高人故也 B8/23/29
○古至今 B8/23/31
雖國士、有不勝其酷而○誣矣 B9/24/19
遊說、(開)〔間〕諜無○入 B10/25/15
將○千人以上 B13/27/22
○百人已上 B13/27/23
吏○什長已上至左右將 B14/28/10
羅地者○揭其伍 B21/31/9
○什已上至於裨將有不若法者 B21/31/12
○尉吏而下盡有旗 B21/31/28
○伍而兩 B22/33/8
○兩而師 B22/33/8
○竭民歲 B24/35/6
於是文侯身○布席 C1/36/9
秦陳散而○鬬 C2/37/26
故散而○戰 C2/37/30
其卒○行○止 C4/42/1
○古之政也 D1/45/13
D3/49/22,D4/51/15,D5/52/4
我○其外 D3/49/2
使○其內 D3/49/3
眾不○多 D4/51/6
○子以不循 D4/51/12
則○用之 D5/51/21

總 zǒng 3

〔兵〕如○木 B2/16/9
其○率也極 B5/20/23
夫○文武者 C4/40/30

縱 zòng 8

陳兵○橫 A10/10/29
○敵不禽 B5/20/1
軍中○橫之道 B15/28/22
前後○橫 B22/32/16
其兵或○或橫 C4/42/1
○綏不過三舍 D1/45/11
○綏不及 D2/46/19
正○橫 D4/49/28

走 zǒu 12

奔○而陳兵車者 A9A/8/23
奔○而陳兵者 A9B/10/7
故兵有○者 A10/10/27
曰○ A10/10/28
奇兵捐將而○ B3/16/23
大眾亦○ B3/16/23
氣奪則○ B4/18/7
能踰高超遠、輕足善○者 C1/37/6
燕陳守而不○ C2/37/26
故守而不○ C2/38/2

奔○可擊 C2/39/2
可震而○ C4/41/19

奏 zòu 1

○鼓輕 D4/50/15

足 zú 29

久暴師則國用不○ A2/1/27
故軍食可○也 A2/2/1
守則不○ A4/3/18
角之而知有餘不○之處 A6/6/3
○以併力、料敵、取人而已 A9A/9/13,A9B/10/12
三軍○食 A11/12/1
未○恃也 A11/12/10
○使三軍之眾 B3/16/31
○使三軍之眾為一死賊 B3/17/2
無○與鬬 B5/20/3
雖刑賞不○信也 B5/20/13
夫出不○戰 B8/22/23
入不○守者 B8/22/23
三尺之泉○以止三軍渴 B11/26/22
糧食有餘不○ B22/33/1
則○以施天下 B22/33/6
外不○以禦敵 B24/35/2
內不○以守國 B24/35/2
在大○以戰 C1/36/24
在小○以守矣 C1/36/25
能踰高超遠、輕○善走者 C1/37/6
○輕戎馬 C2/38/8
必○以率下安眾 C4/41/10
輕○利兵以為前行 C5/43/7
○以勝乎 C6/43/30
○懼千夫 C6/44/17
舒則民力○ D2/47/10
鼓○ D4/50/29

卒 zú 87

士○孰練 A1/1/10
○善而養之 A2/2/10
全○為上 A3/2/19
破○次之 A3/2/19
殺士〔○〕三分之一 A3/2/23
以○待之 A5/4/25
銳○勿攻 A7/7/21
○未親附而罰之 A9A/9/14
A9B/10/13
○已親附而罰不行 A9A/9/14
A9B/10/13
○強吏弱 A10/10/28
吏強○弱 A10/10/28
吏○無常 A10/10/29
視○如嬰兒 A10/11/7
視○如愛子 A10/11/7
知吾○之可以擊 A10/11/10
A10/11/11
而不知吾○之不可以擊 A10/11/10
○離而不集 A11/11/26
士○坐者涕霑襟 A11/12/5
能愚士○之耳目 A11/12/13
將已鼓而士○相囂 B3/16/22
今百人一○ B3/16/30
得天下助○ B3/17/11
夫將○所以戰者 B4/18/7
○伯如朋友 B4/19/1
將吏士○ B5/20/1
○無常試 B5/20/2
○不節動 B5/20/4
百人而○ B5/20/24
○聚將至 B5/20/27
吏○不能和 B5/20/29
經○者 B17/29/6
○戴蒼羽 B17/29/6
○戴白羽 B17/29/6
○戴黃羽 B17/29/7
○有五章 B17/29/7
次以經○ B17/29/10
○無非其吏 B17/29/11
吏無非其○ B17/29/11
吏○之功也 B17/29/15
分○據要害 B20/30/25
○異其章 B21/31/17
合之○長 B21/31/23
○長教成 B21/31/23
始○不亂也 B22/32/14
十二曰力○ B22/32/16
〔○有將則鬬〕 B23/33/25
○畏將甚於敵者勝 B23/33/26
○畏敵甚於將者敗 B23/33/26
出○陳兵有常令 B23/33/29
內○出戍 B24/34/16
○後將吏而至大將所一日 B24/34/19
○逃歸至家一日 B24/34/19
及將吏棄○獨北者 B24/34/22
前吏棄其○而北 B24/34/22
後吏能斬之而奪其○者賞 B24/34/22
大將左右近○在陳中者皆斬 B24/34/25
餘士○有軍功者奪一級 B24/34/26
聚○為軍 B24/35/1
臣以謂○逃歸者 B24/35/5
及戰鬬則○吏相救 B24/35/8
○能節制 B24/35/9
能殺○之半 B24/35/11
令行士○ B24/35/12
士○不用命者 B24/35/15
聚為一○ C1/37/5,C1/37/6
C1/37/6,C1/37/7,C1/37/7
士○不固 C2/38/19
將離士○可擊 C2/39/3
凡畜○騎 C3/40/20
其○自行自止 C4/42/1
○遇敵人 C5/42/6,C5/43/4
士○用命 C5/42/9
今有少年○起 C5/42/15
○然相遇 C5/43/2
暴寇○來 C5/43/19
○ D3/48/8
見物應○ D3/48/15
立○伍 D4/49/28
一○之警無過分日 D4/50/25
加其○ D5/51/29

阻 zǔ 11

不知山林險○沮澤之形者 A7/7/1
A11/12/24
軍行有險○潢井葭葦山林翳薈者 A9A/9/4
軍旁有險○潢井蒹葭林木翳薈者 A9B/10/2
行山林、險○、沮澤 A11/11/20
○陳而壓之 C2/38/5
莫善於○ C5/42/15
背大險○ C5/42/18
傍多險○ C5/42/30

利地守隘險○ D3/48/3
○其圖 D5/51/29

阻 zǔ 1

○豆同制 B10/25/15

祖 zǔ 1

必告於○廟 C1/36/15

組 zǔ 2

女無繡飾纂○之作 B11/25/27
○甲不出於櫜而威服天下矣 B22/32/20

纂 zuǎn 1

女無繡飾○組之作 B11/25/27

最 zuì 2

本務〔者〕、兵○急（本者） B4/19/6
猶豫○大 C3/40/2

罪 zuì 31

退不避○ A10/11/5
非吾民之○ B3/17/15
不殺無○之人 B8/22/16
免於○ B14/28/6
B14/28/7,B14/28/7,B14/28/8
B14/28/10
皆與同○ B14/28/11
無有不揭之○ B14/28/13
與之同○ B15/28/20
其○如之 B17/29/12
加犯教之○ B21/31/7
如犯教之○ B21/31/8
免其○ B21/31/9
則教者如犯法者之○ B21/31/11
B21/31/12,B21/31/12
謂同○保伍也 B22/32/11
與同○ B24/34/17
父母妻子盡同○ B24/34/19
亦同○ B24/34/20
○皆赦 B24/34/28
彰明有○ D1/45/19
入○人之地 D1/45/23
既誅有○ D1/45/25
必遠其○ D2/47/23
著功○ D3/47/30
小○乃殺 D3/48/1
小○勝 D3/48/1
大○因 D3/48/1

尊 zūn 7

乞人之死不索○ B8/23/29
○卑之體也 B10/25/3
○章置首上 B21/31/18
主卑能○之 B22/32/19
上不○德而任詐慝 D2/47/8
不○道而任勇力 D2/47/8
七曰○ D3/49/14

左 zuǒ 37

備○則右寡 A6/5/22
備右則○寡 A6/5/22
則○不能救右 A6/5/25
右不能救○ A6/5/26
其相救也如○右手 A11/12/10
必先知其守將、○右、謁者、門者、舍人之姓名 A13/14/18
○不得以右 B2/16/9
右不得以○ B2/16/9
右旄○鉞 B8/23/13
○右進劍 B8/24/2
吏自什長已上至○右將 B14/28/10
中軍、○右前後軍 B15/28/18
○右將軍得誅萬人之將 B16/29/2
○軍蒼旗 B17/29/6
旗、麾之○則○ B18/29/21
一鼓一擊而○ B18/29/23
○、右、中軍 B19/30/12
○行者○行教之 B21/31/8
○軍章○肩 B21/31/17
麾而○之 B21/31/21
謂○右相禁 B22/32/13
大將○右近卒在陳中者皆斬 B24/34/25
獵其○右 C2/37/29
○右應麾 C3/39/25
○而右之 C3/40/8
必○青龍 C3/40/16
麾○而○ C5/42/8
右山○水 C5/42/18
或○或右 C5/42/24
○右高山 C5/43/4
○右也 D2/47/16
位下○右 D4/49/29
右高、○險 D5/51/24

佐 zuǒ 4

以○其外 A1/1/14
故以火○攻者明 A12/13/19
以水○攻者強 A12/13/19
非主之○也 A13/14/5

坐 zuò 23

士卒○者涕霑襟 A11/12/5
○離地遁逃之法 B16/28/30
如過時則○法 B19/30/15
金鼓俱擊而○ B21/31/21
有○陳 B23/34/1
○陳所以止也 B23/34/2
立○之陳 B23/34/2
○之兵劍斧 B23/34/2
以○後成法 B24/34/16
如○漏船之中 C3/40/1
○而起之 C3/40/7
一○一起 C4/41/26
於是武侯設○廟廷為三行饗士大夫 C6/44/8
上功○前行 C6/44/8
次功○中行 C6/44/8
無功○後行 C6/44/9
○進跪 D4/49/28
危則○ D4/49/29
下甲○ D4/49/29
跪○○伏則膝行而寬誓之 D4/49/30
○膝行而推之 D4/49/31
徒以○固 D5/50/5

作 zuò 10

○之而知動靜之理 A6/6/3
女無繡飾纂組之○ B11/25/27
姦謀不○ B21/32/2
乃○五刑〔以禁民僻〕 D1/45/18
○兵義 D3/48/23
○事時 D3/48/23
誓○章人乃強 D3/49/1
既○其氣 D3/49/8
凡戰設而觀其○ D5/51/26
待衆之○ D5/51/26

附　　　錄

孫子 全書用字頻數表

全書總字數 = 6,692
單字字數 = 776

之	363	五	27	備	15	里	10	己	7	大	6	圮	5	伏	4
者	265	先	27	勢	15	往	10	乎	7	反	6	投	5	名	4
不	244	水	26	謂	15	易	10	危	7	少	6	求	5	存	4
也	238	處	26	下	14	迎	10	在	7	月	6	卑	5	安	4
而	213	如	25	夫	14	侯	10	次	7	止	6	夜	5	成	4
故	104	死	25	日	14	計	10	制	7	外	6	姓	5	耳	4
以	102	三	24	去	14	從	10	命	7	左	6	金	5	自	4
其	96	至	24	孫	14	深	10	屈	7	斥	6	阻	5	佐	4
可	93	道	24	欲	14	難	10	附	7	石	6	亟	5	佚	4
則	90	天	23	絶	14	入	9	勇	7	吏	6	度	5	告	4
地	89	後	23	寡	14	久	9	客	7	見	6	乘	5	言	4
勝	85	卒	22	變	14	士	9	風	7	迂	6	修	5	走	4
知	79	一	21	主	13	分	9	害	7	奇	6	留	5	依	4
戰	76	火	21	出	13	全	9	弱	7	林	6	神	5	受	4
兵	75	行	21	多	13	君	9	氣	7	舍	6	專	5	固	4
於	75	法	21	守	13	彼	9	疾	7	政	6	教	5	委	4
敵	75	非	21	矣	13	服	9	破	7	家	6	鳥	5	武	4
無	72	動	21	車	13	城	9	素	7	時	6	惡	5	返	4
軍	71	擊	21	取	13	怒	9	情	7	益	6	期	5	信	4
人	59	上	20	近	13	恃	9	救	7	索	6	鄉	5	帝	4
利	57	使	20	敗	13	重	9	殺	7	起	6	疑	5	約	4
必	55	與	20	數	13	食	9	陷	7	常	6	稱	5	料	4
所	55	令	19	險	13	師	9	復	7	旌	6	聞	5	草	4
有	54	事	19	四	12	退	9	散	7	通	6	慮	5	財	4
曰	51	勿	18	民	12	強	9	然	7	陳	6	養	5	馬	4
能	51	我	18	治	12	圍	9	視	7	虛	6	舉	5	唯	4
將	50	來	18	亂	12	窮	9	費	7	微	6	覆	5	惟	4
用	49	爭	18	千	11	澤	9	陽	7	愛	6	驅	5	掠	4
為	42	相	18	山	11	未	8	察	7	實	6	聽	5	速	4
此	40	國	18	已	11	正	8	旗	7	賞	6	中	4	陸	4
眾	38	進	18	半	11	足	8	罰	7	避	6	井	4	陰	4
間	37	十	17	百	11	明	8	輕	7	糧	6	六	4	意	4
是	35	因	17	居	11	前	8	銳	7	謹	6	功	4	萬	4
得	35	待	17	背	11	孰	8	親	7	衢	6	北	4	隘	4
吾	33	高	17	發	11	莫	8	靜	7	鬬	6	失	4	奪	4
善	33	子	16	諸	11	勞	8	趨	7	及	5	平	4	聚	4
形	32	合	16	謀	11	智	8	雖	7	丘	5	甲	4	誘	4
攻	32	遠	16	力	10	貴	8	算	7	示	5	目	4	齊	4
生	30	交	15	內	10	過	8	九	6	任	5	立	4	諄	4
凡	29	若	15	右	10	亡	7	二	6	同	5	伐	4	餘	4

擒	4	理	3	舟	2	飢	2	禦	2	江	1	赴	1	暑	1
樹	4	貨	3	色	2	側	2	輸	2	羊	1	迫	1	朝	1
積	4	陵	3	困	2	務	2	駭	2	位	1	兼	1	測	1
興	4	登	3	均	2	問	2	營	2	何	1	剛	1	焚	1
歸	4	越	3	戒	2	堂	2	謝	2	伸	1	原	1	畫	1
雜	4	量	3	折	2	崩	2	谿	2	作	1	埋	1	策	1
辭	4	集	3	杖	2	採	2	鍾	2	克	1	夏	1	粟	1
懸	4	圓	3	決	2	條	2	擾	2	卵	1	奚	1	結	1
權	4	當	3	沌	2	淺	2	轉	2	吳	1	庫	1	詐	1
乃	3	節	3	汲	2	貧	2	鎰	2	呂	1	悅	1	距	1
又	3	虞	3	牢	2	途	2	闕	2	坐	1	捐	1	隊	1
仁	3	達	3	良	2	惑	2	離	2	妙	1	旁	1	順	1
引	3	鼓	3	谷	2	惰	2	櫓	2	志	1	烏	1	塞	1
支	3	盡	3	防	2	敢	2	獸	2	更	1	狹	1	廉	1
木	3	竭	3	具	2	渴	2	羅	2	材	1	疲	1	愚	1
加	3	輔	3	味	2	渾	2	識	2	每	1	辱	1	慎	1
犯	3	隙	3	呼	2	短	2	嚴	2	私	1	逆	1	會	1
由	3	廟	3	周	2	窘	2	寶	2	角	1	迷	1	業	1
助	3	廣	3	奉	2	翕	2	譬	2	邑	1	逃	1	溝	1
尾	3	暴	3	奔	2	象	2	饑	2	乖	1	追	1	煙	1
役	3	賤	3	始	2	鈍	2	屬	2	佯	1	釜	1	煩	1
災	3	輜	3	定	2	開	2	霸	2	兔	1	鬼	1	睹	1
併	3	導	3	官	2	隆	2	驕	2	兒	1	偃	1	祿	1
和	3	彊	3	弩	2	隄	2	觀	2	卷	1	堅	1	禁	1
怯	3	應	3	忿	2	飲	2	忒	2	征	1	宿	1	經	1
拔	3	濟	3	昔	2	黃	2	潰	2	性	1	密	1	罪	1
沮	3	聲	3	沫	2	傳	2	殫	2	拒	1	帶	1	義	1
直	3	七	2	況	2	塗	2	薈	2	拙	1	御	1	群	1
保	3	公	2	雨	2	慍	2	翳	2	拘	1	措	1	聖	1
厚	3	心	2	姦	2	極	2	諭	2	河	1	梯	1	葦	1
哉	3	手	2	威	2	毀	2	女	1	臥	1	械	1	虜	1
挑	3	文	2	帥	2	葭	2	小	1	長	1	毫	1	解	1
挂	3	方	2	既	2	遇	2	予	1	門	1	焉	1	詳	1
殆	3	王	2	革	2	雷	2	凶	1	侵	1	祥	1	誅	1
流	3	且	2	倍	2	飽	2	化	1	侮	1	符	1	詭	1
畏	3	仞	2	倦	2	塵	2	戶	1	冑	1	終	1	路	1
皆	3	古	2	徒	2	精	2	牙	1	勁	1	脫	1	載	1
盈	3	司	2	恐	2	誑	2	牛	1	幽	1	蛇	1	運	1
致	3	巧	2	息	2	銖	2	矢	1	怠	1	術	1	遏	1
負	3	亦	2	挫	2	障	2	伊	1	急	1	責	1	預	1
首	3	伍	2	旅	2	潤	2	再	1	施	1	野	1	頓	1
俱	3	休	2	校	2	請	2	夷	1	柔	1	喜	1	馳	1
徐	3	向	2	殷	2	賢	2	并	1	活	1	報	1	嘗	1
寇	3	好	2	涕	2	賣	2	年	1	甚	1	寒	1	境	1
患	3	弛	2	涉	2	樵	2	收	1	秋	1	廊	1	壽	1
書	3	缶	2	紘	2	機	2	早	1	紀	1	循	1	廓	1
率	3	肉	2	紛	2	獨	2	曲	1	要	1	戟	1	弊	1

漂	1	闔	1
漆	1	蟻	1
端	1	襟	1
箕	1	譁	1
賓	1	蹶	1
餌	1	關	1
厲	1	籍	1
摯	1	繼	1
撓	1	警	1
暮	1	饒	1
潔	1	騷	1
練	1	懼	1
罷	1	攜	1
膠	1	驗	1
蔽	1	阨	1
衝	1	軫	1
踐	1	楯	1
輪	1	碫	1
鋒	1	蒹	1
霆	1	劇	1
震	1	糜	1
駟	1	轀	1
墨	1	闉	1
器	1	懟	1
壁	1	蹟	1
擇	1	隳	1
操	1	轒	1
整	1	饋	1
橫	1	鷙	1
激	1	彍	1
窺	1	葸	1
謁	1	秆	1
豫	1	殺	1
選	1		
錯	1		
隨	1		
霑	1		
嬰	1		
燥	1		
爵	1		
環	1		
縱	1		
翼	1		
聰	1		
邀	1		
壘	1		
藏	1		

尉繚子 全書用字頻數表

全書總字數 = 9,484
單字字數 = 1073

之	407	三	40	道	24	動	18	信	13	敢	10	置	8	山	6
不	280	此	40	王	23	節	18	氣	13	然	10	誠	8	囚	6
者	248	眾	39	合	23	已	17	欲	13	絶	10	稱	8	列	6
也	228	先	38	武	23	生	17	莫	13	過	10	聞	8	各	6
而	212	死	38	知	23	畏	17	揭	13	盡	10	聚	8	多	6
其	154	士	37	起	23	奪	17	發	13	器	10	輕	8	戍	6
人	150	國	37	二	22	止	16	貴	13	干	9	論	8	曲	6
有	150	謂	37	子	22	主	16	實	13	文	9	獨	8	形	6
以	140	誅	36	外	22	乎	16	離	13	伐	9	難	8	忘	6
無	132	事	35	未	22	自	16	權	13	因	9	變	8	角	6
則	122	鼓	35	攻	22	私	16	刃	12	伯	9	公	7	居	6
於	105	十	34	敗	22	重	16	小	12	車	9	水	7	姦	6
將	100	伍	34	罪	22	旗	16	及	12	爭	9	父	7	度	6
勝	80	矣	34	中	21	與	16	加	12	乘	9	矢	7	紂	6
戰	80	制	34	日	21	入	15	弗	12	弱	9	任	7	首	6
兵	78	前	34	長	21	立	15	步	12	患	9	危	7	害	6
一	73	出	33	是	21	臣	15	舍	12	虛	9	免	7	異	6
軍	70	法	33	食	21	吾	15	師	12	開	9	君	7	通	6
所	65	城	33	殺	21	決	15	堅	12	諸	9	見	7	陵	6
為	62	五	32	章	21	金	15	罰	12	聯	9	奇	7	寒	6
曰	59	賞	32	當	21	從	15	德	12	舉	9	定	7	期	6
必	59	大	31	力	20	焉	15	親	12	聽	9	致	7	視	6
如	59	明	31	使	20	疑	15	古	11	乃	8	飢	7	順	6
得	59	非	31	治	20	擊	15	本	11	向	8	專	7	會	6
能	58	內	30	雖	20	同	14	甲	11	坐	8	接	7	極	6
在	57	相	30	凡	19	何	14	全	11	求	8	術	7	經	6
行	57	吏	29	什	19	我	14	名	11	往	8	富	7	號	6
民	56	教	29	右	19	身	14	足	11	保	8	提	7	資	6
敵	56	分	28	四	19	時	14	彼	11	待	8	黃	7	農	6
故	55	上	27	左	19	備	14	善	11	背	8	愛	7	賢	6
下	54	可	27	犯	19	進	14	塞	11	要	8	暴	7	養	6
令	49	用	27	次	19	亂	14	審	11	財	8	餘	7	麾	6
守	48	成	27	利	19	數	14	北	10	退	8	興	7	歸	6
卒	45	陳	27	救	19	鬭	14	市	10	逃	8	踵	7	太	5
地	44	禁	27	今	18	世	13	正	10	馬	8	應	7	支	5
天	43	千	25	功	18	去	13	安	10	高	8	臨	7	白	5
夫	42	威	25	亦	18	失	13	里	10	務	8	職	7	示	5
百	42	亡	24	官	18	至	13	固	10	常	8	踰	7	吳	5
後	42	心	24	皆	18	言	13	表	10	斬	8	土	6	邑	5
萬	41	刑	24	若	18	命	13	家	10	率	8	女	6	邪	5

來	5	己	4	竭	4	卑	3	說	3	束	2	問	2	遇	2
取	5	方	4	豪	4	和	3	廟	3	狂	2	圉	2	飽	2
受	5	充	4	遠	4	性	3	暮	3	赤	2	堂	2	對	2
弩	5	由	4	劍	4	或	3	熟	3	阪	2	堵	2	漏	2
斧	5	矛	4	廣	4	服	3	穀	3	周	2	執	2	爾	2
物	5	交	4	戮	4	兩	3	稽	3	宜	2	婦	2	獄	2
空	5	存	4	潰	4	侯	3	緣	3	幸	2	屠	2	福	2
門	5	收	4	誰	4	便	3	蔽	3	抱	2	棄	2	禍	2
帝	5	池	4	閭	4	厚	3	請	3	河	2	祥	2	端	2
帥	5	老	4	彊	4	哉	3	霆	3	況	2	組	2	語	2
甚	5	衣	4	據	4	垠	3	震	3	肥	2	累	2	億	2
計	5	助	4	勵	4	垣	3	儲	3	肩	2	訟	2	寬	2
降	5	良	4	壘	4	政	3	戴	3	俊	2	責	2	廢	2
圖	5	妻	4	糧	4	既	3	獲	3	胄	2	赦	2	慮	2
尉	5	府	4	鬬	4	星	3	縱	3	勁	2	連	2	瘠	2
情	5	易	4	勸	4	津	3	還	3	南	2	逐	2	賣	2
望	5	侮	4	驚	4	海	3	斷	3	垂	2	陷	2	奮	2
深	5	勇	4	觀	4	畝	3	覆	3	客	2	梟	2	積	2
被	5	指	4	鉞	4	破	3	謹	3	封	2	傑	2	縣	2
野	5	流	4	工	3	耕	3	彊	3	屍	2	復	2	豫	2
惡	5	限	4	井	3	逆	3	議	3	急	2	惠	2	遲	2
戟	5	風	4	六	3	追	3	譟	3	怨	2	暑	2	錯	2
散	5	疾	4	凶	3	除	3	體	3	柱	2	渠	2	隨	2
朝	5	神	4	反	3	偏	3	九	2	某	2	窖	2	濟	2
粟	5	索	4	木	3	彗	3	卜	2	柄	2	等	2	總	2
結	5	商	4	牛	3	授	3	又	2	界	2	答	2	薪	2
飲	5	張	4	代	3	梁	3	丈	2	倍	2	鄉	2	谿	2
傷	5	強	4	兄	3	清	3	乞	2	倒	2	間	2	避	2
歲	5	戚	4	半	3	理	3	少	2	候	2	雄	2	織	2
試	5	畢	4	母	3	脩	3	斗	2	修	2	集	2	繚	2
弊	5	符	4	田	3	設	3	月	2	冥	2	雲	2	繡	2
蓋	5	勞	4	共	3	貨	3	比	2	射	2	黑	2	闕	2
蒼	5	圍	4	吉	3	郭	3	目	2	徒	2	傳	2	懷	2
齊	5	尊	4	并	3	喪	3	兆	2	恥	2	勤	2	禱	2
橫	5	智	4	年	3	揮	3	夷	2	料	2	圓	2	邊	2
機	5	殘	4	羽	3	費	3	好	2	烏	2	愚	2	類	2
禦	5	猶	4	血	3	量	3	宅	2	畜	2	慈	2	鷙	2
謀	5	登	4	別	3	廉	3	江	2	留	2	楚	2	嚴	2
險	5	給	4	廷	3	意	3	羊	2	益	2	毀	2	觸	2
靜	5	飯	4	折	3	業	3	耳	2	祕	2	溝	2	懼	2
營	5	損	4	更	3	聖	3	作	2	祠	2	煩	2	霸	2
爵	5	祿	4	材	3	賈	3	即	2	秦	2	盟	2	襲	2
趨	5	義	4	男	3	達	3	困	2	胸	2	筮	2	顯	2
禮	5	腹	4	究	3	鈴	3	壯	2	蚤	2	肆	2	圄	2
屬	5	賊	4	走	3	雷	3	弟	2	豈	2	路	2	惷	2
枹	5	飾	4	兩	3	嘗	3	役	2	辱	2	遂	2	廩	2
七	4	境	4	具	3	裨	3	志	2	參	2	逼	2	歛	2

䟽	2	抗	1	附	1	挫	1	造	1	補	1	銳	1	孽	1
畐	2	扼	1	亭	1	效	1	部	1	詰	1	鋒	1	寶	1
養	2	攸	1	俗	1	書	1	閉	1	遊	1	閱	1	籍	1
八	1	没	1	俎	1	校	1	陰	1	違	1	駛	1	繼	1
久	1	灼	1	冒	1	案	1	陴	1	遁	1	駑	1	纂	1
厶	1	肖	1	咸	1	桓	1	雀	1	鉤	1	齒	1	饒	1
口	1	谷	1	姻	1	狼	1	麻	1	頓	1	儒	1	騰	1
川	1	豆	1	室	1	狹	1	最	1	圖	1	學	1	囂	1
弓	1	辰	1	建	1	病	1	割	1	基	1	操	1	犧	1
云	1	乖	1	律	1	窄	1	喧	1	寡	1	擒	1	辯	1
互	1	侈	1	怒	1	級	1	喜	1	彰	1	樸	1	露	1
仁	1	佻	1	恢	1	脅	1	堯	1	徹	1	歷	1	響	1
化	1	兕	1	拜	1	草	1	堡	1	榮	1	激	1	顧	1
友	1	刻	1	按	1	訊	1	廊	1	歌	1	築	1	饗	1
尺	1	呼	1	持	1	軔	1	惰	1	滿	1	耨	1	聾	1
戈	1	夜	1	挑	1	酒	1	援	1	漸	1	衡	1	驕	1
毋	1	奉	1	施	1	陣	1	揚	1	種	1	諺	1	驗	1
火	1	奈	1	春	1	骨	1	植	1	精	1	諫	1	躡	1
且	1	奔	1	曷	1	鬼	1	渡	1	網	1	諜	1	驥	1
丘	1	妾	1	柔	1	偷	1	渴	1	蓄	1	諭	1	仂	1
仗	1	委	1	泉	1	域	1	犀	1	蒙	1	辨	1	阨	1
仞	1	始	1	洪	1	堊	1	盜	1	誣	1	選	1	侔	1
冬	1	孤	1	炮	1	婚	1	短	1	誥	1	鋸	1	柰	1
占	1	尚	1	牲	1	宿	1	程	1	酷	1	霓	1	殄	1
司	1	帛	1	省	1	密	1	童	1	銖	1	龜	1	旄	1
布	1	征	1	秋	1	崩	1	策	1	障	1	壓	1	栖	1
平	1	忿	1	竿	1	彫	1	絲	1	鳴	1	糠	1	岫	1
瓦	1	怪	1	紀	1	御	1	舜	1	麼	1	糟	1	埴	1
申	1	承	1	赴	1	惟	1	菽	1	墳	1	縷	1	埏	1
光	1	拔	1	陋	1	掠	1	詐	1	影	1	聲	1	酖	1
匠	1	拘	1	音	1	敘	1	閒	1	慶	1	聰	1	堙	1
妄	1	拗	1	飛	1	旋	1	陽	1	憚	1	臂	1	墝	1
早	1	朋	1	俱	1	液	1	項	1	撫	1	膽	1	檄	1
旬	1	東	1	俾	1	淺	1	僅	1	樂	1	講	1	賚	1
考	1	林	1	倉	1	淵	1	勢	1	稷	1	轅	1	闔	1
舟	1	板	1	兼	1	淫	1	慎	1	窮	1	霜	1	燔	1
色	1	杼	1	原	1	猜	1	楫	1	箠	1	躄	1	磽	1
西	1	泣	1	夏	1	移	1	楹	1	練	1	轍	1	闉	1
似	1	牧	1	容	1	窕	1	源	1	罷	1	邃	1	蟣	1
但	1	盲	1	差	1	笞	1	滅	1	蝨	1	雜	1	騄	1
低	1	直	1	恐	1	粒	1	溺	1	衝	1	雙	1	橐	1
佚	1	社	1	息	1	紹	1	禽	1	褐	1	羅	1	鬐	1
克	1	芸	1	悔	1	終	1	群	1	賦	1	譁	1	鷙	1
吝	1	虎	1	悖	1	習	1	聘	1	賤	1	識	1	讙	1
告	1	返	1	挾	1	許	1	腰	1	質	1	鏤	1	裹	1
均	1	近	1	捕	1	貪	1	腸	1	緒	1	隴	1	墻	1
孝	1	采	1	捐	1	貧	1	腥	1	適	1	壤	1	朞	1

商 1							

吳子 全書用字頻數表

全書總字數 = 4,729
單字字數 = 859

之	187	令	21	天	12	明	9	諸	7	色	5	各	4	鬭	4
其	115	車	21	止	12	服	9	舉	7	戒	5	志	4	仁	3
不	113	下	20	地	12	備	9	禮	7	走	5	決	4	方	3
曰	112	國	20	使	12	勞	9	難	7	命	5	受	4	占	3
而	110	大	19	後	12	義	9	久	6	定	5	或	4	布	3
以	89	吳	19	莫	12	聞	9	文	6	彼	5	昔	4	母	3
者	71	士	18	數	12	遠	9	王	6	性	5	阻	4	犯	3
可	59	子	18	雖	12	謀	9	平	6	法	5	兩	4	田	3
人	55	用	18	水	11	險	9	名	6	長	5	非	4	甲	3
於	52	何	18	去	11	山	8	谷	6	待	5	城	4	因	3
必	48	君	18	未	11	六	8	取	6	持	5	恃	4	好	3
有	48	矣	18	先	11	及	8	固	6	皆	5	甚	4	耳	3
戰	40	故	18	利	11	日	8	奈	6	剛	5	兼	4	西	3
則	37	是	18	相	11	足	8	金	6	氣	5	夏	4	投	3
為	36	若	18	師	11	和	8	政	6	疲	5	席	4	材	3
敵	36	得	18	堅	11	欲	8	風	6	習	5	料	4	良	3
起	35	夫	17	教	11	然	8	乘	6	設	5	狹	4	里	3
侯	34	上	16	當	11	善	8	時	6	敢	5	破	4	佯	3
無	34	守	16	寡	11	旗	8	疾	6	散	5	逆	4	兩	3
擊	34	能	16	機	11	疑	8	秦	6	間	5	飢	4	始	3
此	33	馬	16	千	10	今	7	高	6	節	5	敗	4	姓	3
武	33	凡	15	勿	10	主	7	務	6	解	5	深	4	弩	3
兵	32	臣	15	心	10	生	7	絶	6	路	5	理	4	往	3
將	32	卒	15	成	10	合	7	賞	6	遇	5	移	4	爭	3
一	31	功	14	百	10	在	7	麾	6	馳	5	處	4	虎	3
軍	31	民	14	來	10	至	7	彊	6	察	5	發	4	怒	3
眾	31	吾	14	治	10	坐	7	興	6	德	5	傷	4	怨	3
所	30	退	14	知	10	居	7	薄	6	學	5	煩	4	施	3
道	29	萬	14	威	10	易	7	懼	6	離	5	罰	4	倦	3
三	28	與	14	重	10	信	7	乃	5	嚴	5	齊	4	修	3
行	28	謂	14	亂	10	既	7	且	5	觀	5	審	4	害	3
進	26	如	13	力	9	食	7	北	5	又	4	廟	4	家	3
四	25	死	13	十	9	徒	7	半	5	已	4	憂	4	恐	3
輕	25	事	13	分	9	追	7	外	5	中	4	樂	4	息	3
對	24	前	13	出	9	動	7	失	5	內	4	鄰	4	晉	3
五	23	勇	13	右	9	強	7	立	5	父	4	銳	4	涉	3
陳	23	從	13	左	9	旌	7	列	5	目	4	器	4	豈	3
也	22	鼓	13	安	9	楚	7	刑	5	伏	4	臨	4	寇	3
問	22	騎	13	我	9	聚	7	多	5	任	4	避	4	斬	3
勝	22	二	12	見	9	暴	7	自	5	吏	4	驚	4	率	3

貪	3	土	2	差	2	弊	2	介	1	困	1	亟	1	除	1
逐	3	弓	2	弱	2	榮	2	元	1	均	1	胄	1	健	1
陰	3	才	2	恥	2	盡	2	公	1	完	1	南	1	勒	1
富	3	少	2	畜	2	禍	2	匹	1	廷	1	卻	1	參	1
戟	3	尺	2	脅	2	衝	2	友	1	形	1	厚	1	奢	1
智	3	木	2	芻	2	論	2	反	1	忘	1	哀	1	屠	1
短	3	氏	2	草	2	賤	2	屯	1	忌	1	哉	1	帶	1
詐	3	冬	2	衰	2	賜	2	引	1	步	1	帝	1	張	1
貴	3	刊	2	討	2	輪	2	戶	1	每	1	幽	1	御	1
順	3	加	2	辱	2	震	2	比	1	求	1	度	1	患	1
募	3	召	2	停	2	橫	2	毛	1	沈	1	怠	1	悉	1
愛	3	示	2	常	2	燒	2	牛	1	沒	1	指	1	情	1
愼	3	交	2	掠	2	積	2	犬	1	災	1	挑	1	惜	1
祿	3	伐	2	望	2	蕩	2	世	1	牢	1	柔	1	匽	1
禁	3	匈	2	棄	2	諜	2	丘	1	私	1	流	1	接	1
群	3	危	2	涼	2	選	2	乏	1	肖	1	畏	1	捧	1
聖	3	年	2	畢	2	頭	2	古	1	身	1	疫	1	措	1
飽	3	朱	2	盛	2	駭	2	司	1	邑	1	省	1	掩	1
嘗	3	舟	2	莊	2	應	2	平	1	阪	1	紂	1	授	1
說	3	衣	2	術	2	濕	2	本	1	乖	1	背	1	救	1
廢	3	助	2	速	2	獲	2	末	1	乳	1	負	1	啓	1
廣	3	吹	2	野	2	聲	2	玄	1	依	1	降	1	晝	1
慮	3	攻	2	陵	2	趨	2	由	1	具	1	候	1	梟	1
暮	3	言	2	陷	2	邀	2	申	1	刻	1	剔	1	殺	1
請	3	制	2	傍	2	壘	2	白	1	呼	1	宮	1	淺	1
賢	3	妻	2	喜	2	歸	2	皮	1	周	1	容	1	清	1
適	3	怖	2	圍	2	獵	2	矛	1	咎	1	射	1	淹	1
餘	3	果	2	就	2	糧	2	亦	1	夜	1	悅	1	祥	1
整	3	河	2	朝	2	覆	2	伍	1	奇	1	效	1	笛	1
澤	3	舍	2	渡	2	魏	2	休	1	奄	1	旁	1	細	1
燕	3	近	2	焚	2	辭	2	全	1	奔	1	旅	1	脫	1
親	3	門	2	猶	2	願	2	再	1	幸	1	晏	1	船	1
餌	3	青	2	結	2	顧	2	吉	1	忠	1	書	1	被	1
龍	3	便	2	逮	2	聽	2	宅	1	忽	1	桓	1	許	1
勵	3	保	2	閑	2	驕	2	戎	1	承	1	桑	1	貨	1
隱	3	俗	2	陽	2	變	2	扛	1	拒	1	桀	1	貧	1
謹	3	屍	2	飮	2	衢	2	收	1	招	1	殷	1	通	1
霸	3	屋	2	勢	2	柰	2	早	1	拓	1	狼	1	連	1
饗	3	急	2	塞	2	竈	2	次	1	東	1	狸	1	造	1
權	3	殆	2	愚	2	卜	1	羊	1	林	1	留	1	雀	1
襲	3	約	2	楫	2	刃	1	位	1	枚	1	益	1	最	1
阨	3	致	2	溝	2	口	1	佚	1	炎	1	祖	1	喪	1
七	2	要	2	滅	2	小	1	克	1	物	1	秣	1	場	1
入	2	迫	2	溫	2	工	1	冶	1	狐	1	秩	1	寒	1
八	2	面	2	虜	2	己	1	別	1	直	1	笑	1	復	1
丈	2	革	2	賊	2	丹	1	吞	1	社	1	荒	1	惑	1
亡	2	倍	2	違	2	什	1	告	1	返	1	茲	1	惡	1

惠	1	頒	1	濟	1	轡	1
援	1	飾	1	營	1	鑒	1
殘	1	鼎	1	燥	1	竊	1
減	1	圖	1	爵	1	顯	1
湯	1	奪	1	繆	1	讓	1
渴	1	寧	1	總	1	鬣	1
犀	1	實	1	縱	1	袄	1
畫	1	寤	1	縵	1	旆	1
登	1	慚	1	膽	1	笳	1
稀	1	搴	1	艱	1	鼙	1
等	1	漏	1	薪	1	廡	1
粟	1	漆	1	謙	1	燔	1
給	1	爾	1	谿	1	踰	1
著	1	竭	1	轄	1	旛	1
虛	1	端	1	轂	1	飆	1
視	1	管	1	轅	1	讙	1
象	1	精	1	還	1	廝	1
貢	1	膏	1	醜	1	簡	1
超	1	誘	1	韓	1	旆	1
鄉	1	趙	1	穢	1	錮	1
鈞	1	銜	1	簡	1	飇	1
開	1	鳴	1	觴	1	啣	1
集	1	儀	1	雞	1		
須	1	僵	1	壞	1		
傾	1	寬	1	懷	1		
勤	1	幟	1	曠	1		
圓	1	憚	1	櫓	1		
戡	1	撫	1	爍	1		
搏	1	潛	1	譁	1		
搖	1	熱	1	識	1		
新	1	稷	1	醮	1		
會	1	練	1	麗	1		
業	1	罷	1	勸	1		
歲	1	遷	1	寶	1		
綏	1	鋒	1	繼	1		
置	1	鞍	1	觸	1		
落	1	養	1	譬	1		
虞	1	儒	1	譟	1		
號	1	奮	1	饑	1		
裝	1	懈	1	騷	1		
試	1	據	1	屬	1		
誅	1	豫	1	灌	1		
資	1	辨	1	鐸	1		
賂	1	隨	1	闢	1		
跡	1	霖	1	驅	1		
過	1	龜	1	聾	1		
隘	1	壓	1	籠	1		

司馬法　全書用字頻數表

全書總字數 = 3,432
單字字數 = 659

之	119	輕	15	疑	10	坐	7	右	5	攻	4	交	3	廢	3
不	116	德	15	慮	10	矣	7	四	5	求	4	亦	3	暴	3
以	101	敵	15	觀	10	周	7	生	5	良	4	伍	3	歷	3
也	74	諸	15	甲	9	容	7	任	5	身	4	合	3	豫	3
其	74	一	14	伐	9	徒	7	同	5	奔	4	好	3	獲	3
則	73	下	14	危	9	殷	7	百	5	定	4	戎	3	縱	3
戰	50	治	14	地	9	退	7	兩	5	官	4	否	3	舉	3
人	44	者	14	自	9	馬	7	卒	5	宜	4	形	3	簡	3
凡	44	故	14	至	9	視	7	後	5	居	4	材	3	謹	3
而	40	教	14	事	9	亂	7	苟	5	爭	4	取	3	雜	3
是	37	進	14	既	9	懼	7	師	5	舍	4	奉	3	諜	3
民	35	鼓	14	時	9	于	6	財	5	俗	4	知	3	驕	3
行	32	心	13	陳	9	己	6	密	5	勉	4	非	3	讓	3
曰	31	古	13	貴	9	六	6	將	5	待	4	某	3	詘	3
謂	29	必	13	過	9	外	6	殺	5	怠	4	省	3	冢	3
兵	27	法	13	刃	8	列	6	陵	5	皆	4	約	3	亡	2
無	27	為	13	小	8	后	6	章	5	致	4	背	3	弓	2
上	26	相	13	仁	8	此	6	厥	5	兼	4	修	3	化	2
有	25	欲	13	日	8	君	6	堪	5	旅	4	動	3	牛	2
若	25	大	12	立	8	和	6	智	5	氣	4	堅	3	主	2
軍	25	可	12	守	8	長	6	禁	5	能	4	執	3	出	2
衆	23	先	12	命	8	息	6	說	5	專	4	敗	3	加	2
勝	21	在	12	勇	8	強	6	戮	5	短	4	速	3	司	2
義	21	車	12	畏	8	復	6	賢	5	微	4	逐	3	失	2
利	20	所	12	夏	8	意	6	親	5	極	4	勞	3	市	2
道	20	明	12	惟	8	愛	6	擊	5	煩	4	尊	3	平	2
正	19	威	12	罪	8	與	6	避	5	盡	4	循	3	未	2
善	19	乃	11	罰	8	遠	6	禮	5	興	4	朝	3	末	2
因	18	三	11	誓	8	靜	6	懾	5	辭	4	然	3	白	2
固	18	使	11	入	7	雖	6	變	5	聽	4	等	3	矢	2
國	18	賞	11	士	7	職	6	七	4	踰	4	絕	3	刑	2
用	17	難	11	中	7	權	6	令	4	二	3	舒	3	安	2
力	16	勿	10	五	7	久	5	本	4	土	3	順	3	州	2
天	16	多	10	分	7	子	5	名	4	少	3	傷	3	年	2
見	15	成	10	止	7	內	5	次	4	文	3	暇	3	言	2
於	15	死	10	氏	7	及	5	色	4	月	3	會	3	足	2
服	15	物	10	王	7	反	5	位	4	火	3	滅	3	制	2
信	15	政	10	犯	7	太	5	忘	4	巧	3	虞	3	受	2
侯	15	得	10	作	7	方	5	戒	4	左	3	誅	3	始	2
重	15	寡	10	告	7	功	5	技	4	示	3	旗	3	尚	2

性	2	聖	2	木	1	征	1	書	1	喜	1	誘	1	荅	1
易	2	試	2	比	1	或	1	校	1	喪	1	遜	1	嵬	1
果	2	賊	2	水	1	拄	1	栗	1	報	1	衙	1	慊	1
武	2	路	2	父	1	拇	1	浩	1	惑	1	齊	1	燔	1
阜	2	跪	2	冬	1	放	1	畜	1	戟	1	僻	1	糗	1
阻	2	奪	2	召	1	枝	1	益	1	殘	1	廣	1	獮	1
前	2	察	2	布	1	林	1	索	1	給	1	徽	1	曠	1
春	2	弊	2	幼	1	枚	1	純	1	著	1	愿	1	褱	1
祇	2	彰	2	母	1	直	1	荒	1	詔	1	憐	1	徧	1
秋	2	裹	2	玄	1	社	1	衰	1	詐	1	窮	1	疏	1
美	2	厲	2	田	1	虎	1	討	1	逮	1	膚	1		
迭	2	寬	2	由	1	表	1	訊	1	間	1	誰	1		
食	2	樂	2	申	1	迎	1	起	1	黃	1	賤	1		
首	2	緩	2	目	1	返	1	逆	1	黍	1	養	1		
宰	2	膝	2	矛	1	近	1	陣	1	嫌	1	齒	1		
害	2	衛	2	禾	1	門	1	假	1	弒	1	壇	1		
弱	2	遷	2	休	1	侵	1	偃	1	敬	1	憑	1		
恥	2	銳	2	伏	1	削	1	務	1	新	1	擅	1		
悔	2	器	2	圯	1	厚	1	問	1	溢	1	橫	1		
振	2	禦	2	式	1	哀	1	基	1	溫	1	積	1		
海	2	謀	2	戍	1	城	1	寅	1	當	1	遲	1		
疾	2	辨	2	收	1	奏	1	崩	1	祿	1	龍	1		
病	2	選	2	老	1	屋	1	常	1	禽	1	應	1		
神	2	險	2	考	1	帝	1	庶	1	經	1	濟	1		
高	2	龜	2	伺	1	度	1	御	1	綏	1	牆	1		
參	2	爵	2	伯	1	弭	1	情	1	肆	1	環	1		
唯	2	趨	2	佚	1	怒	1	捷	1	遊	1	臨	1		
從	2	歸	2	助	1	恃	1	敏	1	遂	1	蹈	1		
患	2	邇	2	吾	1	拜	1	敘	1	違	1	獵	1		
掩	2	勸	2	吟	1	指	1	旌	1	遇	1	醫	1		
推	2	顧	2	壯	1	星	1	械	1	鉤	1	闕	1		
救	2	襲	2	序	1	柔	1	棄	1	隘	1	顏	1		
焉	2	體	2	志	1	洽	1	淫	1	頓	1	懷	1		
異	2	懌	2	我	1	狩	1	率	1	飽	1	獸	1		
窕	2	覘	2	抗	1	甚	1	略	1	馳	1	禱	1		
習	2	鬩	2	折	1	皇	1	祥	1	厭	1	藥	1		
設	2	九	1	改	1	紀	1	符	1	圖	1	嚴	1		
惡	2	又	1	杜	1	負	1	終	1	實	1	籌	1		
惠	2	山	1	步	1	革	1	莫	1	寢	1	警	1		
散	2	川	1	沛	1	風	1	術	1	榮	1	釋	1		
發	2	介	1	決	1	乘	1	被	1	歌	1	鐸	1		
鈍	2	元	1	辰	1	俯	1	規	1	獄	1	霸	1		
開	2	凶	1	巡	1	倦	1	貫	1	稱	1	靈	1		
閑	2	夫	1	來	1	倫	1	造	1	維	1	殳	1		
愷	2	屯	1	具	1	徐	1	都	1	臺	1	侔	1		
毀	2	戈	1	姓	1	恭	1	野	1	語	1	旂	1		
節	2	支	1	屈	1	效	1	陷	1	誡	1	眚	1		

ISBN 957-05-0594-X (592)　75623002
9 789570 505948
全　　精裝　NT$ 650
兵書四種 孫子,尉繚子,吳子,司馬法